2025

에듀윌 전기
전기공사기사
실기 한권끝장

기본이론

YES24 23년 6월 3주
주별 베스트 기준
베스트셀러
1위

YES24 수험서 자격증
한국산업인력공단 전기분야
전기공사 베스트셀러 1위

**합격자 수가
선택의 기준!**

특별제공
**핵심이론
무료특강
+
빈출 암기 카드**

최신 개정 법령 완벽 반영!

핵심이론+기출
초단기 합격

1. [무료특강] 핵심이론 무료특강
2. [온라인] 전기공사기사 빈출 100선 암기 카드
3. [PDF] 용어 표준화 및 국문순화 신구 비교표

eduwill

2025 에듀윌 전기
전기공사기사
실기 한권끝장

교재 구매자 특별제공

**[무료특강]
핵심이론 요약 강의**
에듀윌 교수진의
고품격 이론해설 강의

**[PDF]
빈출 단답 100선 암기 카드**
언제 어디서든
효율적인 학습 가능!

**[PDF] 최신 개정용어
신구 비교표**
최신 개정 법령 완벽반영!
(한국전기설비규정 2024.10.24.적용)

[기초]부터 빠르게 정리하는 입문서

에듀윌 전기공사기사

초보 수험 가이드
100% 무료 제공

최신 수험정보부터 효율적인 학습전략,
합격완성 시스템까지!

초보 수험 가이드
무료로 받기
(PDF)

※ 해당 이벤트는 예고 없이 변경되거나 종료될 수 있습니다.

에듀윌과 함께 시작하면,
당신도 합격할 수 있습니다!

대학 졸업 후 취업을 위해 바쁜 시간을 쪼개며
전기공사기사 자격시험을 준비하는 취준생

비전공자이지만 더 많은 기회를 만들기 위해
전기공사기사에 도전하는 수험생

전기직 업무를 수행하면서 승진을 위해
전기공사기사에 도전하는 주경야독 직장인

누구나 합격할 수 있습니다.
시작하겠다는 '다짐' 하나면 충분합니다.

마지막 페이지를 덮으면,

에듀윌과 함께
전기공사기사 합격이 시작됩니다.

꿈을 실현하는 에듀윌
Real 합격 스토리

이○름 3주 초단기 동차합격

3주 만에 전기기사 취득, 과목별 전문 교수진 덕분

자격증을 따야겠다고 결심했던 시기가 시험 접수 기간이었습니다. 친구들에게 좋은 이야기를 많이 들었던 에듀윌이 생각나서 상담을 받고 본격적인 준비를 시작했습니다. 에듀윌은 과목별로 교수 라인업이 잘 짜여 있고, 취약한 부분은 교수님 별로 다양한 관점의 강의를 들을 수 있어서 많은 도움이 됐습니다. 또, 이 과정을 통해 학습 내용을 정리할 수 있는 점도 정말 좋았습니다.

이○학 3개월 단기 합격

나를 합격으로 이끌어 준 에듀윌 전기기사

공기업 취업을 준비하던 중에 취업에 도움이 될 거라는 생각에 전기기사 자격증 공부를 시작했습니다. 강의를 듣고 난 당일 복습했던 게 빠르게 합격할 수 있었던 이유라고 생각합니다. 아버지께서 에듀윌에서 전기산업기사 준비를 하셔서 자연스럽게 에듀윌을 선택하게 됐습니다. 전문 교수님들이 에듀윌의 가장 큰 장점이라고 생각합니다. 그리고 학습 상황을 객관적으로 파악할 수 있었던 모의고사 서비스도 만족스러웠습니다.

김○연 비전공자 3개월 합격

에듀윌이라 가능했던 3개월 단기 합격

비전공자임에도 불구하고 3개월 만에 전기기사 자격증을 취득할 수 있었습니다. 제게 맞는 강의를 선택할 수 있도록 다양한 콘텐츠를 지원해 준 에듀윌에 감사드립니다. 일반 물리학 정도의 지식만 있던 상태라 강의를 따라가기가 쉽지만은 않았습니다. 하지만 힘들어서 포기하고 싶을 때마다 용기를 주시고 격려해주신 교수님과 학습 매니저 분들에게 정말 감사 인사를 전하고 싶습니다.

더 많은 합격 비법

전기공사기사 1위

에듀윌 **직영학원**에서
합격을 수강하세요

에듀윌 직영학원 대표전화

공인중개사 학원　02)815-0600	공무원 학원　02)6328-0600	편입 학원　02)6419-0600
주택관리사 학원　02)815-3388	소방 학원　02)6337-0600	전기기사 학원　02)6268-1400
부동산아카데미　02)6736-0600		

전기기사 학원
바로가기

* 2023 대한민국 브랜드만족도 전기공사기사 교육 1위(한경비즈니스)

2025 에듀윌 전기 전기공사기사 실기 한권끝장

전기설비 견적 및 시공 6주 플래너

기초부터 차근히 학습할 수 있는 6주 플래너로 완전 정복!

WEEK	DAY	학습내용	공부한 날	완료
1 WEEK	DAY 1	01 전력 설비	_월_일	☐
	DAY 2	02 부하 설비	_월_일	☐
	DAY 3	03 배전선로	_월_일	☐
	DAY 4	04 변전 설비	_월_일	☐
	DAY 5	05 계통 보호 및 접지 설비	_월_일	☐
	DAY 6	06 배선 공사	_월_일	☐
2 WEEK	DAY 7	07 기기 시험 및 방재 설비	_월_일	☐
	DAY 8	08 시퀀스 및 PLC제어	_월_일	☐
	DAY 9	09 수·변전 설비	_월_일	☐
	DAY 10	10 견적	_월_일	☐
	DAY 11	11 접지·피뢰 시스템	_월_일	☐
	DAY 12	01 전력 설비~03 배전선로	_월_일	☐
3 WEEK	DAY 13	04 변전 설비~06 배선 공사	_월_일	☐
	DAY 14	07 기기 시험 및 방재 설비~09 수·변전 설비	_월_일	☐
	DAY 15	10 견적~11 접지·피뢰 시스템	_월_일	☐
	DAY 16	2024년 기출 문제 풀이	_월_일	☐
	DAY 17	2023년 기출 문제 풀이	_월_일	☐
	DAY 18	2022년 기출 문제 풀이	_월_일	☐

WEEK	DAY	학습내용	공부한 날	완료
4 WEEK	DAY 19	2021년 기출 문제 풀이	_월_일	☐
	DAY 20	2020년 기출 문제 풀이	_월_일	☐
	DAY 21	2019년 기출 문제 풀이	_월_일	☐
	DAY 22	2018년 기출 문제 풀이 `1회독 완료`	_월_일	☐
	DAY 23	오답 문제 풀이	_월_일	☐
	DAY 24	오답 문제 풀이	_월_일	☐
5 WEEK	DAY 25	2024년~2023년 기출 문제 풀이	_월_일	☐
	DAY 26	2022년~2021년 기출 문제 풀이	_월_일	☐
	DAY 27	2020년~2019년 기출 문제 풀이	_월_일	☐
	DAY 28	2018년 기출 문제 풀이 및 오답 문제 풀이 `2회독 완료`	_월_일	☐
	DAY 29	오답 문제 풀이	_월_일	☐
	DAY 30	오답 문제 풀이	_월_일	☐
6 WEEK	DAY 31	2024년~2022년 기출 문제 풀이	_월_일	☐
	DAY 32	2021년~2019년 기출 문제 풀이	_월_일	☐
	DAY 33	2018년 기출 문제 풀이 및 오답 문제 풀이 `3회독 완료`	_월_일	☐
	DAY 34	오답 문제 풀이	_월_일	☐
	DAY 35	전체 복습	_월_일	☐
	DAY 36	전체 복습	_월_일	☐

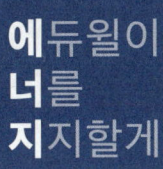

시작하라. 그 자체가 천재성이고,
힘이며, 마력이다.

– 요한 볼프강 폰 괴테(Johann Wolfgang von Goethe)

ISSUE

전기설비기술기준 & KEC 용어표준화 및 국문순화

어떻게 변했는가?

- 2023년 10월 12일, 산업통상부에서 전기설비기술기준 및 KEC(한국전기설비규정) 내 일본식 한자, 어려운 축약어, 외래어 등의 순화를 위해 용어 변경 관한 사항을 공고하였으며 2024년 10월 24일에도 개정이 된 바 있습니다.
- 변경된 용어가 필기 시험에 언제쯤 적용되는지는 명확하게 공고된 부분은 없으나, 문제 복원을 위해 시험 응시를 한 결과 일부 문제에서 용어 변경 이슈가 적용된 것을 파악했습니다.

*산업통상자원부 고시 제 2023-197호(전기설비기술기준 변경)
*산업통상자원부 공고 제 2023-768호(한국전기설비규정 변경)

*용어표준화 및 국문순화 대상

용어 변경에 따른 학습의 방향

- 용어 변경 이슈는 바로 반영되지 않을 수도 있습니다.
- 그러나 전기설비기술기준, 한국전기설비규정(KEC)에는 순화된 용어로 개정되었으므로 시험 문제와 조건 등이 변경될 가능성이 있습니다.
- 따라서 변경전 용어로 학습하되 변경된 용어가 무엇이었는지 PDF를 통해 함께 학습하시면 더욱 완벽하게 시험 대비를 할 수 있습니다.

* KEC 용어 표준화 및 국문순화 신구 비교표 PDF 무료 제공

에듀윌 도서몰(http://book.eduwill.net) > 도서자료실 > 부가학습자료 > 검색창에 '전기공사기사 실기' 검색

QR 코드를 통해
빠르게 입장하세요!

에듀윌 전기 전기공사기사

실기 기본이론

이 책의 구성

2025 에듀윌 전기 전기공사기사 실기 한권끝장

기본이론
꼭 알아야하는 기초 이론을 통한 탄탄한 학습!

핵심이론 + 7개년 기출
자주 출제되는 핵심이론 + 기출문제와 함께 문제 풀이 능력 UP!

학습 순서

01. 기본이론을 통한 기초 개념 확립
학습에 기본이 되는 이론들을 공부하고 기출 기반 적중문제를 풀어보며 확인하세요.

02. 핵심이론을 통한 주요 개념 파악
꼭 알아야 하는 주요 개념은 핵심이론을 통해 빠르게 확인하세요.

03. 7개년 기출문제를 통한 기출 풀이력 UP!
과년도 7개년 문제를 3회독 학습하며 문제의 풀이력을 높이고 부족한 부분을 채워갈 수 있어요!

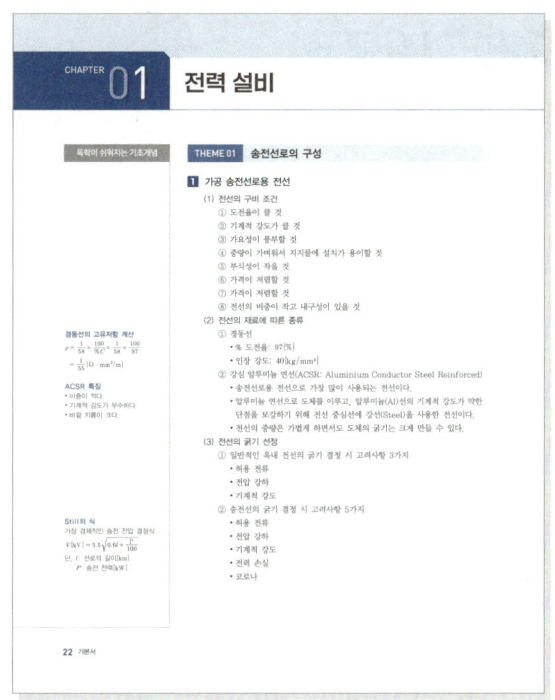

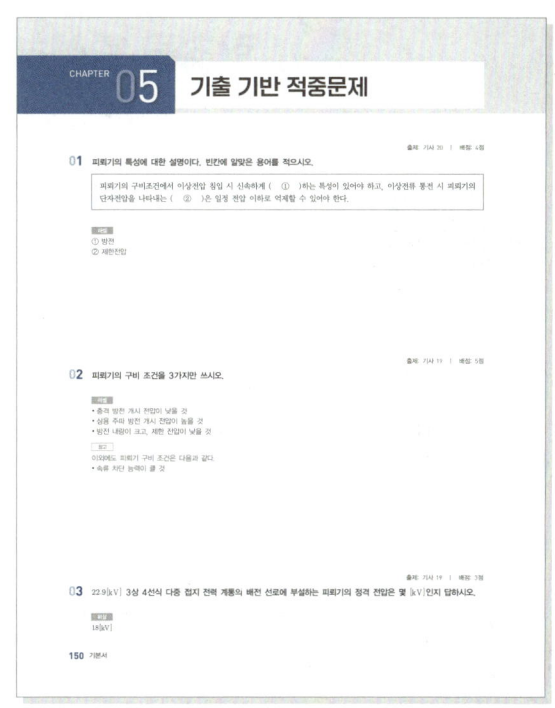

비전공자도 이해하기 쉬운, 기초 개념

❶ 실기시험 대비에 꼭 필요한 이론을 CHAPTER 내 테마로 분류했습니다.

❷ 이론 설명에 필요한 다양한 그림을 제공하여 수월한 학습을 할 수 있습니다.

❸ 전공자부터 비전공자까지 이해할 수 있도록 어려운 개념을 쉽게 풀어서 쓴 강의 꿀팁을 제공합니다.

❹ 기출&예상문제를 통해 이론 학습 후 바로 실전에 적용할 수 있습니다.

필수 핵심 이론 파악 & 기출 기반 적중문제

❶ 해당 CHAPTER와 관련된 실제 기출년도와 배점을 통해 문제의 중요도를 확인할 수 있습니다.

❷ 초보자도 이해할 수 있도록 친절한 해설을 제공했습니다.

❸ 문제 풀이에 필요한 추가 개념이나 참고사항은 참고로 표기하여 쉽게 파악할 수 있습니다.

이 책의 구성

2025 에듀윌 전기·전기공사기사 실기 한권끝장

합격을 완성하는, 7개년 기출문제

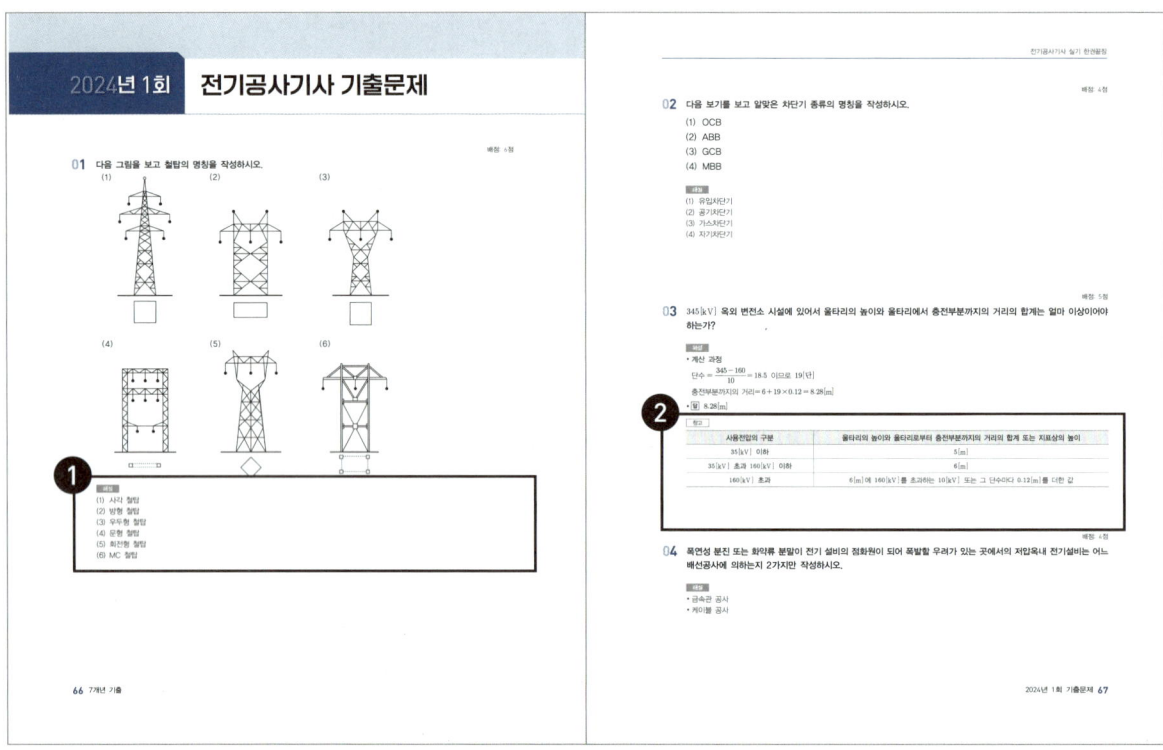

❶ 해설만 보고도 이해할 수 있도록 친절하고 상세한 해설을 제공하였습니다.
❷ 추가로 학습이 필요한 내용 혹은 관련 개념을 참고할 수 있습니다.

"최신 7개년 기출문제로 시험을 철저하게 대비할 수 있습니다."

에듀윌 전기 전기공사기사 실기 한권끝장만의 특별 제공

1. 핵심이론 무료특강

기본이론에서 학습한 내용 중 핵심만 정리해 공부할 수 있도록 요약하였습니다. 무료강의와 함께 학습하면 이론 학습의 이해력이 배가 됩니다.

무료강의 바로가기

2. 암기카드

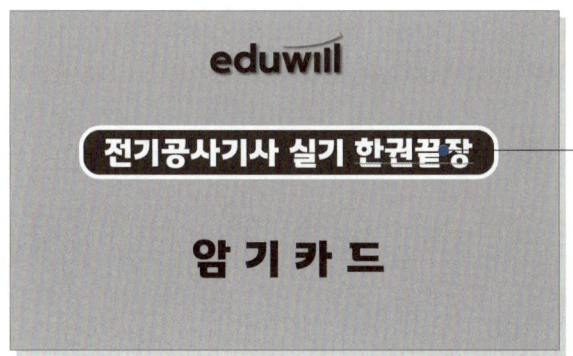

최신 20개년 단답문제 중에 빈출로 출제되는 단답을 정리하여 암기카드(PDF)로 제공하였습니다. 하단의 QR코드를 스캔하여 다운받으실 수 있으며 언제 어디서든 효율적인 학습이 가능하도록 도와줍니다.

암기카드 바로가기

GUIDE
전기공사기사 시험안내

2025 시험일정

1. 전기공사기사

구분	필기원서접수 (휴일 제외)	필기시험	필기합격 (예정자) 발표	실기원서접수 (휴일 제외)	실기시험	최종합격 발표
제1회	1.13~1.16	2.7~3.4	3.12	3.24~3.27	4.19~5.9	1차 6.5, 2차 6.13
제2회	4.14~4.17	5.10~5.30	6.11	6.23~6.26	7.19~8.6	1차 9.5, 2차 9.12
제3회	7.21~7.24	8.9~9.1	9.10	9.22~9.25	11.1~11.21	1차 12.5, 2차 12.24

※ 정확한 시험 일정은 큐넷(www.q-net.or.kr) 사이트 참조 요망

2. 전기공사기사 실기 출제기준

분야	세부 출제기준
1. 시공 계획	설계도서 검토하기/현장조사 및 분석하기/법규 및 규정 검토하기/공정 및 안전관리 계획하기/시공자재 선정하기
2. 공사비 산정	공사내역 및 원가계산 기준 검토하기/재료비 산출하기/노무비 산출하기/경비 산출하기
3. 전기설비 설치	송전설비 설치하기/배전설비 설치하기/변전설비 설치하기/부하설비 설치하기/신재생에너지 설치하기
4. 시험검사	시험 측정하기/시운전하기/사용 전 검사하기

3. 공통사항

(1) 원서접수 시간은 원서접수 첫날 10:00부터 마지막 날 18:00까지 임
(2) 필기시험 합격(예정)자 및 최종합격자 발표시간은 해당 발표일 09:00임

검정기준 및 응시자격

1. 검정기준

등급	검정기준
기사	해당 국가기술자격의 종목에 관한 공학적 기술이론 지식을 가지고 설계·시공·분석 등의 업무를 수행할 수 있는 능력 보유
산업기사	해당 국가기술자격의 종목에 관한 기술기초이론 지식 또는 숙련기능을 바탕으로 복합적인 기초기술 및 기능 업무를 수행할 수 있는 능력 보유

※ 국가기술자격 검정의 기준(제14조 제1항 관련)

2. 응시자격

등급		응시자격 조건
기능사	자격제한 없음	
산업기사	자격증 + 경력	기능사 + 실무경력 1년
		실무경력 2년
	관련학과 졸업	관련학과 4년제 대졸 또는 졸업 예정
		관련학과 2, 3년제 대졸 또는 졸업 예정
기사	자격증 + 경력	산업기사 + 실무경력 1년
		기능사 + 실무경력 3년
		실무경력 4년
	관련학과 졸업	관련학과 4년제 대졸 또는 졸업예정
		관련학과 3년제 대졸 + 실무경력 1년
		관련학과 2년제 대졸 + 실무경력 2년

How? 전기공사기사

전기공사기사 실기 합격전략

효율 UP 학습순서

전기공사기사 → 기본이론 CHAPTER 01~03 → 기본이론 CHAPTER 04~05 → 기본이론 CHAPTER 06~07 → 기본이론 CHAPTER 08~09 → 기본이론 CHAPTER 10~11 → 핵심이론 + 7개년 기출

전략 UP 챕터별 맞춤학습법

CHAPTER 01 전력 설비	• 매회 꾸준하게 출제되기 때문에 충실하게 학습해야 함 • 전체적인 내용을 모두 꼼꼼히 체크해야 함
CHAPTER 02 부하 설비	• 내용 자체는 이해하기 어렵지 않아 교재 내용 중 중요 포인트 중심으로 학습하면 됨 • 필기시험에서 학습한 내용을 바탕으로 새로운 내용을 추가로 학습하면 크게 어려운 부분은 아님
CHAPTER 03 배전선로	• 법적 규정이나 기술 기준 등 세세하게 암기해야 할 요소가 많아 학습에 다소 어려움을 겪을 수 있음 • 꼼꼼하게 학습해두면 유리한 부분
CHAPTER 04 변전 설비	• 매회 1문제 정도 출제되는 경향을 보임 • 중요 부분을 우선적으로 학습 후, 세세하게 부가적인 내용을 학습
CHAPTER 05 계통 보호 및 접지 설비	• 피뢰 설비와 배전선로 보호에 대한 이해가 필요함 • 접지 공사를 하여야 할 개소를 종류별로 반드시 암기
CHAPTER 06 배선 공사	• 매회 시험에서 1문제 이상 출제되고 있으며, 합격에 필요한 중요 내용을 다루고 있음 • 케이블의 접속 공사 방법에 대해 우선 학습 후, 여러 가지 공사 방법에 대한 내용을 새롭게 익히는 과정으로 효율적인 학습이 필요함
CHAPTER 07 기기 시험 및 방재 설비	• 중요 포인트 중심으로 학습 시간을 효율적으로 관리하는 것이 필요함 • 실무적인 내용이 많이 포함되어 학습 양이 많은 편이니 기출 중심으로 기본적인 내용을 학습
CHAPTER 08 시퀀스 및 PLC 제어	• 16년 4회 이후 출제되지 않다가 21년 1회 시험에 출제됨 • 앞으로도 출제될 것으로 보이므로 꼼꼼하게 학습해야 함
CHAPTER 09 수 · 변전 설비	• 매회 꾸준히 출제되고, 배점 높은 문제가 출제되니 소홀히 학습해서는 안 됨 • 가장 먼저 각종 기기의 심벌 기호 및 명칭, 역할에 대해 정리하고 학습할 것
CHAPTER 10 견적	• 21년 2회차 시험부터 문제당 배점이 5~10점으로 변경 • 배점이 낮은 과거문제 위주로 학습
CHAPTER 11 접지 · 피뢰시스템	• 개념 및 용어의 의미를 이해하고 암기 위주로 학습

알아 두면 쓸데 있는 전기공사기사 시험 Q&A

Q 전기기사와 전기공사기사 시험, 무엇이 다를까요?

A 전기기사와 전기공사기사의 필기시험은 총 5과목입니다. 이 중에서 4과목은 공통이고 1과목만 서로 다릅니다. 전기기사는 전기자기학, 전기공사기사는 전기응용 및 공사재료 과목이 다릅니다. 실기시험은 50%만 공통으로 출제되고 나머지 50%는 다르게 출제됩니다. 2과목만 더 준비하면 합격이 가능하기 때문에 쌍기사 자격증에 도전하는 것을 권합니다.

Q 필기시험과 실기시험, 무엇이 다른가요?

A 필기시험이 5과목이어서 어려워 보일 수도 있지만, 실제는 다릅니다. 필기는 객관식 문제로 출제되고 평균 60점 이상이 합격할 수 있지만, 실기는 논술식이기 때문에 체감 난이도가 더 높습니다.
또 필기시험의 학습 분량에 비해 실기시험의 학습 분량은 2배 정도 많습니다. 실기시험은 단답, 시퀀스, 수변전 설비의 3과목으로 나뉘어 필기보다 2과목이 적지만, 단답을 세분화하면 필기보다 더 많은 부분을 공부해야 합니다.

TIP!
실기 문제는 필기 과목 중 전력공학에서의 출제비중이 가장 높습니다. 따라서, 실기 학습을 하기 전 다른 과목 보다도 전력공학을 한 번 더 체크하고 학습을 시작한다면 보다 효율적으로 준비할 수 있습니다.

CONTENTS
기본이론 차례

CHAPTER 01 전력 설비
1. 송전선로의 구성   16
2. 송전선로의 특성   29
3. 지중 전선로   34
기출 기반 적중문제   37

CHAPTER 02 부하 설비
1. 조명 설비   48
2. 전동기 및 부하 산정   51
3. 역률 개선   54
4. 예비전원 설비   55
기출 기반 적중문제   59

CHAPTER 03 배전선로
1. 배전선로의 구성   70
2. 접지 공사 및 전선 굵기   75
3. 누전 차단기 시설 및 심야 전력기기 사용   77
기출 기반 적중문제   82

CHAPTER 04 변전 설비
1. 변압기 결선   92
2. 변압기 운전 및 효율   97
3. 변압기 용량 산정   102
4. 전력용 개폐장치   104
5. 계기용 변성기   108
6. 변압기의 냉각 방식   110
기출 기반 적중문제   112

CHAPTER 05 계통 보호 및 접지 설비
1. 피뢰 설비   124
2. 서지 보호   128
3. 배전선로 보호   129
4. 접지 공사   133
기출 기반 적중문제   136

CHAPTER 06 배선 공사

1. 배선 공사방법	146
2. 전선관 시스템	146
3. 케이블 트렁킹 시스템	148
4. 케이블 덕팅 시스템	150
5. 애자 공사	151
6. 케이블 트레이 공사	152
7. 버스 덕트 공사	153
8. 케이블 공사	154
9. 전선의 배선 방법	156
기출 기반 적중문제	157

CHAPTER 07 기기 시험 및 방재 설비

1. 변압기 시험	166
2. 전력 측정법	168
3. 화재 경보 설비	172
기출 기반 적중문제	176

CHAPTER 08 시퀀스 및 PLC 제어

1. 논리 소자	184
2. 여러 가지 논리 회로 이해	187
3. PLC 제어	195
기출 기반 적중문제	201

CHAPTER 09 수 · 변전 설비

1. 수 · 변전 설비의 기본 계획	216
2. 수 · 변전 설비의 구성 기기	218
3. 특고압 수전 설비 표준 결선도	220
4. 전선 및 케이블의 종류와 약호	225
5. 주요 기기 및 배선 심벌 기호	226
6. 전등기구 및 콘센트 심벌 기호	227
7. 옥내 배선도	229
기출 기반 적중문제	233

CHAPTER 10 견적

1. 견적의 기본	248
2. 적산	250
3. 품셈 및 노무비 산출	252
4. 터파기	257
기출 기반 적중문제	258

CHAPTER 11 접지 · 피뢰시스템

1. 접지시스템	278
2. 감전보호용 등전위본딩	283
3. 계통접지 방식	285
4. 피뢰시스템	289
기출 기반 적중문제	294

전력 설비

1. 송전선로의 구성
2. 송전선로의 특성
3. 지중 전선로

학습 전략

전력 설비 챕터에는 1차 필기 전력공학 과목에서 공부했던 내용이 상당 부분 포함되어 있습니다. 따라서 새로운 내용을 추가로 공부하는 부분은 많지 않고, 1차 필기 때 공부했던 내용을 다시 복습해 나간다는 느낌으로 빠르게 학습하시는 것을 추천합니다.

CHAPTER 01 | 흐름 미리보기

1. 송전선로의 구성
2. 송전선로의 특성
3. 지중 전선로

NEXT **CHAPTER 02**

CHAPTER 01 전력 설비

독학이 쉬워지는 기초개념

경동선의 고유저항 계산

$\rho = \dfrac{1}{58} \times \dfrac{100}{\%C} = \dfrac{1}{58} \times \dfrac{100}{97}$

$\fallingdotseq \dfrac{1}{55} [\Omega \cdot mm^2/m]$

(실제로 값을 계산하면 $\dfrac{1}{56.26}$ 이 나오지만, 관행적으로 $\dfrac{1}{55}$ 을 사용한다.)

ACSR 특징
- 비중이 적다.
- 기계적 강도가 우수하다.
- 바깥 지름이 크다.

Still의 식
가장 경제적인 송전 전압 결정식

$V[kV] = 5.5\sqrt{0.6l + \dfrac{P}{100}}$

단, l: 선로의 길이[km]
　　P: 송전 전력[kW]

THEME 01 송전선로의 구성

1 가공 송전선로용 전선

(1) 전선의 구비 조건
　① 도전율이 클 것
　② 기계적 강도가 클 것
　③ 가요성이 풍부할 것
　④ 비중이 작을 것(= 가벼울 것)
　⑤ 부식성이 작을 것
　⑥ 대량 생산이 가능할 것
　⑦ 인장 하중이 클 것
　⑧ 전압 강하가 적을 것
　⑨ 가격이 저렴할 것
　⑩ 내구성이 있을 것

(2) 전선의 재료에 따른 종류
　① 경동선
　　• % 도전율: 97[%]
　　• 인장 강도: 40[kg/mm²]
　② 강심 알루미늄 연선(ACSR: Aluminium Conductor Steel Reinforced)
　　• 송전선로용 전선으로 가장 많이 사용되는 전선이다.
　　• 알루미늄 연선으로 도체를 이루고, 알루미늄(Al)선의 기계적 강도가 약한 단점을 보강하기 위해 전선 중심선에 강선(Steel)을 사용한 전선이다.
　　• 전선의 중량은 가볍게 하면서도 도체의 굵기는 크게 만들 수 있다.

(3) 전선의 굵기 선정
　① 일반적인 옥내 전선의 굵기 결정 시 고려사항 3가지
　　• 허용 전류
　　• 전압 강하
　　• 기계적 강도
　② 송전선의 굵기 결정 시 고려사항 5가지
　　• 허용 전류
　　• 전압 강하
　　• 기계적 강도
　　• 전력 손실
　　• 코로나

기출 & 예상문제

출제: 기사 96 | 배점: 5점

전선의 구비 조건을 간단하게 5가지만 나열하시오.

[해설]
- 도전율이 클 것
- 기계적 강도가 클 것
- 가요성이 풍부할 것
- 부식성이 작을 것
- 비중이 작을 것

[참고]
이외에도 전선의 구비 조건은 다음과 같다.
- 대량 생산이 가능할 것
- 인장 하중이 클 것
- 전압 강하가 적을 것
- 가격이 저렴할 것
- 내구성이 있을 것

> **독학이 쉬워지는 기초개념**
>
> **Tip 강의 꿀팁**
>
> 전선의 구비 조건에서 가격이나 수명에 관한 조건은 가급적 빼는 것이 좋아요(부득이하게 생각이 나지 않을 경우에만 맨 마지막에 적을 것).

2 가공선로용 지지물(철탑)

(1) 철탑의 종류

① 철탑의 형태에 따른 종류
- 사각 철탑: 서로 마주 보는 4면이 동일한 모양과 강도를 가진 철탑
- 방형 철탑: 서로 마주 보는 2면이 동일한 모양과 강도를 가진 철탑
- 문형 철탑: 철탑의 모양이 문 모양을 한 형태의 철탑(전차 선로나 도로, 하천 횡단 시 사용하는 철탑)
- 우두형 철탑: 철탑의 모양이 소머리(우두)처럼 생긴 철탑(초고압 송전선로나 산악 지대에서 1회선용으로 사용)
- 회전형 철탑: 철탑의 중간부 이상과 이하를 45° 회전시킨 철탑

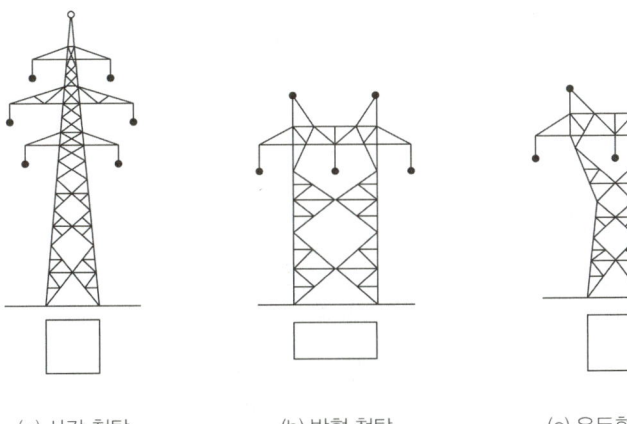

(a) 사각 철탑   (b) 방형 철탑   (c) 우두형 철탑

▲ 철탑의 형태에 따른 종류

② 철탑의 용도에 따른 종류
- 직선 철탑(A형): 수평 각도 3° 이하인 직선 선로에 채용되는 철탑
- 각도 철탑(B형, C형): 수평 각도 3°를 초과하는 부분에 채용되는 철탑

독학이 쉬워지는 기초개념

경간(Span)
철탑과 철탑 사이의 거리[m]

 **강의 꿀팁**
장경간이란 표준 경간보다 긴 경간을 말해요.

- B형: 수평 각도 3° 초과 20° 이하
- C형: 수평 각도 20° 초과
• 인류 철탑(D형): 전선로가 끝나는 부분에 채용되는 억류 지지철탑
• 내장 철탑(E형): 장경간이나 A형 철탑 10기마다 1기씩 보강용으로 채용되는 철탑

▲ 철탑의 용도에 따른 종류

기출 & 예상문제

출제: 기사 21 | 배점: 6점

그림과 같은 철탑을 무슨 철탑이라 하는가?

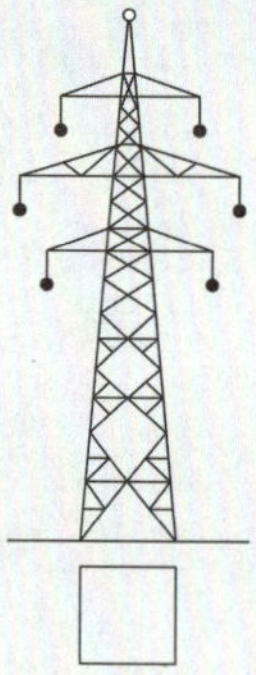

해설
사각 철탑

참고
철탑의 형태에 따른 종류

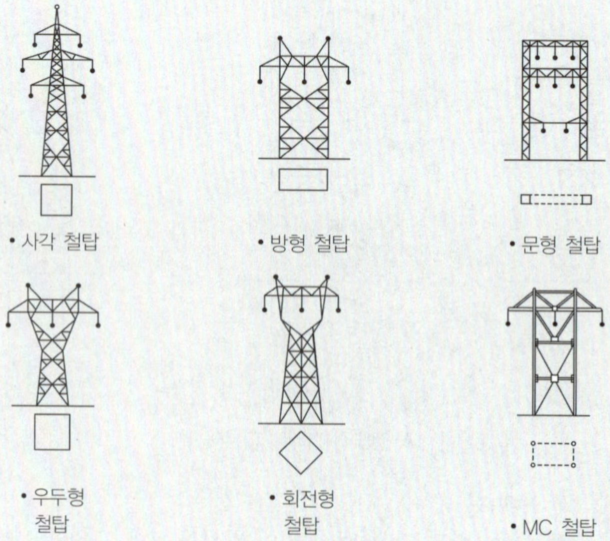

• 사각 철탑
• 방형 철탑
• 문형 철탑
• 우두형 철탑
• 회전형 철탑
• MC 철탑

(2) 지지물의 기초 안전율
　① 가공 전선용 지지물의 기초의 안전율은 2 이상이어야 한다.
　② 이상 시 상정하중에 대한 철탑의 기초의 안전율은 1.33 이상이어야 한다.

(3) 지지물의 근입깊이(설계 하중이 6.8[kN] 이하일 때)
　① 지지물의 전장이 15[m] 이하인 경우에는 전장의 $\frac{1}{6}$ 이상으로 하여야 한다.
　② 지지물의 전장이 15[m]를 초과하고 16[m] 이하인 경우에는 2.5[m] 이상으로 하여야 한다.
　③ 지지물의 전장이 16[m]를 초과하고 20[m] 이하인 경우에는 2.8[m] 이상으로 하여야 한다.

(4) 전주 근입 시 전주의 지표면 지름

$$D = d + H \times \frac{1}{75} \times 100 \,[\text{cm}]$$

단, D: 지표면에서의 전주의 지름[cm]
　　d: 전주 말구의 지름[cm]
　　H: 전주의 지표면상 길이[m]

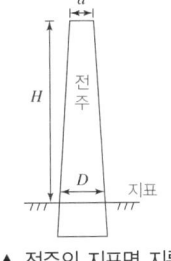
▲ 전주의 지표면 지름

근입(Penetration)
전주가 땅 속에 들어가는 부분

전주의 지표면상 길이[m]
H = 전주 높이 − 근입 깊이

(5) 철탑의 구조 및 각 부의 명칭

No.	명칭
①	철탑 정부
②	암(Arm)
③	주주재
④	거싯 플레이트
⑤	사재
⑥	주각재
⑦	주체부
⑧	상판부
⑨	앵커재
⑩	앵커 블록

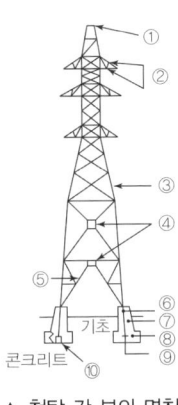
▲ 철탑 각 부의 명칭

(6) 철탑의 결구(Warren)
　① 철탑은 각 부재의 결구로 구성된 구조물로, 그 구성된 모양이 각각 다르다.
　② 결구의 종류

    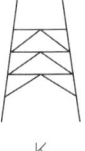 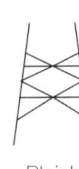

Single Warren　Double Warren　Flat Warren　K Warren　Bleich Warren
▲ 결구의 종류

• 싱글 결구(Single Warren): 소규모의 철주 모형에 많이 사용한다.

독학이 쉬워지는 기초개념

- 더블 결구(Double Warren): 싱글 결구를 이중으로 조합한 것과 같으며 국내의 철탑 결구에 많이 사용한다.
- 브라켓(Bracket) 결구: 철탑 하부 또는 철탑 폭이 넓은 곳에 사용하는 것이 경제적이다.
- 브레히(Bleich) 결구: 더블 결구의 교차점에 수평재를 넣은 것으로 강도, 재료의 경제성으로 현재 가장 많이 사용한다.

(7) 장주도 각 부의 명칭

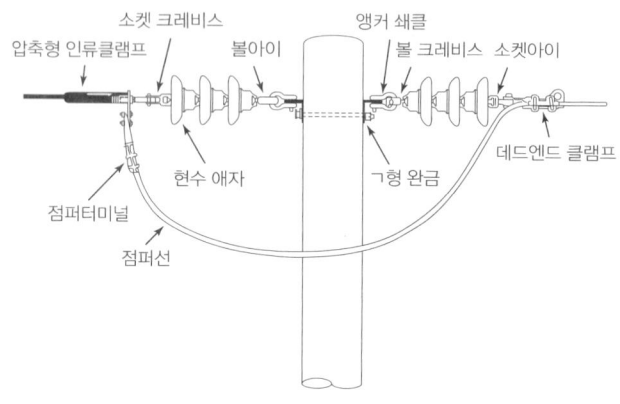

▲ 장주도 각 부의 명칭

Tip 강의 꿀팁

각 부의 명칭을 잘 알아야 CHAPTER 10 견적 물량 산출을 할 수 있어요.

(8) 특고압 가공 전선로 각 부의 명칭

No.	명칭
①	지선 클램프
②	래크 밴드
③	지선
④	지선 로드
⑤	근가용 U볼트
⑥	근가
⑦	지선 근가
⑧	접지도체
⑨	접지 동봉용 클램프
⑩	접지 동봉

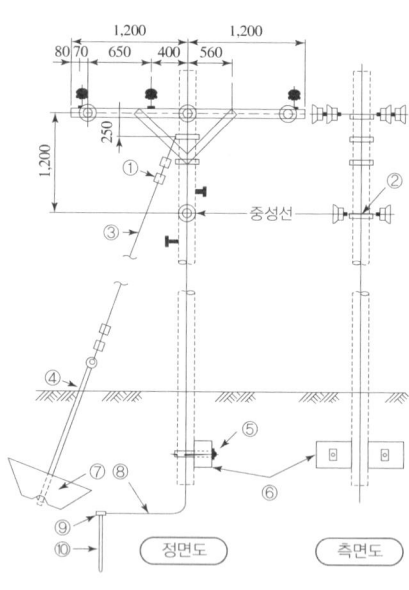

▲ 특고압 가공 전선로 각 부의 명칭

철탑 공사 순서
굴착 → 각입 → 타설 → 조립 → 연선 → 긴선

(9) 각입

철탑의 기초 작업에서 굴착 다음 공정으로, 콘크리트를 타설하기 전에 앵커재 및 주각재 또는 주주재를 설치하는 공정 작업을 말한다.

기출 & 예상문제

출제: 기사 00 | 배점: 4점

[중요도] 강도 자체의 경제성으로 현재 가장 많이 사용되는 결구로서 그림과 같은 철탑 부재의 결구의 명칭은 무엇인가?

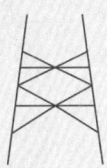

[해설]
브레히(Bleich) 결구

[참고]
결구의 종류
- 싱글 결구: 소규모의 철주 모형에 많이 사용
- 더블 결구: 싱글 결구를 이중으로 조합한 것과 같으며 국내의 철탑 결구에 많이 사용
- 브라켓 결구: 철탑 하부 또는 철탑 폭이 넓은 곳에 사용하는 것이 경제적임
- 브레히 결구: 더블 결구의 교차점에 수평재를 넣은 것으로 강도, 재료의 경제성으로 현재 가장 많이 사용되는 결구

3 지선 및 근가

(1) 지선

① 지선: 지지물(철탑 제외)의 강도를 보강하기 위하여 시설하는 것

② 지선의 설치 규정
- 지선의 안전율은 2.5 이상일 것. 이 경우에 허용 인장하중의 최저는 4.31[kN]으로 한다.
- 지선은 소선 3가닥 이상의 연선 구조일 것
- 소선의 지름이 2.6[mm] 이상의 금속선을 사용한 것일 것. 단, 소선의 지름이 2[mm] 이상인 아연도강연선으로 소선의 인장강도가 0.68[kN/mm²] 이상인 것을 사용하는 경우에는 그러하지 아니한다.
- 지중부분 및 지표상 30[cm]까지의 부분에는 내식성이 있는 것 또는 아연도금을 한 철봉을 사용하고, 쉽게 부식되지 아니하는 근가에 견고하게 붙일 것(다만, 목주에 시설하는 지선에 대해서는 그러하지 아니한다.)
- 지선 근가는 지선의 인장하중에 충분히 견디도록 시설할 것

③ 지선의 종류
- 보통 지선: 불평형 장력이 크지 않은 일반적인 장소에 시설되는 지선

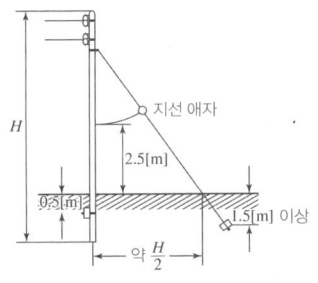

▲ 보통 지선

[독학이 쉬워지는 기초개념]

지선의 설치 목적
- 지지물 강도 보강
- 전선의 안정성 증대
- 불평형 하중에 대한 평형 유지
- 전로가 건조물 등에 접근할 때 보안상 필요한 경우 시설

독학이 쉬워지는 기초개념

- 수평 지선: 토지의 상황이나 기타 사유로 인하여 보통 지선을 시설할 수 없는 경우에 사용되는 지선

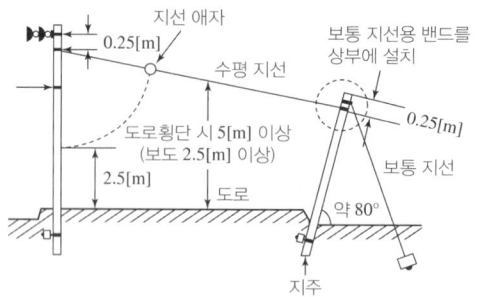

▲ 수평 지선

- 공동 지선: 지지물 상호 간의 거리가 비교적 근접하여 설치되어 있을 경우에 사용되는 지선

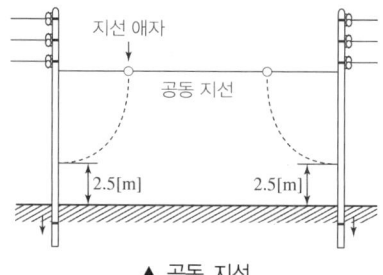

▲ 공동 지선

- Y 지선: 다단의 완금이 설치되거나 또한 장력이 큰 경우에 사용되는 지선

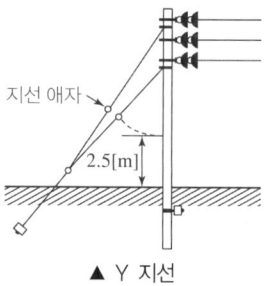

▲ Y 지선

- 궁 지선: 비교적 장력이 작고, 다른 종류의 지선을 시설할 수 없는 경우에 사용되는 지선

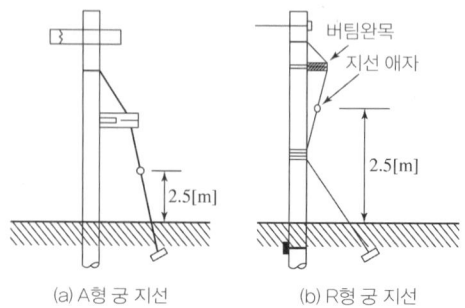

(a) A형 궁 지선　　(b) R형 궁 지선

▲ 궁 지선

- 지선의 설치 방법

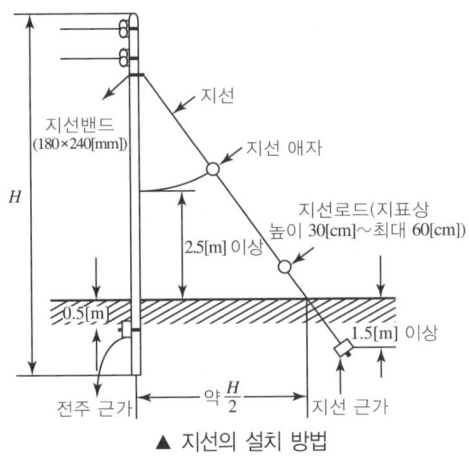

▲ 지선의 설치 방법

(2) 근가
① 근가: 전주의 기울어짐을 방지하기 위해 전선봉에 취부하여 땅에 묻는 콘크리트 블럭
② 근입 깊이에 따른 근가의 길이

전주 길이[m]	근입 깊이[m]	근가의 길이[m]
7	1.2	1.0
8	1.4	1.0
9	1.5	1.2
10	1.7	1.2
11	1.9	1.5
12	2.0	1.5
13	2.2	1.5
14	2.4	1.8
15	2.5	1.8
16	2.5	1.8

③ 근가용 U-볼트의 표준 규격

전주 길이[m]	U-볼트(직경×길이)[mm]
8	270×500
10	320×550
12	360×590
14	360×590
16	400×630

철근 콘크리트 근가의 규격
0.7, 1.0, 1.2, 1.5, 1.8[m]

근가용 U-볼트
전주에 근가를 취부할 때 근가를 고정시켜주는 볼트

기출 & 예상문제

출제: 기사 93 | 배점: 6점

그림과 같이 시설하는 지선의 명칭은?

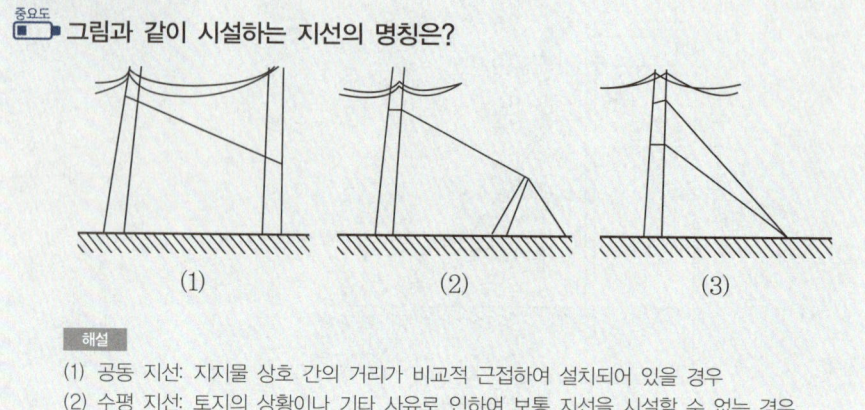

해설
(1) 공동 지선: 지지물 상호 간의 거리가 비교적 근접하여 설치되어 있을 경우
(2) 수평 지선: 토지의 상황이나 기타 사유로 인하여 보통 지선을 시설할 수 없는 경우
(3) Y 지선: 다단의 완금이 설치되거나 또한 장력이 큰 경우

4 완금 및 애자

(1) 완금
  ① 지지물에 전선을 고정시키기 위해 사용하는 금구로, 아연 도금을 한 앵글을 많이 사용한다.
  ② 완금이 상하로 움직이는 것을 방지하기 위해 암 타이(Arm Tie)를 사용한다.
  ③ 가공 전선로의 장주에 사용하는 완금의 표준 길이[mm]

전선 조수	특고압	고압	저압
2조	1,800	1,400	900
3조	2,400	1,800	1,400

(2) 애자
  ① 애자: 전선을 전기적으로 절연시켜 지지물에 취부하기 위한 절연 지지체
  ② 애자의 구비 조건
     • 충분한 절연 내력을 가질 것
     • 충분한 기계적 강도를 가질 것
     • 누설 전류가 적을 것(절연 저항이 클 것)
     • 온도 변화에 잘 견디고 습기를 흡수하지 말 것
     • 경제적일 것
  ③ 애자의 종류
     • 핀 애자: 직선 전선로를 지지하기 위한 것
     • 현수 애자: 원형판의 절연체 상하에 연결금구를 부착시켜 만든 것으로 전압에 따라 필요 개수만큼 연결하여 사용(송전선로용 애자로 주로 사용)

- 사용 전압별 현수 애자 개수(250[mm] 표준)

전압[kV]	22.9	66	154	345	765
애자 개수	2~3	4~6	9~11	18~23	38~43

- 장간 애자: 장경간이나 해안 지대에서 염진해 대책으로 개발된 애자
- 내무 애자: 해안, 공장 지대에서 염분이나 먼지, 매연 대책용 애자

④ 가공 배전선로에 사용되는 애자의 종류
- 핀 애자: 직선 전선로에 사용
- 현수 애자: 인류 및 내장 개소에 사용
- 라인포스트 애자: 연가용 철탑 등에서 점퍼선 지지용으로 사용
- 인류 애자: 인류 개소 및 배전선로의 중성선용으로 사용

⑤ 애자의 색상
- 특고압용 핀 애자: 적색
- 저압용 애자(접지 측 제외): 백색
- 접지 측 애자: 청색

⑥ 가공전선을 애자에 바인드하는 방법
- 인류 바인드법
- 측부 바인드법
- 두부 바인드법

(3) 애자 설비

① 1련 내장 애자 장치(역조형)

No.	명칭
①	앵커 쇄클
②	소켓아이
③	현수 애자
④	볼 크레비스
⑤	압축형 인류 클램프

② 2련 내장 애자 장치

No.	명칭
①	앵커 쇄클
②	체인 링크
③	삼각 요크
④	볼 크레비스
⑤	현수 애자
⑥	소켓 크레비스
⑦	압축형 인류 클램프

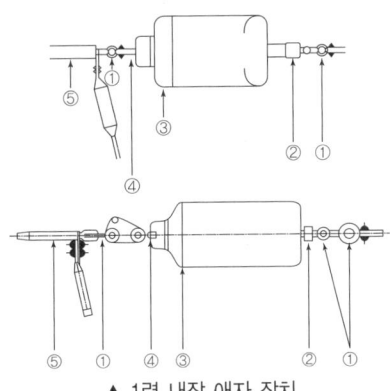

▲ 1련 내장 애자 장치

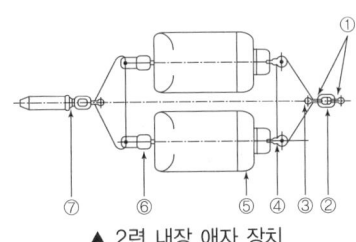

▲ 2련 내장 애자 장치

> **독학이 쉬워지는 기초개념**

③ 154[kV] 송전선로의 1련 현수 애자 장치

No.	명칭
①	애자 장치 U볼트
②	앵커 쇄클
③	볼아이
④	Y 크레비스볼
⑤	현수 애자
⑥	소켓아이
⑦	현수 클램프
⑧	아머 로드(Armor rod)

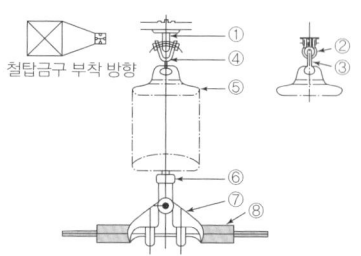

▲ 154[kV] 송전선로의 1련 현수 애자 장치

④ 장간형 현수 애자 ㄱ형 완철 애자 장치

No.	명칭
①	앵커 쇄클
②	볼 크레비스
③	현수 애자
④	소켓아이
⑤	데드엔드 클램프

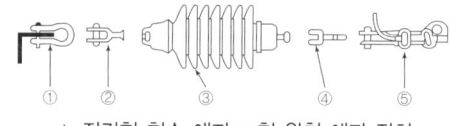

▲ 장간형 현수 애자 ㄱ형 완철 애자 장치

⑤ 밴드 사용 애자 장치

No.	명칭
①	지선 밴드
②	볼아이
③	현수 애자
④	소켓아이
⑤	데드엔드 클램프

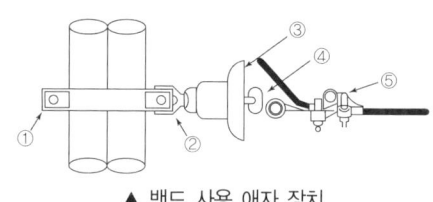

▲ 밴드 사용 애자 장치

⑥ 경완철 사용 현수 애자 장치

No.	명칭
①	경완철
②	소켓아이
③	볼쇄클
④	현수 애자
⑤	데드엔드 클램프
⑥	전선

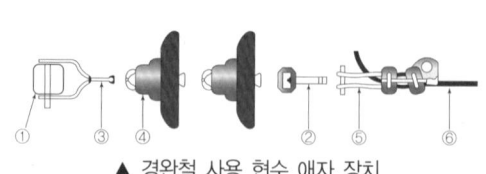

▲ 경완철 사용 현수 애자 장치

기출 & 예상문제 출제: 기사 20 | 배점: 7점

다음 그림에 표시된 ①, ②, ③, ④, ⑤, ⑥, ⑦의 명칭을 정확하게 쓰시오. 단, 그림의 애자 장치는 2련 내장 애자 장치이다.

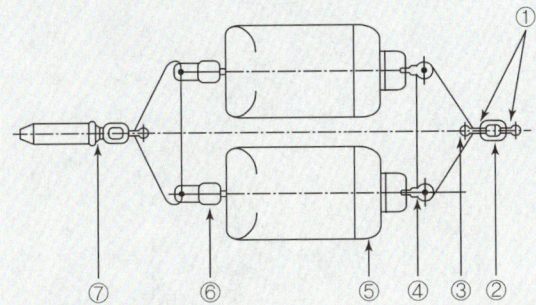

해설
① 앵커 쇄클 ② 체인 링크 ③ 삼각 요크 ④ 볼 크레비스
⑤ 현수 애자 ⑥ 소켓 크레비스 ⑦ 압축형 인류 클램프

5 송전선로의 이도 및 실제 길이

(1) 전선의 이도(Dip)
① 이도: 전선이 최고 높은 지점에서 밑으로 내려온 길이[m]
② 이도가 너무 작으면 전선의 장력이 너무 커져서 단선될 가능성이 증가하며, 이도가 너무 크면 전선의 흔들림이 심하고 전선 지지물의 높이가 이도에 비례해서 높아지게 된다.
③ 송전선로 가설 시 이도 값을 적정하게 선정하여 전선의 흔들림을 적절하게 조정하고 전체적으로 철탑 지지물의 공사비 등을 종합하여 검토한다.

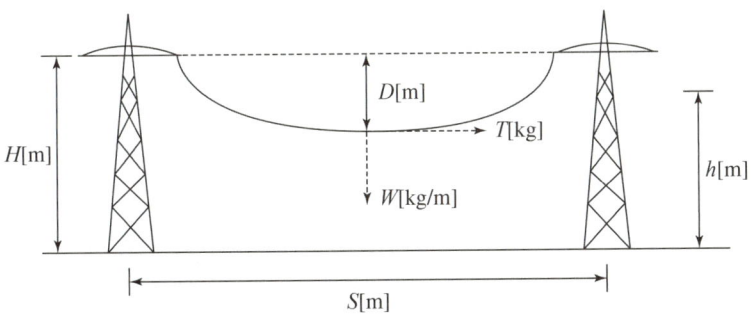

▲ 송전선로의 이도에 의한 가설 방법

- 전선의 이도 $D = \dfrac{WS^2}{8T}[\text{m}]$
- 전선의 실제 길이 $L = S + \dfrac{8D^2}{3S}[\text{m}]$
- 전선의 평균 높이 $h = H - \dfrac{2}{3}D[\text{m}]$

단, W: 전선 1[m]당 무게[kg/m], S: 철탑과 철탑 간의 경간[m]
T: 전선의 수평 장력(인장 하중)[kg], H: 전선 지지물 높이[m]

독학이 쉬워지는 기초개념

안전율(k)이 주어질 때 전선의 이도
$D = \dfrac{WS^2}{8T} = \dfrac{WS^2}{8\dfrac{T_1}{k}}[\text{m}]$

단, T_1: 전선의 인장 강도[kg]

독학이 쉬워지는 기초개념

기출 & 예상문제

출제: 기사 15 | 배점: 8점

경간이 120[m]인 가공 전선로가 있다. 전선 1[m]당 중량은 0.5[kg]이고, 수평 장력 200[kg]의 전선을 사용할 때, 이도(Dip) 및 전선의 실장을 계산하시오.

해설

- 이도

$$D = \frac{WS^2}{8T} = \frac{0.5 \times 120^2}{8 \times 200} = 4.5[m]$$

- 전선의 실장

$$L = S + \frac{8D^2}{3S} = 120 + \frac{8 \times 4.5^2}{3 \times 120} = 120.45[m]$$

답 이도: 4.5[m], 전선의 실장: 120.45[m]

참고

전선의 평균 높이 $h = H - \frac{2}{3}D[m]$

단, H: 전선 지지물 높이[m], D: 이도[m]

- 저온계: 날씨가 추워 전선에 빙설이 많이 부착되는 지역
- 고온계: 날씨가 따뜻하여 전선에 빙설이 부착되지 않고 녹아버리는 지역

(2) 전선의 하중

① 빙설 하중(W_i: 수직 하중, 저온계에서만 적용): 전선 주위에 상·하 두께 6[mm] 이상, 비중 0.9[g/cm³]의 빙설이 균일하게 부착된 상태에서의 하중

② 풍압 하중(W_w: 수평 하중): 바람에 의해 전선 및 철탑에 수평으로 가해지는 하중으로서, 철탑 설계 시 가장 문제가 되는 하중

③ 합성 하중(W: 총 하중)

- 고온계($W_i = 0$)

$$W = \sqrt{W_c^2 + W_w^2}$$

- 저온계(W_i 고려)

$$W = \sqrt{(W_c + W_i)^2 + W_w^2}$$

④ 부하 계수: 합성 하중과 전선의 자중에 대한 비

$$부하\ 계수 = \frac{합성\ 하중}{전선\ 자중} = \frac{W}{W_c}$$

▲ 전선의 하중

(3) 전선의 도약에 의한 상간 단락 방지

① 겨울철 온도가 내려가면 눈은 전선에 부착되어 빙설이 되어 버린다. 이 빙설은 수직 하중으로 작용하므로 각 상의 전선들은 밑으로 처지게 된다.

② 전선 주변의 온도가 올라가면 부착되어 있던 빙설이 갑자기 전선에서 탈락하면서 그 반동력으로 전선은 위로 튀어 올라 다른 상의 전선과 상간 단락 사고를 일으킨다.

③ 철탑의 오프셋(Off-set): 전선의 도약으로부터 전선을 보호하기 위해 철탑의 암(Arm)의 길이를 다르게 설치하여 전선 도약 시 선간 단락사고를 방지한다.

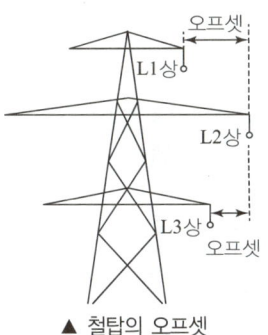

▲ 철탑의 오프셋

THEME 02   송전선로의 특성

1 선로의 충전 전류 및 충전 용량

(1) 작용 정전 용량(C[F])

① 전선과 전선 사이에 존재하는 상호 정전 용량(C_m)과 각 상의 전선과 대지 사이에 존재하는 대지 정전 용량(C_s)을 모두 합친 전선의 전체 정전 용량을 말한다.

② 선로의 작용 정전 용량 선출식은 다음과 같다.
- 단상 2선식: $C = C_s + 2C_m$ [F]
- 3상 3선식: $C = C_s + 3C_m$ [F]

(2) 전선로 1선당 충전 전류(I_c [A])

① 선로의 정전 용량에 전류가 흐르면 전류는 다음과 같은 진상 전류로서 선로에 충전하여 흐르게 된다.(3상 3선식의 경우)

② 1선당 충전 전류

$$I_c = \omega C E = \omega (C_s + 3C_m) E = \omega (C_s + 3C_m) \frac{V}{\sqrt{3}} \,[\text{A}]$$

단, E: 상전압[V], V: 선간 전압[V]

(3) 3상 송전선로에 충전되는 충전 용량(Q_c [VA])

① 선로의 정전 용량에 충전 전류가 흐르면 3상 송전선로에는 다음과 같은 값으로 충전 용량이 발생한다.

② 3상 송전선로에 충전되는 충전 용량

- $Q_c = 3\omega C E^2 = 3\omega C \left(\dfrac{V}{\sqrt{3}}\right)^2 = \omega C V^2$ [VA]
- $Q_c = 3\omega (C_s + 3C_m) E^2 = \omega (C_s + 3C_m) V^2$ [VA]

단, E: 상전압[V], V: 선간 전압[V]

독학이 쉬워지는 기초개념

2 코로나

(1) 코로나 현상의 정의

<u>송전선로에 일정 이상의 계통 전압이 가해졌을 때, 전선 부근의 공기 절연이 부분적으로 파괴되어 빛과 소리를 내며 방전하는 현상이다.</u>

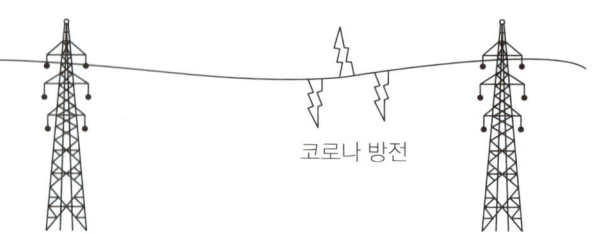

▲ 송전선로에서의 코로나 방전 현상

(2) 파열 극한 전위 경도(E[kV/cm])
① 전선 표면에서 1[cm] 간격에서 공기의 절연이 파괴되기 시작하는 전압
② 직류: 30[kV/cm]
③ 교류(실횻값): $\frac{30}{\sqrt{2}}$[kV/cm] ≒ 21[kV/cm]

(3) 코로나 임계 전압(E_0[kV])

코로나 방전이 시작되는 코로나 임계 전압 산출식은 다음과 같다.

$$E_0 = 24.3 m_0 m_1 \delta d \log_{10} \frac{D}{r} [\text{kV}]$$

단, m_0: 전선의 표면 계수(매끈한 전선 = 1, 거친 전선 = 0.8)
m_1: 날씨 계수(맑은 날 = 1, 비, 눈, 안개 등 악천후 시 = 0.8)
δ: 상대 공기밀도($\delta = \frac{0.386b}{273+t}$, b: 기압, t: 온도)
d: 전선의 직경
r: 전선의 반지름
D: 등가 선간 거리

> **Tip 강의 꿀팁**
> 코로나 임계 전압을 구하는 데 사용되는 기호와 이름을 정확하게 암기해야 합니다.

> **코로나 전력 손실(3상 3선식)**
> $P = \frac{241}{\delta}(f+25)\sqrt{\frac{d}{2D}}(E-E_0)^2$
> $\times 10^{-5}$[kW/km/line]

(4) 코로나에 의한 악영향
① 코로나 전력 손실 발생
② 고조파 발생
③ 코로나 전파 장해로 유도 현상 발생
④ 소호 리액터 접지의 소호 능력 저하
⑤ 전선의 부식으로 전선 수명 단축

(5) <u>코로나 방지 대책</u>
① <u>굵은 전선을 사용한다.</u>
② <u>복도체 및 다도체를 사용한다.</u>
③ <u>가선 금구를 매끄럽게 개량한다.</u>
④ <u>전선의 표면을 매끄럽게 유지한다.</u>

기출 & 예상문제 출제: 기사 06 | 배점: 7점

전선로 부근이나 애자 부근에 임계 전압 이상이 가해지면 전선로나 애자 부근에 공기의 절연이 부분적으로 파괴되는 현상이 발생하는데, 이것을 무슨 현상이라고 하는가? 그리고 이러한 현상이 미치는 영향 5가지와 그 방지 대책 3가지를 쓰시오.

해설
- 현상: 코로나 현상
- 코로나에 의한 영향
  - 코로나 전력 손실 발생
  - 고조파 발생
  - 코로나 전파 장해로 유도 현상 발생
  - 소호 리액터 접지의 소호 능력이 저하
  - 전선의 부식으로 전선 수명 단축
- 방지 대책
  - 굵은 전선 사용
  - 복도체 사용
  - 가선 금구를 매끄럽게 개량

독학이 쉬워지는 기초개념

Tip 강의 꿀팁

코로나 방지 대책에 '전선의 선간 거리(D)를 증가시킨다.'는 가급적 작성하지 않는 것이 좋아요.(오답 처리할 가능성이 높음)

3 송배전선로의 전기적 특성

(1) 3상 3선식 송전선로에서의 주요 공식

① 전압 강하

$$e = \sqrt{3}\,I(R\cos\theta + X\sin\theta) = \frac{P}{V_r}(R + X\tan\theta)\,[\text{V}]$$

② 전압 강하율

$$\varepsilon = \frac{e}{V_r} \times 100\,[\%] = \frac{V_s - V_r}{V_r} \times 100\,[\%]$$

$$= \frac{\sqrt{3}\,I(R\cos\theta + X\sin\theta)}{V_r} \times 100\,[\%]$$

$$= \frac{P}{V_r^2}(R + X\tan\theta) \times 100\,[\%]$$

(단, V_s: 송전단 선간 전압, V_r: 수전단 선간 전압)

③ 전압 변동률

$$\delta = \frac{V_{r0} - V_r}{V_r} \times 100\,[\%]$$

(단, V_{r0}: 무부하 시 수전단 전압, V_r: 전부하 시 수전단 전압)

④ 유효 전력 $P = \sqrt{3}\,VI\cos\theta\,[\text{W}]$

⑤ 전력 손실 $P_l = 3I^2 R = 3\left(\dfrac{P}{\sqrt{3}\,V\cos\theta}\right)^2 R = \dfrac{P^2 R}{V^2 \cos^2\theta}\,[\text{W}]$

⑥ 전력 손실률

$$k = \frac{P_l}{P} \times 100\,[\%] = \frac{\frac{P^2 R}{V^2 \cos^2\theta}}{P} \times 100\,[\%] = \frac{PR}{V^2 \cos^2\theta} \times 100\,[\%]$$

단상 2선식 선로의 전압 강하
$e = 2I(R\cos\theta + X\sin\theta)\,[\text{V}]$
(단, 저항과 리액턴스는 1선당 값)

Tip 강의 꿀팁

이상적인 경우, 전압 변동률은 전압 강하율과 동일합니다.

(2) 송·배전전압의 승압 시 효과

① 공급 능력 증대: 전압에 비례($P_a \propto V$)

② 공급 전력 증대: 전압의 제곱에 비례($P \propto V^2$)

③ 전압 강하 감소: 전압에 반비례($e \propto \dfrac{1}{V}$)

④ 전압 강하율 감소: 전압의 제곱에 반비례($\varepsilon \propto \dfrac{1}{V^2}$)

⑤ 전압 변동률 감소: 전압의 제곱에 반비례($\delta \propto \dfrac{1}{V^2}$)

⑥ 전력 손실 감소: 전압의 제곱에 반비례($P_l \propto \dfrac{1}{V^2}$)

⑦ 전력 손실률 감소: 전압의 제곱에 반비례($k \propto \dfrac{1}{V^2}$)

4 통신선 유도 장해

(1) 의미

전력선 경과지에 근접하여 통신선이 가설되었을 때 전력선의 전압과 전류에 의해 통신선에 영향을 미치는 현상이다.

(2) 정전 유도 장해

① 전력선과 통신선의 상호 정전 용량(C)에 의해 통신선에 정전 유도 전압이 발생하여 통신선에 생기는 유도 장해이다.

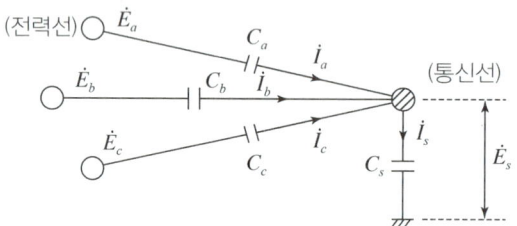

▲ 전력선과 통신선 간의 정전 유도 장해

② 정전 유도 전압의 크기

$$E_s = \dfrac{\sqrt{C_a(C_a - C_b) + C_b(C_b - C_c) + C_c(C_c - C_a)}}{C_a + C_b + C_c + C_s} \times \dfrac{V}{\sqrt{3}} [\text{V}]$$

(단, V: 선간 전압으로 $V = \sqrt{3}\,E$)

③ 정전 유도 장해 경감 대책

송전선의 완전 연가 실시($C_a = C_b = C_c \rightarrow E_s = 0$)

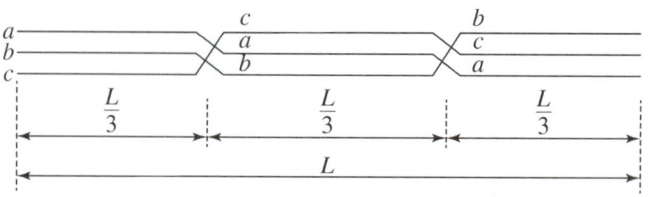

▲ 송전선로의 연가(Transposition) 실시

(3) 전자 유도 장해
① 전력선과 통신선의 상호 인덕턴스(M)에 의해 통신선에 전자 유도 전압이 발생하여 통신선에 생기는 유도 장해이다.
② 전자 유도 전압: $E_m = -j\omega Ml \times 3I_0 [\text{V}]$

단, M: 전력선과 통신선 간의 상호 인덕턴스[H/km]
　　l: 전력선과 통신선의 병행 길이[km]
　　I_0: 지락사고에 의해 발생하는 영상 전류[A] $\left(I_0 = \dfrac{1}{3}(I_a + I_b + I_c)\right)$

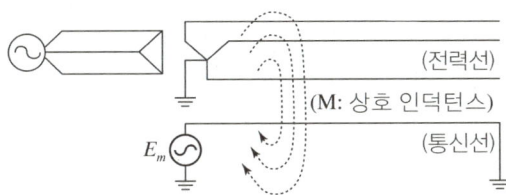

▲ 전자 유도 장해 현상

③ 전자 유도 장해 근본 억제 대책: 전자 유도 전압의 억제
- 통신선과 전력선 간의 상호 인덕턴스(M) 감소
- 기유도 전류(I_g)의 감소
- 선로의 병행 길이(l) 감소

④ 전자 유도 장해 전력선 측 억제 대책
- 차폐선의 설치
- 중성점 접지 저항을 크게 하거나, 소호 리액터 접지 방식 채용
- 고장 회선의 신속한 차단(고속도 차단)
- 3상 연가를 충분히 실시
- 송전선로를 통신선로와 충분히 이격하여 건설

⑤ 전자 유도 장해 통신선 측 억제 대책
- 통신선로에 고성능 피뢰기(LA) 설치
- 통신선에 연피 케이블 사용
- 통신선 중간에 배류 코일 설치
- 통신선 도중에 절연 변압기 설치
- 전력선과의 교차는 직각으로 실시

독학이 쉬워지는 기초개념

 강의 꿀팁

전자 유도 전압의 크기는 E_m에 절댓값을 씌워서 구할 수 있어요.

각주파수
$\omega = 2\pi f$(단, f는 주파수[Hz])

기유도 전류(지락 전류)
통신선에 전자 유도를 일으키는 전류로 $I_g = 3I_0$[A]
(단, I_0: 영상 전류[A])

 강의 꿀팁

빈출도가 높은 통신선 측에서의 전자 유도 장해 억제 대책과 전력선 측에서의 전자 유도 장해 억제 대책을 구분하여 정확하게 암기해야 해요.

기출 & 예상문제　　출제: 기사 19 ｜ 배점: 5점

중요도 송전전압 66[kV]의 3상 3선식 송전선에서 1선 지락사고로 영상 전류 $I_0 = 50$[A]가 흐를 때 통신선에 유기되는 전자 유도 전압[V]을 구하시오.(단, 상호 인덕턴스 $M = 0.05$[mH/km], 병행 거리 $l = 100$[km], 주파수는 60[Hz]이다.)

해설
$E_m = -j\omega Ml \times 3I_0 = -j2\pi \times 60 \times 0.05 \times 10^{-3} \times 100 \times 3 \times 50$
　　$= -j282.74$[V]
∴ $|E_m| = 282.74$[V]

답 282.74[V]

강의 꿀팁

전자 유도 전압의 크기를 구할 때 절댓값을 씌우면 위상을 나타내는 j는 사라져요.

| 독학이 쉬워지는 기초개념 |

THEME 03   지중 전선로

1 지중 전선로의 건설이 요구되는 장소
지중 전선로는 가공 전선로와 달리 땅 속에 매설되므로 다음과 같은 경우에 적합하다.
① 외부 기후(낙뢰, 풍수해 등)에 의한 사고에 대해 높은 공급 신뢰도를 요구하는 장소
② 전력의 수용 밀도가 현저히 높은 부하 밀집 지역에 공급하는 장소
③ 보안상 등의 이유로 가공 전선로를 가설할 수 없는 장소
④ 도시의 미관이 중요하여 가공 전선로를 건설할 수 없는 장소

2 지중 전선로의 특징
① 외부 기후의 영향을 받지 않아 전력 공급 신뢰도가 높다.
② 전선로의 경과지 확보가 가공 전선로에 비해 용이하다.
③ 다회선 설치가 가공 전선로에 비해 용이하다.
④ 고장 발생 시 고장 위치 확인 및 고장 복구가 어렵다.
⑤ 송전 용량은 가공 전선로에 비해 작다.

3 지중 케이블
① 가교 폴리에틸렌 절연 비닐시스 케이블(CV Cable)을 주로 사용한다.
② 기존의 유입 케이블이 절연유가 누출되는 단점을 보완한 케이블로, 폴리에틸렌의 내열성을 높인 케이블

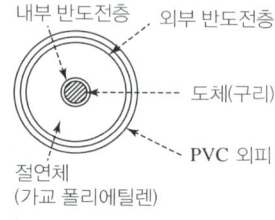

▲ CV 케이블 단면도

③ 케이블에서 발생하는 손실
  • 도체손(저항손) $P_c = I^2R[W]$
  • 유전체손 $P_d = 2\pi f C E^2 \tan\delta [W]$ (단, $\tan\delta$: 유전 정접)
  • 연피손(시스손)

4 지중 케이블 매설 방법
(1) 직접 매설식
  ① 지하에 트러프를 묻고, 그 안에 케이블 포설 후 모래를 채우는 방식
  ② 케이블 매설 깊이
    • 중량의 하중이 없는 장소: 0.6[m]
    • 중량의 하중이 있는 장소: 1.0[m]

절연체의 내열 온도
• EV 케이블(폴리에틸렌) 75[℃]
• CV 케이블(가교 폴리에틸렌) 90[℃]

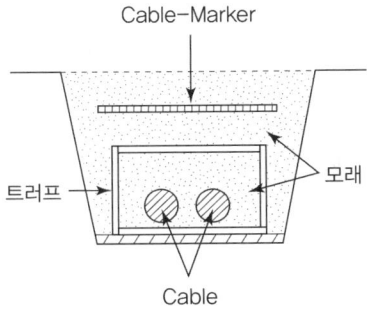

▲ 직접 매설식

③ 장·단점

장점	단점
• 공사가 간단하여 경제적이다. • 케이블 융통성이 좋다. • 케이블의 온도 상승이 적어 전류 용량을 크게 할 수 있다.	• 케이블이 손상되기 쉽다. • 사고 시 수리가 어렵다. • 재시공이나 증설이 곤란하다. • 케이블 포설 가닥 수에 한계가 있다.

(2) 관로식

① 적당한 간격마다 맨홀(M/H)을 만들고, 그 사이에 관로 설치 후 케이블을 끌어 넣는 방식

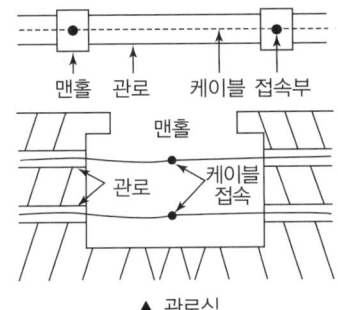

▲ 관로식

② 장·단점

장점	단점
• 케이블 손상이 적다. • 케이블의 재시공, 증설이 용이하다. • 고장점 탐지가 용이하고 고장 시 일부 구간의 케이블 교체가 용이하다.	• 직접 매설식에 비해 건설비가 증가한다. • 맨홀의 침수 우려가 있다. • 신축에 의한 케이블 시스 피로가 크다. • 온도 상승이 커서 전류 용량이 감소한다.

(3) 암거식

① 지하에 넓은 지하 터널(전력구)을 시공하고 케이블 – 트레이를 설치 후 케이블을 포설하는 방식

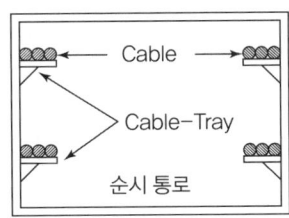

▲ 암거식

② 장·단점

장점	단점
• 케이블 손상이 적다. • 관로식보다 전류 용량이 크다. • 고장 시 케이블 교체가 용이하다. • 많은 가닥 수를 시공하는 데 편리하다.	• 공사비가 가장 비싸다. • 공사 기간이 가장 길다. • 경과지 선정에 주의해야 한다. • 시공 중 민원 발생 소지가 있다.

5 케이블 고장점 측정 방법

(1) 머레이 루프법

고장점까지의 거리를 $x[\mathrm{m}]$라 하면

$$R_1 \times \rho \frac{x}{A} = R_2 \times \rho \frac{(2l-x)}{A}$$

$$R_1 x = R_2(2l-x)$$

$$\therefore x = \frac{R_2}{R_1+R_2} \times 2l\,[\mathrm{m}]$$

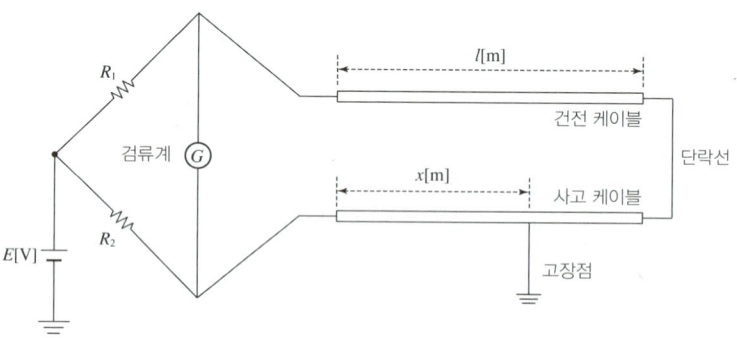

▲ 머레이 루프법

(2) 수색 코일법
(3) 펄스 레이더법
(4) 정전 용량 브리지법
(5) 음향에 의한 방법

기출 & 예상문제 출제 예상문제

중요도 지중 케이블의 고장 개소를 찾는 방법 5가지를 쓰시오.

해설
• 머레이 루프법
• 수색 코일법
• 펄스 레이더법
• 정전 용량 브리지법
• 음향에 의한 방법

CHAPTER 01 기출 기반 적중문제

출제: 기사 15 | 배점: 4점

01 송전선로에 경동선보다 ACSR(강심알루미늄 연선)을 많이 사용하는 이유를 2가지 쓰시오.

> **해설**
> - 경동선에 비해 기계적 강도가 크고, 무게가 가볍다.
> - 바깥지름이 경동선보다 커 코로나 임계 전압이 높아져 코로나 방지에 유효하다.

출제: 기사 92 | 배점: 4점

02 154[kV] 송전선로에 쓰이는 현수 애자의 개수는 몇 개가 적절한가?(단, 청정지역을 기준으로 한다.)

> **해설**
> 9~11개
>
> **참고**
> 전압에 따른 현수 애자(250[mm])의 연결 개수
>
> | 전압[kV] | 22.9 | 66 | 154 | 345 | 765 |
> |---|---|---|---|---|---|
> | 수량 | 2~3 | 4~6 | 9~11 | 18~23 | 38~43 |

출제: 기사 20 | 배점: 5점

03 송전 전압이 154[kV]일 때, 선로 길이가 30[km]인 경우 1회선당 가능한 송전 전력은 몇 [kW]인지 Still의 식에 의거하여 구하시오.

> **해설**
> Still의 가장 경제적인 송전 전압 결정식 $V_S = 5.5\sqrt{0.6l[\text{km}] + \dfrac{P[\text{kW}]}{100}}$ [kV]에서
> $P = \left(\dfrac{V_S^2}{5.5^2} - 0.6l\right) \times 100 = \left(\dfrac{154^2}{5.5^2} - 0.6 \times 30\right) \times 100 = 76,600[\text{kW}]$
>
> **답** 76,600[kW]

출제: 기사 18 | 배점: 5점

04 철탑 기초 공사에서 각입이란 무엇인지 간단히 쓰시오.

> **해설**
> 철탑 기초 공사에서 굴착이 끝난 후 네 곳의 기초에 콘크리트를 타설하기 전 철탑의 앵커재 및 주각재 또는 주주재를 설치하는 공정을 말한다.

05 다음 철탑의 명칭을 쓰시오.

(1)

(2)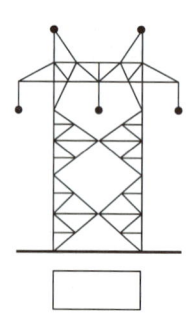

(3)

(4)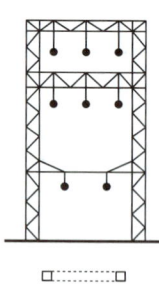

(5)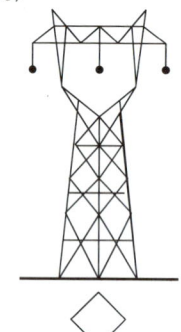

(6)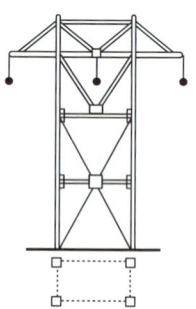

해설
(1) 사각 철탑
(2) 방형 철탑
(3) 우두형 철탑
(4) 문형 철탑
(5) 회전형 철탑
(6) MC 철탑

06 근가용 U볼트의 용도는?

해설
전주에 근가를 취부할 때 근가를 고정시키는 볼트

출제: 기사 18 | 배점: 5점

07 콘크리트 전주(CP주)의 지표면에서의 지름[cm]을 구하여라.(단, 설계 하중은 500[kg], 전주 규격은 16[m], 전주 말구 지름은 19[cm]이며, 근입 깊이는 최소로 설정한다.)

해설
- 설계 하중[kN] = $500 \times 9.8 \times 10^{-3} = 4.9$[kN]으로 6.8[kN] 이하이다.
- 전주 규격 16[m]에 대한 근입 깊이: 2.5[m]

∴ $D = d[\text{cm}] + H \times \dfrac{1}{75} \times 100 = 19 + (16-2.5) \times \dfrac{100}{75} = 37$[cm]

답 37[cm]

참고
- 전주의 지표면상 길이[m]
  H = 전주 높이 − 근입 깊이
- 근입 깊이(설계 하중이 6.8[kN] 이하일 때)
  − 15[m] 이하: 전주 길이의 $\dfrac{1}{6}$[m] 이상
  − 15[m] 초과 16[m] 이하: 2.5[m] 이상

출제: 기사 18 | 배점: 4점

08 가공 송전선로에서 전선에 가해지는 하중의 종류 3가지를 쓰시오.

해설
전선 자중, 빙설 하중, 풍압 하중

출제: 기사 14 | 배점: 4점

09 다음 설명에 대한 철탑의 명칭을 쓰시오.
(1) 전선로의 직선 부분(3° 이하의 수평 각도를 이루는 곳을 포함)에 사용하는 철탑
(2) 전선로 중 수평 각도가 3°를 넘고 30° 이하인 곳에 사용하는 철탑
(3) 전가섭선을 인류하는 곳에 사용하는 철탑
(4) 전선로를 보강하기 위하여 세워지는 철탑으로 직선 철탑이 다수 연속될 경우에는 약 10기마다 1기의 비율로 설치되는 철탑

해설
(1) 직선 철탑
(2) 각도 철탑
(3) 인류 철탑
(4) 내장 철탑

출제: 기사 18 | 배점: 5점

10 특고압 가공 전선로의 지지물로 사용하는 B종 철주, B종 철근 콘크리트주 또는 철탑의 종류 3가지만 쓰시오.

해설
직선형, 각도형, 인류형

참고
B종 철주, B종 철근 콘크리트주 또는 철탑의 종류: 내장형, 보강형, 직선형, 각도형, 인류형

출제: 기사 14 | 배점: 6점

11 전력선 이도 설계 시 부하 계수를 설명하고, 합성 하중, 전선의 자중, 피빙설의 중량, 풍압 하중 등을 이용하여 부하 계수를 구하는 산술식을 쓰시오.(단, W: 합성 하중, W_c: 전선의 자중, W_i: 피빙설의 중량, W_w: 풍압 하중이라고 한다.)

해설
- 부하 계수: 합성 하중의 전선 자중에 대한 비
- 산술식: 부하 계수 = $\dfrac{W}{W_c} = \dfrac{\sqrt{(W_i + W_c)^2 + W_w^2}}{W_c}$

출제: 기사 16 | 배점: 6점

12 다음 그림은 경완철에서 현수 애자를 설치하는 순서이다. [보기]에서 명칭을 골라 번호 옆에 쓰시오.

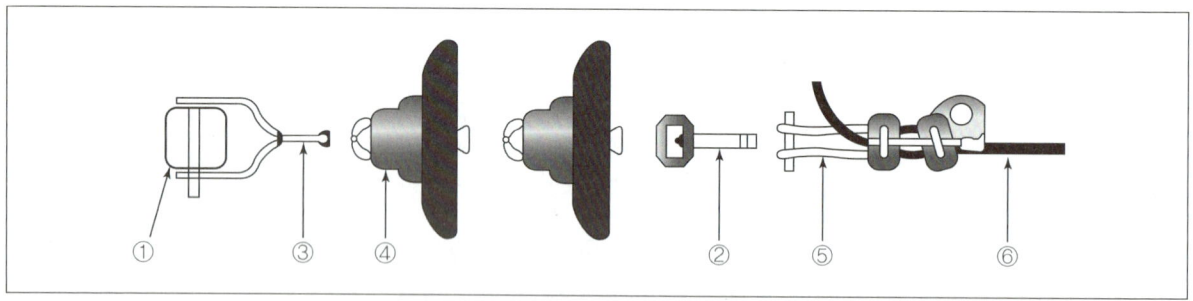

보기
㉠ 경완철
㉡ 현수 애자
㉢ 소켓아이
㉣ 볼쇄클
㉤ 데드엔드 클램프
㉥ 전선

해설
① → ㉠, ② → ㉢, ③ → ㉣, ④ → ㉡, ⑤ → ㉤, ⑥ → ㉥

출제: 기사 22 | 배점: 6점

13 경간이 $200[\text{m}]$인 가공 송전선로가 있다. 전선 $1[\text{m}]$당 무게는 $2.0[\text{kg}]$이고, 풍압 하중이 없다고 한다. 인장 강도 $4,000[\text{kg}]$의 전선을 사용할 때 이도(D)와 전선의 실제 길이(L)를 구하시오.(단, 안전율은 2.2로 한다.)

(1) 이도
(2) 전선의 실제 길이

해설

(1) $D = \dfrac{WS^2}{8T} = \dfrac{2 \times 200^2}{8 \times \dfrac{4,000}{2.2}} = 5.5[\text{m}]$

답 $5.5[\text{m}]$

(2) $L = S + \dfrac{8D^2}{3S} = 200 + \dfrac{8 \times 5.5^2}{3 \times 200} = 200.4[\text{m}]$

답 $200.4[\text{m}]$

참고

(1) $T = \dfrac{\text{인장강도}}{\text{안전율}}$

출제: 기사 20 | 배점: 8점

14 다음은 $154[\text{kV}]$ 송전선로의 1련 현수 애자 장치도이다. 그림에 표시된 번호를 보고 명칭을 정확하게 적으시오.

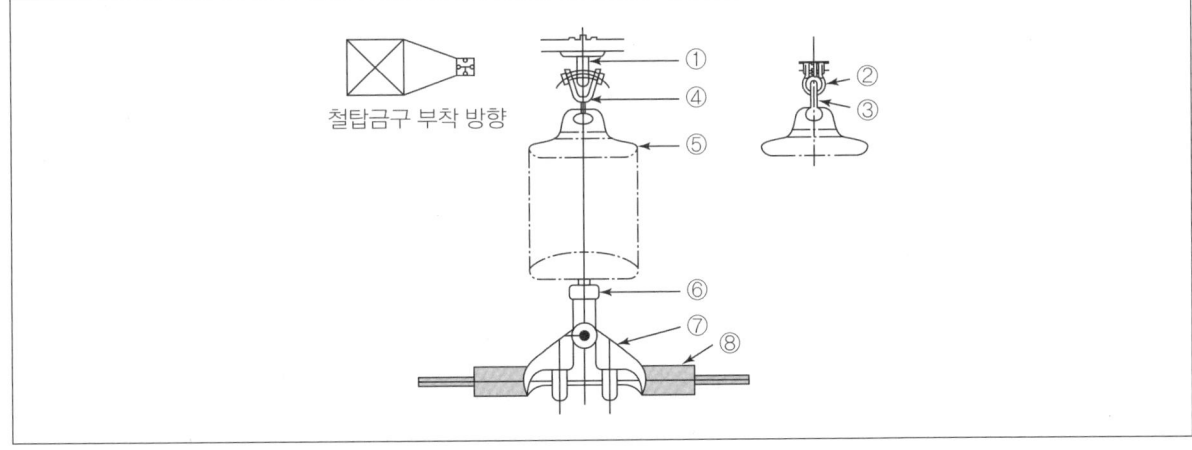

해설
① 애자 장치 U볼트 ② 앵커 쇄클 ③ 볼아이 ④ Y 크레비스볼
⑤ 현수 애자 ⑥ 소켓아이 ⑦ 현수 클램프 ⑧ 아머 로드

15 다음 그림은 장간형 현수 애자 설치 방법이다. 그림에서 ①~⑤의 명칭을 답하시오.

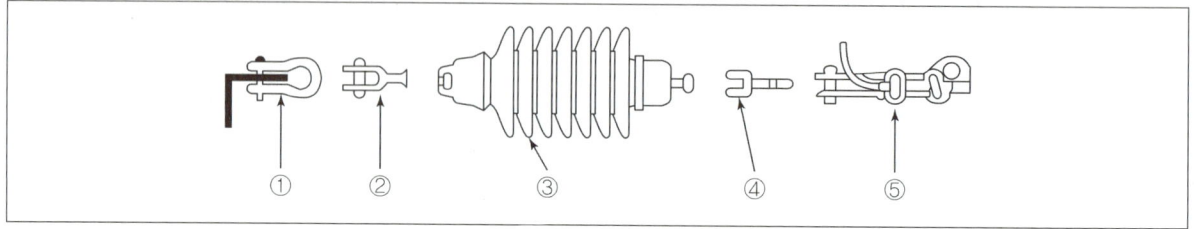

해설

① 앵커 쇄클   ② 볼 크레비스   ③ 장간형 현수 애자   ④ 소켓아이   ⑤ 데드엔드 클램프

16 $240[\text{mm}^2]$ ACSR 전선을 $200[\text{m}]$의 경간에 가설하려고 하는데, 이도는 계산상 $8[\text{m}]$였지만 가설 후의 실측 결과는 $6[\text{m}]$ 밖에 되지 않아 $2[\text{m}]$를 증가시키려고 한다. 이때 전선을 경간에 몇 $[\text{m}]$만큼 밀어넣어야 하는가?

해설

- 이도 $6[\text{m}]$일 때의 전선 길이 $L_1 = S + \dfrac{8D_1^2}{3S} = 200 + \dfrac{8 \times 6^2}{3 \times 200} = 200.48[\text{m}]$
- 이도 $8[\text{m}]$일 때의 전선 길이 $L_2 = S + \dfrac{8D_2^2}{3S} = 200 + \dfrac{8 \times 8^2}{3 \times 200} = 200.85[\text{m}]$

추가해야 되는 전선의 길이 $L = L_2 - L_1 = 200.85 - 200.48 = 0.37[\text{m}]$

답 $0.37[\text{m}]$

17 그림과 같이 고저차가 없는 같은 경간의 지지점 A, B, C에 전선이 가설되어 있다. 이때, 전선이 가운데 지지점 B에서 떨어질 경우 이도(Dip)는 전선이 떨어지기 전의 몇 배가 되는가?

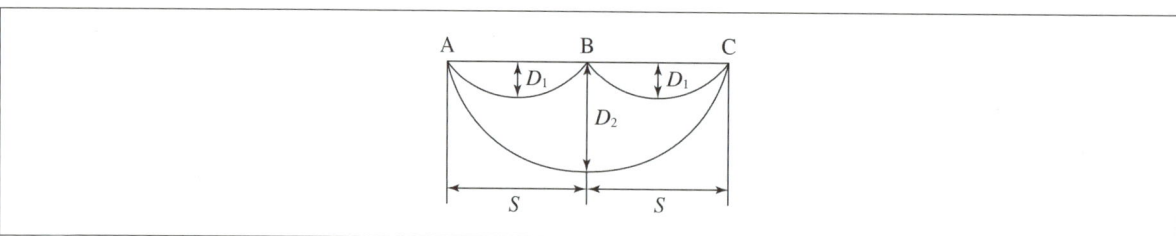

해설

- 떨어지기 전 전선 길이 $L_1 = \left(S + \dfrac{8D_1^2}{3S}\right) \times 2 = 2S + 2 \times \dfrac{8D_1^2}{3S}$ $[\text{m}]$
- 떨어진 후 전선 길이 $L_2 = 2S + \dfrac{8D_2^2}{3 \times (2S)}$ $[\text{m}]$

떨어지기 전과 후의 전선 길이에는 변함이 없으므로

$2S + 2 \times \dfrac{8D_1^2}{3S} = 2S + \dfrac{8D_2^2}{3 \times 2S} \rightarrow \therefore D_2 = 2D_1$

답 2배

18 지름 10[mm]의 경동선을 사용한 가공 전선로가 있다. 경간은 100[m]로 지지점의 높이는 동일하다. 수평 풍압이 110[kg/m²]인 경우에 전선의 안전율이 2.2가 되기 위해선 전선의 길이가 몇 [m]이어야 하는가?(단, 전선 1[m]의 무게는 0.7[kg], 전선의 인장 강도는 2,860[kg]이며 장력에 의한 전선의 신장은 무시한다.)

해설

수평 풍압 하중 $= 110 \times \dfrac{10}{1,000} = 1.1 [\text{kg/m}]$

$W = \sqrt{0.7^2 + 1.1^2} = 1.3 [\text{kg/m}]$

$D = \dfrac{WS^2}{8T} = \dfrac{1.3 \times 100^2}{8 \times \left(\dfrac{2,860}{2.2}\right)} = 1.25 [\text{m}]$

$L = S + \dfrac{8D^2}{3S} = 100 + \dfrac{8 \times 1.25^2}{3 \times 100} = 100.04 [\text{m}]$

답 100.04[m]

참고

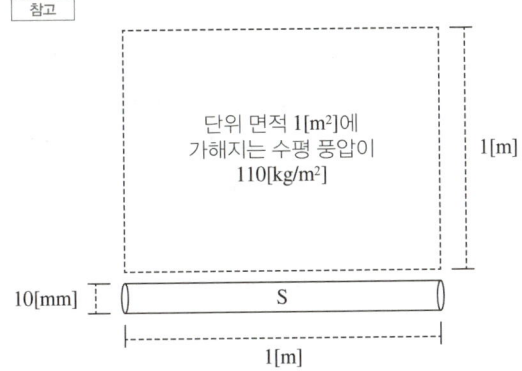

지름이 10[mm] $= \dfrac{10}{1,000} [\text{m}]$인 경동선의 면적 S에 가해지는 수평 풍압 $= 110 \times \dfrac{10}{1,000} = 1.1 [\text{kg/m}^2]$

이미 전선 길이 1[m]를 가정했으므로 전선 1[m]가 받는 수평 풍압 하중은 1.1[kg/m]

- 전선의 합성하중 $W = \sqrt{(W_c + W_i)^2 + W_w^2}$
 (단, W_c: 전선의 무게[kg/m], W_i: 전선에 가해지는 빙설 하중[kg/m], W_w: 전선에 가해지는 풍압 하중 [kg/m])

- $T = \dfrac{\text{인장 강도}}{\text{안전율}}$

19 1[m]의 하중이 0.35[kg]인 전선을 서로 수평인 경간 60[m] 지지점에 가설하여 이도(Dip)를 0.7[m]로 하려면 장력[kg]은 얼마인지 답하시오.

해설

이도 $D = \dfrac{WS^2}{8T} [\text{m}]$에서 $T = \dfrac{WS^2}{8D} = \dfrac{0.35 \times 60^2}{8 \times 0.7} = 225 [\text{kg}]$

답 225[kg]

출제: 산업 14 | 배점: 5점

20 어떤 콘덴서 3개를 선간 전압 $3,300[\text{V}]$, 주파수 $60[\text{Hz}]$의 선로에 Δ로 접속하여 충전 용량이 $60[\text{kVA}]$가 되도록 하려면 콘덴서 1개의 정전 용량$[\mu\text{F}]$은 약 얼마로 하여야 하는가?

해설

$Q_c = 3\omega CE^2 = 3 \times 2\pi f CE^2$ 에서

$C = \dfrac{Q_c}{3 \times 2\pi f E^2} = \dfrac{60 \times 10^3}{3 \times 2\pi \times 60 \times 3,300^2} = 4.87 \times 10^{-6}[\text{F}] = 4.87[\mu\text{F}]$

답 $4.87[\mu\text{F}]$

참고

Δ 결선(델타 결선)은 상전압과 선간 전압이 동일하므로 $E = V = 3,300[\text{V}]$이다.

출제: 산업 15 | 배점: 5점

21 단상 2선식 교류 배전선이 있다. 전선 1가닥의 저항은 $0.25[\Omega]$, 리액턴스는 $0.35[\Omega]$이다. 부하는 무유도성으로서 $220[\text{V}]$, $8.8[\text{kW}]$일 때 급전점의 전압은 약 몇 $[\text{V}]$인가?

해설

- 전류 $I = \dfrac{P}{V\cos\theta} = \dfrac{8,800}{220 \times 1.0} = 40[\text{A}]$
- 급전점 전압 $V_s = V_r + 2I(R\cos\theta + X\sin\theta) = 220 + 2 \times 40 \times (0.25 \times 1 + 0.35 \times 0) = 240[\text{V}]$

답 $240[\text{V}]$

참고

- 단상 전력 $P = VI\cos\theta[\text{W}]$
- 전압 강하 $e = V_s - V_r[\text{V}]$
  단상 2선식 선로의 전압 강하 $e = 2I(R\cos\theta + X\sin\theta)[\text{V}]$
  단, 저항(R)과 리액턴스(X)는 1선당 값
- 무유도성 부하($\theta = 0°$)에서는 $\cos\theta = 1$, $\sin\theta = 0$

출제: 기사 16 | 배점: 5점

22 3상 3선식 배전선로에 역률 0.8, 출력 $120[\text{kW}]$인 3상 평형 유도 부하가 접속되어 있는 경우, 부하단의 수전 전압이 $3,000[\text{V}]$, 배전선 1조의 저항이 $6[\Omega]$, 리액턴스가 $4[\Omega]$일 때의 송전단 전압을 구하시오.

해설

- 전류 $I = \dfrac{P}{\sqrt{3}\,V\cos\theta} = \dfrac{120 \times 10^3}{\sqrt{3} \times 3,000 \times 0.8} = 28.87[\text{A}]$
- 송전단 전압
  $V_s = V_r + \sqrt{3}\,I(R\cos\theta + X\sin\theta) = 3,000 + \sqrt{3} \times 28.87 \times (6 \times 0.8 + 4 \times 0.6) = 3,360.03[\text{V}]$

답 $3,360.03[\text{V}]$

> [참고]
> • 전압 강하 $e = V_s - V_r [V]$
>   3상 3선식 선로의 전압 강하 $e = \sqrt{3}I(R\cos\theta + X\sin\theta)[V]$
>   단, 저항(R)과 리액턴스(X)는 1선당 값
> • $\sin^2\theta + \cos^2\theta = 1 \rightarrow \sin\theta = \sqrt{1-\cos^2\theta}$

출제: 산업 16 | 배점: 5점

23 그림과 같은 단상 2선식 회로에서 인입구 A점의 전압이 $220[V]$일 때의 D점 전압을 구하시오.(단, 선로에 표기된 저항값은 2선값이다.)

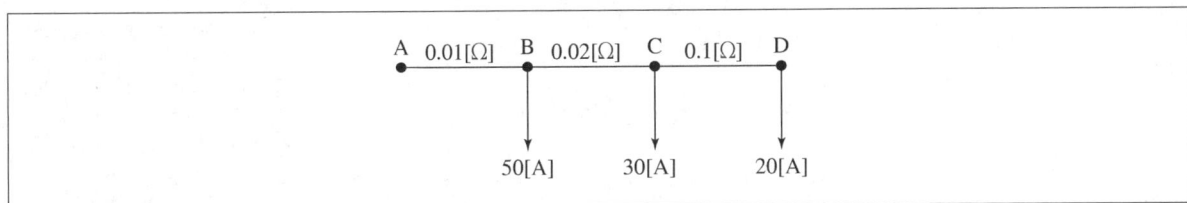

> [해설]
> • B점의 전압 $V_B = V_A - I_{AB}R_{AB} = 220 - (50+30+20) \times 0.01 = 219[V]$
> • C점의 전압 $V_C = V_B - I_{BC}R_{BC} = 219 - (30+20) \times 0.02 = 218[V]$
> • D점의 전압 $V_D = V_C - I_{CD}R_{CD} = 218 - 20 \times 0.1 = 216[V]$
>
> 답 $216[V]$

출제: 산업 15 | 배점: 5점

24 지선에 가해지는 장력이 $860[kgf]$이라면 지름 $3.2[mm]$의 철선 몇 가닥을 사용하여야 하는가?(단, 철선의 단위 면적당 인장 강도는 $35[kgf/mm^2]$, 안전율은 2.5로 한다.)

> [해설]
> 소선 수 $= \dfrac{\text{지선의 장력} \times \text{안전율}}{\text{소선 1가닥의 인장 강도}} = \dfrac{860 \times 2.5}{35 \times \left(\dfrac{\pi}{4} \times 3.2^2\right)} = 7.64$
>
> 답 $8[\text{가닥}]$
>
> [참고]
> • 장력(T) $= \dfrac{\text{소선 수} \times \text{소선 1가닥의 인장 강도}}{\text{안전율}}$
> • 소선 1가닥의 인장 강도 $=$ 철선의 단위 면적당 인장 강도$[kgf/mm^2] \times$ 철선의 단면적$[mm^2]$
> • 전선의 단면적 $= \dfrac{\pi}{4} \times d^2 [mm^2]$

부하 설비

1. 조명 설비
2. 전동기 및 부하 산정
3. 역률 개선
4. 예비전원 설비

학습 전략

전기공사기사 필기를 준비하면서 부하 설비 중 조명 부하 설비 부분은 전기응용 및 공사재료 과목에서 이미 학습하였기 때문에 생소한 부분은 없을 것입니다. 필기 시험에서 공부했던 내용에 실기 시험에서 새롭게 등장하는 내용만 추가 학습한다면 어렵지 않게 대비할 수 있습니다.

CHAPTER 02 | 흐름 미리보기

1. 조명 설비
2. 전동기 및 부하 산정
3. 역률 개선
4. 예비전원 설비

NEXT **CHAPTER 03**

CHAPTER 02 부하 설비

THEME 01 조명 설비

1 조명 설계

(1) 전등의 설치 높이와 간격

① 등의 높이(등고)
- 직접 조명 방식: 등 높이 H = 작업면에서 광원까지의 높이
- 간접 조명 방식: 등 높이 H = 작업면에서 천장까지의 높이

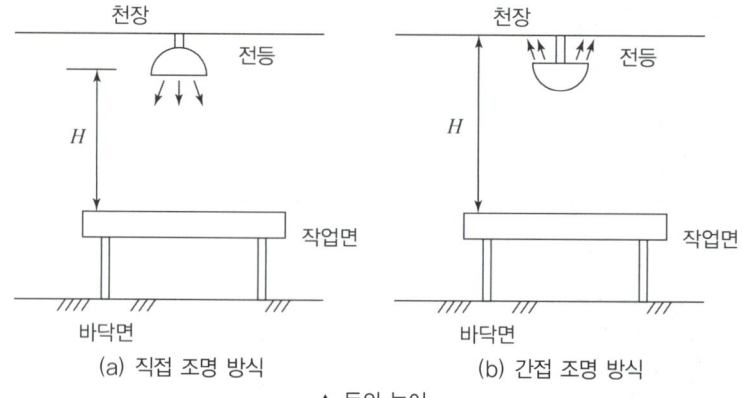

▲ 등의 높이

② 등 간격
- 등기구와 등기구 사이의 간격: $S \leq 1.5H$
- 벽과 등기구 사이의 간격

    $S \leq \dfrac{H}{2}$ (벽면을 사용하지 않을 경우)

    $S \leq \dfrac{H}{3}$ (벽면을 사용할 경우)

(2) 실지수 또는 방지수(RI: Room Index)

① 광속법에 의해 실내의 전등 조명 계산을 하는 경우, 조명 기구의 이용률(조명률) U를 구하기 위한 하나의 지수로 방의 모양에 의한 영향을 나타낸 것
② 실지수 RI는 방의 폭 $X[\mathrm{m}]$, 길이 $Y[\mathrm{m}]$, 등고 $H[\mathrm{m}]$의 함수로 나타낸다.
③ 실지수 계산식

$$RI = \dfrac{XY}{H(X+Y)}$$

단, X: 방의 폭[m], Y: 방의 길이[m], H: 등고[m]

독학이 쉬워지는 기초개념

등고(등의 높이)
작업자가 실제로 광원의 빛을 받는 높이

(3) 조도(E)의 산출

$$FUN = EAD$$
단, F: 광속[lm], U: 조명률, N: 사용하는 등의 개수
E: 조도[lx], A: 방의 면적[m²]
D: 감광 보상률($= \frac{1}{M}$), M: 유지율(보수율)

> **감광 보상률(D)**
> 조명기구의 사용 연수가 지날수록 광속이 감소할 것을 감안한 여유 계수

(4) 도로 조명 설계
① 직선 도로: 양측 배열(대칭 배열), 지그재그 배열, 한쪽(일렬) 배열, 중앙 배열로 등기구 배치를 한다.
② 곡선 도로: 멀리서 보더라도 곡선 도로의 굴곡된 모양을 쉽게 알 수 있도록 직선 도로보다 등기구 간격을 조밀하게 배치한다.

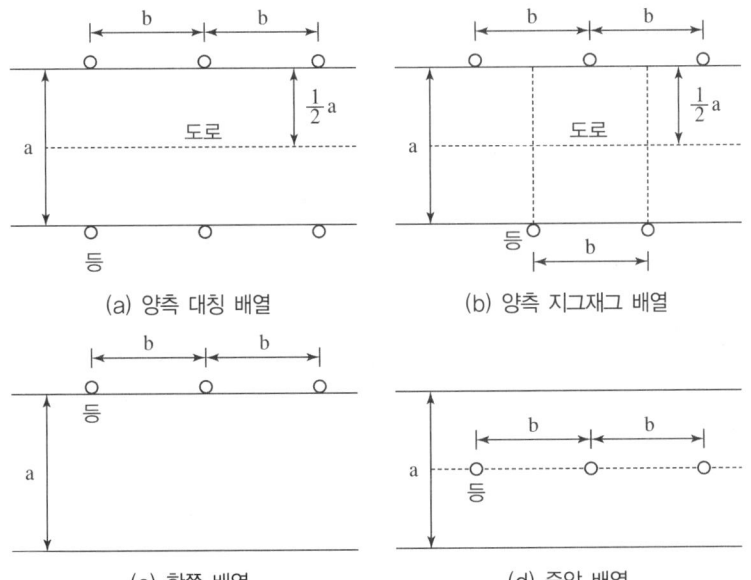

(a) 양측 대칭 배열   (b) 양측 지그재그 배열
(c) 한쪽 배열   (d) 중앙 배열

③ 등기구 1개당 도로를 비추는 면적
 • 양측 대칭 배열, 양측 지그재그 배열
  $A = \dfrac{a \times b}{2}$[m²](단, a: 도로의 폭[m], b: 등 간격[m])
 • 한쪽 배열, 중앙 배열
  $A = a \times b$[m²](단, a: 도로의 폭[m], b: 등 간격[m])

④ 조도(E)의 산출

$$FUN = EAD$$
단, F: 광속[lm], U: 조명률, N: 사용하는 등의 개수(보통 1개로 계산)
E: 조도[lx], A: 등기구 1개당 비추는 도로의 면적[m²]
D: 감광 보상률($= \frac{1}{M}$), M: 유지율(보수율)

• 도로 조명 계산에서 도로 면적(A)은 가로등 1등당 비추는 면적으로 계산한다.

| 독학이 쉬워지는 기초개념 | **기출 & 예상문제** | 출제: 산업 15 | 배점: 6점 |

중요도 방의 가로 길이가 12[m], 세로 길이가 18[m], 방바닥에서 천장까지의 높이가 3.85[m]인 방에서 조명기구를 천장에 간접 조명 방식으로 취부하고자 한다. 이 방의 실지수를 구하시오. (단, 작업면은 방바닥에서 0.85[m] 높이에 있다.)

해설

$$RI = \frac{XY}{H(X+Y)} = \frac{12 \times 18}{(3.85-0.85) \times (12+18)} = 2.4$$

답 2.4

2 광원

(1) 형광등의 장·단점

① 장점
- 수명이 길고 효율이 좋다.
- 휘도가 낮다.
- 임의의 광색을 얻을 수 있다.

형광체	텅스텐산 칼슘	텅스텐산 마그네슘	규산아연	규산카드뮴	붕산카드뮴
광색	청색	청백색	녹색	등색	핑크색

- 열방사가 백열등에 비해 1/4 정도로 작다.

② 단점
- 역률이 나쁘다.
- 점등에 시간이 걸린다.
- 여러 가지 부속 장치가 필요하여 가격이 비싸다.
- 플리커(빛의 깜박임) 현상이 있다.
- 주위 온도의 영향을 받는다.

(2) 고휘도 방전등(HID: High Intensity Discharge Lamp)의 종류

① 고압 나트륨등
② 고압 수은등
③ 초고압 수은등
④ 메탈 핼라이드등
⑤ 고압 크세논 방전등

(3) 램프의 효율 비교

① 나트륨등: 80~150[lm/W]
② 메탈 핼라이드등: 75~105[lm/W]
③ 형광등: 48~80[lm/W]
④ 수은등: 35~55[lm/W]
⑤ 할로겐등: 20~22[lm/W]
⑥ 백열등: 7~20[lm/W]

형광등의 효율이 최대가 되는 온도
- 주위 온도: 20~25[℃]
- 관벽 온도: 40~45[℃]

HID 램프 기호
- N: 나트륨등
- H: 수은등
- M: 메탈 핼라이드등
- X: 크세논등

(4) 램프의 효율이 좋은 순서

　　나트륨등 → 메탈 핼라이드등 → 형광등 → 수은등 → 할로겐등 → 백열등

(5) 조명설비의 에너지 절약 방안

　　① 고효율 등기구 사용
　　② 슬림 라인 형광등 및 전구식 형광등 사용
　　③ 창 측 조명기구 개별 점등
　　④ 재실 감지기 및 카드키 채용
　　⑤ 고역률 등기구 채용
　　⑥ 등기구의 격등 제어 회로 구성
　　⑦ 등기구의 정기 보수 및 유지 관리
　　⑧ 고조도 저휘도 반사갓 채용
　　⑨ 전반 조명과 국부 조명의 적절한 병용(TAL 조명)

> **기출 & 예상문제** 　　출제: 기사 95 | 배점: 5점
>
> 수은등, 나트륨등, 메탈 핼라이드등, 형광등을 효율이 가장 좋은 것부터 나열하시오.
>
> **해설**
> 나트륨등, 메탈 핼라이드등, 형광등, 수은등

THEME 02　전동기 및 부하 산정

1 전동기의 용량 산정

(1) 양수 펌프용 전동기 용량

- $P = \dfrac{9.8QH}{\eta}k\,[\text{kW}]$

　단, Q: 양수량[m³/s], H: 양정(양수 높이)[m], k: 여유 계수, η: 효율

- $P = \dfrac{QH}{6.12\eta}k\,[\text{kW}]$

　단, Q: 양수량[m³/min]

(즉, 양수량의 단위가 초당인지, 분당인지에 따라 두 가지 식으로 나타낼 수 있다.)

(2) 권상기용 전동기 용량

$P = \dfrac{mv}{6.12\eta}k\,[\text{kW}]$

단, m: 물체의 무게[ton], v: 권상 속도[m/min], k: 여유 계수, η: 효율

독학이 쉬워지는 기초개념

(3) 3상 유도 전동기의 표준 용량[kW]

0.2, 0.4, 0.75, 1.5, 2.2, 3.7, 5.5, 7.5, 11, 15, 18.5, 22, 30, 37

2 부하 설비 용량 산정

(1) 표준 부하

① 건축물의 종류에 따른 표준 부하(P)

건축물의 종류	표준 부하[VA/m²]
공장, 공회당, 사원, 교회, 영화관, 연회장	10
기숙사, 여관, 호텔, 병원, 학교, 음식점, 대중 목욕탕	20
사무실, 은행, 상점, 이발소, 미용실	30
주택, 아파트	40

② 건축물 중 별도 계산할 부분의 표준 부하(Q)

건축물의 부분	표준 부하[VA/m²]
복도, 계단, 세면장, 창고, 다락	5
강당, 관람석	10

③ 표준 부하에 따라 산출한 수치에 별도로 가산해야 할 부하(C)
- 주택, 아파트(1세대마다)에 대하여 500~1,000[VA]
- 상점의 진열장 폭 1[m]에 대하여 300[VA]
- 옥외의 광고등, 전광사인, 네온사인 등의 부하[VA]

(2) **부하의 용량 산정**

위에서 구한 값들을 건축물의 바닥 면적[m²]을 감안하여 다음과 같은 식에 의해서 총 부하 설비 용량을 계산한다.

$$부하\ 설비\ 용량 = P \times A + Q \times B + C [VA]$$

단, A: 건축물의 바닥 면적[m²]

B: 별도 계산할 부분의 바닥 면적[m²]

C: 별도로 가산해야 할 부하[VA]

P: A 부분의 표준 부하[VA/m²]

Q: B 부분의 표준 부하[VA/m²]

3 분기 회로 수 결정

(1) **부하 설비 용량에 맞는 분기 회로 수**

$$분기\ 회로\ 수 = \frac{표준\ 부하\ 밀도[VA/m^2] \times 바닥\ 면적[m^2]}{전압[V] \times 분기\ 회로의\ 전류[A]}$$

(2) 분기 회로 수 계산 결과값에 소수점이 발생하면 소수점 이하는 절상한다.

(3) 냉방 기기(에어컨디셔너) 및 취사용 기기의 용량이 110[V] 사용 전압에서 1.5[kW], 220[V] 사용 전압에서 3[kW] 이상이면 전용 분기 회로로 해야 한다.

> **Tip 강의 꿀팁**
>
> 분기 회로 수 구하는 문제에서 분기 회로 전류가 주어지지 않는 경우 16[A]가 표준이에요.

기출 & 예상문제

출제: 기사 17 | 배점: 5점

전용면적 $99[m^2]$인 아파트 1세대에서 표준 부하 산정법에 의한 부하[VA]를 산정하시오. (단, 가산하는 [VA] 수는 내선 규정에 의한 최고치로 한다.)

해설

부하 설비 용량 $P = 40[VA/m^2] \times 99[m^2] + 1,000[VA] = 4,960[VA]$

답 $4,960[VA]$

4 설비 불평형률

(1) 저압 수전의 단상 3선식

① 설비 불평형률

$$\frac{\text{중성선과 각 전압 측 전선 간에 접속되는 부하 설비 용량[kVA]의 차}}{\text{총 부하 설비 용량[kVA]} \times \frac{1}{2}} \times 100[\%]$$

② 단상 3선식의 설비 불평형률은 40[%] 이하이어야 한다.

(2) 저압, 고압 및 특고압 수전의 3상 3선식 또는 3상 4선식

① 설비 불평형률

$$\frac{\text{각 선간에 접속되는 단상 부하 설비 용량[kVA]의 최대와 최소의 차}}{\text{총 부하 설비 용량[kVA]} \times \frac{1}{3}} \times 100[\%]$$

② 3상 3선식 및 3상 4선식의 설비 불평형률은 30[%] 이하이어야 한다.
(단, 다음에 해당하는 경우에는 예외로 한다.)
- 저압 수전에서 전용 변압기 등으로 수전하는 경우
- 고압 및 특고압 수전에서 100[kVA] 이하의 단상 부하의 경우
- 고압 및 특고압 수전에서 단상 부하 용량의 최대와 최소의 차가 100[kVA] 이하인 경우
- 특고압 수전에서 100[kVA] 이하의 단상 변압기 2대로 역V 결선하는 경우

기출 & 예상문제

출제 예상문제

그림과 같은 단상 3선식 110/220[V]의 공급 선로에서의 설비 불평형률을 구하시오.

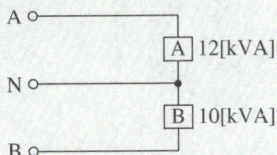

해설

설비 불평형률 $= \dfrac{12-10}{(12+10) \times \dfrac{1}{2}} \times 100[\%] = 18.18[\%]$

답 $18.18[\%]$

독학이 쉬워지는 기초개념

THEME 03 역률 개선

1 역률 개선 효과

(1) 역률 개선 방법

① 역률은 부하에 의한 지상 무효전력($-jQ$) 때문에 저하되므로 부하와 병렬로 역률 개선용 콘덴서(진상 무효전력 $+jQ$ 공급) Q_c를 접속한다.

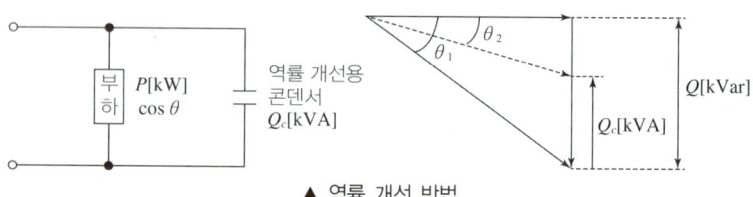

▲ 역률 개선 방법

② 역률 개선용 콘덴서 용량

$$Q_c = P(\tan\theta_1 - \tan\theta_2) = P\left(\frac{\sin\theta_1}{\cos\theta_1} - \frac{\sin\theta_2}{\cos\theta_2}\right)[\text{kVA}]$$

단, P: 부하 전력[kW], $\cos\theta_1$: 개선 전 역률, $\cos\theta_2$: 개선 후 역률

(2) 역률 개선 효과

① 배전선로의 전력 손실 경감
② 설비 용량의 여유 증가
③ 전압 강하의 감소
④ 전기 요금의 경감

2 역률 개선용 콘덴서 설비의 부속 장치

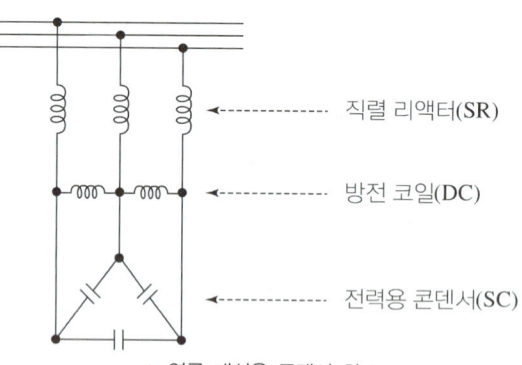

▲ 역률 개선용 콘덴서 회로

전력용 콘덴서(SC)
역률을 개선시키기 위해 하부에 병렬로 접속하는 콘덴서로서 역률 개선용 콘덴서 또는 진상 콘덴서라고도 한다.

 강의 꿀팁

직렬 리액터, 방전 코일, 전력용 콘덴서를 그리는 문제도 자주 출제되므로 기호를 그릴 줄 알아야 합니다.

(1) 직렬 리액터(SR: Series Reactor)
  ① 변압기 등에서 발생하는 제5고조파 제거
  ② 제5고조파 제거를 위한 직렬 리액터 용량
   • 이론상: 제5고조파 공진 조건 $5\omega L = \dfrac{1}{5\omega C}$ 에서 $\omega L = \dfrac{1}{25\omega C} = 0.04 \times \dfrac{1}{\omega C}$
    ∴ 콘덴서 용량의 4[%] 설치
   • 실제상: 계통 주파수 변동이나 경제성을 고려하여 콘덴서 용량의 6[%] 설치
(2) 방전 코일(DC: Discharge Coil)
  ① 콘덴서에 남아 있는 잔류 전하를 신속히 방전시킬 목적
  ② 5초 이내에 50[V] 이하로 방전

> **독학이 쉬워지는 기초개념**
>
> **고조파 제거 방법**
> • 제3고조파: 변압기 Δ 결선 채용
> • 제5고조파: 직렬 리액터 설치
>
> **직렬 리액터의 설치 효과**
> • 콘덴서 투입 시 돌입전류 억제
> • 파형의 개선

기출 & 예상문제

출제: 기사 16 | 배점: 5점

중요도 그림 안의 전기설비의 명칭과 그림의 전기설비를 사용할 경우 얻을 수 있는 효과 4가지를 쓰시오.

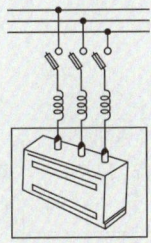

해설
• 명칭: 전력용 콘덴서(SC)
• 효과
 – 변압기와 배전선도의 전력 손실 감소
 – 설비 용량의 여유 증가
 – 전압 강하 감소
 – 전기 요금의 경감

THEME 04 예비전원 설비

1 자가 발전 설비

(1) 발전기의 용량 계산
  ① 단순 부하인 경우
  $$P_{G_1} = \dfrac{\sum W_L \times L}{\cos\theta}[\text{kVA}]$$
  단, $\sum W_L$: 부하 용량 합계[kW], L: 수용률, $\cos\theta$: 역률
  ② 기동 용량이 큰 전동기 부하인 경우
  $$P_{G_2} \geq \left(\dfrac{1}{e} - 1\right) X_d P_s [\text{kVA}]$$
  단, e: 허용 전압 강하(소수점), X_d: 발전기의 과도 리액턴스(소수점)
   P_s: 기동 용량[kVA]

> 독학이 쉬워지는 기초개념

(2) 발전기와 부하 사이에 설치하는 기기
  ① 각 극에 개폐기 및 과전류 차단기를 설치할 것
  ② 전압계는 각 상의 전압을 측정할 수 있도록 설치할 것
  ③ 전류계는 각 선의 전류를 측정할 수 있도록 설치할 것
(3) 발전기의 병렬 운전 조건
  ① 기전력의 크기가 같을 것
  ② 기전력의 위상이 같을 것
  ③ 기전력의 주파수가 같을 것
  ④ 기전력의 파형이 같을 것

2 무정전 전원 공급 장치(UPS: Uninterruptible Power Supply)

(1) UPS의 역할
  선로의 정전이나 입력 전원에 이상 상태가 발생하였을 때 정상적으로 전력을 부하 측에 공급하는 무정전 전원 공급 장치이다.
(2) UPS의 구성

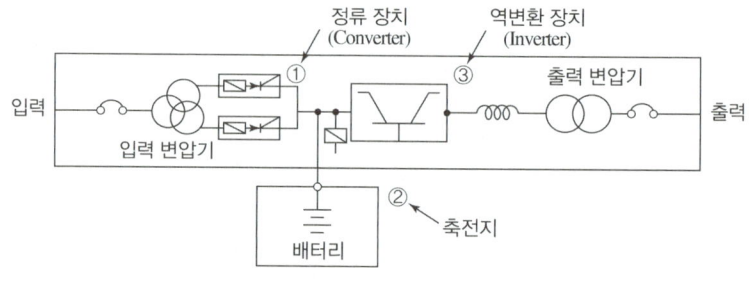

▲ UPS의 구성도

  ① 정류 장치(Converter): 교류를 직류로 변환시킨다.
  ② 축전지: 직류 전력을 저장시킨다.
  ③ 역변환 장치(Inverter): 직류를 교류로 변환시킨다.

3 축전지

(1) 축전지 설비의 구성 요소
  ① 축전지
  ② 충전 장치
  ③ 보안 장치
  ④ 제어 장치

• 연 축전지: 주로 자동차 배터리 용도
• 알칼리 축전지: 노트북 등 소형기기

(2) 연 축전지
  ① 공칭 전압: 2.0[V/cell]
  ② 공칭 용량: 10시간율[Ah]
  ③ 연 축전지의 종류
    • 클래드식(CS형: 완 방전형): 변전소 및 일반 부하에 사용, 부동 충전 전압 2.15[V/cell]
    • 페이스트식(HS형: 급 방전형): UPS 설비 등의 대전류용에 사용, 부동 충전 전압 2.18[V/cell]

연 축전지의 기전력 2.05 ~ 2.08[V]

(3) 알칼리 축전지
  ① 공칭 전압: 1.2[V/cell]
  ② 공칭 용량: 5시간율[Ah]
  ③ 알칼리 축전지의 장점
    • 수명이 길다.(연 축전지에 비해 3~4배)
    • 진동과 충격에 강하다.
    • 충전 및 방전 특성이 양호하다.
    • 방전 시 전압 변동이 작다.
    • 사용 온도 범위가 넓다.
  ④ 알칼리 축전지의 단점
    • 연 축전지보다 공칭 전압이 낮다.
    • 가격이 고가이다.
(4) 축전지 충전 방식
  ① 초기 충전 방식
    • 축전지 제작 후 처음에 충전하는 것
    • 축전지에 전해액을 넣지 않은 미충전 축전지에 전해액을 주입하여 행하는 충전 방식
  ② 보통 충전 방식
    • 일반적인 충전 방식
    • 필요할 때마다 표준 시간율로 소정의 전류로 충전하는 방식
  ③ 부동 충전 방식
    • 축전지의 자기 방전을 보충하는 충전 방식
    • 상용 부하에 대한 전력 공급은 충전기가 부담하고, 충전기가 공급하기 어려운 일시적인 대전류 부하에 대해서는 축전지로 하여금 부담하게 하는 방식

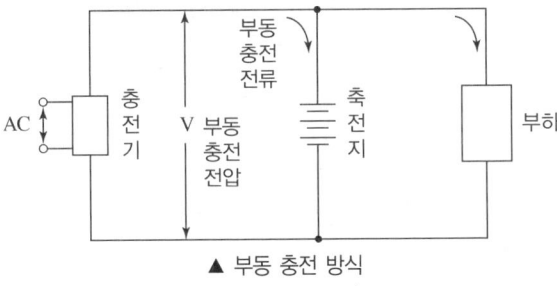

▲ 부동 충전 방식

$$\text{충전기 2차 전류[A]} = \frac{\text{축전지 용량[Ah]}}{\text{정격 방전율[h]}} + \frac{\text{상시 부하 용량[VA]}}{\text{표준 전압[V]}}$$

  ④ 세류 충전 방식
    • 자기 방전량만을 상시 충전시키는 방식
    • 부동 충전 방식의 일종
  ⑤ 균등 충전
    • 각 전해조에 일어나는 전위차를 보정하기 위해 충전하는 방식
    • 1~3개월마다 1회 정전압으로 10~12시간씩 충전

독학이 쉬워지는 기초개념

알칼리 축전지의 기전력: 1.32[V]

Tip 강의 꿀팁

연 축전지와 알칼리 축전지의 장단점을 묻는 문제가 자주 출제 돼요.

Tip 강의 꿀팁

축전지에 따른 정격방전율은 주어지지 않는 경우도 있으니 반드시 외워 두세요.

⑥ 급속 충전 방식
- 비교적 단시간에 보통 전류의 2~3배의 전류로 충전시키는 방식
- 축전지 수명에는 바람직하지 못한 충전 방식

⑦ 회복 충전 방식
- 축전지의 가벼운 설페이션 현상 등이 생겼을 때 기능 회복을 위하여 실시하는 충전 방식

(5) 축전지의 설페이션(Sulfation) 현상

① 설페이션은 축전지 극판이 황산납의 결정체가 되는 것으로 축전지를 방전 상태로 장기간 방치하면 극판이 회백색의 불활성 물질로 덮이는 현상을 말한다.

② 설페이션 현상의 원인
- 방전 전류가 큰 경우
- 축전지를 장시간 방전 상태로 방치하였을 경우
- 전해액의 비중이 너무 낮을 경우
- 전해액의 부족으로 극판이 노출되었을 경우
- 전해액에 불순물이 혼입되었을 경우
- 불충분한 충전을 반복하였을 경우

③ 설페이션으로 인해 나타나는 현상
- 극판이 회색으로 변하고 극판이 휘어진다.
- 충전 시 전해액의 온도 상승이 크고 비중 상승이 낮으며 가스의 발생이 심하다.

(6) 축전지의 용량 계산

① 축전지의 용량(C) 계산

$$C = \frac{1}{L}KI[\text{Ah}]$$

단, C: 축전지 용량[Ah], I: 방전 전류[A]
L: 보수율, K: 용량 환산 시간 계수

② 축전지의 용량 계산 예

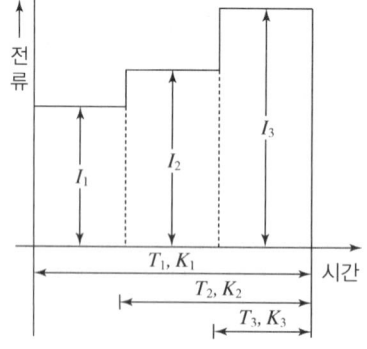

▲ 부하 특성 곡선

축전지 용량은 부하의 면적을 계산해서 구한다.

$$C = \frac{1}{L}\{K_1I_1 + K_2(I_2 - I_1) + K_3(I_3 - I_2)\}[\text{Ah}]$$

CHAPTER 02 기출 기반 적중문제

출제: 산업 20 | 배점: 5점

01 HID Lamp로 가장 많이 사용되는 등기구 종류를 3가지만 쓰시오.

> **해설**
> 수은등, 나트륨등, 메탈 핼라이드등

출제: 기사 14 | 배점: 5점

02 모든 작업이 작업대(방바닥에서 $0.85[\text{m}]$의 높이)에서 행하여지는 작업장의 가로가 $8[\text{m}]$, 세로가 $12[\text{m}]$, 바닥에서 천장까지의 높이가 $3.8[\text{m}]$이며, 이 곳의 천장에 조명기구를 설치하고자 한다. 이 방의 실지수는 얼마인가?(단, 간접 조명 방식이다.)

> **해설**
> $RI = \dfrac{XY}{H(X+Y)} = \dfrac{8 \times 12}{(3.8 - 0.85) \times (8+12)} = 1.63$
>
> 답 1.63

출제: 기사 12 | 배점: 6점

03 아스팔트 포장의 자동차 도로(폭 $25[\text{m}]$)의 양쪽에 F(광속) $25,000[\text{lm}]$의 등기구를 설치하여 노면 휘도를 $1.2[\text{nt}]$로 만들려고 한다. 다음 [조건]을 고려하였을 때, 도로 양쪽에 등 설치 시 등 간격은?

> **조건**
> - 아스팔트 포장의 경우 평균 조도는 노면 휘도의 10배로 한다.
> - 조명률은 0.25이고, 감광 보상률은 1.4이다.
> - 등 간격 계산에서 소수점 이하는 버린다.

> **해설**
> 조도는 노면 휘도의 10배이므로 $E = 1.2[\text{nt}] \times 10 = 12[\text{lx}]$
>
> $FUN = EAD$ 에서 $A = \dfrac{FUN}{ED} = \dfrac{25,000 \times 0.25 \times 1}{12 \times 1.4} = 372.02[\text{m}^2]$
>
> 도로 양쪽 조명의 도로 면적 $A = \dfrac{\text{도로 폭} \times \text{등 간격}}{2}[\text{m}^2]$ 에서
>
> 등 간격 $= \dfrac{A \times 2}{\text{도로 폭}} = \dfrac{372.02 \times 2}{25} = 29.76[\text{m}]$
>
> 답 $29[\text{m}]$

출제: 산업 03 | 배점: 5점

04 평균 구면 광도 100[cd]의 전구 5개를 직경 10[m]의 원형 사무실에 점등한다. 조명률 0.4, 감광 보상률 1.6이라 할 때, 사무실의 평균 조도[lx]를 구하시오.

해설

구면 광도에서의 광속 $F = 4\pi I = 4\pi \times 100 = 1,256.64$[lm]

원형 사무실의 면적 $A = \dfrac{\pi}{4}d^2 = \dfrac{\pi}{4} \times 10^2 = 78.54$[m²]

$FUN = EAD$ 에서 $E = \dfrac{FUN}{AD} = \dfrac{1,256.64 \times 0.4 \times 5}{78.54 \times 1.6} = 20$[lx]

답 20[lx]

출제: 기사 17 | 배점: 5점

05 폭 15[m]의 도로 양측에 간격 20[m]를 두고 가로등이 점등되고 있다. 한 등당 전광속은 3,000[lm]으로 그 중 45[%]가 가로 전면에 방사하는 것으로 하면 가로면의 평균 조도[lx]는 얼마인가?

해설

$FUN = EAD$ 에서 $E = \dfrac{FUN}{AD} = \dfrac{3,000 \times 0.45 \times 1}{\left(\dfrac{15 \times 20}{2}\right) \times 1} = 9$[lx]

답 9[lx]

출제: 기사 00 | 배점: 5점

06 매분 12[m³]의 물을 높이 15[m]인 탱크에 양수하는 데 필요한 전력을 V 결선한 변압기로 공급한다면 여기에 필요한 단상 변압기 1대의 용량은 몇 [kVA]인가?(단, 펌프와 전동기의 합성 효율은 65[%]이고, 전동기의 전부하 역률은 80[%]이며, 펌프의 축동력은 15[%]의 여유를 본다고 한다.)

해설

· 전동기 용량

$P = \dfrac{QH}{6.12\eta}k = \dfrac{12 \times 15}{6.12 \times 0.65} \times 1.15 = 52.04$[kW]를 피상 전력으로 환산하면

$P_a = \dfrac{52.04}{0.8} = 65.05$[kVA]

· 변압기 1대 용량

V 결선의 용량 $P_v = \sqrt{3}\,P_1$ 에서 $P_1 = \dfrac{P_v}{\sqrt{3}} = \dfrac{65.05}{\sqrt{3}} = 37.56$[kVA]

답 37.56[kVA]

출제: 기사 01 | 배점: 5점

07 어느 철강 회사에서 천장 크레인의 권상용 전동기에 의하여 권상 중량 80[ton]을 권상 속도 2[m/min]로 권상하려고 한다. 권상용 전동기의 소요 출력은 몇 [kW] 정도이어야 하는가?(단, 권상기의 기계 효율은 70[%]이다.)

해설

$P = \dfrac{mv}{6.12\eta}k = \dfrac{80 \times 2}{6.12 \times 0.7} \times 1 = 37.35$[kW]

답 37.35[kW]

출제: 산업 17 | 배점: 5점

08 220[V]로 인입하는 어느 주택의 총 부하 설비 용량이 7,200[VA]이다. 최소 분기 회로 수는 몇 회로로 하여야 하는지 구하시오.(단, 가산 부하는 고려하지 않는다.)

> **해설**
>
> 분기 회로 수 $= \dfrac{7,200}{220 \times 16} = 2.05 \rightarrow 3$회로
>
> 답 16[A] 분기 3회로
>
> **참고**
>
> 분기 회로 전류는 주어진 조건이 없을 시 KEC 규정에 따라 16[A]로 계산하고, 계산 결과의 소수점 이하는 절상한다..

출제: 산업 16 | 배점: 6점

09 저압 옥내 간선에서 분기하여 각 부하에 전력을 공급하는 분기 회로에서 다음 [조건]을 보고 사용 전압과 전류가 220[V], 20[A]인 경우의 부하 설비 용량과 분기 회로 수를 구하시오.(단, 룸 에어컨은 별도 회로로 구성한다.)

> **조건**
>
> - 주택 부분의 바닥 면적: 240[m²]
> - 점포 부분의 바닥 면적: 50[m²]
> - 창고의 바닥 면적: 10[m²]
> - 주택에 대한 가산[VA]: 1,000[VA]
> - 룸 에어컨: 2[kW]

(1) 부하 설비 용량

(2) 분기 회로 수

> **해설**
>
> (1) $P = 240 \times 40 + 1,000 + 50 \times 30 + 10 \times 5 = 12,150$[VA]
>
>   답 12,150[VA]
>
> (2) $n = \dfrac{12,150}{220 \times 20} = 2.76 \rightarrow 3$회로
>
>   답 20[A] 분기 4회로(룸 에어컨 1회로 포함)
>
> **참고**
>
> - 건물의 표준 부하표

건물의 종류		표준부하[VA/m²]
P	공장, 공회당, 사원, 교회, 극장, 연회장 등	10
	기숙사, 여관, 호텔, 병원, 학교, 음식점, 다방, 대중목욕탕 등	20
	사무실, 은행, 상점, 미용실	30
	주택, 아파트	40
Q	복도, 계단, 세면장, 창고, 다락	5
	강당, 관람석	10
C	주택, 아파트(1세대 마다)에 대하여	50~1,000[VA]
	상점의 진열장은 폭 1[m]에 대하여	300[VA]

- 냉방기기 및 취사용 기기의 용량이 110[V] 사용 전압에서 1.5[kW], 220[V] 사용 전압에서 3[kW] 이상이면 전용 분기 회로로 해야 한다.

10 그림과 같은 표준 부하는 몇 [VA]인가?

출제: 산업 04 | 배점: 5점

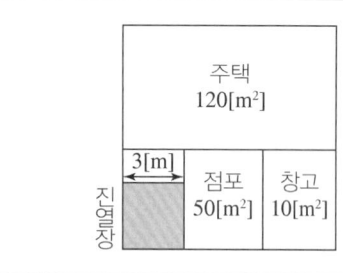

- 주택에 대한 가산 부하는 내선 규정에 의한 최고치로 한다.
- 주택 표준 부하는 $40[\text{VA/m}^2]$
- 점포 표준 부하는 $30[\text{VA/m}^2]$
- 창고 표준 부하는 $5[\text{VA/m}^2]$
- 진열장은 $1[\text{m}]$에 $300[\text{VA}]$ 가산

해설

표준 부하 $= 40 \times 120 + 1{,}000 + 30 \times 50 + 5 \times 10 + 3 \times 300 = 8{,}250[\text{VA}]$

답 $8{,}250[\text{VA}]$

참고

주택, 아파트에 대한 가산 부하: $500 \sim 1{,}000[\text{VA}]$

출제: 기사 99 | 배점: 5점

11 다음과 같은 부하 특성의 소결식 알칼리 축전지의 경년 용량 저하율 L은 0.8이고, 최저 축전지 온도는 $5[℃]$, 허용 최저 전압은 $1.06[\text{V/cell}]$일 때 축전지 용량은 몇 [Ah]인가?(단, 여기서 용량 환산 시간 계수 $K_1 = 1.45$, $K_2 = 0.69$, $K_3 = 0.25$ 이다.)

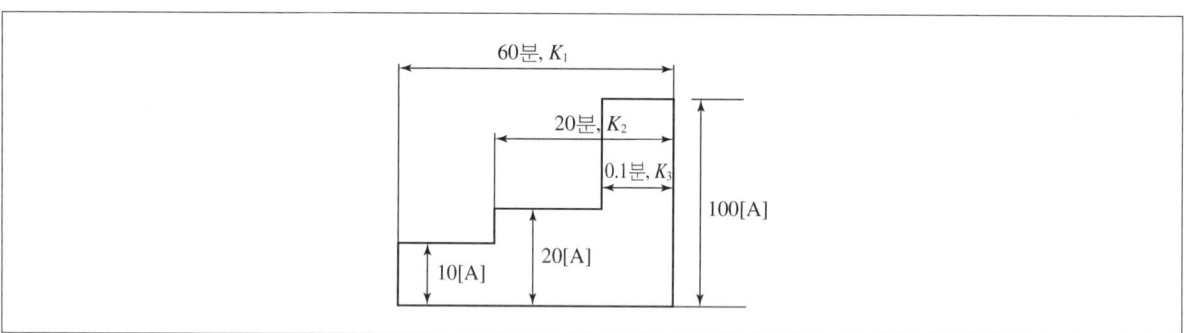

해설

$C = \dfrac{1}{0.8} \times \{1.45 \times 10 + 0.69 \times (20 - 10) + 0.25 \times (100 - 20)\} = 51.75[\text{Ah}]$

답 $51.75[\text{Ah}]$

참고

축전지 용량 $C = \dfrac{1}{L} \times \{K_1 I_1 + K_2 (I_2 - I_1) + K_3 (I_3 - I_2)\}$

단 C: 축전지 용량[Ah], L: 보수율, I: 방전 전류[A], K: 용량 환산 시간 계수

출제: 산업 19 | 배점: 5점

12 다음의 회로와 같은 단상 3선식 $220/440[\text{V}]$로 전열기 및 전동기에 전기를 공급하는 경우 설비 불평형률을 구하시오.

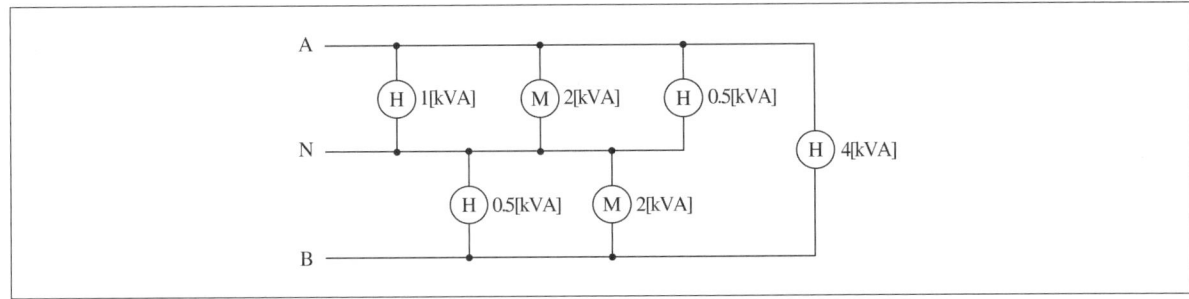

해설

설비 불평형률 $= \dfrac{(1+2+0.5)-(0.5+2)}{(1+2+0.5+0.5+2+4)\times\dfrac{1}{2}} \times 100 = 20[\%]$

답 $20[\%]$

참고

- 단상 3선식에서의 설비 불평형률 $= \dfrac{\text{중성선과 각 전압 측 전선 간에 접속되는 부하 설비 용량[kVA]의 차}}{\text{총 부하 설비 용량} \times \dfrac{1}{2}} \times 100[\%]$

- 설비 불평형률이 $40[\%]$ 이하여야 양호한 상태이다.

출제: 산업 17 | 배점: 5점

13 다음 그림과 같이 3상 3선식 $200[\text{V}]$ 수전인 경우 설비 불평형률은 얼마인가? 단, 여기서 전동기의 수치가 괄호 안과 다른 이유는 출력$[\text{kW}]$을 입력$[\text{kVA}]$으로 환산하였기 때문이다.

해설

설비 불평형률 $= \dfrac{(3+0.5)-(2+0.5)}{(3+0.5+2+0.5+0.5+3+5.2)\times\dfrac{1}{3}} \times 100[\%] = 20.41[\%]$

답 $20.41[\%]$

참고

- 3상 3선식에서의 설비 불평형률 $= \dfrac{\text{각 선간에 접속되는 단상 부하 설비 용량[kVA]의 최대와 최소의 차}}{\text{총 부하 설비 용량} \times \dfrac{1}{3}} \times 100[\%]$

- 설비 불평형률이 $30[\%]$ 이하여야 양호한 상태이다.

14 다음 그림은 고압 진상용 콘덴서의 설비 계통도이다. 물음에 답하시오.

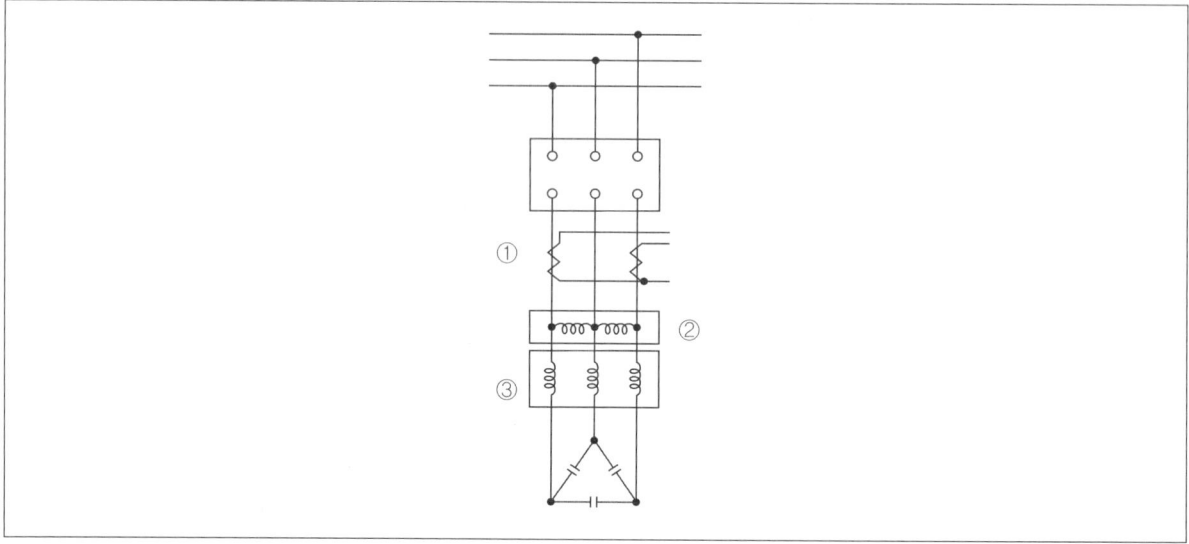

(1) ①의 명칭과 2차 정격 전류의 값은 무엇인가?
(2) ②의 방전 시간은 5초 이내에 콘덴서의 잔류 전하를 몇 [V] 이하로 저하시킬 수 있어야 하는가?
(3) ③ SR의 목적을 쓰시오.
(4) SC의 내부 고장에 대한 보호 방식 4가지를 쓰시오.

해설
(1) • 명칭: 변류기
    • 2차 정격 전류: 5[A]
(2) 50[V]
(3) 제5고조파 제거
(4) • 과전압 보호 방식
    • 과전류 보호 방식
    • 부족 전압 보호 방식
    • 지락 보호 방식

15 어떤 공장에서 300[kVA]의 변압기에 역률 70[%]의 부하 300[kVA]가 접속되어 있다. 지금 합성 역률 90[%]로 개선하기 위하여 전력용 콘덴서를 접속하면 부하는 몇 [kW] 증가시킬 수 있는가?

해설
• 300[kVA]의 변압기 유효 전력 $P_1 = 300 \times 0.7 = 210$[kW]
• 부하 300[kVA](역률 90[%])의 유효 전력 $P_2 = 300 \times 0.9 = 270$[kW]
• 증가시킬 수 있는 부하 전력 $P = P_2 - P_1 = 270 - 210 = 60$[kW]

답 60[kW]

출제: 기사 01 | 배점: 6점

16 제5고조파 전류의 확대 방지 및 스위치 투입 시 돌입 전류 억제를 목적으로 역률 개선용 콘덴서에 직렬 리액터를 설치하고자 한다. 콘덴서의 용량이 $500[\text{kVA}]$라고 할 때 다음 각 물음에 답하시오.

(1) 이론상 필요한 직렬 리액터의 용량$[\text{kVA}]$을 구하시오.
(2) 실제적으로 설치하는 직렬 리액터의 용량$[\text{kVA}]$을 구하고, 그 이유를 설명하시오.

해설
(1) $Q_L = 500 \times 0.04 = 20[\text{kVA}]$
(2) • $Q_L' = 500 \times 0.06 = 30[\text{kVA}]$
 • 이유: 주파수 변동이나 경제성 등을 고려하여 콘덴서 용량의 6[%]로 선정한다.

출제: 기사 02 | 배점: 5점

17 역률 과보상 시 나타나는 현상 3가지를 쓰시오.

해설
• 전력 손실의 증가
• 모선 전압 상승
• 고조파 왜곡 증대

출제: 기사 99 | 배점: 5점

18 콘덴서 회로에 방전 코일을 넣는 목적은 무엇인가?

해설
콘덴서에 축적된 잔류 전하를 신속하게 방전하기 위해

출제: 산업 18 | 배점: 5점

19 부하가 유도전동기이고, 기동용량이 $1,800[\text{kVA}]$이다. 기동 시 허용전압강하는 $23[\%]$이며, 발전기의 과도 리액턴스가 $25[\%]$이다. 이 전동기를 운전할 수 있는 자가발전기의 최소 용량은 몇 $[\text{kVA}]$인지 구하시오.

해설
$P_G = \left(\dfrac{1}{e} - 1\right) \times X_d \times 기동\ 용량 = \left(\dfrac{1}{0.23} - 1\right) \times 0.25 \times 1,800 = 1,506.52[\text{kVA}]$
답 $1,506.52[\text{kVA}]$

출제: 산업 17 | 배점: 4점

20 축전지 설비의 구성 요소를 4가지만 쓰시오.

해설
축전지, 충전 장치, 보안 장치, 제어 장치

출제: 산업 03 | 배점: 4점

21 예비전원용 고압 발전기에서 부하에 이르는 전로에는 발전기의 가까운 곳에 쉽게 개폐 및 점검을 할 수 있는 곳에 (   ), (   ), (   ) 및 전압계를 시설해야 한다. (   ) 안을 채우시오.

해설
개폐기, 과전류 차단기, 전류계

출제: 산업 03 | 배점: 4점

22 자가용 축전지 설비에 있어서 가장 많이 적용되는 충전 방식으로서, 자기 방전을 보충함과 동시에 상용 부하에 대한 전력 공급을 충전기가 부담하도록 하되, 충전기가 부담하기 어려운 일시적인 대전류 부하는 축전지가 부담하게 하는 충전 방식의 명칭은?

해설
부동 충전 방식

출제: 기사 00 | 배점: 5점

23 축전지에 대한 다음 각 물음에 답하시오.
(1) 축전지의 과방전 및 방치 상태, 가벼운 설페이션(Sulfation) 현상 등이 발생하였을 경우에 기능 회복을 위해 실시하는 충전 방식은?
(2) 연 축전지의 공칭 전압은 2.0[V]이다. 알칼리 축전지는 몇 [V]인가?

해설
(1) 회복 충전 방식
(2) 1.2[V]

출제: 기사 20 | 배점: 3점

24 축전지의 다음 [보기]와 같은 현상이 무엇인지 적으시오.

> **보기**
> - 극판이 백색으로 되거나 백색 반점이 발생하였다.
> - 비중이 저하하고 충전 용량이 감소하였다.
> - 충전 시 전압 상승이 빠르고 다량으로 가스가 발생하였다.

해설
설페이션 현상

출제: 산업 20 | 배점: 6점

25 연 축전지의 정격 용량 $200[Ah]$, 상시 부하 $10[kW]$, 표준 전압 $100[V]$인 부동 충전 방식의 2차 충전 전류값은 얼마인지 계산하시오.(단, 연 축전지의 방전율은 10시간율로 한다.)

해설
$$I = \frac{200}{10} + \frac{10,000}{100} = 120[A]$$
답 $120[A]$

참고
축전지별 정격 방전율
- 연 축전지: $10[h]$
- 알칼리 축전지: $5[h]$

출제: 기사 19 | 배점: 6점

26 사무소 건물의 총 설비 용량이 전등전열 부하 $500[kVA]$, 동력 부하가 $600[kVA]$이다. 전등전열 부하의 수용률은 $70[\%]$, 동력 부하의 수용률은 $60[\%]$, 전등전열 및 동력 부하 간의 부등률이 1.25라고 한다. 배전선로의 전력 손실이 전등전열, 동력 모두 부하 전력의 $10[\%]$라고 하면 변전실의 최대 전력은 몇 $[kVA]$인가?

해설
전등 부하 최대 수용 전력 = $500 \times 0.7 = 350[kVA]$
동력 부하 최대 수용 전력 = $600 \times 0.6 = 360[kVA]$
변전소 최대 전력 = $\frac{350 + 360}{1.25} \times (1 + 0.1) = 624.8[kVA]$
답 $624.8[kVA]$

참고
합성 최대 전력 = $\frac{\text{개별 최대 수용전력의 합}}{\text{부등률}} = \frac{\Sigma \text{설비 용량} \times \text{수용률}}{\text{부등률}}[kVA]$

배전선로

1. 배전선로의 구성
2. 접지 공사 및 전선 굵기
3. 누전 차단기 시설 및 심야 전력기기 사용

학습 전략

배전선로의 내용에는 여러 가지 법적 규정이나 기술기준 등 암기해야 할 부분이 많기 때문에 학습하는 데 다소 어려운 점이 있을 수 있습니다. 하지만 이런 내용을 정확하게 숙지하지 못하면 뒷부분을 학습할 때 걸림돌이 될 수 있으므로 꼼꼼하게 학습해 둘 필요가 있습니다.

CHAPTER 03 | 흐름 미리보기

1. 배전선로의 구성

2. 접지 공사 및 전선 굵기

3. 누전 차단기 시설 및 심야 전력기기 사용

NEXT **CHAPTER 04**

CHAPTER 03 배전선로

독학이 쉬워지는 기초개념

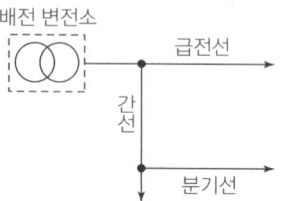

THEME 01　배전선로의 구성

1 배전선로 기초 용어

(1) 급전선(Feeder)

배전 변전소 또는 발전소로부터 배전 간선에 이르기까지의 도중에 부하가 접속되어 있지 않은 배전선로

(2) 가공 인입선

가공 전선로의 지지물에서 다른 지지물을 거치지 않고 수용 장소의 인입선 접속점에 이르는 가공 전선로

(3) 지중 인입선

지중 전선로의 배전반 또는 가공 전선로에서 직접 수용 장소에 이르는 지중 전선로

(4) 연접 인입선

① 하나의 수용 장소의 인입선 접속점에서 분기하여 지지물을 거치지 않고 다른 수용 장소의 인입선 접속점에 이르는 전선로

② 연접 인입선 시설 제한
- 옥내를 관통하지 아니할 것
- 폭 5[m]를 넘는 도로를 횡단하지 아니할 것
- 처음 인입선의 분기점으로 100[m]를 넘는 지역에 미치지 아니할 것

기출 & 예상문제

출제: 기사 99 | 배점: 3점

다음 그림에서 A, B, C의 명칭은?

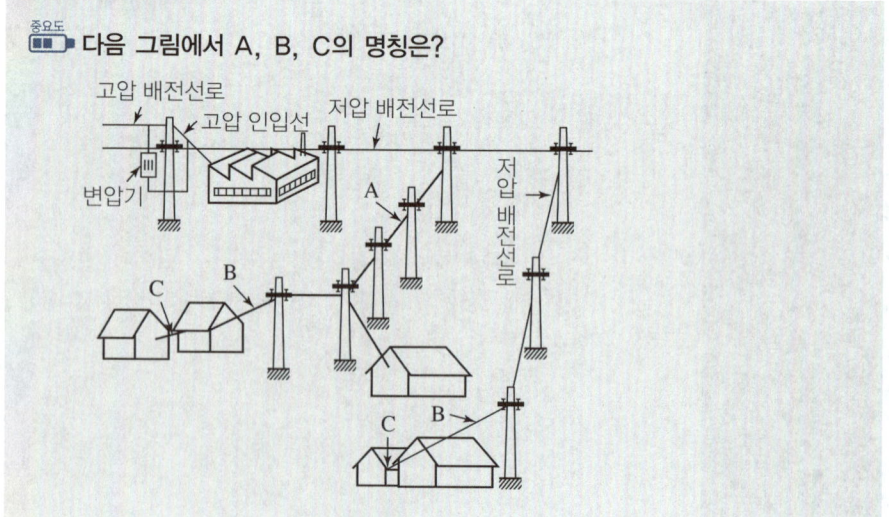

> **해설**
> - A: 인입 간선
> - B: 가공 인입선
> - C: 연접 인입선

2 단상 3선식 배전선로의 보호

(1) 단상 3선식 회로도

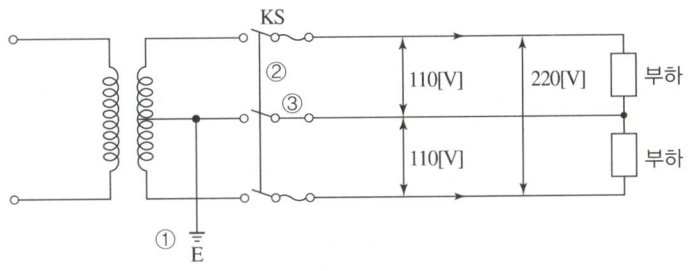

▲ 단상 3선식 회로도

(2) 보호 방법
① 변압기 2차 측 1단자는 변압기 중성점 접지 공사를 하여야 한다.
② 2차 측 개폐기는 동시 동작형이어야 한다.
③ 중성선에는 퓨즈를 삽입할 수 없다.

(3) 중성선에 퓨즈 설치 시 이상 전압
① 단상 3선식에서 중성선에 퓨즈를 설치할 경우, 퓨즈 용단 시 경부하 측의 전위가 상승하여 위험하게 된다.
② 퓨즈 용단 시 각각의 부하에 걸리는 전압은 전압 분배의 법칙에 의해 구하면 된다.

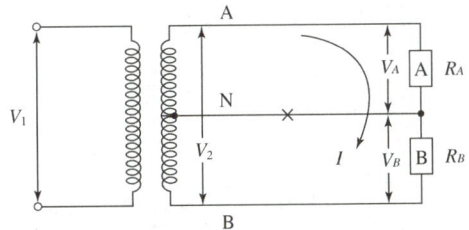

▲ 퓨즈 용단 시 각 부하에 걸리는 전압

$$V_A = \frac{R_A}{R_A + R_B} \times V_2 [\text{V}]$$

$$V_B = \frac{R_B}{R_A + R_B} \times V_2 [\text{V}]$$

단, V_2: 단상 3선식의 2차 선간 전압[V], R_A: A 부하의 저항[Ω], R_B: B 부하의 저항[Ω]

> **독학이 쉬워지는 기초개념**
>
> **동시 동작형 개폐기**
> 3상을 동시에 개방 및 투입하는 개폐기

| 독학이 쉬워지는 기초개념 |

3 전선로의 시설 규정

(1) 시가지에 시설한 가공 전선로

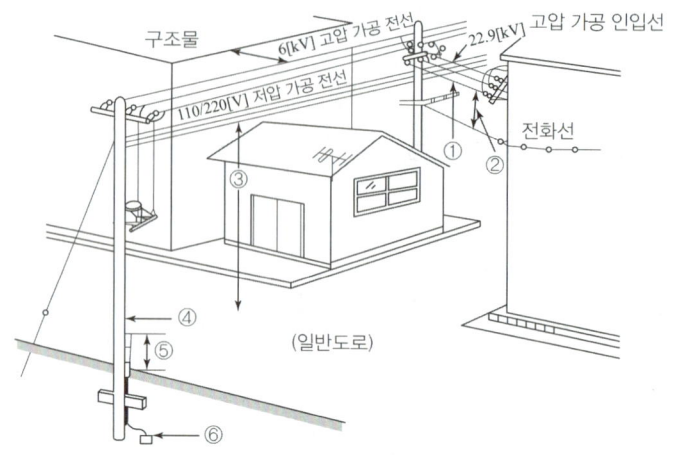

▲ 가공 전선로

① 고압 절연 전선(경동선)의 최소 굵기: 지름 5[mm]
② 고압 가공 인입선과 전화선의 최소 이격 거리: 0.8[m]
③ 저압 가공 전선의 지표상 최소 높이: 6[m]
④ 접지도체(변압기 2차 측 접지)의 최소 굵기: 6[mm^2]
⑤ 합성 수지관의 지표상 최소 높이: 2[m]
⑥ 접지: 변압기 중성점 접지

(2) 전력회사의 가공 전선로로부터 자가용 수용가 수변전 설비에 이르는 지중 전선로

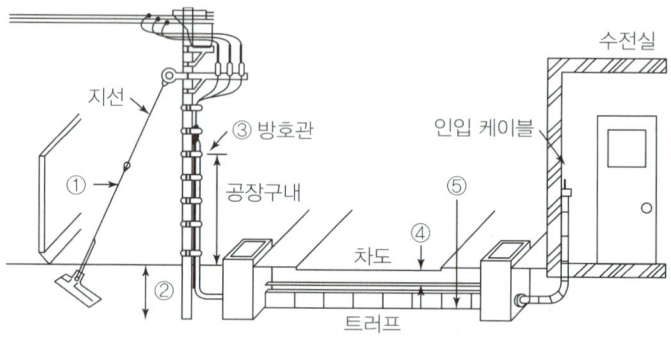

▲ 지중 전선로

① 지선에 사용하는 소선의 규격: 3가닥 이상의 연선, 지름 2.6[mm] 이상 금속선
② 전주 15[m]의 최소 근입 깊이: $15 \times \frac{1}{6} = 2.5$[m]
③ 사용 가능한 케이블의 종류
  • 비닐시스 케이블
  • 폴리에틸렌 시스 케이블
  • 클로로프렌 시스 케이블
④ 매설 깊이
  • 차도에서 차량 등의 압력을 받을 우려가 있는 장소: 1.0[m]

지선의 안전율: 2.5 이상
허용 인장 하중의 최저값: 4.31[kN]

- 차도에서 차량 등의 압력을 받을 우려가 없는 장소: 0.6[m]
⑤ 매설 방식
- 직접 매설식으로 시설
- 케이블을 콘크리트제 트러프에 넣어 시설
- 케이블의 바로 위 지표면에 케이블을 매설하는 표식을 설치

(3) 시가지에 시설한 고압 가공 인입선의 지표상 높이 및 이격 거리

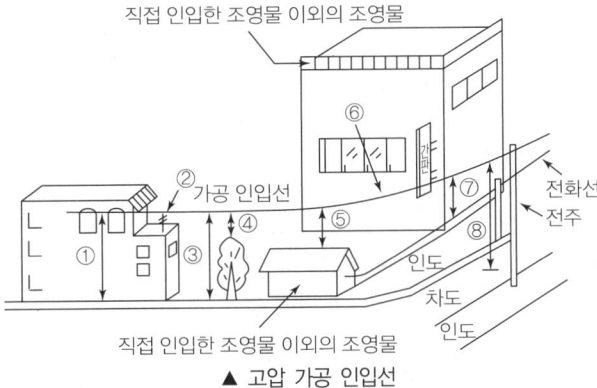

▲ 고압 가공 인입선

① 인입선의 높이: 전선 아래에 위험 표시를 하는 경우 지표상 3.5[m] 이상
② 안테나와의 이격 거리: 0.8[m] 이상
③ 일반 장소의 지표상 높이: 5[m] 이상
④ 수목과의 이격 거리: 바람에 의하여 수목에 접촉하지 않도록 시설
⑤ 조영 상방의 이격 거리: 2[m] 이상
⑥ 간판과의 이격 거리: 0.8[m] 이상
⑦ 전화선과의 이격 거리: 0.8[m] 이상
⑧ 도로 횡단 개소의 노면상으로부터의 높이: 6[m] 이상

(4) 전주의 전장이 16[m], 설계 하중 700[kg] 이하의 철근 콘크리트주에서 케이블 입상부 실제도

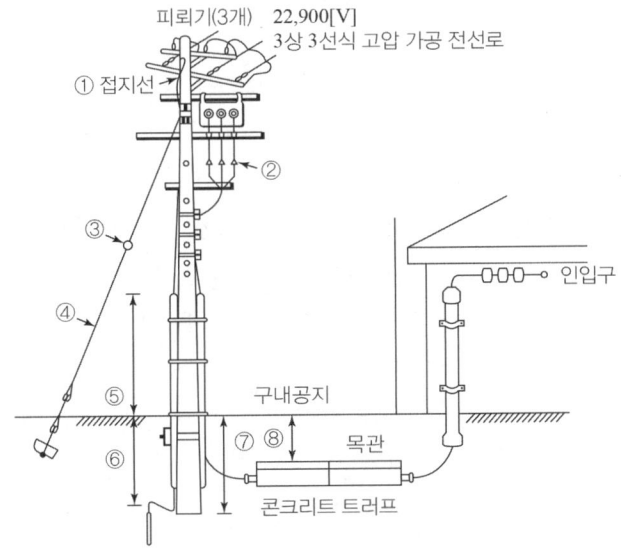

▲ 케이블 입상부 실제도

독학이 쉬워지는 기초개념

트러프
케이블을 보호하기 위해 땅 밑에 설치한 콘크리트 구조물

독학이 쉬워지는 기초개념

① 접지도체의 최소 굵기: 6[mm²] 이상
② 명칭: 케이블 헤드
③ 명칭: 지선 애자(구형 애자)
④ 명칭: 지선
⑤ 지표상 최소 높이: 2[m](케이블 보호관)
⑥ 접지극 매설 최소 깊이: 0.75[m] 이상
⑦ 땅 속으로 묻히는 최소 깊이: 2.5[m] 이상
⑧ 목관의 최소 매설 깊이: 0.6[m] 이상(차량 등 중량물의 하중을 받지 않는 장소)

기출 & 예상문제

출제: 기사 99 | 배점: 16점

그림은 시가지에 시설한 고압 가공 인입선의 구체적인 예와 지표상 높이 및 이격 거리의 예이다. 전기설비기술기준령에 의하여 ①~⑧에 관한 질문에 답하시오.(단, 전선은 고압 절연 전선이다.)

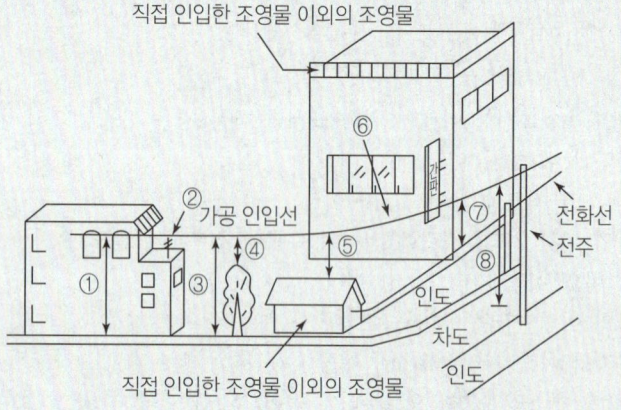

(1) ①로 표시되는 곳에 인입선 부착점의 높이는 전선의 아래쪽에 위험 표시를 하였을 경우 지표상 몇 [m]까지 감할 수 있는가?
(2) ②로 표시된 곳의 안테나와의 이격 거리는 몇 [m] 이상인가?
(3) ③으로 표시된 곳에 일반 장소의 지표상 높이는 몇 [m] 이상인가?
(4) ④로 표시된 곳에 수목과의 이격 거리는 0.6[m]이다. 옳다, 틀리다로 택하여 쓰시오.
(5) ⑤로 표시된 곳에 직접 인입한 조영물 이외의 조영물 상방의 이격 거리는 몇 [m]인가?
(6) ⑥으로 표시된 곳에 간판과의 이격 거리는 몇 [m]인가?
(7) ⑦로 표시된 곳에 전화선과의 이격 거리는 몇 [m] 이상인가?
(8) ⑧로 표시된 곳에 도로 횡단 개소의 노면상으로부터의 높이는 몇 [m] 이상인가?

해설

(1) 3.5[m]   (2) 0.8[m]   (3) 5[m]   (4) 틀리다
(5) 2[m]   (6) 0.8[m]   (7) 0.8[m] (8) 6[m]

THEME 02 접지 공사 및 전선 굵기

1 접지 공사

(1) **중성점 접지의 목적**
   ① 지락 고장 시 건전상의 전위 상승을 억제하여 기기의 절연 레벨을 경감
   ② 낙뢰, 아크 지락, 기타에 의한 이상 전압의 경감 및 발생 억제
   ③ 지락 고장 시 접지 계전기의 동작 확보
   ④ 1선 지락 시 아크 지락을 빠르게 소멸시켜 계속해서 송전을 유지

(2) 접지 방식

접지 대상	접지 방식[KEC]
(특)고압 설비	• 계통접지: TN, TT, IT • 보호접지: 등전위본딩 • 피뢰시스템 접지
400[V] 이상 ~ 600[V] 이하	
400[V] 미만	
변압기	변압기 중성점 접지

> **Tip 강의 꿀팁**
> 계통접지는 CHAPTER 11에서 상세하게 학습할 수 있어요.

(3) 접지도체 최소 단면적

종류	접지도체 굵기[KEC]
특고압·고압 전기설비용	$6[mm^2]$ 이상
중성점 접지용 접지도체	$16[mm^2]$ 이상 (단, 사용전압이 $25[kV]$ 이하인 특고압 가공전선로 중성선 다중접지식 전로에 지락이 생겼을 때 2초 이내에 자동적으로 이를 전로로부터 차단하는 장치가 되어 있는 것은 $6[mm^2]$ 이상)
$7[kV]$ 이하의 전로	$6[mm^2]$ 이상
저압 전기용 접지도체는 다심 또는 다심 캡타이어 케이블의 1개 도체의 단면적	$0.75[mm^2]$ 이상 (단, 연동 연선은 1개 도체의 단면적이 $1.5[mm^2]$ 이상)

(4) 선도체 및 보호도체의 최소 단면적

선도체의 단면적 S ($[mm^2]$, 구리)	보호도체의 최소 단면적	
	보호도체의 재질이 선도체와 같은 경우	보호도체의 재질이 선도체와 다른 경우
$S \leq 16$	S	$\left(\dfrac{k_1}{k_2}\right) \times S$
$16 < S \leq 35$	16	$\left(\dfrac{k_1}{k_2}\right) \times 16$
$S > 35$	$\dfrac{S}{2}$	$\left(\dfrac{k_1}{k_2}\right) \times \left(\dfrac{S}{2}\right)$

(단, k_1: 선도체에 대한 k값, k_2: 보호도체에 대한 k값)

독학이 쉬워지는 기초개념

Tip 강의 꿀팁

고압 이상으로 수전하는 경우 전압 강하는 가능한 저압으로 수전하는 경우를 넘지 않아야 해요.

2 전선의 굵기

(1) 다른 조건을 고려하지 않는다면 수용가 설비의 인입구로부터 기기까지의 전압 강하는 다음 표 값 이하여야 한다.

설비의 유형	조명[%]	기타[%]
저압으로 수전하는 경우	3	5
고압 이상으로 수전하는 경우	6	8

(2) 전압 강하 및 전선의 단면적 계산

전기 방식	전압 강하	전선 단면적
단상 3선식 3상 4선식	$e = \dfrac{17.8LI}{1,000A}[\text{V}]$	$A = \dfrac{17.8LI}{1,000e}[\text{mm}^2]$
단상 2선식	$e = \dfrac{35.6LI}{1,000A}[\text{V}]$	$A = \dfrac{35.6LI}{1,000e}[\text{mm}^2]$
3상 3선식	$e = \dfrac{30.8LI}{1,000A}[\text{V}]$	$A = \dfrac{30.8LI}{1,000e}[\text{mm}^2]$

단, L: 전선 1본의 길이[m], I: 부하 전류[A]

(3) 부하 중심점 거리 산출(L)

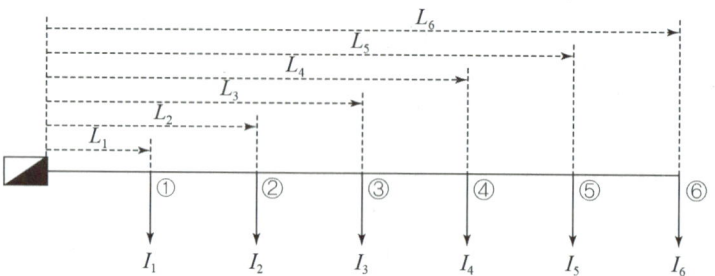

$$L = \frac{L_1I_1 + L_2I_2 + L_3I_3 + L_4I_4 + L_5I_5 + L_6I_6}{I_1 + I_2 + I_3 + I_4 + I_5 + I_6}\,[\text{m}]$$

단, $L_1, L_2, L_3, L_4, L_5, L_6$: 전원 공급점에서 각 부하 간의 거리[m]
$I_1, I_2, I_3, I_4, I_5, I_6$: 각 부하의 전류[A]

(4) 전선의 공칭 단면적[mm²]

1.5, 2.5, 4, 6, 10, 16, 25, 35, 50, 70, 95, 120, 150, 185, 240, 300

Tip 강의 꿀팁

저압 옥내배선의 전선은 단면적 2.5[mm²] 이상의 연동선 또는 이와 동등 이상의 강도 및 굵기의 것이어야 해요.

기출 & 예상문제 출제: 산업 15 | 배점: 5점

그림과 같은 분기 회로 전선의 단면적을 산출하여 굵기를 산정하시오.

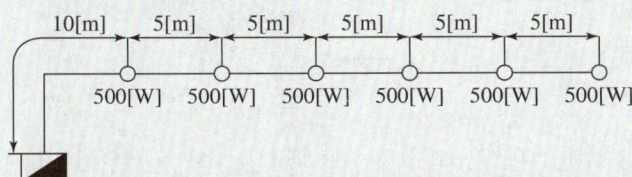

단, • 배전 방식은 단상 2선식, 교류 100[V]로 한다.
 • 사용 전선은 450/750[V] 일반용 단심 비닐 절연전선이다.
 • 전선관은 후강 전선관이며, 전압 강하는 최원단에서 2[%]로 한다.

해설

• 부하 전류 $I = \dfrac{P}{V} = \dfrac{500}{100} = 5[A]$

• 부하 중심점
$$L = \dfrac{L_1 I_1 + L_2 I_2 + L_3 I_3 + L_4 I_4 + L_5 I_5 + L_6 I_6}{I_1 + I_2 + I_3 + I_4 + I_5 + I_6}$$
$$= \dfrac{10 \times 5 + 15 \times 5 + 20 \times 5 + 25 \times 5 + 30 \times 5 + 35 \times 5}{5 + 5 + 5 + 5 + 5 + 5} = 22.5[m]$$

• 전선 굵기 $A = \dfrac{35.6 LI}{1,000 e} = \dfrac{35.6 \times 22.5 \times (5 \times 6)}{1,000 \times (100 \times 0.02)} = 12.02[mm^2]$

∴ 전선의 공칭 단면적 $16[mm^2]$를 선정한다.

답  $16[mm^2]$

THEME 03 누전 차단기 시설 및 심야 전력기기 사용

1 누전 차단기

(1) 누전 차단기의 설치

① 사람이 쉽게 접촉될 우려가 있는 장소에 시설하는 사용 전압이 50[V]를 초과하는 저압의 금속제 외함을 가지는 기계 기구에 전기를 공급하는 전로에 누전이 발생하였을 때, 자동적으로 전로를 차단하는 누전 차단기 등을 설치해야 한다.

② 주택의 구내에 시설하는 대지 전압 150[V] 초과 300[V] 이하의 저압 전로 인입구에는 인체 감전 보호용 누전 차단기를 설치한다.

(2) 누전 차단기의 구조 및 역할

① 누전 차단기 구성
 • 검출부: 영상 변류기(ZCT) 이용, 누전 검출
 • 수신부: 영상 변류기(ZCT)에서 검출된 신호를 트립 코일(TC)에 전달
 • 차단부: 트립 코일이 여자되면서 발생된 전자력으로 차단기 트립

독학이 쉬워지는 기초개념

Tip 강의 꿀팁

수용가에서 110[V]에서 220[V]로 승압, 사용하면서 안전을 위해 인입구 지점에 누전 차단기를 설치하도록 의무화하였어요.

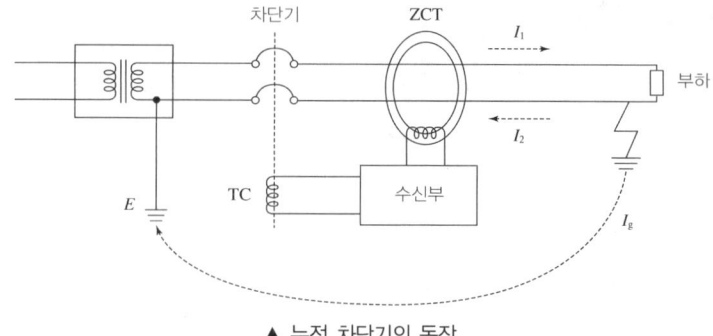

▲ 누전 차단기의 동작

② 평상시: I_1, I_2 전류 크기가 같으면서 방향이 반대이므로 서로 상쇄
③ 누전 발생 시: 귀로 전류 $I_2 = I_1 - I_g$가 되어 완전 상쇄 못하고 차전류가 생겨 트립 코일을 여자시켜 차단기 트립

(3) 누전 차단기 시설 장소

기계 기구의 시설 장소 / 전로의 대지 전압	옥내 건조한 장소	옥내 습기가 많은 장소	옥측 우선 내	옥측 우선 외	옥외	물기가 있는 장소
150[V] 이하	×	×	×	□	□	○
150[V] 초과 300[V] 이하	△	○	×	○	○	○

○: 누전 차단기를 반드시 시설할 것
△: 주택에 기계 기구를 시설하는 경우에는 누전 차단기를 시설할 것
□: 주택 구내 또는 도로에 접한 면에 룸 에어컨디셔너, 아이스박스, 진열장, 자동 판매기 등 전동기를 부품으로 한 기계 기구를 시설하는 경우 누전 차단기를 시설하는 것이 바람직한 곳
×: 누전 차단기를 설치하지 않아도 되는 곳

(4) 누전 차단기의 선정

저압 전로에 시설하는 누전 차단기는 전류 동작형으로 다음 각 호에 적당한 것이어야 한다.
① 인입구 장치 등에 시설하는 누전 차단기는 충격파 부동작형일 것
② 누전 차단기의 조작용 손잡이 또는 누름 단추는 트립 프리(Trip free) 기구일 것
③ 누전 경보기의 음성 경보장치는 원칙적으로 벨(Bell)식 또는 버저(Buzzer)식인 것으로 할 것

(5) 누전 차단기의 종류

구분		정격 감도 전류 [mA]	동작 시간
고감도형	고속형	5, 10, 15, 30	정격 감도 전류에서 0.1초 이내, 인체 보호용은 0.03초 이내
	시연형		정격 감도 전류에서 0.1초 초과 2초 이내
	반한시형		• 정격 감도 전류에서 0.2초 초과 1초 이내 • 정격 감도 전류 1.4배의 전류에서 0.1초 초과 0.5초 이내 • 정격 감도 전류 4.4배의 전류에서 0.05초 이내
중감도형	고속형	50, 100, 200, 500, 1,000	정격 감도 전류에서 0.1초 이내
	시연형		정격 감도 전류에서 0.1초 초과 2초 이내

기출 & 예상문제

출제 예상문제

다음 그림은 누전 차단기의 구조를 나타낸 결선도이다. 물음에 답하시오.

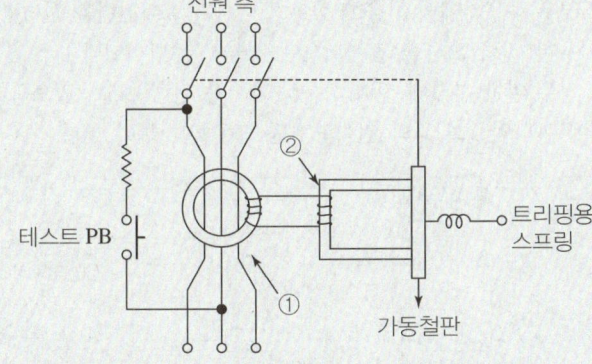

(1) 그림에서 ①의 우리말 명칭은?
(2) 그림에서 ②의 코일의 명칭은?
(3) 이 그림은 무슨 형의 누전 차단기인가?
(4) 누전 차단기의 사용 목적은?

해설
(1) 영상 변류기(ZCT)
(2) 트립 코일(TC)
(3) 전류 동작형
(4) 지락 전류를 차단하여 감전 사고 및 화재 방지

독학이 쉬워지는 기초개념

독학이 쉬워지는 기초개념

심야 전력기기 계약 종류
- 정액제: 사용한 전력량과 무관하게 매월 일정한 요금을 지불하는 방식
- 종량제: 매월 실제로 수용가가 사용한 전력량만큼 전기요금을 지불하는 방식

2 심야 전력기기

(1) 정액제의 경우
　① 정액제의 경우 심야 전력기기를 전력회사와 수용가가 사전 계약에 따라 심야 전력기기의 전력 사용량과는 관계없이 매월 계약된 일정한 전력 요금을 수용가가 전력회사에 지불하는 심야 전력기기 사용 방식이다.
　② 정액제의 경우 일반 부하에만 전력 사용량 계측용 전력량계가 필요하며, 심야 전력기기에는 타임 스위치만 설치하면 된다.

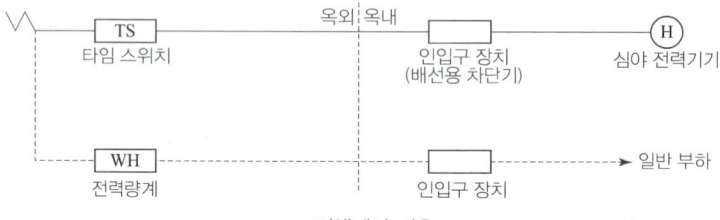

▲ 정액제의 경우

(2) 종량제의 경우
　① 종량제의 경우 수용가에서 사용한 심야 전력기기 소비전력을 전력량계로 측정하여 사용한 전력 요금을 전력회사에 지불하는 방식이다.
　② 종량제의 경우 일반 부하에 전력 사용량 계측용 전력량계가 필요하며, 심야 전력기기에는 타임 스위치와 전력량계를 모두 설치해야 한다.

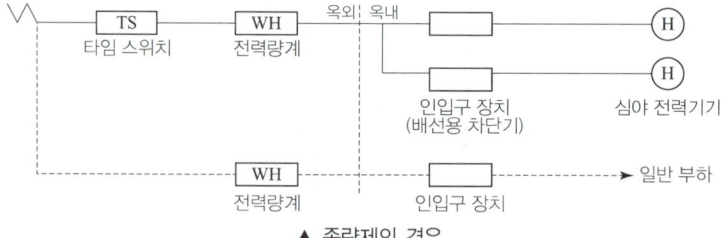

▲ 종량제의 경우

(3) 정액제·종량제 병용의 경우
　① 정액제의 심야 전력기기는 전력회사와 수용가가 사전 계약에 따라 심야 전력기기의 전력 사용량과는 관계없이 매월 계약된 일정한 전력 요금을 수용가가 전력회사에 지불하고, 종량제의 심야 전력기기는 수용가에서 사용한 심야 전력기기 소비전력을 전력량계로 측정하여 사용한 전력 요금을 전력회사에 지불하는 방식이다.
　② 정액제·종량제 병용의 경우 일반 부하에는 전력 사용량 계측용 전력량계가 필요하며 정액제의 심야 전력기기는 타임 스위치만 설치하면 되고 종량제의 심야 전력기기는 타임 스위치와 전력량계를 모두 설치해야 한다.

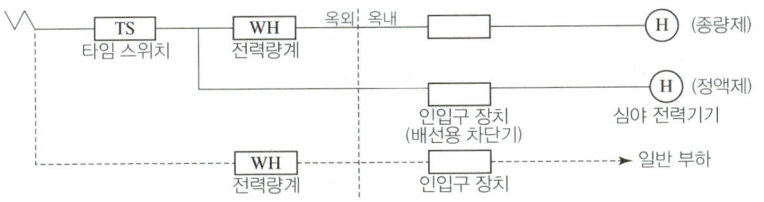

▲ 정액제·종량제 병용의 경우

기출 & 예상문제

출제 예상문제

중요도 심야 전력용 기기를 정액제로 하는 경우 인입구 장치 배선은 그림과 같다. a~e의 명칭 또는 기호를 쓰시오.

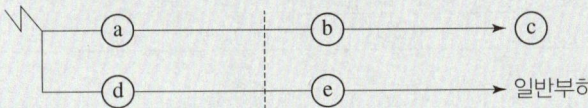

해설
a: 타임 스위치(TS)
b: 인입구 장치
c: 심야 전력기기
d: 전력량계(WH)
e: 인입구 장치

독학이 쉬워지는 기초개념

학습 참고 사항
정액제이므로 심야 전력기기의 전력 사용량을 측정하는 전력량계(WH)가 필요 없다.

CHAPTER 03 기출 기반 적중문제

출제: 산업 95 | 배점: 5점

01 다음 그림과 같은 단상 3선식은 잘못된 그림을 도시한 것이다. 잘못된 부분을 고쳐서 다시 그려 보시오.

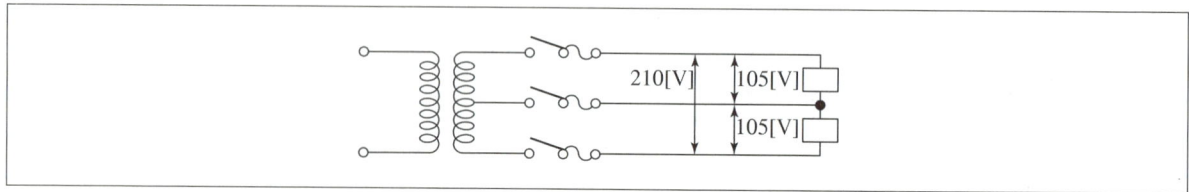

해설

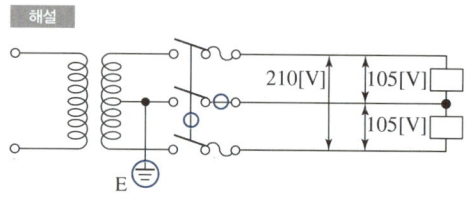

출제: 산업 15 | 배점: 6점

02 다음은 용어에 관한 설명이다. (   ) 안에 알맞은 용어를 쓰시오.
  (1) (   )이라 함은 가공 전선로의 지지물에서 다른 지지물을 거치지 아니하고 수용 장소의 인입선 접속점에 이르는 가공 전선을 말한다.
  (2) (   )이라 함은 지중 전선로의 배전반 또는 가공 전선로의 지지물에서 직접 수용 장소에 이르는 지중 전선로를 말한다.
  (3) (   )이라 함은 하나의 수용 장소의 인입선 접속점에서 분기하여 지지물을 거치지 아니하고 다른 수용 장소의 인입선 접속점에 이르는 전선을 말한다.

해설
(1) 가공 인입선
(2) 지중 인입선
(3) 연접 인입선

출제: 기사 20 | 배점: 5점

03 배전변전소의 2회선 계통의 모선으로부터 연결하고, 변압기 1차 측의 고압을 변압기 2차 저압으로 변성한 다음 2차 동일 모선에서 나오는 2회선의 급전선으로 공급하는 방식으로 1회선이 고장 시 다른 회선으로 무정전으로 저압 수용가에게 공급하는 신뢰도가 높은 배전방식은 무엇인가?

해설
스폿 네트워크 배전방식

출제: 산업 07 | 배점: 5점

04 배전 변전소 또는 발전소로부터 배전 간선에 이르기까지의 도중에 부하가 접속되어 있지 않은 선로를 무엇이라고 하는가?

[해설]
급전선(Feeder)

출제: 산업 92 | 배점: 10점

05 다음 그림은 $22.9[kV-Y]$ 가공 전선로로부터 자가용 수용가의 구내에 있는 전주를 거쳐 지중을 통과하여 건물의 옥상에 있는 수전 설비까지의 전로를 나타낸 것이다. 이 그림을 참고하여 다음 물음에 답하시오.

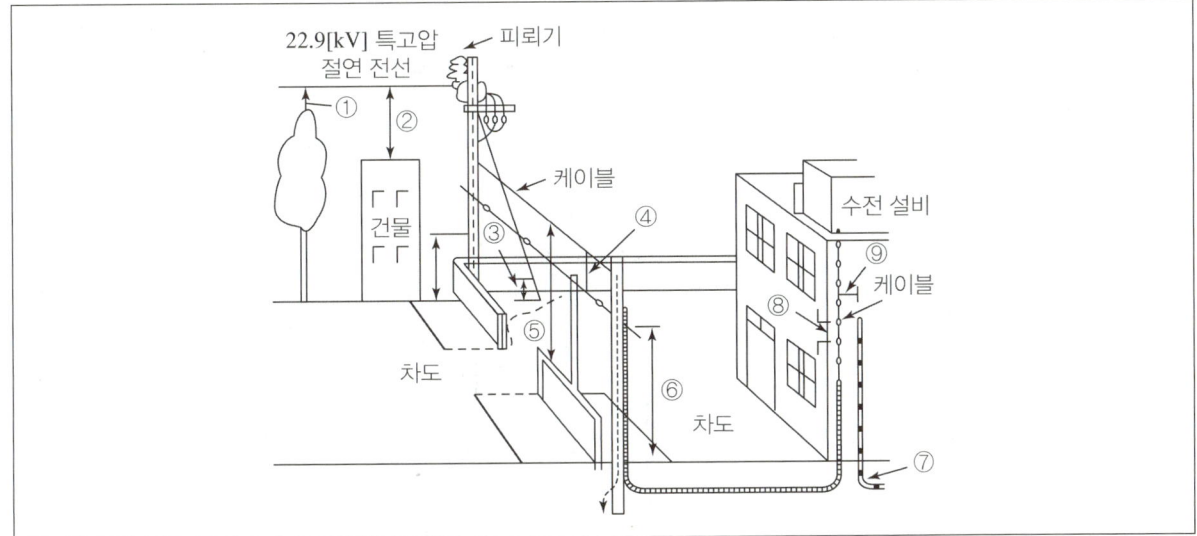

(1) $22.9[kV]$ 가공 전선으로 케이블을 사용하는 경우 식물과의 이격 거리는 다음 중 어느 것에 해당하는가?(단, 도면에 표시된 ① 참조)
- $1.2[m]$ 이상 이격하여야 한다.
- $2.0[m]$ 이상 이격하여야 한다.
- 접촉하지 않도록 한다.

(2) $22.9[kV-Y]$ 가공 전선(특고압 절연 전선)이 건물의 위쪽으로 통과할 때 그 이격 거리의 최솟값$[m]$은?(단, 도면에 표시된 ② 참조)

(3) 지선의 지표 부근에 시설하는 지선 로드의 표면상 높이의 최솟값$[m]$은?(단, 도면에 표시된 ③ 참조)

(4) $22.9[kV]$ 가공 전선(케이블)과 전화선(통신용 케이블)과의 이격 거리의 최솟값$[m]$은?(단, 도면에 표시된 ④ 참조)

(5) $22.9[kV]$ 가공 전선(케이블)이 도로를 횡단할 경우 지표상 높이의 최솟값$[m]$은?(단, 도면에 표시된 ⑤ 참조)

(6) 케이블이 손상을 받을 우려가 있는 곳에 시설하는 경우 케이블의 보호관의 지표상 높이의 최솟값$[m]$은?(단, 도면에 표시된 ⑥ 참조)

(7) 케이블 보호관의 접지 공사의 접지극으로 내경 $75[mm]$ 이상의 금속제 수도관을 대용하는 경우 수도관의 접지 저항의 최댓값$[\Omega]$은?(단, 도면에 표시된 ⑦ 참조)

(8) 22.9[kV-Y] 인입선의 옥측 부분에 케이블을 사용하고 그 케이블을 조영재의 측면에 따라 붙이는 경우 케이블의 지지점 간의 거리는 최대 몇 [m] 이하로 하는가?(단, 도면에 표시된 ⑧ 참조)

(9) 특고압 케이블과 수도관과의 이격 거리의 최솟값[m]은?(단, 도면에 표시된 ⑨ 참조)

해설

(1) 접촉하지 않도록 한다.   (2) 2.5[m]   (3) 0.3[m]
(4) 0.5[m]   (5) 6[m]   (6) 2[m]
(7) 3[Ω]   (8) 2[m]   (9) 0.5[m]

출제: 기사 98 | 배점: 12점

06 다음 그림은 시가지에 시설한 전선로 등을 나타내고 있다. 전기설비기술기준에 관한 규칙에 준하여 다음 물음에 답하시오.(단, 고압 가공 전선 및 고압 가공 인입선에는 고압 절연 전선을 사용하고, 저압 가공 전선으로는 옥외용 비닐 절연 전선을 사용하고 있다.)

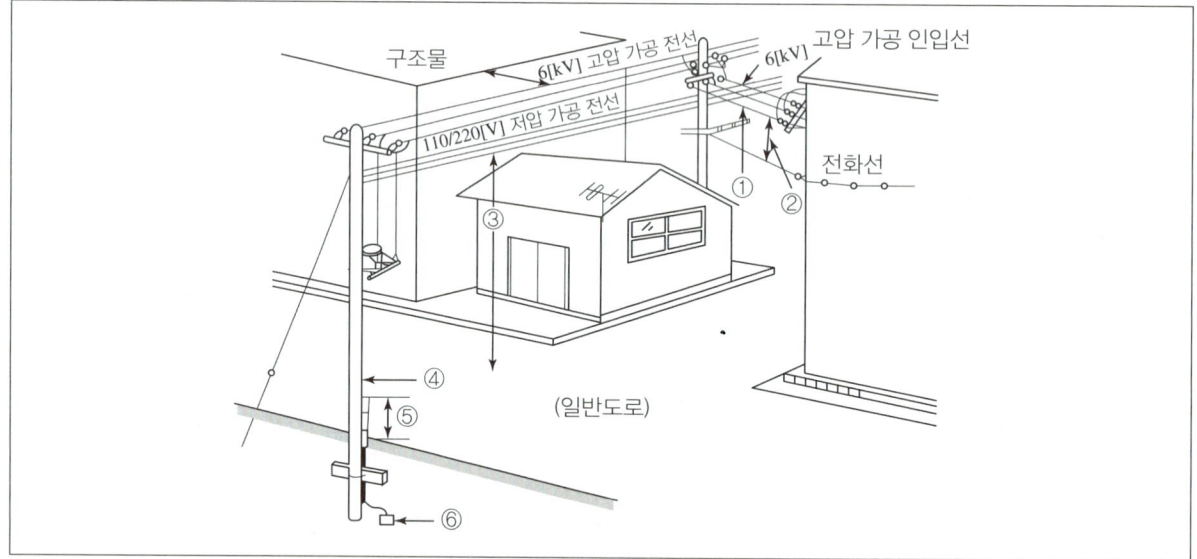

(1) ①의 고압 가공 인입선에 고압 절연 전선(경동선)을 사용하는 경우 전선의 최소 굵기는 얼마인가?
(2) ② 부분의 고압 가공 인입선과 전화선의 이격 거리는 최소 몇 [m]인가?
(3) ③의 저압 가공 전선의 지표상의 높이는 최소 몇 [m]인가?
(4) ④의 접지도체(변압기 2차 측 접지)로서 동전선의 최소 굵기는 얼마인가?
(5) ⑤의 합성 수지관의 지표상 최소 높이는 몇 [m]인가?
(6) ⑥은 어떤 접지공사를 하여야 하는가?

해설

(1) 지름 5[mm]   (2) 0.8[m]
(3) 6[m]   (4) 단면적 6[mm²]
(5) 2[m]   (6) 변압기 중성점 접지

출제: 기사 14 | 배점: 3점

07 고압 배전 계통의 배전 방식 중 사고가 났을 때 정전 범위를 가장 좁게 할 수 있는 배전 방식은 어떤 배전 방식인가?

해설
망상식 배전 방식

출제: 산업 16 | 배점: 5점

08 저압 뱅킹 배전 방식에서 캐스케이딩(Cascading) 현상이란 무엇인지 간단하게 쓰시오.

해설
저압선의 고장으로 인하여 건전한 변압기의 일부나 전부가 차단되는 현상

출제: 기사 14 | 배점: 8점

09 다음 그림은 전력회사의 고압 가공 전선로부터 자가용 수용가 구내 기둥을 거쳐 수변전 설비에 이르는 지중 인입선의 시설도이다. 다음 물음에 답하시오.

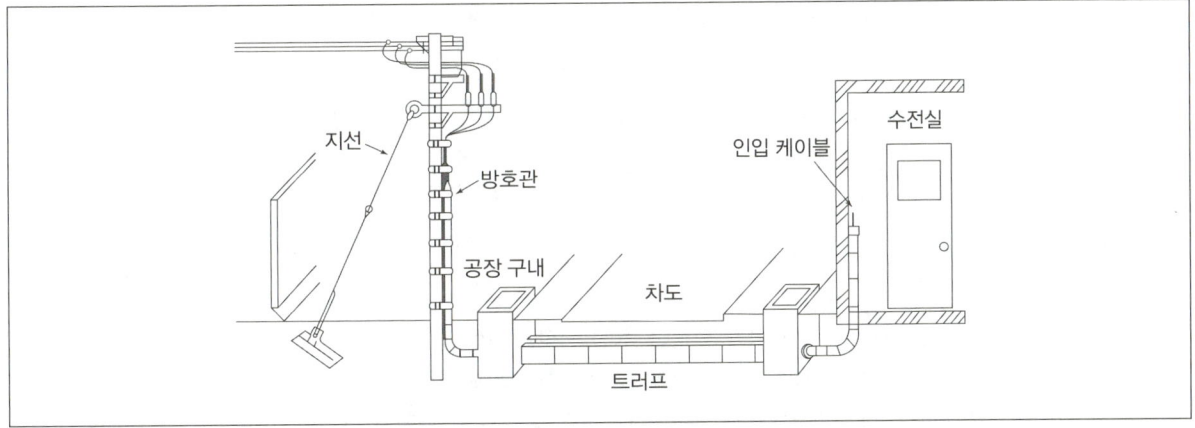

(1) 가공 전선로 지지물에 시설하는 지선은 몇 가닥 이상의 연선이어야 하며, 소선 지름은 몇 [mm] 이상의 금속선이어야 하는가?
   ① 가닥 수
   ② 소선 지름
(2) 지선의 안전율은 몇 이상으로 하고, 허용 인장하중의 최저는 몇 [kN]으로 하는가?
   ① 안전율
   ② 인장하중의 최저값
(3) 고압용 지중 전선로에 사용할 수 있는 케이블을 3가지만 쓰시오.
(4) 지중 전선로의 차도 부분 매설 깊이의 최솟값[m]은?

해설
(1) ① 3가닥
　　② 2.6[mm] 이상
(2) ① 2.5 이상
　　② 4.31[kN]
(3) 클로로프렌 시스 케이블, 비닐시스 케이블, 폴리에틸렌 시스 케이블
(4) 1.0[m]

출제: 산업 97 ｜ 배점: 16점

10 다음 그림은 시가지에 시설한 고압 전선로에서 자가용 수용가에 구내 전주를 경유해서 옥외 수전 설비에 이르는 전선로 및 시설의 실체도이다. 물음에 답하시오.

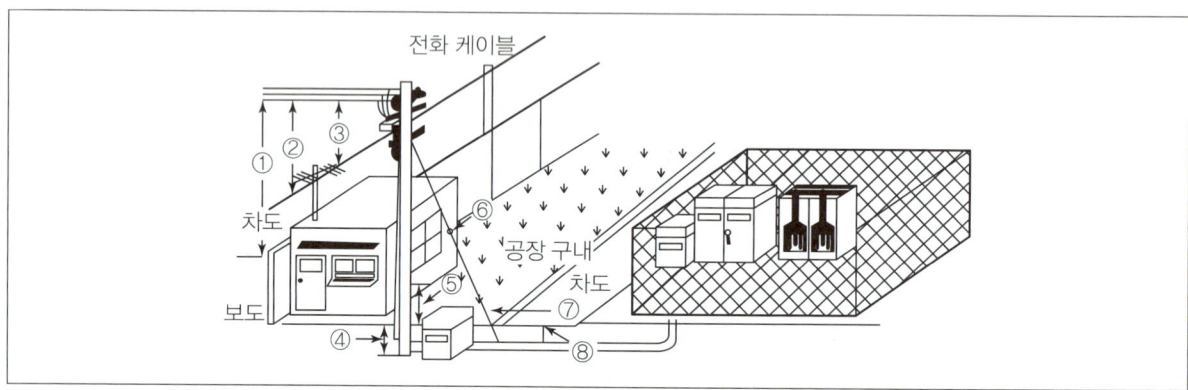

(1) 그림에서 표시된 ①에서 고압 가공 전선이 차도를 횡단하는 경우 지표상의 높이는 몇 [m] 이상인가?
(2) 그림에서 표시된 ②에서 고압 가공 전선과 전화 케이블의 이격 거리는 몇 [cm] 이상인가?
(3) 그림에서 표시된 ③에서 고압 가공 전선과 TV 안테나의 이격 거리는 몇 [cm] 이상인가?
(4) 그림에서 표시된 ④에서 전주가 땅에 묻히는 깊이는 몇 [m]인가?(단, 인입주는 전장 15[m]의 콘크리트주이다.)
(5) 그림에서 표시된 ⑤에서 발판 볼트의 지표상 높이는 몇 [m]인가?
(6) 그림에서 표시된 ⑥에서 이 물품의 사용 목적은 무엇인가?
(7) 그림에서 표시된 ⑦에서 사용되는 소선의 가닥 수는 얼마 이상인가?
(8) 그림에서 표시된 ⑧에서 지중 전선로의 차도에서의 매설 깊이는 몇 [m] 이상인가?

해설
(1) 6[m]　　(2) 80[cm]　　(3) 80[cm]
(4) 2.5[m]　　(5) 1.8[m]　　(6) 감전 사고 방지(지선 애자)
(7) 3가닥　　(8) 1.0[m]

출제: 기사 15 | 배점: 5점

11 3상 4선식 $380[\text{V}]$로 수전하는 수용가의 부하 전력이 $100[\text{kW}]$, 부하 역률이 $85[\%]$, 구내 배전선의 길이는 $400[\text{m}]$이며, 대지 간 전압 강하를 $6[\text{V}]$까지 허용하는 경우 구내 배선의 굵기를 구하시오.(단, 이때 배선의 굵기는 전선의 공칭 단면적으로 표시하시오.)

> **해설**
> - 부하 전류 $I = \dfrac{100 \times 10^3}{\sqrt{3} \times 380 \times 0.85} = 178.75[\text{A}]$
> - 전선 굵기 $A = \dfrac{17.8LI}{1{,}000e} = \dfrac{17.8 \times 400 \times 178.75}{1{,}000 \times 6} = 212.12[\text{mm}^2]$
>
> ∴ 전선의 공칭 단면적 $240[\text{mm}^2]$를 선정한다.
>
> **답** $240[\text{mm}^2]$

출제: 기사 15 | 배점: 6점

12 3상 3선식 $380/220[\text{V}]$ 구내 배선 긍장이 $100[\text{m}]$, 부하의 최대 전류는 $200[\text{A}]$인 배선에서 전압 강하를 $7[\text{V}]$로 하고자 하는 경우에 사용하는 전선의 공칭 단면적$[\text{mm}^2]$은 얼마인가?

> **해설**
> $A = \dfrac{30.8LI}{1{,}000e} = \dfrac{30.8 \times 100 \times 200}{1{,}000 \times 7} = 88[\text{mm}^2]$
>
> ∴ 전선의 공칭 단면적 $95[\text{mm}^2]$를 선정한다.
>
> **답** $95[\text{mm}^2]$

출제: 산업 15 | 배점: 5점

13 분전반에서 $40[\text{m}]$ 떨어진 회로의 끝에서 단상 2선식 $220[\text{V}]$ 전열기 $8{,}800[\text{W}]$ 2대 사용 시, $450/750[\text{V}]$ 일반용 단심 비닐 절연 전선의 굵기는?(단, 전압 강하는 $2[\%]$ 이내로 하고 전류 감소 계수는 없는 것으로 하며, 최종 답은 공칭 단면적 값을 쓰시오.)

> **해설**
> - 부하 전류 $I = \dfrac{8{,}800 \times 2}{220} = 80[\text{A}]$
> - 전선 굵기 $A = \dfrac{35.6LI}{1{,}000e} = \dfrac{35.6 \times 40 \times 80}{1{,}000 \times (220 \times 0.02)} = 25.89[\text{mm}^2]$
>
> ∴ 전선의 공칭 단면적 $35[\text{mm}^2]$를 선정한다.
>
> **답** $35[\text{mm}^2]$

14 공급점에서 $50[m]$의 지점에 $80[A]$, $60[m]$의 지점에 $50[A]$, $80[m]$의 지점에 $30[A]$의 부하가 걸려 있을 때 부하 중심까지의 거리를 산출하여 전압 강하를 고려한 전선의 굵기를 결정하려고 한다. 부하 중심까지의 거리는 몇 $[m]$인지 구하시오.

해설

$$L = \frac{L_1 I_1 + L_2 I_2 + L_3 I_3}{I_1 + I_2 + I_3} = \frac{50 \times 80 + 60 \times 50 + 80 \times 30}{80 + 50 + 30} = 58.75[m]$$

답 $58.75[m]$

15 3상 4선식 $380/220[V]$ 구내 배선 긍장이 $200[m]$, 부하의 최대 전류는 $100[A]$인 배선에서 대지 간 전압 강하를 $4[V]$로 하고자 하는 경우에 사용하는 전선의 공칭 단면적$[mm^2]$을 구하시오.

해설

$$A = \frac{17.8LI}{1{,}000e} = \frac{17.8 \times 200 \times 100}{1{,}000 \times 4} = 89[mm^2]$$

∴ 전선의 공칭 단면적 $95[mm^2]$를 선정한다.

답 $95[mm^2]$

16 분전반에서 $40[m]$의 거리에 $3[kW]$의 교류 단상 $220[V]$(2선식) 전열기를 설치하여 전압 강하를 $2[\%]$ 이내가 되도록 하기 위한 전선의 굵기를 계산하고 선정하시오.

해설

부하 전류 $I = \dfrac{P}{V} = \dfrac{3{,}000}{220} = 13.64[A]$

전선 굵기 $A = \dfrac{35.6LI}{1{,}000e} = \dfrac{35.6 \times 40 \times 13.64}{1{,}000 \times (220 \times 0.02)} = 4.41[mm^2]$

∴ 전선의 공칭 단면적 $6[mm^2]$를 선정한다.

답 $6[mm^2]$

17 다음 그림은 심야 전력기기의 인입구 장치 부근의 배선을 나타낸 것이다. 이 그림은 어떤 경우의 시설을 나타낸 것인가?

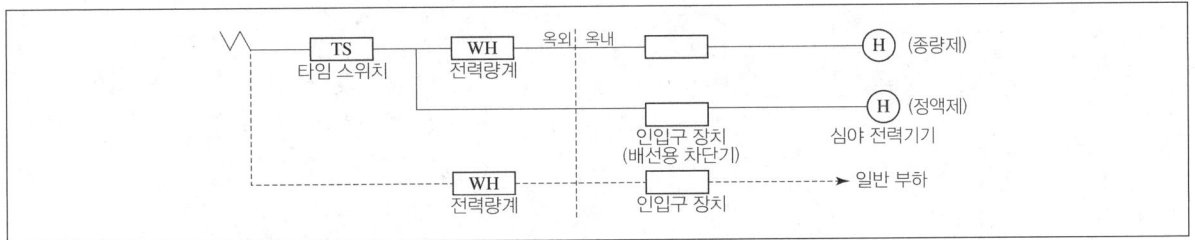

해설

정액제·종량제 병용

참고

- 정액제 배선도
- 종량제 배선도
- 정액제·종량제 병용의 배선도

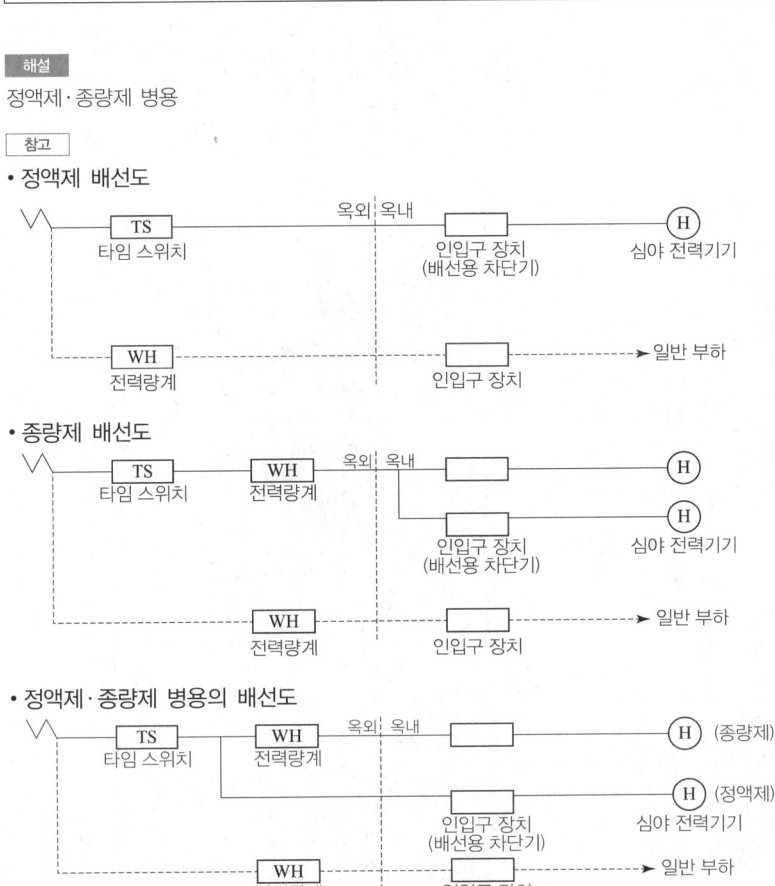

변전 설비

1. 변압기 결선
2. 변압기 운전 및 효율
3. 변압기 용량 산정
4. 전력용 개폐장치
5. 계기용 변성기
6. 변압기의 냉각 방식

학습 전략

변전 설비에서는 내용이 생소하거나 난해한 내용은 전반적으로 없습니다. 때문에 다른 부분에 비해 어느 정도의 노력만 기울여도 충분한 학습 효과를 볼 수 있습니다. 이번 챕터에서 중요한 부분을 우선적으로 학습하고, 그 후에 세부적인 내용들도 차근히 학습한다면 큰 어려움 없이 이번 챕터를 소화할 수 있습니다.

CHAPTER 04 | 흐름 미리보기

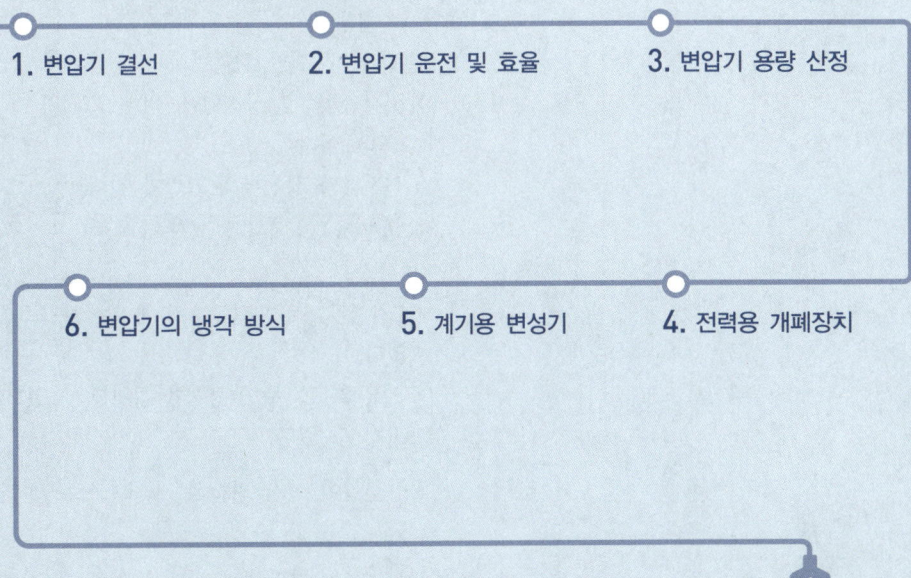

1. 변압기 결선
2. 변압기 운전 및 효율
3. 변압기 용량 산정
4. 전력용 개폐장치
5. 계기용 변성기
6. 변압기의 냉각 방식

NEXT **CHAPTER 05**

CHAPTER 04 변전 설비

독학이 쉬워지는 기초개념

3상 변압기 뱅크(Bank) 구성
- 3상 변압기 1대 사용
- 단상 변압기 3대를 1Bank 사용

THEME 01 변압기 결선

1 3상 변압기 결선

(1) $\Delta-\Delta$ 결선법

① 결선도 및 전압, 전류
- 선간 전압과 상전압의 크기가 같다.
- 선전류는 상전류에 비해 크기가 $\sqrt{3}$ 배이다.

$$V_l = V_p \angle 0°, \ I_l = \sqrt{3} \ I_p \angle -30°$$

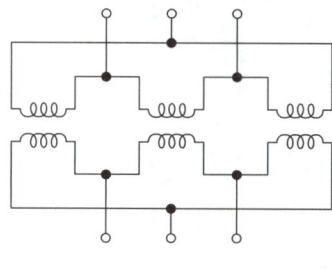

▲ $\Delta-\Delta$ 결선

② 장점
- 제3고조파 전류가 Δ 결선 내를 순환하므로 정현파 교류 전압을 유기하여 기전력의 파형이 왜곡되지 않는다.
- 1상분이 고장나면 나머지 2대로 V 결선 운전이 가능하다.
- 각 변압기의 상전류가 선전류의 $\frac{1}{\sqrt{3}}$ 이 되어 대전류에 적합하다.

③ 단점
- 중성점을 접지할 수 없으므로 지락 사고의 검출이 곤란하다.
- 권수비가 다른 변압기를 결선하면 순환 전류가 흐른다.
- 각 상의 임피던스가 다른 경우, 3상 부하가 평형이 되어도 변압기의 부하 전류는 불평형이 된다.

(2) $Y-Y$ 결선법

① 결선도 및 전압, 전류
- 선간 전압은 상전압에 비해 크기가 $\sqrt{3}$ 배이다.
- 선전류와 상전류의 크기가 같다.

$$V_l = \sqrt{3} \ V_p \angle 30°, \ I_l = I_p \angle 0°$$

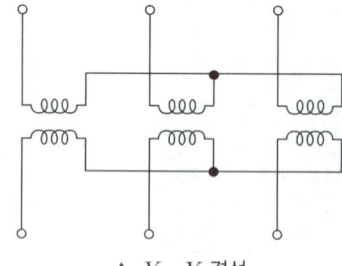

▲ $Y-Y$ 결선

② 장점
- 1차 전압, 2차 전압 사이에 위상차가 없다.
- 1차, 2차 모두 중성점을 접지할 수 있으며 고압의 경우 이상 전압을 감소시킬 수 있다.
- 상전압이 선간 전압의 $\frac{1}{\sqrt{3}}$ 이므로 절연이 용이하여 고전압에 유리하다.

③ 단점
- 제3고조파 전류의 통로가 없으므로 기전력의 파형이 제3고조파를 포함한 왜형파가 된다.
- 중성점을 접지하면 제3고조파 전류가 흘러 통신선에 유도 장해를 일으킨다.
- 부하의 불평형에 의해 중성점 전위가 변동하여 3상 전압이 불평형을 일으킨다.

(3) $Y-\Delta$ 또는 $\Delta-Y$ 결선법
① 결선도

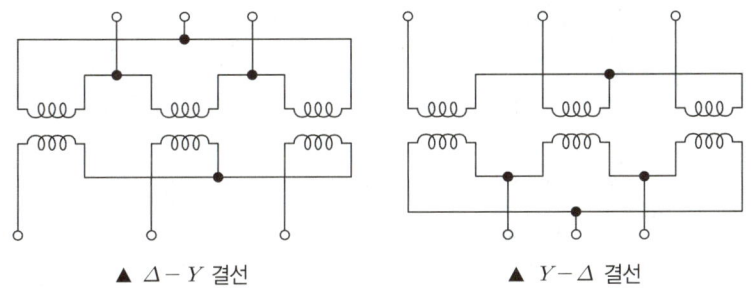

▲ $\Delta-Y$ 결선　　　▲ $Y-\Delta$ 결선

② 장점
- 한 쪽 Y 결선의 중성점을 접지할 수 있다.
- Y 결선의 상전압은 선간 전압의 $\frac{1}{\sqrt{3}}$ 이므로 절연이 용이하다.
- 1, 2차 중에 Δ 결선이 있어 제3고조파의 장해가 적다.
- $Y-\Delta$ 결선은 강압용으로, $\Delta-Y$ 결선은 승압용으로 사용할 수 있어 계통에 융통성 있게 사용된다.

③ 단점
- 1, 2차 선간 전압 사이에 30°의 위상차가 있다.
- 1상에 고장이 생기면 전원 공급이 불가능해진다.
- 중성점 접지로 인한 유도 장해를 초래한다.

독학이 쉬워지는 기초개념

Tip 강의 꿀팁

각 결선법에 따른 장·단점은 필수로 암기해두시면 좋습니다.

| 독학이 쉬워지는 기초개념 | | 기출 & 예상문제 | 출제: 기사 99 | 배점: 5점 |

다음 내용들은 변압기 결선에 대한 장·단점이다. 내용을 읽고 어떤 결선인지 쓰고, 결선도를 그리시오.

- 중성점을 접지할 수 있다.
- 상전압이 선간 전압의 $\dfrac{1}{\sqrt{3}}$이 되어 고전압의 결선에 적합하다.
- 변압비, 권선 임피던스가 서로 달라도 순환전류가 흐르지 않는다.
- 제3고조파 여자 전류의 통로가 없어 유도 기전력이 제3고조파를 함유하여 중성점을 접지하면 통신선에 유도 장해를 준다.

해설
- 결선 방식: $Y-Y$ 결선
- 결선도

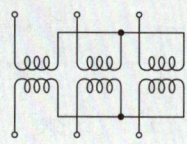

2 특수한 변압기 결선

(1) $V-V$ 결선법

① $\Delta-\Delta$ 결선의 출력

1대당 변압기 용량이 $P[\text{kVA}]$인 단상 변압기 3대를 $\Delta-\Delta$ 결선하여 운전 시 출력은 $P_\Delta = 3 \times EI = 3P[\text{kVA}]$이다.

② $V-V$ 결선의 출력

V 결선은 그림과 같이 선간 전압과 상전압이 $\sqrt{3}$ 배의 차이가 나므로 이때의 3상 출력은 다음과 같다.

$$P_V = \sqrt{3}\,EI = \sqrt{3}\,E \times \dfrac{P}{E}$$
$$= \sqrt{3}\,P[\text{kVA}]$$

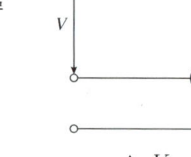

▲ $\Delta-\Delta$ 결선

▲ $V-V$ 결선

③ **출력비**

$$\text{출력비} = \dfrac{\text{고장 후 출력}(P_V)}{\text{고장 전 출력}(P_\Delta)} = \dfrac{\sqrt{3}\,P}{3P} = \dfrac{1}{\sqrt{3}} \fallingdotseq 0.577\,(\therefore 57.7[\%])$$

④ **이용률**

$$\text{이용률} = \dfrac{\text{실제 출력}(P_V')}{\text{이론 출력}(P_V)} = \dfrac{\sqrt{3}\,P}{2P} = \dfrac{\sqrt{3}}{2} \fallingdotseq 0.866\,(\therefore 86.6[\%])$$

⑤ 장점
- $\Delta-\Delta$ 결선에서 1대의 변압기 고장 시 나머지 변압기 2대로 3상 부하에

V 결선 변압기
Δ 결선한 단상 변압기 3대 중 1대의 변압기 고장 시 나머지 2대의 변압기를 임시 전력 공급용으로 사용

전력을 공급할 수 있다.
- 설치 방법이 간단하고 소용량이며 가격이 저렴하다.

⑥ 단점
- 설비의 이용률이 86.6[%]로 저하된다.
- Δ 결선에 비해 출력이 57.7[%]로 저하된다.

(2) 3권선 변압기

① 3권선 변압기는 1, 2차 권선에 3차 권선을 설치한 변압기로 권수비에 따라 1조의 변압기로 두 종류의 전압과 용량을 얻을 수 있다.

② 송배전에 적용되고 있는 $Y-Y-\Delta$ 결선 방식은 $Y-Y$ 결선의 장점에 $\Delta-\Delta$ 결선의 장점을 이용한 것으로 3상 결선에서 가장 많이 사용되는 결선 방식이다.

> **3권선 변압기**
> 권선이 3개로 구성된 변압기로 보통 $Y-Y-\Delta$(1차-2차-3차 권선)으로 결선한다.

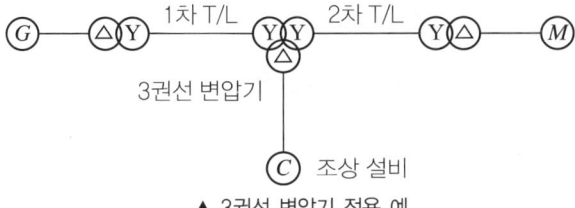

▲ 3권선 변압기 적용 예

> **T/L**
> 송전 선로(Transmission Line)

③ 특징
- 제3고조파를 권선 내에서 순환시키기 위해 Δ 결선을 가지고 있다.
- 2차 권선에 유도성 부하가 있는 경우 3차 권선에 진상용 콘덴서를 설치하면 1차 회로의 역률을 개선할 수 있다.

④ 3권선 변압기의 주된 용도
- 3차 측의 Δ 결선을 외부로 인출하여 소내 전원과 조상 설비에 접속하여 사용
- 3차 측의 단자를 외부로 인출하여 폐회로를 이루어 외함에 접지하거나, 내부에서 폐회로를 이루어 외함에 접지하는 안정 권선으로 이용
- 권수비에 따라 1조의 변압기로 두 종류의 전압과 용량이 필요한 곳
- 설치 장소가 좁아 변압기 2대를 설치하지 못하는 경우로 두 종류의 전원이 필요한 곳

(3) 단권 변압기

① 변압기의 1차 권선과 2차 권선의 일부를 공통 권선으로 한 변압기
② 단권 변압기의 구조

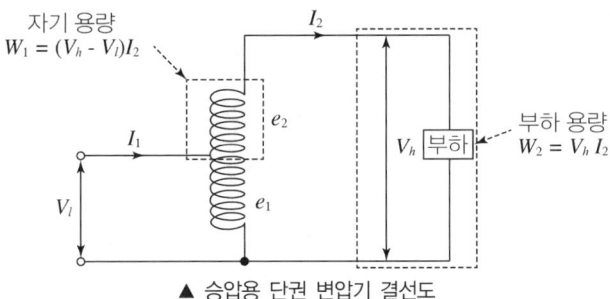

▲ 승압용 단권 변압기 결선도

독학이 쉬워지는 기초개념

③ 승압 후 2차 전압

$$V_h = V_l\left(1 + \frac{e_2}{e_1}\right) = V_l\left(1 + \frac{1}{a}\right)[\text{V}] \ (단, \ a = \frac{e_1}{e_2})$$

④ 단권 변압기의 고유(자기) 용량과 부하 용량의 비

$$\frac{\text{자기 용량}}{\text{부하 용량}} = \frac{(V_h - V_l)I_2}{V_h I_2} = \frac{V_h - V_l}{V_h} = 1 - \frac{V_l}{V_h}$$

⑤ 단권 변압기의 용도
  - 배전 선로의 승압 및 강압용 변압기
  - 동기 전동기와 유도 전동기의 기동 보상기용 변압기
  - 실험실용 소용량의 슬라이닥스

⑥ 단권 변압기의 장점
  - 동량이 감소된다.
  - 크기와 중량이 작고 조립 및 수송이 용이하다.
  - 변압기의 동손(I^2R)이 줄어 변압기 효율이 증대된다.
  - 작은 용량의 변압기로 큰 용량의 부하를 적용할 수 있다.
  - 분로 권선에 누설 자속이 거의 없다.

⑦ 단권 변압기의 단점
  - 저압 측도 고압 측과 같은 수준의 절연이 요구된다.
  - 단락 전류가 크다.
  - 변압기 중성점에 피뢰기 설치가 필요하다.

⑧ 단권 변압기의 3상 결선별 자기 용량과 부하 용량의 비
  - Y 결선

    $$\frac{\text{자기 용량}}{\text{부하 용량}} = \frac{V_h - V_l}{V_h}$$

    (단, V_h: 고압 측 전압[V], V_l: 저압 측 전압[V])

  - Δ 결선

    $$\frac{\text{자기 용량}}{\text{부하 용량}} = \frac{V_h^2 - V_l^2}{\sqrt{3}\,V_h V_l}$$

  - V 결선

    $$\frac{\text{자기 용량}}{\text{부하 용량}} = \frac{2(V_h - V_l)}{\sqrt{3}\,V_h}$$

기출 & 예상문제

출제 예상문제

그림과 같이 3상 3선식 $6,600[V]$ 비접지 고압 선로로부터 전등 및 전열 단상 부하와 3상 부하를 함께 공급하고자 한다. 동력과 전등 공용 변압기 결선을 $20[kVA]$ 단상 변압기 2대로 V 결선하고, 이때 필요한 보호 설비와 접지를 도해하시오.(단, 기기의 규격은 생략한다.)

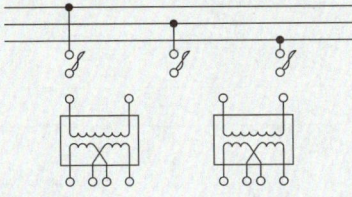

해설

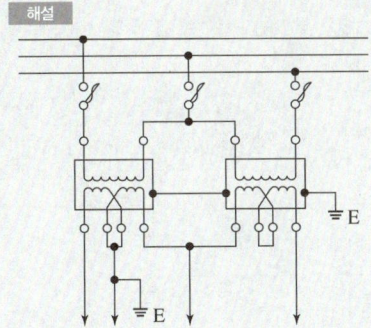

THEME 02 변압기 운전 및 효율

1 변압기의 병렬 운전

(1) 단상 변압기 병렬 운전 조건
① 각 변압기의 극성이 같을 것(극성이 같지 않을 경우, 2차 권선에 큰 순환전류가 흘러 권선을 소손시킨다.)
② 각 변압기의 권수비 및 1차, 2차 정격 전압이 같을 것(2차 기전력의 크기가 다르면 순환전류가 흘러 권선을 과열시킨다.)
③ 각 변압기의 %임피던스 강하가 같을 것(%임피던스 강하가 다르면 부하 분담이 각 변압기의 용량의 비가 되지 않아 부하 분담의 균형을 이룰 수 없다.)
④ 각 변압기의 저항과 누설 리액턴스 비가 같을 것(변압기 간의 저항과 누설 리액턴스 비가 다르면 각 변압기의 전류 간에 위상 차가 생겨 동손이 증가한다.)

(2) 3상 변압기 병렬 운전 조건
3상 변압기의 병렬 운전 조건은 단상 변압기의 병렬 운전 조건 이외에도 다음의 조건을 만족해야 한다.
① 상회전 방향이 같을 것(상회전 방향이 다르면 변압기 간에 단락 상태가 되어 변압기를 소손시킨다.)
② 위상 변위가 같을 것(위상차에 따른 내부 순환전류로 인해 변압기 권선이 과열된다.)

독학이 쉬워지는 기초개념

Tip 강의 꿀팁

병렬 운전은 각 변압기의 Δ 또는 Y 결선의 합이 짝수이어야 가능해요.

(3) 변압기 병렬 운전 가능 결선과 불가능 결선

병렬 운전 가능 결선		병렬 운전 불가능 결선	
A 변압기	B 변압기	A 변압기	B 변압기
$\Delta-\Delta$	$\Delta-\Delta$	$\Delta-\Delta$	$\Delta-Y$
$\Delta-\Delta$	$Y-Y$	$Y-Y$	$Y-\Delta$
$Y-Y$	$Y-Y$	$\Delta-\Delta$	$Y-\Delta$
$\Delta-Y$	$\Delta-Y$	$\Delta-Y$	$Y-Y$
$\Delta-Y$	$Y-\Delta$		
$Y-\Delta$	$Y-\Delta$		

기출 & 예상문제

출제 예상문제

중요도 변압기의 병렬 운전의 결선 조합에서 병렬 운전 가능, 병렬 운전 불가능한 결선을 구분하여 모두 쓰시오.

병렬 운전 가능 결선		병렬 운전 불가능 결선	
A 변압기	B 변압기	A 변압기	B 변압기

해설

병렬 운전 가능 결선		병렬 운전 불가능 결선	
A 변압기	B 변압기	A 변압기	B 변압기
$\Delta-\Delta$	$\Delta-\Delta$	$\Delta-\Delta$	$\Delta-Y$
$\Delta-\Delta$	$Y-Y$	$Y-Y$	$Y-\Delta$
$Y-Y$	$Y-Y$	$\Delta-\Delta$	$Y-\Delta$
$\Delta-Y$	$\Delta-Y$	$\Delta-Y$	$Y-Y$
$\Delta-Y$	$Y-\Delta$		
$Y-\Delta$	$Y-\Delta$		

Tip 강의 꿀팁

변압기의 입력과 출력을 실제로 측정하여 효율을 구하는 실측 효율의 불편함을 해소하기 위해 규약 효율 계산 방법을 사용해요.

2 변압기의 효율

(1) 실측 효율(Actual Measured Efficiency)
① 변압기의 입력과 출력의 실측값으로부터 계산해서 효율을 계산하는 것
② 다음과 같은 식을 통해 실측 효율을 계산한다.

$$\text{실측 효율} = \frac{\text{출력의 측정값 [kW]}}{\text{입력의 측정값 [kW]}} \times 100 \, [\%]$$

(2) 규약 효율(Conventional Measured Efficiency)
① 일정한 규약에 따라 결정한 손실값을 기준으로 효율을 계산하는 것이다.
② 실측 효율에서 변압기의 경우 입력을 측정하기는 번거롭지만 출력은 알기 쉬우므로 규약 효율을 많이 사용한다.

③ 다음과 같은 식을 통해 규약 효율을 계산한다.

$$규약\ 효율 = \frac{출력[kW]}{출력[kW] + 손실[kW]} \times 100[\%]$$
$$= \frac{P_o[kW]}{P_o[kW] + P_l[kW]} \times 100[\%]$$

(3) 전일 효율(All-day Efficiency)

① 규약 효율은 주어진 어떤 시각에서의 부하에 대한 값[kW]에 지나지 않으므로 부하가 변동할 경우 효율을 종합적으로 판정하기 위해서는 전일 효율을 사용해야 한다.

② 전일 효율은 규약 효율에서 변압기의 어느 일정한 기간(주로 1일간) 동안의 전력량[kWh]을 가지고 효율을 계산하는 것이다.

$$\eta(전일\ 효율)$$
$$= \frac{W_o[kWh]}{W_o[kWh] + W_l[kWh]} \times 100[\%]$$
$$= \frac{1일간의\ 출력\ 전력량[kWh]}{1일간의\ 출력\ 전력량[kWh] + 1일간의\ 손실\ 전력량[kWh]} \times 100[\%]$$

(4) 변압기의 최대 효율 운전

① 지금 부하를 $P_1[kW]$, 전부하 동손을 W_c, 변압기의 정격 용량을 P 라고 할 경우, $P_1[kW]$에서의 동손은 $W_c \left(\frac{P_1}{P}\right)^2$ 이 된다.

② 부하율 $m = \frac{P_1}{P}$, 즉 $P_1 = mP$ 라고 하고 철손을 W_i 라고 할 경우, 변압기의 규약 효율은 다음과 같다.

$$\eta = \frac{출력}{출력 + 철손 + 동손}$$
$$= \frac{P_1}{P_1 + W_i + W_c\left(\frac{P_1}{P}\right)^2} = \frac{mP}{mP + W_i + m^2 W_c}$$
$$= \frac{P}{P + \frac{W_i}{m} + m W_c}$$

③ 앞 식에서 규약 효율이 최대가 되기 위해서는 분모의 $\frac{W_i}{m} + m W_c$ 가 최소가 되어야 한다.

$$\frac{d}{dm}\left(\frac{W_i}{m} + m W_c\right) = -\frac{1}{m^2} W_i + W_c = 0$$
$$\therefore\ W_i = m^2 W_c = \left(\frac{P_1}{P}\right)^2 W_c$$

즉, 최대 효율 조건은 철손 = P_1부하에서의 동손이다.

④ 보통 변압기의 최대 효율을 나타내는 부하 상태
- 일반 전력용 변압기는 전부하의 75[%]($m = 0.75$) 정도 운전 상태인 경우이다.

독학이 쉬워지는 기초개념

- 배전용 변압기는 전부하의 $60[\%]$ ($m=0.6$) 정도 운전 상태인 경우이다.

(5) 변압기 효율이 저하되는 이유
  ① 부하 역률이 저하되는 경우
  ② 경부하 운전하는 경우
  ③ 부하 변동이 심한 경우

기출 & 예상문제

출제 예상문제

[중요도] 용량 $30[\text{kVA}]$의 단상 주상 변압기가 있다. 어느 날 이 변압기의 부하가 $30[\text{kW}]$로 4시간, $24[\text{kW}]$로 8시간, $8[\text{kW}]$로 10시간이었다고 할 경우, 이 변압기의 일 부하율 및 전일 효율을 계산하시오. (단, 부하의 역률은 $100[\%]$, 변압기의 전부하 동손은 $500[\text{W}]$, 철손은 $200[\text{W}]$이다.)

해설

- 일 부하율

$$F = \frac{\frac{30\times4+24\times8+8\times10}{24}}{30} \times 100[\%] = 54.44[\%]$$

- 전일 효율
  - 출력 전력량

  $W_0 = 30\times4+24\times8+8\times10 = 392[\text{kWh}]$

  - 철손량

  $W_i = 200\times10^{-3}\times24 = 4.8[\text{kWh}]$

  - 동손량

  $W_c = 500\times10^{-3}\times\left\{\left(\frac{30}{30}\right)^2\times4+\left(\frac{24}{30}\right)^2\times8+\left(\frac{8}{30}\right)^2\times10\right\} = 4.92[\text{kWh}]$

  - 전일 효율

  $$\eta = \frac{392}{392+4.8+4.92}\times100[\%] = 97.58[\%]$$

답 일 부하율: $54.44[\%]$, 전일 효율: $97.58[\%]$

참고

- 일 부하율 $F = \dfrac{\text{평균 수용 전력}}{\text{최대 수용 전력}} \times 100[\%] = \dfrac{\frac{1\text{일 사용 전력량}[\text{kWh}]}{24[\text{h}]}}{\text{최대 수용 전력}[\text{kW}]} \times 100[\%]$

- 전일 효율

$$\eta = \frac{\text{출력 전력량}[\text{kWh}]}{\text{출력 전력량}[\text{kWh}]+\text{철손량}[\text{kWh}]+\text{동손량}[\text{kWh}]} \times 100[\%]$$

- 동손량

$W_c = \text{전부하 동손}[\text{kW}]\times\text{부하율}^2\times\text{시간}[\text{h}]$

$= \text{전부하 동손}[\text{kW}]\times\left(\dfrac{\text{부하 전력}[\text{kW}]}{\text{변압기 용량}[\text{kVA}]}\right)^2\times\text{시간}[\text{h}]$

3 변압기 보호 장치

(1) 전기적 보호 장치

① 비율 차동 계전기(87: Ratio Differential Relay)
- 내부 고장 보호용의 동작 전류의 비율이 억제 전류의 일정치 이상일 때 동작
- 동작 원리
  - 평상시 외부 고장 시: 차전류 $i_d = |i_1 - i_2| = 0$이 되어 계전기 부동작
  - 내부 고장 시: 차전류 $i_d = |i_1 - i_2|$가 큰 값이 되어 계전기 동작
  - 동작 비율 $= \dfrac{|I_1 - I_2|}{|I_1| \text{ or } |I_2|} \times 100[\%]$ ($|I_1|$ 또는 $|I_2|$ 중 작은 값을 선택)

② 비율 차동 계전기(87) 결선도

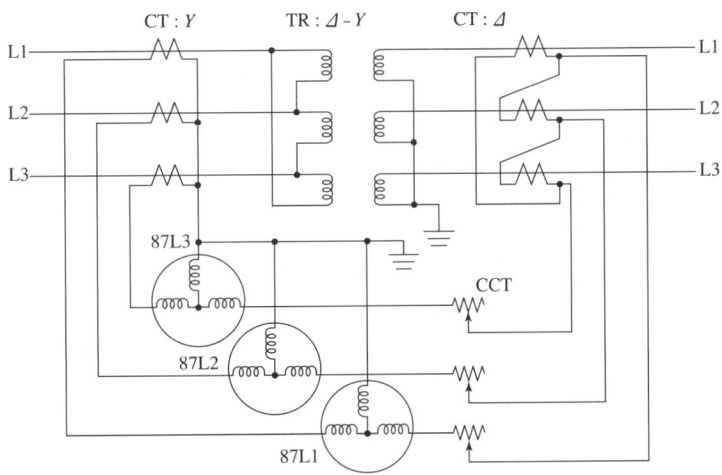

▲ 비율 차동 계전기의 결선도

(2) 기계식 보호 계전기의 종류

① 브흐홀쯔 계전기(96B: Buchholz Relay)
  변압기 본체와 콘서베이터를 연결하는 관 도중에 설치

② 충격 압력 계전기(96P: Sudden Pressure Relay)
  변압기 내부사고 시 가스 발생으로 충격성의 이상 압력 상승이 생기므로 이 압력 상승을 순시에 검출, 차단한다.

③ 이 외에도 기계식 보호 계전기의 종류는 다음과 같다.
- 방압 장치
- 권선 온도계
- 유면계

독학이 쉬워지는 기초개념

변압기에 적용하는 CT의 결선 방식
- 변압기 $\Delta - Y$ 결선 시
  : CT $Y - \Delta$ 결선
- 변압기 $Y - \Delta$ 결선 시
  : CT $\Delta - Y$ 결선

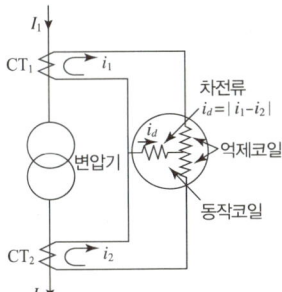

CCT: 보조 변류기
정상 운전 시 비율 차동 계전기의 1차 전류와 2차 전류의 차이를 보정하는 역할

독학이 쉬워지는 기초개념

기출 & 예상문제   출제: 기사 17 | 배점: 5점

 그림과 같은 변압기에 대하여 비율 차동 계전기의 미완성 도면을 완성하시오.
(단, 변류기(CT) 결선은 감극성을 기준으로 한다.)

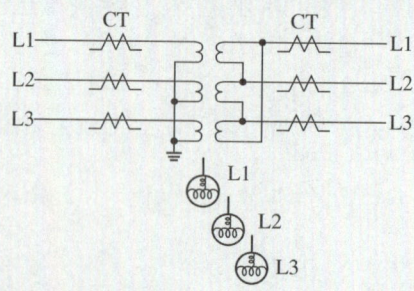

해설

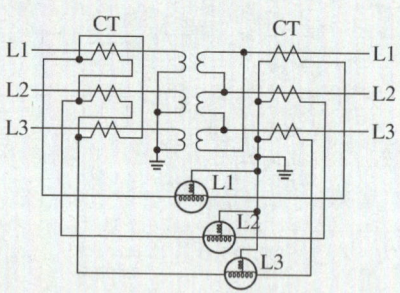

THEME 03 변압기 용량 산정

1 변압기의 용량 결정

(1) 합성 최대 전력 계산

$$합성\ 최대\ 전력 = \frac{각\ 부하의\ 최대\ 수용\ 전력의\ 합계}{부등률}$$

$$= \frac{설비\ 용량[kVA] \times 수용률}{부등률}[kVA]$$

(2) 변압기 용량 결정

① 변압기 용량은 위에서 구한 합성 최대 전력 이상인 용량으로 결정해야 한다.
② 즉, 변압기 용량[kVA] ≥ 합성 최대 전력[kVA]이어야 한다.
③ 전력용 3상 변압기 표준 용량[kVA]: 5, 10, 15, 20, 30, 40, 50, 75, 100, 150, 200, 250, 300, 500, 750, 1,000

2 변압기의 용량 결정 시 필요한 인자

(1) 수용률
　① 수용 설비가 동시에 사용되는 정도를 나타낸다.
　② 변압기 등의 적정한 공급 설비 용량을 파악하기 위해 사용된다.

$$수용률 = \frac{최대\ 수용\ 전력[kW]}{부하\ 설비\ 합계[kW]} \times 100[\%]$$

(2) 부하율
　① 공급 설비가 어느 정도 유용하게 사용되는지를 나타낸다.
　② 부하율이 클수록 공급 설비가 그만큼 유효하게 사용된다는 것을 뜻한다.

$$부하율 = \frac{평균\ 수용\ 전력[kW]}{합성\ 최대\ 수용\ 전력[kW]} \times 100[\%]$$

(3) 부등률
　① 부하의 최대 수용 전력의 발생 시간이 서로 다른 정도를 나타낸다.
　② 부등률이 클수록 최대 전력을 소비하는 기기의 사용 시간대가 서로 다르다는 것을 의미하므로 그만큼 유리하다.

$$부등률 = \frac{각\ 부하의\ 최대\ 수용\ 전력의\ 합계[kW]}{합성\ 최대\ 수용\ 전력[kW]} \geq 1$$

> **독학이 쉬워지는 기초개념**
>
> **Tip 강의 꿀팁**
> 수용률은 항상 곱하는 계수, 부등률은 항상 나누는 계수로 생각하면 돼요.

기출 & 예상문제

출제 예상문제

전등 설비 200[W], 전열 설비 400[W], 전동기 설비 300[W]인 수용가가 있다. 이 수용가의 최대 수용 전력이 780[W]라면 수용률은 얼마인가?

해설

$$수용률 = \frac{최대\ 수용\ 전력}{부하\ 설비\ 합계} \times 100[\%] = \frac{780}{200+400+300} \times 100[\%] = 86.67[\%]$$

답 86.67[%]

독학이 쉬워지는 기초개념

소호
차단기의 가동 접점과 고정 접점 사이에서 발생하는 아크(Arc)를 소멸시키는 것

THEME 04 전력용 개폐장치

1 차단기(CB: Circuit Breaker)

(1) 차단기의 역할

차단기는 부하 전류는 개폐하고, 고장 시에 발생하는 대전류를 신속하게 차단하여 고장 구간을 건전 구간으로부터 분리시키는 역할을 수행한다.

(2) 소호 원리에 따른 차단기의 종류

① 유입 차단기(OCB: Oil Circuit Breaker)
- 절연유가 고온 아크에 의해 발생하는 수소 가스의 높은 열 전도도를 이용하여 아크를 냉각, 소호
- 장점: 사용 범위가 넓고, 저가이며, 소음이 없다.
- 단점: 광유 사용으로 화재의 위험성이 있고 보수의 번거로움이 있다.

② 자기 차단기(MBB: Magnetic Blow-out Circuit Breaker)
- 아크와 직각으로 자계를 주어 소호실 내에 아크를 끌어 넣어 아크 전압을 증대시키고 또한 냉각하여 소호
- 장점: 화재 염려가 없고, 보수가 간편하다.
- 단점: 소음 발생, 22[kV] 이상에서 사용이 부적격하다.

③ 진공 차단기(VCB: Vacuum Circuit Breaker)
- 파센의 법칙에 의거 10^{-4}[Torr] 이하의 진공 중으로 아크 금속 증기가 확산 후 전류 영점에서 아크 소호
- 장점: 소형, 경량이며 구조가 간단하고 보수가 용이하다.
- 단점: 동작 시 서지가 커서 서지 흡수기가 필요하다.

④ 공기 차단기(ABB: Air Blast Circuit Breaker)
- 아크를 $10 \sim 30 [\text{kg}/\text{cm}^2]$ 정도의 강력한 압축 공기로 불어서 소호
- 장점: 차단 능력이 크고, 화재 위험성이 낮다.
- 단점: 압축공기 컴프레서 등 부대 설비가 필요하고, 폭발음이 있다.

⑤ 가스 차단기(GCB: Gas Circuit Breaker)
- SF_6 가스의 소호 능력이 공기의 100배 성능임을 이용하여 아크를 강력하게 흡습하여 소호(치환 효과)
- 장점: 보수 점검 횟수가 적고, 차단 성능이 우수하며, 저소음이다.
- 단점: 설치 면적이 크고, 가스의 기밀 구조가 필요하다.

(3) 육불화황(SF_6) 가스의 성질

① 물리·화학적 성질
- 무색·무취·무독성 기체이다.
- 안정도가 매우 높은 불활성 기체이다.
- 비탄성 충돌한다.
- $-60[℃]$에서 액화한다.(액화 방지 장치가 필요)

② 전기적 성질
- 공기에 비해 절연 강도가 크다.(소호 능력이 공기의 약 100배)
- 소호 능력이 우수하다.(아크의 시정수가 작아서 대전류 차단에 유리)

- 절연 회복이 빠르다.
- 가스의 성질이 우수하여 차단기가 소형화된다.
- 전자 친화력이 크다.

(4) 차단기의 정격과 동작 책무

① 정격 전압(V_n)
- 차단기에 가할 수 있는 사용 회로 전압의 최대 공급 전압을 말한다.
- 차단기의 정격 전압은 선간 전압의 실횻값으로 표시한다.
- 계통의 공칭 전압(V)별 정격 전압(V_n)의 관계

공칭 전압	6.6[kV]	22.9[kV]	66[kV]	154[kV]	345[kV]	765[kV]
정격 전압	7.2[kV]	25.8[kV]	72.5[kV]	170[kV]	362[kV]	800[kV]

> **공칭 전압(V)**
> 선로를 대표하는 선간 전압

② 정격 전류(I_n)
- 정격 전압, 정격 주파수에서 규정된 온도 상승 한도를 초과하지 않고 연속적으로 흘릴 수 있는 전류 한도를 말한다.
- 보통 교류 전류의 실효치로 나타낸다.

$$I_n = \frac{P}{\sqrt{3}\, V\cos\theta}\, [\text{A}]$$

③ 정격 차단 전류(I_s)
- 정격 전압, 정격 주파수에서 표준 동작책무에 따라 차단할 수 있는 전류 한도를 말한다.
- 직류 비율 20[%] 미만일 때 교류 성분 대칭분의 실효치를 [kA]로 표시한다.

$$I_s = \frac{100}{\%Z} I_n = \frac{E}{Z}\, [\text{kA}]$$

④ 정격 차단 용량(P_s)
- 3상 단락사고 시 이를 차단할 수 있는 차단 용량 한도를 말한다.
- 정격 차단 용량 산출식
  - 정격 차단 전류가 주어진 경우
  $$P_s = \sqrt{3}\, V_n I_s\, [\text{MVA}]$$
  - 퍼센트 임피던스(%Z)가 주어진 경우
  $$P_s = \frac{100}{\%Z} P_n\, [\text{MVA}]$$

  (단, P_n: 기준 용량, %Z: 전원 측으로부터 합성 임피던스)

> **Tip 강의 꿀팁**
> 차단 용량을 구할 때에는 정격 전압을 사용하고, 단락 용량을 구할 때에는 공칭 전압을 사용한다.

⑤ 정격 투입 전류
- 규정된 표준 동작 책무에 따라 투입할 수 있는 전류 한도를 말한다.
- 통상 정격 차단 전류 I_s(대칭 단락 전류)의 2.5배를 표준으로 한다.

⑥ 정격 차단 시간
- 정격 차단 전류(I_s)를 완전히 차단시키는 시간을 말한다.
- 보통 차단기의 정격 차단 시간이란 개극 시간과 아크 시간의 합을 말한다.

> 독학이 쉬워지는 기초개념

- 개극 시간: 트립 코일(TC) 여자 순간부터 접촉자 분리 시까지의 시간
- 아크 시간: 접촉자 분리 시부터 아크 소호까지의 시간
- 정격 차단 시간

정격 전압	25.8[kV]	170[kV]	362[kV]	800[kV]
정격 차단 시간	5[Hz]	3[Hz]	3[Hz]	2[Hz]

⑦ 차단기의 동작책무
- 차단기에 부과된 1~2회 이상의 투입, 차단 동작을 일정 시간 간격을 두고 행하는 일련의 동작을 규정한 것이다. 이를 전력 계통 특성에 맞게 표준화한 것을 표준 동작책무라고 한다.
- 표준 동작책무
  [KS C 규정]

동력 조작	기호: A	O - (1분) - CO - (3분) - CO
	기호: B	CO - (15초) - CO
수동 조작	기호: M	O - (2분) - CO 및 O

- O: 개방(Open)
- CO: 투입 후 개방(Close and Open)

단로기
무부하 상태에서 On-Off 조작이 기본 원칙이다.

2 단로기(DS: Disconnecting Switch)

(1) 단로기의 역할
① 단로기는 고압 이상의 전로에서 단독으로 선로의 접속 또는 분리하는 것을 목적으로 무부하 시 선로를 개폐한다.
② 단로기는 차단기와 다르게 아크 소호 능력이 없기 때문에 단로기는 부하 전류의 개폐를 하지 않는 것이 원칙이다.
③ 충전 전류는 개폐 가능(부하 전류, 사고 전류는 개폐 불가)

(2) 단로기의 개폐 능력
① 단로기는 차단기나 부하 개폐기(LBS)와 달리 부하 전류를 개폐하는 능력이 없다.
② 소전류의 여자 전류, 충전 전류는 개폐할 수 있으며 154[kV]에 사용되는 단로기는 여자 전류 3[A], 충전 전류 1[A]의 개폐 능력을 갖는다.

3 전력 퓨즈(PF: Power Fuse)

(1) 전력 퓨즈의 역할
① 평상시에 부하 전류를 안전하게 통전시킨다.
② 이상 전류나 사고 전류(단락 전류)에 대해서는 즉시 차단시킨다.

(2) 한류형 퓨즈
① 단락 전류 차단 시에 높은 아크 저항이 발생하여 사고 전류를 강제적으로 억제하여 차단하는 퓨즈
② 밀폐된 퓨즈통 안에 가용체와 규사 등 입상 소호제로 채운 구조

(3) 한류형 전력 퓨즈의 장단점

장점	단점
• 소형이면서 차단 용량이 크다. • 한류 효과가 크다. • 차단 시 무소음, 무방출이다. • 고속도 차단할 수 있다. • 소형, 경량이다. • 가격이 저렴하다.	• 재투입이 불가능하다.(가장 큰 단점) • 차단 시 과전압이 발생한다. • 과도 전류에 용단되기 쉽다. • 용단되어도 차단하지 못하는 전류 범위가 있다.(비보호 영역이 있다.) • 동작 시간과 전류 특성을 자유롭게 조정할 수 없다.

(4) 퓨즈의 단점 보완 대책
  ① 결상 계전기 사용
  ② 사용 목적에 맞는 전용 전력 퓨즈 사용
  ③ 계통의 절연 강도를 퓨즈의 과전압 값보다 높게 설정

(5) 퓨즈의 주요 특성
  ① 용단 특성
  ② 단시간 허용 특성
  ③ 전차단 특성

(6) 퓨즈 구입 시 고려 사항
  ① 정격 전압
  ② 정격 전류
  ③ 정격 차단 전류
  ④ 사용 장소

(7) 퓨즈 선정 시 고려 사항
  ① 변압기 여자 돌입 전류에 동작하지 말 것
  ② 전동기와 충전기의 기동 전류에 동작하지 말 것
  ③ 과부하 전류에 동작하지 말 것
  ④ 타 보호기기와 보호 협조를 가질 것

(8) 고압 퓨즈의 규격
  ① 고압 전로에 사용하는 포장 퓨즈는 정격 전류의 1.3배의 전류에 견디고 2배의 전류에서 120분 이내에 용단되는 것이어야 한다.
  ② 고압 전로에 사용하는 비포장 퓨즈는 정격 전류의 1.25배의 전류에 견디고 2배의 전류에서 2분 이내에 용단되는 것이어야 한다.

(9) 각종 개폐기의 기능 비교

구분 \ 능력	회로 분리		사고 차단	
	무부하	부하	과부하	단락
퓨즈	○	×	×	○
차단기	○	○	○	○
개폐기	○	○	○	×
단로기	○	×	×	×
전자 접촉기	○	○	○	×

독학이 쉬워지는 기초개념

THEME 05 계기용 변성기

1 계기용 변류기(CT: Current Transformer)

(1) 계기용 변류기(CT)의 역할
  ① 대전류를 소전류로 변성하여 측정 계기나 보호 계전기에 안전하게 공급하는 장치이다.
  ② 회로에 직렬로 접속하여 사용한다.

(2) 계기용 변류기(CT)의 변류비 선정
  ① 변압기, 수전 회로

  $$변류기\ 1차\ 전류 = \frac{P_1}{\sqrt{3}\ V_1 \cos\theta} \times (1.25 \sim 1.5)[A]$$

  (단, $k = 1.25 \sim 1.5$: 변압기의 여자 돌입 전류를 감안한 여유도)

  $$변류비 = \frac{I_1}{I_2}\ (단,\ 정격\ 2차\ 전류\ I_2 = 5[A])$$

  ② 전동기 회로

  $$변류기\ 1차\ 전류 = \frac{P_1}{\sqrt{3}\ V_1 \cos\theta} \times (2.0 \sim 2.5)[A]$$

  (단, $k = 2.0 \sim 2.5$: 전동기의 기동 전류를 감안한 여유도)

  ③ 전력 수급용 계기용 변성기(MOF)

  $$변류기\ 1차\ 전류 = \frac{P_1}{\sqrt{3}\ V_1 \cos\theta}[A]$$

  (단, MOF에서는 이미 충분한 절연 설계가 되어 있어 여유를 두지 않는다.)

  ④ 변류비 및 부담
  - 1차 전류
    : 5, 10, 15, 20, 30, 40, 50, 75, 100, 150, 200, 300, 400, 500[A]
  - 2차 전류: 5[A]
  - 정격 부담: 5, 10, 15, 25, 40, 100[VA]

(3) 변류기(CT)의 결선 방식
  ① 가동 접속(정상 접속)

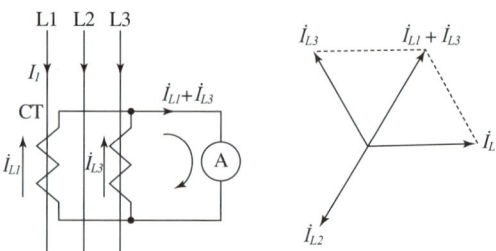

▲ CT의 가동 접속 결선

부하 전류: I_1 = 전류계 ⓐ의 지시값 × CT 비

(단, I_1: 부하 전류[A], $\dot{I}_{L1}, \dot{I}_{L2}, \dot{I}_{L3}$: CT 2차 전류[A])

$\dot{I}_{L1} + \dot{I}_{L3}$: 전류계 ⓐ의 지시값[A]

(즉, ⓐ의 지시값은 CT 2차 전류와 같은 크기의 전류값 지시: $\dot{I}_{L2}$ 상)

② 차동 접속(교차 접속)

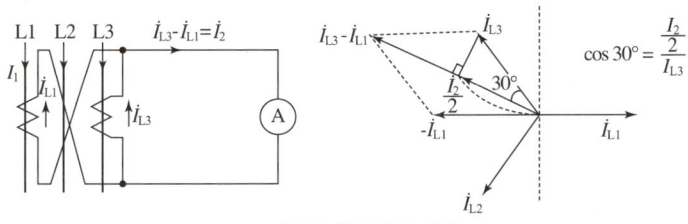

▲ CT의 차동 접속 결선

부하 전류: I_1 = 전류계 ⓐ의 지시값 × CT 비 × $\dfrac{1}{\sqrt{3}}$

(단, $\dot{I}_{L3} - \dot{I}_{L1}$: 전류계 ⓐ의 지시값[A])

(즉, ⓐ의 지시값은 CT 2차 전류의 $\sqrt{3}$ 배 전류값 지시)

2 계기용 변압기(PT: Potential Transformer)

(1) 역할

고전압을 저전압으로 변성하여 측정 계기나 보호 계전기에 공급하는 장치이다.

(2) 권선 형태에 따른 PT의 종류

① 권선형: 1차, 2차 권선 모두 철심으로 제작되어 권수비에 따라 변압비 결정

② 결합 콘덴서형(CCPD)
  - 고압 측 주 콘덴서로 결합 콘덴서를 사용, 1차 전압 분배 후 권선형 PT로 필요한 2차 전압 변성
  - 변성 특성 우수

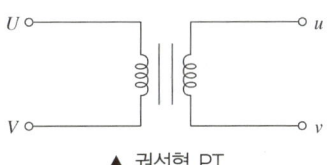

▲ 권선형 PT

③ 부싱 콘덴서형(BCPD)
  - 고압 측 주 콘덴서로 부싱형 콘덴서를 사용
  - 큰 2차 전압을 얻을 수 있으나, 특성이 나쁘고 비경제적이다.

(3) CT와 PT의 적용 시 차이점

항목	CT	PT
1차 측 접속	주회로에 직렬 접속	주회로에 병렬 접속
2차 측 접속	임피던스가 작은 부하	임피던스가 큰 부하
2차 정격 전류 및 전압	정격 전류 5[A]	정격 전압 110[V]
사용상 주의점	2차 측 개방 금지	2차 측 단락 금지

독학이 쉬워지는 기초개념

독학이 쉬워지는 기초개념

3 특수 변성기

(1) 전력 수급용 계기용 변성기(MOF: Metering Out Fit)
   ① 계기용 변압기와 변류기를 조합하여 하나의 함 내에 수납한 것
   ② 전력 사용량을 측정하기 위하여 적절히 변압 및 변류시켜서 최대 수요 전력량계(DM)에 전달시켜 주는 장치

(2) 영상 변류기(ZCT: Zero-phase-sequence Current Transformer)
   지락 사고 시 지락 전류(영상 전류)를 검출하는 것으로 지락 계전기와 조합하여 차단기를 동작시킨다.

(3) 접지형 계기용 변압기(GPT: Grounding Potential Transformer)
   ① 지락 사고 시 영상 전압을 검출한다.
   ② 지락 과전압 계전기(OVGR)를 동작시키기 위해 설치한다.

기출 & 예상문제 출제: 기사 16 | 배점: 6점

다음 심벌은 계기용 변압 변류기(MOF)의 단선도이다. 이것을 복선도로 그리시오.(단, 전기 방식은 3상 3선식이다.)

〈단선도〉   〈복선도〉

해설

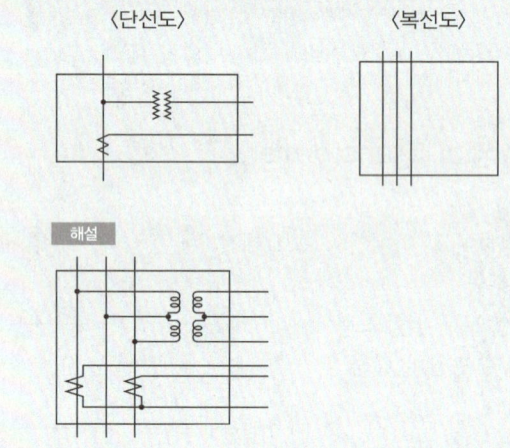

THEME 06 변압기의 냉각 방식

1 IEC 규격에 따른 냉각 방식의 표기법

(1) 첫 번째 글자: 내부 냉각 매체
   ① A-공기(Air)
   ② O-광유, 절연유로 인화점 300[℃] 이하
   ③ K-난연성 절연유로 인화점 300[℃] 초과
   ④ G-Gas(SF_6)

(2) 두 번째 글자: 내부 냉각 매체 순환 방식
   ① N-자연 순환(Natural)
   ② F-강제 순환(Forced)
   ③ D-직접 강제 순환(Direct Forced)

(3) 세 번째 글자: 외부 냉각 매체
　① A-공기
　② W-물(Water)
(4) 네 번째 글자: 외부 냉각 매체 순환 방식
　① N-자연 순환
　② F-강제 순환

2 변압기 냉각 방식의 종류

(1) 건식 자냉식(AN)
　① 변압기 본체가 공기에 의해 자연적으로 냉각되도록 한 것
　② 소용량 변압기의 냉각에 사용
(2) 건식 풍냉식(AF)
　① 건식 변압기에 송풍기를 이용하여 강제 통풍을 시킨 방식
　② 변압기유를 사용하지 않으므로 22[kV] 이하의 변압기에 적용
(3) 유입 자냉식(ONAN)
　① 권선과 철심에서 발생한 열을 기름의 대류 작용에 의하여 외함에 전달되도록 하고, 외함에서 열을 대기로 방산시키는 방식
　② 보수가 간단하고 취급이 쉽기 때문에 널리 사용
(4) 유입 풍냉식(ONAF)
　① 방열기를 설치한 유입 변압기에 송풍기를 이용하여 강제 통풍을 시킴으로써 냉각 효과를 높이는 방식
　② 유입 자냉식보다 용량을 30[%] 증가시킬 수 있어 대형 변압기에 많이 채용
(5) 유입 수냉식(ONWF)
　① 펌프로 물을 순환시켜 기름을 냉각하는 방식
　② 수질이 좋지 않으면 물때가 끼고 관 부식을 초래(유지 보수가 까다로워 최근 감소 추세)
(6) 송유 자냉식(OFAN)
　① 송유 펌프로 기름을 강제로 순환시키는 방식
　② 소음, 오손 방지를 위해 변압기 본체를 옥내에, 방열기 탱크를 옥외에 설치
(7) 송유 풍냉식(OFAF)
　① 변압기 외함 내에 들어 있는 기름을 이용하여 외부에 있는 냉각 장치로 보내 냉각시킨 후 냉각된 기름을 다시 외함 내부로 공급하는 방식
　② 냉각 효과가 크기 때문에 30,000[kVA] 이상의 대용량 변압기에 채용
(8) 송유 수냉식(OFWF)
　① 송유 자냉식의 방열기 탱크에 수냉식 유닛 쿨러 설치
　② 소음이 적어 도시 및 그 주변 지역에 설치하기에 적합

> 독학이 쉬워지는 기초개념

CHAPTER 04 기출 기반 적중문제

출제: 산업 18 | 배점: 4점

01 변압기 결선 방식 중 $\Delta-\Delta$ 결선의 특성 3가지만 쓰시오.

해설
- 제3고조파 전류가 Δ 결선 내를 순환하므로 인가 전압이 정현파이면 유도 전압도 정현파가 된다.
- 1상분 고장 시 나머지 2대로 V 결선 운전이 가능하다.
- 상전류가 선전류의 $\dfrac{1}{\sqrt{3}}$ 이 되어 대전류 계통에 적당하다.

출제: 산업 19 | 배점: 8점

02 단상 변압기 3대를 $Y-Y$ 결선과 $\Delta-\Delta$ 결선으로 완성하고, 필요한 접지를 표시하시오.

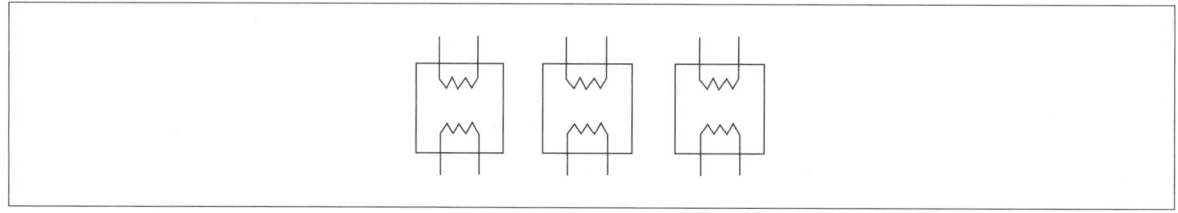

(1) $Y-Y$ 결선
(2) $\Delta-\Delta$ 결선

해설
(1)
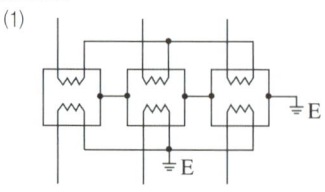

(2)
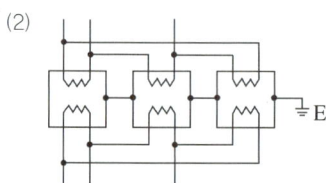

출제: 기사 20 | 배점: 5점

03 다음의 변압기 결선도를 보고 결선 방식과 이 결선 방식의 장단점을 각각 2가지만 적으시오.

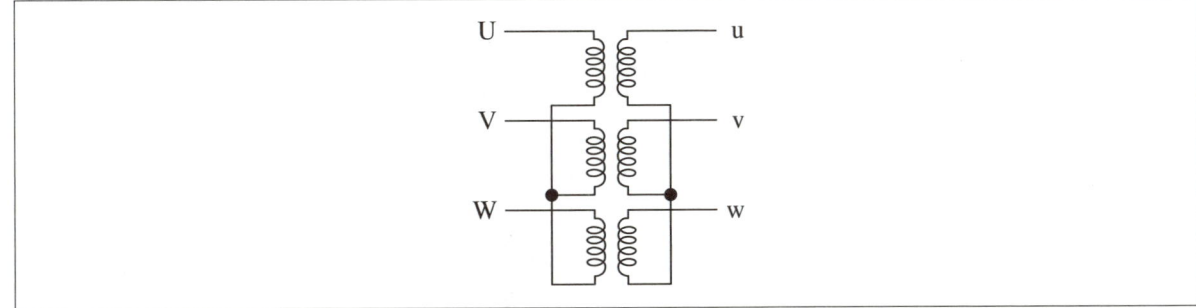

(1) 결선 방식
(2) 장점
(3) 단점

해설
(1) $Y-Y$ 결선 방식
(2) • 중성점을 접지할 수 있어 이상전압 방지에 유리
 • 상전압이 선간 전압의 $\dfrac{1}{\sqrt{3}}$이 되어 절연 용이
(3) • 중성점을 접지하면 제3고조파 전류가 흘러 통신선에 유도 장해 발생 우려
 • 유도 기전력 파형은 제3고조파를 포함한 왜형파가 된다.

출제: 산업 16 | 배점: 6점

04 다음 그림은 A, B 2개 공장의 전력 부하 곡선이다. A, B 공장 상호 간의 부등률을 구하시오.

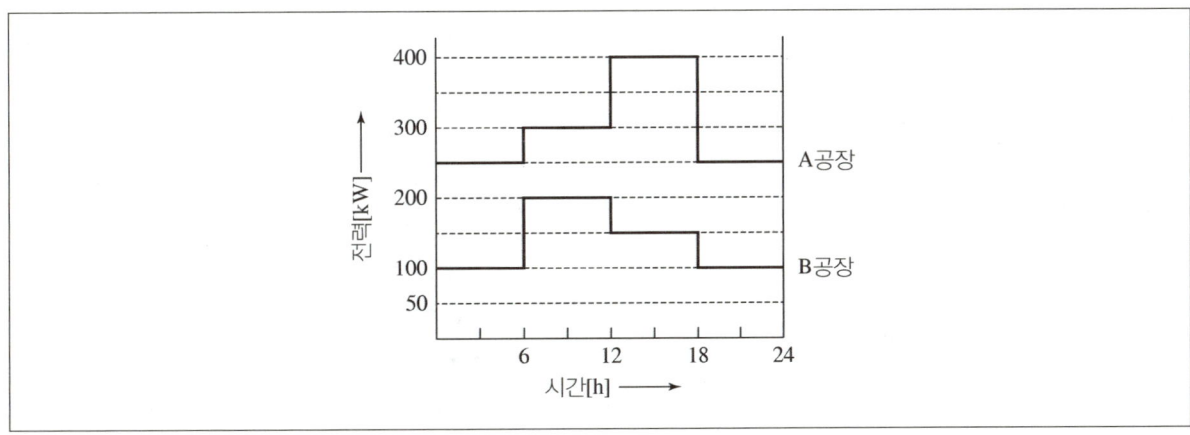

해설
부등률 = $\dfrac{\text{각 부하의 최대 전력의 합}}{\text{합성 최대 수용 전력}} = \dfrac{400+200}{400+150} = 1.09$

답 1.09

출제: 기사 17 | 배점: 5점

05 다음 그림과 같은 변압기에 대하여 전류 차동 계전기의 미완성 도면을 완성하시오.(단, 변류기(CT) 결선은 감극성을 기준으로 한다.)

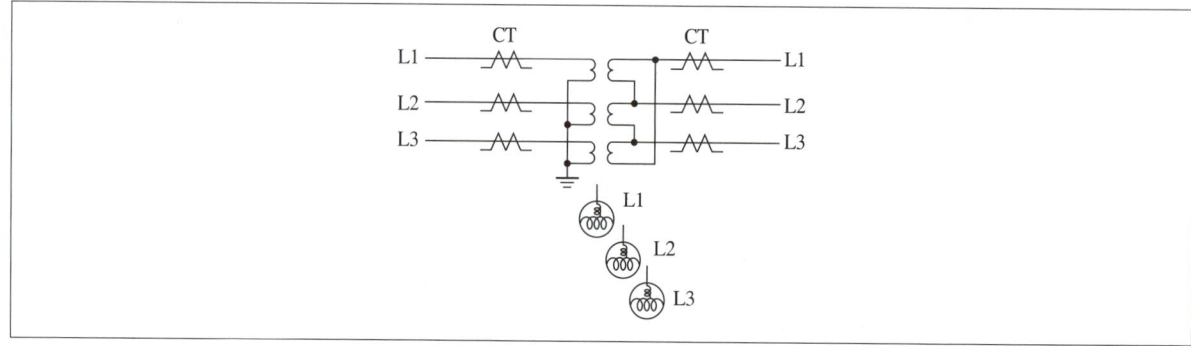

[해설]

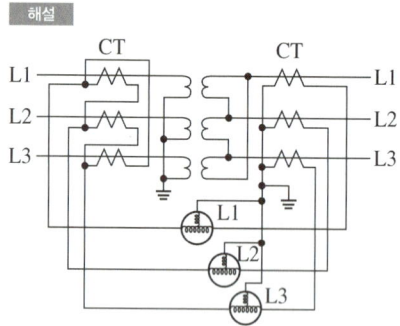

출제: 기사 96 | 배점: 5점

06 CT 2대를 V 결선하여 OCR 3대를 그림과 같이 연결하였다. ③ OCR에 흐르는 전류는 어떤 상의 전류인가?

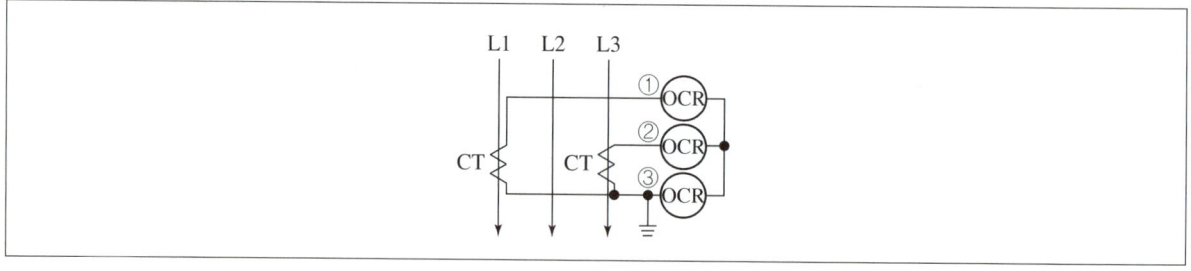

[해설]

L2상 전류

[참고]

$\dot{I}_{L1} + \dot{I}_{L2} + \dot{I}_{L3} = 0$에서 $\dot{I}_{L1} + \dot{I}_{L3} = -\dot{I}_{L2}$가 되고, ③ OCR에는 $\dot{I}_{L1} + \dot{I}_{L3}$가 흐르므로 L2상의 전류이다.

출제: 기사 16 | 배점: 5점

07 설비 용량 50[kW], 30[kW], 25[kW], 25[kW]의 부하 설비에 수용률이 각각 50[%], 65[%], 75[%], 60[%]인 경우 변압기 용량[kVA]을 선정하시오.(단, 부등률은 1.2, 종합 부하 역률은 90[%]이다.)

변압기 표준 용량표[kVA]

20	30	50	75	100	150	200

해설

$$P_a = \frac{50 \times 0.5 + 30 \times 0.65 + 25 \times 0.75 + 25 \times 0.6}{1.2 \times 0.9} = 72.45[kVA]$$

답 75[kVA] 선정

출제: 산업 19 | 배점: 4점

08 다음 그림과 같은 배전선이 있다. 부하에 급전 및 정전 시 조작 방법 순서를 적으시오.

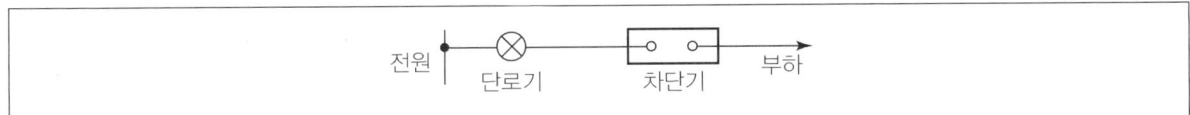

(1) 전원 투입 시
(2) 전원 점검 시

해설
(1) 단로기 → 차단기
(2) 차단기 → 단로기

출제: 기사 17 | 배점: 4점

09 변압기 보호를 위해 사용하는 보호 장치를 5가지만 쓰시오.

해설
비율 차동 계전기, 과전류 계전기, 브흐홀쯔 계전기, 충격 압력 계전기, 방압 안전 장치

참고
이 외에도 변압기의 보호 장치는 다음과 같다.
• 유온계
• 유면계

10 다음 표의 수용가 A, B, C에 공급하는 배전선로의 최대 전력은 $500[\text{kW}]$이다. 이때 수용가의 부등률을 구하시오.

출제: 기사 16 | 배점: 4점

수용가	설비 용량[kW]	수용률[%]
A	400	60
B	300	60
C	400	80

해설

부등률 $= \dfrac{\text{설비 용량} \times \text{수용률}}{\text{합성 최대 수용 전력}} = \dfrac{400 \times 0.6 + 300 \times 0.6 + 400 \times 0.8}{500} = 1.48$

답 1.48

출제: 기사 20 | 배점: 6점

11 수변전 설비 용량을 추정하는 수용률, 부등률, 부하율을 구하는 공식을 적으시오.

- 수용률
- 부등률
- 부하율

해설

- 수용률 $= \dfrac{\text{최대 수용 전력[kW]}}{\text{총 부하 설비 용량[kW]}} \times 100[\%]$
- 부등률 $= \dfrac{\text{각 부하의 최대 수용 전력의 합계[kW]}}{\text{합성 최대 수용 전력[kW]}}$
- 부하율 $= \dfrac{\text{평균 수용 전력[kW]}}{\text{최대 수용 전력[kW]}} \times 100[\%]$

출제: 기사 16 | 배점: 5점

12 가스 차단기(GCB: Gas Circuit Breaker)의 특징을 5가지만 쓰시오.

해설

- 절연 간격이 짧아 차단기를 소형화 및 경량화할 수 있다.
- 밀폐 구조로 소음이 작다.
- 가혹한 재기 전압에 대해서 차단 성능이 뛰어나다.
- 소호 시 아크가 안정되어 있고 접촉자의 소모가 극히 적다.
- SF_6 가스 중에 수분이 존재하면 내전압 성능이 저하된다.

출제: 산업 15 | 배점: 10점

13 다음 약호의 명칭을 정확히 쓰시오.

(1) OCB
(2) MBB
(3) ACB
(4) GCB
(5) ABB
(6) MCCB
(7) VCB
(8) ELB
(9) BCT
(10) ZCT

> 해설

(1) 유입 차단기
(2) 자기 차단기
(3) 기중 차단기
(4) 가스 차단기
(5) 공기 차단기
(6) 배선용 차단기
(7) 진공 차단기
(8) 누전 차단기
(9) 부싱형 변류기
(10) 영상 변류기

출제: 기사 15 | 배점: 4점

14 가스 차단기의 절연에 주로 사용되는 SF_6 가스의 특징 중 전기적 성질 4가지를 쓰시오.

> 해설

- 소호 능력이 매우 우수하다.
- 절연 성능이 뛰어나다.
- 아크가 안정되어 있다.
- 절연 회복이 매우 빠르다.

출제: 산업 16 | 배점: 5점

15 수·변전 설비 공사에서 차단기의 정격 차단 용량식과 차단기 종류를 4가지만 쓰시오.

(1) 차단기 용량식
(2) 차단기 종류

> 해설

(1) $P_s = \sqrt{3}\, V_n I_s$ (단, V_n: 정격 전압, I_s: 정격 차단전류, P_s: 정격 차단 용량)
(2) 유입 차단기, 가스 차단기, 진공 차단기, 공기 차단기

출제: 기사 16 | 배점: 5점

16 차단기의 동작책무에 의해 차단기를 재투입할 경우 전자 기계력에 의한 반발력을 견디어야 하는데, 차단기의 정격 투입 전류는 최대(정격) 차단 전류의 몇 배 이상을 선정하는지 쓰시오.

해설

2.5배

참고

차단기의 정격 투입 전류
- 모든 정격 및 규정의 회로 조건하에서 규정의 표준 동작 책무 및 동작 상태에 따라 투입할 수 있는 투입 전류의 한도이다.
- 투입 전류의 최초 주파수에서 순시 최댓값으로 나타내며 정격 차단 전류(실횻값)의 2.5배를 표준으로 한다.

출제: 산업 16 | 배점: 6점

17 아몰퍼스 변압기의 특징에 대해서 장점 및 단점을 3가지씩 쓰시오.

해설

- 장점
  - 히스테리시스 손실의 감소로 철손이 매우 적다.
  - 운전, 보수 비용이 적게 든다.
  - 결정 자기 이방성이 없다.
- 단점
  - 포화 자속밀도가 낮다.
  - 점적률이 낮다.
  - 압축 응력이 가해지면 특성이 저하한다.

출제: 기사 20 | 배점: 5점

18 수용가 인입구의 전압이 $22.9[\text{kV}]$, 주차단기의 차단 용량이 $250[\text{MVA}]$이다. $10[\text{MVA}]$, $22.9/3.3[\text{kV}]$ 변압기의 %임피던스가 $5.5[\%]$일 때, 변압기 2차 측에 필요한 차단기 용량을 다음 표에서 선정하시오.

차단기 정격 용량[MVA]

50	75	100	150	250	300	400

해설

- $10[\text{MVA}]$ 기준으로 환산한 각각의 %임피던스는 다음과 같다.
  - 전원 측 $\%Z_s = \dfrac{P_n}{P_s} \times 100 = \dfrac{10}{250} \times 100 = 4[\%]$
  - 변압기 $\%Z_t = 5.5[\%]$
  - 합성 %임피던스: $\%Z = 4 + 5.5 = 9.5[\%]$
- 변압기 2차 측 단락 용량 $P_s = \dfrac{100}{\%Z} P_n = \dfrac{100}{9.5} \times 10 = 105.26[\text{MVA}]$

답 $150[\text{MVA}]$ 선정

출제: 기사 19 | 배점: 6점

19 다음 그림과 같은 계통에서 단로기 DS₃를 통하여 부하에 전원을 공급하고 차단기를 점검하고자 할 때 다음의 물음에 답하시오.(단, 평상시에 DS₃는 열려있는 상태이다.)

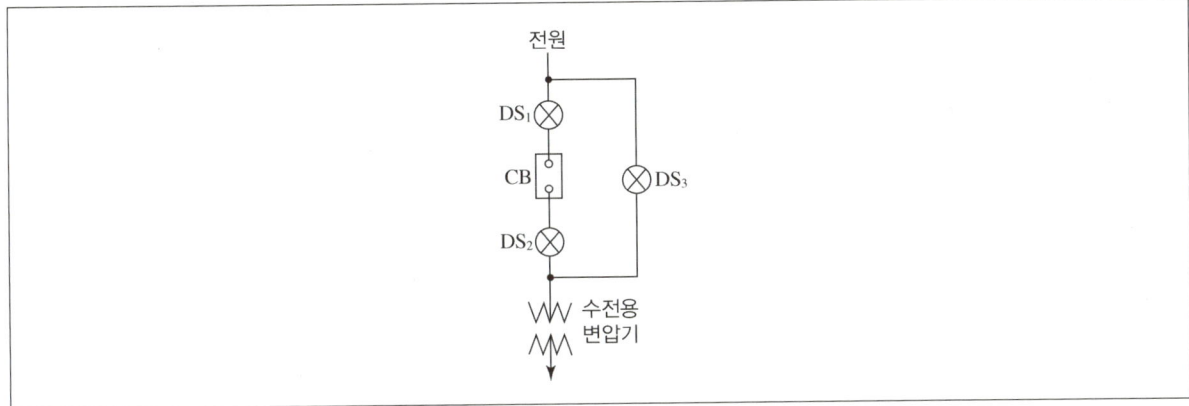

(1) 차단기 점검을 하기 위한 조작 순서를 쓰시오.
(2) 차단기 점검 완료 후 복구시킬 때의 조작 순서를 쓰시오.

해설
(1) $DS_3(ON) \rightarrow CB(OFF) \rightarrow DS_2(OFF) \rightarrow DS_1(OFF)$
(2) $DS_2(ON) \rightarrow DS_1(ON) \rightarrow CB(ON) \rightarrow DS_3(OFF)$

출제: 기사 97 | 배점: 6점

20 전력 퓨즈가 갖추어야 하는 기능 2가지를 간단하게 쓰시오.

해설
• 부하 전류를 안전하게 통전시킨다.
• 일정 값 이상의 사고 전류(단락 전류)를 즉시 차단하여 기기를 보호한다.

출제: 산업 16 | 배점: 4점

21 단락 전류를 신속히 차단하며, 또한 흐르는 단락 전류의 값을 제한하는 성질을 가지는 퓨즈의 명칭은 무엇인가?

해설
한류형 퓨즈

출제: 산업 14 | 배점: 6점

22 수변전 설비용 기기인 차단기의 트립(Trip) 방식 3가지를 쓰시오.

해설
과전류 트립 방식, 직류 전압 트립 방식, 콘덴서 트립 방식

23 $13,200/22,900[\text{V}]$, 3상 4선식으로 수전하며 수전 용량이 $750[\text{kVA}]$라 할 때, 이 인입구에 MOF를 시설하는 경우 MOF의 적당한 변류비와 변성비를 산출하여 표준 규격으로 결정하시오.(단, 변류비는 정격 1차 전류를 구하여 1.5배의 값으로 변류비를 적용한다.)

해설

- 변류비 $I_1 = \dfrac{750 \times 10^3}{\sqrt{3} \times 22,900} \times 1.5 = 28.36[\text{A}]$

  답 30/5

- 변성비: $\dfrac{22,900}{\sqrt{3}} / \dfrac{190}{\sqrt{3}}$

참고

- 변류비
  - 1차 전류: 5, 10, 15, 20, 30, 40, 50, 75, 100, 150, 200, 300, 400, 500[A]
  - 2차 전류: 5[A]
- $22.9[\text{kV}]$ MOF 2차 측은 선간전압 $190[\text{V}]$, 상전압 $110[\text{V}]$이다.

24 $6,600[\text{V}]$, 3상 3선식 비접지 배전선로의 L1상이 완전 지락 고장이 발생하였을 때, GPT 2차에 나타나는 영상 전압 $V_2[\text{V}]$를 구하시오.(단, GPT 변압기 3대로 구성되어 있으며, 변압기의 변압비는 $6,600/110[\text{V}]$이다.)

해설

$V_2 = \text{GPT 1차 측 전압} \times \dfrac{1}{\text{변압비}} \times 3$

$= \dfrac{6,600}{\sqrt{3}} \times \dfrac{110}{6,600} \times 3 = 190.53[\text{V}]$

답 $190.53[\text{V}]$

출제: 산업 97 | 배점: 4점

25 단상 부하 용량이 $6.6[\text{kVA}]$, $220[\text{V}]$ 회로에 전류계용 CT를 $60/5$의 것을 사용하였다. 조작 전류의 설정값은 과부하를 고려하여 최대 부하 전류의 $125[\%]$로 하면 과전류 계전기의 탭 전류는 몇 $[\text{A}]$인가?

해설

- 부하 전류 $I = \dfrac{P_a}{V} = \dfrac{6{,}600}{220} = 30[\text{A}]$
- 과전류 계전기의 탭 전류 $I_t = 30 \times \dfrac{5}{60} \times 1.25 = 3.13[\text{A}]$

답 $3[\text{A}]$

참고
과전류 계전기의 정격 탭 전류
: 2, 3, 4, 5, 6, 7, 8, 10, 12[A](근사치를 적용하여 가까운 탭 전류 선정)

출제: 기사 15 | 배점: 5점

26 수전 전압 $22.9[\text{kV}]$, 설비 용량 $4{,}000[\text{kW}]$인 수용가의 수전반에 설치한 CT의 변류비는 $100/5[\text{A}]$이다. 이때 CT에서 검출된 2차 전류가 과전류 계전기로 흐르도록 하였다. $120[\%]$ 부하에서 차단기를 동작시키고자 할 때, 트립 전류 값은 얼마로 선정해야 하는지 산정하시오.

해설

트립 전류 $I_t = \dfrac{4{,}000}{\sqrt{3} \times 22.9} \times \dfrac{5}{100} \times 1.2 = 6.05[\text{A}]$

답 $6[\text{A}]$

참고
과전류 계전기의 정격 탭 전류
: 2, 3, 4, 5, 6, 7, 8, 10, 12[A](근사치를 적용하여 가까운 탭 전류 선정)

출제: 기사 20 | 배점: 5점

27 수전 전압 $6{,}600[\text{V}]$, 수전 전력 $400[\text{kW}]$(역률 0.9)인 고압 수용가의 수전용 차단기에 사용하는 과전류 계전기의 사용 탭은 몇 $[\text{A}]$인가?(단, CT의 변류비는 $75/5$로 하고 탭 설정값은 부하 전류의 $150[\%]$로 한다.)

해설

정격 2차 전류 $= \dfrac{400 \times 10^3}{\sqrt{3} \times 6{,}600 \times 0.9} = 38.88[\text{A}]$

탭 설정값은 부하 전류의 $150[\%]$이므로 과전류 계전기의 사용 탭은

$I_t = 38.88 \times 1.5 \times \dfrac{5}{75} = 3.89[\text{A}]$

답 $4[\text{A}]$

CHAPTER 05

계통 보호 및 접지 설비

1. 피뢰 설비
2. 서지 보호
3. 배전선로 보호
4. 접지 공사

학습 전략

계통 보호 및 접지 설비는 그 종류가 다양하여 학습량이 많습니다. 따라서 다소 까다롭게 느껴질 수도 있지만 이런 부분을 정확하게 학습해 두어야 실기 시험에서 좋은 점수를 획득할 수 있기 때문에 꾸준한 학습이 필요합니다.

CHAPTER 05 | 흐름 미리보기

1. 피뢰 설비
2. 서지 보호
3. 배전선로 보호
4. 접지 공사

NEXT **CHAPTER 06**

CHAPTER 05 계통 보호 및 접지 설비

THEME 01 피뢰 설비

1 피뢰기

(1) 피뢰기의 구조 및 역할

① 피뢰기의 구조

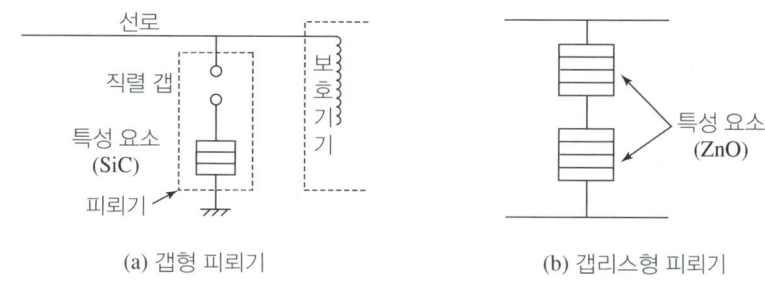

▲ 피뢰기의 종류 및 구조

- 직렬 갭: 뇌전류를 대지로 방전시키고 속류를 차단한다.
- 특성 요소: 뇌전류 방전 시 피뢰기 자신의 전위 상승을 억제하여 자신의 절연 파괴를 방지한다.

② 피뢰기의 역할
- 이상 전압 내습 시 뇌전류를 대지로 방전하고 속류를 차단한다.
- 이상 전압이 없어져서 단자 전압이 일정값 이하가 되면 즉시 방전을 정지해서 원래의 송전 상태로 되돌아가게 한다.

(2) 피뢰기의 $v-i$ 특성

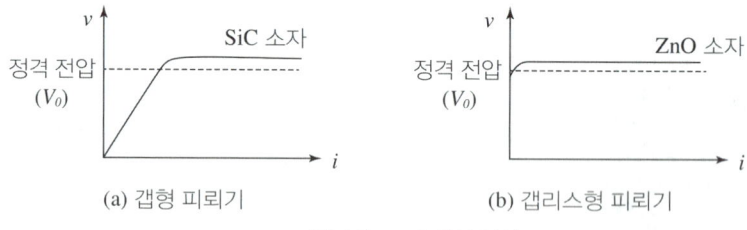

▲ 피뢰기의 $v-i$ 특성 곡선

위 피뢰기의 $v-i$ 특성 곡선의 차이에 의해 갭리스형 피뢰기는 갭형 피뢰기에 비해 다음과 같은 특징이 있다.
① 직렬 갭(방전 갭)이 없어 피뢰기의 구조가 간단하고, 소형·경량이다.
② 피뢰기의 소손 위험이 적고, 뛰어난 성능이 기대된다.
③ 속류가 없어 빈번한 동작에 잘 견디며, 광범위한 절연 매체 내에서도 특성 요소의 변화가 적다.

독학이 쉬워지는 기초개념

피뢰기(LA)

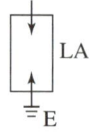

속류
방전 전류에 이어 전원에서 공급되는 전류가 직렬 갭을 통하여 대지로 흐르는 전류

④ ZnO의 뛰어난 비직선 특성으로 속류가 없어 다중 뇌, 다중 서지에 강하다.
⑤ 대전류 방전 후에도 보호 특성의 변화가 적다.
⑥ 직렬 갭이 없고 특성 요소에는 항상 회로 전압이 인가되어 특성 요소에 의한 열화 발생 가능성이 있다.
⑦ 특성 요소로만 구성되어 있어 특성 요소의 고장 시 곧바로 계통의 지락사고로 이어진다.
⑧ 열폭주 현상(Thermal Runaway of Arrester)의 발생이 높다.

(3) **피뢰기의 구비 조건**
① 충격 방전 개시 전압이 낮을 것
② 상용 주파 방전 개시 전압이 높을 것
③ 방전 내량이 크면서 제한 전압이 낮을 것
④ 속류의 차단 능력이 충분할 것

(4) **피뢰기의 정격 전압**
① 정격 전압(Rated Voltage)이란 피뢰기 방전 후 속류를 차단할 수 있는 전압을 말하고, 상용주파 허용 단자 전압이라고도 부른다.
② 방전 후 피뢰기 단자 간에 인가되는 전압이 높으면 피뢰기는 속류를 차단할 수 없어 퓨즈와 같이 타버린다.
③ 상용 주파수의 전압보다 높은 전압에서 속류를 차단하여 방전을 종료하여야 하는데, 이 전압을 정격 전압이라고 한다.
④ 정격 전압의 계산

$$V = \alpha \beta V_m [\text{kV}]$$

단, α: 접지 계수, β: 유도(여유) 계수, V_m: 계통의 최고 전압[kV]

⑤ 적용 장소별 피뢰기 정격 전압

전력 계통		피뢰기 정격 전압[kV]	
전압[kV]	중성점 접지 방식	변전소	배전선로
345	유효 접지	288	–
154	유효 접지	144	–
66	PC 접지 또는 비접지	72	–
22	PC 접지 또는 비접지	24	–
22.9	3상 4선 다중 접지	21	18

(5) **피뢰기의 제한 전압**
① 피뢰기의 동작으로 내습한 충격파 전압이 방전으로 저하되어 피뢰기의 단자 간에 남게 되는 충격 전압을 말한다.
② 피뢰기 동작 중 계속해서 걸리고 있는 피뢰기 단자 전압의 파고값을 말한다.

PC 접지: 피터슨 코일(Peterson Coil)
소호 리액터 접지라고 불린다. 고전압 장거리 송전선의 중성점을 접지하는 방식이다.

독학이 쉬워지는 기초개념

피뢰기를 설치하여야 할 개소 중 IKL이 11일 이상인 지역에서는 전선로 매 500[m] 이내마다 피뢰기를 설치할 것

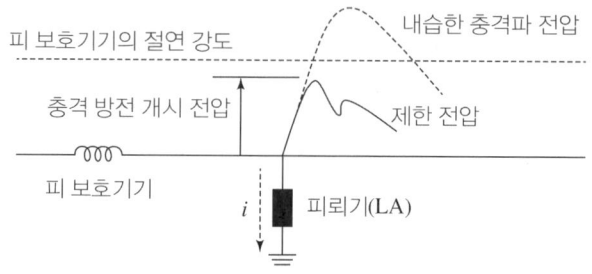

▲ 피뢰기 제한 전압의 개념도

(6) 방전 전류
① 피뢰기가 방전 중 피뢰기에 흐르는 전류를 말한다.
② 피뢰기에 흐르는 방전 전류는 선로 및 발전소의 차폐 유무와 그 지역의 IKL(연간 뇌우 발생 일수)을 참고하여 결정한다.
③ 피뢰기의 공칭 방전 전류

공칭 방전 전류	설치 장소	적용 조건
10,000[A]	변전소	• 154[kV] 이상 계통 • 66[kV] 및 그 이하 계통에서 뱅크 용량이 3,000[kVA]를 초과하거나 특히 중요한 곳 • 장거리 송전선 및 콘덴서 뱅크를 개폐하는 곳
5,000[A]	변전소	66[kV] 및 그 이하 계통에서 뱅크 용량이 3,000[kVA] 이하인 곳
2,500[A]	변전소	배전선 피더 인출 측
	선로	배전선로

(7) 상용 주파 방전 개시 전압
① 피뢰기 단자 간에 상용 주파수의 전압을 인가할 경우 방전을 개시하는 전압
② 보통 피뢰기 방전 개시 전압은 피뢰기 정격 전압의 1.5배 이상으로 한다.

(8) 충격 방전 개시 전압
① 피뢰기 단자 간에 충격 전압을 인가하였을 경우 방전을 개시하는 전압
② 충격비 = $\dfrac{\text{충격 방전 개시 전압}}{\text{상용 주파 방전 개시 전압의 파고값}}$

(9) 피뢰기의 설치 장소
① 발전소 및 변전소 또는 이에 준하는 장소의 가공전선 인입구 및 인출구
② 특고압 가공전선로(25[kV] 이하의 중성점 다중접지식 특고압 가공전선로를 제외)에 접속하는 배전용 변압기의 고압 측 및 특고압 측
③ 고압이나 특고압 가공전선로로부터 공급받는 수용 장소의 인입구
④ 가공전선로와 지중전선로가 접속되는 곳

2 피뢰침

(1) 피뢰침의 역할 및 피뢰 방식
   ① 피뢰침의 역할: 뇌격으로부터 건축물을 보호하는 설비이다.
   ② 피뢰 방식
   - 돌침 방식: 일반 건축물 60° 이하 또는 위험물을 취급하는 건물 45° 이하 공중에 돌출하게 한 봉상 금속체를 수뢰부로 하는 방식
   - 용마루 위 도체 방식: 일반 건축물 60° 이하 또는 도체에서 수평거리 10[m] 이내 부분에 적용
   - 케이지 방식: 건조물 주위를 피뢰 도선으로 감싸는 방식으로 완전 보호되는 방식
   - 이온 방사형 피뢰방식

(2) 피뢰침의 구성
   ① 돌침부
   - 낙뢰 방전을 직접 받아내는 수뢰부
   - 동, 알루미늄, 용융 아연도금 철 등의 재질
   ② 인하도선
   - 뇌격 전류를 대지로 끌어들이는 부분
   - 동선의 경우 50[mm^2] 이상
   ③ 접지극
   - 뇌격 전류를 대지로 신속하게 방전시키는 부분
   - 동판: 두께 0.7[mm] 이상, 면적 900[cm^2] 이상
   - 동봉, 동피복강봉: 지름 8[mm] 이상, 길이 0.9[m] 이상
   - 철봉: 지름 12[mm] 이상, 길이 0.9[m] 이상의 아연도금 철봉
   - 동복강판: 두께 1.6[mm] 이상, 길이 0.9[m] 이상, 면적 250[cm^2] 이상
   - 탄소피복강봉: 지름 8[mm] 이상인 강심, 길이 0.9[m] 이상

독학이 쉬워지는 기초개념

건축물 내의 피뢰침 설치 구성도

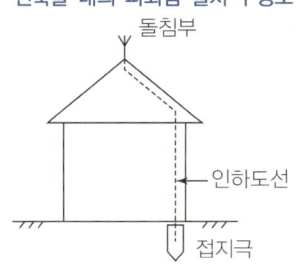

기출 & 예상문제

출제 예상문제

피뢰기의 구비 조건에 대하여 다음 물음에 답하시오.
(1) 충격 방전 개시 전압이 높아야 하는가, 낮아야 하는가?
(2) 상용 주파 방전 개시 전압은 높아야 하는가, 낮아야 하는가?

해설
(1) 낮아야 한다.
(2) 높아야 한다.

독학이 쉬워지는 기초개념

SA
Surge Absorber

THEME 02 서지 보호

1 서지흡수기(SA)

구내선로에서 발생할 수 있는 개폐서지, 순간과도전압 등으로 2차기기에 악영향을 주는 것을 막기 위해 설치한다.

(1) 서지 과전압

서지현상에 의해 발생되는 과전압으로 다음과 같은 발생 원인이 있다.
① 개폐 과전압
② 뇌 과전압
③ 일시 과전압

(2) 서지흡수기 설치 위치: 개폐서지를 발생하는 차단기 후단과 부하 측 사이

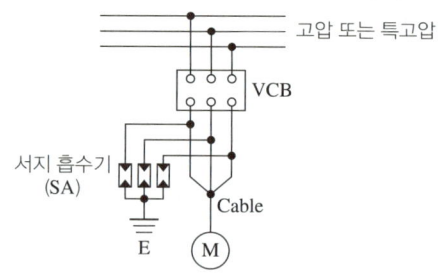

▲ 설치 위치

(3) 서지흡수기 적용 범위

차단기 종류		VCB				
전압 등급		3[kV]	6[kV]	10[kV]	20[kV]	30[kV]
2차 보호 기기						
전동기		적용	적용	적용	–	–
변압기	유입식	불필요	불필요	불필요	불필요	불필요
	몰드식	적용	적용	적용	적용	적용
	건식	적용	적용	적용	적용	적용
콘덴서		불필요	불필요	불필요	불필요	불필요
변압기와 유도 기기와의 혼용 시		적용	적용	–	–	–

SPD
Surge Protective Device

2 서지보호장치(SPD)

(1) 목적

대기 방전 또는 회로의 개폐 동작으로 발생하는 과도 과전압으로부터 전기전자 시스템을 보호하기 위해 설치하며 서지전압을 제한한다.

(2) 종류

① 기능에 따른 분류
- 전압스위칭형 SPD: 서지가 없을 때에는 임피던스가 높은 상태이고, 전압서지가 있을 때에는 임피던스가 급격히 낮아지는 기능을 가진 서지보호장치로 에어캡, 가스방전관, 사이리스터, 트라이액 등이 있다.

- 전압제한형 SPD: 서지가 없을 때에는 임피던스가 높은 상태이고, 서지전류와 전압이 상승하면 임피던스가 연속적으로 감소하는 기능을 가진 서지보호장치로 베리스터, 억제 다이오드 등이 있다.
- 복합형 SPD: 전압제한형 소자와 전압스위칭형 소자를 갖는 서지보호장치로 인가전압의 특성에 따라 전압제한, 전압스위치 또는 전압제한과 전압스위치의 동작을 모두 하는 것이 있으며, 가스방전관 베리스터를 조합한 서지보호장치가 있다.

② 구조에 따른 분류
- 1포트 SPD: 1단자 또는 2단자를 갖는 SPD로 보호하는 기기에 대하여 서지를 분류하도록 접속한다.
- 2포트 SPD: 2단자 또는 4단자를 갖는 SPD로 입력단자와 출력단자 사이에 직렬 임피던스가 삽입되어 있다.

(3) 시설기준

SPD의 연결도체 길이는 상전선에서 SPD(a)와 SPD에서 주 접지단자(b)(또는 보호선)까지 가능한 50[cm] 이하일 것. 다만 SPD의 연결도체 길이가 50[cm]를 넘을 경우에는 연결도체의 전압강하를 고려하여 SPD 전압보호레벨을 선정하고 연결도체의 전압강하를 포함하는 실효 보호레벨이 기기에 요구되는 임펄스 내전압을 초과해서는 안 된다.

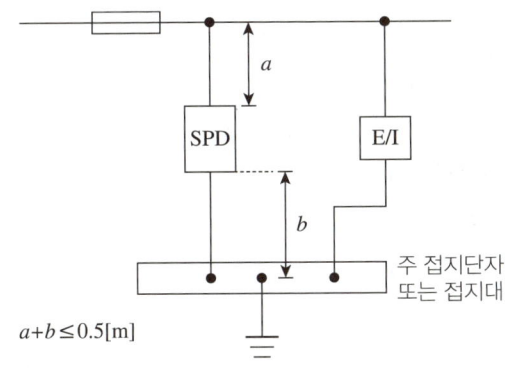

▲ SPD의 연결도체 길이가 0.5[m] 이하인 경우

THEME 03 배전선로 보호

1 과전류에 대한 보호

(1) 과전류 차단기의 종류

① 퓨즈
- gG: 일반적으로 사용하는 퓨즈
- gM: 전동기 회로를 보호하기 위한 퓨즈
- gD: 한시형 퓨즈
- gN: 순시형 퓨즈

② 배선차단기
- 산업용 배선차단기
- 주택용 배선차단기

독학이 쉬워지는 기초개념

> 독학이 쉬워지는 기초개념

(2) 차단기의 특성

① gG, gM 퓨즈의 용단특성

정격전류의 구분	시간	정격전류의 배수		적용
		불용단전류	용단전류	
4[A] 이하	60분	1.5배	2.1배	gG
4[A] 초과 16[A] 미만	60분	1.5배	1.9배	gG
16[A] 이상 63[A] 이하	60분	1.25배	1.6배	gG, gM
63[A] 초과 160[A] 이하	120분	1.25배	1.6배	gG, gM
160[A] 초과 400[A] 이하	180분	1.25배	1.6배	gG, gM
400[A] 초과	240분	1.25배	1.6배	gG, gM

② gD, gN 퓨즈의 용단특성

정격전류의 구분	시간	정격전류의 배수	
		불용단전류	용단전류
60[A] 이하	60분	1.1배	1.35배
60[A] 초과 600[A] 이하	120분	1.1배	1.35배
600[A] 초과 6,000[A] 이하	240분	1.1배	1.35배

③ 과전류트립 동작시간 및 특성(배선차단기)

정격전류	규정시간	정격전류의 배수			
		주택용		산업용	
		부동작전류	동작전류	부동작전류	동작전류
63[A] 이하	60분	1.13배	1.45배	1.05배	1.3배
63[A] 초과	120분	1.13배	1.45배	1.05배	1.3배

④ 순시트립에 따른 구분(주택용 배선차단기)

형	순시트립 범위
B	$3I_n$ 초과 $5I_n$ 이하
C	$5I_n$ 초과 $10I_n$ 이하
D	$10I_n$ 초과 $20I_n$ 이하

> I_n[A] : 차단기 정격전류

2 과부하전류에 대한 보호

(1) 과부하에 대해 케이블(전선)을 보호하는 장치의 동작특성 조건

$$I_B \leq I_n \leq I_Z$$
$$I_2 \leq 1.45 \times I_Z$$

(단, I_B : 설계전류[A], I_Z : 케이블의 허용전류[A], I_n : 보호장치의 정격전류[A], I_2 : 보호장치가 규약시간 이내에 유효하게 동작하는 것을 보장하는 전류[A])

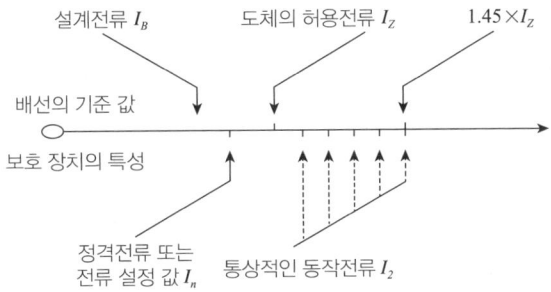

▲ 과부하 보호 설계 조건도

(2) 설치 위치

① 다음 그림과 같이 분기회로(S_2)의 과부하 보호장치(P_2)의 전원 측에 다른 분기 회로 또는 콘센트의 접속이 없고 분기회로에 대한 단락보호가 이루어지고 있는 경우 P_2는 분기회로의 분기점(O)으로부터 부하 측으로 거리에 구애받지 않고 이동하여 설치할 수 있다.

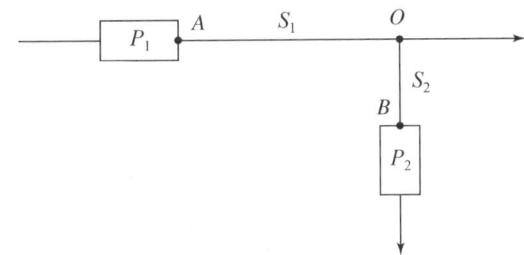

▲ 분기회로(S_2)의 분기점(O)에 설치되지 않은 분기회로 과부하 보호장치(P_2)

② 다음 그림과 같이 분기회로(S_2)의 과부하 보호장치(P_2)는 P_2의 전원 측에서 분기점(O) 사이에 다른 분기회로 또는 콘센트의 접속이 없고, 단락의 위험과 화재 및 인체에 대한 위험성이 최소화되도록 시설된 경우, 분기회로의 보호장치(P_2)는 분기회로의 분기점(O)으로부터 3[m]까지 이동하여 설치할 수 있다.

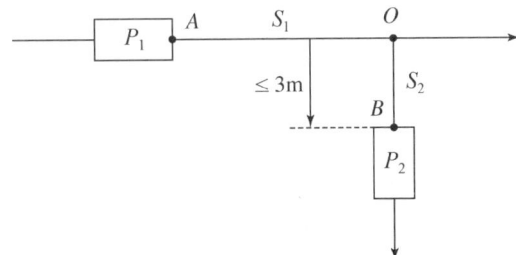

▲ 분기회로(S_2)의 분기점(O)에서 3[m] 이내에 설치된 과부하 보호장치(P_2)

독학이 쉬워지는 기초개념

3 접촉 전압의 계산

(1) 대지 전압
　① 접지식 전로: 전선과 대지 사이의 전압
　② 비접지식 전로: 전선과 그 전로 중 임의의 다른 전선 사이의 전압

(2) 접촉 전압의 계산
　① 그림과 같이 전동기에서 완전 지락된 경우의 지락 전류와 접촉 전압은 다음과 같다.

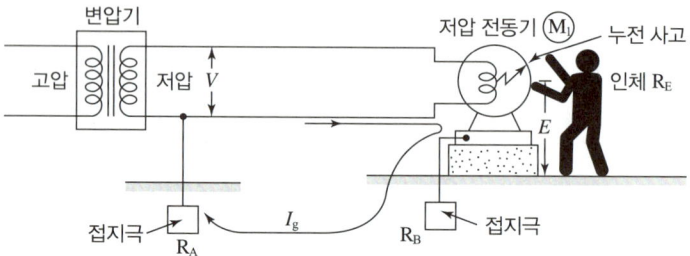

▲ 전동기 회로에서의 누전 사고

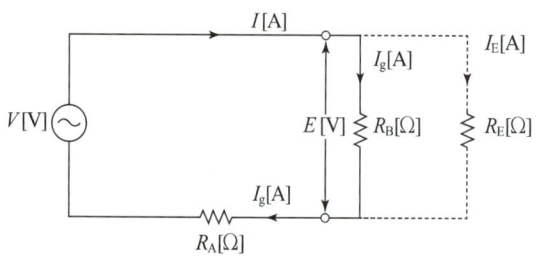

R_A, R_B: 접지 저항[Ω], R_E: 인체의 내부 저항[Ω]

▲ 등가 회로

　② 사람이 감전되기 전
　　• 지락 전류 $I_g = \dfrac{V}{R_B + R_A}$ [A]

　　• 대지 전압 $E = I_g \times R_B = \dfrac{R_B V}{R_B + R_A}$ [V]

　③ 사람이 감전된 후
　　• 인체에 흐르는 전류
$$I_E = \dfrac{R_B}{R_B + R_E} \times \dfrac{V}{R_A + \dfrac{R_B R_E}{R_B + R_E}} = \dfrac{R_B V}{R_A(R_B + R_E) + R_B R_E}\,[A]$$

　　• 접촉 전압 $E = I_E R_E = \dfrac{R_B R_E V}{R_A(R_B + R_E) + R_B R_E}$ [V]

기출 & 예상문제

출제: 산업 18 | 배점: 5점

그림에서 기기의 C점에서 완전 지락 사고가 발생하였을 때, 이 기기의 외함에 인체가 접촉하였을 경우 인체에는 몇 [mA]의 전류가 흐르는가?(단, 인체의 저항값은 3,000[Ω]이라고 한다.)

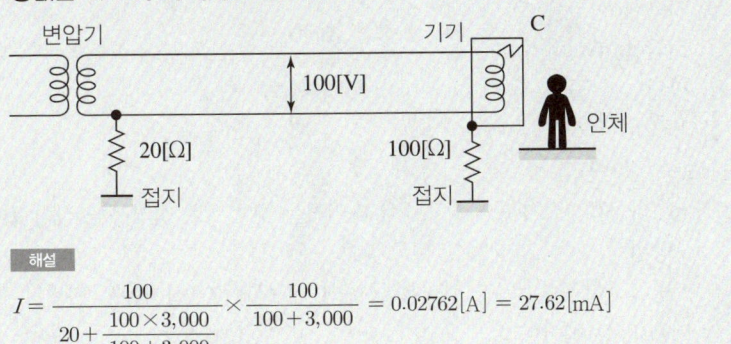

해설

$$I = \frac{100}{20 + \frac{100 \times 3,000}{100 + 3,000}} \times \frac{100}{100 + 3,000} = 0.02762[A] = 27.62[mA]$$

답 27.62[mA]

THEME 04 접지 공사

1 접지 공사

(1) 접지의 목적
  ① 감전 방지: 기기의 절연 열화나 손상 등으로 누전이 발생하면 전류가 접지도체로 흘러 기기의 대지 전위 상승이 억제되어 인체의 감전 위험 감소
  ② 이상 전압의 억제: 뇌전류 또는 저·고압 혼촉 등에 의하여 침입하는 고전압을 접지도체를 통해 대지로 흘려보내 기기의 손상을 방지
  ③ 보호 계전기의 동작 보호: 지락 사고 시에 일정 크기 이상의 지락 전류가 쉽게 흐르기 때문에 지락 계전기 등의 동작을 확실하게 할 수 있음
  ④ 전로의 대지 전압의 저하: 3상 4선식 전로의 중성점을 접지하면 각 선의 대지 전압은 선간전압의 $\frac{1}{\sqrt{3}}$ 로 감소

(2) 접지 공사별 접지도체의 굵기

접지도체의 종류	큰 고장전류가 접지도체를 통해 흐르지 않을 경우	접지도체에 피뢰시스템이 접속되는 경우
구리(동)	6[mm²] 이상	16[mm²] 이상
철제	50[mm²] 이상	50[mm²] 이상

▲ 접지도체의 단면적

(3) 접지도체 굵기를 결정하는 조건
  ① 전류 용량
  ② 기계적 강도
  ③ 내식성

독학이 쉬워지는 기초개념

접지도체의 온도 상승식
$\theta = 0.008 \left(\frac{I}{A}\right)^2 t [℃]$
(단, θ: 동선의 온도 상승[℃], I: 전류[A], A: 단면적[mm²], t: 통전시간[s])

독학이 쉬워지는 기초개념

2 접지 저항 저감법

(1) 접지저감재의 구비조건
　① 안전할 것
　② 전기적으로 양도체일 것
　③ 지속성이 있을 것
　④ 전극을 부식시키지 않을 것
　⑤ 작업성이 좋을 것

(2) 접지공법
　① 봉상접지공법
　　• 심타공법: 접지봉을 지표에서 타입하는 방법으로 접지봉을 직렬 접속하는 방법
　　• 병렬접지공법: 독립 접지봉을 여러 개 묻고 각 접지봉을 병렬로 연결
　② 메쉬(망상)접지공법
　③ 건축 구조체 접지공법

(3) 물리적인 저감법
　① 접지극을 길게 시설
　　• 직렬 접지 시공
　　• 매설 지선 시설
　　• 평판 접지극 시설
　② 접지극을 병렬 접속
　③ 접지봉 깊게 매설
　④ 심타공법으로 시공(접지극과 대지와의 접촉저항 향상)

(4) 화학적인 저감법
　① 접지극 주변 토양의 개량
　② 접지 저항 저감제 사용

3 저항 및 접지 저항 측정법

(1) 저항 측정
　① 저저항 측정($1[\Omega]$ 이하): 켈빈 더블 브리지법(저저항 정밀 측정)
　② 중저항 측정($1[\Omega] \sim 10[k\Omega]$)
　　• 전압 강하법: 백열전구의 필라멘트 저항 측정
　　• 휘스톤 브리지법
　③ 특수 저항 측정
　　• 검류계의 내부 저항: 휘스톤 브리지법
　　• 전해액의 저항: 콜라우시 브리지법
　　• 접지 저항: 콜라우시 브리지법

(2) 콜라우시 브리지법에 의한 접지 저항 측정
　① 대지의 접지 저항을 주 접지극(a)과 일정한 간격으로 보조 접지극(b, c)을 설치하여 $a-b$극 간의 저항값, $b-c$극 간의 저항값, $c-a$극 간의 저항값을 측정기로 측정하여 각각의 접지극의 저항값을 얻어내는 측정 방법이다.
　② 접지극의 접지 저항값 산출식

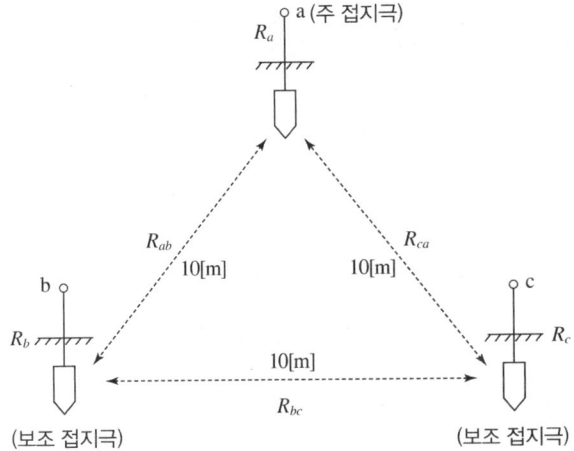

▲ 주 접지극과 보조 접지극

$$R_a = \frac{1}{2}(R_{ab} + R_{ca} - R_{bc})[\Omega]$$

$$R_b = \frac{1}{2}(R_{ab} + R_{bc} - R_{ca})[\Omega]$$

$$R_c = \frac{1}{2}(R_{bc} + R_{ca} - R_{ab})[\Omega]$$

독학이 쉬워지는 기초개념

CHAPTER 05 기출 기반 적중문제

01 다음은 피뢰기의 특성에 대한 설명이다. 빈칸에 알맞은 용어를 적으시오.

출제: 기사 20 | 배점: 4점

> 피뢰기의 구비조건에서 이상전압 침입 시 신속하게 (①)하는 특성이 있어야 하고, 이상전류 통전 시 피뢰기의 단자전압을 나타내는 (②)은 일정 전압 이하로 억제할 수 있어야 한다.

해설
① 방전
② 제한 전압

02 피뢰기의 구비 조건을 3가지만 쓰시오.

출제: 기사 19 | 배점: 5점

해설
- 충격 방전 개시 전압이 낮을 것
- 상용 주파 방전 개시 전압이 높을 것
- 방전 내량이 크고, 제한 전압이 낮을 것

참고
이외에도 피뢰기 구비 조건은 다음과 같다.
- 속류 차단 능력이 클 것

03 22.9[kV] 3상 4선식 다중 접지 전력 계통의 배전 선로에 부설하는 피뢰기의 정격 전압은 몇 [kV]인지 답하시오.

출제: 기사 19 | 배점: 3점

해설
18[kV]

출제: 기사 99 | 배점: 5점

04 154[kV] 중성점 접지 계통에서 사용하는 전력용 피뢰기의 정격 전압은 어느 것을 선택하여야 하는가?(단, 접지 계수는 0.75이고, 유도 계수는 1.1이라 한다.)

피뢰기의 정격 전압(표준치[kV])

| 126 | 144 | 154 | 168 | 182 | 196 |

[해설]

$V = \alpha\beta V_m = 0.75 \times 1.1 \times 170 = 140.25[\text{kV}]$

[답] 144[kV] 선택

[참고]

- 피뢰기의 정격 전압 산출식
  $V = \alpha\beta V_m [\text{kV}]$
  단, α: 접지 계수, β: 유도(여유) 계수, V_m: 계통의 최고 전압[kV]
- 계통 전압별 최고 전압

계통 공칭 전압[kV]	계통 최고 전압[kV]
3.3	3.6
6.6	7.2
22.9	25.8
66	72.5
154	170
345	362
765	800

출제: 산업 18 | 배점: 5점

05 피뢰기에 흐르는 정격 방전 전류는 변전소의 차폐 유무와 그 지방의 연간 뇌우(雷雨) 발생 일수와 관계되나, 모든 요소를 고려한 경우 일반적인 시설 장소별 적용할 피뢰기의 공칭 방전 전류를 쓰시오.

공칭 방전 전류	설치 장소	적용 조건
①	변전소	• 154[V] 이상의 계통 • 66[kV] 및 그 이하의 계통에서 Bank 용량이 3,000[kVA]를 초과하거나 특히 중요한 곳 • 장거리 송전 케이블(배전선로 인출용 단거리 케이블은 제외) 및 정전 축전지 Bank를 개폐하는 곳 • 배전선로 인출 측(배전 간선 인출용 장거리 케이블은 제외)
②	변전소	66[kV] 및 그 이하의 계통에서 Bank 용량이 3,000[kVA] 이하인 곳
③	선로	배전선로

[해설]

① 10,000[A]   ② 5,000[A]   ③ 2,500[A]

출제: 산업 17 | 배점: 6점

06 피뢰기를 시설해야 하는 곳을 3개소로 요약하여 열거하시오.

> **해설**
> - 발전소 및 변전소의 인입구 및 인출구
> - 고압 및 특고압 수용 장소의 인입구
> - 가공 전선로와 지중 전선로가 접속되는 곳

출제: 기사 19 | 배점: 5점

07 서지 흡수기(Surge Absorber)의 기능과 어느 개소에 설치하는지 그 위치를 쓰시오.
- 기능
- 설치 위치

> **해설**
> - 기능: 개폐 서지 등 이상전압으로부터 기기보호
> - 설치 위치: 개폐 서지를 발생하는 차단기 후단과 부하 측 사이
>
> **참고**
> 서지 흡수기는 피뢰기와 같은 구조와 특성을 지니고 있다. 구내 선로에서 발생할 수 있는 개폐 서지, 순간 과도 전압 등 이상전압이 2차 기기에 악영향을 주는 것을 막기 위해 서지 흡수기를 시설한다.

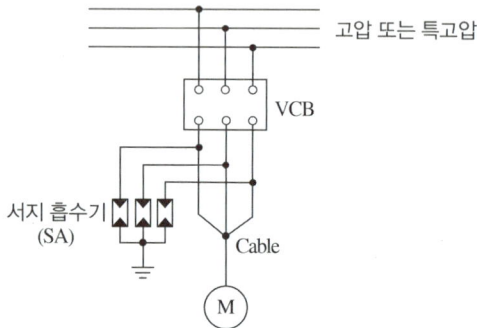

출제: 기사 17 | 배점: 5점

08 구내 선로에서 발생할 수 있는 개폐 서지, 순간 과도 전압 등으로 이상 전압이 2차 기기에 악영향을 주는 것을 막기 위해 시설하는 것은 무엇인지 쓰시오.

> **해설**
> 서지 흡수기

출제: 기사 15 | 배점: 5점

09 다음 그림과 같은 회로에서 전동기가 누전된 경우 3,000[Ω]의 인체 저항을 가진 사람이 전동기에 접촉할 때, 인체에 흐르는 전류 시간 합계[mA·s]는?(단, 30[mA], 0.1[s]의 경우 정격 ELB를 설치하였다.)

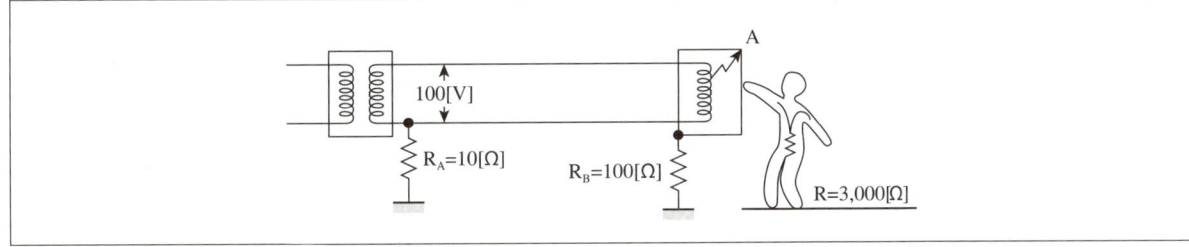

해설

인체에 흐르는 전류 $I_E = \dfrac{80}{80+3,000} \times \dfrac{220}{20 + \dfrac{80 \times 3,000}{80+3,000}} = 0.058355[A] = 58.36[mA]$

인체에 흐르는 전류 시간 합계: $58.36[mA] \times 0.1[s] = 5.84[mA \cdot s]$

답 $5.84[mA \cdot s]$

출제: 기사 20 | 배점: 6점

10 다음 그림과 같은 계통에서 기기의 A점에서 완전 지락이 발생하였을 경우 다음 물음에 답하시오.

(1) 이 기기의 외함에 인체가 접촉하고 있지 않을 경우 이 외함의 대지 전압은 몇 [V]로 되겠는가?
(2) 인체 접촉 시 인체에 흐르는 전류를 10[mA] 이하로 하려면 기기의 외함에 시공된 접지공사의 접지 저항 $R_B[\Omega]$의 값을 얼마 이하의 것으로 바꾸어 주어야 하는가?

해설

(1) $\dfrac{100}{100+10} \times 100 = 90.91[V]$

답 $90.91[V]$

(2) 기기의 접지 저항을 $R_B[\Omega]$라 할 때 인체 접촉 시 흐르는 전류를 $I[A]$라 하면

$I = \dfrac{100}{10 + \dfrac{R_B \times 3,000}{R_B + 3,000}} \times \dfrac{R_B}{R_B + 3,000} \leq 0.01[A]$

∴ $R_B \leq 4.29[\Omega]$

답 $4.29[\Omega]$

출제: 산업 97 | 배점: 5점

11 220[V] 전동기의 철대를 접지하여 절연 파괴로 인한 철대와 대지 사이의 위험 접촉 전압을 25[V] 이하로 하고자 한다. 공급 변압기 중성점 접지 저항값이 10[Ω]이고 저압 전로의 임피던스를 무시할 때, 전동기의 접지 저항값은 몇 [Ω] 이하로 하면 되는가?

해설

$$V_t = 25[\text{V}] \geq \frac{R_B}{10+R_B} \times 220 \text{에서, } R_B \leq 1.28[\Omega]$$

답 1.28[Ω]

출제: 기사 05 | 배점: 5점

12 단상 2선식 200[V] 옥내 배선에서 접지 저항이 90[Ω]인 금속관 안의 임의의 개소에서 전선이 절연 파괴되어 도체가 직접 금속관 내면에 접촉되었다면 대지 전압은 몇 [V]가 되겠는가?(단, 이 전로에 공급하는 변압기 저압 측의 한 단자에 변압기 중성점 접지 공사가 되어 있고, 그 접지 저항은 30[Ω]이라고 한다.)

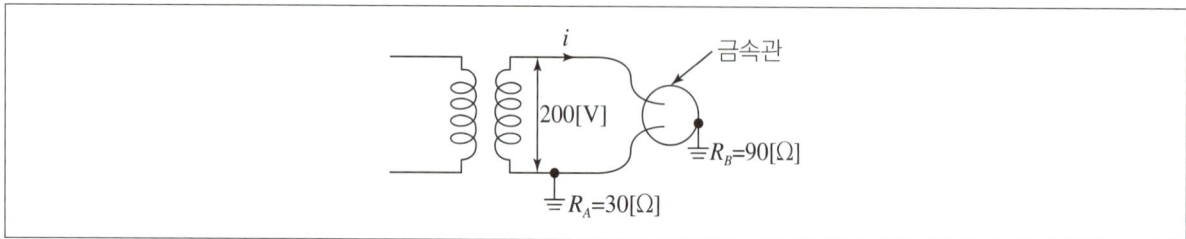

해설

$$V_g = \frac{R_B}{R_A+R_B} \times V = \frac{90}{30+90} \times 200 = 150[\text{V}]$$

답 150[V]

출제: 기사 16 | 배점: 6점

13 요구하는 접지의 목적과 접지 저항값을 얻기 위해서는 대지의 구조에 따라 경제적이고 신뢰성 있는 접지 공법을 채택하여야 한다. 접지 공법을 구분하면 봉상 접지 공법, 망상 접지법(Mesh 공법), 건축 구조체 접지 공법이 있다. 이 중 봉상 접지 공법에 대하여 간단히 설명하시오.

해설

건물의 부지 면적이 제한된 도시 지역 등 평면적인 접지 공법이 곤란한 지역에서 주로 시공되는 공법으로, 심타 공법과 접지봉 여러 개를 연접으로 하는 병렬 접지 공법이 있다.

참고
- 심타 공법: 접지봉을 지표에서 타입하는 방법으로 접지봉을 직렬 접속하는 방법
- 병렬접지공법: 독립접지봉을 여러 개 묻고 각 접지봉을 병렬로 연결하는 방법

출제: 산업 16 | 배점: 6점

14 접지판 X와 보조접지극 상호 간의 저항을 측정한 값이 그림과 같다면 G_a, G_b, G_c의 접지 저항값은 각각 몇 $[\Omega]$인지 계산하시오.

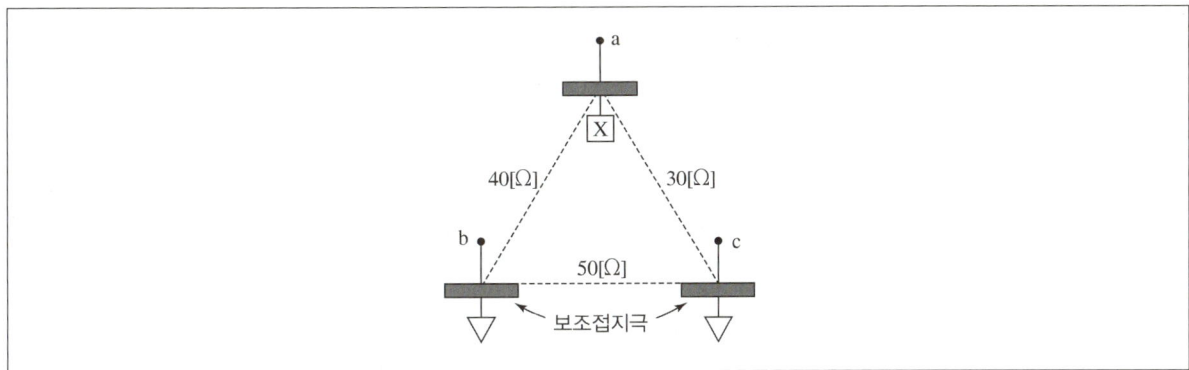

(1) G_a 지점

(2) G_b 지점

(3) G_c 지점

해설

(1) $G_a = \dfrac{1}{2}(G_{ab} + G_{ca} - G_{bc}) = \dfrac{1}{2} \times (40 + 30 - 50) = 10[\Omega]$

답 $10[\Omega]$

(2) $G_b = \dfrac{1}{2}(G_{bc} + G_{ab} - G_{ca}) = \dfrac{1}{2} \times (50 + 40 - 30) = 30[\Omega]$

답 $30[\Omega]$

(3) $G_c = \dfrac{1}{2}(G_{ca} + G_{bc} - G_{ab}) = \dfrac{1}{2} \times (30 + 50 - 40) = 20[\Omega]$

답 $20[\Omega]$

출제: 기사 15 | 배점: 5점

15 다음 저항을 측정하는 데 가장 적당한 계측기 또는 적당한 방법은?

(1) 변압기의 절연 저항

(2) 검류계의 내부 저항

(3) 전해액의 저항

(4) 백열전구의 필라멘트(백열 상태)

(5) 배전선의 전류

해설

(1) 절연 저항계

(2) 휘스톤 브리지법

(3) 콜라우시 브리지법

(4) 전압 강하법

(5) 후크온 메터

출제: 산업 17 | 배점: 5점

16 케이블 고장점 탐지법 중 전기적 사고점 탐지법의 하나로서 휘스톤 브리지의 원리를 이용하여 선로상의 고장점(1선 지락 사고, 선간 지락 사고)을 검출하는 방법은 무엇인지 쓰시오.

해설
머레이 루프법

출제: 산업 99 | 배점: 5점

17 그림과 같이 3대의 주상 변압기의 접지 저항이 각각 20, 40, 50[Ω]이다. 가공 공동 지선을 설치하는 경우 접지 저항은 몇 [Ω]이 되는가?

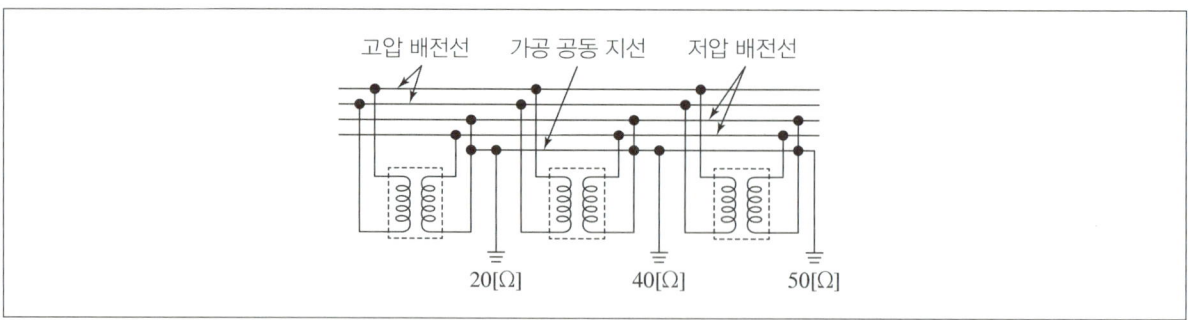

해설

$$R = \frac{1}{\frac{1}{R_1} + \frac{1}{R_2} + \frac{1}{R_3}} = \frac{1}{\frac{1}{20} + \frac{1}{40} + \frac{1}{50}} = 10.53[\Omega]$$

답 10.53[Ω]

참고
고압 배전선에서 변압기를 분기하였으므로 저항을 병렬연결로 볼 수 있다.

출제: 산업 95 | 배점: 13점

18 다음 그림은 전자식 접지 저항계를 사용하여 접지극의 접지 저항을 측정하기 위한 배치도이다. 물음에 답하시오.

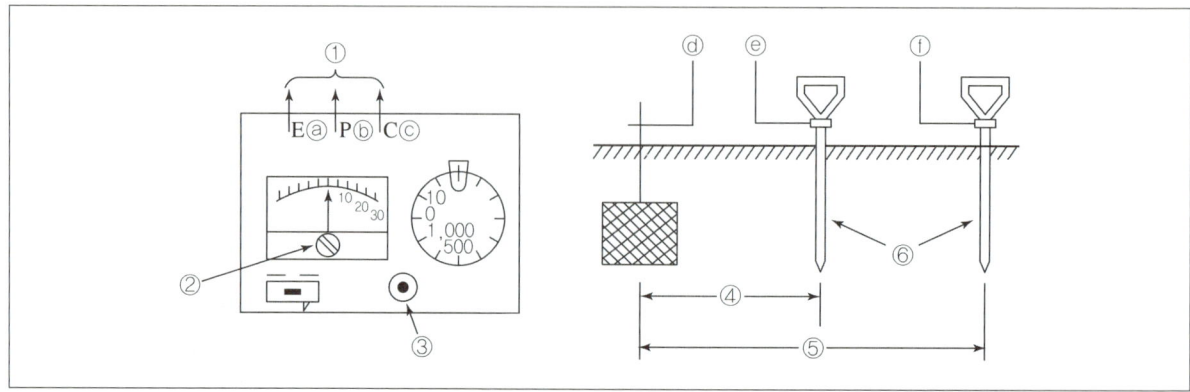

(1) 그림에서 ①의 측정 단자의 각 접지극의 접속은?
(2) 그림에서 ②의 명칭은?
(3) 그림에서 ③의 명칭은?
(4) 그림에서 ④의 거리는 몇 [m] 이상인가?
(5) 그림에서 ⑤의 거리는 몇 [m] 이상인가?
(6) 그림에서 ⑥의 명칭은?

해설
(1) ⓐ → ⓓ, ⓑ → ⓔ, ⓒ → ⓕ
(2) 영점 조정 단자
(3) 누름 버튼 스위치
(4) 10[m]
(5) 20[m]
(6) 보조 접지극

출제: 산업 20 | 배점: 6점

19 사람의 접촉 우려가 있는 장소에서 철주에 절연전선을 사용하여 접지공사를 그림과 같이 노출 시공하고자 한다. 각각의 물음에 답하시오.

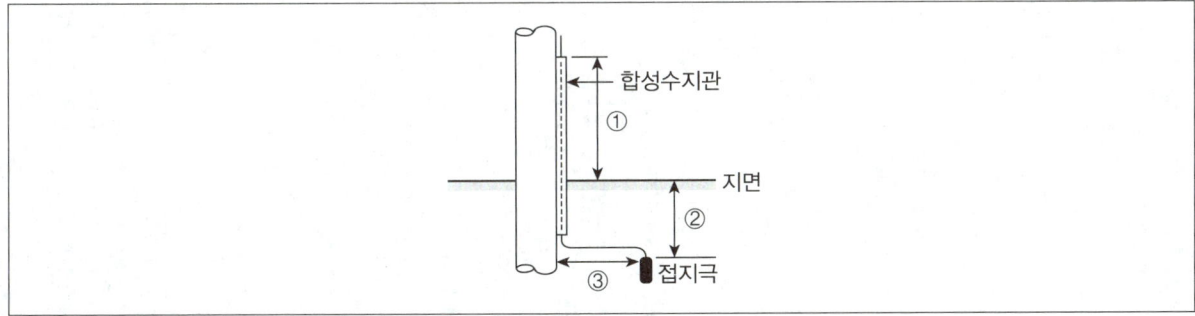

(1) 지표상 합성수지관의 최소 높이(①)는 몇 [m]인지 쓰시오.
(2) 접지극의 지하매설 깊이(②)는 몇 [m] 이상인지 쓰시오.
(3) 철주와 접지극의 이격거리(③)는 몇 [m] 이상인지 쓰시오.

해설
(1) ① 2[m]
(2) ② 0.75[m]
(3) ③ 1[m]

배선 공사

1. 배선 공사방법
2. 전선관 시스템
3. 케이블 트렁킹 시스템
4. 케이블 덕팅 시스템
5. 애자 공사
6. 케이블 트레이 공사
7. 버스 덕트 공사
8. 케이블 공사
9. 전선의 배선 방법

학습 전략

2020년까지 자주 출제된 관 공사와 덕트 공사를 중심으로 학습하고 나머지 배선 공사 방법에 대해 새롭게 익히는 방식으로 준비하시길 바랍니다. 너무 광범위하게 학습하기보다는 관 내 단면적 산출, 공사 부품 등 자주 출제되는 문제 위주로 학습하는 것이 중요합니다.

CHAPTER 06 | 흐름 미리보기

1. 배선 공사방법
2. 전선관 시스템
3. 케이블 트렁킹 시스템
4. 케이블 덕팅 시스템
5. 애자 공사
6. 케이블 트레이 공사
7. 버스 덕트 공사
8. 케이블 공사
9. 전선의 배선 방법

NEXT **CHAPTER 07**

CHAPTER 06 배선 공사

독학이 쉬워지는 기초개념

THEME 01 배선 공사방법

종류	공사방법
전선관 시스템	합성수지관 공사, 금속관 공사, 가요 전선관 공사
케이블 트렁킹 시스템	합성수지 몰드 공사, 금속 몰드 공사, 금속 트렁킹 공사
케이블 덕팅 시스템	금속 덕트 공사, 플로어 덕트 공사 셀룰러 덕트 공사
애자 공사	애자 공사
케이블 트레이 시스템(래더, 브래킷 포함)	케이블 트레이 공사
케이블 공사	비고정 방법, 직접 고정 방법, 지지선 방법

THEME 02 전선관 시스템

전선관 시스템의 종류에는 합성 수지관 공사, 금속관 공사, 금속제 가요 전선관 공사 등이 있으며 일반적인 시설조건은 다음과 같다.

- 전선은 절연전선(옥외용 비닐 절연전선 제외) 또는 케이블일 것
- 절연전선은 단면적 $10[mm^2]$(알루미늄선은 단면적 $16[mm^2]$)을 초과하는 것은 연선일 것
- 관 내에서는 전선 등의 접속점이 없을 것

1 합성수지관 공사

(1) 종류

종류	관의 호칭[mm]
경질 비닐 전선관(HI-VE, VE)	14 16 22 28 36 42 54 70 82 100
합성수지제 가요 전선관(PF관, CD관)	14 16 22 28 36 42

(2) 유의사항
  ① 전선관 상호 간, 전선관과 박스 접속 시 전선관을 삽입하는 깊이는 관의 바깥지름의 1.2배(접착제를 사용하는 경우에는 0.8배) 이상
  ② 관의 지지점 간의 거리는 1.5[m] 이하로 하고, 또한 그 지지점은 관의 끝·관과 박스의 접속점 및 관 상호 간의 접속점 등에 가까운 곳에 시설할 것
  ③ 지중에 전선관 시설 시 매설 깊이: 1.0[m] 이상(중량물의 압력을 받을 우려가 없는 곳은 0.6[m] 이상)

2 금속관 공사

(1) 종류

종류	관의 호칭[mm]
후강 전선관(근사내경, 짝수)	16 22 28 36 42 54 70 82 92 104
박강 전선관(근사외경, 홀수)	19 25 31 39 51 63 75
나사 없는 전선관	19 25 31 39 51 63 75

(2) 유의사항

① 금속관을 구부릴 때 금속관의 단면이 심하게 변형되지 않도록 구부려야 한다. 그 안 측의 반지름은 관 안지름의 6배 이상일 것
② 금속관 두께는 콘크리트에 매설하는 것은 1.2[mm] 이상(그 외의 것은 1.0[mm] 이상)일 것
③ 굴곡 개수가 많은 경우 또는 관의 길이가 25[m]를 초과하는 경우에는 풀박스를 설치한다.
④ 금속관 상호는 커플링으로 접속할 것
⑤ 금속관과 박스를 접속할 때 틀어 끼우는 방법에 의하지 않을 경우 로크너트를 2개 사용하여 박스 양 측을 조일 것
⑥ 금속관을 조영재에 따라 시공할 때에는 새들 또는 행거 등으로 견고하게 지지하고, 그 간격을 2[m] 이하로 한다.
⑦ 금속관에는 접지공사를 할 것

(3) 금속관 공사용 부품

명칭	용도
로크너트	관과 박스의 접속
부싱	전선을 넣을 때 전선의 피복을 보호
커플링	금속관 상호 간을 접속
새들	노출 배관에서 금속관을 조영재에 고정
노멀 밴드	배관의 직각 굴곡에 사용
링 리듀서	금속관을 아웃렛 박스에 취부할 때, 록 아웃의 구멍이 관의 구멍보다 클 때 사용
스위치 박스	매입형의 스위치나 콘센트를 고정하는 데 사용
아웃렛 박스	전등기구나 점멸기 또는 콘센트를 고정
콘크리트 박스	콘크리트에 매입 배선용으로 아웃렛 박스와 같은 목적으로 사용
플로어 박스	바닥 밑으로 매입 배선할 때 사용
유니버설 엘보우	노출 배관 공사에 관을 직각으로 굽혀서 공사할 때, 관 상호 접속 또는 관을 분기해야 할 곳
터미널 캡	전동기에 접속하는 장소나 애자 사용 공사로 옮기는 장소의 관단에 사용
엔트런스 캡	인입구, 인출구의 관단에 설치하여 금속관에 접속하여 옥외의 빗물을 막는 데 사용
픽스쳐스터드와 히키	아웃렛 박스에 조명기구를 부착시킬 때 사용, 무거운 기구 취부
블랭크 와셔	플로어 덕트의 정크션 박스에 덕트를 접속하지 않는 곳을 막기 위해 사용
유니버설 피팅	노출 배관 시 L형 또는 T형으로 구부러지는 장소에 사용

독학이 쉬워지는 기초개념

Tip 강의 꿀팁

전선 및 케이블의 피복 절연물 등을 포함한 단면적의 총 합계는 합성수지관, 금속관 등 관의 굵기의 $\frac{1}{3}$을 넘지 않아야 돼요.

독학이 쉬워지는 기초개념

3 금속제 가요 전선관 공사

(1) 종류
　① 1종 휨(가요) 전선관
　② 비닐피복 1종 휨(가요) 전선관
　③ 2종 휨(가요) 전선관
　④ 비닐피복 2종 휨(가요) 전선관

(2) 유의사항
　① 가요 전선관은 2종 금속제 가요 전선관일 것. 다만, 전개된 장소이거나 점검할 수 있는 은폐된 장소(옥내배선의 사용전압이 400[V] 초과인 경우에는 전동기에 접속하는 부분으로서 가요성을 필요로 하는 부분에 사용하는 것에 한한다.) 또는 점검 불가능한 은폐장소에 기계적 충격을 받을 우려가 없는 조건일 경우에는 1종 가요 전선관을 사용할 수 있다.
　② 길이가 4[m]를 넘는 1종 금속제 가요 전선관에는 단면적 2.5[mm²] 이상의 나연동선을 전체 길이에 걸쳐 삽입 또는 첨가하여 양쪽 끝에서 전기적으로 완전하게 접속할 것

4 시설장소

종류	옥내						옥측/옥외	
	노출 장소		은폐 장소					
			점검 가능		점검 불가능			
	건조한 장소	습기가 많은 장소 또는 물기가 있는 장소	건조한 장소	습기가 많은 장소 또는 물기가 있는 장소	건조한 장소	습기가 많은 장소 또는 물기가 있는 장소	우선 내	우선 외
합성수지관 공사	O	O	O	O	O	O	O	O
금속관 공사	O	O	O	O	O	O	O	O
1종 가요 전선관	O	X	O	X	X	X	X	X
1종비닐피복 가요 전선관	O	O	O	O	X	X	X	X
2종 가요 전선관	O	X	O	X	O	X	O	X
2종비닐피복 가요 전선관	O	O	O	O	O	O	O	O

Tip 강의 꿀팁
금속 트렁킹 공사 방법은 금속 덕트 공사 방법과 같아요.

THEME 03　케이블 트렁킹 시스템

케이블 트렁킹 시스템의 종류에는 합성수지 몰드 공사, 금속 몰드 공사, 금속 트렁킹 공사, 케이블 트렌치 공사 등이 있다.

1 합성수지 몰드 공사

(1) 전선: 절연전선(옥외용 비닐 절연전선 제외)
(2) 몰드의 선정

구분	홈의 폭	깊이
사람이 쉽게 접촉할 우려가 없도록 시설하는 경우	50[mm] 이하	1[mm] 이상
기타의 경우	35[mm] 이하	2[mm] 이상

(3) 유의사항
① 베이스를 조영재에 부착한 경우 40 ~ 50[cm] 간격마다 나사 등으로 견고하게 부착하여야 한다.
② 전선의 피복 절연물을 포함한 단면적의 총합은 몰드 유효 단면적의 20[%] 이하일 것

2 금속 몰드 공사

(1) 전선: 절연전선(옥외용 비닐 절연전선 제외)
(2) 몰드의 선정: 황동제 또는 동제의 몰드로 폭이 50[mm] 이하, 두께 0.5[mm] 이상
(3) 유의사항
① 몰드 상호 간 및 몰드 박스 기타의 부속품과는 견고하고 또한 전기적으로 완전하게 접속할 것
② 다음의 경우를 제외하고 몰드에는 접지공사를 할 것
• 몰드의 길이가 4[m] 이하인 것을 시설하는 경우
• 옥내 배선의 사용전압이 직류 300[V] 또는 교류 대지전압이 150[V] 이하로서 그 전선을 넣는 관의 길이가 8[m] 이하인 것을 사람이 쉽게 접촉할 우려가 없도록 시설하는 경우 또는 건조한 장소에 시설하는 경우

3 케이블 트렌치 공사

(1) 전선: 연피 케이블, 알루미늄피 케이블 등 난연성 케이블 또는 금속관 혹은 합성수지관 등에 넣은 절연전선
(2) 시설방법
① 케이블은 배선 회로별로 구분하고 2[m] 이내의 간격으로 받침대 등을 시설할 것
② 다른 공사방법으로 변경되는 곳에는 전선에 물리적 손상을 주지 않을 것
③ 내부에는 수관, 가스관 등 다른 시설물을 설치하지 않을 것
④ 케이블 트렌치의 부속설비에 사용되는 금속재는 접지공사를 할 것

독학이 쉬워지는 기초개념

Tip 강의 꿀팁
몰드 공사는 대부분 옥내 사용 전압 400[V] 이하일 경우 시설해요.

트렌치 공사와 몰드 공사의 차이
트렌치 공사는 커버(뚜껑)를 열고 닫기 쉬운 구조이고 몰드 공사는 커버(뚜껑)를 열고 닫기 어려운 구조이다.

4 시설장소

종류	옥내(400[V] 이하에 한함)					옥측/옥외	
	노출 장소		은폐 장소				
			점검 가능		점검 불가능		
	건조한 장소	습기가 많은 장소 또는 물기가 있는 장소	건조한 장소	습기가 많은 장소 또는 물기가 있는 장소	건조한 장소	습기가 많은 장소 또는 물기가 있는 장소	우선 내	우선 외
합성수지 몰드 공사	O	X	O	X	X	X	X	X
금속 몰드 공사	O	X	O	X	X	X	X	X
금속 트렁킹 공사	O	X	O	X	X	X	X	X

THEME 04 케이블 덕팅 시스템

케이블 덕팅 시스템의 종류에는 금속 덕트 공사, 플로어 덕트 공사, 셀룰러 덕트 공사 등이 있으며 일반적인 시설 조건은 다음과 같다.
- 전선: 절연전선(옥외용 비닐 절연전선 제외)
- 덕트(환기형 버스덕트 제외) 끝부분은 막을 것
- 덕트(환기형 버스덕트 제외) 내부에 먼지가 침입하지 아니하도록 할 것
- 덕트 안에는 접속점이 없도록 할 것(다만, 전선을 분기하는 경우, 접속점을 쉽게 점검할 수 있을 때에는 그렇지 아니하다.)
- 덕트는 접지공사를 할 것

1 금속 덕트 공사

(1) 유의사항
  ① 관 지지점 간의 거리: 3[m] 이하(수직: 6[m] 이하)
  ② 덕트 내부 단면적: 덕트의 내부 단면적의 20[%](전광표시 장치·제어 회로 등의 배선만을 넣는 경우: 50[%])
  ③ 폭 40[mm], 두께 1.2[mm] 이상

(2) 절연전선을 동일 금속 덕트 내에 넣을 경우 덕트의 크기는 전선의 피복 절연물을 포함한 단면적의 총합계가 덕트 단면적의 20[%](전광표시 장치 등, 기타 이와 유사한 장치 또는 제어회로 등의 배선에 사용하는 전선만을 넣는 경우 50[%]) 이하일 것

2 플로어 덕트 공사

옥내의 건조한 콘크리트 바닥 내에 매입할 경우에 한하여 시설할 수 있다.

3 셀룰러 덕트 공사

(1) 덕트의 선정

셀룰러 덕트의 최대 폭[mm]	판 두께[mm]
150 이하	1.2 이상
150 초과 200 이하	1.4 이상
200 초과	1.6 이상

(2) 절연전선을 동일한 셀룰러 덕트 내에 넣을 경우 덕트의 크기는 전선의 피복 절연물을 포함한 단면적의 총 합계가 덕트 단면적의 20[%] 이하가 되도록 선정할 것

4 시설장소

종류	옥내						옥측/옥외	
	노출 장소		은폐 장소				우선 내	우선 외
			점검 가능		점검 불가능			
	건조한 장소	습기가 많은 장소 또는 물기가 있는 장소	건조한 장소	습기가 많은 장소 또는 물기가 있는 장소	건조한 장소	습기가 많은 장소 또는 물기가 있는 장소		
금속 덕트 공사	O	X	O	X	X	X	X	X
플로어 덕트 공사	X	X	X	X	O	X	X	X
셀룰러 덕트 공사	X	X	O	X	콘크리트등 매입	X	X	X

THEME 05 애자 공사

1 애자 공사

(1) 전선은 다음의 경우 이외에는 절연전선(옥외용 비닐 절연전선 및 인입용 비닐 절연전선 제외)일 것
  ① 전기로용 전선
  ② 전선의 피복 절연물이 부식하는 장소에 시설하는 전선
  ③ 취급자 이외의 자가 출입할 수 없도록 설비한 장소에 시설하는 전선

(2) 애자의 선정
  사용하는 애자는 절연성, 난연성 및 내수성이 있을 것

독학이 쉬워지는 기초개념

(3) 전선의 이격거리

구분	400[V] 이하	400[V] 초과	고압
전선 상호 간의 거리	6[cm] 이상	6[cm] 이상	8[cm] 이상
전선과 조영재의 거리	2.5[cm] 이상	4.5[cm] 이상 (건조한 장소: 2.5[cm] 이상)	5[cm] 이상

(4) 지지점 간의 거리

구분	400[V] 이하	400[V] 초과	고압
전선을 조영재의 윗면 또는 옆면에 붙일 경우	2[m] 이하	2[m] 이하	2[m] 이하
기타의 경우	2[m] 이하	6[m] 이하	6[m] 이하

(5) 놉애자와 전선의 최대 굵기

놉애자의 종류	전선의 최대 굵기[mm^2]
소놉 애자	16
중놉 애자	50
대놉 애자	95
특대놉 애자	240

(6) 시설장소

종류	옥내					옥측/옥외	
	노출 장소		은폐 장소				
			점검 가능		점검 불가능		
	건조한 장소	습기가 많은 장소 또는 물기가 있는 장소	건조한 장소	습기가 많은 장소 또는 물기가 있는 장소	건조한 장소	습기가 많은 장소 또는 물기가 있는 장소	우선 내	우선 외
애자공사	O	O	O	O	X	X	*	*

*: 노출 장소 및 점검 가능한 은폐 장소에 한하여 시설 가능

THEME 06 케이블 트레이 공사

1 케이블 트레이

(1) 전선
   ① 난연성 케이블(연피 케이블, 알루미늄피 케이블)
   ② 기타 케이블(적당한 간격으로 연소 방지 조치)
(2) 금속제 케이블 트레이 계통은 기계적 및 전기적으로 완전하게 접속할 것
(3) 금속제 트레이에는 적합한 도체로 접지시스템에 접속할 것
(4) 종류: 메쉬형, 사다리형, 바닥 밀폐형, 펀칭형

THEME 07 버스 덕트 공사

버스 덕트 공사는 공장, 빌딩 등에서 비교적 대전류를 통하는 옥내간선을 시설하는 경우에 채용되는 공사방법이다.

1 버스 덕트 공사

(1) 전선: 절연전선(옥외용 비닐 절연전선 제외)

(2) 버스 덕트에 사용하는 도체의 굵기

형태	재료	
	동	알루미늄
띠 모양	단면적 20[mm²] 이상	단면적 30[mm²] 이상
관 또는 둥근 막대 모양	지름 5[mm] 이상	-

(3) 지지점 간 거리

구분	취급자 이외의 자가 출입할 수 없는 곳에서 수직으로 붙이는 경우	기타의 경우
덕트를 조영재에 붙이는 경우 지지점 간 거리	6[m] 이하	3[m] 이하

(4) 종류

① 피더 버스 덕트: 도중에 부하를 연결할 수 없는 구조인 것

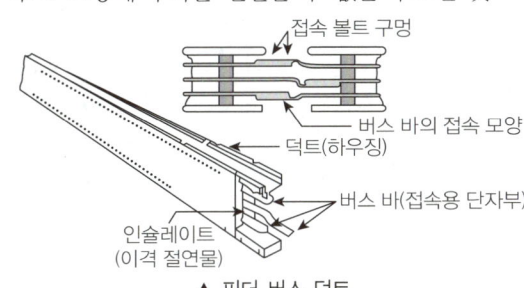

▲ 피더 버스 덕트

② 플러그인 버스 덕트: 도중에 부하를 연결할 수 있도록 꽂음 플러그를 만든 구조

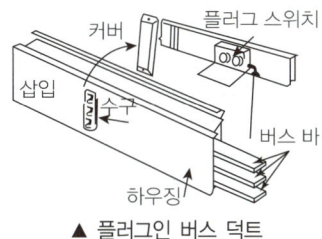

▲ 플러그인 버스 덕트

③ 트롤리 버스 덕트: 이동용 부하에 적합한 구조로, 도중에 이동용 부하를 접속할 수 있도록 트롤리 접촉식 구조로 한 것

> **독학이 쉬워지는 기초개념**
>
> **Tip 강의 꿀팁**
>
> 버스 덕트는 시험에 자주 나오는 부분이므로 완벽히 암기해야 해요.

독학이 쉬워지는 기초개념

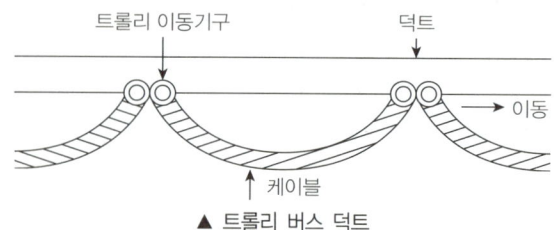

▲ 트롤리 버스 덕트

④ 익스펜션 버스 덕트: 열 신축에 따른 변화량을 흡수하는 구조인 것
⑤ 탭붙이 버스 덕트: 종단 및 중간에서 기기 또는 전선 등과 접속시키기 위한 탭을 가진 버스 덕트
⑥ 트랜스포지션 버스 덕트: 각 상의 임피던스를 평형화시키기 위하여 도체 상호의 위치를 관로 내에서 교체시키도록 만든 버스 덕트

(5) 시설장소
전개된 장소에 있어서 건조한 장소 및 점검할 수 있는 은폐된 장소에서 건조한 장소에 한한다.

종류	옥내						옥측/옥외	
	노출 장소		은폐 장소				우선 내	우선 외
			점검 가능		점검 불가능			
	건조한 장소	습기가 많은 장소 또는 물기가 있는 장소	건조한 장소	습기가 많은 장소 또는 물기가 있는 장소	건조한 장소	습기가 많은 장소 또는 물기가 있는 장소		
버스 덕트	O	X	O	X	X	X	*	*

*: 400[V] 이하에서 옥외용 덕트를 사용하는 경우에 한하여(점검할 수 없는 은폐 장소는 제외) 시설할 수 있다.

THEME 08 케이블 공사

1 케이블 공사

(1) 전선: 케이블 및 캡타이어케이블
(2) 시설방법
  ① 직접 고정하는 방법
  ② 고정하지 않는 방법
  ③ 지지선을 이용하여 고정하는 방법

 **강의 꿀팁**

CHAPTER 01에서 언급한 지중 전선로와 연계하여 학습하면 좋아요.

(3) 전선의 지지점 간 거리

구분	케이블	캡타이어케이블
조영재의 아랫면 또는 옆면에 따라 붙이는 경우	2[m] 이하(사람이 접촉할 우려가 없는 곳에서 수직으로 붙이는 경우 6[m] 이하)	1[m]

(4) 접지공사

관 기타의 전선을 넣는 방호 장치의 금속제 부분·금속제의 전선 접속함 및 전선의 피복에 사용하는 금속체에는 접지공사를 할 것. 다만, 사용전압이 400[V] 이하이며 다음의 경우는 제외한다.

① 방호 장치의 금속제 부분의 길이가 4[m] 이하인 것을 건조한 곳에 시설하는 경우

② 옥내배선의 사용전압이 직류 300[V] 또는 교류 대지 전압이 150[V] 이하로서 방호 장치의 금속제 부분의 길이가 8[m] 이하인 것을 사람이 쉽게 접촉할 우려가 없도록 시설하는 경우 또는 건조한 곳에 시설하는 경우

(5) 시설 장소

전선관 종류	옥내						옥측/옥외	
	노출 장소		은폐 장소					
			점검 가능		점검 불가능			
	건조한 장소	습기가 많은 장소 또는 물기가 있는 장소	건조한 장소	습기가 많은 장소 또는 물기가 있는 장소	건조한 장소	습기가 많은 장소 또는 물기가 있는 장소	우선 내	우선 외
케이블 공사	O	O	O	O	O	O	O	O

(6) 케이블의 종류

CNCV-W	동심중성선 수밀형 전력케이블
CNCV	동심중성선 차수형 전력케이블
EV	폴리에틸렌 절연 비닐 시스 케이블
MI	미네랄 인슐레이션 케이블
CV1	0.6/1[kV] 가교폴리에틸렌 절연 비닐 시스 케이블
CV10	6/10[kV] 가교폴리에틸렌 절연 비닐 시스 케이블
VCT	0.6/1[kV] 비닐절연 비닐캡타이어 케이블
VV	0.6/1[kV] 비닐절연 비닐 시스 케이블

독학이 쉬워지는 기초개념

| 독학이 쉬워지는 기초개념 | ## THEME 09 전선의 배선 방법 |

1 전선의 병렬 접속

(1) 교류 회로에서 전선을 병렬로 사용하는 경우에는 '전선의 병렬 사용' 규정에 따르며 관내에 전자적 불평형이 생기지 않도록 시설하여야 한다.

(2) 금속관 배선에서의 전선을 병렬로 사용하는 경우의 예

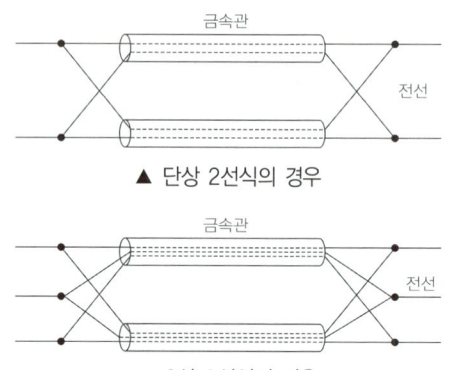

▲ 단상 2선식의 경우

▲ 3상 3선식의 경우

전선 심선의 색
3심: 갈색, 흑색, 회색
4심: 갈색, 흑색, 회색, 청색
5심: 갈색, 흑색, 회색, 청색, 녹색+황색

(3) 전선을 병렬로 사용하는 경우의 원칙
   ① 전선의 굵기는 동선 $50[mm^2]$ 이상 또는 알루미늄 $70[mm^2]$ 이상일 것
   ② 같은 도체, 같은 재료, 같은 길이, 같은 굵기일 것
   ③ 병렬로 사용하는 전선은 각각에 퓨즈를 설치하지 말 것
   ④ 전선은 금속관 안에 전자적 불평형이 생기지 않도록 할 것
   ⑤ 같은 극의 각 전선은 동일한 터미널러그에 완전히 접속할 것

CHAPTER 06 기출 기반 적중문제

출제: 산업 17 | 배점: 6점

01 다음 물음에 답하시오.

(1) 합성수지관 공사에서 관 상호 및 관과 박스와의 관을 삽입하는 깊이를 관의 외경의 1.2배 이상으로 하고, 관의 지지점 간의 거리는 (　　)[m] 이하로 한다.
(2) 애자 공사의 지지점 간의 거리는 전선을 조영재면을 따라 붙이는 경우 (　　)[m] 이하로 한다.
(3) 버스 덕트를 조영재에 붙이는 경우에는 덕트의 지지점 간의 거리를 (　　)[m] 이하로 견고하게 지지하여야 한다.

> **해설**
> (1) 1.5
> (2) 2
> (3) 3

출제: 기사 14 | 배점: 3점

02 금속관 배선에서 사용되는 박강 전선관과 후강 전선관의 규격(호칭)을 나열하였다. (　) 안에 알맞은 규격(호칭)을 쓰시오.

- 후강 전선관: 16, 22, (　), 36, 42, 54, (　), 82, 92, (　)
- 박강 전선관: 19, (　), 31, (　), 51, 63, (　)

> **해설**
> - 후강 전선관: 28, 70, 104
> - 박강 전선관: 25, 39, 75

출제: 기사 15 | 배점: 5점

03 다음은 금속관 공사에서 사용되는 부속품에 대한 설명이다. 물음에 답하시오.

(1) 전선관 상호의 접속용으로 관이 고정되어 있을 때, 또는 관의 양측을 돌려서 접속할 수 없는 경우에 사용되는 부속품은?
(2) 노출 배관 공사에서 관이 직각으로 굽히는 곳에 사용되는 부속품은?
(3) 금속관으로부터 전선을 뽑아 전동기 단자 부분에 접속할 때 사용되는 부속품은?
(4) 인입구, 인출구의 관단에 접속하여 옥외의 빗물을 막는 데 사용되는 부속품은?
(5) 아웃렛 박스에 조명기구를 부착할 때 기구 중량의 장력을 보강하기 위해 사용되는 부속품은?

> **해설**
> (1) 유니온 커플링　　(2) 유니버설 엘보우　　(3) 터미널 캡 또는 서비스 캡
> (4) 엔트런스 캡　　(5) 픽스쳐스터드와 히키

출제: 산업 17 | 배점: 9점

04 공구의 명칭에 따른 용도에 대하여 설명하시오.

(1) 오스터(Oster)
(2) 리머(Reamer)
(3) 녹아웃 펀치(Knock out punch)

> **해설**
> (1) 금속관 끝에 나사를 내는 공구
> (2) 금속관을 쇠톱으로 자른 후에, 금속관 절단면 내의 날카로운 부분을 다듬는 공구
> (3) 캐비닛에 구멍을 만드는 데 필요한 공구

출제: 산업 96 | 배점: 5점

05 절연 전선을 동일관 내에 넣는 경우의 금속관 굵기는 전선의 피복 절연물을 포함한 단면적의 총 합계가 관내 단면적의 얼마 이하가 되도록 선정하여야 하는가?

> **해설**
> 관내 단면적의 $\frac{1}{3}$ 이하

> **참고**
> 금속관의 굵기는 전선 및 케이블의 피복절연물 등을 포함한 단면적의 총 합계가 관내 단면적의 $\frac{1}{3}$을 초과하지 않아야 한다.

출제: 기사 15 | 배점: 4점

06 합성수지관의 굵기가 $22[\text{mm}]$인 경우 $2.5[\text{mm}^2]$ 전선을 몇 가닥까지 배선할 수 있는가?(단, 합성수지관 내 단면적은 $40[\%]$이고, $2.5[\text{mm}^2]$ 전선의 바깥지름은 $4[\text{mm}]$이다.)

> **해설**
> $2.5[\text{mm}^2]$ 전선의 단면적(절연물 포함) $S = \frac{\pi}{4}d^2 = \frac{\pi}{4} \times 4^2 = 12.57[\text{mm}^2]$
>
> 전선관 내 단면적 $A = \frac{\pi}{4}d^2 = \frac{\pi}{4} \times 22^2 = 380.13[\text{mm}^2]$
>
> 전선관 내 단면적 $40[\%]$에 수용할 수 있는 전선 가닥 수
>
> $380.13 \times 0.4 > 12.57N$에서 $N < \frac{380.13 \times 0.4}{12.57} = 12.1$
>
> **답** 12가닥

> **참고**
> KEC 적용에 의해 전선관 내 단면적 $\frac{1}{3}$까지만 가능하다.

출제: 기사 17 | 배점: 4점

07 폭연성 분진이 있는 위험 장소의 저압 옥내 배선에 사용되는 금속관은 어떤 전선관이며, 관 상호 및 관과 박스의 접속은 몇 턱 이상의 조임으로 나사를 시공하여야 하는지 쓰시오.

(1) 전선관의 종류
(2) 최소 나사조임 턱 수

해설
(1) 박강 전선관
(2) 5턱

출제: 산업 16 | 배점: 6점

08 1종 금속 몰드(메탈 몰딩) 공사에 사용하는 부속품 4가지를 쓰시오.

해설
- 조인트 커플링
- 부싱
- 플랫 엘보
- 인터널 엘보

출제: 기사 14 | 배점: 4점

09 플로어덕트의 용도(시설 장소)를 간단히 쓰시오.

해설
옥내의 건조한 콘크리트 바닥 내에 매입할 경우에 한하여 시설할 수 있다.

출제: 산업 06 | 배점: 5점

10 버스 덕트의 종류 3가지를 적고, 간단히 설명하시오.

해설
- 피더 버스 덕트: 도중에 부하를 접속하지 아니하는 구조인 것
- 플러그인 버스 덕트: 도중에 부하 접속용으로 꽂음 플러그를 만든 것
- 트롤리 버스 덕트: 도중에 이동 부하를 접속할 수 있도록 트롤리 접촉식 구조로 한 것

출제: 산업 06 | 배점: 5점

11 버스 덕트에서 중간에 부하를 접속하지 아니하는 구조의 덕트는?

> **해설**
> 피더 버스 덕트

출제: 산업 00 | 배점: 5점

12 다음 그림은 버스 덕트의 구조를 나타낸 모양이다. 어떤 버스 덕트인가?

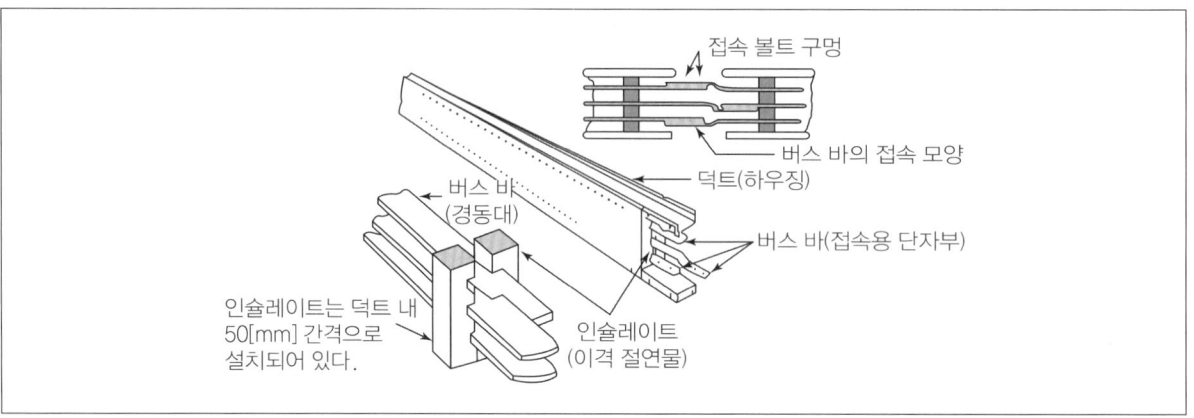

> **해설**
> 피더 버스 덕트

> **참고**
> 플러그인 버스 덕트 구조도

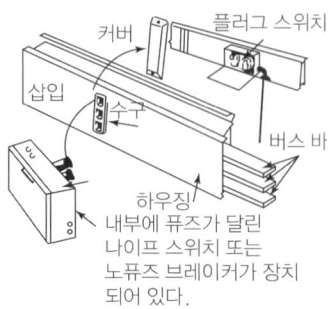

출제: 기사 19 | 배점: 2점

13 다음 약호의 명칭을 쓰시오.

(1) CNCV – W

(2) CV1

> **해설**
> (1) 동심 중성선 수밀형 전력 케이블
> (2) 0.6/1[kV] 가교 폴리에틸렌 절연 비닐 시스 케이블

출제: 기사 15 | 배점: 2점

14 다음 전선의 약호를 보고 그 명칭을 쓰시오.

(1) EV

(2) MI

> **해설**
> (1) 폴리에틸렌 절연 비닐 시스 케이블
> (2) 미네랄 인슐레이션 케이블

출제: 산업 17 | 배점: 6점

15 지중 관로 케이블 포설 공사 시 포설 전 유의사항 3가지를 쓰시오.

> **해설**
> • 맨홀 내의 가스 검출, 산소 농도 측정 및 환기 상태 확인
> • 드럼 측과 원치 측과의 연락 체계 확인
> • 맨홀 내의 배수 및 청소 상태 확인

16 다음과 같은 케이블의 명칭을 우리말로 답하시오.

(1) CNCV-W
(2) TR CNCV-W

해설
(1) 동심 중성선 수밀형 전력 케이블
(2) 동심 중성선 수밀형 트리억제형 전력 케이블

17 특고압 선로 $25,000[\text{V}]$ 이하에 쓰이는 CNCV-W 전력 케이블은 어떤 계통의 선로에 주로 쓰이는가?

해설
$22.9[\text{kV}-\text{Y}]$ 중성점 다중 접지 선로

18 심선의 색별에서 4심의 색깔은?

해설
갈색, 흑색, 회색, 청색

참고
- 3심: 갈색, 흑색, 회색
- 4심: 갈색, 흑색, 회색, 청색
- 5심: 갈색, 흑색, 회색, 청색, 녹색+황색

19 다음 케이블의 명칭을 쓰시오.

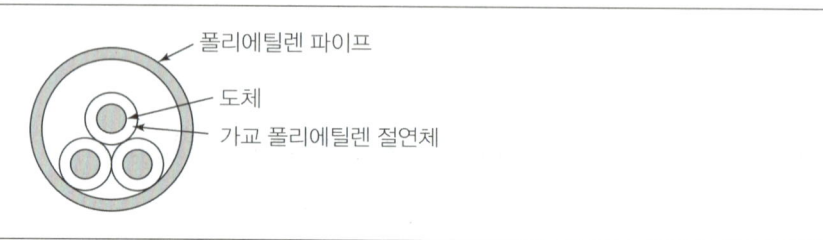

해설
콤바인덕트 케이블

출제: 기사 99 | 배점: 4점

20 다음 (   ) 안에 알맞은 말을 써넣으시오.

슬리브는 (①)용으로 사용하며 (②)형과 (③)형이 있다.

> **해설**
> ① 전선 접속
> ② 압축
> ③ 관

출제: 산업 05 | 배점: 5점

21 강심 알루미늄선을 접속시키는 데 사용하는 자재는?

> **해설**
> 알루미늄선용 압축 슬리브

출제: 기사 01 | 배점: 5점

22 B형, O형, K형, S형 중 분기 접속용으로 사용되는 슬리브는?

> **해설**
> S형 슬리브

기기 시험 및 방재 설비

1. 변압기 시험
2. 전력 측정법
3. 화재 경보 설비

학습 전략

기기 시험 및 방재 설비는 배점이 높지 않으므로 기존에 출제되었던 문제를 풀면서 방재 설비의 가장 기본적인 내용을 익히는 정도로만 학습 계획을 세우는 것이 효율적입니다. 특히 방재 설비에 대한 내용은 현장의 실무적인 용어나 내용을 많이 포함하여 학습량이 많은 편이므로 학습 계획을 무리하게 세우면 이 부분에서 많은 시간을 소요하여 전체적인 실기 학습 계획에 차질이 생길 수 있습니다.

CHAPTER 07 | 흐름 미리보기

1. 변압기 시험
2. 전력 측정법
3. 화재 경보 설비

NEXT **CHAPTER 08**

CHAPTER 07 기기 시험 및 방재 설비

독학이 쉬워지는 기초개념

SVR (Static Voltage Regulator)
정지형 전압 조정기로서 미세하게 전압을 조정할 수 있어 시험용 회로에 많이 적용한다.

THEME 01 변압기 시험

1 변압기 등가 회로를 작성하기 위한 단락 시험과 개방 시험의 회로도

(1) 단락 시험 회로도

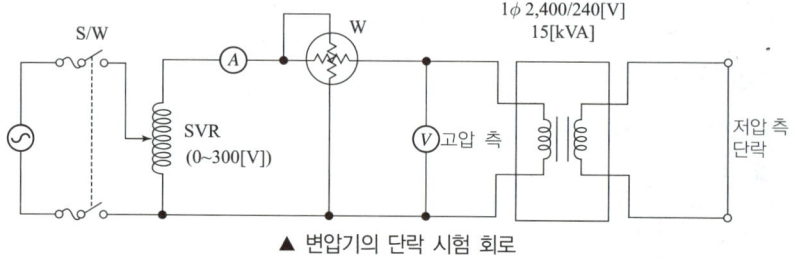

▲ 변압기의 단락 시험 회로

① 변압기 2차 측(저압 측)을 단락시키고 1차 측에 정격 주파수, 정격 전류가 흐르는 전압(임피던스 전압)을 가한다.
② 전력계(W)의 지시에 의해 임피던스 전력을 측정한다.

(2) 개방 시험 회로도

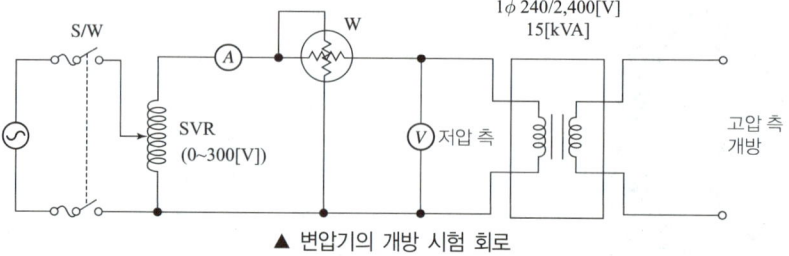

▲ 변압기의 개방 시험 회로

① 변압기 탱크는 반드시 접지한다.
② 변압기의 2차 측(고압 측) 권선(단자)을 개방하고 저압 측 권선에 정격 주파수, 정격 전압을 인가한다.
③ 2전력계법(또는 3전력계법)으로 손실 및 여자 전류를 측정한다.
④ 변압기의 여자 전류는 일반적으로 정격 전류에 대한 비로 표시된다.

(3) 단락 시험과 개방 시험으로 구할 수 있는 사항

단락 시험	개방 시험
• 임피던스 전압 • 동손 • %저항 강하, %리액턴스 강하	• 어드미턴스 크기 • 철손 • 여자 전류의 크기

① %임피던스
- 임피던스 전압: 시험용 변압기의 2차 측을 단락한 상태에서 SVR을 조정하여 1차 측 전류가 1차 정격 전류와 같게 흐를 때 1차 측 단자 전압
- %임피던스

$$\%Z = \frac{\text{임피던스 전압(교류 전압계 지시값)}}{1\text{차 정격 전압}} \times 100[\%]$$

② 동손: 교류 전력계의 지시값을 기준 온도 75[℃]로 환산한 값이 된다.(임피던스 와트[W])

③ 철손: 시험용 변압기의 2차 측을 개방한 상태에서 SVR을 조정하여 교류 전압계의 지시값이 1차(저압 측) 정격 전압 값일 때의 전력계의 지시값[W]이다.

(4) 단락 시험, 무부하 시험으로부터 변압기 효율 계산

① 단락 시험에서의 동손 P_c 값과 무부하 시험에서의 철손 P_i 값, 그리고 시험용 변압기의 정격 출력[kVA]으로써 변압기의 효율을 구할 수 있다.

② 변압기 효율

$$\eta = \frac{\text{정격 출력}}{\text{정격 출력} + \text{철손} + \text{동손}} \times 100[\%]$$
$$= \frac{P_0}{P_0 + P_i + m^2 P_c} \times 100[\%] \left(\text{단, } m = \frac{P_0}{P}\right)$$

(5) %임피던스와 변압기 고장 시 단락 전류, 변압기 전압 변동률과의 관계

① %임피던스와 단락 전류의 관계: %임피던스와 단락 전류는 반비례한다.

$$I_s = \frac{100}{\%Z} I_n [\text{A}] \left(\therefore I_s \propto \frac{1}{\%Z}\right)$$

② %임피던스와 전압 변동률의 관계: %임피던스와 전압 변동률은 비례한다.
$\varepsilon = p\cos\theta + q\sin\theta\,[\%]\,(p = \%R,\ q = \%X)$

2 변압기 절연 내력 시험

(1) 절연 내력 시험 회로도

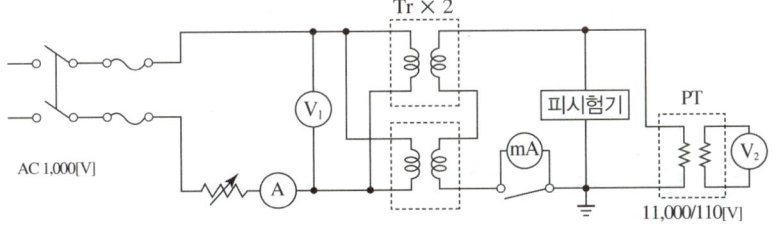

▲ 변압기 절연 내력 시험 회로도

변압기 절연 내력 시험
변압기 권선의 절연 강도를 측정하기 위한 시험으로 평상시의 전압보다 높은 전압을 가하여 시험한다.

(2) 절연 내력

① 최대 사용 전압의 1.5배의 전압에 연속 10분간 견딜 수 있어야 한다.

② 시험 전압: $V = (\text{최대 사용 전압}) \times 1.5$
$$= \left(\text{공칭 전압} \times \frac{1.15}{1.1}\right) \times 1.5$$

독학이 쉬워지는 기초개념

③ 각 측정기의 지시값

- 전압계 ⓥ₁에 인가되는 전압 $V_1 = \frac{1}{2} \times$ 시험 전압 $\times$ 권수비 $[V]$
- 전압계 ⓥ₂에 인가되는 전압 $V_2 =$ 시험 전압 $\times \frac{1}{PT \text{ 비}} [V]$
- 전류계 ⓜA에 흐르는 전류 I : 절연 내력 시험 시 피시험 기기의 누설 전류를 측정하여 절연 강도를 판정
- PT의 설치 목적: 피시험 기기에 인가되는 절연 내력 시험 전압 측정

기출 & 예상문제

출제 예상문제

중요도 다음 ( ) 안에 옳은 답을 쓰시오.

절연 내력 시험 시 최대 사용 전압이 6만 볼트를 넘는 중성점 비접지식 선로는 최대 사용 전압의 (①)배의 전압을 가하여 (②)분간 견디어야 한다. 직류로 할 경우 교류 시험 전압의 (③)배의 전압을 가하여야 한다.

해설
① 1.25
② 10
③ 2

참고

절연내력 시험전압
- 전로(권선)와 대지 사이에 연속 10분간 실시
- 고압 및 특고압의 변압기, 전선로 기타 기기(직류 = 교류×2)
- 분류

접지방식	구분	배율	최저 시험전압 [V]
비접지식	7[kV] 이하	1.5	-
	7[kV] 초과	1.25	10,500
중성점 다중 접지식	7[kV] 초과 25[kV] 이하	0.92	-
중성점 접지식	60[kV] 초과	1.1	75,000
중성점 직접 접지식	60[kV] 초과 170[kV] 이하	0.72	-
	170[kV] 초과	0.64	-

THEME 02 전력 측정법

1 전력의 측정

(1) 2 전력계법: 단상 전력계 2대로 3상의 전력 및 역률을 측정하는 방법
  ① 유효 전력: $P = P_1 + P_2 [W]$
  ② 피상 전력
  $$P_a = 2\sqrt{P_1^2 + P_2^2 - P_1 P_2} \ [VA]$$

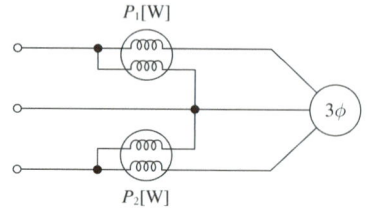

▲ 2 전력계법

2 전력계법 문제 풀이
2 전력계법 문제에서 전압계 및 전류계 측정값이 주어지면 피상 전력은 반드시 $P_a = \sqrt{3} \ VI [VA]$로 계산하여야 한다.

③ 역률

$$\cos\theta = \frac{P}{P_a} = \frac{P_1 + P_2}{2\sqrt{P_1^2 + P_2^2 - P_1 P_2}}$$

(2) 3 전압계법: 전압계 3개로 단상 전력 및 역률을 측정하는 방법

① 유효 전력

$$P = \frac{V^2}{R} = \frac{1}{2R}\left(V_1^2 - V_2^2 - V_3^2\right)[\text{W}]$$

② 역률

$$\cos\theta = \frac{V_1^2 - V_2^2 - V_3^2}{2V_2 V_3}$$

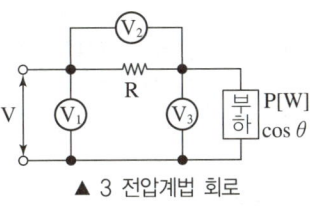

▲ 3 전압계법 회로

(3) 3 전류계법: 전류계 3개로 단상 전력 및 역률을 측정하는 방법

① 유효 전력

$$P = I^2 R = \frac{R}{2}\left(I_1^2 - I_2^2 - I_3^2\right)[\text{W}]$$

② 역률

$$\cos\theta = \frac{I_1^2 - I_2^2 - I_3^2}{2 I_2 I_3}$$

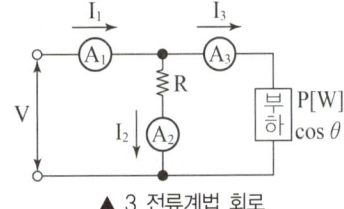

▲ 3 전류계법 회로

2 적산 전력계

(1) 적산 전력계의 측정

① 적산 전력계의 측정값

$$P = \frac{3,600\, n}{t \times k}[\text{kW}]$$

단, n: 적산 전력계 원판의 회전 수[회], t: 시간[s], k: 계기 정수[rev/kWh]

② 실제 전력

$$P = \frac{3,600\, n}{t \times k} \times \text{CT 비} \times \text{PT 비}\,[\text{kW}]$$

(2) 오차율

$$\varepsilon = \frac{M - T}{T} \times 100\,[\%]$$

단, M: 측정값, T: 참값

(3) 적산 전력계의 구비 조건

① 부하 특성이 양호할 것
② 기계적 강도가 클 것
③ 과부하 내량이 클 것
④ 온도나 주파수 변화에 보상이 되도록 할 것
⑤ 옥내 및 옥외 설치가 가능할 것

> 독학이 쉬워지는 기초개념

(4) 적산 전력계의 잠동 현상
  ① 무부하 상태에서 정격 주파수 및 정격 전압의 110[%]를 인가하여 계기의 원판이 1회전 이상 회전하는 현상
  ② 잠동 방지 대책
   • 회전 원판에 소철편을 붙인다.
   • 회전 원판에 작은 구멍을 뚫는다.

(5) 적산 전력계의 결선 방식
  ① 단상 2선식

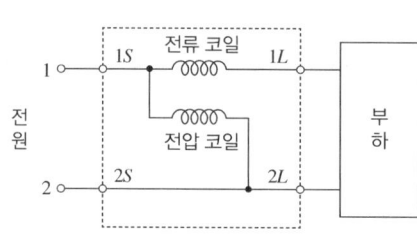 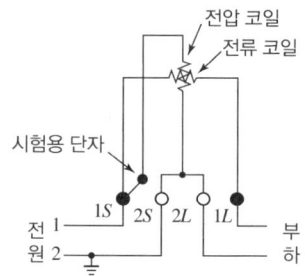

  ② 단상 3선식, 3상 3선식

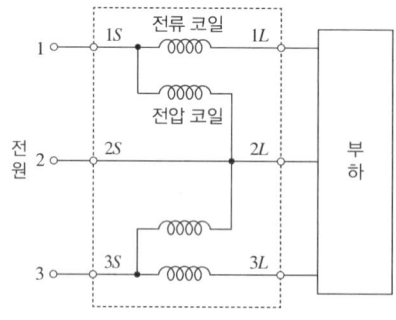 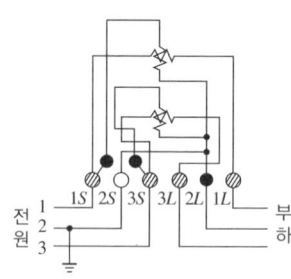

  ③ 3상 4선식

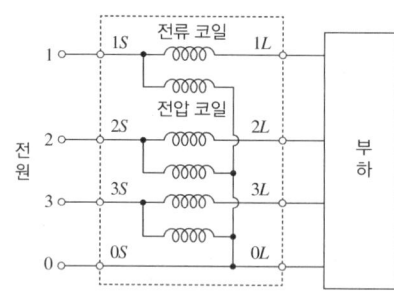 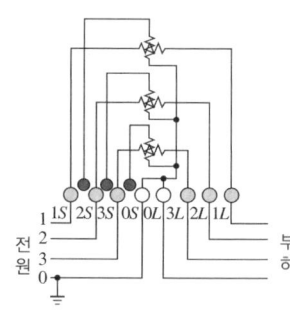

④ 계기용 변성기(PT, CT) 사용 적산 전력계 결선도

배전 방식	변류기(CT) 사용	계기용 변압기(PT) 및 변류기(CT) 사용
단상 2선식		
단상 3선식 및 3상 3선식		
3상 4선식		

> **독학이 쉬워지는 기초개념**
>
> **Tip 강의 꿀팁**
>
> 계기용 변성기 사용 적산 전력계 결선도를 그리는 유형의 빈출도가 높다.

기출 & 예상문제

출제: 기사 96 | 배점: 4점

중요도 3상 3선식 $6[\text{kV}]$ 수전점에서 $50/5[\text{A}]$ CT 2대, $6,600/110[\text{V}]$ PT 2대를 사용하여 CT 및 PT 2차 측에서 측정한 전력이 $500[\text{W}]$라면 수전한 전력은 몇 $[\text{kW}]$인가?

해설

수전 전력 $P_1 = P_2 \times \text{PT비} \times \text{CT비} = 500 \times \dfrac{6,600}{110} \times \dfrac{50}{5} = 300 \times 10^3 [\text{W}] = 300 [\text{kW}]$

답 $300[\text{kW}]$

학습 참고 사항

수전 전력 = 측정 전력 × PT비 × CT비

> 독학이 쉬워지는 기초개념

THEME 03　화재 경보 설비

1　화재 경보 설비의 종류

(1) 자동화재탐지설비
(2) 자동화재속보설비
(3) 비상 경보 설비
(4) 비상 방송 설비
(5) 가스 누설 경보 설비
(6) 누전경보기

2　자동화재탐지설비

(1) 자동화재탐지설비의 역할
　화재의 초기 단계에서 발생하는 열과 연기를 감지하여 건물 내의 거주자에게 벨 또는 사이렌 등의 음향으로 화재 발생을 알리는 설비
(2) 자동화재탐지설비의 구성 요소
　① 감지기
　② 수신기
　③ 발신기
　④ 중계기
　⑤ 음향장치 및 시각경보장치
　⑥ 부속기기(부수신기, 표시등, 표지판, 소화전 기동 릴레이)

3　감지기

(1) 정의
　화재 시 발생하는 열, 연기, 불꽃 또는 연소생성물을 자동적으로 감지하여 수신기에 발신하는 장치
(2) 감지기를 설치하지 아니하여도 되는 장소
　① 천장 또는 반자의 높이가 20[m] 이상인 장소
　② 헛간 등 외부와 기류가 통하는 장소로서 감지기에 따라 화재발생을 유효하게 감지할 수 없는 장소
　③ 부식성가스가 체류하고 있는 장소
　④ 고온도 및 저온도로서 감지기의 기능이 정지되기 쉽거나 감지기의 유지관리가 어려운 장소
　⑤ 목욕실·욕조나 샤워시설이 있는 화장실·기타 이와 유사한 장소
　⑥ 파이프덕트 등 그 밖의 이와 비슷한 것으로서 2개층마다 방화구획된 것이나 수평단면적이 5[m^2] 이하인 것
　⑦ 먼지·가루 또는 수증기가 다량으로 체류하는 장소 또는 주방 등 평시에 연기가 발생하는 장소(연기감지기에 한한다)
　⑧ 프레스공장·주조공장 등 화재발생의 위험이 적은 장소로서 감지기의 유지관리가 어려운 장소

(3) 종류

부착 높이	감지기의 종류
4[m] 미만	차동식(스포트형, 분포형) 보상식 스포트형 정온식(스포트형, 감지선형) 이온화식 또는 광전식(스포트형, 분리형, 공기흡입형) 열복합형 연기복합형 열연기복합형 불꽃감지기
4[m] 이상 8[m] 미만	차동식(스포트형, 분포형) 보상식 스포트형 정온식(스포트형, 감지선형) 특종 또는 1종 이온화식 또는 1종 또는 2종 광전식(스포트형, 분리형, 공기흡입형) 1종 또는 2종 열복합형 연기복합형 열연기복합형 불꽃감지기
8[m] 이상 15[m] 미만	차동식 분포형 이온화식 또는 1종 또는 2종 광전식(스포트형, 분리형, 공기흡입형) 1종 또는 2종 연기복합형 불꽃감지기
15[m] 이상 20[m] 미만	이온화식 1종 광전식(스포트형, 분리형, 공기흡입형) 1종 연기복합형 불꽃감지기
20[m] 이상	불꽃감지기 광전식(분리형, 공기흡입형) 중 아날로그방식

비고) 1) 감지기별 부착 높이 등에 대하여 별도로 형식승인을 받은 경우에는 그 성능 인정 범위 내에서 사용할 수 있다.
2) 부착 높이 20[m] 이상에 설치되는 광전식 중 아날로그 방식의 감지기는 공칭감지 농도 하한값이 감광률 5[%/m] 미만인 것으로 한다.

4 수신기

(1) 정의

감지기나 발신기에서 발하는 화재신호를 직접 수신하거나 중계기를 통해 수신하여 화재의 발생을 표시 및 경보하여 주는 장치

(2) 설치 기준

① 수위실 등 상시 사람이 근무하는 장소에 설치할 것. 다만, 사람이 상시 근무하는 장소가 없는 경우에는 관계인이 쉽게 접근할 수 있고 관리가 용이한 장소에 설치할 수 있다.

② 수신기가 설치된 장소에는 경계구역 일람도를 비치할 것. 다만, 모든 수신기와 연결되어 각 수신기의 상황을 감시하고 제어할 수 있는 수신기(이하 '주수신기'라 한다)를 설치하는 경우에는 주수신기를 제외한 기타 수신기는 그러하지 아니하다.

③ 수신기의 음향기구는 그 음량 및 음색이 다른 기기의 소음 등과 명확히 구별될 수 있는 것으로 할 것
④ 수신기는 감지기·중계기 또는 발신기가 작동하는 경계구역을 표시할 수 있는 것으로 할 것
⑤ 화재·가스·전기 등에 대한 종합방재반을 설치한 경우에는 해당 조작반에 수신기의 작동과 연동하여 감지기·중계기 또는 발신기가 작동하는 경계구역을 표시할 수 있는 것으로 할 것
⑥ 하나의 경계구역은 하나의 표시등 또는 하나의 문자로 표시되도록 할 것
⑦ 수신기의 조작 스위치는 바닥으로부터의 높이가 0.8[m] 이상 1.5[m] 이하인 장소에 설치할 것
⑧ 하나의 특정소방대상물에 2개 이상의 수신기를 설치하는 경우에는 수신기를 상호 간 연동하여 화재발생 상황을 각 수신기마다 확인할 수 있도록 할 것

5 발신기

(1) 정의
 화재발생 신호를 수신기에 수동으로 발신하는 장치

(2) 설치 기준
① 조작이 쉬운 장소에 설치하고, 스위치는 바닥으로부터 0.8[m] 이상 1.5[m] 이하의 높이에 설치할 것
② 특정소방대상물의 층마다 설치하되, 해당 특정소방대상물의 각 부분으로부터 하나의 발신기까지의 수평거리가 25[m] 이하가 되도록 할 것. 다만, 복도 또는 별도로 구획된 실로서 보행거리가 40[m] 이상일 경우에는 추가로 설치하여야 한다.
③ ②에도 불구하고 ②의 기준을 초과하는 경우로서 기둥 또는 벽이 설치되지 아니한 대형공간의 경우 발신기는 설치 대상 장소의 가장 가까운 장소의 벽 또는 기둥 등에 설치할 것
④ 발신기의 위치를 표시하는 표시등은 함의 상부에 설치하되, 그 불빛은 부착면으로부터 15° 이상의 범위 안에서 부착지점으로부터 10[m] 이내의 어느 곳에서도 쉽게 식별할 수 있는 적색등으로 하여야 한다.

6 중계기

감지기·발신기 또는 전기적 접점 등의 작동에 따른 신호를 받아 이를 수신기의 제어반에 전송하는 장치

7 시각경보장치

자동화재탐지설비에서 발하는 화재신호를 시각경보기에 전달하여 청각장애인에게 점멸형태의 시각경보를 하는 것을 말한다.

8 누전경보기

(1) 정의

내화구조가 아닌 건축물로서 벽, 바닥 또는 천장의 전부나 일부를 불연재료 또는 준불연재료가 아닌 재료에 철망을 넣어 만든 건물의 전기설비로부터 누설전류를 탐지하여 경보를 발하며 변류기와 수신부로 구성된 것

(2) 누전경보기 수신부

변류기로부터 검출된 신호를 수신하여 누전의 발생을 해당 특정소방대상물의 관계인에게 경보하여 주는 것(차단기구를 갖는 것을 포함한다)

(3) 누전경보기의 수신부를 설치해서는 안 되는 장소

① 가연성의 증기·먼지·가스 등이나 부식성의 증기·가스 등이 다량으로 체류하는 장소
② 화약류를 제조하거나 저장 또는 취급하는 장소
③ 습도가 높은 장소
④ 온도의 변화가 급격한 장소
⑤ 대전류 회로·고주파 발생 회로 등에 따른 영향을 받을 우려가 있는 장소

기출 & 예상문제

출제: 기사 09 | 배점: 5점

[중요도] 자동화재탐지설비 수신기의 설치 기준에 대하여 5가지만 쓰시오. (단, 수신기의 성능별 설치 기준은 제외하고, 설치 장소, 음향 기구, 경계 구역, 종합 방재반, 표시등, 조작 스위치의 위치, 2개 이상의 수신기 등에 관하여 5가지만 쓰도록 한다.)

해설
- 수신기는 상시 사람이 근무하는 장소에 설치할 것
- 수신기의 음향 기구는 그 음량 및 음색이 다른 기기의 소음 등과 명확히 구별될 수 있는 것으로 할 것
- 수신기는 감지기, 중계기, 발신기가 작동하는 경계 구역을 표시할 수 있는 것으로 할 것
- 하나의 표시등에는 하나의 경계 구역이 표시되도록 할 것
- 수신기의 조작 스위치는 바닥으로부터 높이가 0.8[m] 이상 1.5[m] 이하인 장소에 설치할 것

참고
그 외의 설치기준
- 수신기가 설치된 장소에는 경계구역 일람도를 비치할 것
- 화재·가스·전기 등에 대한 종합방재반을 설치한 경우에는 해당 조작반에 수신기의 작동과 연동하여 감지기·중계기 또는 발신기가 작동하는 경계구역을 표시할 수 있는 것으로 할 것
- 하나의 특정소방대상물에 2개 이상의 수신기를 설치하는 경우에는 수신기를 상호 간 연동하여 화재발생 상황을 각 수신기마다 확인할 수 있도록 할 것

CHAPTER 07 기출 기반 적중문제

출제: 산업 14 | 배점: 10점

01 다음은 3φ3W Line에 WHM을 접속하여 전력량을 적산하기 위한 결선도이다. 이어지는 물음에 대해 주어진 답안지에 계산식과 답을 쓰시오.(단, [rpm] = 계기 정수 × 전력)

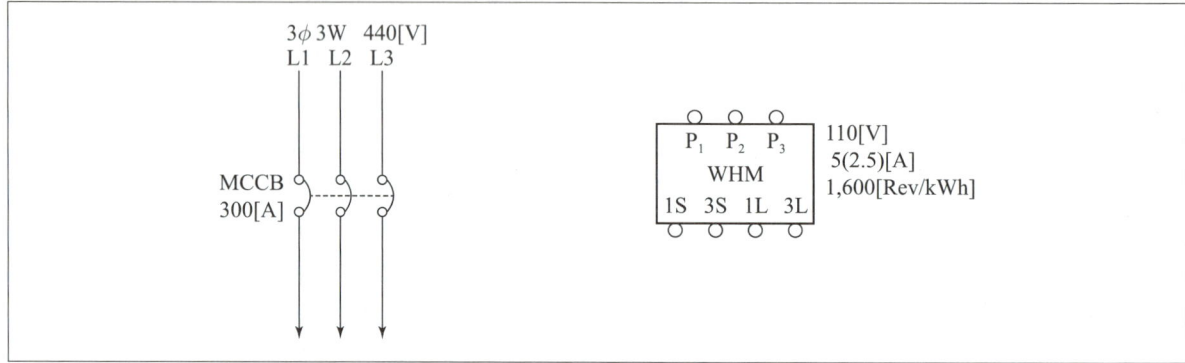

(1) WHM이 정상적으로 적산이 가능하도록 변성기를 추가하여 결선도를 완성하시오.(접지 포함)
(2) WHM 형식 표기 중 정격 전류 5(2.5)[A]는 무엇을 의미하는가?
(3) WHM의 계기 정수는 1,600[Rev/kWh]이다. 지금 부하 전류가 100[A]에서 변동 없이 지속되고 있다면 원판의 1분간 회전 수는?(단, CT비: 200/5, $\cos\theta = 1$)
(4) WHM의 승률은?(단, CT비는 200/5로 한다.)

해설

(1)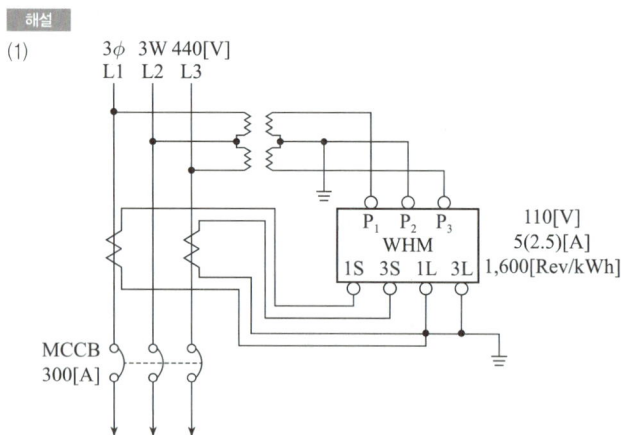

(2) II형 계기로 정격 전류 5[A]에 대하여 $\frac{1}{20}$까지 그 정밀도를 보장한다는 의미이다.

(3) $n = $ 계기 정수 × 전력 $= 1,600 \times \dfrac{\sqrt{3} \times 110 \times \left(100 \times \dfrac{5}{200}\right) \times 10^{-3}}{60} = 12.7$[rpm]

답 12.7회

(4) 승률 $=$ CT비 × PT비 $= \dfrac{200}{5} \times \dfrac{440}{110} = 160$

답 160

02 PT 및 CT를 조합한 경우의 3상 3선식 전력량계의 결선도에서 접지를 포함하여 완성하시오.

출제: 기사 15 | 배점: 4점

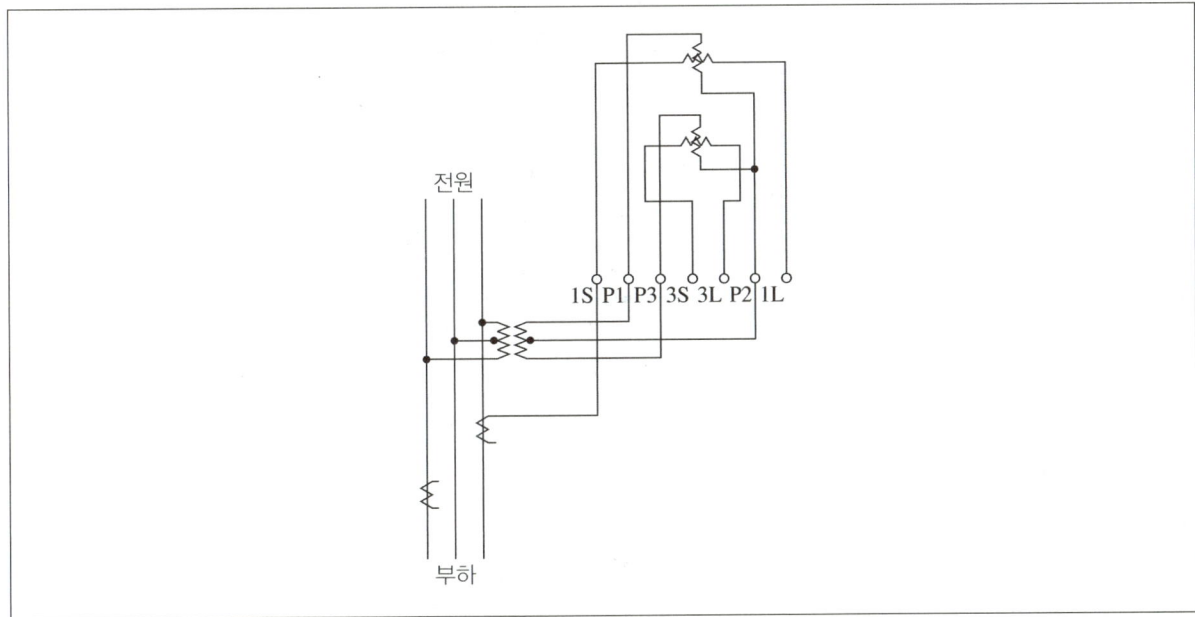

해설

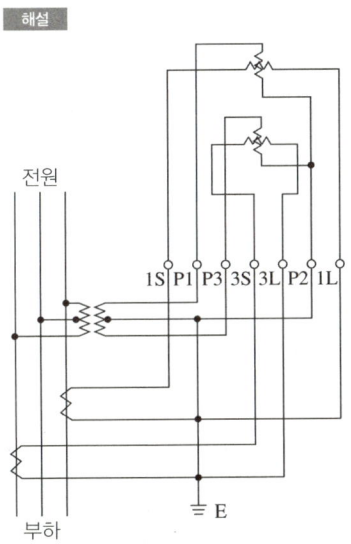

03 답란의 그림에서 적산 전력계를 결선하여 완성하시오. (단, 접지 표시를 할 것)

출제: 산업 00 | 배점: 5점

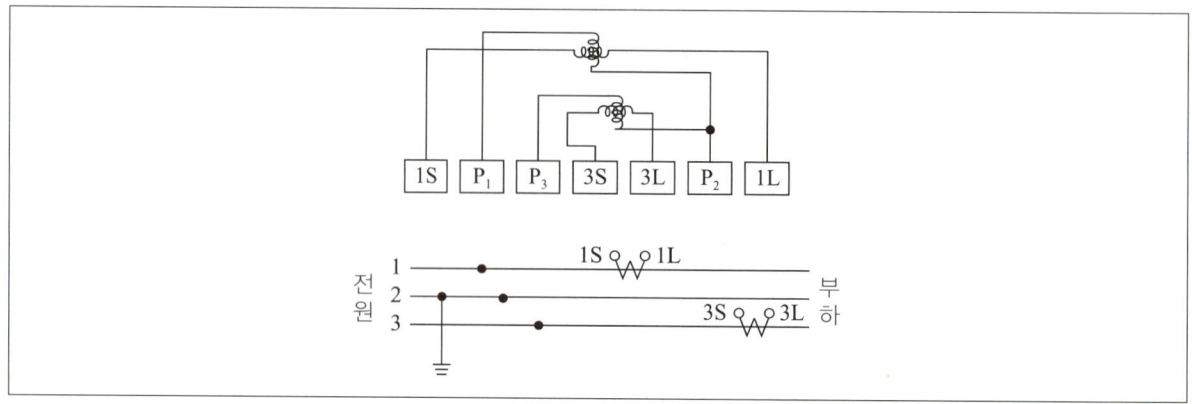

해설

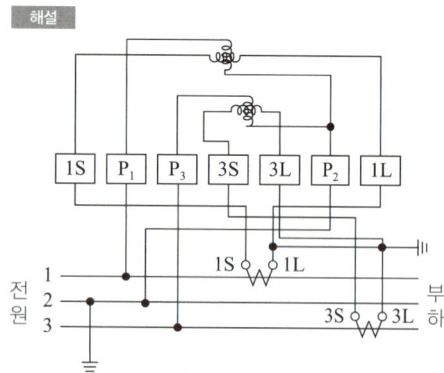

출제: 기사 97 | 배점: 5점

04 3상 4선식 변류기를 사용하는 경우에 전력량계를 결선하시오.

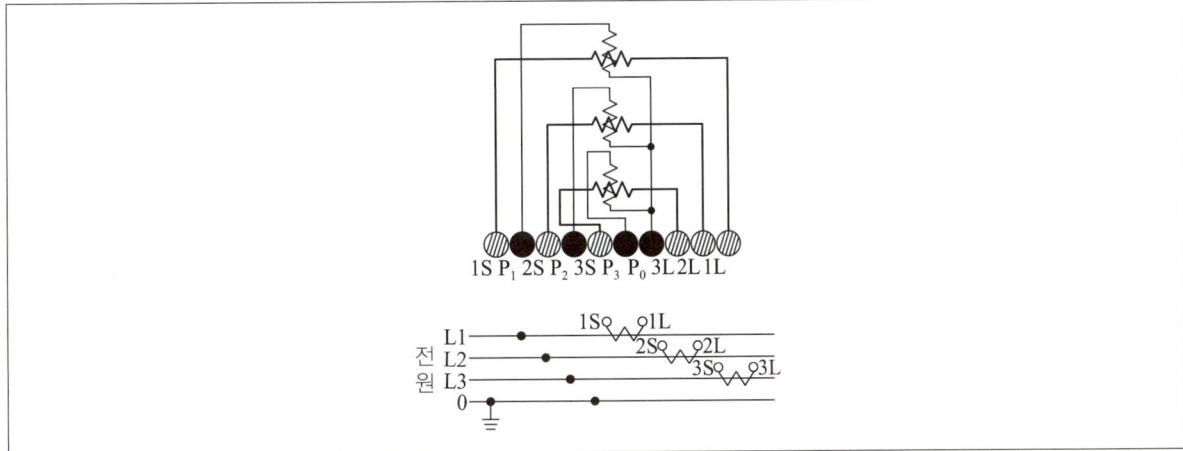

[해설]

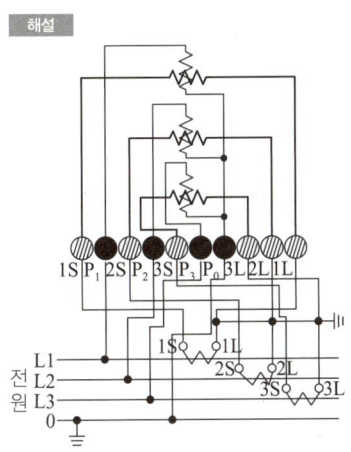

출제: 산업 16 | 배점: 6점

05 $6,600/110[\text{V}]$ 특고압 선로에 CT비가 $100/5$라고 한다면 수전 전력은 몇 $[\text{kW}]$인지 계산하시오.

[해설]
$P = \sqrt{3}\,VI\cos\theta = \sqrt{3} \times 6,600 \times 100 = 1,143.15 \times 10^3 [\text{W}] = 1,143.15 [\text{kW}]$
[답] $1,143.15[\text{kW}]$

출제: 기사 15 | 배점: 5점

06 화재안전기준에 의하면 누전 경보기의 수신부를 설치해서는 안 되는 장소가 있다. 그 장소를 구분하여 5가지 쓰시오. (단, 누전 경보기에 대하여 방폭, 방식, 방습, 방온, 방진 및 정전기 차폐 등의 방호 조치는 하지 않는 것으로 본다.)

해설
- 화약류를 제조하거나 저장 또는 취급하는 장소
- 온도의 변화가 급격한 장소
- 습도가 높은 장소
- 대전류 회로·고주파 발생 회로 등에 따른 영향을 받을 우려가 있는 장소
- 가연성 증기·먼지·가스 등이나 부식성 가스 등이 다량으로 체류하는 장소

출제: 산업 14 | 배점: 6점

07 어떤 전기 설비에서 $3,300[\text{V}]$의 3상 회로에 변압비 33의 계기용 변압기 2대를 그림과 같이 설치하였다면, 이때의 전압계 V_1, V_2, V_3의 지시값은 얼마인지 각각 구하시오.

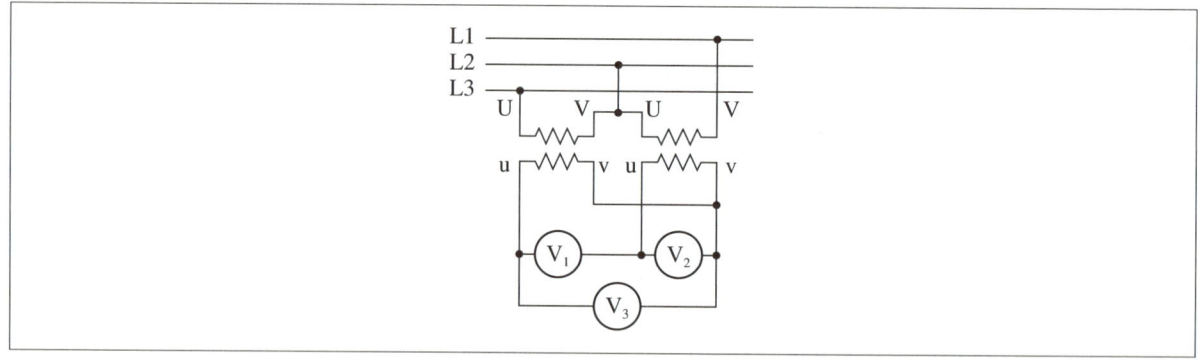

(1) V_1

(2) V_2

(3) V_3

해설

(1) $V_1 = \dfrac{3,300}{33} \times \sqrt{3} = 173.21[\text{V}]$

(2) $V_2 = \dfrac{3,300}{33} = 100[\text{V}]$

(3) $V_3 = \dfrac{3,300}{33} = 100[\text{V}]$

출제: 기사 15 | 배점: 5점

08 전기 설비의 방폭 구조의 종류 5가지만 쓰시오.

해설
- 내압 방폭 구조
- 유입 방폭 구조
- 안전증 방폭 구조
- 본질안전 방폭 구조
- 특수 방폭 구조

참고
방폭 구조의 종류 및 기호

종류	기호
내압 방폭 구조	d
유입 방폭 구조	o
압력 방폭 구조	p
안전증 방폭 구조	e
본질안전 방폭 구조	i
특수 방폭 구조	s

출제: 산업 15 | 배점: 5점

09 폭연성 분진이 있는 위험 장소에 개폐기, 과전류 차단기, 제어기, 계전기, 배전반, 분전반 등을 시설하여 사용하는 경우, 어떤 구조의 것을 시설하여야 하는지 명칭을 쓰시오.

해설
분진 방폭 특수방진구조

참고
분진 위험 장소에 시설하는 개폐기, 과전류 차단기, 제어기, 계전기, 배전반, 분전반 등은 다음에 의하여 시설하여야 한다.
- 폭연성 분진이 있는 위험 장소에 시설하는 것은 분진방폭 특수방진구조의 것일 것
- 폭연성 분진 이외의 분진이 있는 위험 장소에 시설하는 것은 분진방폭 보통방진구조일 것

출제: 산업 15 | 배점: 5점

10 다음의 심벌 명칭은 무엇인지 쓰시오.

RM

해설
원격 조작기

시퀀스 및 PLC 제어

1. 논리 소자
2. 여러 가지 논리 회로 이해
3. PLC 제어

학습 전략

시퀀스 및 PLC 제어는 기본 내용을 빠른 시간 내에 학습한 후, 실제 문제를 풀면서 다양한 유형에 대한 적응력을 높이는 방법으로 학습하는 것이 효과적입니다. 기본 이론을 잘 준비했다고 하더라도 문제를 실제로 풀어본 경험이 적으면 실제 시험장에서 문제를 풀 때 막힐 수 있으므로 실전 연습을 충분히 해야 합니다.

CHAPTER 08 | 흐름 미리보기

1. 논리 소자

2. 여러 가지 논리 회로 이해

3. PLC 제어

NEXT **CHAPTER 09**

CHAPTER 08 시퀀스 및 PLC 제어

독학이 쉬워지는 기초개념

Tip 강의 꿀팁

시퀀스 기본 논리 소자의 동작은 유접점 회로의 원리를 이해하면서 진리표를 작성하는 과정을 숙지해야 해요.

THEME 01 논리 소자

1 기본 논리 소자 회로

(1) AND 회로

① 2개의 입력 A, B가 모두 '1'일 경우에만 출력이 '1'이 되는 회로를 말하며, 논리식은 $X = A \cdot B$ 라고 표시한다.

② AND 유접점 회로, 무접점 회로 및 진리표

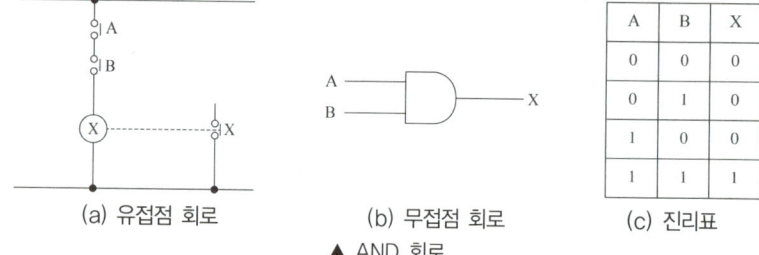

(a) 유접점 회로 (b) 무접점 회로 (c) 진리표
▲ AND 회로

(2) OR 회로

① 2개의 입력 A, B 중 어느 한 입력이라도 '1'일 경우에 출력이 '1'이 되는 회로를 말하며, 논리식은 $X = A + B$ 라고 표시한다.

② OR 유접점 회로, 무접점 회로 및 진리표

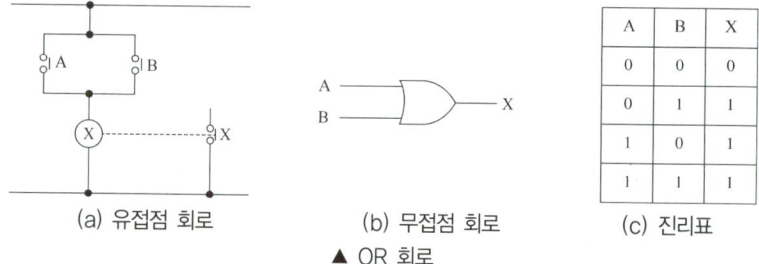

(a) 유접점 회로 (b) 무접점 회로 (c) 진리표
▲ OR 회로

(3) NOT 회로

① 입력 신호에 대해 출력 신호가 항상 반대가 나오는 부정 회로를 말하며, 논리식은 $X = \overline{A}$ 라고 표시한다.

② NOT 유접점 회로, 무접점 회로 및 진리표

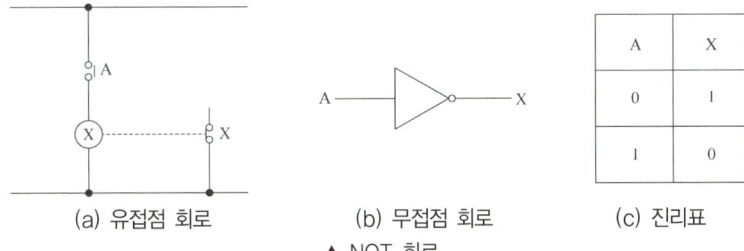

(a) 유접점 회로　　　(b) 무접점 회로　　　(c) 진리표
▲ NOT 회로

2 조합 논리 소자 회로

(1) NAND 회로

① AND 회로와 NOT 회로를 접속한 회로를 말하며, 논리식은 $X = \overline{A \cdot B}$ 라고 표시한다.

② NAND 유접점 회로, 무접점 회로 및 진리표

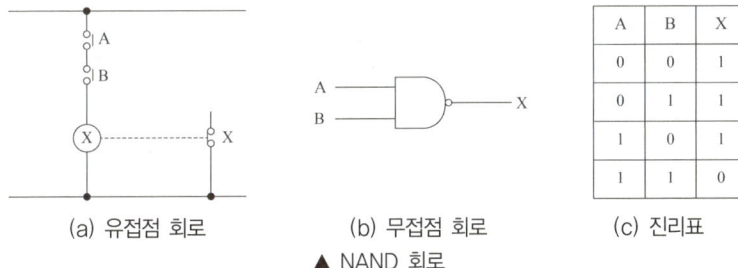

(a) 유접점 회로　　　(b) 무접점 회로　　　(c) 진리표
▲ NAND 회로

(2) NOR 회로

① OR 회로와 NOT 회로를 접속한 회로를 말하며, 논리식은 $X = \overline{A + B}$ 라고 표시한다.

② NOR 유접점 회로, 무접점 회로 및 진리표

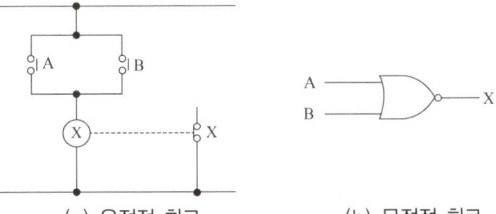

(a) 유접점 회로　　　(b) 무접점 회로　　　(c) 진리표
▲ NOR 회로

독학이 쉬워지는 기초개념

3 논리 대수 및 드 모르간 정리

교환 법칙	$A+B = B+A$, $A \cdot B = B \cdot A$
결합 법칙	$(A+B)+C = A+(B+C)$, $(A \cdot B) \cdot C = A \cdot (B \cdot C)$
분배 법칙	$A \cdot (B+C) = A \cdot B + A \cdot C$, $A+(B \cdot C) = (A+B) \cdot (A+C)$
동일 법칙	$A+A = A$, $A \cdot A = A$
공리 법칙	$A+0 = A$, $A \cdot 1 = A$, $A+1 = 1$, $A \cdot 0 = 0$
드 모르간 정리	$\overline{A+B} = \overline{A} \cdot \overline{B}$, $\overline{A \cdot B} = \overline{A} + \overline{B}$

기출 & 예상문제   출제: 산업 16 | 배점: 6점

다음 그림의 릴레이 회로를 보고 물음에 답하시오.

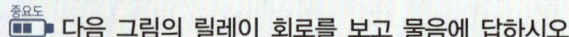

(1) 논리식을 쓰시오.
(2) 2입력 AND 소자, 2입력 OR 소자를 사용한 로직 회로로 바꾸시오.
(3) 2입력 NAND 소자만으로 회로를 바꾸시오.

해설

(1) $X = A \cdot B + C \cdot D$

(2)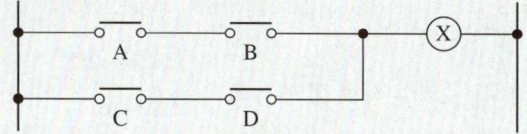

(3)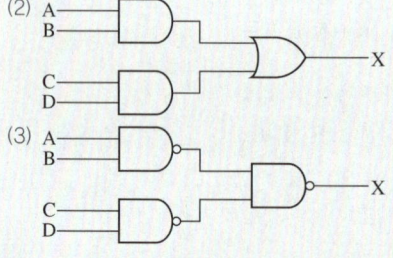

참고

$X = A \cdot B + C \cdot D = \overline{\overline{A \cdot B + C \cdot D}} = \overline{\overline{A \cdot B} \cdot \overline{C \cdot D}}$

THEME 02 여러 가지 논리 회로 이해

1 인터록(Interlock) 회로

(1) 인터록 회로의 기능

어느 한 쪽이 동작하면 다른 한 쪽은 동작할 수 없는 동작을 행하는 논리 회로

(2) 논리 회로 및 타임 차트

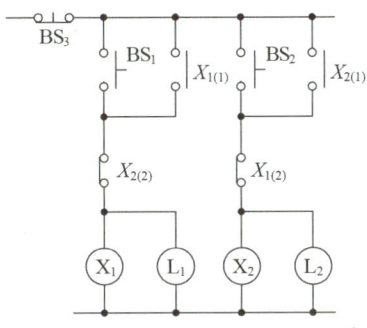 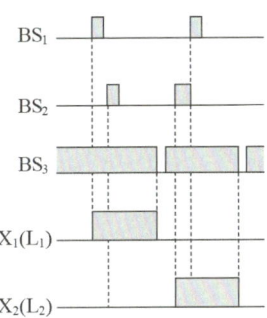

▲ 인터록 회로

(3) 인터록 회로의 동작

① BS_1을 누르면 $X_1(L_1)$ 동작 이후에 BS_2를 누르더라도 $X_2(L_2)$가 동작하지 않는다.

② BS_2를 누르면 $X_2(L_2)$ 동작 이후에 BS_1을 누르더라도 $X_1(L_1)$이 동작하지 않는다.

2 신입 신호 우선 회로

(1) 신입 신호 우선 회로의 기능

어느 한 쪽이 동작하면 다른 한 쪽이 복귀하는 논리 회로

(2) 논리 회로 및 타임 차트

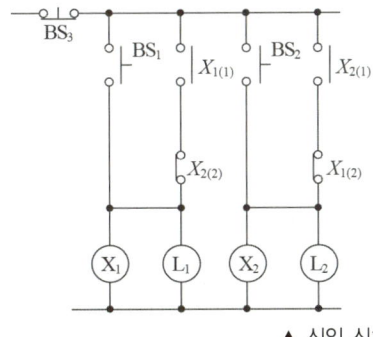 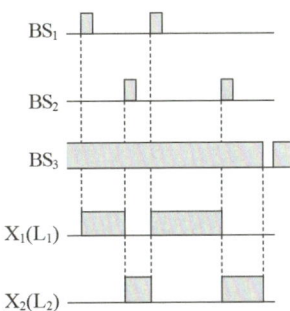

▲ 신입 신호 우선 회로

(3) 신입 신호 우선 회로의 동작

① BS_1을 누르면 $X_1(L_1)$이 동작한다.

② BS_2를 누르면 $X_2(L_2)$가 동작하고 X_1의 유지 회로의 직렬 b 접점 $X_{2(2)}$가 열려 동작 중인 $X_1(L_1)$이 복귀한다.

③ 다시 BS_1을 누르면 $X_1(L_1)$이 동작하고, X_2의 유지 회로의 직렬 b 접점 $X_{1(2)}$가 열려 동작 중인 $X_2(L_2)$가 복귀한다.

독학이 쉬워지는 기초개념

Tip 강의 꿀팁

인터록 회로의 기능을 설명하고 어느 회로인지 묻는 문제가 출제됩니다.

Tip 강의 꿀팁

신입 신호 우선 회로의 기능을 설명하고 어느 회로인지 묻는 문제가 출제됩니다.

독학이 쉬워지는 기초개념

기출 & 예상문제

출제 예상문제

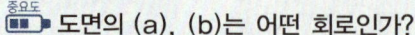 도면의 (a), (b)는 어떤 회로인가?

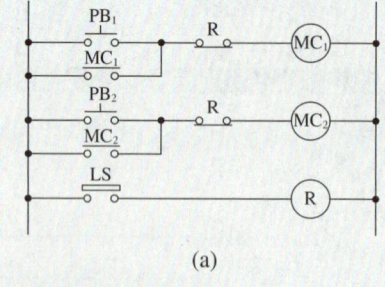
(a)

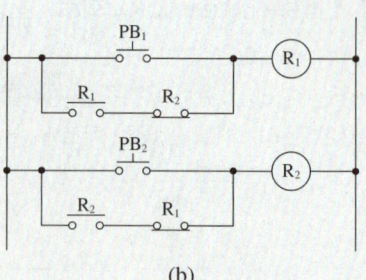
(b)

해설
(a) 자동 정지 회로
(b) 신입 신호 우선 회로

3 동작 우선 회로

(1) 동작 우선 회로의 기능
   정해진 순서대로 동작하는 논리 회로

(2) 논리 회로 및 타임 차트

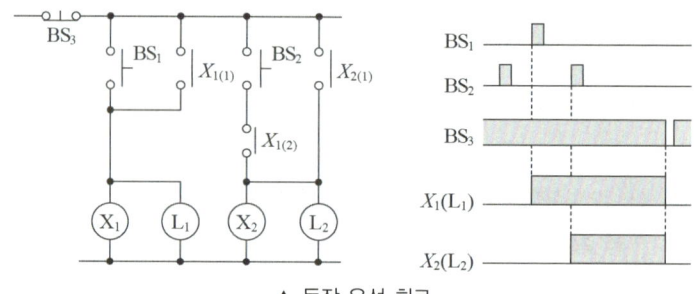

▲ 동작 우선 회로

(3) 동작 우선 회로의 동작
  ① BS_1을 누르면 $X_1(L_1)$이 동작하며, 접점 $X_{1(2)}$가 닫혀 $X_2(L_2)$의 기동 회로를 준비한다.
  ② 다음 BS_2를 누르면 $X_2(L_2)$가 동작한다. 단, $X_1(L_1)$이 먼저 동작하지 않으면 $X_2(L_2)$가 먼저 동작할 수 없다.

4 시한 회로(On Delay Timer: T_{ON})

(1) 시한 회로의 기능
   동작 입력을 주면 타이머의 설정 시간(t)이 지난 후 출력이 동작한다.

(2) 기호

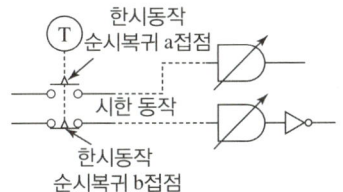

▲ 시한 회로

(3) 논리 회로 및 타임 차트

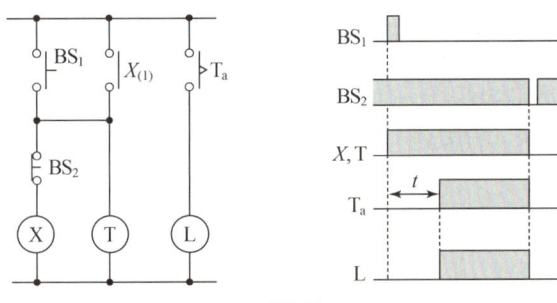

▲ 시한 회로

(4) 시한 회로의 동작
① BS_1을 누르면 X가 동작하며 타이머 ⓣ가 여자된다.
② 타이머 설정 시간(t)이 지난 후에 시한 동작 접점 T_a가 닫혀 출력 L이 동작(점등)한다.

기출 & 예상문제

출제 예상문제

중요도 다음 그림은 기동(SET) 우선 유지 회로이다. 이 회로를 보고 다음 각 물음에 답하시오.

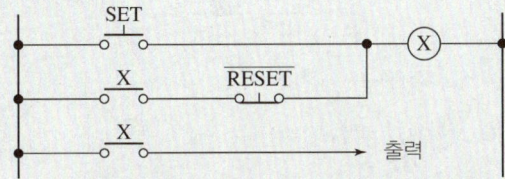

(1) 무접점 기동 우선 논리 회로를 그리시오.
(2) 기동 우선 회로의 동작 상태를 타임 차트로 나타내시오.

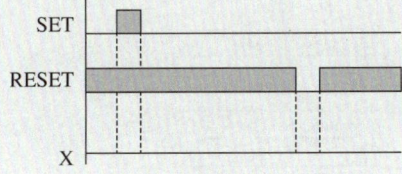

독학이 쉬워지는 기초개념

독학이 쉬워지는 기초개념

해설
(1)
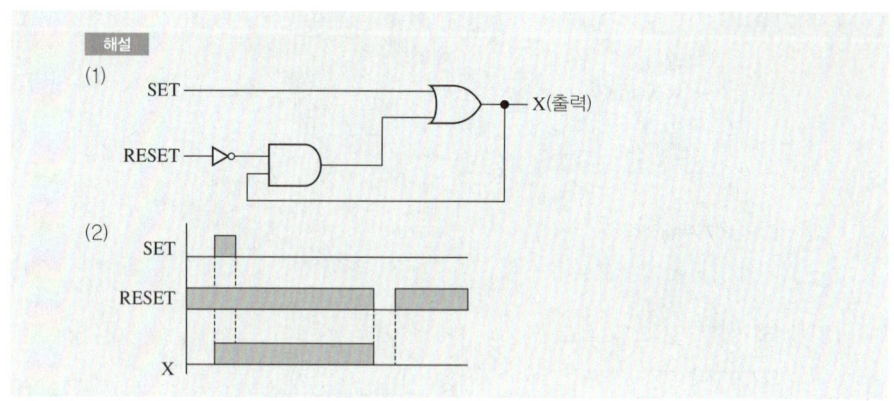

5 시한 복귀 회로(Off Delay Timer: T_{OFF})

(1) 시한 복귀 회로의 기능

정지 입력을 주면 타이머의 설정 시간(t)이 지난 후 출력이 복귀한다.

(2) 기호

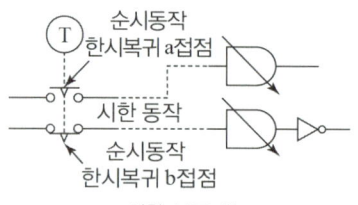

▲ 시한 복구 회로

(3) 논리 회로 및 타임 차트

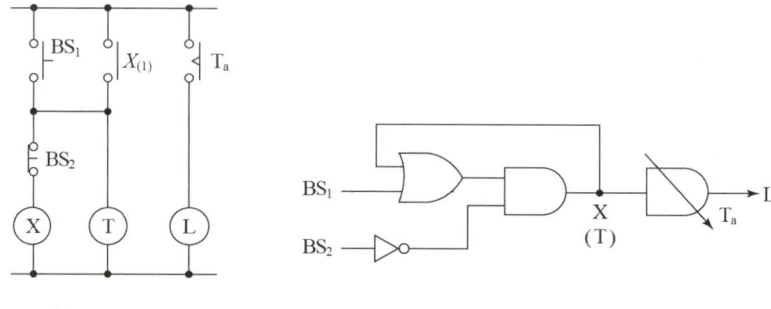

(a) 유접점 회로   (b) 무접점 회로

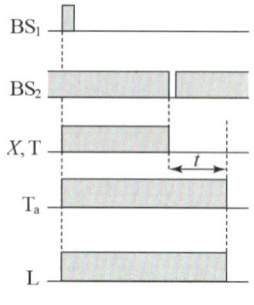

(c) 타임 차트

▲ 시한 복귀 회로

(4) 시한 복귀 회로의 동작
① BS_1을 누르면 X가 동작하며 타이머 ⓣ가 여자된다.
② 타이머 설정 시간(t)이 지난 후에 시한 복귀 접점 T_a가 열려 출력 L이 동작(소등)한다.

6 단안정(Monostable) 회로

(1) 단안정 회로의 기능
정해진 시간(설정 시간) 동안만 출력이 생기는 회로

(2) 논리 회로 및 타임 차트

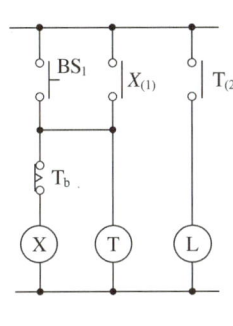

(a) 유접점 회로

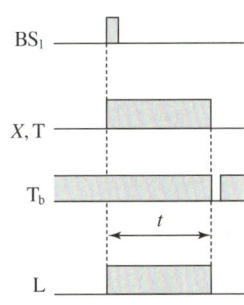

(b) 타임 차트

▲ 단안정 회로

(3) 단안정 회로의 동작
① BS_1을 누르면 X가 동작하며 접점 $X_{(1)}$에 의해 타이머 ⓣ가 여자되고, 접점 $T_{(2)}$에 의해 L이 동작(점등)한다.
② 타이머 설정 시간(t)이 지난 후에 시한 복귀 접점 T_b가 열려 출력 X, L, ⓣ가 복귀한다.

7 전동기 운전 회로

(1) 구동 회로

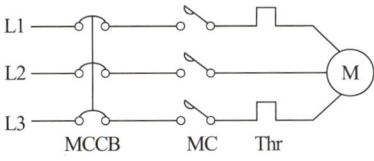

MC의 주접점이 닫히면 전동기 Ⓜ이 구동되고, 열동 계전기 Thr를 접속한다.
단, 회로에서
- MCCB(MCB): 배선용 차단기(Molded Case Circuit Breaker)
- MC: 전자 접촉기(Magnetic Contact)
- MS: 전자 개폐기(Magnetic Switch, MS=MC+Thr)
- Thr: 열동 계전기(Thermal Relay)

> **독학이 쉬워지는 기초개념**
>
> **강의 꿀팁**
> 각 기호가 의미하는 명칭을 파악하고 있어야 한다.

(2) 회로 및 타임 차트

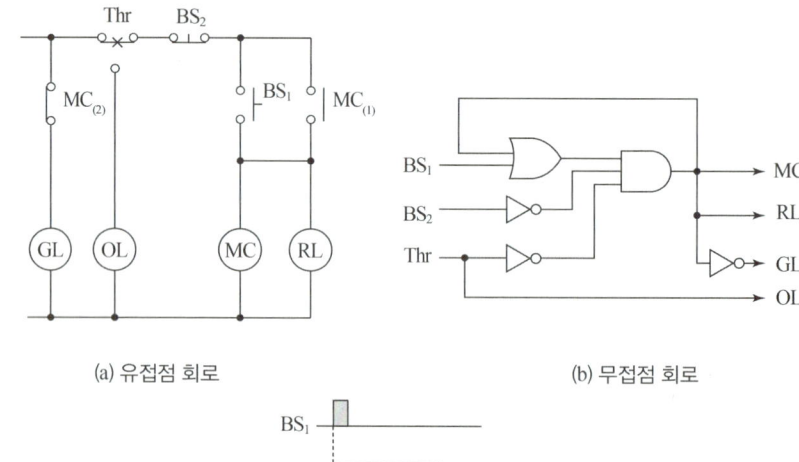

(a) 유접점 회로　　　　　　(b) 무접점 회로

(c) 타임 차트
▲ 전동기 운전 회로

(3) 동작 설명
① 전원 투입 – GL 점등
② BS_1 – MC 여자 – RL 점등, GL 소등 – 전동기 운전
③ BS_2 – MC 소자 – GL 점등, RL 소등 – 전동기 정지
④ 전동기 과부하 시 – 열동 계전기(Thr) 동작 – OL 점등

8 전동기 정·역 운전 회로

(1) 구동 회로

> **전동기 정·역 운전 방법**
> 3상의 결선 중에서 2상의 결선을 바꾸면 회전 방향이 반대로 된다.

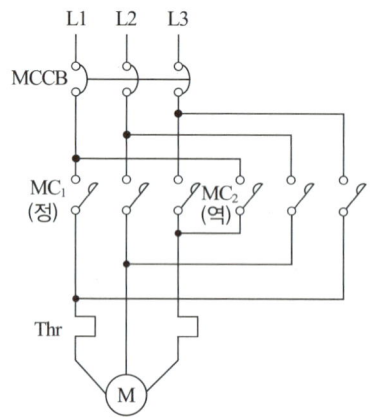

▲ 전동기 정·역 운전 회로

전동기의 정·역 회전은 회전 자장의 방향을 바꾼다.
① 3상 전동기: 전원의 3단자 중 2단자의 접속을 바꾼다.

② 단상 전동기: 기동 권선의 접속을 바꾼다.
(2) 회로 및 타임 차트

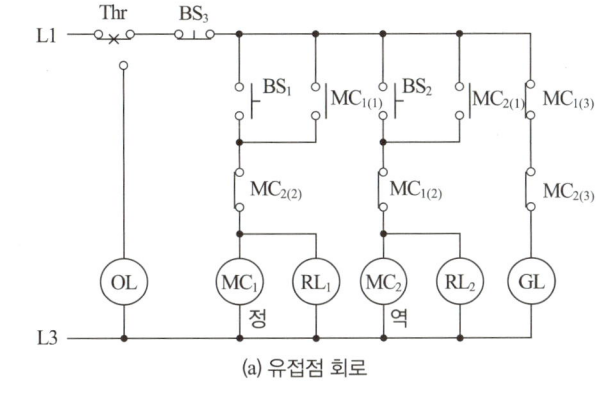

(a) 유접점 회로

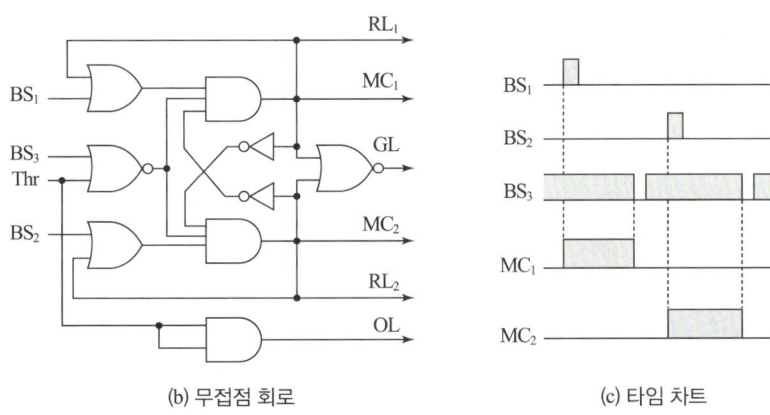

(b) 무접점 회로   (c) 타임 차트

▲ 전동기 정·역 운전 회로

(3) 동작 설명
    ① 전원 투입-GL 점등
    ② BS_1-MC_1 여자-RL_1 점등, GL 소등-전동기 정방향 운전(이때 인터록 접점 $MC_{1(2)}$에 의해 BS_2를 투입하여도 MC_2는 동작하지 않는다.)
    ③ BS_3-MC_1 소자-RL_1 소등, GL 점등-전동기 정지
    ④ BS_2-MC_2 여자-RL_2 점등, GL 소등-전동기 역방향 운전(이때 인터록 접점 $MC_{2(2)}$에 의해 BS_1을 투입하여도 MC_1은 동작하지 않는다.)
    ⑤ 전동기 과부하 시-열동 계전기(Thr) 동작-OL 점등

9 전동기 $Y-\Delta$ 기동 회로

(1) 전동기의 기동 전류를 줄이기 위해 Y 결선으로 기동하고, 기동이 끝나면 Δ 결선으로 운전한다.
(2) 구동 회로
    ① 전전압 기동 시 기동 전류는 정격 전류의 6~7배 정도
    ② $Y-\Delta$ 기동 시 전전압 기동 전류의 $\frac{1}{3}$배, 즉 정격의 2배 정도

독학이 쉬워지는 기초개념

$Y-\Delta$ 기동법
용량이 5~15[kW] 정도의 전동기 기동 방식에 주로 적용하는 방식이다.

독학이 쉬워지는 기초개념

(3) 회로 및 타임 차트

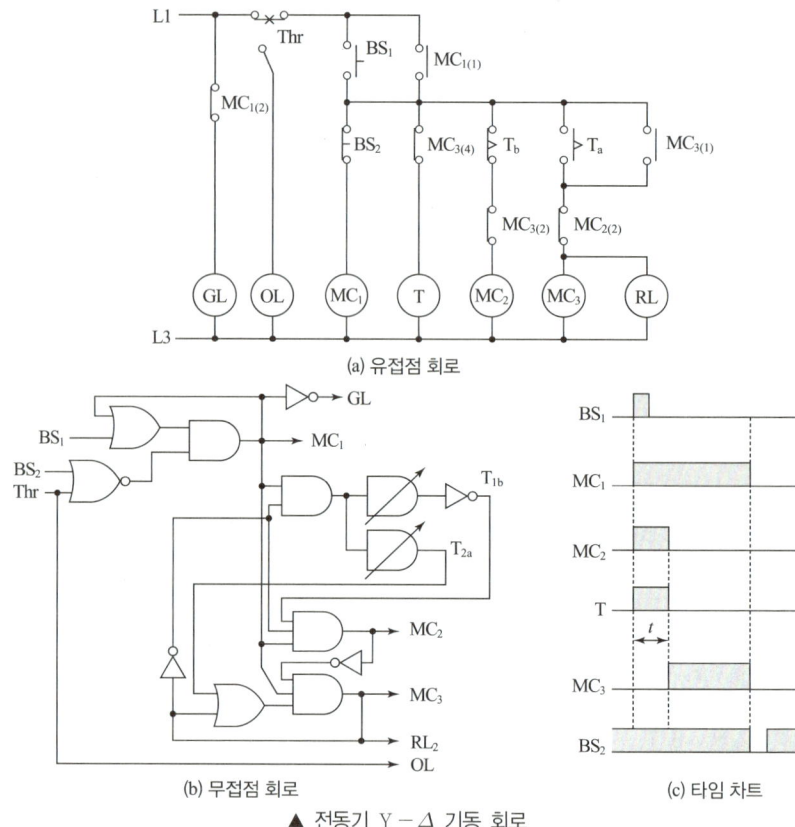

▲ 전동기 Y-Δ 기동 회로

(4) 동작 설명
① 전원 투입-GL 점등
② BS_1-MC_1 여자-GL 소등-타이머 T 여자-MC_2 여자-전동기 Y 기동
③ 타이머의 설정 시간 후 MC_3 여자-RL 점등-타이머 T 소자-MC_2 소자-전동기 Δ 운전(이때 인터록 접점 $MC_{2(2)}$와 $MC_{3(2)}$에 의해 인터록)
④ BS_2-MC_1 소자-전동기 정지
⑤ 전동기 과부하 시-열동 계전기(Thr) 동작-OL 점등

기출 & 예상문제

출제 예상문제

다음 그림은 3상 유도 전동기의 무접점 회로도이다. 다음 각 물음에 답하시오.

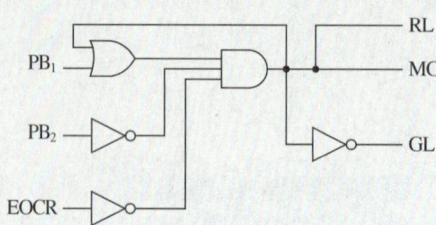

(1) 유접점 회로를 완성하시오.

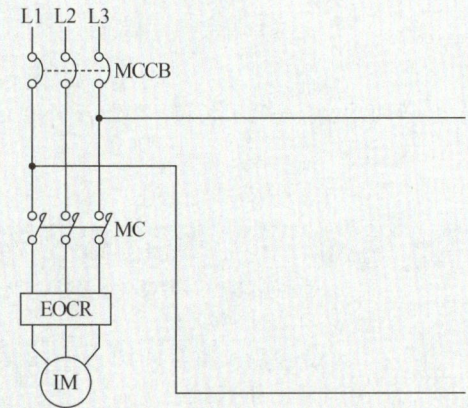

(2) MC, RL, GL의 논리식을 각각 쓰시오.

 해설

(1)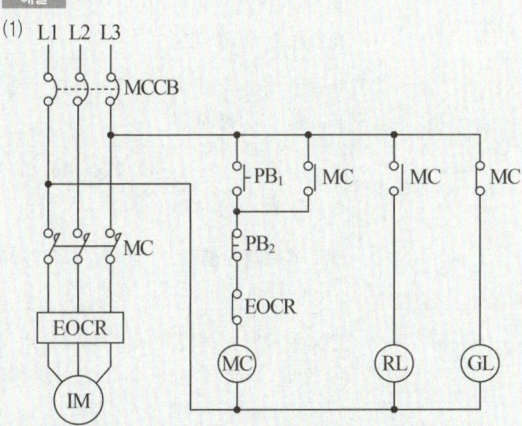

(2) 논리식
- MC = $(PB_1 + MC) \cdot \overline{PB_2} \cdot \overline{EOCR}$
- RL = MC
- GL = $\overline{MC}$

THEME 03 PLC 제어

1 PLC(Programmable Logic Controller) 기초

(1) 기본 기호 및 명령어

① 기본 기호 표시

a 접점	b 접점
─┤├─	─┤/├─

② 기본 명령어
- 회로 시작: LOAD

> **독학이 쉬워지는 기초개념**

- 출력과 내부 출력(회로 끝): OUT
- 직렬: AND
- 병렬: OR
- 부정(b 접점): NOT
- 기타: AND LOAD, OR LOAD, MCS(MCR), TMR(TON), CNT(CTU)

2 명령어와 부호

내용	명령어	부호	기능
시작 입력	LOAD(STR)	─┤├─	독립된 하나의 회로에서 a 접점에 의한 논리 회로의 시작 명령
	LOAD NOT	─┤/├─	독립된 하나의 회로에서 b 접점에 의한 논리 회로의 시작 명령
직렬 접속	AND	─┤├─┤├─	독립된 바로 앞의 회로와 a 접점의 직렬 회로 접속, 즉 a 접점 직렬
	AND NOT	─┤├─┤/├─	독립된 바로 앞의 회로와 b 접점의 직렬 회로 접속, 즉 b 접점 직렬
병렬 접속	OR		독립된 바로 위의 회로와 a 접점의 병렬 회로 접속, 즉 a 접점 병렬
	OR NOT		독립된 바로 위의 회로와 b 접점의 병렬 회로 접속, 즉 b 접점 병렬
출력	OUT	─◯─	회로의 결과인 출력 기기(코일) 표시와 내부 출력(보조 기구 기능-코일) 표시
직렬 묶음	AND LOAD		현재 회로와 바로 앞의 회로의 직렬 A, B 2회로의 직렬 접속, 즉 2개 그룹의 직렬 접속
병렬 묶음	OR LOAD		현재 회로와 바로 앞의 회로의 병렬 A, B 2회로의 병렬 접속, 즉 2개 그룹의 병렬 접속
공통 묶음	MCS MCS CLR (MCR)		출력을 내는 2회로 이상이 공통으로 사용하는 입력으로 공통 입력 다음에 사용(마스터 컨트롤의 시작과 종료)MCS 0부터 시작, 역순으로 끝낸다.
타이머	TMR(TIM)	(Ton) T000 5초	기종에 따라 구분 – TON, TOFF, TMON, TMR, TRTG 등 타이머 종류, 번지, 설정 시간 기입
카운터	CNT	U CTU C000 R 00010	기종에 따라 구분 – CTU, CTD, CTUD, CTR, HSCNT 등 카운터 종류, 번지, 설정 회수 기입
반전	NOT	─✕─	입력과 출력의 상태가 반대로 되는 상태 반전 회로
끝	END	───	프로그램의 끝 표시

기출 & 예상문제

출제 예상문제

다음 PLC에 대한 내용에 대하여 아래 그림의 기능을 쓰시오.

명칭	기호	기능
NOT	─┤╱├─	

해설
입력과 출력의 상태가 반대로 되는 상태 반전 회로

3 기본 명령에 의한 프로그램

(1) 입·출력 회로

① LOAD/OUT

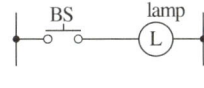

STEP	명령어	번지
0	LOAD	P000
1	OUT	P010

② LOAD NOT/OUT

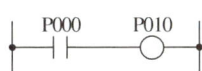

STEP	명령어	번지
0	LOAD NOT	P000
1	OUT	P010

(2) 직렬, 병렬 회로

① 직렬 – AND/AND NOT

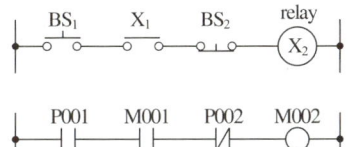

STEP	명령어	번지
0	LOAD	P001
1	AND	M001
2	AND NOT	P002
3	OUT	M002

② 병렬 – OR/OR NOT

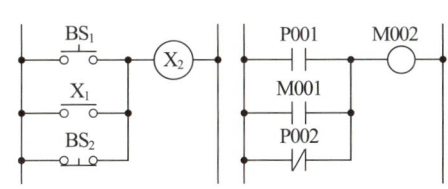

STEP	명령어	번지
0	LOAD	P001
1	OR	M001
2	OR NOT	P002
3	OUT	M002

(3) 그룹 직·병렬 명령에 의한 프로그램

그룹 직렬(직렬 회로들의 병렬)일 때 AND LOAD, 그룹 병렬(병렬 회로들의 직렬)일 때 OR LOAD 명령어를 사용한다.

① 그룹 직렬 – AND LOAD

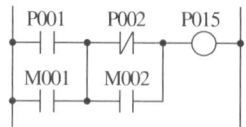

STEP	명령어	번지
0	LOAD	P001
1	OR	M001
2	LOAD NOT	P002
3	OR	M002
4	AND LOAD	–
5	OUT	P015

② 그룹 병렬 – OR LOAD

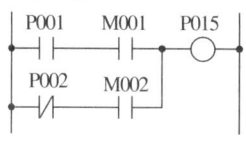

STEP	명령어	번지
0	LOAD	P001
1	AND	M001
2	LOAD NOT	P002
3	AND	M002
4	OR LOAD	–
5	OUT	P015

③ 유지 회로

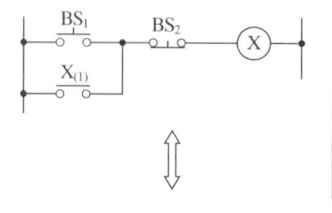

BS$_1$: P001
BS$_2$: P002
Ⓧ : M000

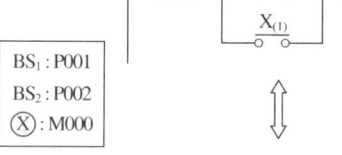

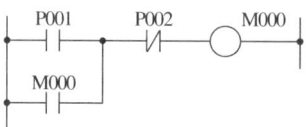

STEP	명령어	번지
0	LOAD	P001
1	OR	M000
2	AND NOT	P002
3	OUT	M000

STEP	명령어	번지
0	LOAD NOT	P002
1	LOAD	P001
2	OR	M000
3	AND LOAD	–
4	OUT	M000

(4) 타이머 회로의 프로그램
　① TON(On Delay Timer: 시한 동작 타이머)
　　• 동작(기동) 입력을 준 후 설정 시간 t 초가 지나면 타이머 접점이 동작하고, 복구(정지) 입력을 주면 곧바로 타이머가 복귀하고 접점도 복귀하는 시한 동작 순시 복귀형이다.
　　• 설정 시간 〈DATA〉의 설정값은 0.1초 단위이고, 2step이 소요된다.

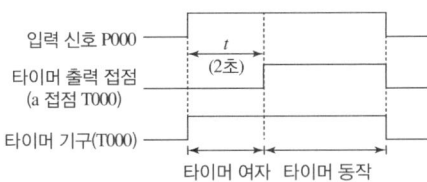

STEP	명령어	번지
0	LOAD	P000
1	TON	T000
2	〈DATA〉	00020
3	LOAD	T000

　② TOFF(Off Delay Timer: 시한 복귀 타이머)
　　• 동작(기동) 입력을 주면 곧바로 타이머가 동작하고 접점도 작동하며, 복귀(정지) 입력을 준 후 설정 시간 t 초가 지나면 타이머 접점이 복귀하는 순시 동작 시한 복귀형이다.
　　• 설정 시간 〈DATA〉의 설정값은 0.1초 단위이고, 2step이 소요된다.

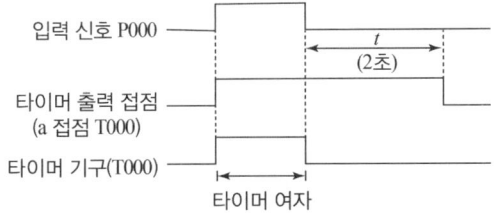

STEP	명령어	번지
0	LOAD	P000
1	TOFF	T000
2	〈DATA〉	00020
3	LOAD	T000

독학이 쉬워지는 기초개념

독학이 쉬워지는 기초개념

기출 & 예상문제

다음 명령어를 참고하여 미완성 PLC 래더 다이어그램을 완성하시오.

STEP	명령	번지
0	LOAD	P000
1	LOAD	P001
2	OR	P010
3	AND LOAD	–
4	AND NOT	P003
5	OUT	P010

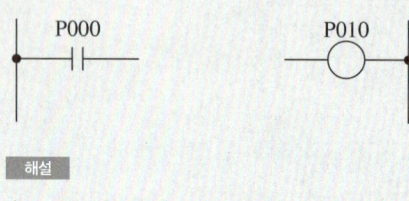

해설

CHAPTER 08 기출 기반 적중문제

출제: 기사 14 | 배점: 5점

01 그림은 벨트 컨베이어 회로의 일부이다. FF는 $\overline{R}\,\overline{S}$-latch, SMV는 단안정 IC 소자이다. BS_1으로 벨트 $B_1(MC_1)$이 가동하고 t_1초 후에 벨트 $B_2(MC_2)$가 움직이며 BS_2로 벨트 $B_3(MC_3)$가 움직인다. 또, BS_3로 벨트 B_3가 정지하고 t_2초 후에 벨트 B_2가 정지하며 BS_4로 B_1 벨트가 정지한다. 물음에 답하여라.(단, BS는 "L"입력형이다.)

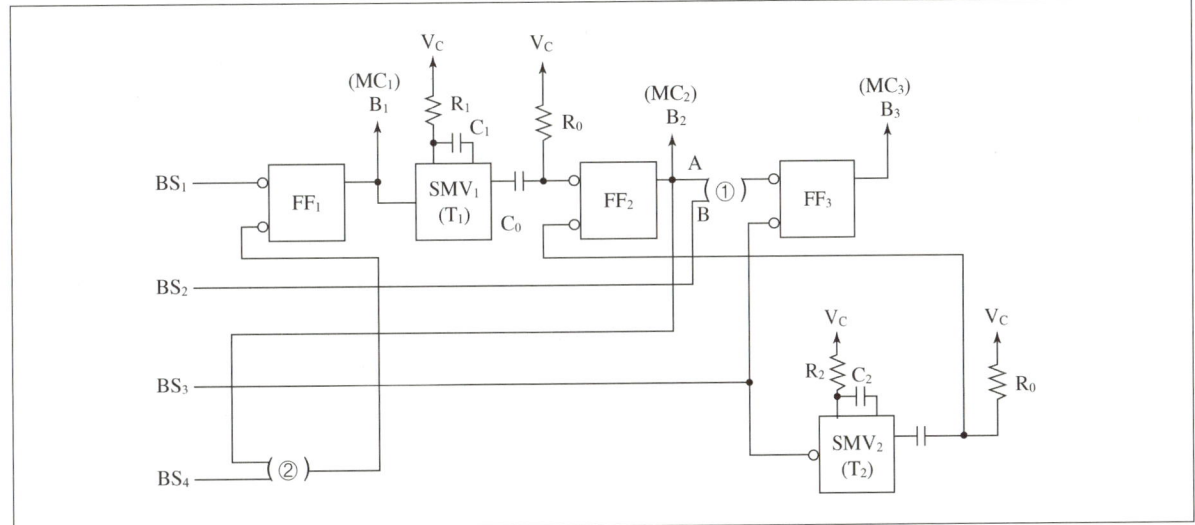

(1) 그림의 ①, ②에 알맞은 논리 기호를 예시와 같이 그리시오.

(예: 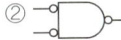)

(2) 운전 및 정지 공정 순서를 예시($B_2-B_1-B_3$)와 같이 쓰시오.

(3) $R_1 = 500[k\Omega]$, $C_1 = 50[\mu F]$, 상수 0.6일 때 t_1은 몇 초인가?

(4) $\overline{R}\,\overline{S}$-latch 회로(FF)를 NAND 회로( ) 2개로 나타내시오.

해설

(1) ① ②

(2) • 운전: $B_1 - B_2 - B_3$
   • 정지: $B_3 - B_2 - B_1$

(3) $t_1 = kR_1C_1 = 0.6 \times 500 \times 10^3 \times 50 \times 10^{-6} = 15[\sec]$

  답 15[sec]

(4)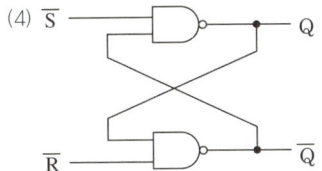

출제: 기사 14 | 배점: 6점

02 출력 릴레이 X가 보조 릴레이 접점 A, B, C의 함수로서 다음 논리식으로 주어진다. 릴레이 시퀀스, 로직 시퀀스 및 NOR gate만을 사용한 로직 시퀀스를 각각 그리시오.

논리식: $X = (A+B) \cdot (C + \overline{B} \cdot \overline{C})$

(1) 릴레이 시퀀스를 그리시오.

(2) 로직 시퀀스를 그리시오.
(3) NOR gate만을 사용한 로직 시퀀스를 그리시오.

해설

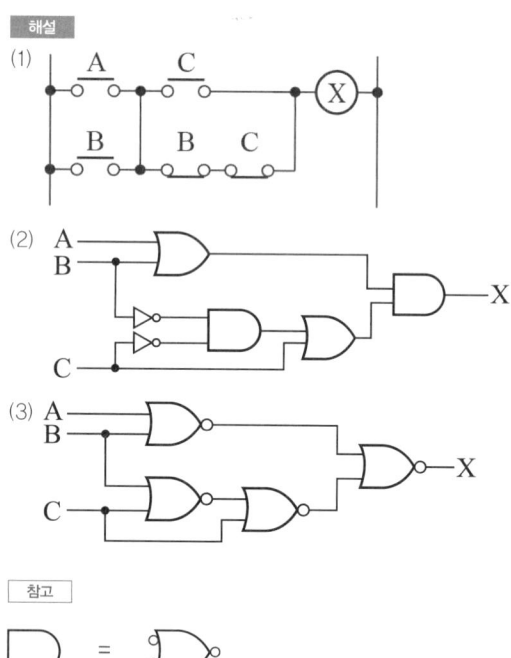

출제: 기사 14 | 배점: 5점

03 그림의 릴레이 회로를 로직 회로로 완성하시오.

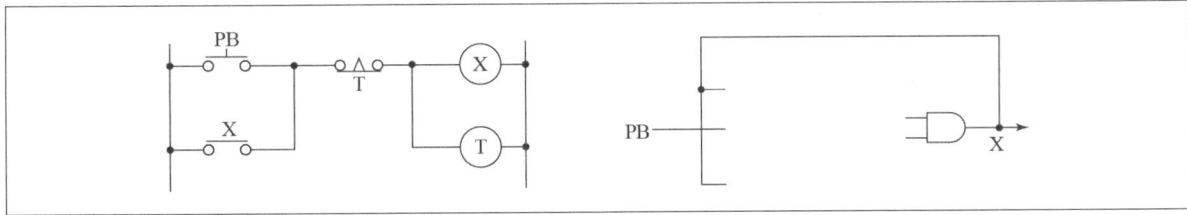

[해설]

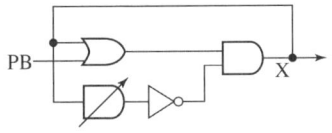

출제: 산업 14 | 배점: 6점

04 다음 그림의 릴레이 회로를 보고 물음에 답하시오.

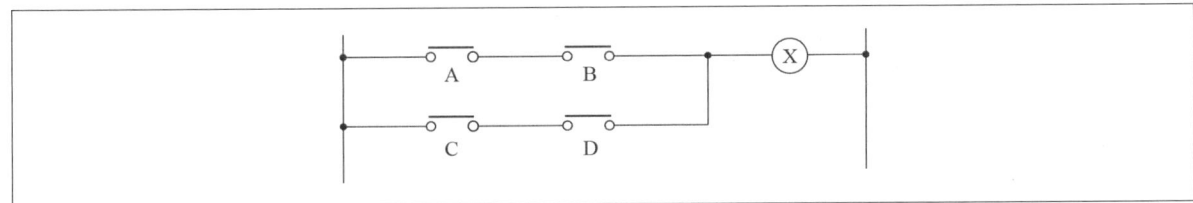

(1) 논리식을 쓰시오.
(2) 2입력 AND 소자, 2입력 OR 소자를 사용하여 로직 회로로 바꾸시오.
(3) 2입력 NAND 소자만의 회로로 바꾸시오.

[해설]
(1) $X = A \cdot B + C \cdot D$

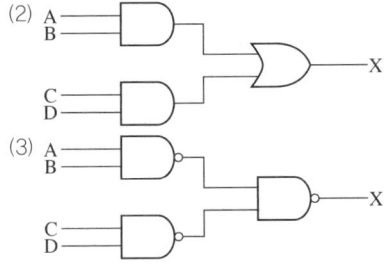

[참고]

출제: 산업 14 | 배점: 14점

05 다음 그림은 무접점 회로도이다. 그림을 보고 다음 각 물음에 답하시오.

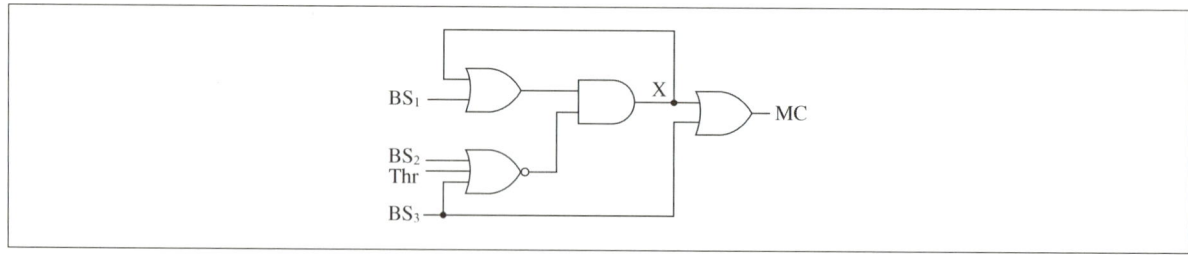

(1) 미완성된 유접점 회로도를 완성하시오.

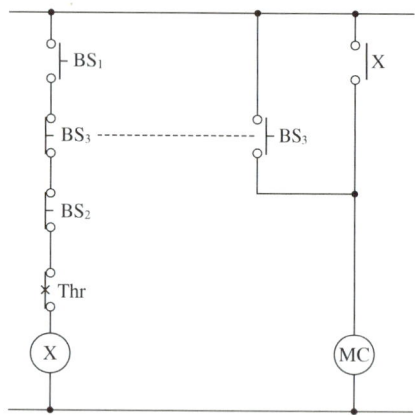

(2) Thr의 접점의 명칭을 쓰시오.
(3) 촌동 운전이란 무엇인지 쓰시오.
(4) $BS_1 \sim BS_3$ 중에서 촌동 운전 스위치는 어느 것인지 쓰시오.

해설

(1)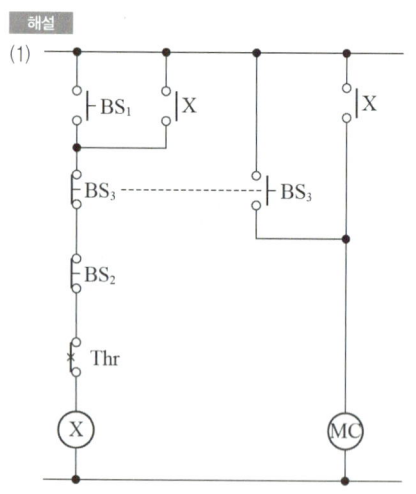

(2) 수동 복귀 b접점
(3) 운전 버튼을 누르고 있는 동안만 운전되고, 손을 놓으면 정지하는 운전 방식
(4) BS_3

참고

주어진 회로의 논리식은 다음과 같다.
- $X = (BS_1 + X) \cdot (\overline{BS_2 + Thr + BS_3}) = (BS_1 + X) \cdot (\overline{BS_2} \cdot \overline{Thr} \cdot \overline{BS_3})$
- $MC = X + BS_3$

출제: 기사 15 | 배점: 6점

06 다음 그림을 보고 물음에 답하시오.

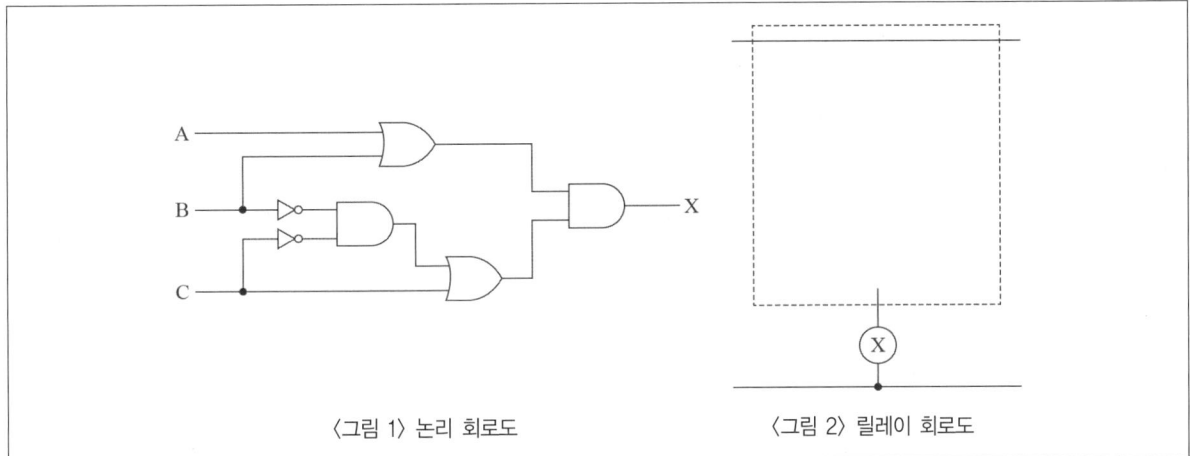

〈그림 1〉 논리 회로도 〈그림 2〉 릴레이 회로도

(1) 〈그림 1〉의 논리 회로에 대한 논리식을 간략화하여 나타내시오.
(2) 논리식을 이용하여 〈그림 2〉 릴레이 회로도(점선 안)의 미완성 부분을 완성하시오.

해설

(1) $X = (A+B) \cdot (\overline{B} \cdot \overline{C} + C) = (A+B) \cdot (\overline{B}+C) \cdot (\overline{C}+C)$
    $= (A+B) \cdot (\overline{B}+C)$

(2)

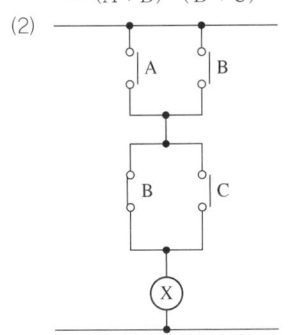

참고
$\overline{C}+C = 1$

07 다음의 시퀀스 회로에서 A, B, C, D는 보조 릴레이 접점이고, X는 릴레이, L은 부하이다. 다음 물음에 답하시오.

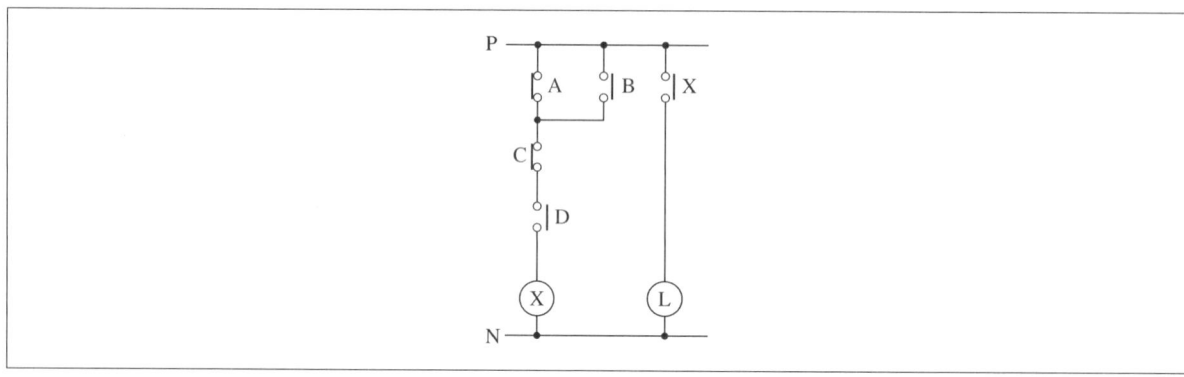

(1) 출력 X의 논리식을 쓰시오.
(2) AND, OR, NOT 기호를 사용하여 그림의 회로를 2입력 무접점 논리 회로로 그리시오.

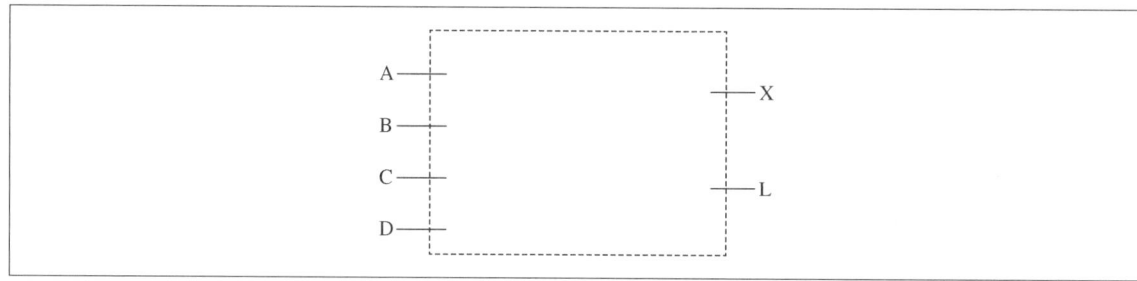

해설
(1) $X = (\overline{A} + B) \cdot \overline{C} \cdot D$
(2)

출제: 산업 14 | 배점: 10점

08 다음 그림의 제어 회로는 절환 스위치(COS)에 의한 촌동과 상시를 절환하여 3상 유도 전동기를 정·역전 제어하는 회로이다. 각각의 물음에 답하시오.

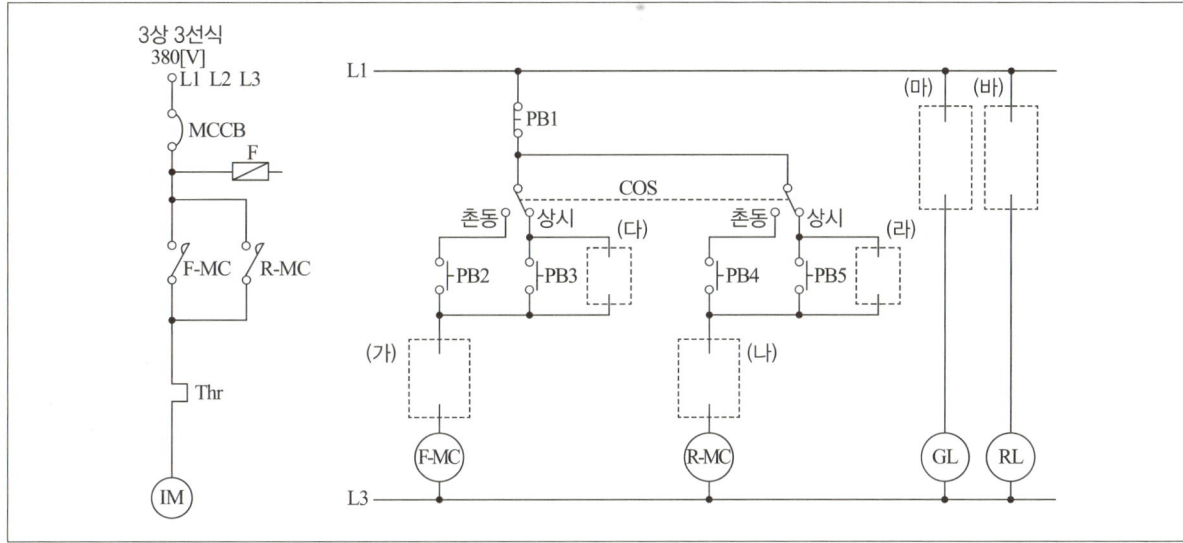

(1) 제어 회로도의 빈칸 (가) ~ (바)에 알맞은 접점과 기호를 넣으시오.(단, 정회전(F) 시에는 GL, 역회전(R) 시에는 RL이 점등될 것)
(2) 주회로의 단선 접속도를 복선 접속도로 그리시오.

> **해설**
> (1) (가) R-MC   (나) F-MC   (다) F-MC   (라) R-MC   (마) F-MC   (바) R-MC

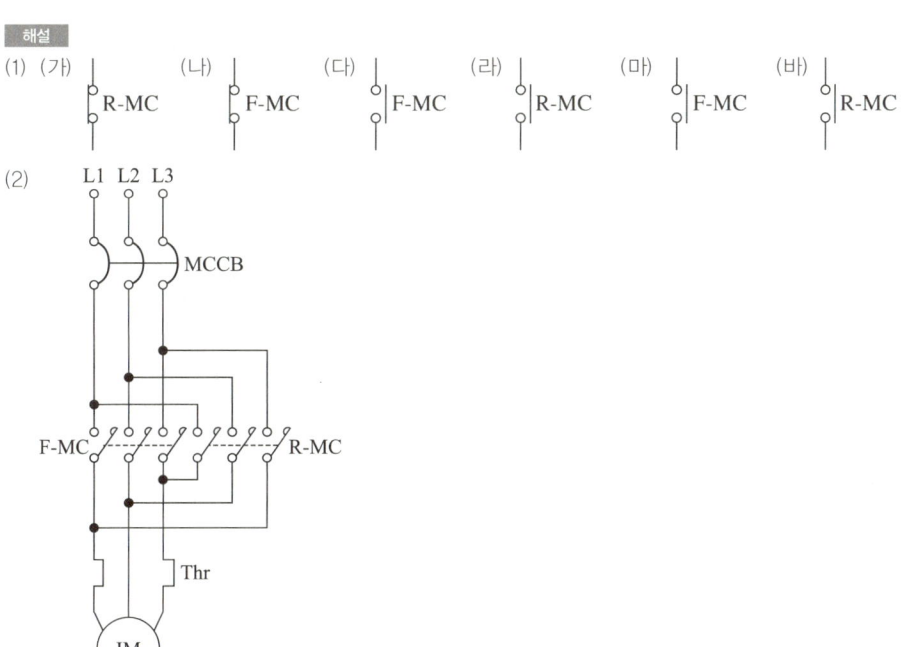

09 다음 동작을 읽고 물음에 답하시오.

[동작 설명]

1. 전등 및 전열 회로(단상 220[V])
   2P $MCCB_1$이 ON 상태에서
   (1) C에는 전원이 직접 걸린다.
   (2) ⓐ S_1 ON하고 S_2, S_3가 OFF 상태에서 L_1, L_2, L_3가 직렬 점등된다.
   ⓑ S_1을 ON 상태에서 S_2를 ON하면 L_2, L_3가 직렬 점등된다.
   ⓒ S_1을 ON 상태에서 S_2를 OFF하고 S_3를 ON하면 L_1, L_2가 직렬 점등된다.
   ⓓ S_1을 ON 상태에서 S_2를 ON하고 S_3를 ON하면 L_2만 점등된다.

2. 신호 회로(단상 220[V])
   2P $MCCB_2$가 ON 상태에서
   (1) PL이 점등된다. X_1, X_2, X_3 중 1개라도 동작되면 PL은 소등된다.
   (2) PB_1을 누르는 순간만 X_1이 동작, X_1에 의하여 BZ_2, BZ_3가 동작된다.
   (3) PB_2를 누르는 순간만 X_2가 동작, X_2에 의하여 BZ_1, BZ_3가 동작된다.
   (4) PB_3를 누르는 순간만 X_3가 동작, X_3에 의하여 BZ_1, BZ_2가 동작된다.
   (5) PB_4를 누르는 순간만 X_4와 BZ_4가 동작되는 동시에 X_1, X_2, X_3 및 BZ_1, BZ_2, BZ_3가 동작된다.

(1) 주어진 동작 설명에 의하여 전등, 전열 회로 및 신호 회로도를 각각 완성하시오.

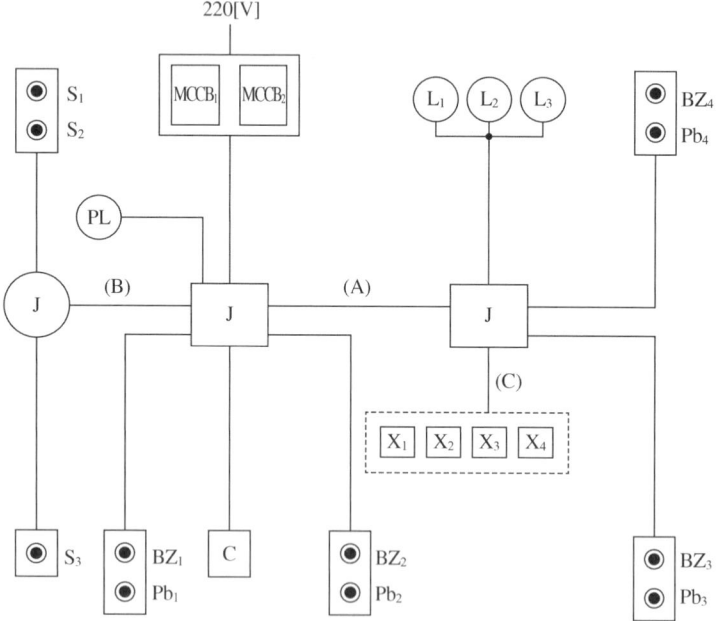

① 전등 및 전열 회로

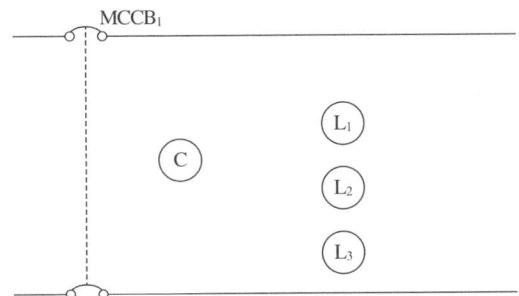

② 신호 회로

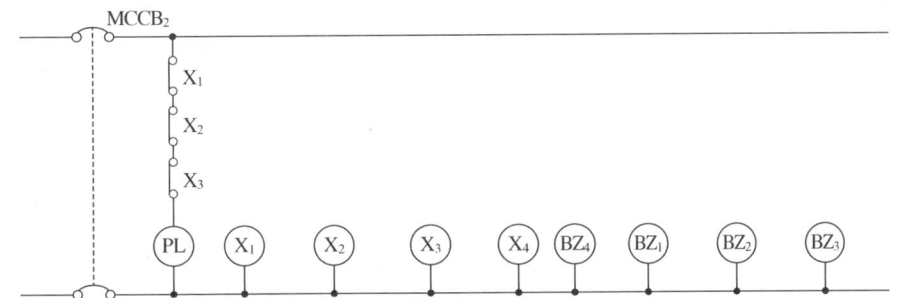

(2) 완성된 회로도에 의하여 위 배관도의 (A) 부분에는 최소 몇 가닥의 전선이 들어가야 되는지 답하시오.
(3) 완성된 회로도에 의하여 위 배관도의 (B) 부분에는 최소 몇 가닥의 전선이 들어가야 되는지 답하시오.
(4) 완성된 회로도에 의하여 위 배관도의 (C) 부분에는 최소 몇 가닥의 전선이 들어가야 되는지 답하시오.

해설
(1) ① 전등 및 전열 회로

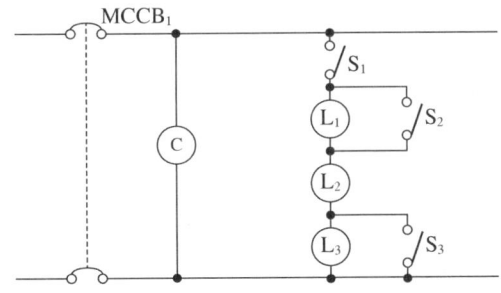

② 신호 회로

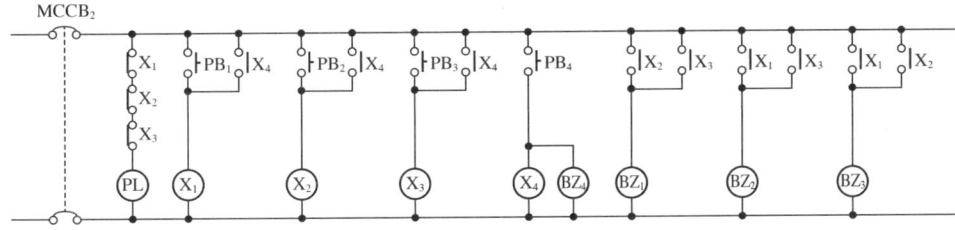

(2) 11가닥
(3) 5가닥
(4) 10가닥

10 다음은 지하 집수조에서 고가수조로 양수하여 물을 사용하기 위한 급수 장치의 일부분이다. 다음 물음에 답하시오.

[동작 사항]
- 전원을 투입하면 전원 표시등 GL이 점등되고 EOCR에 전원이 공급된다.
- 버튼 스위치 PB를 누르면(눌렀다 놓으면) MC, T, FLR, RL에 전원이 즉시 공급되어 전동기가 회전하여 Pump가 고가수조에 급수를 시작한다.
- 고가수조의 수위가 만수위가 되면 급수는 정지되고, 표시등 RL은 소등되며, T와 FLR에는 전원이 계속 공급되고 있다.
- 수조의 수위가 저수위가 되면 다시 급수를 시작하고 RL이 점등된다.
- 전원이 순간적으로 정전되었다가(약 2~5초간) 다시 전원이 공급되면, 버튼 스위치 PB를 누르지 않아도 정전이 되기 전과 같이 제어 회로에 전원이 공급된다. 여기서 T는 적어도 6초 이상 설정해 놓아야 한다.
- 전동기가 운전 중 과부하가 되었을 때 제어 회로에는 전원이 차단되어 급수가 정지되고 FR에 전원이 공급되어 표시등 YL과 부저 BZ가 교대로 계속 동작한다. 이때 차단기 MCCB를 OFF하면 모든 동작이 정지된다.

[범례]
- FLR(Floatless Relay) a, b 접점
- T(타이머(off delay)) a, b 접점
- PB a, b 접점
- FR(플리커 릴레이) a, b 접점
- GL, YL, RL: 표시등
- BZ: 부저
- EOCR: 전자식 과전류 계전기
- P: 수조용 전극봉

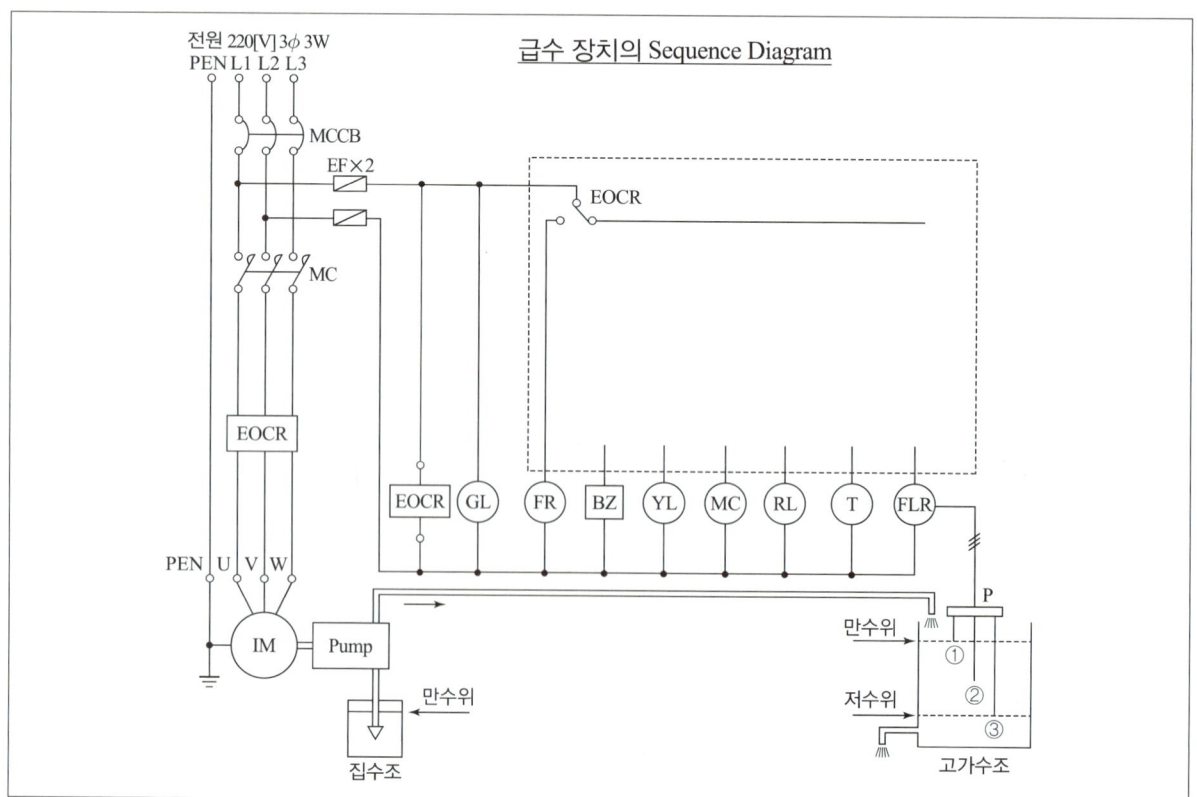

급수 장치의 Sequence Diagram

(1) 이 급수 장치가 완전히 동작되도록 동작 사항을 참고하여 네모 안의 회로를 완성하시오.(단, 지하 집수조의 수위는 항상 만수위가 되어 있는 것으로 하시오.)
(2) 고가수조의 P 부분의 전극 ①, ②, ③ 명칭을 쓰시오.

해설

(1) 전원 220[V] 3φ3W

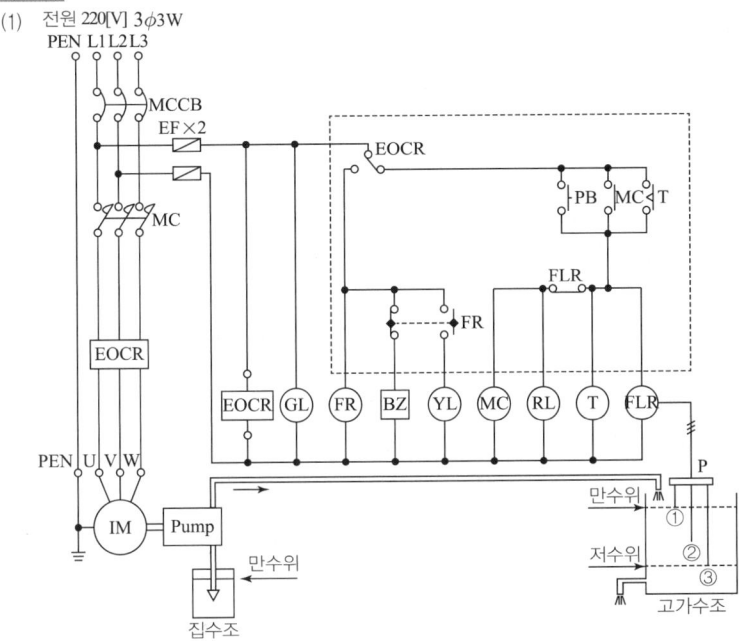

(2) ① E_1
   ② E_2
   ③ E_3

출제: 기사 14 | 배점: 7점

11 다음은 PLC 프로그램의 Ladder도를 Mnemonic으로 변환하여 나타낸 것이다. 이때 프로그램상의 빈칸을 채우시오. 단, 명령어는 LD(논리연산 시작), AND(직렬), OR(병렬), NOT(부정), OUT(출력), D(Positive Pulse), MCS (Master Control Set), MCSCLR(Master Control Set Clear)로 한다.

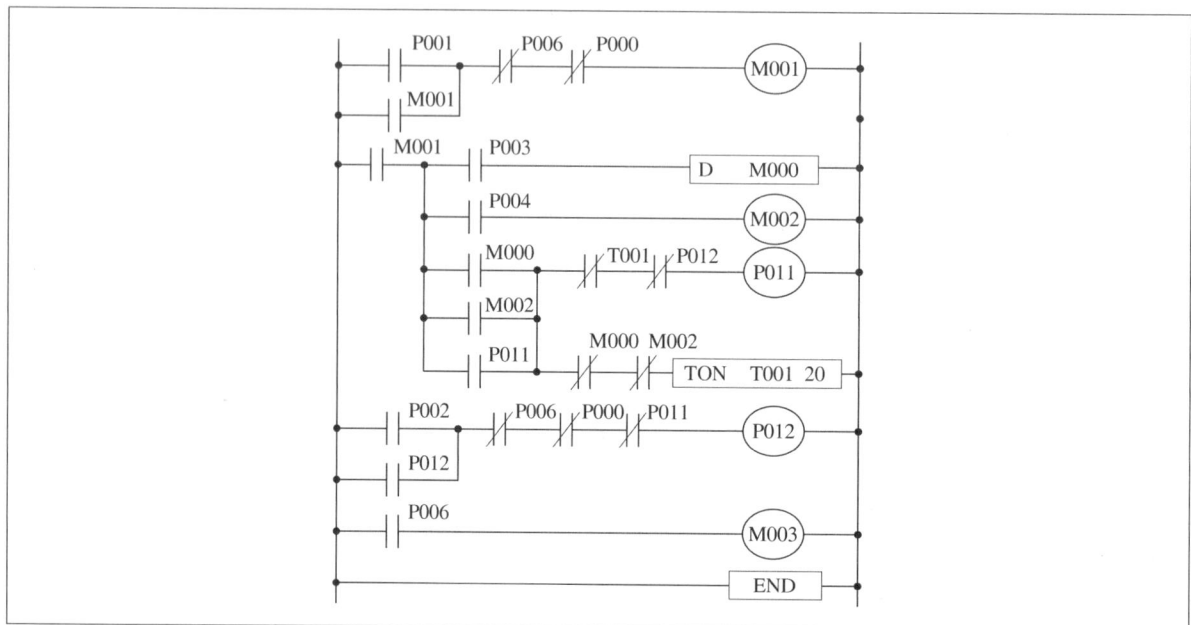

스텝	명령어	디바이스	스텝	명령어	디바이스	스텝	명령어	디바이스
0	①	P001	11	LD	M000	22	⑧	P002
1	②	M001	12	⑤	M002	23	OR	P012
2	AND NOT	P006	13	OR	⑥	24	⑨	P006
3	AND NOT	P000	14	AND NOT	T001	25	AND NOT	P000
4	OUT	M001	15	AND NOT	P012	26	AND NOT	P011
5	LD	M001	16	OUT	P011	27	OUT	⑩
6	MCS		17	AND NOT	M000	28	LD	P006
7	LD	P003	18	AND NOT	M002	29	OUT	M003
8	D	③	19	⑦	T001	30	END	
9	LD	P004	20	DATA	20			
10	OUT	④	21	MCSCLR				

해설

① LD ② OR ③ M000
④ M002 ⑤ OR ⑥ P011
⑦ TON ⑧ LD ⑨ AND NOT
⑩ P012

에듀윌이
너를
지지할게
ENERGY

누구에게나 기회는 오지만 누구나 준비하지 않습니다.
기회를 바란다면 기회가 온 것처럼 준비하면 됩니다.

기회보다 언제나 준비가 먼저입니다.

– 조정민, 『인생은 선물이다』, 두란노

CHAPTER 09

수·변전 설비

1. 수·변전 설비의 기본 계획
2. 수·변전 설비의 구성 기기
3. 특고압 수전 설비 표준 결선도
4. 전선 및 케이블의 종류와 약호
5. 주요 기기 및 배선 심벌 기호
6. 전등기구 및 콘센트 심벌 기호
7. 옥내 배선도

학습 전략

수·변전 설비에 필요한 각종 기기의 심벌 기호에 따른 명칭과 역할에 대해 학습해 두어야 합니다. 수·변전 설비 기기의 명칭과 심벌 기호를 정확히 숙지하지 않으면 전체적인 수·변전 설비의 학습에 어려움을 겪을 수 있으므로 주의하면서 학습해야 합니다.

CHAPTER 09 | 흐름 미리보기

1. 수·변전 설비의 기본 계획
2. 수·변전 설비의 구성 기기
3. 특고압 수전 설비 표준 결선도
4. 전선 및 케이블의 종류와 약호
5. 주요 기기 및 배선 심벌 기호
6. 전등기구 및 콘센트 심벌 기호
7. 옥내 배선도

NEXT **CHAPTER 10**

CHAPTER 09 수·변전 설비

독학이 쉬워지는 기초개념

수·변전 설비
- 수전 설비(Power Receiving Equipment) : 전력회사에서 3상 전원을 받는 설비
- 변전 설비(Substation) : 전력회사에서 수전 받은 전원을 필요한 전압으로 낮추는 전기설비
- 수·변전 설비: 전력회사로부터 전력을 수전하고 변전하는 설비의 총칭

THEME 01 수·변전 설비의 기본 계획

1 수·변전 설비의 설계

(1) 수·변전 설비의 정의
 ① 수·변전 설비란 전력회사로부터 수전 받은 고전압의 전기를 사용자의 운전에 적합하도록 낮은 전압의 전기로 변환하여 전기를 공급할 목적으로 사용되는 전기기기의 총 집합체를 말한다.
 ② 현재 우리나라의 일반 배전 전압이 $22.9[kV-Y]$이므로 이 전기를 수전하여 고압이나 저압으로 변환하는 설비는 특고압 수·변전 설비가 된다.

(2) 수·변전 설비의 구비 조건
 ① 설비의 신뢰성이 높을 것
 ② 설비의 운전이 안전한 설비로 될 것
 ③ 운전 보수 및 점검이 용이할 것
 ④ 장래 확장이나 증설에 대체할 수 있는 구조일 것
 ⑤ 방재 대책 및 환경 보전에 유의할 것
 ⑥ 설치비 및 운전 유지 경비가 저렴할 것

(3) 수·변전 설비의 기본 설계
 ① 설비 용량
 ② 수전 전압 및 수전 방식
 ③ 주회로의 결선 방식
  - 수전 방식
  - 모선 방식
  - 변압기의 뱅크 수와 뱅크 용량 및 단상 3상별 고려
  - 배전 전압 및 방식
  - 비상용 또는 예비용 발전기를 시설할 경우 수전과 발전의 절환 방식
  - 사용 기기의 결정
 ④ 감시 제어 방식
 ⑤ 설비의 형식
 ⑥ 수·변전실과 발전기실 및 중앙 감시 제어실 등의 위치 크기

(4) 변전실의 위치와 넓이 선정
 ① 변전실의 위치
  - 부하 중심에 가깝고, 배전에 편리한 장소이어야 한다.
  - 전원의 인입이 편리해야 한다.
  - 기기의 반출 및 반입이 편리해야 한다.
  - 습기, 먼지가 적은 장소이어야 한다.

- 기기에 대해 천장의 높이가 충분해야 한다.
- 물이 침입하거나 침투할 우려가 없어야 한다.
- 발전기실, 축전지실 등과의 관련성을 고려하여 가급적 이들과 인접한 장소이어야 한다.

② 변전실의 구조
- 기기를 설치하기에 충분한 높이일 것
- 바닥의 하중 강도는 500~1,000[kg/m^2] 이상일 것
- 방화 및 방수 구조일 것

③ 기기의 배치
- 보수 점검이 용이할 것
- 기기의 반출, 반입에 지장이 없을 것
- 안정성이 높을 것
- 증설 계획에 지장이 없을 것
- 합리적 배치로 배선이 경제적일 것
- 미적, 기능적 배치가 되도록 할 것

2 수전 설비의 종류

(1) 수전 설비는 설치 장소에 따라 옥내형과 옥외형으로 나눌 수 있으며 그 수전 설비를 구성하는 기기를 금속함에 넣는 방식(폐쇄형)과 넣지 않는 방식(개방형)으로 나눌 수 있다.

(2) 개방형 수전 설비의 문제점
① 비교적 넓은 부지를 필요로 한다.
② 충전부가 노출되어 있기 때문에 위험성이 높다.
③ 가스에 의한 부식이나 염진해를 받기 쉽다.
④ 옥외형에 있어 옥외에 사용하는 기기만을 써야 한다.
⑤ 철골·배선 공사 등은 현지에서 시공되기 위한 준비를 해야 한다.

(3) 폐쇄형 수전 설비
① 수전 설비를 구성하는 기기를 단위 폐쇄 배전반이라는 금속제 외함에 넣어 수전 설비를 구성하는 것을 말한다.
② 폐쇄형 수전 설비의 종류
- 큐비클(Cubicle)
- 메탈클래드 스위치기어(Metal-Clad Switchgear)
- 금속 폐쇄형 스위치기어(Metal Enclosed Switchgear)

③ 주차단 장치의 구성에 따른 큐비클의 종류

종류	설명
CB형	차단기(CB)를 사용하는 것
PF-CB형	한류형 전력 퓨즈(PF)와 차단기(CB)를 조합하여 사용하는 것
PF-S형	한류형 전력 퓨즈(PF)와 고압 개폐기(S)를 조합하여 사용하는 것

독학이 쉬워지는 기초개념

큐비클(Cubicle)
전기설비의 충전부가 노출되지 않도록 금속제 외함으로 둘러싼 구조의 금속 케이스

독학이 쉬워지는 기초개념

(4) 폐쇄형 수전 설비의 특징
① 충전부가 접지된 금속제 외함 내에 있으므로 안정성이 높다.
② 단위 회로로 제작소에서 표준화할 수 있으므로 장치에 호환성이 있어 증설이나 보수에 편리하다.
③ 현지 작업이 용이하여 공사 기간이 단축되므로 공사비가 저렴해진다.
④ 개방형에 비해 약 40[%] 정도의 전용 면적을 줄일 수 있다.
⑤ 보수 및 점검이 용이해진다.

기출 & 예상문제

출제: 기사 15 | 배점: 5점

공장이나 일반 건축물에 있어서 변전실의 위치 선정 시 기능면과 경제면에서 고려해야 할 사항 5가지를 간단히 쓰시오.

해설
- 부하 중심에 가까울 것
- 보수 유지 및 점검이 용이할 것
- 간선 처리 및 증설이 용이할 것
- 기기 반입 및 반출이 용이할 것
- 침수, 기타 재해 발생의 우려가 적을 것

THEME 02 수·변전 설비의 구성 기기

명칭	약호	심벌(단선도)	용도(역할)
케이블 헤드	CH		가공 전선과 케이블 단말(종단) 접속
단로기	DS		무부하 전류를 개폐하고 기기를 전로로부터 개방
피뢰기	LA		뇌전류를 대지로 방전하고 속류 차단
전력 퓨즈	PF		단락 전류 차단, 부하 전류 통전
전력 수급용 계기용 변성기	MOF	MOF	전력량을 적산하기 위해 고전압과 대전류를 각각 저전압, 소전류로 변성
영상 변류기	ZCT		지락 전류를 검출
계기용 변압기	PT		고전압을 저전압으로 변성
차단기	CB		부하 전류 개폐 및 사고 전류의 차단
트립 코일	TC		보호 계전기 신호에 의해 차단기 개로
변류기	CT		대전류를 소전류로 변성
접지 계전기	GR	(GR)	영상 전류에 의해 동작하며 차단기 트립 코일 여자
과전류 계전기	OCR	(OCR)	과전류에 의해 동작하며 차단기 트립 코일 여자

Tip 강의 꿀팁

차단기의 심벌은 KS C IEC 규정에 심벌로 표시하기도 해요.

전압계용 전환(절환) 개폐기	VS		1대의 전압계로 3상 전압을 측정하기 위해 사용하는 전환 개폐기
전류계용 전환(절환) 개폐기	AS		1대의 전류계로 3상 전류를 측정하기 위해 사용하는 전환 개폐기
전압계	V		전압 측정
전류계	A		전류 측정
전력용 콘덴서 (방전 코일 내장)	SC		진상 무효 전력을 공급하여 역률 개선
방전 코일	DC		잔류 전하 방전
직렬 리액터	SR		제5고조파 제거
컷아웃 스위치	COS		기계 기구(변압기)를 과전류로부터 보호

독학이 쉬워지는 기초개념

기출 & 예상문제

출제: 기사 18 | 배점: 10점

그림은 고압 진상용 콘덴서의 설비 계통도이다. 물음에 답하시오.

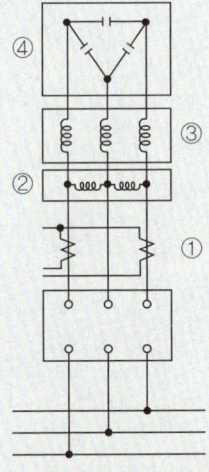

(1) ①의 명칭과 2차 정격 전류의 값은?
(2) ②의 방전 시간은 5초 이내에 콘덴서의 잔류 전하를 몇 [V] 이하로 저하시킬 수 있어야 하는가?
(3) ③ SR의 목적은?
(4) ④ SC의 단선도용 심벌을 그리시오.
(5) SC의 내부 고장에 대한 보호 방식 4가지를 쓰시오.

해설
(1) • 명칭: 변류기
 • 2차 정격 전류: 5[A]
(2) 50[V]
(3) 제5고조파 제거

(4) 심벌

(5) • 과전류 보호 방식
• 과전압 보호 방식
• 부족 전압 보호 방식
• 지락 보호 방식

> **독학이 쉬워지는 기초개념**
>
> **Tip 강의 꿀팁**
> CT와 PT의 위치에 따른 결선도를 그리는 경우가 있으므로 필수로 암기하여야 한다.

THEME 03 특고압 수전 설비 표준 결선도

1 CB 1차 측에 CT를, CB 2차 측에 PT를 시설하는 경우 표준 결선도

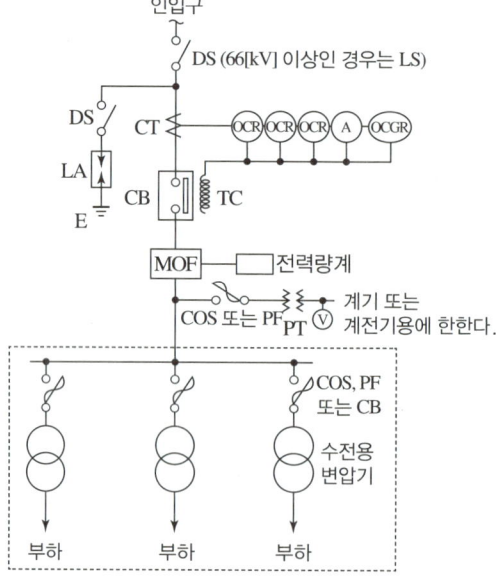

[주요 사항]

① 22.9[kV-Y], 1,000[kVA] 이하인 경우에는 간이 수전 설비 결선도에 의할 수 있다.

② 결선도 중 점선 내의 부분은 참고용 예시이다.

③ LA용 DS는 생략이 가능하며, 22.9[kV-Y]용의 LA는 반드시 Isolator(또는 Disconnector) 붙임형을 사용하여야 한다.

④ 차단기의 트립 전원은 직류(DC) 또는 콘덴서 방식(CTD)으로 하며, 66[kV] 이상의 수전 설비에는 반드시 직류(DC) 방식이어야 한다.

⑤ 인입선을 지중선으로 시설하는 경우에는 공동 주택 등 고장 시 정전의 피해가 특히 우려되는 곳은 예비 지중선을 포함하여 2회선으로 시설하는 것이 바람직하다.

⑥ 지중 인입선의 경우에 22.9[kV-Y] 계통은 CNCV-W 케이블(수밀형) 또는 TR CNCV-W(트리 억제형)을 사용하여야 한다. 단, 전력구, 공동구, 덕트, 건물 구내 등 화재의 우려가 있는 장소에서는 FR CNCO-W(난연) 케이블을 사용하는 것이 바람직하다.

⑦ DS 대신 자동 고장 구분 개폐기(7,000[kVA] 초과 시에는 Sectionalizer)를 사용할 수 있으며, 66[kV] 이상의 경우는 LS(선로 개폐기)를 사용하여야 한다.

2 CB 1차 측에 CT와 PT를 시설하는 경우 표준 결선도

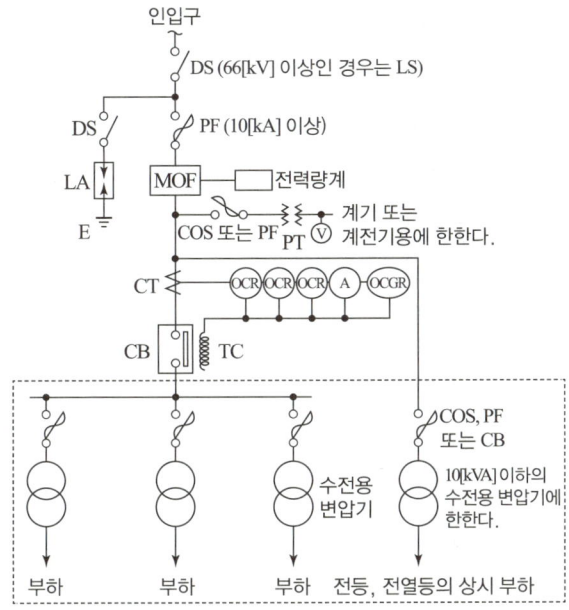

[주요 사항]
① 22.9[kV-Y], 1,000[kVA] 이하인 경우에는 간이 수전 설비 결선도에 의할 수 있다.
② 결선도 중 점선 내의 부분은 참고용 예시이다.
③ LA용 DS는 생략이 가능하며, 22.9[kV-Y]용의 LA는 반드시 Isolator(또는 Disconnector) 붙임형을 사용하여야 한다.
④ 차단기의 트립 전원은 직류(DC) 또는 콘덴서 방식(CTD)으로 하며, 66[kV] 이상의 수전 설비에는 반드시 직류(DC) 방식이어야 한다.
⑤ 인입선을 지중선으로 시설하는 경우에는 공동 주택 등 고장 시 정전의 피해가 특히 우려되는 곳은 예비 지중선을 포함하여 2회선으로 시설하는 것이 바람직하다.
⑥ 지중 인입선의 경우에 22.9[kV-Y] 계통은 CNCV-W 케이블(수밀형) 또는 TR CNCV-W(트리 억제형)을 사용하여야 한다. 단, 전력구, 공동구, 덕트, 건물 구내 등 화재의 우려가 있는 장소에서는 FR CNCO-W(난연) 케이블을 사용하는 것이 바람직하다.
⑦ DS 대신 자동 고장 구분 개폐기(7,000[kVA] 초과 시에는 Sectionalizer)를 사용할 수 있으며, 66[kV] 이상의 경우는 LS(선로 개폐기)를 사용하여야 한다.

3 CB 1차 측에 PT를, CB 2차 측에 CT를 시설하는 경우 표준 결선도

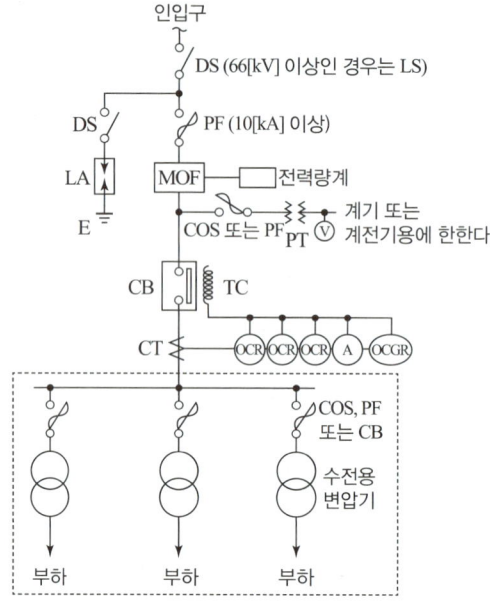

[주요 사항]
① 22.9[kV-Y], 1,000[kVA] 이하인 경우에는 간이 수전 설비 결선도에 의할 수 있다.
② 결선도 중 점선 내의 부분은 참고용 예시이다.
③ LA용 DS는 생략이 가능하며, 22.9[kV-Y]용의 LA는 반드시 Isolator(또는 Disconnector) 붙임형을 사용하여야 한다.
④ 차단기의 트립 전원은 직류(DC) 또는 콘덴서 방식(CTD)으로 하며, 66[kV] 이상의 수전 설비에는 반드시 직류(DC) 방식이어야 한다.
⑤ 인입선을 지중선으로 시설하는 경우에는 공동 주택 등 고장 시 정전의 피해가 특히 우려되는 곳은 예비 지중선을 포함하여 2회선으로 시설하는 것이 바람직하다.
⑥ 지중 인입선의 경우에 22.9[kV-Y] 계통은 CNCV-W 케이블(수밀형) 또는 TR CNCV-W(트리 억제형)을 사용하여야 한다. 단, 전력구, 공동구, 덕트, 건물 구내 등 화재의 우려가 있는 장소에서는 FR CNCO-W(난연) 케이블을 사용하는 것이 바람직하다.
⑦ DS 대신 자동 고장 구분 개폐기(7,000[kVA] 초과 시에는 Sectionalizer)를 사용할 수 있으며, 66[kV] 이상의 경우는 LS(선로 개폐기)를 사용하여야 한다.

4 22.9[kV-Y], 1,000[kVA] 이하를 시설하는 경우 간이 수전 설비 결선도

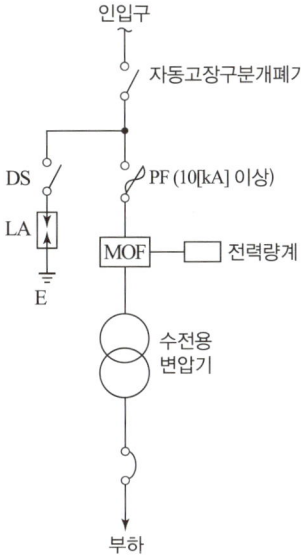

[주요 사항]
① LA용 DS는 생략이 가능하며, 22.9[kV-Y]용의 LA는 반드시 Isolator(또는 Disconnector) 붙임형을 사용하여야 한다.
② 인입선을 지중선으로 시설하는 경우에는 공동 주택 등 고장 시 정전의 피해가 큰 경우에는 예비 지중선을 포함하여 2회선으로 시설하는 것이 바람직하다.
③ 지중 인입선의 경우에 22.9[kV-Y] 계통은 CNCV-W 케이블(수밀형) 또는 TR CNCV-W(트리 억제형)을 사용하여야 한다. 단, 전력구, 공동구, 덕트, 건물 구내 등 화재의 우려가 있는 장소에서는 FR CNCO-W(난연) 케이블을 사용하는 것이 바람직하다.
④ 300[kVA] 이하인 경우 PF 대신 COS(비대칭 차단 전류 10[kA] 이상의 것)을 사용할 수 있다.
⑤ 간이 수전 설비는 PF의 용단 등에 의한 결상 사고에 대한 대책이 없으므로 변압기 2차 측에 설치되는 주차단기에는 결상 계전기 등을 설치하여 결상 사고에 대한 보호 능력이 있도록 하는 것이 바람직하다.

독학이 쉬워지는 기초개념

기출 & 예상문제

출제 예상문제

다음 그림은 고압 수·변전 설비 단선 결선도이다. 그림을 보고 다음 물음에 답하시오.

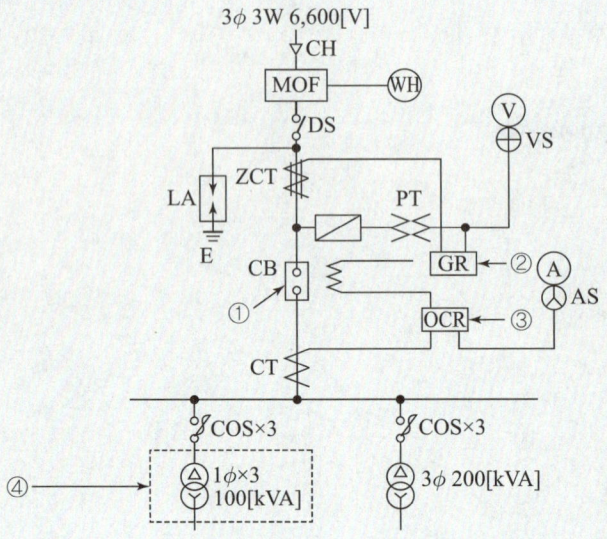

(1) 도면에 표시된 ①에 설치할 수 있는 차단기 종류를 3가지만 쓰시오.
(2) 도면에 표시된 ②의 기기 명칭을 기입하고 간단하게 설명하시오.
(3) 도면에 표시된 ③의 기기 명칭을 기입하고 간단하게 설명하시오.
(4) 도면에 표시된 ④의 점선 부분의 복선도를 그리시오. (외함 및 중성점 접지도 표시)

해설

(1) 유입 차단기, 공기 차단기, 자기 차단기
(2) • 명칭: 지락 계전기
    • 설명: 지락 사고 시 지락 전류에 의해 동작하는 계전기
(3) • 명칭: 과전류 계전기
    • 설명: 정정값 이상의 전류가 흐르면 동작하는 계전기
(4)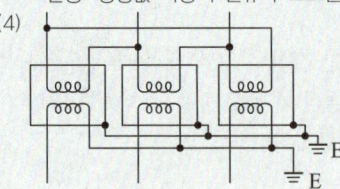

학습 참고 사항

고압용 차단기의 종류는 다음과 같다.
- 진공 차단기
- 유입 차단기
- 가스 차단기
- 공기 차단기
- 자기 차단기

THEME 04 전선 및 케이블의 종류와 약호

약호	명칭
ACSR	강심 알루미늄 연선
ACSR-OC	옥외용 강심 알루미늄 도체 가교 폴리에틸렌 절연전선
ACSR-OE	옥외용 강심 알루미늄 도체 폴리에틸렌 절연전선
AL-OC	옥외용 알루미늄 도체 가교 폴리에틸렌 절연전선
AL-OE	옥외용 알루미늄 도체 폴리에틸렌 절연전선
AL-OW	옥외용 알루미늄 도체 비닐 절연전선
CNCV	동심 중성선 차수형 전력 케이블
CNCV-W	동심 중성선 수밀형 전력 케이블
CV1	0.6/1[kV] 가교 폴리에틸렌 절연 비닐 시스 케이블
CV10	6/10[kV] 가교 폴리에틸렌 절연 비닐 시스 케이블
CVV	0.6/1[kV] 비닐 절연 비닐 시스 제어 케이블
DV	인입용 비닐 절연전선
EE	폴리에틸렌 절연 폴리에틸렌 시스 케이블
EV	폴리에틸렌 절연 비닐 시스 케이블
FL	형광 방전등용 비닐전선
MI	미네랄 인슐레이션 케이블
NR	450/750[V] 일반용 단심 비닐 절연전선
NF	450/750[V] 일반용 유연성 단심 비닐 절연전선
NFI(70)	300/500[V] 기기 배선용 유연성 단심 비닐 절연전선(70[℃])
NFI(90)	300/500[V] 기기 배선용 유연성 단심 비닐 절연전선(90[℃])
NRI(70)	300/500[V] 기기 배선용 단심 비닐 절연전선(70[℃])
NRI(90)	300/500[V] 기기 배선용 단심 비닐 절연전선(90[℃])
OC	옥외용 가교 폴리에틸렌 절연전선
OE	옥외용 폴리에틸렌 절연전선
OW	옥외용 비닐 절연전선
VCT	0.6/1[kV] 비닐 절연 비닐 캡타이어 케이블
VV	0.6/1[kV] 비닐 절연 비닐 시스 케이블

기출 & 예상문제

출제: 기사 15 | 배점: 4점

다음 전선의 약호를 쓰시오.

(1) 폴리에틸렌 절연 비닐 시스 케이블
(2) 옥외용 비닐 절연전선
(3) 미네랄 인슐레이션 케이블
(4) 인입용 비닐 절연전선

해설
(1) EV   (2) OW   (3) MI   (4) DV

THEME 05 주요 기기 및 배선 심벌 기호

1 보호 계전기 약호 및 명칭

(1) OCR: 과전류 계전기(Over Current Relay)
(2) OVR: 과전압 계전기(Over Voltage Relay)
(3) UVR: 부족 전압 계전기(Under Voltage Relay)
(4) GR: 지락 계전기(Ground Relay)
(5) SGR: 선택 지락 계전기(Selective Ground Relay)
(6) OVGR: 지락 과전압 계전기(Over Voltage Ground Relay)
(7) OLR: 과부하 계전기(Over Load Relay)

2 옥내 배선 심벌

(1) ─────────── : 천장 은폐 배선
(2) ………………… : 노출 배선
(3) ------------- : 바닥 은폐 배선
(4) ─ · ─ · ─ · ─ : 노출 배선 중 바닥면 노출 배선
(5) ─ ·· ─ ·· ─ : 천장 은폐 배선 중 천장 속의 배선

3 분전반 및 배전반 심벌

(1) ⊠ : 배전반
(2) ◩ : 분전반
(3) ⊠ : 제어반
(4) ⊠ : 재해 방지 전원 회로용 배전반
(5) ◩ : 재해 방지 전원 회로용 분전반

4 소형 변압기 심벌

(1) ⓣ_B : 벨 변압기
(2) ⓣ_R : 리모콘 변압기
(3) ⓣ_N : 네온 변압기
(4) ⓣ_F : 형광등용 안정기
(5) ⓣ_H : HID등(고휘도 방전등)용 안정기

지지물에 대한 기호

⊠ 철탑
▢ 철주
● 철근 콘크리트주
○ 목주
─┤ 지주
─→ 지선
─→│ 지선주

기출 & 예상문제

출제: 기사 18 | 배점: 6점

다음의 옥내 배선 그림 기호에 대한 명칭을 쓰시오.

(1) ●_R   (2) [S]   (3) ⊗
(4) ▲   (5) ↗   (6) [B]

해설
(1) 리모콘 스위치   (2) 개폐기   (3) 셀렉터 스위치
(4) 리모콘 릴레이   (5) 조광기   (6) 배선용 차단기

THEME 06 전등기구 및 콘센트 심벌 기호

1 점멸기(스위치)

명칭	그림 기호	적용

점멸기
(스위치)
	●	• 용량의 표시 방법은 다음과 같다.
		  – 10[A]는 표기하지 않는다.
		  – 15[A] 이상은 전류값을 표기한다.
		  [예시] ●$_{15A}$
		• 극수의 표시 방법은 다음과 같다.
		  – 단극은 표기하지 않는다.
		  – 2극 또는 3로, 4로는 각각 2P 또는 3, 4의 숫자를 표기한다.
		  [예시] ●$_{2P}$ ●$_3$
		• 방수형은 WP를 표기한다. ●$_{WP}$
		• 방폭형은 EX를 표기한다. ●$_{EX}$
		• 타이머 붙이는 T를 표기한다. ●$_T$

조광기 스위치	✧	조광기 빛의 밝기를 조정하는 스위치 [예시] ✧$_{15A}$
리모콘 스위치	●$_R$	먼 거리에서도 스위치로 램프를 점멸할 수 있는 기기 [예시] ●$_L$ (파일럿 램프 붙이)
셀렉터 스위치	⊗	방향 표시기로 선택을 할 수 있는 스위치 [예시] ⊗$_9$

2 등기구 일반용

명칭	그림 기호	적용

백열등
HID등
	○	• 벽붙이는 벽 옆을 칠한다. ◐
		• 옥외등은 ⊗로 하여도 좋다.
		• 기타 등은 다음과 같다.
		  – 펜던트 ⊖
		  – 실링라이트 ⓒL
		  – 샹들리에 ⓒH
		  – 매입기구 ⓓL (◎)
		• HID등의 종류를 표시하는 경우는 용량 앞에 다음 기호를 붙인다.
		  – 수은등 H
		  – 메탈 핼라이드등 M
		  – 나트륨등 N
		  [예시] H400

형광등	▭○▭	• 용량을 표시하는 경우는 램프의 크기(형)×램프 수로 표시한다. 또 용량 앞에 F를 붙인다.
		  [예시] F40 F40×2
		• 용량 외에 기구 수를 표시하는 경우는 램프의 크기(형)×램프 수 – 기구 수로 표시한다.
		  [예시] F40-2 F40×2-3

> 독학이 쉬워지는 기초개념

독학이 쉬워지는 기초개념

3 등기구 비상용

명칭	그림 기호	적용
비상용 조명 백열등	●	• 일반용 조명 백열등의 적용을 준용한다. 다만, 기구의 종류를 표시하는 경우는 표기한다. • 일반용 조명 형광등에 조립하는 경우는 다음과 같다. ⊂─●─⊃
비상용 형광등	■─○─■	• 일반용 조명 백열등의 적용을 준용한다. 다만, 기구의 종류를 표시하는 경우는 표기한다. • 계단에 설치하는 통로 유도등과 겸용인 것은 ■─⊗─■로 한다.
유도등 백열등	⊗	• 일반용 조명 백열등의 적용을 준용한다. • 객석 유도등인 경우 필요에 따라 ⊗S로 표기한다.

4 콘센트

명칭	그림 기호	적용
콘센트	ⓑ	• 천장에 부착하는 경우는 다음과 같다. ⓑ̈ • 바닥에 부착하는 경우는 다음과 같다. ⓑ̈▲ • 용량의 표시 방법은 다음과 같다. − 15[A]는 표기하지 않는다. − 20[A] 이상은 암페어 수를 표기한다. [예시] ⓑ20A • 2구 이상인 경우는 구수를 표기한다. [예시] ⓑ2 • 3극 이상인 것은 극수를 표기한다. [예시] ⓑ3P • 종류를 표시하는 경우는 다음과 같다. − 빠짐 방지형 ⓑLK − 걸림형 ⓑT − 접지극붙이 ⓑE − 접지단자붙이 ⓑET − 누전 차단기붙이 ⓑEL • 방수형은 WP를 표기한다. ⓑWP • 방폭형은 EX를 표기한다. ⓑEX • 의료용은 H를 표기한다. ⓑH

| 기출 & 예상문제 | 출제: 산업 20 | 배점: 4점 |

중요도 그림은 옥내 배선용 콘센트 심벌(그림 기호)이다. 각 콘센트를 구분하여 명칭을 쓰시오.

(1) ⊙T (2) ⊙H
(3) ⊙WP (4) ⊙EX

해설
(1) 걸림형 콘센트 (2) 의료용 콘센트
(3) 방수형 콘센트 (4) 방폭형 콘센트

| 독학이 쉬워지는 기초개념 |

THEME 07 옥내 배선도

1 전등 및 스위치만으로 이루어진 회로

(1) 전등 1개를 스위치 1개로 1개소에서 점멸시키는 회로

① 단선도

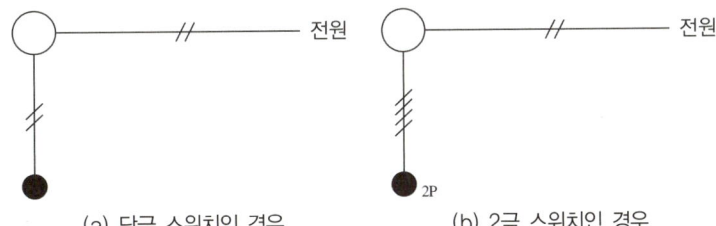

(a) 단극 스위치인 경우   (b) 2극 스위치인 경우

② 실제 배선도

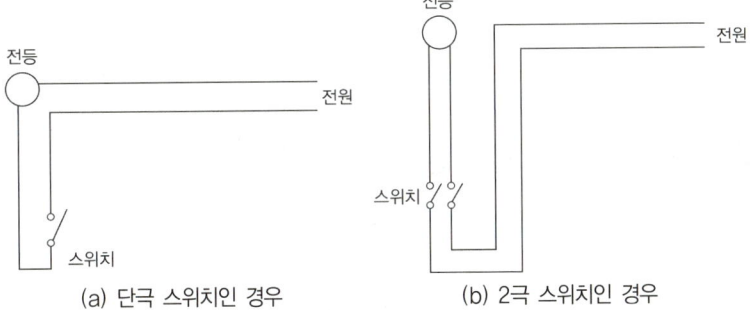

(a) 단극 스위치인 경우   (b) 2극 스위치인 경우

(2) 전등 2개를 스위치 1개로 1개소에서 동시에 점멸시키는 회로

① 단선도

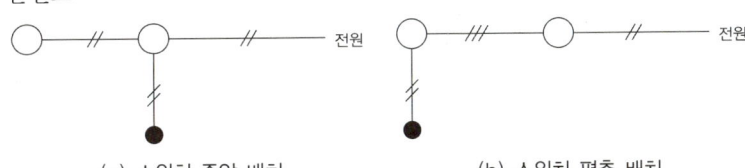

(a) 스위치 중앙 배치   (b) 스위치 편측 배치

② 실제 배선도

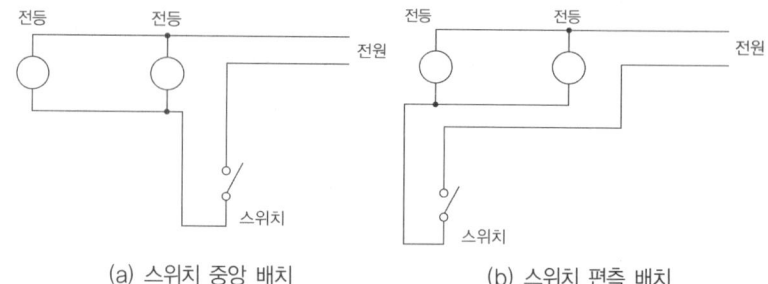

(a) 스위치 중앙 배치　　　(b) 스위치 편측 배치

2 전등, 콘센트 및 스위치로 이루어진 회로

전등 2개를 스위치 1개로 1개소에서 점멸시키는 회로(콘센트는 점멸하지 않음)

① 단선도

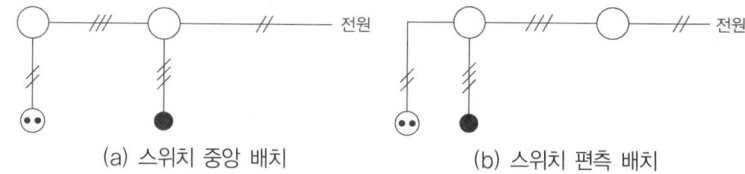

(a) 스위치 중앙 배치　　　(b) 스위치 편측 배치

② 실제 배선도

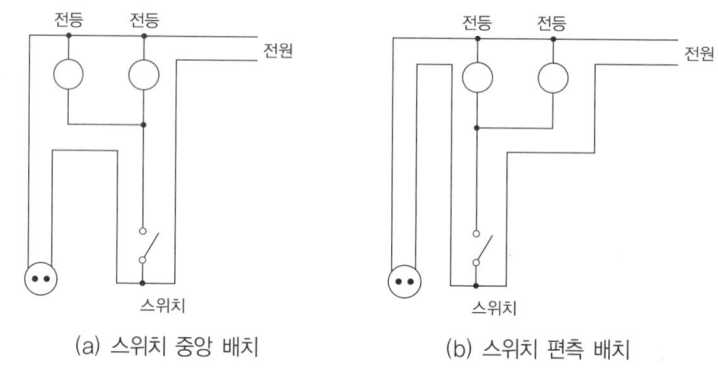

(a) 스위치 중앙 배치　　　(b) 스위치 편측 배치

3 3로 스위치(●₃)를 이용한 회로

(1) 전등 2개를 스위치 2개로 별도로 1개소에서 점멸시키는 회로

① 단선도

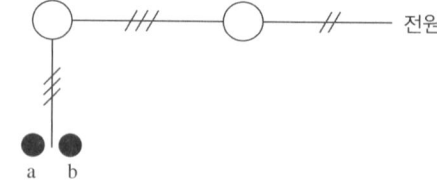

② 실제 배선도

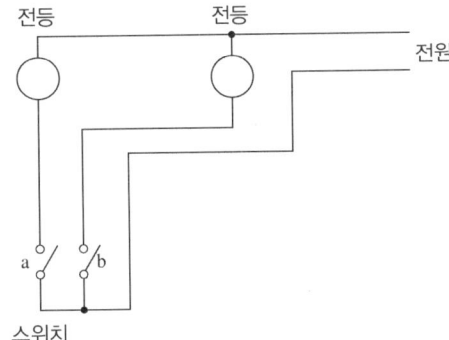

(2) 전등 1개를 스위치 2개로 2개소에서 점멸시키는 회로
 ① 단선도

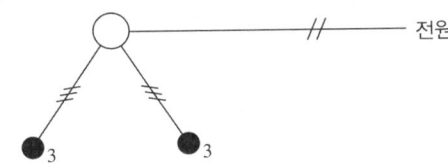

 ② 실제 배선도

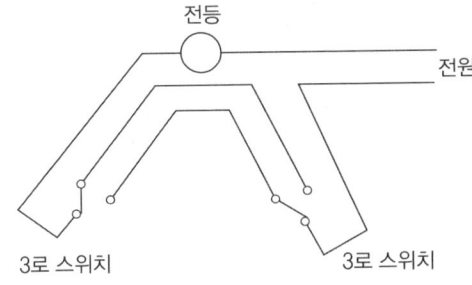

(3) 전등 2개를 동시에 2개소에서 점멸시키는 회로
 ① 단선도

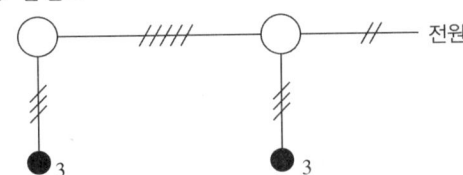

 ② 실제 배선도

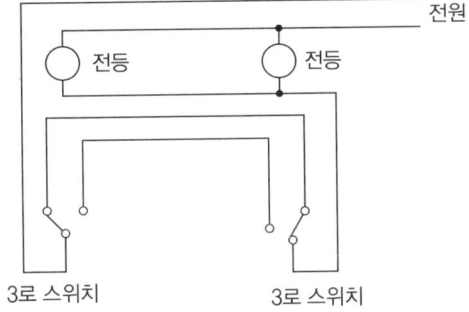

기출 & 예상문제

출제: 산업 17 | 배점: 8점

다음 그림은 옥내 전등 배선도의 일부를 표시한 것이다. 백열등 L_1, L_2, L_3는 3로 스위치로 점멸하고, 백열등 L_4, L_5는 단로 스위치로 점멸할 수 있도록 ① ~ ④까지의 전선(가닥) 수를 기입하시오. 단, 접지는 제외하고 최소 가닥 수를 기입하시오.

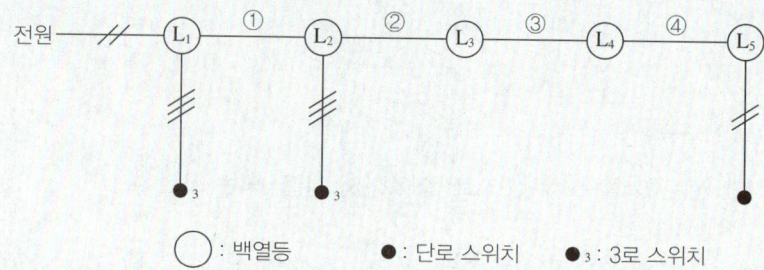

해설

① 5 ② 3 ③ 2 ④ 3

참고

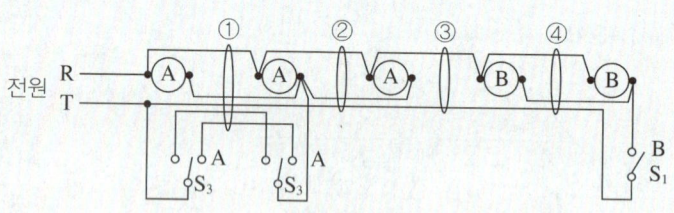

CHAPTER 09 기출 기반 적중문제

출제: 산업 14 | 배점: 13점

01 그림은 $22.9[kV-Y]$, $1,000[kVA]$ 이하인 특고압 수전 설비의 표준 결선도이다. 이 결선도를 보고 물음에 답하시오. (단, CB 1차 측에 PT를, CB 2차 측에 CT를 시설하는 경우이다.)

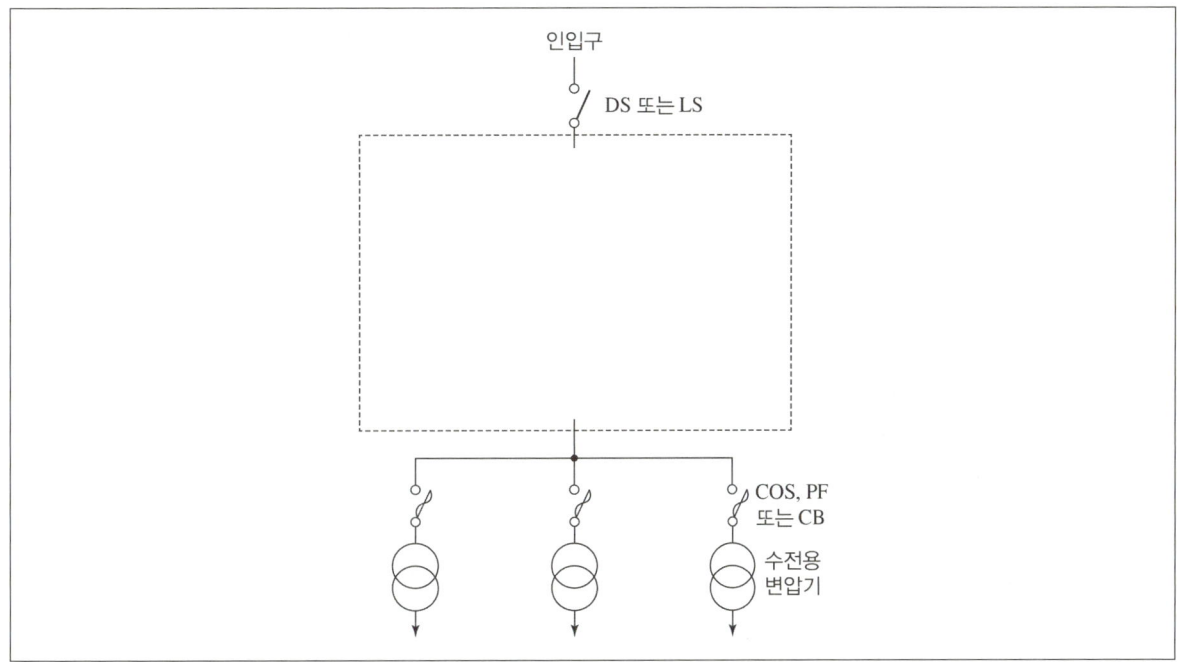

(1) 점선으로 표시된 미완성 부분의 단선 결선도를 완성하시오.(참고: MOF, CB, OCGR, PT, CT, OCR, COS 또는 PF 등을 이용할 것)
(2) 인입구 직하의 DS 또는 LS에서 전압이 몇 [kV] 이상인 경우에 LS를 사용하는가?
(3) 차단기의 트립 전원 방식은 어떤 방식을 이용하는 것이 바람직한가? 2가지를 쓰시오.
(4) 인입선을 지중선으로 시설하는 경우로서 공동주택 등 사고 시 정전 피해가 큰 수전 설비 인입선은 몇 회선으로 시설하는 것이 바람직한가?
(5) 지중 인입선의 경우 $22.9[kV-Y]$ 계통에서 주로 사용하는 케이블은?
(6) LA의 명칭은 무엇인가?
(7) MOF 및 OCB의 명칭은 무엇인가?

해설

(1)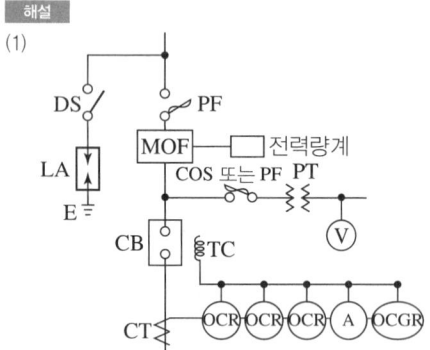

(2) 66[kV]
(3) • 직류(DC) 방식
    • 콘덴서(CTD) 방식
(4) 2회선
(5) CNCV-W 케이블(수밀형) 또는 TR CNCV-W(트리 억제형)
(6) 피뢰기
(7) • MOF: 전력 수급용 계기용 변성기
    • OCB: 유입 차단기

출제: 기사 15 | 배점: 7점

02 특고압 간이 수전 설비 결선도(단선도)를 그리시오.(단, $22.9[kV-Y]$, $1,000[kVA]$ 이하를 시설하는 경우이며, 그림 기호의 명칭을 반드시 쓰도록 한다.)

해설

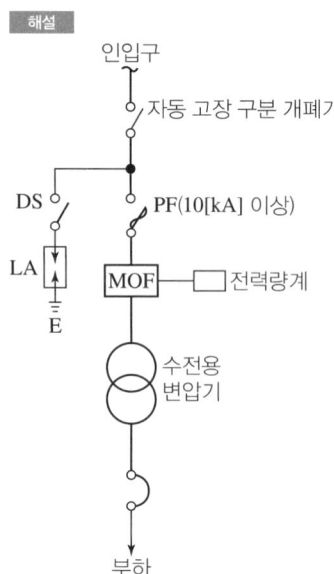

출제: 산업 14 | 배점: 5점

03 G형 단위 폐쇄 배전반에서 구비해야 할 조건 중 5가지만 쓰시오.

> **해설**
> - 단위 회로마다 장치가 일괄해서 접지 금속함 내에 수납되어 있을 것
> - 차단기가 폐로된 상태에서는 단로기를 조작할 수 없도록 인터록 장치를 설치할 것
> - 주회로의 중요한 기기는 상호 간에 접지 금속 벽으로부터 절연벽에 의하여 격리되어 있을 것
> - 차단기는 그 주회로와 제어 회로에 자동 연결부가 있는 추출형일 것
> - 차단기는 반출할 수 있는 구조일 것

출제: 산업 17 | 배점: 6점

04 다음 그림은 고압 수전 설비 진상 콘덴서 접속 뱅크 결선도이다. 물음에 답하시오.

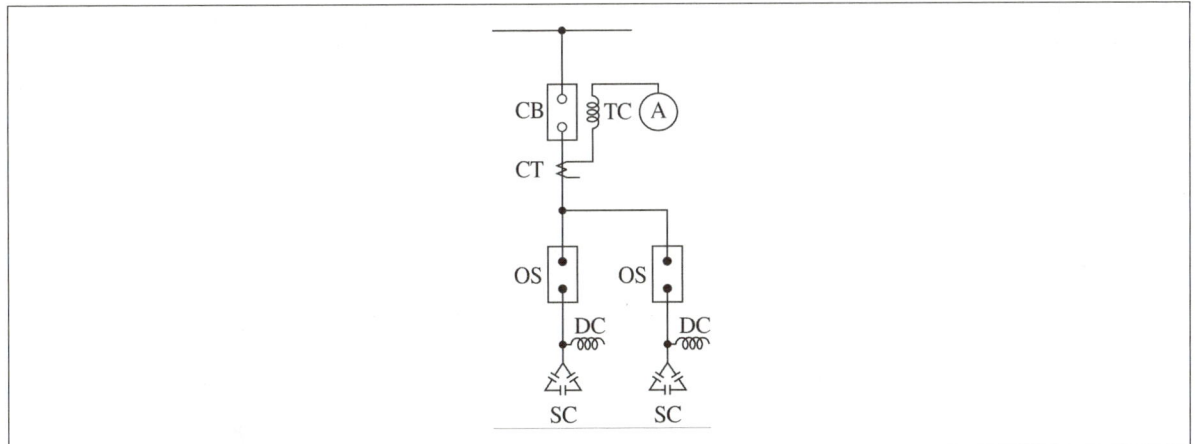

(1) 콘덴서 용량이 $100[kVA]$ 이하인 경우 CB 대신 사용 가능한 개폐기를 쓰시오.
(2) 콘덴서 용량이 $50[kVA]$ 미만인 경우 OS 대신 사용 가능한 개폐기를 쓰시오.

> **해설**
> (1) 유입 개폐기
> (2) 컷아웃 스위치

출제: 산업 14 | 배점: 8점

05 다음 도면은 154[kV]를 수전하는 어느 공장의 수전 설비에 대한 단선도이다. 이 단선도를 보고 다음 각 물음에 답하시오.

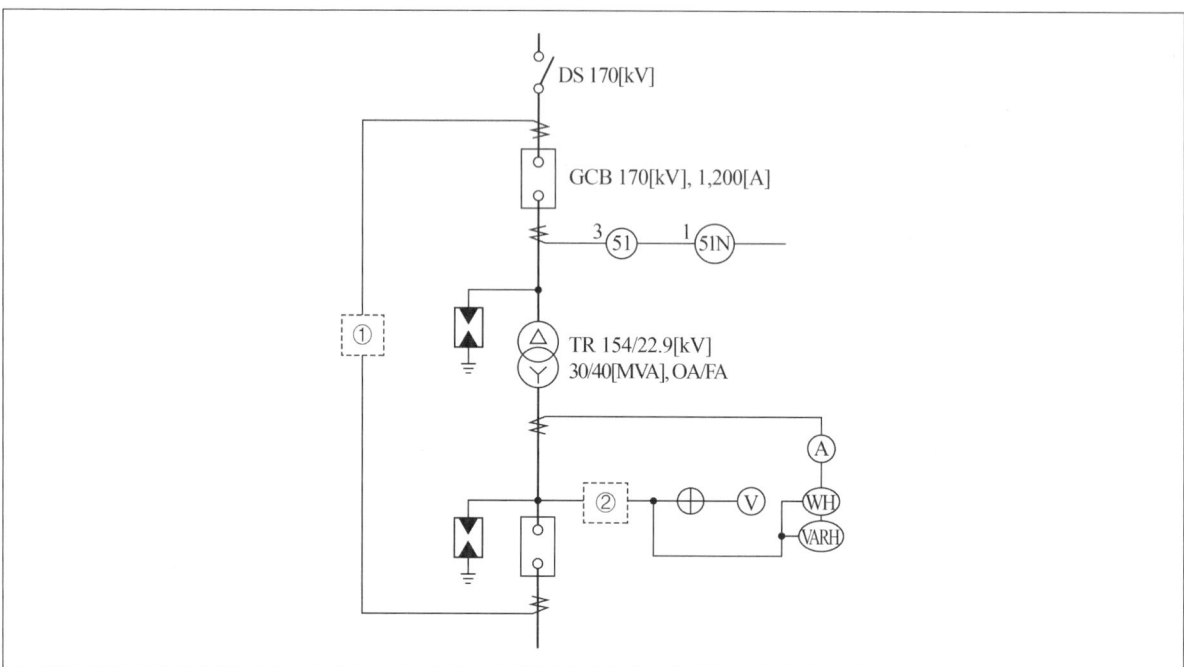

(1) ①에 설치되어야 할 기기의 심벌을 그리고, 그 명칭을 쓰시오.
(2) ②에 설치되어야 할 기기의 심벌을 그리고, 그 명칭을 쓰시오.
(3) 51, 51N의 기구 번호의 명칭은?
(4) GCB, VARH의 명칭은?

해설
(1) • 심벌: ⊣⊢
      (87T)
    • 명칭: 주변압기 차동 계전기
(2) • 심벌: ⸺⧟⸺
    • 명칭: 계기용 변압기
(3) • 51: 과전류 계전기
    • 51N: 중성점 과전류 계전기
(4) • GCB: 가스 차단기
    • VARH: 무효 전력량계

출제: 기사 15 | 배점: 10점

06 다음 도면은 어느 공장의 수전 설비이다. 필요한 [참고 자료]를 이용하여 물음에 답하시오.

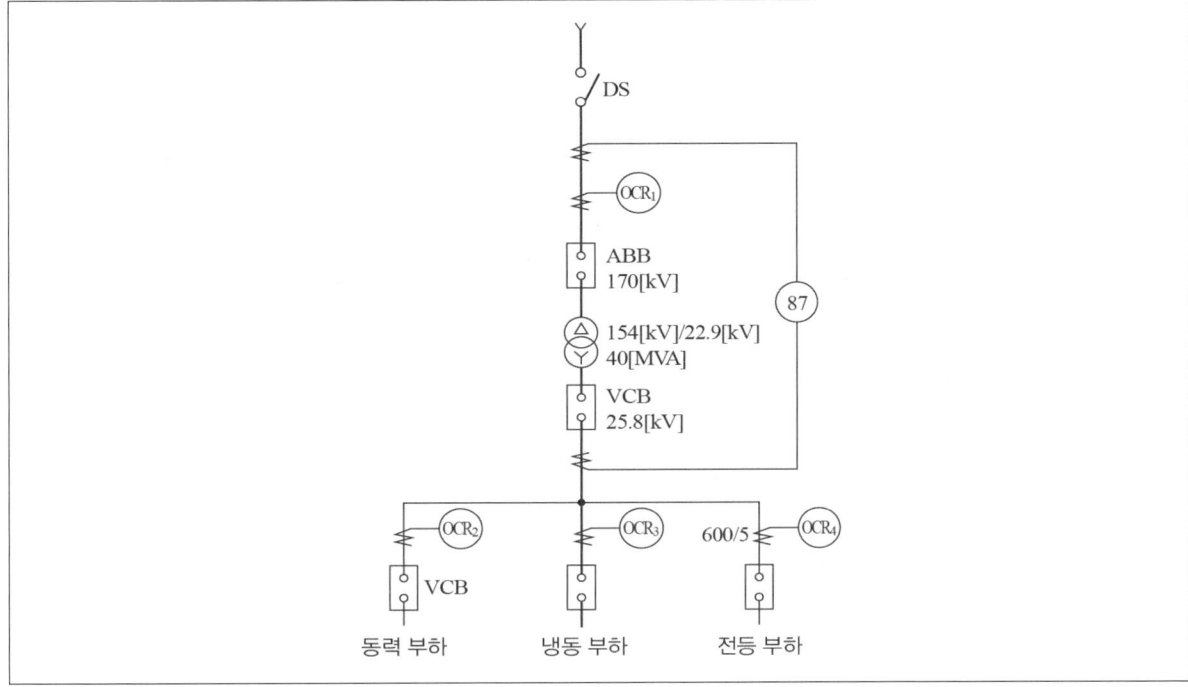

[참고 자료]

- 전원 등가 임피던스는 2.5[%](100[MVA] 기준)이고 변압기 %임피던스는 자기 용량 기준으로 7[%]이다.
- 전원 측 변전소에서 설치된 OCR의 정정치는 Pick 2.5에 LEVER가 2이다.
- 전위와 후비 보호 장치와의 INTERVAL은 최소한 30[c/s]은 주어야 동시 동작을 피할 수 있다.
- OCR_1의 Tap은 전부하 전류의 160[%]로 선정하며, 부하 측에서 설치된 $OCR_2 \sim OCR_4$의 사용 Tap은 150[%]로 설정한다.
- 170[kV] 차단기 용량은 1,500[MVA], 2,500[MVA], 3,000[MVA], 5,000[MVA], 7,500[MVA] 중 선택하며, 차동 계전기 CT 변류기는 1,200[A], 1,500[A], 2,000[A], 2,500[A], 3,000[A], 5,000[A] 중에서 선택한다.

(1) 과전류 계전기 OCR_1의 적당한 Tap은?(단, CT 값은 정격 전류의 1.25배이다.)
(2) 170[kV] ABB의 적당한 차단 용량[MVA]은?
(3) 계전기 87의 22.9[kV] 측의 적당한 CT비는?(단, CT 값은 정격 전류의 1.25배이다.)
(4) 87 계전기의 정확한 명칭은?
(5) ABB의 정확한 명칭은?

해설

(1) 부하 전류 $I = \dfrac{40 \times 10^3}{\sqrt{3} \times 154} = 149.96[\text{A}]$

   CT에 흐르는 전류 $I_{CT} = 149.96 \times 1.25 = 187.45[\text{A}]$이므로 CT 값 200/5[A] 선정

   OCR_1의 Tap: $I_t = 149.96 \times 1.6 \times \dfrac{5}{200} = 6[\text{A}]$

   답 6[A]

(2) 단락 용량 $P_s = \dfrac{100}{\%Z} P_n = \dfrac{100}{2.5} \times 100 = 4,000[\text{MVA}]$

   문제의 조건에서 4,000[MVA]보다 큰 5,000[MVA] 선정

   답 5,000[MVA]

(3) 2차 전류 $I_2 = \dfrac{40 \times 10^3}{\sqrt{3} \times 22.9} = 1,008.47[\text{A}]$

   CT 2차 전류 $I_{CT} = 1,008.47 \times 1.25 = 1,260.59[\text{A}]$이므로 문제 조건에서 1,200/5[A] 선정

   답 1,200/5

(4) 비율 차동 계전기

(5) 공기 차단기

출제: 기사 17 | 배점: 5점

07 다음은 변압기를 보호하기 위한 단선 결선도의 일례이다. 그림에서 변압기의 내부 고장 검출을 위한 기기의 명칭을 쓰시오.

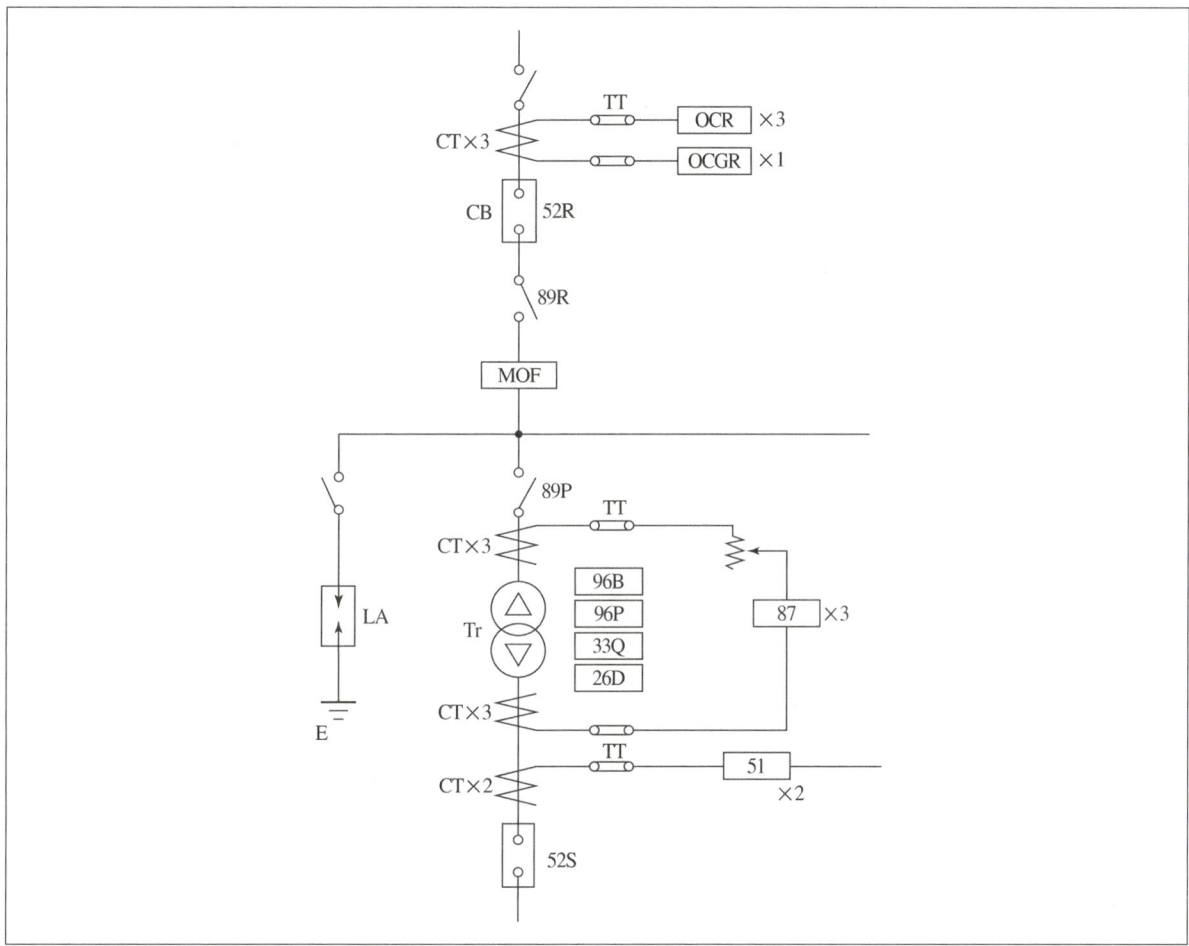

(1) 96B
(2) 96P
(3) 33Q

해설
(1) 브흐홀쯔 계전기
(2) 충격 압력 계전기
(3) 유면 검출 장치

출제: 산업 16 | 배점: 6점

08 다음은 전선에 대한 약호이다. 정확한 명칭을 우리말로 쓰시오.

(1) ACSR
(2) VCT
(3) MI

해설
(1) 강심 알루미늄 연선
(2) 0.6/1[kV] 비닐 절연 비닐 캡타이어 케이블
(3) 미네랄 인슐레이션 케이블

출제: 기사 14 | 배점: 4점

09 다음 옥내 배선 심벌에 대한 명칭을 설명하시오.

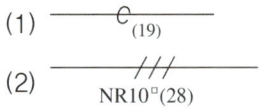

해설
(1) 19[mm] 박강 전선관으로 전선관 내에 전선이 들어 있지 않은 경우
(2) 28[mm] 후강 전선관에 천장 은폐 배선으로 10[mm^2] NR 전선 3가닥을 넣은 경우

출제: 기사 14 | 배점: 5점

10 다음 그림은 지지물에 대한 기호이다. 명칭을 주어진 답안지에 각각 쓰시오.

(1) ─◯─
(2) ─▢─

해설
(1) 철근 콘크리트주
(2) 철주
(3) 철탑
(4) 지선

11 다음 전기 심벌의 명칭을 쓰시오.

(1)

(2)

(3)

> **해설**
> (1) 누전 경보기
> (2) 환기팬(선풍기 포함)
> (3) 타임 스위치

12 다음 그림 기호의 명칭을 쓰시오.

(1) $\boxed{E}$ (2) $\boxed{B}$ (3) $\boxed{TS}$

(4) $\boxed{S}$ (5)   (6) ✏

> **해설**
> (1) 누전 차단기
> (2) 배선용 차단기
> (3) 타임 스위치
> (4) 연기 감지기
> (5) 스피커
> (6) 조광기

13 다음은 전등을 3개소에서 동시에 점멸하는 복도 조명의 배선도이다. 이어지는 물음에 답하시오.

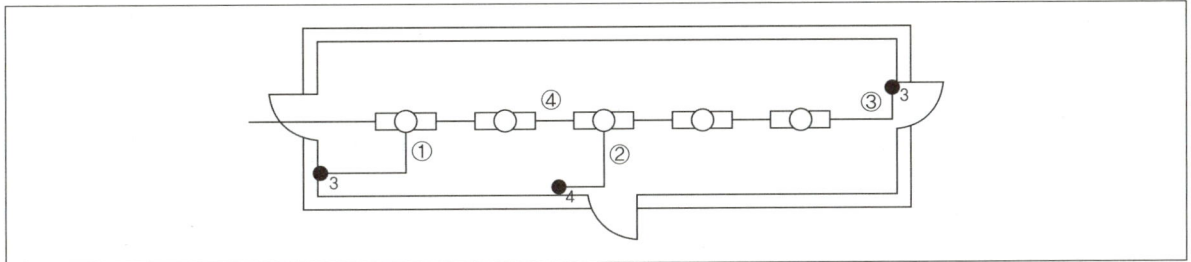

(1) ①, ②, ③, ④의 최소 배선 수는 몇 가닥인지 쓰시오.(단, 접지는 제외한다.)

①	②	③	④

(2) 배선도에 사용된 그림 기호의 명칭을 쓰시오.

기호	명칭
⊏○⊐	
●₃	
▬▬▬	

해설

(1)
①	②	③	④
3	4	3	4

(2)
기호	명칭
⊏○⊐	형광등
●₃	3로 스위치
▬▬▬	천장 은폐 배선

참고

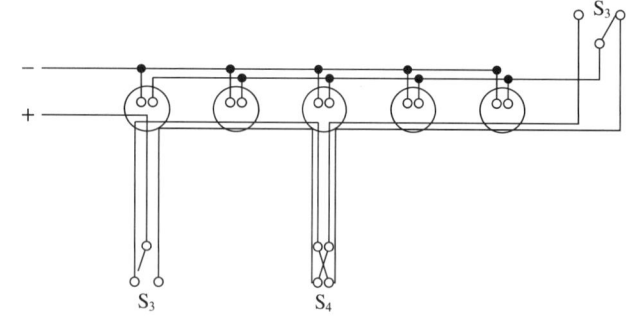

출제: 산업 17 | 배점: 4점

14 다음 그림은 옥내 전등 배선도의 일부를 표시한 것이다. ①~④까지의 전선 수를 기입하시오.(단, 3로 스위치에 의해 L_1, 단로 스위치에 의해 L_2가 점멸되도록 하고 접지는 제외하고 최소 전선 수만 기입한다.)

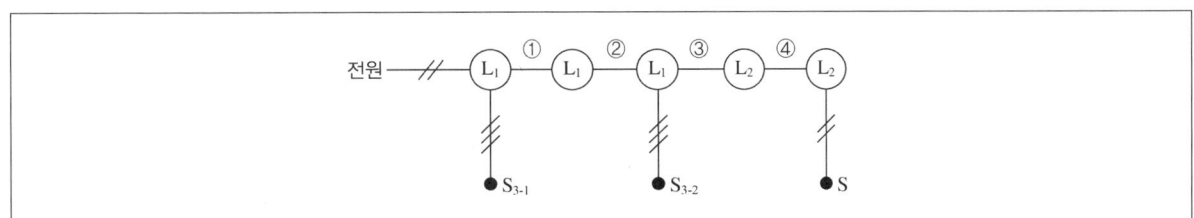

해설

① 5
② 5
③ 2
④ 3

참고

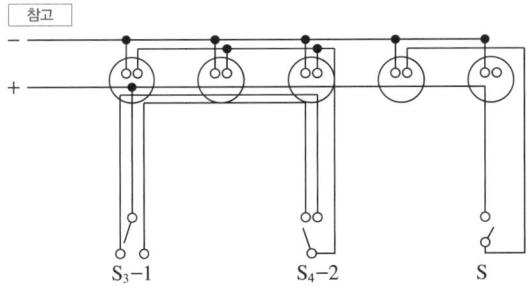

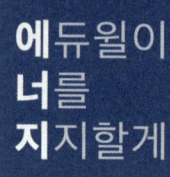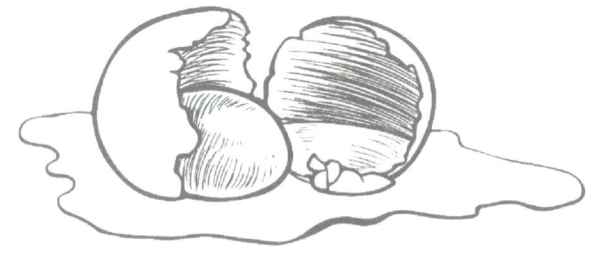

경험이란 사람들이
자신의 실수를 일컫는 말이다.

CHAPTER

견적

1. 견적의 기본
2. 적산
3. 품셈 및 노무비 산출
4. 터파기

학습 전략

다양한 견적에 대한 실제 기출문제를 접하면서 본인이 약한 부분이 어떤 내용인지를 정확하게 파악한 후, 본인의 취약한 내용을 완벽하게 보완하는 방향으로 학습 계획을 세워야 합니다.

CHAPTER 10 | 흐름 미리보기

1. 견적의 기본
2. 적산
3. 품셈 및 노무비 산출
4. 터파기

NEXT **CHAPTER 11**

CHAPTER 10 견적

THEME 01 견적의 기본

1 견적의 기본 용어

(1) 견적

어떠한 공사의 예정 가격을 산출하기 위해 설계 도서 및 시방서, 시공 현장의 여건에 따른 공사에 소요되는 재료비와 노무의 품을 계산하는 일련의 과정과 업무를 말한다.

(2) 순 공사 원가

① 공사 시공 과정에서 발생하는 재료비 및 노무비, 경비 등을 총 합계한 금액을 말한다.

(순) 공사 원가 = 재료비 + 노무비 + 경비

② 재료비의 계산에 있어 사전에 알아두어야 할 사항
  - 재료비의 내역을 구성하고 있는 세부 내용 및 범위의 설정
  - 품목별, 규격별로 적용할 단가의 결정
  - 적산 수량의 계산

③ 재료비의 구성
  - 직접 재료비: 공사 목적물의 실체를 구성하는 물품이나 자재의 가치
  - 간접 재료비: 공사 목적물의 실체를 직접 구성하지는 않으나, 공사에 보조적으로 소비되는 물품의 가치
  - 재료의 구입 과정에서 발생되는 운임, 보험료, 보관료 등의 부대 비용은 재료비로 계산한다.
  - 재료 구입 후 발생되는 부대 비용은 경비의 항목으로 계산한다.
  - 계약 목적물의 시공 중에 발생하는 부산물 등은 그 매각액 또는 이용 가치를 추산하여 재료비에서 공제한다.

④ 노무비
  - 직접 노무비: 공사 시공 현장에서 계약 목적물을 완성하기 위해 직접 그 공사에 종사하는 종업원 및 종사자에 제공되는 노동의 대가 합계액
  - 간접 노무비: 공사 시공 현장에서 계약 목적물을 완성하기 위하여 직접 그 공사에 종사하지는 않으나, 공사 현장에서 보조 작업에 종사하는 노무자, 종업원과 현장 감독자 등의 기본급과 제수당, 상여금, 퇴직 급여 충당금의 합계액
    - 간접 노무비는 직접 노무비의 15[%]를 초과할 수 없다.
    - 간접 노무비 = 직접 노무비 × 간접 노무 비율

독학이 쉬워지는 기초개념

견적도
일반적으로 구조 치수를 나타내는 개요도, 외형도 등을 사용하여 표현하는 도면으로, 견적서에 첨부하여 피조회사에게 제공되는 도면을 말한다.

시방서(Specification)
- 공사에서 일정한 순서를 적은 문서
- 공사에 필요한 재료의 종류와 품질, 시공 방법 등 공사 도면에 나타내기 어려운 사항을 기록한다.

총 공사 원가
재료비 + 노무비 + 경비 + 일반 관리비 + 이윤

노무
임금을 받으려고 육체적 노력을 들여서 하는 일

- 간접 노무 비율

$$= \frac{공사\ 종류별\ 간접\ 노무\ 비율 + 공사\ 규모별\ 간접\ 노무\ 비율 + 공사\ 기간별\ 간접\ 노무\ 비율}{3}$$

$$= \frac{간접\ 노무비}{직접\ 노무비} \times 100[\%]$$

⑤ 경비
- 공사의 시공을 위해 소요되는 공사 원가 중 재료비, 노무비를 제외한 원가를 말한다.
- 기업 유지를 위한 관리 활동 부문에서 발생하는 일반 관리비와 구분된다.
- 경비는 당해 계약 목적물, 시공 기간의 소요량을 측정하거나 원가 계산 자료나 계약서, 영수증 등을 근거로 예정하여야 한다.

기출 & 예상문제
출제: 산업 16 | 배점: 3점

공사 원가라 함은 공사 시공 과정에서 발생한 무엇의 합계액을 말하는가?

해설
재료비, 노무비, 경비

2 일반 관리비

(1) 정의
① 기업의 유지를 위한 관리 활동 부문에서 발생하는 제비용으로, 공사 원가에 속하지 않는 모든 영업 비용 중 판매비 등을 제외한 비용을 말한다.
② 일반 관리비는 임원 급료, 사무실 직원의 급료, 제수당, 퇴직 급여 충당금, 복리 후생비, 여비, 교통비, 경상 시험 연구 개발비, 보험료 등을 말한다.

(2) 산출 방법
① 기업 손익 계산서를 기준하여 다음과 같이 산정한다.
- 일반 관리비 = 판매비와 일반 관리비 − (광고 선전비 + 접대비 + 대손상각비 등)
- 일반 관리 비율 $= \frac{일반\ 관리비}{매출\ 원가} \times 100[\%]$

② 일반 관리비는 공사 원가에 다음과 같이 정한 일반 관리 비율을 초과하여 계상할 수 없으며, 공사 규모별로 체감 적용한다.

시설 공사		전문, 전기, 전기 통신 공사	
공사 원가	일반 관리 비율	공사 원가	일반 관리 비율
50억 원 미만	6[%]	5억 원 미만	6[%]
50억 원~300억 원 미만	5.5[%]	5억 원~30억 원 미만	5.5[%]
300억 원 이상	5[%]	30억 원 이상	5[%]

> **독학이 쉬워지는 기초개념**
>
> **계상**
> 회계 장부 등에 계산하여 올리는 것

독학이 쉬워지는 기초개념

3 이윤

영업 이익을 말하며, 공사 원가 중 노무비, 경비와 일반 관리비의 합계액(이 경우 기술료 및 외주 가공비는 제외한다.)에 이윤을 15[%] 초과하여 계상할 수 없다.

기출 & 예상문제 출제: 산업 15 | 배점: 5점

중요도
공사 원가 계산(총 원가) 시 원가 계산의 비목(구성)을 5가지 쓰시오.

해설
재료비, 노무비, 경비, 일반 관리비, 이윤

THEME 02 적산

적산
공사비를 산출하는 공사의 원가 계산 과정을 말한다.

1 적산 시 사전 조사 내용

(1) 도면 및 시방서
① 도면의 기재 사항, 상세도 등을 상세히 조사하여 파악
② 타 공사와의 관련된 사항 및 공사의 한계 파악
③ 건축물의 각 층 높이, 천장 높이, 천장 및 벽체, 바닥 마감 사항 등의 건축 도면 참고
④ 시방서의 요점 확인 및 특별한 사항 여부 파악

(2) 현장 설명 및 도면 검토
① 계약 조건 및 특기 사항
② 건물의 구조
③ 배관 및 배선
④ 기기 및 자재의 제조업체 지정 유무, 사양 확인
⑤ 현장 조사

2 적산 방법

건설 공사는 여러 복잡한 현장 조건에 따라 많이 좌우되므로 적산자는 여러 가지 변동 상황을 항상 염두에 두고 현장을 충분히 조사하여 특징을 파악하고 현장에 적합한 시공 계획을 세워 이를 기초로 정확한 적산을 하여야 한다. 이렇게 하기 위해서는 적산에 필요한 제정보 자료 정비 등 적산 작업을 일정한 규칙에 따라 검토할 필요가 있다.

(1) 적산 방법 순서도

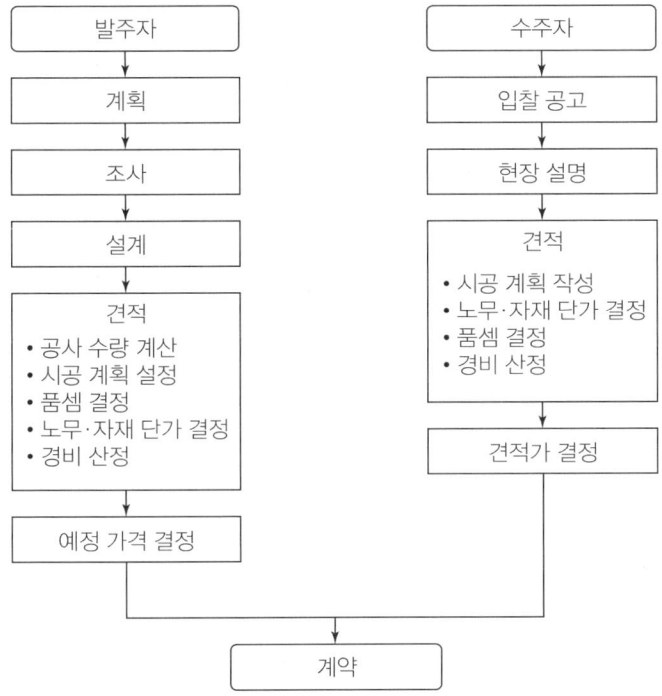

(2) 적산 방법
① 공사 수량 계산
- 집계 순위 결정
- 수량 산출 구분(수량의 종류별, 재료별, 위치별, 강도별 세분)
- 할증률
- 수량의 공제

② 시공의 결정
- 시공법 및 작업 순위 결정
- 작업 기종 선정, 조합 결정
- 작업 능력 결정

③ 표준 품셈 및 단가 결정
- 단위 공종별 표준 품셈 결정
- 표준 단가 및 대가 결정(복합 단가)

④ 적산자는 도면과 시방서에 재료의 종류, 공법 등의 명기가 누락된 사항은 적산 과정에서 설계 도면이나 시방서에 보완하여야 하며, 시공상 당연히 추가되어야 할 사항은 보완 또는 수정하여야 한다.

독학이 쉬워지는 기초개념

품셈
공사에서 단위 면적당 투입하는 표준 노무량

독학이 쉬워지는 기초개념

THEME 03　품셈 및 노무비 산출

1 품셈

(1) 정의
① 인력 또는 건설 장비를 이용하여 어떤 목적물을 완성하기 위하여 소요되는 인력과 재료량을 수량으로 표시한 것
② 표준 품셈: 여러 가지 환경과 기후 및 현장 여건 등을 고려하여 현장의 작업이 시행되기 전에도 공사비를 계산할 수 있도록 각 작업의 내용에 따라 재료, 인력 및 장비의 소요량을 표준화한 것

(2) 품셈 적용
① 각 공사의 종류별로 소요되는 재료의 수량을 산출 집계하여 표준 품셈상의 규정된 재료 할증의 적용 여부를 확인한다.
② 할증 부분의 재료 수량에는 그 성격상 품을 계산하지 않는다.

2 재료의 할증률 적용

표준 품셈의 적용 기준에 규정되어 있는 각종 재료의 할증률은 다음과 같이 각각 적용한다.

(1) 강재

종류	할증률[%]
철근	5
이형 철근	3
일반 볼트	5
고장력 볼트	3
강판	10
강관	5
대형 형강	7
소형 형강	5
경량 형강, 각 파이프	5
봉강	5
평강 대강	5
리벳 제품	5

(2) 전기 통신 재료

종류	할증률[%]	철거 손실률[%]
옥외 전선	5	2.5
옥내 전선	10	-
케이블(옥외)	3	1.5
케이블(옥내)	5	-
전선관(옥외)	5	-
전선관(옥내)	10	-

케이블 랙(트레이), 덕트, 레이스 웨이	5	-
트롤리선	1	-
합성수지 파형 전선관	3	-

기출 & 예상문제

출제 예상문제

중요도 강재에서 강관 할증률은 옥외 공사를 기준으로 한 것이며, 옥내 공사의 경우 재료의 할증률은 몇 [%] 이내로 하는가?

해설
10[%]

참고
- 전기 통신 재료 할증률

종류	할증률[%]	철거 손실률[%]
옥외 전선	5	2.5
옥내 전선	10	-

- 강관 할증률 5[%]는 옥외 공사의 사용 전선 5[%]를 기준으로 한 것으로, 옥내 공사일 경우에는 옥내 전선 기준인 10[%]를 적용하여야 한다.

3 공구손료와 잡재료 및 소모재료

품셈에 규정되어 있지 않은 공사용 경장비 손료, 공구손료 및 잡소모 재료는 다음에 따라 별도 계산한다.

(1) 공구손료
  ① 공구 손료는 일반 공구 및 시험용 계측 기구류의 손료로 공사 중 상시 일반적으로 사용하는 것을 말하며, 직접 노무비(노임 할증 제외)의 3[%]까지 계상한다.
  ② 절연 내압 시험기, 자동 전압 조정기, Pipe expander, Chain hoist, Block, Straight Edge, Potentiometer, 변압기, 탈기기 등 특수 시험 검사용 기구류의 손료 산정은 경장비 손료에 준한다.

(2) 경장비손료
  ① 전기 용접기, 윈치, 그라인더 등 중장비에 속하지 않는 동력 장치에 의해 구동되는 장비류의 손료를 말하며, 별도로 계상한다.
  ② 경장비의 시간당 손료에 대해서는 기계 경비 산정표에 명시된 가장 유사한 장비의 제수치(내용 시간, 연간 표준 가동 시간, 상각 비율, 정비 비율, 연간 관리 비율 등)를 참조하여 계상한다.

(3) 잡재료 및 소모재료
  ① 잡재료 및 소모재료는 설계 내역에 표시하여 계상한다. 단, 동력 및 조명 공사 부분에서 계상이 어렵고 금액이 근소한 조명 공사의 소모품에 대해서는 직접 재료비(전선과 배관 자재비)의 2~5[%]까지 계상할 수 있다.
  ② 잡 재료: 볼트류, 너트류, 플러그류, 소나사, 못, 슬리브, 새들 등의 재료를 말한다.

독학이 쉬워지는 기초개념

공구손료
작업자가 사용하는 공사용 기구나 장비에 대한 사용 대가를 지불하는 것

> **독학이 쉬워지는 기초개념**

> **소운반**
> 공사를 위한 공사 자재를 화물차 등에 적재하는 것까지 인력이나 소규모 동력기기를 사용하여 운반하는 것

③ 소모재료: 작업 중에 소모하여 없어지거나 작업이 끝난 후에 모양이나 형태가 변하여 남아 있는 재료로, 땜납, 테이프류, 절연 니스, 방청 도료, 용접봉, 아세틸렌 가스 등을 말한다.

4 소운반

(1) 품에서 규정된 소운반이라 함은 20[m] 이내의 수평 거리를 말한다.
(2) 소운반이 포함된 품에 있어 운반 거리가 20[m]를 초과할 경우에는 초과분에 대해 별도로 계상하며 소운반 거리는 직고 1[m], 수평거리 6[m]의 비율로 본다.

5 운반 차량 구분

(1) 공사용 자재의 운반 차량은 덤프 트럭을 원칙으로 하되 훼손의 위험이 있는 기자재는 화물 자동차로 운반한다.
(2) 화물 자동차의 운반비는 화물 자동차의 차량 손료 방식으로 운반비를 산출한다. 다만, 가격 조사 기관에서 발행하는 물가 정보지 가격이 있는 경우에는 '전세 차량비에 의한 운반비 방식'으로 산출할 수 있다.
(3) 전세 차량비에 의한 운반비 산출 공식

차량 운반비[원] = (계산 차량 대수 × 전세 차량비) + 총 상하차임

6 품의 산출 및 할증

(1) 각종 건설 공사의 품(공량) 산출은 정부가 제정한 표준 품셈상에 규정된 기본품에 의한 단위 인공에 의한다.
(2) 품의 할증
① 표준 품셈상의 단위당 기본품은 주간 작업으로서 통상적인 기후 또는 날씨와 작업 조건하에서 실작업 시간 8시간(목도공은 6시간)을 기준으로 한 것이다.
② 작업 시공이 불리한 조건하에 정상적으로 능률을 낼 수 없는 경우에 일정한 비율에 의해 그 품을 보충하여야 한다.
(3) 현행 표준 품셈상의 적용 기준을 참조하면 품의 할증은 다음과 같다.
① 건물의 층수별 할증(지상층)

지상층	할증률[%]
2층 ~ 5층 이하	1
10층 이하	3
15층 이하	4
20층 이하	5
25층 이하	6
30층 이하	7

※ 30층 초과에 대해서는 매 5층 이내 증가마다 1[%] 가산

> **할증**
> 보통 일상적인 평지나 건물의 1층 및 안전한 작업 조건에 비해 작업 여건이 불리한 경우 그 작업 난이도에 따라 임금을 더 지불해 주는 비율을 말한다.

② 건물의 층수별 할증(지하층)

지하층	할증률[%]
지하 1층	1
지하 2～5층	2

※ 지하 6층 이하는 지하 1개층 증가마다 0.2[%] 가산

③ 지세별 할증

지세	할증률[%]
보통	0
불량	25
매우 불량	50
물이 있는 논	20
농작물이 있는 건조한 논밭	10
소택지 또는 깊은 논	50
번화가 1	20(지중케이블 공사 시 30)
번화가 2	10(지중케이블 공사 시 15)
주택가	10

④ 위험 할증률
- 교량 작업

교량상 작업	할증률[%]
인도교	15
철교	30
공중 작업	70

- 고소 작업(비계틀 없이 시공되는 작업 조건)

고소 작업	할증률[%]
지상 5[m] 미만	0
지상 5[m] 이상 10[m] 미만	20
지상 10[m] 이상 15[m] 미만	30
지상 15[m] 이상 20[m] 미만	40
지상 20[m] 이상 30[m] 미만	50
지상 30[m] 이상 40[m] 미만	60
지상 40[m] 이상 50[m] 미만	70
지상 50[m] 이상 60[m] 미만	80
60[m] 이상 매 10[m] 이내 증가마다	10[%] 가산

독학이 쉬워지는 기초개념

번화가 1: 왕복 4차선 이하
번화가 2: 왕복 4차선 초과

독학이 쉬워지는 기초개념

강의 꿀팁

고소 작업 시 할증률은 비계틀 사용 유무에 따라 달라져요.

- 고소 작업(비계틀을 사용하여 시공되는 작업 조건)

고소 작업	할증률[%]
지상 10[m] 이상 20[m] 미만	10
지상 20[m] 이상 30[m] 미만	20
지상 30[m] 이상 50[m] 미만	30
지상 50[m] 이상	40

- 터널 내 작업 및 터널내 작업과 유사한 작업

터널 내 작업	할증률[%]
인도	15
철도	30

기출 & 예상문제

출제 예상문제

중요도 건물의 층수별 할증률에 있어서 30층 초과에 대해서는 매 5층 이내 증가마다 ( )[%]를 가산한다. ( ) 안에 알맞은 것은?

해설
1

THEME 04 터파기

1 독립 기초파기

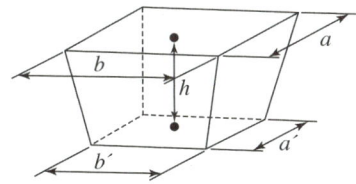

$$터파기량[m^3] = \frac{h}{6}\{(2a+a')\times b+(2a'+a)\times b'\}$$

2 줄 기초파기

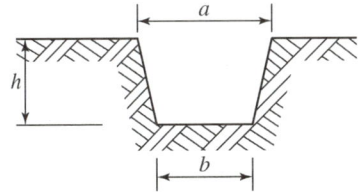

$$터파기량[m^3] = \left(\frac{a+b}{2}\right)\times h \times L$$
단, L: 줄 기초길이[m]

3 철탑 기초파기

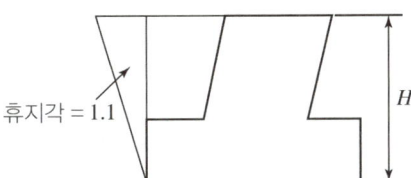

휴지각 = 1.1

$$터파기량[m^3] = 가로 \times 세로 \times H \times 1.21$$
($\because$ 휴지각의 할증률: $1.1 \times 1.1 = 1.21$)

기출 & 예상문제

출제: 기사 98 | 배점: 5점

중요도 그림과 같은 철탑 기초의 굴착량을 산출하려고 한다. 철탑의 굴착량 식은?

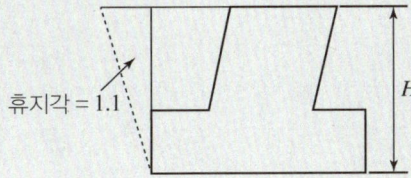

휴지각 = 1.1

해설
$$터파기량[m^3] = 가로 \times 세로 \times H \times 1.21$$

독학이 쉬워지는 기초개념

CHAPTER 10 기출 기반 적중문제

출제: 산업 94 | 배점: 5점

01 간접 노무비는 공사 원가 계산 시 어떻게 계산하는가?

해설

간접 노무비 = 직접 노무비 × 간접 노무 비율

출제: 기사 03 | 배점: 4점

02 총 공사비가 32억 원이고 공사 기간이 18개월인 전기 공사의 간접 노무 비율[%]을 표에 의거하여 계산하시오.

[표] 공사 종류 등에 따른 간접 노무 비율   단위: [%]

구분		간접 노무 비율
공사 종류별	건축 공사	14.5
	토목 공사	15
	특수 공사(포장, 준설 등)	15.5
	기타(전문, 전기, 통신 등)	15
공사 규모별 (※ 품셈에 의하여 산출되는 공사 원가 기준)	50억 원 미만	14
	50 ~ 300억 원 미만	15
	300억 원 이상	16
공사 기간별	6개월 미만	13
	6 ~ 12개월 미만	15
	12개월 이상	17

해설

간접 노무 비율 = $\dfrac{\text{공사 종류별 간접 노무 비율} + \text{공사 규모별 간접 노무 비율} + \text{공사 기간별 간접 노무 비율}}{3}$

$= \dfrac{15+14+17}{3} = 15.33[\%]$

답 15.33[%]

출제: 산업 14 | 배점: 6점

03 공사 원가와 순 공사 원가에 해당하는 항목으로 산출식(방법)을 쓰시오.

(1) 공사 원가
(2) 순 공사 원가

> **해설**
> (1) 공사 원가 = 재료비+노무비+경비+일반 관리비+이윤
> (2) 순 공사 원가 = 재료비+노무비+경비

출제: 산업 00 | 배점: 5점

04 전기 통신 전문 공사에서 3억 원 이상, 5억 원 미만일 때 일반 관리 비율은 몇 [%]인가?

> **해설**
> 6[%]
>
> **참고**
> 일반 관리비 산출 방법
> - 기업 손익 계산서를 기준하여 다음과 같이 산정한다.
>   - 일반 관리비 = 판매비와 일반 관리비 − (광고 선전비 + 접대비 + 대손상각비 등)
>   - 일반 관리 비율 = $\dfrac{\text{일반 관리비}}{\text{매출 원가}} \times 100\,[\%]$
> - 일반 관리비는 공사 원가에 다음과 같이 정한 일반 관리 비율을 초과하여 계상할 수 없으며 공사 규모별로 체감 적용한다.

시설 공사		전문, 전기, 전기 통신 공사	
공사 원가	일반 관리 비율	공사 원가	일반 관리 비율
50억 원 미만	6[%]	5억 원 미만	6[%]
50억 원~300억 원 미만	5.5[%]	5억 원~30억 원 미만	5.5[%]
300억 원 이상	5[%]	30억 원 이상	5[%]

출제: 산업 99 | 배점: 5점

05 어느 공장의 수전 설비 공사를 시행하는 데 재료비 20,000,000원, 노무비 15,000,000원, 경비 10,000,000원이었다. 이 공사를 공사 원가 계산 방법에 의하여 일반 관리비와 이윤을 계산하시오.(단, 일반 관리비는 6[%], 이윤은 15[%]로 보고 계산한다.)

> **해설**
> - 일반 관리비: $(20{,}000{,}000 + 15{,}000{,}000 + 10{,}000{,}000) \times 0.06 = 2{,}700{,}000\,[\text{원}]$
> - 이윤: $(15{,}000{,}000 + 10{,}000{,}000 + 2{,}700{,}000) \times 0.15 = 4{,}155{,}000\,[\text{원}]$
>
> **답** 일반 관리비: 2,700,000[원], 이윤: 4,155,000[원]
>
> **참고**
> 이윤
> : 영업 이익을 말하며, 공사 원가 중 노무비, 경비와 일반 관리비의 합계액(이 경우 기술료 및 외주 가공비는 제외한다.)에 이윤을 15[%] 초과하여 계상할 수 없다.

출제: 기사 96 | 배점: 4점

06 수전 설비를 하는데, 순 공사비 원가 합계가 200,000,000원이었다. 이때 일반 관리비는 얼마인가?

해설

$200,000,000 \times 0.06 = 12,000,000$[원]

답 12,000,000[원]

참고

일반 관리비 산출

시설 공사		전문, 전기, 전기 통신 공사	
공사 원가	일반 관리 비율	공사 원가	일반 관리 비율
50억 원 미만	6[%]	5억 원 미만	6[%]
50억 원~300억 원 미만	5.5[%]	5억 원~30억 원 미만	5.5[%]
300억 원 이상	5[%]	30억 원 이상	5[%]

출제: 기사 96 | 배점: 4점

07 전기 공사의 공사 원가 비목이 다음과 같이 구성되었을 경우 일반 관리비와 이윤을 산출하시오.

- 재료비 소계: 80,000,000[원]
- 노무비 소계: 40,000,000[원]
- 경비 소계: 25,000,000[원]

해설

- 일반 관리비: $(80,000,000 + 40,000,000 + 25,000,000) \times 0.06 = 8,700,000$[원]
- 이윤: $(40,000,000 + 25,000,000 + 8,700,000) \times 0.15 = 11,055,000$[원]

답 일반 관리비: 8,700,000[원], 이윤: 11,055,000[원]

출제: 기사 14 | 배점: 5점

08 정부나 공공 기관에서 발주하는 전기 공사의 물량 산출 시 다음 재료의 할증률은 몇 [%] 이내로 하여야 하는지 쓰시오.

(1) 옥외 전선
(2) 옥내 전선
(3) 전선관(옥외)
(4) 전선관(옥내)
(5) 트롤리선

해설
(1) 5[%]
(2) 10[%]
(3) 5[%]
(4) 10[%]
(5) 1[%]

참고
전기 통신 재료의 할증률

종류	할증률[%]	철거 손실률[%]
옥외 전선	5	2.5
옥내 전선	10	−
케이블(옥외)	3	1.5
케이블(옥내)	5	−
전선관(옥외)	5	−
전선관(옥내)	10	−
트롤리선	1	−
동대, 동봉	3	1.5

출제: 산업 07 | 배점: 4점

09 공구 손료는 일반 공구 및 시험 검사용 일반 계측 기구류의 손료로서 공사 중 상시 일반적으로 사용하는 것을 말하며, 직접 노무비(제수당 상여금 또는 퇴직 급여 충당금 제외)의 몇 [%]를 계상할 수 있는가?

> 해설
> 3[%]

출제: 기사 15 | 배점: 5점

10 품에서 규정된 소운반이라 함은 무엇을 뜻하는가?

> 해설
> 20[m] 이내의 수평거리를 말하며, 경사면의 소운반 거리는 직고 1[m] 수평거리 6[m]의 비율로 본다.

출제: 기사 14 | 배점: 3점

11 전기 공사에서 건물(지상층) 층수별 물량 산출 시 건물 층수에 따라 할증률이 규정 적용된다. 이때의 할증률[%]은 각각 얼마인지 쓰시오.

(1) 10층 이하
(2) 20층 이하
(3) 30층 이하

> 해설
> (1) 3[%]
> (2) 5[%]
> (3) 7[%]

출제: 산업 15 | 배점: 5점

12 가로등용 기초를 설치하기 위하여 아래 그림과 같이 굴착을 해야 한다. 이때의 터파기량은 몇 $[m^3]$인가?

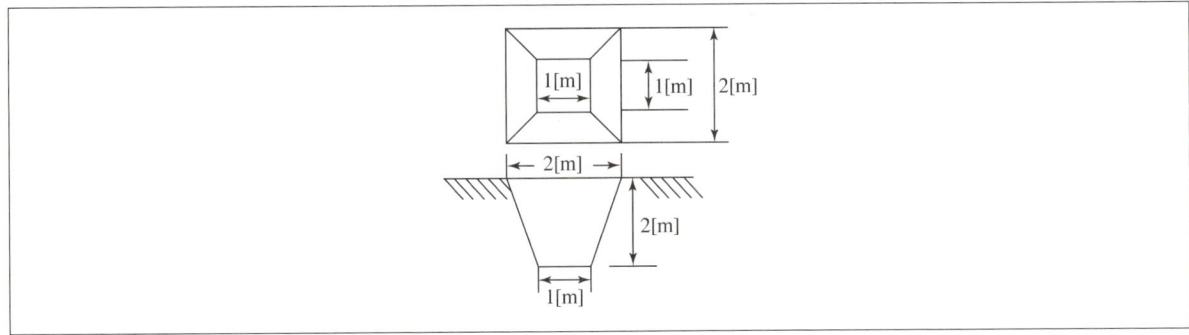

해설

터파기량 $= \dfrac{2}{6} \times \{(2\times2+1)\times2 + (2\times1+2)\times1\} = 4.67[m^3]$

답 $4.67[m^3]$

참고

독립 기초파기

터파기량 $= \dfrac{h}{6}\{(2a+a')\times b + (2a'+a)\times b'\}[m^3]$

출제: 기사 14 | 배점: 5점

13 그림과 같이 외등용 전선관을 지중에 매설하려고 한다. 터파기(흙파기)량은 얼마인지 계산하시오.(단, 매설 거리는 $50[m]$이고, 전선관의 면적은 무시한다.)

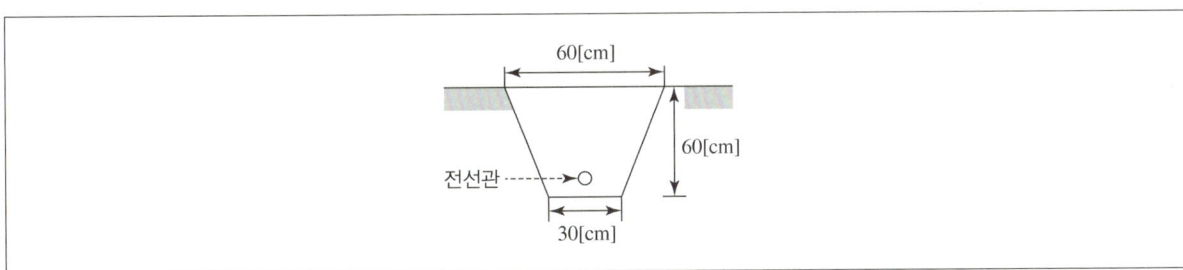

해설

줄 기초파기이므로 터파기량 $= \left(\dfrac{0.6+0.3}{2}\right)\times 0.6 \times 50 = 13.5[m^3]$

답 $13.5[m^3]$

참고

터파기량 $= \left(\dfrac{a\times b}{2}\right)\times h \times L[m^3]$

단, L: 줄 기초길이$[m]$

14 지중 전선로 공사를 하기 위하여 그림과 같이 줄 기초 터파기를 하려고 한다. 다음 물음에 답하시오.(단, 지중 전선로 길이는 $80[m]$이며, 되메우기 및 잔토 처리는 계산하지 않는다. 인부는 $1[m^3]$당 0.2인으로 하고, 보통 토사를 기준으로 하며, 해당되는 노임은 80,000원이다.)

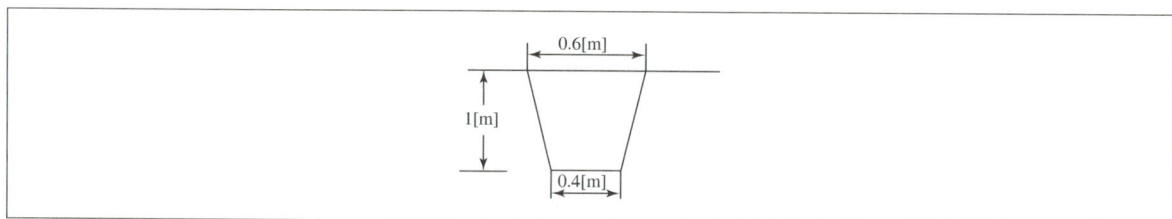

(1) 기초 터파기량은 얼마인가?
(2) 인부는 몇 인이 필요한가?
(3) 노임은 얼마인가?

해설

(1) 터파기량 $= \left(\dfrac{0.6+0.4}{2}\right) \times 1 \times 80 = 40[m^3]$

　답 $40[m^3]$

(2) 인공 $= 40 \times 0.2 = 8[인]$

　답 $8[인]$

(3) 노임 $= 80,000 \times 8 = 640,000[원]$

　답: $640,000[원]$

참고

• 터파기량 $= \left(\dfrac{a \times b}{2}\right) \times h \times L[m^3]$

단, L: 줄 기초길이$[m]$

출제: 산업 14 | 배점: 5점

15 배관 및 배선 공사를 하기 위한 터파기 수량 산출을 하고자 한다. 그림과 같은 줄 기초파기의 굴착량식은 어떻게 되는가?

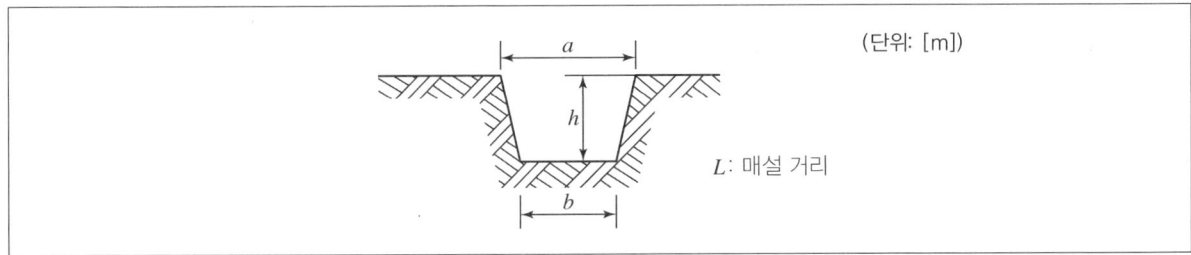

> 해설

굴착량 $= \dfrac{a+b}{2} \times h \times L\,[\mathrm{m}^3]$

> 참고

터파기량 $= \dfrac{a \times b}{2} \times h \times L\,[\mathrm{m}^3]$

단, L: 줄 기초길이[m]

출제: 산업 96 | 배점: 5점

16 견적도가 무엇인지 간단하게 작성하시오.

> 해설

일반적으로 구조 치수를 나타내는 개요도, 외형도 등을 사용하여 표현하는 도면으로, 견적서에 첨부하여 피조회자에게 제공되는 도면을 말한다.

출제: 기사 91 | 배점: 4점

17 견적에는 개산 견적, 상세 견적, 변경 견적, 정산 견적 등이 있다. 이 중 상세 견적이란 무엇인지 간단하게 설명하시오.

> 해설

주어진 도면 또는 사양서 등의 설계 도면 및 자료에 의해 재료와 공법 등 관계 법령을 이해하고 현장 상황을 파악하여 상세하게 견적을 계산하는 것이다.

18 특고압 송·배전 케이블 설비의 시공 및 보수는 어느 직종이 하여야 하는가?

> **해설**
> 특고압 케이블 전공

19 다음의 작업 구분에 맞는 직종명을 쓰시오.

(1) 발전설비 및 중공업 설비의 시공 및 보수
(2) 철탑 및 송전설비의 시공 및 보수
(3) 송전 전공으로 활선 작업을 하는 전공

> **해설**
> (1) 플랜트 전공
> (2) 송전 전공
> (3) 송전활선 전공

20 다음의 작업 구분에 맞는 각각의 직종명을 쓰시오.(예: 내선 전공)

(1) 발전 설비 및 중공업 설비의 시공 및 보수
(2) 변전 설비의 시공 및 보수
(3) 철탑 및 송전 설비의 시공 및 보수
(4) 플랜트 프로세스의 자동 제어 장치, 공업 제어 장치 등의 시공 및 보수

> **해설**
> (1) 플랜트 전공
> (2) 변전 전공
> (3) 송전 전공
> (4) 계장공

출제: 기사 14 | 배점: 8점

21 다음 그림과 같이 두 개의 맨홀 사이에 200[mm] PVC 전선관 3열을 설치하고 6.6[kV] 1C 150[mm²] 케이블을 각 열에 3조씩 포설하는 경우 공사에 소요되는 공구 손료를 포함한 직접 인건비계를 참고 자료를 이용하여 산출하시오.

- 토목 공사는 고려하지 않으며, 인공 계산은 소수 셋째 자리까지만 구하고, 인건비는 원 이하는 버린다.
- 고압 케이블 전공 노임은 18,900[원]이며, 보통 인부 노임은 8,150[원], 배관공 노임은 20,050[원]이다.

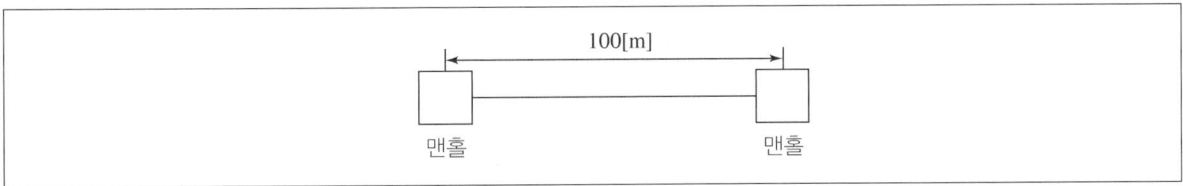

[참고 자료]

[표 1] 전력 케이블 신설 [km]당

PVC 고무 절연 외장 케이블류	케이블 전공	보통 인부
저압 5.5[mm²] 이하 3심	10	10
저압 14[mm²] 이하 3심	11	11
저압 22[mm²] 이하 3심	14	11
저압 38[mm²] 이하 3심	15	14
저압 60[mm²] 이하 3심	17	17
저압 100[mm²] 이하 3심	23	22
저압 150[mm²] 이하 3심	29	29
저압 200[mm²] 이하 3심	35	34
저압 325[mm²] 이하 3심	50	49
저압 400[mm²] 이하 단심	25	25
저압 500[mm²] 이하 3심	27	27
저압 600[mm²] 이하 3심	31	31
저압 800[mm²] 이하 3심	38	38
저압 1,000[mm²] 이하 3심	45	45

※ 드럼 다시감기 소운반품 포함
※ 지하관 내 부설 기관, Cu, Al 도체 공용
※ 트러프 내 설치 110[%], 2심 70[%], 단심 50[%], 직매 80[%](장애물 없을 때)
※ 가공 케이블(조가선 불포함, Hanger품 불포함)은 이 품의 130[%]
※ 연피 및 벨트지 케이블은 이 품의 120[%], 강대개장 150[%], 수저케이블 200[%], 동심중성선형케이블(CNCV) 110[%]
※ 가공 시 이도 조정만 할 때에는 가설품의 20[%]
※ 철거 50[%], 재사용 철거(단, 드럼감기품 포함) 90[%]
※ 단말 처리, 직선 접속 및 접지 공사 불포함(600[V] 8[mm²] 이하의 단말 처리 및 직선 접속품 포함)
※ 관내 기설 케이블 정리가 필요할 때에는 10[%] 가산
※ 선로 횡단 개소 및 커브 개소에는 개소당 0.056[인] 가산
※ 케이블만의 임시 부설 30[%]
※ 터파기, 되메우기, 트러프관 설치품 제외

※ 2열 동시 180[%], 3열 260[%], 4열 340[%], 수저부설 200[%]
※ 단심 케이블을 동일 공내에서 2조 이상 포설 시 1조 추가마다 이 품의 80[%]씩 가산(관로식일 경우만 해당)
※ 송·배전 전력 케이블 포설 시 구내 부분은 이 품에 50[%] 가산
※ 전압에 대한 가산율 적용
    600[V] 이하   0[%]
    3.3[kV] 이하   10[%] 증
    6.6[kV] 이하   20[%] 증
    11[kV] 이하   30[%] 증
    22[kV] 이하   50[%] 증
    66[kV] 이하   80[%] 증
※ 공동구(전력구 포함)의 경우는 이 품의 125[%] 적용
※ 사용 케이블의 공칭 전압에 따라 케이블 전공 직종을 구분 적용함

[표 2] 강관부설   [m]당

강관	배관공
$\phi 75[\text{mm}]$ 이하	0.13
$\phi 100[\text{mm}]$ 이하	0.152
$\phi 150[\text{mm}]$ 이하	0.188
$\phi 200[\text{mm}]$ 이하	0.222
$\phi 250[\text{mm}]$ 이하	0.299
$\phi 300[\text{mm}]$ 이하	0.330

※ 터파기, 되메우기 및 잔토 처리는 별도 계상, 이때 잔토 처리를 현장 밖으로 처리할 경우 운반비 및 적상, 적하 비용을 별도 계상한다.
※ 반매입, 지표식, 지중식 공히 준용함
※ 철거 50[%]
※ 2열 동시 180[%], 3열 260[%], 4열 340[%], 6열 420[%], 8열 500[%], 10열 580[%]
※ 접합품 포함
※ PVC관은 강관의 60[%]
※ 이 공사에 부수되는 토건 공사 품셈 적용 시 지세별 할증률 적용

해설

[표 2]에서 배관공은 $0.222 \times 100 \times 2.6 \times 0.6 = 34.632$[인]

[표 1]에서 케이블 전공은 $\dfrac{100}{1,000} \times 29 \times 0.5 \times (1+0.8+0.8) \times 1.2 \times 2.6 = 11.762$[인]

[표 1]에서 보통 인부는 $\dfrac{100}{1,000} \times 29 \times 0.5 \times (1+0.8+0.8) \times 1.2 \times 2.6 = 11.762$[인]

인건비: $34.632 \times 20,050 + 11.762 \times 18,900 + 11.762 \times 8,150 = 1,012,530$[원]

공구 손료: 인건비$\times 0.03 = 1,012,530 \times 0.03 = 30,370$[원]

인건비 합계: $1,012,530 + 30,370 = 1,042,900$[원]

답 1,042,900[원]

출제: 기사 14 | 배점: 9점

22

어느 건물 내의 접지 공사용 공량이 다음과 같다. 이때 전공 노임, 보통 인부 노임, 직접 노무비 소계, 간접 노무비, 공구 손료, 계를 구하시오.(단, 공구 손료는 $3[\%]$, 간접 노무비는 $15[\%]$로 보고 계산한다. 노임 단가 내선 전공은 12,410원, 보통 인부 6,520원이다. 인공을 산출한 후 이를 합계하여 노임 단가를 적용하여 소수점 이하는 버린다.)

(1) 전공 노임
(2) 보통 인부 노임
(3) 직접 노무비
(4) 간접 노무비
(5) 공구 손료
(6) 계

[접지 공사용 용량]
- 접지봉($2[\text{m}]$), 15개(1개소에 1개씩 설치)
- 접지도체 매설 $60[\text{mm}^2]$, $300[\text{m}]$
- 후강 전선관 28ϕ, $250[\text{m}]$(콘크리트 매입)

[표 1] 접지 공사

구분	단위	내선 전공	보통 인부
접지봉(지하 $0.75[\text{m}]$ 기준)			
길이 $1\sim2[\text{m}] \times 1$본	개소	0.20	0.10
길이 $1\sim2[\text{m}] \times 2$본 연결	개소	0.30	0.15
길이 $1\sim2[\text{m}] \times 3$본 연결	개소	0.45	0.23
동판 매설(지하 $1.5[\text{m}]$ 기준)			
$0.3[\text{m}] \times 0.3[\text{m}]$	매	0.30	0.30
$1.0[\text{m}] \times 1.5[\text{m}]$	매	0.50	0.50
$1.0[\text{m}] \times 2.5[\text{m}]$	매	0.80	0.80
접지 동판 가공	매	0.16	–
접지도체 부설 $600[\text{V}]$ 비닐 전선	개소	0.05	0.025
완금 접지 $2.9(11.4[\text{kV}-\text{Y}])\text{D/L}$	개소	0.05	
접지도체 매설			
$14[\text{mm}^2]$ 이하	[m]	0.010	–
$38[\text{mm}^2]$ 이하	[m]	0.012	–
$80[\text{mm}^2]$ 이하	[m]	0.015	–
$150[\text{mm}^2]$ 이하	[m]	0.020	–
$200[\text{mm}^2]$ 이상	[m]	0.025	–

접속 및 단자 설치			
압축	개	0.15	–
압축 평행	개	0.13	–
납땜 또는 용접	개	0.19	–
압축 단자	개	0.03	–
체부형	개	0.05	–

[표 2] 전선관 배관 [m]당

박강 및 PVC 전선관			후강 전선관	
규격		내선 전공	규격	내선 전공
박강	PVC			
–	14[mm]	0.01	–	–
15[mm]	16[mm]	0.05	16[mm](1/2″)	0.08
19[mm]	22[mm]	0.06	22[mm](3/4″)	0.11
25[mm]	28[mm]	0.08	28[mm](1″)	0.14
31[mm]	36[mm]	0.10	36[mm](1 1/4″)	0.20
39[mm]	42[mm]	0.13	42[mm](1 1/2″)	0.25
51[mm]	51[mm]	0.19	54[mm](2″)	0.31
63[mm]	70[mm]	0.28	70[mm](2 1/2″)	0.41
75[mm]	82[mm]	0.37	82[mm](3″)	0.51
–	100[mm]	0.45	90[mm](3 1/2″)	0.60
–	104[mm]	0.46	104[mm](4″)	0.71

※ 콘크리트 매입 기준임
※ 철근 콘크리트 노출 및 블록 칸막이 벽내는 10[%], 목조 건물은 121[%], 철강조 노출은 120[%]
※ 기설 콘크리트 공사 시 앵커 볼트 매입 깊이가 10[cm] 이상인 경우에는 앵커 볼트 매입품을 별도 계상하고, 전선관 설치품은 매입품으로 계상한다.
※ 천장 속, 마루밑 공사 130[%]

해설

(1) 내선 전공: $(0.2 \times 15) + (0.015 \times 300) + (0.14 \times 250) = 42.5$[인]
노임: $42.5 \times 12,410 = 527,425$[원]
답 527,425[원]

(2) 보통 인부: $0.1 \times 15 = 1.5$[인]
노임: $1.5 \times 6,520 = 9,780$[원]
답 9,780[원]

(3) 직접 노무비 = 내선 전공 + 보통 인부 = $527,425 + 9,780 = 537,205$[원]
답 537,205[원]

(4) 간접 노무비 = 직접 노무비 $\times 15[\%] = 537,205 \times 0.15 = 80,580$[원]
답 80,580[원]

(5) 공구 손료 = 직접 노무비 $\times 3[\%] = 537,205 \times 0.03 = 16,116$[원]
답 16,116[원]

(6) 계 = 직접 노무비 + 간접 노무비 + 공구 손료 = $537,205 + 80,580 + 16,116 = 633,901$[원]
답 633,901[원]

출제: 산업 14 | 배점: 10점

23

합성수지 파형 전선관을 $100[mm]$ 2열, $175[mm]$ 6열, $200[mm]$ 4열을 층계별로 $100[m]$를 동시에 포설할 때 배전 전공과 보통 인부의 공량은 얼마인지 계산하시오.

(1) 배전 전공
(2) 보통 인부

[표] 합성수지 파형 전선관   [m]당

구분	배전 전공	보통 인부
$50[mm]$ 이하	0.007	0.018
$80[mm]$ 이하	0.009	0.022
$100[mm]$ 이하	0.012	0.036
$125[mm]$ 이하	0.016	0.048
$150[mm]$ 이하	0.019	0.062
$175[mm]$ 이하	0.023	0.074
$200[mm]$ 이하	0.025	0.082

※ 합성수지 파형관의 지중 포설 기준
※ 이 품은 터파기, 되메우기 및 잔토처리 별도 계상
※ 접합품 포함, 접합부의 콘크리트 타설품 및 지세별 할증은 별도 계상
※ 2열 동시 180[%], 3열 260[%], 4열 340[%], 6열 420[%], 10열 580[%], 12열 660[%], 14열 740[%], 16열 820[%]
※ 이 품은 30~60[m] Roll 식으로 감겨 있는 합성수지 파형전선관의 지중 포설 기준임
※ 동시배열이란 동일장소에서 공(孔)당의 파형관을 열을 형성하여 층계별로 포설하는 것을 말하며, $100[mm]$ 2열, $175[mm]$ 6열, $200[mm]$ 4열을 층계별로 동시 포설 시 산출은 다음과 같다. 이는 12공을 층계별로 동시 배열하는 것이고 동시 적용률은 660[%]이므로 따라서 합산품은 ($100[mm]$ 기본품×2열 + $175[mm]$ 기본품 × 6열 + $200[mm]$ 기본품 × 4열) × 660[%] ÷ 12이다.(열은 관로의 공수를 뜻함)
※ $100[mm]$ 이상 이종관 접속 시 또는 이음관 추가 설치 시 동시배열(공, 열, 층)에 관계없이 접속개당 배전 전공 0.053인, 보통 인부 0.053인 적용
※ Spacer를 설치할 경우 파상형 전선관 열, 층에 관계없이 Spacer Point 10개 설치당 배전 전공 0.006인, 보통 인부 0.006인 적용
※ 철거 50[%], 재사용 철거 80[%]

해설

(1) 배전 전공: $\dfrac{(0.012\times 2+0.023\times 6+0.025\times 4)\times 6.6}{12}\times 100 = 14.41[인]$

  답 14.41[인]

(2) 보통 인부: $\dfrac{(0.036\times 2+0.074\times 6+0.082\times 4)\times 6.6}{12}\times 100 = 46.42[인]$

  답 46.42[인]

24 단면적 $240[\text{mm}^2]$인 $154[\text{kV}]$ ACSR 송전선로 $10[\text{km}]$ 2회선을 가선하기 위한 전기공사기사, 송전 전공, 특별 인부 노무비를 표준 품셈을 적용하여 각각 구하시오.(단, 송전선은 수직 배열하여 평탄지 기준이며, 장비비는 고려하지 말 것)

• 정부 노임 단가에서 전기공사기사는 $40,000[원]$, 특별 인부는 $33,500[원]$, 송전 전공은 $32,650[원]$이다.

출제: 기사 16 | 배점: 12점

[km]당

공종	ACSR 전선 규격[mm²]	전기공사기사	송전 전공	특별 인부
연선	610	1.51	22.4	33.5
	410	1.47	21.8	32.7
	330	1.44	21.4	32.1
	240	1.37	20.4	30.5
	160	1.30	19.4	29.0
	95	1.12	16.8	26.8
긴선	610	1.14	17.3	24.7
	410	1.12	16.8	24.1
	330	1.09	16.4	23.7
	240	1.04	15.7	22.5
	160	0.97	14.9	21.4
	95	0.93	14.4	19.8

※ 1회선(3선) 수직 배열 평탄지 기준
※ 수평 배열 $120[\%]$
※ 2회선 동시 가선은 $180[\%]$
※ 특수 개소는(장경간) 별도 가산
※ 장비(Engine, Winch) 사용료는 별도 가산
※ 철거 $50[\%]$
※ 장력조정품 포함
※ 기사는 전기공사업법에 준함
※ HDCC 가선은 배전선 가선 참조

(1) 전기공사기사 노무비
(2) 송전 전공 노무비
(3) 특별 인부 노무비

해설

(1) $10 \times (1.37 + 1.04) \times 1.8 \times 40,000 = 1,735,200[원]$
    답 $1,735,200[원]$
(2) $10 \times (20.4 + 15.7) \times 1.8 \times 32,650 = 21,215,970[원]$
    답 $21,215,970[원]$
(3) $10 \times (30.5 + 22.5) \times 1.8 \times 33,500 = 31,959,000[원]$
    답 $31,959,000[원]$

출제: 산업 16 | 배점: 10점

25 콘크리트 전주(14[m]) 설치에 지형상 소운반(인력 운반)이 필요하여 이를 산출하고자 한다. 아래 [조건]을 참고하여 다음 물음에 답하시오.

조건
- 소운반 거리: 950[m]
- 운반 도로: 도로 상태 불량
- 전주 무게: 1,500[kg]
- 1일 실작업 시간(목도): 360분
- 목도공 노임은 10,350[원]이고, 목도공은 1일 6시간 기준으로 한다.

[참고 자료]

인력 운반 및 적상하 시간 기준

1) 인부(지게) 운반과 장대물, 중량물 등 목도 운반비 산출 공식

　(가) 기본 공식

$$운반비 = \frac{A}{T} \times M \times \left(\frac{60 \times 2 \times L}{V} + t\right)$$

여기서, A: 목도공의 노임[인부(지게) 운반일 경우 보통 인부의 노임]

M: 필요한 목도공의 수($M = \frac{\text{총 운반량[kg]}}{\text{1인당 1회 운반량[kg]}}$)(단, 1회 운반량 50[kg/인])

L: 운반 거리[km]

V: 왕복 평균 속도[km/h]

T: 1일 실작업 시간[분]

t: 준비 작업 시간(2[분])

　(나) 왕복 평균 속도

구분	장대물, 중량물 등 목도 운반, 왕복 평균 속도[km/h]	인부(지게) 운반 왕복 평균 속도[km/h]
도로 상태 양호	2	3
도로 상태 보통	1.5	2.5
도로 상태 불량	1	2
물이 있는 논, 도로가 없는 산림지 및 숲이 우거진 지역	0.5	1.5

(1) 필요한 운반 인원 수[인]를 구하시오.
(2) 전주 운반에 따른 총 인력 운반비[원]를 구하시오.

해설

(1) $M = \dfrac{\text{총 운반량}}{\text{1인당 1회 운반량}} = \dfrac{1,500}{50} = 30[\text{인}]$

답 30[인]

(2) $W = \dfrac{A}{T} \times M \times \left(\dfrac{60 \times 2 \times L}{V} + t\right) = \dfrac{10,350}{360} \times 30 \times \left(\dfrac{60 \times 2 \times 0.95}{1} + 2\right) = 100,050[\text{원}]$

답 100,050[원]

출제: 산업 16 | 배점: 6점

26 6.6[kV] 325[mm²] 3C 가교 폴리에틸렌 케이블 100[m]를 구내(옥외)의 기존 전선관 내에 포설하려고 한다. 케이블에 대한 재료비와 인공과 공구 손료를 구하시오.(단, 케이블의 재료비는 52,540[원/m]이고, 해당되는 노임 단가는 50,000[원]이다.)

[표] 전력 케이블 구내 설치   [m]당

PVC 및 고무절연 시스 케이블	케이블 전공
600[V] 16[mm²] 이하 × 1C	0.023
600[V] 25[mm²] 이하 × 1C	0.030
600[V] 38[mm²] 이하 × 1C	0.036
600[V] 50[mm²] 이하 × 1C	0.043
600[V] 60[mm²] 이하 × 1C	0.049
600[V] 70[mm²] 이하 × 1C	0.057
600[V] 80[mm²] 이하 × 1C	0.060
600[V] 100[mm²] 이하 × 1C	0.071
600[V] 125[mm²] 이하 × 1C	0.084
600[V] 150[mm²] 이하 × 1C	0.097
600[V] 185[mm²] 이하 × 1C	0.108
600[V] 200[mm²] 이하 × 1C	0.117
600[V] 240[mm²] 이하 × 1C	0.136
600[V] 250[mm²] 이하 × 1C	0.142
600[V] 300[mm²] 이하 × 1C	0.159
600[V] 325[mm²] 이하 × 1C	0.172
600[V] 400[mm²] 이하 × 1C	0.205
600[V] 500[mm²] 이하 × 1C	0.240
600[V] 630[mm²] 이하 × 1C	0.285
600[V] 1,000[mm²] 이하 × 1C	0.415

※ 부하에 직접 공급하는 변압기 2차 측에 포설되는 케이블로서 전선관, Rack, Duct, 케이블트레이, Pit, 공동구, Saddle 부설 기준, Cu, Al 도체 공용
※ 600[V] 10[mm²] 이하는 제어용 케이블 신설 준용
※ 직접매설 시 80[%]
※ 2심은 140[%], 3심은 200[%], 4심은 260[%]
※ 연피벨트지 케이블 120[%], 강대개장 케이블은 150[%]
※ 가요성금속피(알루미늄, 스틸) 케이블은 150[%]
※ 관내 포설 시 도입선 넣기 포함
※ 2열 동시 180[%], 3열 260[%], 4열 340[%], 4열 초과 시 초과 1열당 80[%] 가산
※ 전압에 대한 할증률
  − 3.3 ~ 6.6[kV] 15[%] 가산
  − 22.9[kV] 이하 30[%] 가산
※ 철거 50[%], 재사용 철거는 드럼감기품 포함 90[%]
※ 8자 포설은 본품의 120[%] 적용

(1) 재료비
  • 계산 과정: • 답:
(2) 인공
  • 계산 과정: • 답:
(3) 공구 손료
  • 계산 과정: • 답:

해설

(1) • 계산 과정: $100 \times 1.03 \times 52,540 = 5,411,620$[원]
    • 답 5,411,620[원]
(2) • 계산 과정: $100 \times 0.172 \times 2 \times 1.15 = 39.56$[인]
    • 답 39.56[인]
(3) • 계산 과정: $39.56 \times 50,000 \times 0.03 = 59,340$[원]
    • 답 59,340[원]

참고

• 케이블(옥외) 할증률: 3[%]
• 조건에서 3심: 200[%], 6.6[kV]: 15[%] 가산
• 공구 손료는 직접 노무비의 3[%]까지 계상

CHAPTER 11

접지·피뢰시스템

1. 접지시스템
2. 감전보호용 등전위본딩
3. 계통접지 방식
4. 피뢰시스템

학습 전략
새롭게 등장하는 이론인 만큼 기본적인 용어들과 사항에 대해 익숙해지는 것이 중요합니다. 특히 전기공사기사는 실제 시공과 관련된 이론을 다루므로 접지시스템에 대해 완벽히 알아두어야 합니다.

CHAPTER 11 | 흐름 미리보기

1. 접지시스템
2. 감전보호용 등전위본딩
3. 계통접지 방식
4. 피뢰시스템

합격!

CHAPTER 11 접지·피뢰시스템

THEME 01 접지시스템

1 접지시스템의 구분 및 종류

(1) 접지시스템의 구분
  ① 계통접지
    전력계통에서 돌발적으로 발생하는 이상 현상에 대비하여 대지와 계통을 연결하는 것으로 변압기 중성점(저압 측의 1단자 시행 접지계통 포함)을 대지에 접속하는 것을 말하며 일반적으로 중성점 접지라고도 한다.
  ② 보호접지
    고장 시 감전에 대한 보호를 목적으로 기기의 한 점 또는 여러 점을 접지하는 것을 말한다.
  ③ 피뢰시스템 접지

(2) 접지시스템의 시설 종류
  ① 단독접지
    고압·특고압 계통의 접지극과 저압 계통의 접지극이 독립적으로 설치된 경우를 단독접지라고 한다.

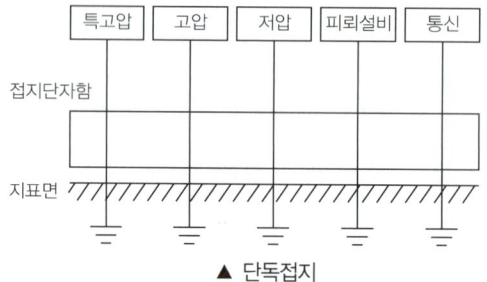

▲ 단독접지

  ② 공통접지
    등전위가 형성되도록 고압·특고압 접지계통과 저압 접지계통을 공통으로 접지하는 방식이다.

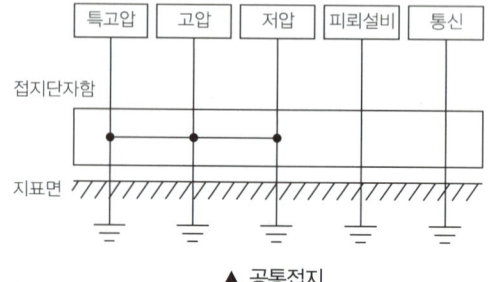

▲ 공통접지

독학이 쉬워지는 기초개념

피뢰시스템 접지
보호하고자 하는 대상물에 근접하는 뇌격을 확실하게 흡인해서 뇌격전류를 대지로 안전하게 방류함으로써 건축물 등을 보호하는 것이며, 피뢰시스템 접지는 그러한 피뢰설비에 흐르는 뇌격전류를 안전하게 대지로 흘려보내기 위해 접지극을 대지에 접속하는 설비를 말한다.

③ 통합접지

전기설비의 접지계통·건축물의 피뢰설비·전자통신설비 등의 접지극을 통합하여 접지하는 방식이며 통합접지 시 서지보호장치를 시설하여야 할 필요가 있다.

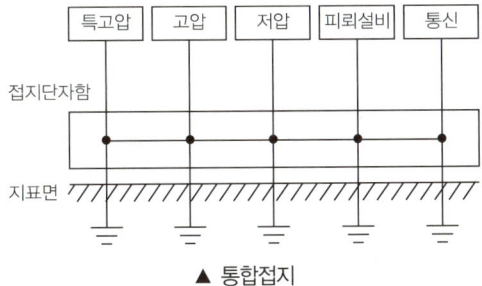

▲ 통합접지

> **독학이 쉬워지는 기초개념**
>
> **강의 꿀팁**
>
> 통합접지에는 서지보호장치(SPD)를 시설해야 해요.

2 접지시스템의 시설

(1) 접지시스템의 구성요소
  ① 접지극(접지도체를 사용해 주 접지단자에 연결)
  ② 접지도체
  ③ 보호도체
  ④ 기타설비

(2) 접지시스템의 요구사항
  ① 전기설비의 보호 요구사항을 충족할 것
  ② 지락전류와 보호도체 전류를 대지에 전달할 것
  ③ 전기설비의 기능적 요구사항을 충족할 것

(3) 접지저항 값의 요구사항
  ① 부식, 건조 및 동결 등 대지환경 변화에 충족할 것
  ② 인체감전보호를 위한 값과 전기설비의 기계적 요구에 의한 값을 만족할 것

3 접지극의 시설

(1) 접지극의 종류
  ① 콘크리트에 매입된 기초 접지극
  ② 토양에 매설된 기초 접지극
  ③ 토양에 수직 또는 수평으로 직접 매설된 금속전극(봉, 전선, 테이프, 배관, 판 등)
  ④ 케이블의 금속외장 및 그 밖의 금속피복
  ⑤ 지중 금속구조물(배관 등)
  ⑥ 대지에 매설된 철근콘크리트의 용접된 금속 보강재

(2) 접지극의 매설
  ① 접지극은 동결 깊이를 감안하여 시설하되, 고압 이상의 전기설비와 변압기 중성점 접지에 의하여 시설하는 접지극의 매설 깊이는 지표면으로부터 0.75[m] 이상으로 한다.

② 접지도체를 철주 기타의 금속체를 따라서 시설하는 경우에는 접지극을 철주의 밑면으로부터 0.3[m] 이상의 깊이에 매설하는 경우 이외에는 접지극을 지중에서 그 금속체로부터 1[m] 이상 이격하여 매설하여야 한다.

(3) 접지극의 접속
① 발열성 용접
② 압착접속
③ 클램프
④ 그 밖의 적절한 기계적 접속장치

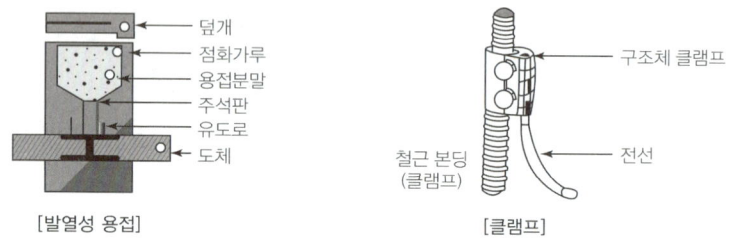

▲ 접지도체의 접속법

4 접지도체

(1) 접지도체의 선정

접지도체의 종류	구리(동)	철제
큰 고장전류가 접지도체를 통해 흐르지 않는 경우	6[mm²] 이상	50[mm²] 이상
접지도체에 피뢰시스템이 접속되는 경우	16[mm²] 이상	50[mm²] 이상

▲ 접지도체의 최소 단면적

(2) 접지도체와 접지극의 접속
① 접속은 견고하고 전기적인 연속성이 보장되도록, 접속부는 발열성 용접, 압착접속, 클램프 또는 그 밖의 적절한 기계적 접속장치에 의할 것
② 클램프를 사용하는 경우, 접지극 또는 접지도체를 손상시키지 않을 것

(3) 접지도체의 시설
① 접지도체는 지하 0.75[m]부터 지표상 2[m]까지 부분은 합성수지관(두께 2[mm] 미만의 합성수지제 전선관 및 가연성 콤바인덕트관은 제외) 또는 이와 동등 이상의 절연효과와 강도를 가지는 몰드로 덮을 것

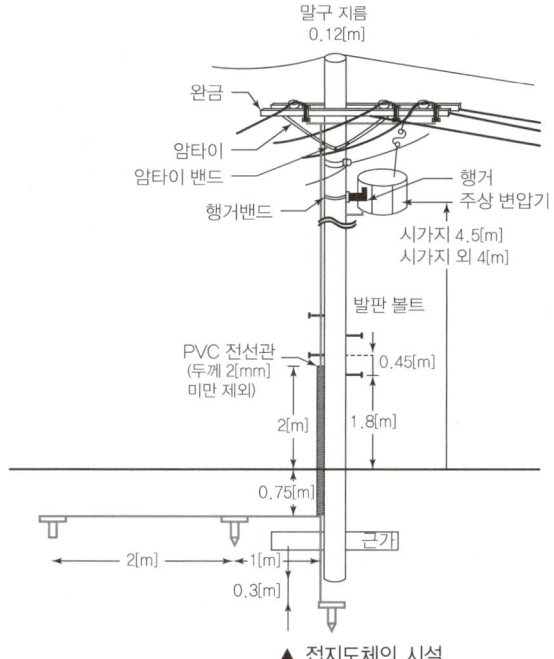

▲ 접지도체의 시설

② 특고압·고압 전기설비 및 변압기 중성점 접지시스템의 경우, 접지도체가 사람이 접촉할 우려가 있는 곳에 시설되는 고정설비인 경우의 접지도체는 절연전선(옥외용 비닐절연전선은 제외) 또는 케이블(통신용 케이블은 제외)을 사용하여야 한다. 다만, 접지도체를 철주 기타의 금속체를 따라서 시설하는 경우 이외의 경우에는 접지도체의 지표상 0.6[m]를 초과하는 부분에 대하여는 절연전선을 사용하지 않을 수 있다.

(4) 접지도체의 굵기

구분		단면적
특고압·고압 전기설비용		6[mm²] 이상
중성점 접지용	7[kV] 이하의 전로 또는 사용전압이 25[kV] 이하(지락이 생겼을 경우 2초 이내에 자동적으로 차단하는 장치가 있는 중성선 다중접지 방식)	6[mm²] 이상
	그 외	16[mm²] 이상

▲ 접지도체의 최소 단면적

5 보호도체

(1) **보호도체의 종류**

① 다심케이블의 도체
② 충전도체와 같은 트렁킹에 수납된 절연도체 또는 나도체
③ 고정된 절연도체 또는 나도체

(2) **보호도체의 단면적**

① 보호도체의 최소 단면적은 다음 표에 따라 선정해야 하며 보호도체용 단자도 이 크기에 적합하여야 한다.

> **독학이 쉬워지는 기초개념**
>
> k_1: 도체 및 절연의 재질에 따라 선정된 선도체에 대한 계수
>
> k_2: 보호도체에 대한 계수

선도체의 단면적 S ([mm²], 구리)	보호도체의 최소 단면적([mm²], 구리)	
	보호도체의 재질이 선도체와 같은 경우	보호도체의 재질이 선도체와 다른 경우
$S \leq 16$	S	$\left(\dfrac{k_1}{k_2}\right) \times S$
$16 < S \leq 35$	16	$\left(\dfrac{k_1}{k_2}\right) \times 16$
$S > 35$	$\dfrac{S}{2}$	$\left(\dfrac{k_1}{k_2}\right) \times \left(\dfrac{S}{2}\right)$

▲ 보호도체의 최소 단면적

② 보호도체의 단면적은 차단시간이 5초 이하인 경우 다음의 계산값 이상이어야 한다.

$$S = \frac{\sqrt{I^2 t}}{k}$$

(단, S: 단면적[mm²], I: 보호장치를 통해 흐를 수 있는 예상 고장전류 실횻값[A], t: 자동차단을 위한 보호장치의 동작시간[s], k: 재질 및 초기온도와 최종온도에 따라 정해지는 계수)

③ 보호도체가 케이블의 일부가 아니거나 선도체와 동일 외함에 설치되지 않을 경우 단면적의 굵기

구분	구리[mm²]	알루미늄[mm²]
기계적 손상에 보호가 되는 경우	2.5 이상	16 이상
기계적 손상에 보호가 되지 않는 경우	4 이상	

6 주접지단자

(1) 주접지단자에 접속되는 도체
 ① 등전위본딩도체
 ② 접지도체
 ③ 보호도체
 ④ 기능성 접지도체
(2) 여러 개의 접지단자가 있는 장소는 접지단자를 상호 접속할 것
(3) 주접지단자에 접속하는 각 접지도체는 개별적으로 분리할 수 있어야 하며, 접지저항을 편리하게 측정할 수 있을 것. 다만, 접속은 견고해야 하며 공구에 의해서만 분리되는 방법으로 할 것

7 전기수용가 접지

(1) 저압수용가 인입구 접지
 ① 수용장소 인입구 부근에서 다음의 것을 접지극으로 사용하여 변압기 중성점 접지를 한 저압전선로의 중성선 또는 접지 측 전선에 추가로 접지공사를 할 수 있다.
  • 지중에 매설되어 있고 대지와의 전기저항값이 3[Ω] 이하의 값을 유지하고

있는 금속제 수도관로
- 대지 사이의 전기저항값이 3[Ω] 이하인 값을 유지하는 건물의 철골

② 접지도체는 공칭단면적 6[mm²] 이상의 연동선 또는 이와 동등 이상의 세기 및 굵기의 쉽게 부식하지 않는 금속선으로서 고장 시 흐르는 전류를 안전하게 통할 수 있는 것이어야 한다.

(2) 주택 등 저압수용장소 접지
① 저압수용장소에서 계통접지가 TN-C-S 방식인 경우에 보호도체는 다음에 따라 시설하여야 한다.
- 중성선 겸용 보호도체(PEN)는 고정 전기설비에만 사용할 수 있고 그 도체의 단면적이 구리는 10[mm²] 이상, 알루미늄은 16[mm²] 이상이어야 하며, 그 계통의 최고전압에 대해 절연되어야 한다.

② 접지의 경우 감전보호용 등전위본딩을 하여야 한다. 다만, 이 조건을 충족시키지 못하는 경우에는 중성선 겸용 보호도체를 수용장소의 인입구 부근에 추가로 접지하여야 하며, 그 접지저항 값은 접촉전압을 허용접촉전압 범위 내로 제한하는 값 이하로 하여야 한다.

THEME 02 감전보호용 등전위본딩

1 등전위본딩

(1) 보호등전위본딩의 적용
① 건축물·구조물에서 접지도체, 주접지단자와 다음의 도전성 부분은 등전위본딩하여야 한다. 다만, 이들 부분이 다른 보호도체로 주접지단자에 연결된 경우는 그러하지 아니하다.
- 수도관·가스관 등 외부에서 내부로 인입되는 금속배관
- 건축물·구조물의 철근, 철골 등 금속보강재
- 일상생활에서 접촉이 가능한 금속제 난방배관 및 공조설비 등 계통외도전부

② 주접지단자에 보호등전위본딩도체, 접지도체, 보호도체, 기능성 접지도체를 접속하여야 한다.

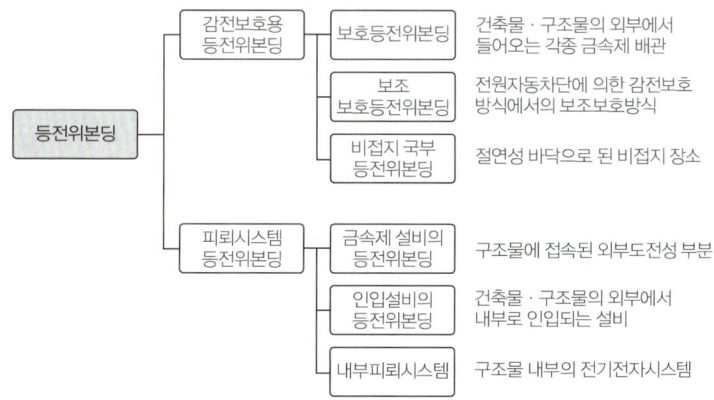

▲ 등전위본딩 분류(예시)

> 독학이 쉬워지는 기초개념

(2) 보호등전위본딩
① 건축물·구조물의 외부에서 내부로 들어오는 각종 금속제 배관
- 1개소에 집중하여 인입하고, 인입구 부근에서 서로 접속하여 등전위본딩 바에 접속할 것
- 대형건축물 등으로 1개소에 집중하여 인입하기 어려운 경우에는 본딩도체를 1개의 본딩 바에 연결할 것
② 수도관·가스관의 경우 내부로 인입된 최초의 밸브 후단에서 등전위본딩을 할 것
③ 건축물·구조물의 철근, 철골 등 금속보강재는 등전위본딩을 할 것

(3) 보조 보호등전위본딩
① 대상
- 전원자동차단에 의한 감전보호방식에서 고장 시 자동차단시간이 계통별 최대차단시간을 초과하는 경우
- 계통별 최대차단시간을 초과하고 2.5[m] 이내에 설치된 고정기기의 노출도전부와 계통외도전부(보조 보호등전위본딩의 유효성에 관해 의문이 생길 경우 동시에 접근 가능한 노출 도전부와 계통외도전부 사이의 저항값 (R)이 다음의 조건을 충족하는지 확인할 것)

교류 계통: $R \leq \dfrac{50[V]}{I_a}[\Omega]$

직류 계통: $R \leq \dfrac{120[V]}{I_a}[\Omega]$

(단, I_a: 보호장치의 동작전류[A], 누전차단기의 경우 $I_{\Delta n}$(정격감도전류), 과전류 보호장치의 경우 5초 이내 동작전류[A])

2 등전위본딩 도체

(1) 주접지단자에 접속하기 위한 등전위본딩 도체는 설비 내에 있는 가장 큰 보호접지 도체 단면적의 $\frac{1}{2}$ 이상의 단면적을 가져야 하고 다음의 단면적 이상일 것

구분	단면적[mm²]
구리	6
알루미늄	16
강철	50

(2) 노출도전부를 계통외도전부에 접속하는 경우 도전성은 같은 단면적을 갖는 보호도체의 $\frac{1}{2}$ 이상이어야 한다.

(3) 케이블의 일부가 아닌 경우 또는 선로도체와 함께 수납되지 않은 본딩 도체는 다음 값 이상이어야 한다.

구분	구리[mm²]	알루미늄[mm²]
기계적 보호가 있는 것	2.5	16
기계적 보호가 없는 것	4	

THEME 03 계통접지 방식

1 계통접지

(1) 계통접지 구성

① 저압전로의 보호도체 및 중성선의 접속 방식에 따른 접지계통의 분류
- TN 계통
- TT 계통
- IT 계통

② 계통접지에서 사용되는 문자의 정의
- 제1문자 – 전원계통과 대지의 관계
  - T: 한 점을 대지에 직접 접속
  - I: 모든 충전부를 대지와 절연시키거나 높은 임피던스를 통하여 한 점을 대지에 직접 접속
- 제2문자 – 전기설비의 노출도전부와 대지의 관계
  - T: 노출도전부를 대지로 직접 접속. 전원계통의 접지와는 무관
  - N: 노출도전부를 전원계통의 접지점(교류 계통에서는 통상적으로 중성점, 중성점이 없을 경우는 선도체)에 직접 접속
- 그 다음 문자(문자가 있을 경우) – 중성선과 보호도체의 배치
  - S: 중성선 또는 접지된 선도체 외에 별도의 도체에 의해 제공되는 보호 기능
  - C: 중성선과 보호 기능을 한 개의 도체로 겸용(PEN 도체)

> **독학이 쉬워지는 기초개념**

기호	설명
	중성선(N), 중간도체(M)
	보호도체(PE)
	중성선과 보호도체 겸용(PEN)

▲ 계통에서 사용하는 기호

(2) TN 계통

전원 측의 한 점을 직접접지하고 설비의 노출도전부를 보호도체로 접속시키는 방식

① TN-S 계통: 계통 전체에 대해 별도의 중성선 또는 PE 도체를 사용한다. 배전계통에서 PE 도체를 추가로 접지할 수 있다.

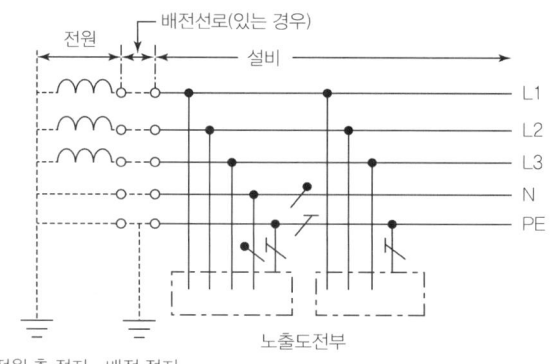

▲ 계통 내에서 별도의 중성선과 보호도체가 있는 TN-S 계통

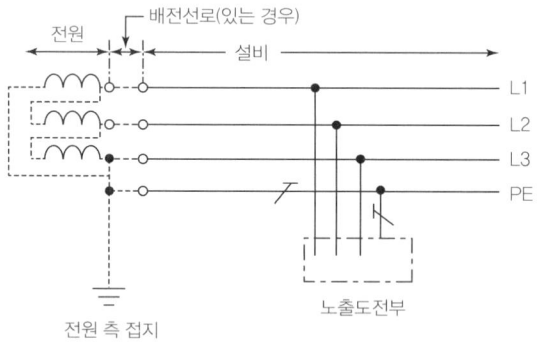

▲ 계통 내에서 별도의 접지된 선도체와 보호도체가 있는 TN-S 계통

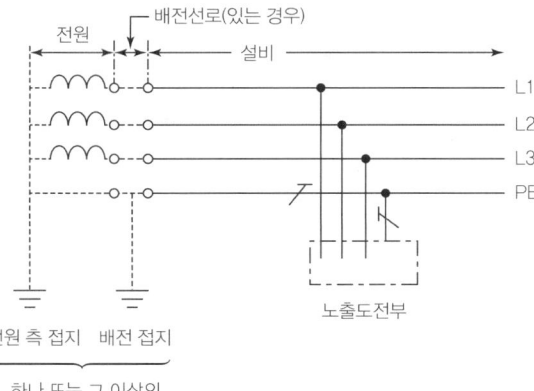

▲ 계통 내에서 접지된 보호도체는 있으나 중성선의 배선이 없는 TN-S 계통

② TN-C 계통: 그 계통 전체에 대해 중성선과 보호도체의 기능을 동일도체로 겸용 PEN 도체를 사용한다. 배전계통에서 PEN 도체를 추가로 접지할 수 있다.

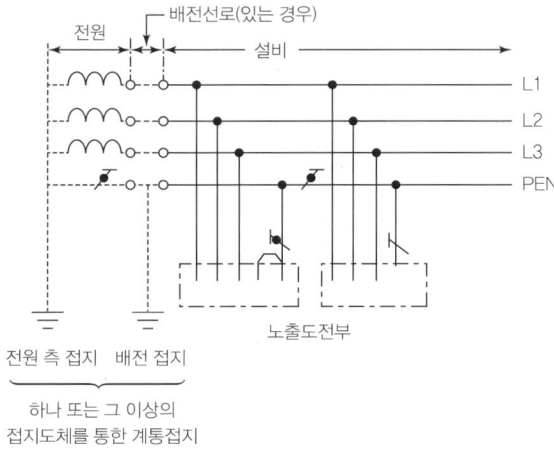

▲ TN-C 계통

③ TN-C-S 계통: 계통의 일부분에서 PEN 도체를 사용하거나, 중성선과 별도의 PE 도체를 사용하는 방식이 있다. 배전계통에서 PEN 도체와 PE 도체를 추가로 접지할 수 있다.

> 독학이 쉬워지는 기초개념

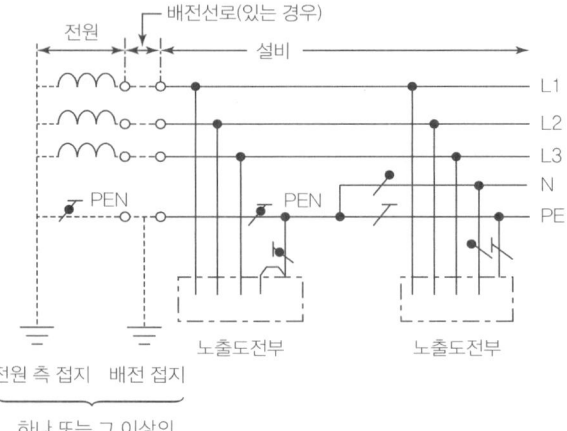

▲ 설비의 어느 곳에서 PEN이 PE와 N으로 분리된 3상 4선식 TN-C-S 계통

(3) TT 계통

전원의 한 점을 직접 접지하고 설비의 노출도전부는 전원의 접지전극과 전기적으로 독립적인 접지극에 접속시킨다. 배전계통에서 PE 도체를 추가로 접지할 수 있다.

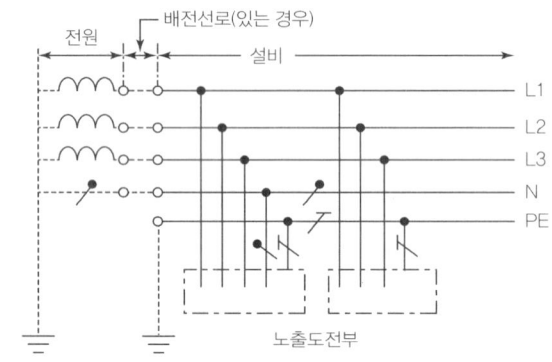

▲ 설비 전체에서 별도의 중성선과 보호도체가 있는 TT 계통

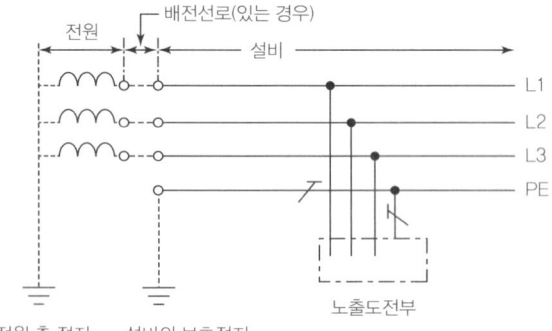

▲ 설비 전체에서 접지된 보호도체가 있으나 배전용 중성선이 없는 TT 계통

(4) IT 계통
① 충전부 전체를 대지로부터 절연시키거나, 한 점을 임피던스를 통해 대지에 접속시킨다. 전기설비의 노출도전부를 단독 또는 일괄적으로 계통의 PE 도체에 접속시킨다. 배전계통에서 추가접지가 가능하다.
② 계통은 충분히 높은 임피던스를 통하여 접지할 수 있다. 이 접속은 중성점, 인위적 중성점, 선도체 등에서 할 수 있다. 중성선은 배선할 수도 있고, 배선하지 않을 수도 있다.

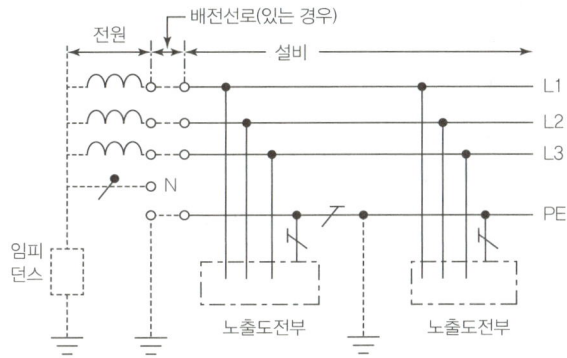

▲ 계통 내의 모든 노출도전부가 보호도체에 의해 접속되어 일괄 접지된 IT 계통

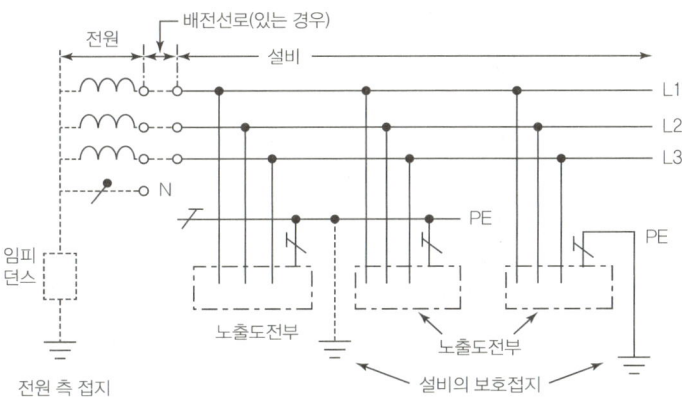

▲ 노출도전부가 조합으로 또는 개별로 접지된 IT 계통

THEME 04 피뢰시스템

1 피뢰시스템의 적용범위 및 구성

(1) 적용범위
① 전기전자설비가 설치된 건축물·구조물
  • 낙뢰로부터 보호가 필요한 것
  • 지상으로부터 높이가 20[m] 이상인 것
② 전기설비 및 전자설비 중 낙뢰로부터 보호가 필요한 설비

(2) 구성
① 직격뢰로부터 대상물을 보호하기 위한 외부피뢰시스템
② 간접뢰 및 유도뢰로부터 대상물을 보호하기 위한 내부피뢰시스템

> **독학이 쉬워지는 기초개념**

2 외부피뢰시스템

(1) 수뢰부시스템

① 수뢰부시스템의 선정

돌침, 수평도체, 메시도체의 요소 중에 한 가지 또는 이를 조합한 형식으로 시설하여야 한다.

② 수뢰부시스템의 배치
- 보호각법, 회전구체법, 메시법 중 하나 또는 조합된 방법으로 배치하여야 한다.
- 건축물·구조물의 뾰족한 부분, 모서리 등에 우선하여 배치한다.

③ 측뢰 보호가 필요한 경우
- 전체 높이 60[m]를 초과할 것
- 건축물·구조물의 최상부로부터 20[%] 부분에 한할 것

④ 건축물·구조물과 분리되지 않은 수뢰부시스템의 시설

지붕 마감재의 재료		시설 장소
불연성 재료		지붕표면
가연성 재료	초가 지붕 또는 이와 유사한 경우	0.15[m] 이상
	다른 재료의 가연성 재료인 경우	0.1[m] 이상

(2) 인하도선 시스템

① 시설
- 복수의 인하도선을 병렬로 구성할 것
- 도선경로의 길이가 최소가 되도록 할 것

② 배치
- 건축물·구조물과 분리된 피뢰시스템인 경우
  - 뇌전류의 경로가 보호대상물에 접촉하지 않도록 하여야 한다.
  - 별개의 지주에 설치되어 있는 경우 각 지주마다 1가닥 이상의 인하도선을 시설한다.
  - 수평도체 또는 메시도체인 경우 지지 구조물마다 1가닥 이상의 인하도선을 시설한다.
- 건축물·구조물과 분리되지 않은 피뢰시스템인 경우
  - 벽이 불연성 재료라면 벽의 표면 또는 내부에 시설할 수 있다. 다만, 벽이 가연성 재료인 경우에는 0.1[m] 이상 이격하고, 이격이 불가능한 경우에는 도체의 단면적을 100[mm²] 이상으로 한다.
  - 인하도선의 수는 2가닥 이상으로 한다.
  - 보호대상 건축물·구조물의 투영에 따른 둘레에 가능한 균등한 간격으로 배치한다. 다만, 노출된 모서리 부분에 우선하여 설치한다.

> **Tip 강의 꿀팁**
> 인하도선 시스템은 수뢰부시스템과 접지시스템을 전기적으로 연결한 것이에요.

③ 병렬 인하도선의 최대간격

피뢰 시스템 등급	최대간격[m]
Ⅰ·Ⅱ	10
Ⅲ	15
Ⅳ	20

④ 수뢰부시스템과 접지극 시스템 사이에 전기적 연속성이 형성되도록 시설할 것

(3) 접지극 시스템

① 뇌전류를 대지로 방류시키기 위한 접지극 시스템은 다음에 의한다.
- A형 접지극(수평 또는 수직접지극) 또는 B형 접지극(환상도체 또는 기초접지극) 중 하나 또는 조합하여 시설할 수 있다.
- 접지극 시스템의 재료는 다음 표에 따른다.

재료	형상	최소 치수		
		접지봉 지름[mm]	접지도체 [mm^2]	접지판 [mm]
구리	연선		50	
	원형 단선	15	50	
	테이프형 단선		50	
	파이프	20		
	판상 단선			500 × 500
	격자판			600 × 600
강(Steel)	아연도금 원형 단선	14	78	
	아연도금 파이프	25		
	아연도금 테이프형 단선		90	
	아연도금 판상 단선			500 × 500
	아연도금 격자판			600 × 600
	구리피복 원형 단선	14		
	나도체 원형 단선		78	
	나도체 또는 아연도금 테이프형 단선		75	
	아연도금 연선		70	
스테인리스강	원형 단선	15	78	
	테이프형 단선		100	

▲ 접지극의 재료 및 형상과 최소 치수

② 배치
- A형 접지극: 최소 2개 이상을 균등한 간격으로 배치해야 하고, 피뢰시스템 등급별 대지 저항률에 따른 최소 길이 이상으로 할 것
- B형 접지극: 접지극 면적을 환산한 평균 반지름이 최소 길이 이상으로 하여야 하며, 평균 반지름이 최소 길이 미만인 경우에는 해당하는 길이의 수평 또는 수직매설 접지극을 추가로 시설하여야 할 것(추가하는 수평 또는 수직매설 접지극의 수는 최소 2개 이상)
- 접지극 시스템의 접지저항이 10[Ω] 이하인 경우 최소 길이 이하로 할 수 있다.

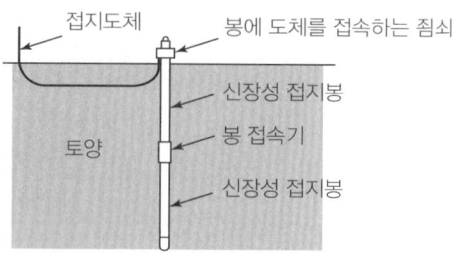

▲ 수직봉 형식 접지봉을 갖춘 A형 접지극 배열

③ 접지극의 시설
- 지표면에서 0.75[m] 이상 깊이로 매설하여야 한다. 다만 필요시에는 해당 지역의 동결심도를 고려한 높이로 할 수 있다.
- 대지가 암반지역으로 대지저항이 높거나 건축물·구조물이 전자통신시스템을 많이 사용하는 시설의 경우에는 환상도체접지극 또는 기초접지극으로 한다.
- 접지극 재료는 대지의 환경오염 및 부식의 문제가 없어야 한다.
- 철근콘크리트 기초 내부의 상호 접속된 철근 또는 금속제 지하구조물 등 자연적 구성 부재는 접지극으로 사용할 수 있다.

(4) 부품 및 접속
① 재료의 형상에 따른 최소 단면적은 다음 표를 따른다.

재료	형상	최소 단면적[mm²]
구리	테이프형 단선 원형 단선 연선	50
주석도금한 구리	테이프형 단선 원형 단선 연선	50
알루미늄	테이프형 단선 원형 단선 연선	70 50 50
알루미늄합금	테이프형 단선 원형 단선 연선	50
용융아연도금강	테이프형 단선 원형 단선 연선	50
스테인리스강	테이프형 단선 원형 단선 연선	50 50 70

▲ 재료의 형상과 최소 단면적

3 내부피뢰시스템

내부피뢰시스템의 종류는 다음과 같다.
(1) 전기전자설비 보호
(2) 서지보호장치(SPD)
　① 전기전자설비 등에 연결된 전선로를 통해 서지가 유입되는 경우, 해당 선로에는 서지보호장치를 설치할 것
　② 지중 저압수전의 경우, 내부에 설치하는 전기전자기기의 과전압범주별 임펄스내전압이 규정 값에 충족하는 경우는 서지보호장치를 생략할 수 있다.

독학이 쉬워지는 기초개념

서지보호장치의 기능적 분류
- 전압스위칭형 SPD
- 전압제한형 SPD
- 복합형 SPD

서지보호장치의 구조적 분류
- 1포트 SPD
- 2포트 SPD

CHAPTER 11 기출 기반 적중문제

출제 예상문제

01 다음 그림은 TN 계통의 TN-C 방식 저압 접지계통이다. 중성선(N), 보호선(PE) 등의 범례 기호를 활용하여 노출 도전성 부분의 접지계통 결선도를 완성하시오.

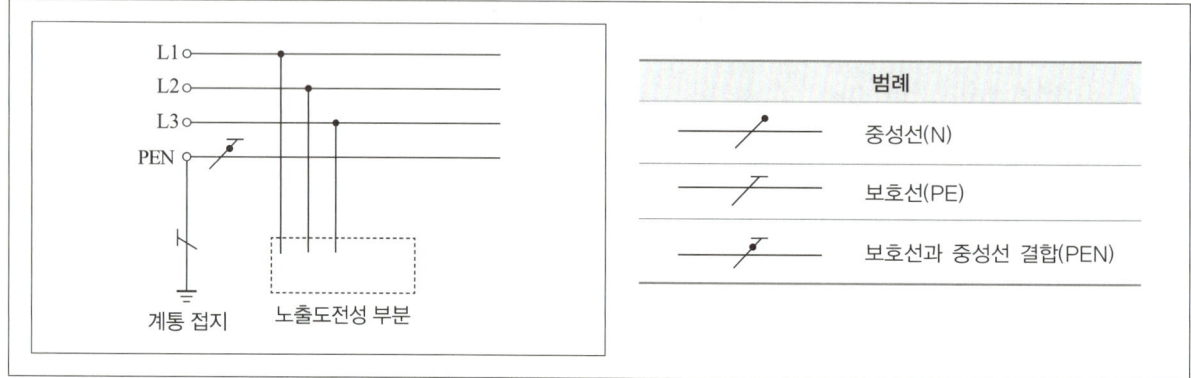

해설

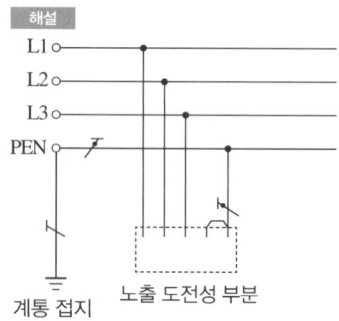

출제 예상문제

02 한국전기설비규정에 의하여 접지도체의 규격을 산정하고자 한다. 구리도체로서 통전시간 0.5초 동안 최대로 흐를 수 있는 지락전류가 1,200[A]일 때 접지도체의 단면적을 선정하시오.(단, 구리도체의 k값은 143이다.)

해설

접지도체의 단면적 $S = \dfrac{\sqrt{1{,}200^2 \times 0.5}}{143} = 5.93[\text{mm}^2]$

단면적의 표준 규격에 맞게 $6[\text{mm}^2]$를 선정한다.

답 $6[\text{mm}^2]$

참고

차단시간이 5초 이하인 경우의 보호도체의 단면적

$S = \dfrac{\sqrt{I^2 t}}{k}[\text{mm}^2]$

출제 예상문제

03 접지 설비에서 보호도체에 대한 다음 각 물음에 답하시오.

(1) 보호도체란 안전을 목적(가령 감전 보호)으로 설치된 도체로 다음 표의 단면적 이상으로 선정하여야 한다. ① ~ ③에 알맞은 보호도체 최소 단면적의 기준을 각각 쓰시오.

[표] 보호도체의 단면적

선도체 S의 단면적[mm²]	보호도체의 최소 단면적[mm²] (보호도체의 재질이 선도체와 같은 경우)
$S \leq 16$	①
$16 < S \leq 35$	②
$S > 35$	③

(2) 보호도체의 종류를 2가지만 쓰시오.

해설

(1)

선도체 S의 단면적[mm²]	보호도체의 최소 단면적[mm²] (보호도체의 재질이 선도체와 같은 경우)
$S \leq 16$	① S
$16 < S \leq 35$	② 16
$S > 35$	③ $\dfrac{S}{2}$

(2) • 다심 케이블의 도체
 • 고정된 절연도체 또는 나도체

출제 예상문제

04 저압 전기 계통 접지 방식에는 크게 3가지가 있다. 3가지를 쓰고 각 계통에 대해 설명하시오.

해설

• TN 계통: 전원의 한 점을 직접 접지하고 설비의 노출도전성 부분을 보호도체(PE)를 통해 전원 계통의 접지점에 접속하는 방식
• TT 계통: 전원 계통의 중성점은 한 곳에만 직접 접지하고, 설비의 노출도전부는 전원 계통의 도체와는 전기적으로 독립된 접지도체에 접속하는 방식
• IT 계통: 전원 계통은 충전부 전체를 대지로부터 절연시키거나 한 점을 임피던스를 통해 대지로 접속시키고, 전기설비의 노출도전성 부분은 단독 혹은 일괄적으로 계통 보호접지도체에 접속하는 방식

05 접지극을 접속하는 방법 3가지만 쓰시오.

> **해설**
> - 발열성 용접
> - 압착접속
> - 클램프

06 접지방식은 각기 다른 목적이나 종류의 접지를 상호 연접시키는 공통접지와 개별적으로 접지하되 상호 일정한 거리 이상 이격하는 독립접지(단독접지)로 구분할 수 있다. 독립접지와 비교하여 공통접지의 장점과 단점을 각각 3가지만 쓰시오.

(1) 공통접지의 장점
(2) 공통접지의 단점

> **해설**
> (1) • 접지극의 연접으로 합성저항의 저감효과
>   • 접지극의 연접으로 접지극의 신뢰도 향상
>   • 접지극의 수량 감소
> (2) • 계통의 이상전압 발생 시 유기전압 상승
>   • 다른 기기 계통으로부터 사고 파급
>   • 초고층에서 독립접지와 병행 시 독립접지 효과가 감소

07 주접지단자에 접속하기 위한 등전위본딩 도체는 설비 내에 있는 가장 큰 보호접지 도체 단면적의 $\frac{1}{2}$ 이상의 단면적을 가져야 하고 다음의 단면적 이상이어야 한다. 빈칸을 알맞게 채우시오.

구 분	단면적[mm^2]
구리	(①)
알루미늄	(②)
강철	(③)

> **해설**
> ① 6 ② 16 ③ 50

08 다음 접지시스템의 접지방식이 무엇인지 쓰시오.

(1)
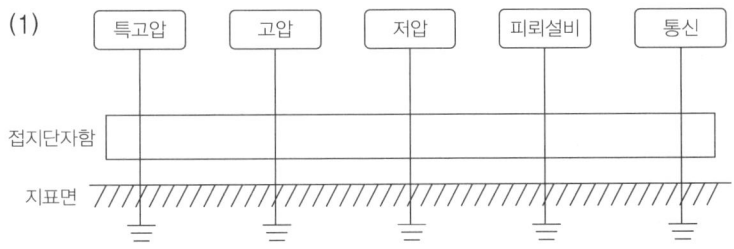

(2)
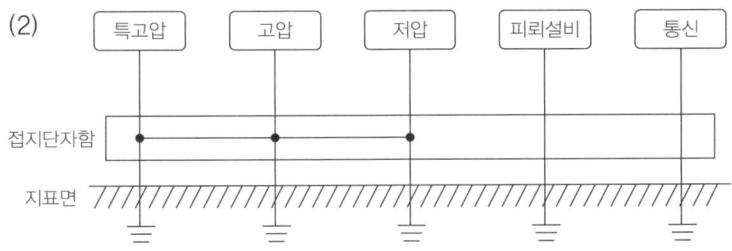

(3)
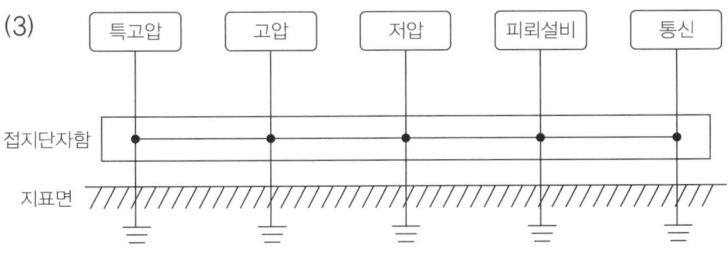

해설
(1) 단독접지
(2) 공통접지
(3) 통합접지

09 서지보호장치란 과도적인 과전압을 제한하고 서지전류를 분류하는 목적으로 쓰이는 장치이다. 서지보호장치의 종류를 3가지 쓰시오.

해설
- 전압스위칭형 SPD
- 전압제한형 SPD
- 복합형 SPD

> 출제 예상문제

10 다음 그림은 전기설비의 접지계통 · 건축물의 피뢰설비 · 전자통신설비 등의 접지극을 통합하여 접지하는 통합접지방식이다. 이 접지방식에 시설해야 하는 기기가 무엇인지 쓰시오.

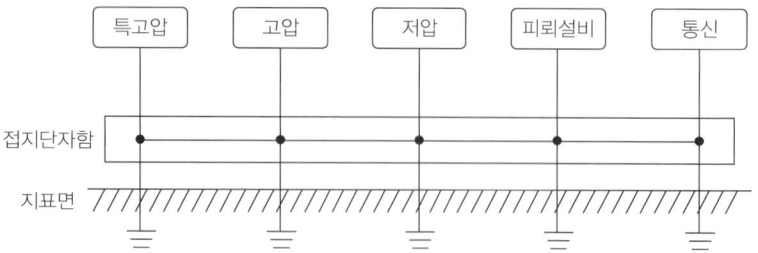

해설
서지보호장치

> 출제 예상문제

11 다음 접지도체의 종류별로 최소 단면적을 선정하려 한다. 빈칸을 채우시오.

접지도체의 종류	구리(동)	철제
큰 고장전류가 접지도체를 통해 흐르지 않는 경우	①	②
접지도체에 피뢰시스템이 접속되는 경우	③	④

해설
① $6[mm^2]$ 이상 ② $50[mm^2]$ 이상 ③ $16[mm^2]$ 이상 ④ $50[mm^2]$ 이상

> 출제 예상문제

12 다음의 빈칸을 채우시오.

- 접지극의 매설 깊이는 지표면으로부터 (①) 이상(동결 깊이를 감안하여 매설 깊이 결정)
- 접지도체를 철주 기타의 금속체를 따라서 시설하는 경우에는 접지극을 철주의 밑면으로부터 (②) 이상의 깊이에 매설하는 경우 이외에는 접지극을 지중에서 그 금속체로부터 (③) 이상 이격하여 매설

해설
① $0.75[m]$ ② $0.3[m]$ ③ $1[m]$

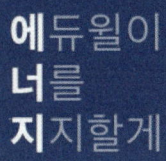

삶의 순간순간이
아름다운 마무리이며
새로운 시작이어야 한다.

– 법정 스님

**여러분의 작은 소리
에듀윌은 크게 듣겠습니다.**

본 교재에 대한 여러분의 목소리를 들려주세요.
공부하시면서 어려웠던 점, 궁금한 점,
칭찬하고 싶은 점, 개선할 점, 어떤 것이라도 좋습니다.

에듀윌은 여러분께서 나누어 주신 의견을
통해 끊임없이 발전하고 있습니다.

에듀윌 도서몰 book.eduwill.net
- 부가학습자료 및 정오표: 에듀윌 도서몰 → 도서자료실
- 교재 문의: 에듀윌 도서몰 → 문의하기 → 교재(내용, 출간) / 주문 및 배송

2025 에듀윌 전기 전기공사기사 실기 한권끝장

발 행 일	2025년 02월 04일 초판
편 저 자	에듀윌 전기수험연구소
펴 낸 이	양형남
개발책임	목진재
개 발	최윤석, 이현승, 서보경
펴 낸 곳	(주)에듀윌
I S B N	979-11-360-3619-3(13560)
등록번호	제25100-2002-000052호
주 소	08378 서울특별시 구로구 디지털로34길 55 코오롱싸이언스밸리 2차 3층

* 이 책의 무단 인용·전재·복제를 금합니다.

www.eduwill.net
대표전화 1600-6700

에듀윌 전기 전기공사기사

실기 핵심이론 + 7개년 기출

CONTENTS

핵심이론+7개년 기출 차례

핵심이론 요약노트

CHAPTER 01 전력 설비	8
CHAPTER 02 부하 설비	12
CHAPTER 03 배전선로	19
CHAPTER 04 변전 설비	22
CHAPTER 05 계통 보호 및 접지 설비	30
CHAPTER 06 배선 공사	35
CHAPTER 07 기기 시험 및 방재 설비	39
CHAPTER 08 시퀀스 및 PLC 제어	42
CHAPTER 09 수·변전 설비	45
CHAPTER 10 견적	48
CHAPTER 11 접지·피뢰시스템	55

2024년

1회 기출문제	66
2회 기출문제	76
3회 기출문제	86

2023년

1회 기출문제	100
2회 기출문제	111
4회 기출문제	121

2022년

1회 기출문제	136
2회 기출문제	151
4회 기출문제	164

2021년

1회 기출문제	182
2회 기출문제	197
4회 기출문제	211

2019년

1회 기출문제	272
2회 기출문제	284
4회 기출문제	297

2020년

1회 기출문제	224
2회 기출문제	235
3회 기출문제	247
4·5회 기출문제	258

2018년

1회 기출문제	308
2회 기출문제	318
4회 기출문제	328

핵심이론 요약노트

2018년부터 2024년까지 가장 많이 출제된 이론만 모았습니다.
기출문제를 풀기 전에 핵심이론을 살펴보고 학습해 보세요.

활용방법
① 네이버앱 또는 카카오톡앱에서 QR코드 스캔 기능을 준비한다.
② QR코드를 스캔하여 강의를 수강한다.
③ 동영상강의와 함께 부록으로 학습한다.

무료강의

전기공사기사 실기 학습 효율을 돋우기 위한 비법 노트

시험에 나오는 요점만 정리한 이론과 강의!

핵심이론 요약노트

CHAPTER 01 전력 설비

1 가공 송전선로용 전선

(1) 전선의 구비 조건
① 도전율이 클 것
② 기계적 강도가 클 것
③ 가요성이 풍부할 것
④ 비중이 작을 것(=가벼울 것)
⑤ 부식성이 작을 것
⑥ 대량 생산이 가능할 것
⑦ 인장 하중이 클 것
⑧ 전압 강하가 적을 것
⑨ 가격이 저렴할 것
⑩ 내구성이 있을 것

(2) 전선의 재료에 따른 종류
① 경동선
  - % 도전율: $97[\%]$
  - 인장 강도: $40[kg/mm^2]$
② 강심 알루미늄 연선(ACSR: Aluminium Conductor Steel Reinforced)
  - 알루미늄 연선으로 도체를 이루고, 알루미늄(Al)선의 기계적 강도가 약한 단점을 보강하기 위해서 전선 중심선을 강선(Steel)을 사용한 전선
  - 전선의 중량은 가볍게 하면서도 도체의 굵기는 크게 만들 수 있음

(3) 전선의 굵기 선정
① 일반적인 옥내 전선의 굵기 결정 시 고려사항 3가지
  - 허용 전류, 전압 강하, 기계적 강도
② 송전선의 굵기 결정 시 고려사항 5가지
  - 허용 전류, 전압 강하, 기계적 강도, 전력 손실, 코로나

2 가공선로용 지지물(철탑)

(1) 철탑의 종류
① 철탑의 형태에 따른 종류
  사각 철탑 / 방형 철탑 / 문형 철탑 / 우두형 철탑 / 회전형 철탑
② 철탑의 용도에 따른 종류
  • 직선 철탑(A형): 수평 각도 3° 이하인 직선 선로에 채용되는 철탑
  • 각도 철탑(B형, C형): 수평 각도 3°를 초과하는 부분에 채용되는 철탑
    – B형: 수평 각도 3° 초과 20° 이하
    – C형: 수평 각도 20° 초과
  • 인류 철탑(D형): 전선로가 끝나는 부분에 채용되는 억류 지지철탑
  • 내장 철탑(E형): 장경간이나 A형 철탑 10기마다 1기씩 보강용으로 채용되는 철탑

(2) 지지물의 기초 안전율
① 가공 전선용 지지물의 기초 안전율은 2 이상이어야 한다.
② 이상 시 상정하중에 대한 철탑 기초의 안전율은 1.33 이상이어야 한다.

(3) 전주 근입시 전주의 지표면 지름

$$D = d + H \times \frac{100}{75} [\text{cm}]$$

(단, D: 지표면에서의 전주의 지름[cm], d: 전주 말구의 지름[cm], H: 전주의 지표면상 길이[m])

3 지선 및 근가

(1) 지선
① 지선은 지지물의 강도를 보강하기 위하여 시설하는 것
② 지선의 설치 규정
  • 지선의 안전율은 2.5 이상일 것. 이 경우 허용 인장하중의 최저는 4.31[kN]
  • 지선은 소선 3가닥 이상의 연선 구조일 것
  • 소선의 지름이 2.6[mm] 이상의 금속선을 사용한 것일 것
  • 지중부분 및 지표상 30[cm]까지의 부분에는 내식성이 있는 것 또는 아연도금을 한 철봉을 사용하고, 쉽게 부식되지 아니하는 근가에 견고하게 붙일 것

(2) 근가

① 근가: 전주의 기울어짐을 방지하기 위해 전선봉에 취부하여 땅에 묻는 콘크리트 블럭
② 근입 깊이에 따른 근가의 길이

전주 길이[m]	근입 깊이[m]	근가의 길이[m]
7	1.2	1.0
8	1.4	1.0
9	1.5	1.2
10	1.7	1.2
11	1.9	1.5
12	2.0	1.5
13	2.2	1.5
14	2.4	1.8
15	2.5	1.8
16	2.5	1.8

③ 근가용 U-볼트의 표준 규격

전주 길이[m]	U-볼트(직경×길이)[mm]
8	270×500
10	320×550
12	360×590
14	360×590
16	400×630

4 완금 및 애자

(1) 완금

① 지지물에 전선을 고정시키기 위하여 사용하는 금구
② 완금이 상하로 움직이는 것을 방지하기 위하여 암 타이(arm tie)를 사용
③ 가공 전선로의 장주에 사용하는 완금의 표준 길이[mm]

전선 조수	특고압	고압	저압
2조	1,800	1,400	900
3조	2,400	1,800	1,400

(2) 애자

① 애자는 전선을 전기적으로 절연시켜 저지물에 취부하기 위한 절연 지지체
② 애자의 구비 조건
- 충분한 절연 내력을 가질 것
- 충분한 기계적 강도를 가질 것
- 누설 전류가 적을 것
- 온도 변화에 잘 견디고 습기를 흡수하지 말 것
- 경제적일 것

③ 애자의 종류
- 핀애자: 직선 전선로를 지지하기 위한 것
- 현수 애자: 원형판 절연체 상하에 연결금구를 부착시켜 만든 것으로 전압에 따라 필요 개수만큼 연결하여 사용
- 장간 애자: 장경간이나 해안 지대에서 염진해 대책으로 개발된 애자
- 내무 애자: 해안, 공장 지대에서 염분이나 먼지, 매연 대책용 애자

④ 가공 배전선로에 사용되는 애자의 종류
- 핀애자: 직선 전선로에 사용
- 현수 애자: 인류 및 내장 개소에 사용
- 라인포스트 애자: 연가용 철탑 등에서 점퍼선 지지용으로 사용
- 인류 애자: 인류 개소 및 배전선로의 중성선용으로 사용

⑤ 애자의 색상
- 특고압용 핀 애자: 적색
- 저압용 애자(접지측 제외): 백색
- 접지측 애자: 청색

⑥ 가공전선을 애자에 바인드하는 방법
- 인류 바인드법
- 측부 바인드법
- 두부 바인드법

5 송배전 선로의 전기적 특성

(1) 3상 3선식 송전선로에서의 주요 공식

① 전압 강하 $e = \sqrt{3}\,I(R\cos\theta + X\sin\theta) = \dfrac{P}{V_r}(R + X\tan\theta)[\text{V}]$

② 전압 강하율

$$\varepsilon = \dfrac{e}{V_r} \times 100[\%] = \dfrac{V_s - V_r}{V_r} \times 100[\%] = \dfrac{\sqrt{3}\,I(R\cos\theta + X\sin\theta)}{V_r} \times 100[\%]$$

$$= \dfrac{P}{V_r^2}(R + X\tan\theta) \times 100[\%]$$

③ 전압 변동률 $\delta = \dfrac{V_{r0} - V_r}{V_r} \times 100[\%]$

 (V_{r0}: 무부하 시 수전단 전압[V], V_r: 전부하 시 수전단 전압[V])

④ 유효 전력 $P = \sqrt{3}\,VI\cos\theta\,[\text{W}]$

⑤ 전력 손실 $P_l = 3I^2R = 3\left(\dfrac{P}{\sqrt{3}\,V\cos\theta}\right)^2 R = \dfrac{P^2 R}{V^2 \cos^2\theta}[\text{W}]$

⑥ 전력 손실률

$$k = \dfrac{P_l}{P} \times 100[\%] = \dfrac{\dfrac{P^2 R}{V^2 \cos^2\theta}}{P} \times 100[\%] = \dfrac{PR}{V^2 \cos^2\theta} \times 100[\%]$$

(2) 송·배전 전압의 승압 시 효과

① 공급 능력: 전압에 비례하여 증가($P_a \propto V$)

② 공급 전력: 전압의 제곱에 비례하여 증가($P \propto V^2$)

③ 전압 강하: 전압에 반비례하여 감소($e \propto \dfrac{1}{V}$)

④ 전압 강하율: 전압의 제곱에 반비례하여 감소($\varepsilon \propto \dfrac{1}{V^2}$)

⑤ 전압 변동률: 전압의 제곱에 반비례하여 감소($\delta \propto \dfrac{1}{V^2}$)

⑥ 전력 손실: 전압의 제곱에 반비례하여 감소($P_l \propto \dfrac{1}{V^2}$)

⑦ 전력 손실률: 전압의 제곱에 반비례하여 감소($k \propto \dfrac{1}{V^2}$)

CHAPTER 02 부하 설비

1 조명 설비

(1) 조명의 기초 용어

① 광속(F)
- 광원에서 나오는 방사속(복사속)을 눈으로 보아 느껴지는 크기를 나타낸 것
- 기호로는 F, 단위로는 [lm](루멘: lumen)을 사용
- 광속의 계산(단, I: 광도[cd])
  - 구 광원(백열등): $F = 4\pi I$ [lm]
  - 원통 광원(형광등): $F = \pi^2 I$ [lm]
  - 평판 광원: $F = \pi I$ [lm]

② 광도(I)
- 모든 방향으로 나오는 광속 중에서 어느 임의의 방향인 단위 입체각에 포함되는 광속수로서, 빛의 세기라고 한다.
- 기호로는 I, 단위로는 [cd](칸델라: candela)를 사용
- 광도의 계산

$$I = \dfrac{F}{\omega} [\text{cd}]$$

(단, ω: 입체각[sr])

③ 광속 발산도(R)
- 단위 면적에서 나가는 빛의 양
- 기호로는 R, 단위로는 [rlx](레드룩스: radlux)를 사용
- 광속 발산도의 계산

$$R = \frac{F}{A}[\text{rlx}]$$

(단, A: 발산 면적[m²], F: 면적 A에서 발산하는 광속[lm])

④ 휘도(B)
- 단위 면적당 광도로 눈부심의 정도를 나타낸다.
- 기호로는 B, 단위로는 [cd/cm² = sb](스틸브: stilb), 또는 [cd/m² = nt](니트: nit)를 사용
- 휘도의 계산

$$B = \frac{I}{A}[\text{cd/m}^2 = \text{nt}]$$

⑤ 조도(E)
- 어떤 물체에 광속이 입사하면 그 면이 밝게 빛나게 되는 정도로 정의되며, 어떤 면에 입사되는 광속의 밀도를 나타낸다.
- 기호로는 E, 단위로는 [lx](룩스: lux)를 사용
- 조도의 계산

$$E = \frac{F}{A} = \frac{I}{r^2}[\text{lx}]$$

(단, 조도는 광원의 광도(I)에 비례하고, 거리(r)의 제곱에 반비례한다.)

(2) 조명 설계

① 전등의 설치 높이와 간격
- 등 높이(등고)
  - 직접 조명 방식: 등 높이 H = 작업면에서 광원까지의 높이
  - 간접 조명 방식: 등 높이 H = 작업면에서 천장까지의 높이
- 등 간격
  - 등기구와 등기구의 간격: $S \leq 1.5H$
  - 벽과 등기구의 간격

$S \leq \dfrac{H}{2}$ (벽면을 사용하지 않을 경우), $S \leq \dfrac{H}{3}$ (벽면을 사용할 경우)

② 실지수 또는 방지수(RI: Room Index)
- 광속법에 의해 실내의 전등 조명 계산을 하는 경우, 조명 기구의 이용률(조명률) U를 구하기 위한 하나의 지수로 방의 모양에 의한 영향을 나타낸 것
- 실지수 RI는 방의 폭 X, 길이 Y, 작업면에서 조명 기구까지의 높이 H의 함수로서 나타낸다.

- 실지수 계산식

$$RI = \frac{XY}{H(X+Y)}$$

(단, X: 방의 폭[m], Y: 방의 길이[m], H: 등고[m])

③ 조도(E)의 산출

$$FUN = EAD$$

(단, F: 광속[lm], U: 조명률, N: 사용하는 등의 개수, E: 조도[lx]
A: 방의 면적[m²], D: 감광 보상률($=\frac{1}{M}$), M: 유지율(보수율))

(3) 광원

① 형광등의 장점
- 수명이 길고, 효율이 좋다.
- 휘도가 낮다.
- 임의의 광색을 얻을 수 있다.
- 열방사가 백열등에 비해 1/4 정도로 작다.

② 형광등의 단점
- 역률이 나쁘다.
- 점등에 시간이 걸린다.
- 여러 가지 부속장치가 필요하여 가격이 비싸다.
- 플리커(빛의 깜박임) 현상이 있다.
- 주위 온도의 영향을 받는다.

③ 고휘도 방전등(HID: High Intensity Discharge Lamp)의 종류
- 고압 나트륨등
- 메탈 핼라이드등
- 고압 수은등
- 고압 크세논 방전등
- 초고압 수은등

④ 램프의 효율 비교
- 나트륨등: 80~150[lm/W]
- 메탈 핼라이드등: 75~105[lm/W]
- 형광등: 48~80[lm/W]
- 수은등: 35~55[lm/W]
- 할로겐등: 20~22[lm/W]
- 백열등: 7~20[lm/W]

⑤ 램프의 효율이 좋은 순서

나트륨등 → 메탈 핼라이드등 → 형광등 → 수은등 → 할로겐등 → 백열등

2 부하 산정

(1) 부하 설비 용량 산정

① 표준 부하
- 건축물의 종류에 따른 표준 부하(P)

건축물의 종류	표준 부하[VA/m²]
공장, 공회당, 사원, 교회, 영화관, 연회장	10
기숙사, 여관, 호텔, 병원, 학교, 음식점, 대중 목욕탕	20
사무실, 은행, 상점, 이발소, 미용실	30
주택, 아파트	40

- 건축물 중 별도 계산할 부분의 표준 부하(Q)

건축물의 부분	표준 부하[VA/m²]
복도, 계단, 세면장, 창고, 다락	5
강당, 관람석	10

- 표준 부하에 따라 산출한 수치에 별도로 가산하여야 할 용량(C)
    - 주택, 아파트(1세대마다)에 대하여 500∼1,000[VA]
    - 상점의 진열창에 대하여 진열창 폭 1[m]에 대하여 300[VA]
    - 옥외의 광고등, 전광사인, 네온사인등의 부하[VA]

② 부하의 용량 산정

위에서 구한 값들을 건축물의 바닥 면적[m²]을 감안하여 다음과 같은 식에 의해서 총 부하 설비 용량을 계산한다.

$$\text{부하 설비 용량} = P \times A + Q \times B + C [\text{VA}]$$
(단, A: 건축물의 바닥 면적[m²], B: 별도 계산할 부분의 바닥 면적[m²])

(2) 분기 회로 수 결정

① 부하 설비 용량에 맞는 분기 회로 수는 다음과 같이 구한다.

$$\text{분기 회로 수} = \frac{\text{표준 부하 밀도}[\text{VA/m}^2] \times \text{바닥 면적}[\text{m}^2]}{\text{전압}[\text{V}] \times \text{분기 회로의 전류}[\text{A}]}$$

② 분기 회로 수 계산 결과가 소수점이 발생하면 소수점 이하 절상한다.
③ 냉방 기기(에어컨디셔너) 및 취사용 기기의 용량 110[V] 사용 전압에서 1.5[kW], 220[V] 사용 전압에서 3[kW] 이상이면 전용 분기 회로로 하여야 한다.
④ 분기 회로의 전류가 주어지지 않을 때에는 16[A]를 표준으로 한다.

3 역률 개선

(1) 역률 개선 효과

① 역률 개선 방법
- 역률은 부하에 의한 지상 무효전력($-jQ$) 때문에 저하되므로 부하와 병렬로 역률 개선용 콘덴서(진상 무효전력 $+jQ$ 공급) Q_c를 접속한다.
- 역률 개선용 콘덴서 용량

$$Q_c = P(\tan\theta_1 - \tan\theta_2) = P\left(\frac{\sin\theta_1}{\cos\theta_1} - \frac{\sin\theta_2}{\cos\theta_2}\right)[\text{kVA}]$$

(단, P: 부하 전력[kW], $\cos\theta_1$: 개선 전 역률, $\cos\theta_2$: 개선 후 역률)

② 역률 개선 효과
- 배전선로의 전력 손실 경감
- 설비 용량의 여유 증가
- 전압 강하의 경감
- 역률 개선에 의한 전기 요금의 경감

(2) 역률 개선용 콘덴서 설비의 부속 장치

① 직렬 리액터(SR: Series Reactor)
- 제5고조파 제거
- 제5고조파 제거를 위한 직렬 리액터 용량
  - 이론상: 콘덴서 용량의 4[%] 설치
  - 실제상: 여유를 두어 6[%] 설치

② 방전 코일(DC: Dischrging Coil)
- 콘덴서에 남아 있는 잔류 전하를 신속히 방전시켜 인체의 감전 방지
- 5초 이내에 50[V] 이하로 방전

4 예비전원 설비

(1) 무정전 전원 공급 장치(UPS: Uninterruptible Power Supply)

① UPS의 역할: 선로의 정전이나 입력 전원에 이상 상태가 발생하였을 경우에도 정상적으로 전력을 부하 측에 공급하는 무정전 전원 공급 장치

② UPS의 구성
- 정류 장치(Converter): 교류를 직류로 변환시킨다.
- 축전지: 직류 전력를 저장시킨다.
- 역변환 장치(Inverter): 직류를 교류로 변환시킨다.

(2) 축전지

① 축전지 설비의 구성 요소
- 축전지 / 충전 장치 / 보안 장치 / 제어 장치

② 연축전지
- 화학 반응식

$$PbO_2 + 2H_2SO_4 + Pb \underset{충전}{\overset{방전}{\rightleftarrows}} PbSO_4 + 2H_2O + PbSO_4$$

- 양극: 이산화 납(PbO_2)
- 음극: 납(Pb)
- 전해액: 황산(H_2SO_4)
- 공칭 전압: 2.0[V/cell]
- 공칭 용량: 10시간율[Ah]
- 연축전지의 종류
  - 클래드식(CS형: 완 방전형): 변전소 및 일반 부하에 사용, 부동 충전 전압 2.15[V/cell]
  - 페이스트식(HS형: 급 방전형): UPS 설비 등의 대전류용에 사용, 부동 충전 전압 2.18[V/cell]

③ 알칼리 축전지
- 화학 반응식

$$2Ni(OH)_2 + Cd(OH)_2 \underset{충전}{\overset{방전}{\rightleftarrows}} 2NiOOH + 2H_2O + Cd$$

- 양극: 수산화 니켈($Ni(OH)_2$)
- 음극: 카드뮴(Cd)
- 전해액: 수산화 칼륨(KOH)
- 공칭 전압: 1.2[V/cell]
- 공칭 용량: 5시간율[Ah]
- 알칼리 축전지의 장점
  - 수명이 길다.(연 축전지에 비해서 3~4배)
  - 진동과 충격에 강하다.
  - 충전 및 방전 특성이 양호하다.
  - 방전 시 전압 변동이 작다.
  - 사용 온도 범위가 넓다.
- 알칼리 축전지의 단점
  - 연축전지보다 공칭 전압이 낮다.
  - 가격이 비싸다.

④ 축전지 충전 방식
- 초기 충전
  - 축전지 제작 후, 처음 충전하는 것
  - 축전지에 전해액을 넣지 않은 미충전 축전지에 전해액을 주입하여 행하는 충전 방식
- 보통 충전
  - 일반적인 충전 방식
  - 필요할 때마다 표준 시간율로 소정의 전류로 충전하는 방식

- 부동 충전
  - 축전지의 자기 방전을 보충하는 충전 방식
  - 상용 부하에 대한 전력 공급은 충전기가 부담하고, 충전기가 공급하기 어려운 일시적인 대전류 부하에 대해서는 축전지로 하여금 부담하게 하는 방식
  - 충전기 2차 충전 전류[A] = $\dfrac{축전지\ 용량[Ah]}{정격\ 방전율[h]} + \dfrac{상시\ 부하\ 용량[VA]}{표준\ 전압[V]}$
- 세류 충전
  - 자기 방전량만을 항시 충전시키는 방식
  - 부동 충전 방식의 일종이다.
- 균등 충전
  - 각 전해조에 일어나는 전위차를 보정하기 위해 충전하는 방식
  - 1~3개월마다 1회 정전압으로 10~12시간씩 충전한다.
- 급속 충전
  - 비교적 단시간에 보통 전류의 2~3배의 전류로 충전시키는 방식
  - 축전지 수명에는 바람직하지 못한 충전 방식이다.

⑤ 축전지의 설페이션(Sulfation) 현상
- 설페이션은 축전지 극판이 황산납으로 결정체가 되는 것으로 축전지를 방전 상태로 장기간 방치하면 극판이 불활성 물질로 덮이는 현상을 말한다.
- 설페이션 현상의 원인
  - 방전 전류가 큰 경우
  - 축전지를 장기간 방전 상태로 방치하였을 경우
  - 전해액의 비중이 너무 낮을 경우
  - 전해액의 부족으로 극판이 노출되었을 경우
  - 전해액에 불순물이 혼입되었을 경우
  - 불충분한 충전을 반복하였을 경우 등
- 설페이션으로 인해 나타나는 현상
  - 극판이 회색으로 변하고 극판이 휘어진다.
  - 충전 시 전해액의 온도 상승이 크고 비중 상승이 낮으며 가스의 발생이 심하다.

⑥ 축전지의 용량 계산

$$C = \dfrac{1}{L}KI\ [Ah]$$

(단, C: 축전지 용량[Ah], I: 방전 전류[A], L: 보수율, K: 용량 환산 시간 계수)

CHAPTER 03 배전선로

1 배전선로의 구성

(1) 배전선로 기초 용어
① 급전선(Feeder): 배전 변전소 또는 발전소로부터 배전 간선에 이르기까지의 도중에 부하가 접속되어 있지 않은 배전선로
② 가공 인입선: 가공 전선로의 지지물에서 다른 지지물을 거치지 않고 수용 장소의 인입선 접속점에 이르는 가공 전선로
③ 지중 인입선: 지중 전선로의 배전반 또는 가공 전선로에서 직접 수용 장소에 이르는 지중 전선로
④ 연접 인입선: 하나의 수용 장소의 인입선 접속점에서 분기하여 지지물을 거치지 않고 다른 수용 장소의 인입선 접속점에 이르는 전선로
- 옥내를 관통하지 아니할 것
- 폭 5[m]를 넘는 도로를 횡단하지 아니할 것
- 처음 인입선의 분기점으로 100[m]를 넘는 지역에 미치지 아니할 것

(2) 단상 3선식 배전선로의 보호
① 보호 방법
- 변압기 2차 측 1단자는 변압기 중성점 접지공사를 하여야 한다.
- 2차 측 개폐기는 동시 동작형이어야 한다.
- 중성선에는 퓨즈를 삽입할 수 없다.

2 접지 공사 및 전선 굵기

(1) 접지 공사
① 중성점 접지의 목적
- 지락 고장 시 건전상의 전위 상승을 억제하여 기기의 절연 레벨을 경감
- 낙뢰, 아크 지락, 기타에 의한 이상 전압의 경감 및 발생 억제
- 지락 고장 시 보호 계전기의 동작 확보
- 1선 지락 시 아크 지락을 빨리 소멸시켜 계속해서 송전을 유지

② 접지방식

접지 대상	접지 방식[KEC]
(특)고압 설비	• 계통 접지: TN, TT, IT
400[V] 이상 ~ 600[V] 이하	• 보호 접지: 등전위 본딩
400[V] 미만	• 피뢰시스템 접지
변압기	변압기 중성점 접지

③ 접지도체 최소 단면적

종류	접지도체 굵기[KEC]
특고압·고압 전기설비용	6[mm²] 이상
중성점 접지용 접지 도체	16[mm²] 이상 (단, 사용전압이 25[kV] 이하인 특고압 가공전선로 중성선 다중접지식 전로에 지락이 생겼을 때 2초 이내에 자동적으로 이를 전로로부터 차단하는 장치가 되어 있는 것은 6[mm²] 이상)
7[kV] 이하의 전로	6[mm²] 이상
저압 전기용 접지도체는 다심 또는 다심 캡타이어 케이블의 1개 도체의 단면적	0.75[mm²] 이상 (단, 연동 연선은 1개 도체의 단면적이 1.5[mm²] 이상)

④ 선도체 및 보호도체의 최소 단면적

선도체의 단면적 S ([mm²], 구리)	보호도체의 최소 단면적	
	보호도체의 재질이 선도체와 같은 경우	보호도체의 재질이 선도체와 다른 경우
$S \leq 16$	S	$\left(\dfrac{k_1}{k_2}\right) \times S$
$16 < S \leq 35$	16	$\left(\dfrac{k_1}{k_2}\right) \times 16$
$S > 35$	$\dfrac{S}{2}$	$\left(\dfrac{k_1}{k_2}\right) \times \left(\dfrac{S}{2}\right)$

(단, k_1: 선도체에 대한 k값, k_2: 보호 도체에 대한 k값)

(2) 전선의 굵기

① 허용 전압 강하

설비의 유형	조명[%]	기타[%]
A - 저압으로 수전하는 경우	3	5
B - 고압 이상으로 수전하는 경우*	6	8

* 가능한 한 최종회로 내의 전압강하가 A 유형의 값을 넘지 않도록 하는 것이 바람직하다. 사용자의 배선설비가 100[m]를 넘는 부분의 전압강하는 미터당 0.005[%] 증가할 수 있으나 이러한 증가분은 0.5[%]를 넘지 않아야 한다.

② 전압 강하 및 전선의 단면적 계산

전기 방식	전압 강하	전선 단면적
단상 3선식 직류 3선식 3상 4선식	$e = \dfrac{17.8LI}{1,000A}[V]$	$A = \dfrac{17.8LI}{1,000e}[mm^2]$
단상 2선식 직류 2선식	$e = \dfrac{35.6LI}{1,000A}[V]$	$A = \dfrac{35.6LI}{1,000e}[mm^2]$
3상 3선식	$e = \dfrac{30.8LI}{1,000A}[V]$	$A = \dfrac{30.8LI}{1,000e}[mm^2]$

단, L: 전선 1본의 길이[m], I: 부하 전류[A]

③ 전선의 공칭 단면적[mm²]: 1.5, 2.5, 4, 6, 10, 16, 25, 35, 50, 70, 95, 120, 150, 185, 240, 300

3 누전 차단기 시설 및 심야 전력기기 사용

(1) 누전 차단기

① 누전 차단기의 설치
- 사람이 쉽게 접촉될 우려가 있는 장소에 시설하는 사용 전압이 50[V]를 초과하는 저압의 금속제 외함을 가지는 기계 기구에 전기를 공급하는 전로에 누전이 발생하였을 때, 자동적으로 전로를 차단하는 누전 차단기 등을 설치하여야 한다.
- 주택의 구내에 시설하는 대지 전압 150[V] 초과 300[V] 이하의 저압 전로 인입구에는 인체 감전 보호용 누전 차단기를 설치한다.

② 누전 차단기의 구조 및 역할
- 누전 차단기 구성
  - 검출부: 영상 변류기(ZCT) 이용, 누전 검출
  - 수신부: 영상 변류기(ZCT)에서 검출된 신호를 트립 코일(TC)에 전달
  - 차단부: 트립 코일이 여자되면서 발생된 전자력으로 차단기 트립
- 평상시
  - I_1, I_2 전류 크기가 같으면서 방향이 반대이므로 서로 상쇄
- 누전 발생 시
  - 귀로전류 $I_2 = I_1 - I_g$ 가 되어 완전 상쇄 못하고 차전류가 생겨 트립 코일을 여자시켜 차단기 트립

③ 누전 차단기 시설 장소

전로의 대지 전압	기계 기구의 시설 장소	옥내 건조한 장소	옥내 습기가 많은 장소	옥측 우선 내	옥측 우선 외	옥외	물기가 있는 장소
150[V] 이하		×	×	×	□	□	○
150[V] 초과 300[V] 이하		△	○	×	○	○	○

○: 누전 차단기를 반드시 시설할 것
△: 주택에 기계 기구를 시설하는 경우에는 누전 차단기를 시설할 것
□: 주택 구내 또는 도로에 접한 면에 룸 에어컨디셔너, 아이스박스, 진열창, 자동 판매기 등 전동기를 부품으로 한 기계 기구를 시설하는 경우 누전 차단기를 시설하는 것이 바람직한 곳
×: 누전 차단기를 설치하지 않아도 되는 곳

④ 누전 차단기의 선정
- 저압 전로에 시설하는 누전 차단기는 전류 동작형으로 다음 각 호에 적당한 것이어야 한다.
- 인입구 장치 등에 시설하는 누전 차단기는 충격파 부동작형일 것
- 누전 차단기의 조작용 손잡이 또는 누름 단추는 트립 프리(Trip free) 기구이어야 한다.
- 누전 경보기의 음성 경보장치는 원칙적으로 벨(Bell)식 또는 버저(Buzzer)식인 것으로 할 것

⑤ 누전 차단기의 종류

구분		정격 감도 전류 [mA]	동작 시간
고감도형	고속형	5, 10, 15, 30	정격 감도 전류에서 0.1초 이내, 인체 보호용은 0.03초 이내
	시연형		정격 감도 전류에서 0.1초 초과 2초 이내
	반한시형		• 정격 감도 전류에서 0.2초 초과 1초 이내 • 정격 감도 전류 1.4배의 전류에서 0.1초 초과 0.5초 이내 • 정격 감도 전류 4.4배의 전류에서 0.05초 이내
중감도형	고속형	50, 100, 200, 500, 1,000	정격 감도 전류에서 0.1초 이내
	시연형		정격 감도 전류에서 0.1초 초과 2초 이내

(2) 심야 전력기기

① 정액제의 경우
- 정액제의 경우에는 심야 전력기기를 전력회사와 수용가가 사전 계약에 따라 심야 전력기기의 전력 사용량과는 관계없이 매월 계약된 일정한 전력 요금을 수용가가 전력회사에 지불하는 심야 전력기기 사용 방식이다.
- 일반 부하에만 전력 사용량 계측용 전력량계가 필요하며, 심야 전력기기에는 타임 스위치만 설치하면 된다.

② 종량제의 경우
- 종량제의 경우에는 수용가에서 사용한 심야 전력기기 소비전력을 전력량계로 측정하여 사용한 전력 요금을 전력회사에 지불하는 방식이다.
- 일반 부하에 전력 사용량 계측용 전력량계가 필요하며 심야 전력기기에는 타임 스위치와 전력량계를 모두 설치해야 한다.

③ 정액제·종량제 병용의 경우
- 정액제의 심야 전력기기는 전력회사와 수용가가 사전 계약에 따라 심야 전력기기의 전력 사용량과는 관계없이 매월 계약된 일정한 전력 요금을 수용가가 전력회사에 지불하고, 종량제의 심야 전력기기는, 수용가에서 사용한 심야 전력기기 소비전력을 전력량계로 측정하여 사용한 전력 요금을 전력회사에 지불하는 방식이다.
- 일반 부하에는 전력 사용량 계측용 전력량계가 필요하며, 정액제의 심야 전력기기는 타임 스위치만 설치하면 되고, 종량제의 심야 전력기기는 타임 스위치와 전력량계를 모두 설치해야 한다.

CHAPTER 04 변전 설비

1 3상 변압기 결선

(1) △-△ 결선법

① 장점
- 제3고조파 전류가 △ 결선 내를 순환하므로 기전력의 파형이 왜곡되지 않는다.
- 1상분이 고장나면 나머지 2대로 V 결선 운전이 가능하다.
- 각 변압기의 상전류가 선전류의 $1/\sqrt{3}$이 되어 대전류에 적합하다.

② 단점
- 중성점을 접지할 수 없으므로 지락 사고의 검출이 곤란하다.
- 권수비가 다른 변압기를 결선하면 순환 전류가 흐른다.
- 각 상의 임피던스가 다른 경우, 부하 전류는 불평형이 된다.

(2) $Y-Y$ 결선법
① 장점
- 1차 전압, 2차 전압 사이에 위상차가 없다.
- 1차, 2차 모두 중성점을 접지할 수 있으며, 이상 전압을 감소할 수 있다.
- 상전압이 선간 전압의 $1/\sqrt{3}$ 배이므로 절연이 용이하여 고전압에 유리하다.

② 단점
- 기전력의 파형이 제3고조파를 포함한 왜형파가 된다.
- 중성점을 접지하면 제3고조파 전류가 흘러 통신선에 유도 장해를 일으킨다.

(3) $Y-\triangle$ 또는 $\triangle-Y$ 결선법
① 장점
- 한 쪽 Y 결선의 중성점을 접지할 수 있다.
- Y 결선의 상전압은 선간 전압의 $1/\sqrt{3}$ 이므로 절연이 용이하다.
- 1, 2차 중에 $\triangle$ 결선이 있어 제3고조파의 장해가 적다.

② 단점
- 1, 2차 선간 전압 사이에 $30°$의 위상차가 있다.
- 1상에 고장이 생기면 전원 공급이 불가능해진다.
- 중성점 접지로 인한 유도장해를 초래한다.

2 특수한 변압기 결선

(1) $V-V$ 결선법
① $\triangle-\triangle$ 결선의 출력
$$P_\triangle = 3 \times EI = 3P [\text{kVA}]$$

② $V-V$ 결선의 출력
$$P_V = \sqrt{3}\, P [\text{kVA}]$$

③ 출력비
$$\text{출력비} = \frac{\text{고장 후 출력}(P_V)}{\text{고장 전 출력}(P_\triangle)} = \frac{\sqrt{3}\,P}{3P} = \frac{1}{\sqrt{3}} = 0.577\,(\therefore 57.7[\%])$$

④ 이용률
$$\text{이용률} = \frac{\text{실제출력}(P_V')}{\text{이론출력}(P_V)} = \frac{\sqrt{3}\,P}{2P} = \frac{\sqrt{3}}{2} = 0.866\,(\therefore 86.6[\%])$$

(2) 단권 변압기

① 승압 2차 전압

$$V_2 = V_1\left(1+\frac{e_2}{e_1}\right) = V_1\left(1+\frac{1}{a}\right)[V]\;(단,\; a=\frac{e_1}{e_2})$$

② 단권 변압기의 자기 용량과 부하 용량의 비

$$\frac{자기용량}{부하용량} = \frac{(V_2-V_1)I_2}{V_2 I_2} = 1-\frac{V_1}{V_2}$$

③ 단권 변압기의 장점
- 동량이 감소된다.
- 크기와 중량이 작아 조립 및 수송이 용이하다.
- 변압기의 동손(I^2R)이 줄어 변압기 효율이 증대된다.
- 작은 용량의 변압기로 큰 용량의 부하를 적용할 수 있다.

④ 단권 변압기의 단점
- 저압 측도 고압 측과 같은 수준의 절연이 요구된다.
- 단락 전류가 크다.

3 변압기의 병렬 운전

(1) 단상 변압기 병렬 운전 조건
① 각 변압기의 극성이 같을 것
② 각 변압기의 권수비 및 1차, 2차 정격전압이 같을 것
③ 각 변압기의 %임피던스 강하가 같을 것
④ 각 변압기의 저항과 누설 리액턴스 비가 같을 것

(2) 3상 변압기 병렬 운전 조건
3상 변압기의 병렬 운전 조건은 단상 변압기의 병렬 운전 조건 이외에도 다음의 조건을 만족해야 한다.
① 상회전 방향이 같을 것
② 위상 변위가 같을 것
③ 변압기 병렬 운전 가능 결선과 불가능 결선

병렬 운전 가능 결선		병렬 운전 불가능 결선	
A 변압기	B 변압기	A 변압기	B 변압기
△-△	△-△	△-△	△-Y
△-△	Y-Y	Y-Y	Y-△
Y-Y	Y-Y	△-△	Y-△
△-Y	△-Y	△-Y	Y-Y
△-Y	Y-△		
Y-△	Y-△		

4 변압기의 효율

(1) 규약 효율(Conventional Measured Efficiency)

$$\text{규약 효율} = \frac{\text{출력}[kW]}{\text{출력}[kW] + \text{손실}[kW]} \times 100\,[\%]$$

$$= \frac{P_0[kW]}{P_0[kW] + P_l[kW]} \times 100\,[\%]$$

(2) 변압기의 최고 효율 운전

$$W_i = a^2 W_c = \left(\frac{P_1}{P}\right)^2 W_c$$

즉, '철손 = 동손'이 최대 효율 조건이 된다.

(3) 변압기 효율이 저하되는 이유
① 부하 역률이 저하되는 경우
② 경부하 운전하는 경우
③ 부하 변동이 심한 경우

5 변압기 보호 장치

(1) 전기적 보호 장치(87(RDR: Ratio Differential Relay))
① 비율 차동 계전기
  - 내부 고장 보호용의 동작 전류의 비율이 억제 전류의 일정치 이상일 때 동작
  - 동작 비율 $= \dfrac{|I_1 - I_2|}{|I_1| \text{ or } |I_2|} \times 100[\%]$ ($|I_1|$ 또는 $|I_2|$ 중, 작은 값을 선택)

(2) 기계식 보호 계전기의 종류
① 브흐홀쯔 계전기(96B: Buchholz R/Y)
  변압기 본체와 콘서베이터를 연결하는 관 도중에 설치한다.
② 충격압력 계전기(96P: Sudden Gas Pressure R/Y)
  변압기 내부사고 시 가스 발생으로 충격성의 압력 상승을 검출, 차단한다.
③ 방압 장치 / 권선 온도계 / 유면계

6 변압기 용량 산정

(1) 변압기의 용량 결정
① 변압기의 용량 결정을 위한 합성 최대 전력 계산

$$\text{합성 최대 전력}[kVA] = \frac{\text{각 부하의 최대 수용 전력의 합계}}{\text{부등률}} = \frac{\text{설비 용량}[kVA] \times \text{수용률}}{\text{부등률}}$$

$$= \frac{\text{설비 용량}[kW] \times \text{수용률}}{\text{부등률} \times \text{역률}}$$

② 변압기의 용량 결정
  - 변압기 용량은 위에서 구한 합성 최대 전력보다 큰 용량으로 결정해야 한다.
  - 변압기 용량[kVA] ≥ 합성 최대 전력[kVA]

③ 전력용 3상 변압기 표준 용량[kVA]

5	10	15	20	30	40	50	75
100	150	200	250	300	500	750	1,000

(2) 변압기의 용량 결정 시 필요한 인자

① 수용률
- 수용 설비가 동시에 사용되는 정도를 나타낸다.
- 변압기 등의 적정한 공급 설비 용량을 파악하기 위해 사용된다.

$$수용률 = \frac{최대\ 수용\ 전력[kW]}{총\ 부하\ 설비\ 용량[kW]} \times 100[\%]$$

② 부하율
- 공급 설비가 어느 정도 유용하게 사용되는지를 나타낸다.
- 부하율이 클수록 공급 설비가 그만큼 유효하게 사용된다는 것을 뜻한다.

$$부하율 = \frac{평균\ 수용\ 전력[kW]}{최대\ 수용\ 전력[kW]} \times 100[\%]$$

③ 부등률
- 부하의 최대 수용 전력의 발생 시간이 서로 다른 정도를 나타낸다.
- 부등률이 클 수록 설비의 이용률이 크다는 것을 의미하므로 그만큼 유리하다.

$$부등률 = \frac{각\ 부하의\ 최대\ 수용\ 전력의\ 합계[kW]}{합성\ 최대\ 수용\ 전력[kW]} \geq 1$$

7 전력용 개폐장치

(1) 차단기(CB)

① 차단기의 역할: 부하 전류를 개폐하고 사고 발생 시 신속히 회로를 차단
② 소호 원리에 따른 차단기의 종류
- 유입 차단기(OCB: Oil Circuit Breaker): 절연유가 아크에 의해 발생하는 수소 가스의 열전도를 이용하여 아크를 냉각하여 소호
- 자기 차단기(MBB: Magnetic Blast Circuit Breaker): 아크와 직각으로 자계를 주어 아크 전압을 증대시키며 또한 냉각하여 소호
- 진공 차단기(VCB: Vacuum Circuit Breaker): 진공 중으로 아크 확산 후 전류 영점에서 아크 소호
- 공기 차단기(ABB: Air Blast Circuit Breaker): 아크를 강력한 압축 공기로 불어서 소호
- 가스 차단기(GCB: Gas Circuit Breaker): SF_6 가스의 강력한 소호 능력으로 아크를 강력하게 흡습하여 소호

③ 육불화황(SF_6)가스의 성질
- 안정도가 매우 높은 불활성 기체이다.
- 공기에 비해 절연 강도가 크다.
- 소호 능력이 우수하다.(아크의 시정수가 작아 대전류 차단에 유리)
- 절연 회복이 빠르다.
- 가스의 성질이 우수하여 차단기가 소형화된다.

④ 차단기의 정격과 동작 책무
  • 정격 전압(V_n)
    – 차단기에 가할 수 있는 사용 회로 전압의 최대 공급 전압을 말한다.
    – 차단기의 정격 전압은 선간 전압의 실횻값으로 표시한다.
    – 계통의 공칭 전압별 정격 전압 관계

공칭 전압	22.9[kV]	66[kV]	154[kV]	345[kV]	765[kV]
정격 전압	25.8[kV]	72[kV]	170[kV]	362[kV]	800[kV]

  • 정격 전류(I_n)
    – 정격 전압, 정격 주파수에서 규정된 온도 상승 한도를 초과하지 않고, 연속적으로 흘릴 수 있는 전류 한도이다.
    – 보통 교류 전류의 실효치로 나타낸다.
    $$I_n = \frac{P}{\sqrt{3}\,V_n \cos\theta}[\text{A}]$$
  • 정격 차단 전류(I_s)
    – 정격 전압, 정격 주파수에서 표준 동작책무에 따라 차단할 수 있는 전류 한도이다.
    – 직류 비율 20[%] 미만일 때 교류 성분 대칭분의 실효치를 [kA]로 표시한다.
    $$I_s = \frac{100}{\%Z}I_n = \frac{E}{Z}[\text{kA}]$$
  • 정격 차단 용량(P_s)
    – 3상 단락사고 시 이를 차단할 수 있는 차단 용량 한도를 말한다.
    – 정격 차단 용량 산출식
    $$P_s = \frac{100}{\%Z}P_n = \sqrt{3}\,V_n I_s [\text{kVA}]$$
    – 정격 차단 용량 ≥ 단락 용량
  • 정격 투입 전류
    – 규정된 표준 동작책무에 따라 투입할 수 있는 전류 한도를 말한다.
    – 통상 정격 차단 전류 I_s(대칭 단락 전류)의 2.5배를 표준으로 한다.
  • 정격 차단 시간
    – 정격 차단 전류 I_s를 완전히 차단시키는 시간을 말한다.
    – 보통 차단기의 정격 차단 시간이란, 개극 시간과 아크 시간의 합을 말한다.
      개극 시간: 트립 코일(TC) 여자 순간부터 접촉자 분리 시까지의 시간
      아크 시간: 접촉자 분리 시부터 아크 소호까지의 시간
  • 정격 차단 시간

정격전압	25.8[kV]	170[kV]	362[kV]	800[kV]
정격 차단시간	5[Hz]	3[Hz]	3[Hz]	2[Hz]

  • 차단기의 동작책무
    – 차단기에 부과된 1~2회 이상의 투입, 차단 동작을 일정 시간 간격을 두고 행하는 일련의 동작을 차단기의 동작책무라고 한다. 이를 전력 계통 특성에 맞게 표준화한 것을 표준 동작책무라고 한다.

- 표준 동작책무

  [KSC 규정]

동력 조작	기호 A	O − (1분) − CO − (3분) − CO
	기호 B	CO − (15초) − CO
수동 조작	기호 M	O − (2분) − CO 및 O

(2) 단로기(DS)

① 단로기(DS)의 역할
  - 고압 이상의 전로에서 단독으로 선로의 접속 또는 분리를 목적으로 무부하 시 선로를 개폐한다.
  - 차단기와 다르게 아크 소호 능력이 없기 때문에 단로기는 부하 전류의 개폐를 하지 않는 것이 원칙이다.
  - 충전 전류 개폐 가능(부하 전류, 사고 전류는 개폐 불가)

② 접지 개폐기(ES: Earthing Switch)
  전로를 점검·보수하기 위하여 전로를 대지에 접지시키는 개폐기

(3) 전력 퓨즈(PF)

① 전력 퓨즈(PF)의 역할
  - 평상시에 부하 전류는 안전하게 통전시킨다.
  - 이상 전류나 사고 전류(단락 전류)에 대해서는 즉시 차단시킨다.

② 한류형 전력 퓨즈(PF)의 장단점

장점	단점
• 소형이면서 차단 용량이 크다. • 한류 효과가 크다. • 차단 시 무소음, 무방출이다. • 고속도 차단할 수 있다. • 소형, 경량이다. • 가격이 저렴하다.	• 재투입이 불가능하다.(가장 큰 단점) • 차단 시 과전압을 발생한다. • 과도 전류에 용단되기 쉽다. • 용단되어도 차단하지 못하는 전류 범위가 있다. • 동작시간과 전류 특성을 자유롭게 조정할 수 없다.

③ 퓨즈의 주요 특성

  용단 특성 / 단시간 허용 특성 / 전차단 특성

④ 퓨즈 선정 시 고려 사항
  - 변압기 여자 돌입 전류에 동작하지 말 것
  - 전동기와 충전기의 기동 전류에 동작하지 말 것
  - 과부하 전류에 동작하지 말 것
  - 타 보호기기와 보호협조를 가질 것

⑤ 고압 퓨즈의 규격
  - 고압 전로에 사용하는 포장 퓨즈는 정격 전류의 1.3배의 전류에 견디고, 2배의 전류에서 120분 이내에 용단되는 것이어야 한다.
  - 고압 전로에 사용하는 비포장 퓨즈는 정격 전류의 1.25배의 전류에 견디고, 2배의 전류에서 2분 이내에 용단되는 것이어야 한다.

⑥ 각종 개폐기의 기능 비교

기능 \ 능력	회로 분리		사고 차단	
	무부하	부하	과부하	단락
퓨즈	○	×	×	○
차단기	○	○	○	○
개폐기	○	○	○	×
단로기	○	×	×	×
전자 접촉기	○	○	○	×

8 계기용 변성기

(1) 계기용 변류기(CT: Current Transformer)

① 계기용 변류기(CT)의 역할
  - 고압 회로의 대전류를 소전류로 변성하여 측정 계기나 보호 계전기에 안전하게 공급하는 장치이다.
  - 회로에 직렬로 접속하여 사용한다.

② 계기용 변류기(CT)의 변류비 선정
  - 변압기, 수전 회로
    - 변류기 1차 전류 $I_1 = \dfrac{P_1}{\sqrt{3}\, V_1 \cos\theta} \times (1.25 \sim 1.5)[A]$

    ($\therefore k = 1.25 \sim 1.5$: 변압기의 여자 돌입 전류를 감안한 여유도)

    - 변류비 $= \dfrac{I_1}{I_2}$ (단, 정격 2차 전류는, $I_2 = 5[A]$)

  - 전동기 회로
    - 변류기 1차 전류 $I_1 = \dfrac{P_1}{\sqrt{3}\, V_1 \cos\theta} \times (2.0 \sim 2.5)[A]$

    ($\therefore k = 2.0 \sim 2.5$: 전동기의 기동 전류를 감안한 여유도)

  - 전력 수급용 계기용 변성기(MOF)
    - 변류기 1차 전류 $I_1 = \dfrac{P_1}{\sqrt{3}\, V_1 \cos\theta}[A]$

    ($\therefore$ MOF에서는 이미 충분한 절연 설계가 되어 있어 여유를 두지 않는다.)

  - 변류비 및 부담
    - 1차 전류: 5, 10, 15, 20, 30, 40, 50, 75, 100, 150, 200, 300, 400, 500[A]
    - 2차 전류: 5[A]
    - 정격 부담: 5, 10, 15, 25, 40, 100[VA]

③ 계기용 변류기(CT)의 결선 방식
  - 가동 접속(정상 접속)
    - 부하 전류 $I_1 = $ 전류계 Ⓐ의 지시값 × CT 비
  - 차동 접속(교차 접속)
    - 부하 전류 $I_1 = $ 전류계 Ⓐ의 지시값 × CT 비 × $\dfrac{1}{\sqrt{3}}$

(2) 계기용 변압기(PT: Potential Transformer)

① 원리: 계기용 변압기는 1차 권선, 2차 권선 및 이것들을 결합하는 철심으로 구성, 1차 전압에 비례한 2차 전압을 변성(2차 110[V])

② CT와 PT의 적용 시 차이점

항목	CT	PT
1차 측 접속	주회로에 직렬 접속	주회로에 병렬 접속
2차 측 접속	임피던스가 작은 부하	임피던스가 큰 부하
2차 정격 전류 및 전압	정격 전류 5[A]	정격 전압 110[V]
사용상 주의점	2차 측 개방 금지	2차 측 단락 금지

(3) 특수 변성기

① 전력 수급용 계기용 변성기(MOF: Metering Out Fit)
  - 계기용 변압기와 변류기를 조합하여 한 탱크 내에 수납한 것
  - 전력 사용량을 측정하기 위해 적절히 변압 및 변류하여 DM(최대 수요 전력량계)에 전달시켜 주는 장치

② 영상 변류기(ZCT)
  지락 사고 시 지락 전류(영상 전류)를 검출하는 것으로 지락 계전기와 조합하여 차단기를 동작시킨다.

③ 접지형 계기용 변압기(GPT)
  지락 사고 시 영상 전압를 검출하여 지락 과전압 계전기(OVGR)를 동작시키기 위하여 설치한다.

CHAPTER 05 계통 보호 및 접지 설비

1 피뢰 설비

(1) 피뢰기

① 피뢰기의 구조 및 역할
  - 피뢰기 구조
    - 직렬 갭: 뇌전류를 대지로 방전시키고, 속류를 차단한다.
    - 특성 요소: 뇌전류 방전 시 피뢰기 자신의 전위 상승을 억제하여 자신의 절연 파괴를 방지한다.

② 피뢰기의 역할
  - 이상 전압이 침입해서 피뢰기의 단자 전압이 어느 일정값 이상으로 올라가면 즉시 방전을 개시해서 전압 상승을 억제한다.
  - 이상 전압이 없어져서 단자 전압이 일정값 이하가 되면 즉시 방전을 정지해서 원래의 송전 상태로 되돌아가게 한다.

(2) 피뢰기의 구비 조건

① 충격 방전 개시 전압이 낮을 것
② 상용 주파 방전 개시 전압이 높을 것

③ 방전 내량이 크면서 제한 전압이 낮을 것
④ 속류의 차단 능력이 충분할 것

(3) 피뢰기의 정격 전압

① 정격 전압(Rated Voltage)이란 피뢰기 방전 후 속류를 차단할 수 있는 전압을 말하고, 상용주파 허용 단자 전압이라고도 부른다.
② 상용 주파수의 전압보다 높은 전압에서 속류를 차단하여 방전을 종료하여야 하는데, 이 전압을 정격 전압이라 한다.
③ 정격 전압의 계산
$V = \alpha \beta V_m [\text{kV}]$

단, α: 접지 계수, β: 여유 계수, V_m: 계통 최고 전압[kV]

④ 적용 장소별 피뢰기 정격 전압

전력 계통		피뢰기 정격 전압[kV]	
전압[kV]	중성점 접지 방식	변전소	배전선로
345	유효 접지	288	−
154	유효 접지	144	−
66	PC 접지 또는 비접지	72	−
22	PC 접지 또는 비접지	24	−
22.9	3상 4선 다중 접지	21	18

⑤ 피뢰기의 제한전압
  • 피뢰기의 동작으로 내습한 충격파 전압이 방전으로 저하되어서 피뢰기의 단자 간에 남게 되는 충격 전압을 말한다.
  • 피뢰기 동작 중 계속해서 걸리고 있는 피뢰기 단자 전압의 파고값을 말한다.
⑥ 상용주파 방전 개시전압
  • 피뢰기 단자 간에 상용 주파수의 전압을 인가할 경우 방전을 개시하는 전압
  • 보통 피뢰기 방전 개시 전압은 피뢰기 정격전압의 1.5배 이상으로 한다.
⑦ 피뢰기의 설치 장소
  • 발전소 및 변전소 또는 이에 준하는 장소의 가공 전선 인입구 및 인출구
  • 특고압 가공전선로에 접속하는 옥외 배전용 변압기의 고압 측 및 특고압 측
  • 특고압이나 고압 가공 전선로에서 공급받는 수용 장소의 인입구
  • 가공 전선로와 지중 전선로가 만나는 곳

2 피뢰침

(1) 피뢰침의 역할 및 피뢰 방식

① 피뢰침의 역할: 뇌격으로부터 건축물을 보호하는 설비이다.
② 피뢰 방식
  • 돌침 방식: 일반 건축물 60° 이하 또는 위험물을 취급하는 건물 45° 이하 공중에 돌출하게 한 봉상 금속체를 수뢰부로 하는 방식
  • 용마루위 도체 방식: 일반 건축물 60° 이하 또는 도체에서 수평거리 10[m] 이내 부분에 적용
  • 케이지 방식: 건조물 주위를 피뢰 도선으로 감싸는 방식으로 완전 보호되는 방식

(2) 피뢰침의 구성

① 돌침부
- 뇌 방전을 직접 받아내는 수뢰부
- 동, 알루미늄, 용융 아연도금 철 등의 재질

② 인하도선
- 뇌격 전류를 대지로 끌어들이는 부분
- 동선의 경우 50[mm²] 이상

③ 접지극
- 뇌격 전류를 대지로 신속하게 방전시키는 부분
- 동판: 두께 0.7[mm] 이상, 면적 900[cm²] 이상
- 동봉, 동피복강봉: 지름 8[mm] 이상, 길이 0.9[m] 이상
- 철봉: 지름 12[mm] 이상, 길이 0.9[m] 이상의 아연 도금 철봉
- 동복강판: 두께 1.6[mm] 이상, 길이 0.9[m] 이상, 면적 250[cm²] 이상
- 탄소피복강봉: 지름 8[mm] 이상인 강심, 길이 0.9[m] 이상

3 배전선로 보호

(1) 과전류에 대한 보호

① gG, gM 퓨즈의 용단특성

정격전류의 구분	시간	정격전류의 배수		적용
		불용단전류	용단전류	
4[A] 이하	60분	1.5배	2.1배	gG
4[A] 초과 16[A] 미만	60분	1.5배	1.9배	gG
16[A] 이상 63[A] 이하	60분	1.25배	1.6배	gG, gM
63[A] 초과 160[A] 이하	120분	1.25배	1.6배	gG, gM
160[A] 초과 400[A] 이하	180분	1.25배	1.6배	gG, gM
400[A] 초과	240분	1.25배	1.6배	gG, gM

② gD, gN 퓨즈의 용단특성

정격전류의 구분	시간	정격전류의 배수	
		불용단전류	용단전류
60[A] 이하	60분	1.1배	1.35배
60[A] 초과 600[A] 이하	120분	1.1배	1.35배
600[A] 초과 6,000[A] 이하	240분	1.1배	1.35배

③ 과전류트립 동작시간 및 특성(배선차단기)

정격전류	규정시간	정격전류의 배수			
		주택용		산업용	
		부동작전류	동작전류	부동작전류	동작전류
63[A] 이하	60분	1.13배	1.45배	1.05배	1.3배
63[A] 초과	120분	1.13배	1.45배	1.05배	1.3배

④ 순시트립에 따른 구분(주택용 배선차단기)

형	순시트립 범위
B	$3I_n$ 초과 $5I_n$ 이하
C	$5I_n$ 초과 $10I_n$ 이하
D	$10I_n$ 초과 $20I_n$ 이하

(2) 과부하전류에 대한 보호

① 과부하에 대해 케이블(전선)을 보호하는 장치의 동작특성은 다음의 조건을 충족할 것

$$I_B \leq I_n \leq I_Z$$
$$I_2 \leq 1.45 \times I_Z$$

(단, I_B: 설계전류[A], I_Z: 케이블의 허용전류[A], I_n: 보호장치의 정격전류[A]
I_2: 보호장치가 규약시간 이내에 유효하게 동작하는 것을 보장하는 전류[A])

② 설치 위치
- 분기회로의 과부하 보호장치의 전원 측에 다른 분기 회로 또는 콘센트의 접속이 없고 분기회로에 대한 단락보호가 이루어지고 있는 경우 분기회로의 분기점으로부터 부하 측으로 거리에 구애 받지 않고 이동하여 설치할 수 있다.
- 분기회로의 과부하 보호장치는 전원 측에서 분기점 사이에 다른 분기회로 또는 콘센트의 접속이 없고, 단락의 위험과 화재 및 인체에 대한 위험성이 최소화되도록 시설된 경우, 분기회로의 보호장치는 분기회로의 분기점으로부터 3[m]까지 이동하여 설치할 수 있다.

4 접지 공사

(1) 접지의 목적

① 감전 방지: 기기의 절연 열화나 손상 등으로 누전이 발생하면 전류가 접지도체로 흘러 기기의 대지 전위 상승이 억제되어 인체의 감전 위험 감소
② 이상 전압의 억제: 뇌전류 또는 저·고압 혼촉 등에 의하여 침입하는 고전압을 접지도체를 통해 대지로 흘려보내 기기의 손상을 방지
③ 보호 계전기의 동작 보호: 지락 사고 시에 일정 크기 이상의 지락 전류가 쉽게 흐르기 때문에 지락 계전기 등의 동작을 확실하게 할 수 있음
④ 전로의 대지 전압의 저하: 3상 4선식 전로의 중성점을 접지하면 각 선의 대지 전압은 선간전압의 $\frac{1}{\sqrt{3}}$로 감소

(2) 접지도체 굵기를 결정하는 조건
　① 전류 용량
　② 기계적 강도
　③ 내식성

5 접지 저항 저감법

(1) 접지저감재의 구비조건
　① 안전할 것
　② 전기적으로 양도체일 것
　③ 지속성이 있을 것
　④ 전극을 부식시키지 않을 것
　⑤ 작업성이 좋을 것

(2) 접지공법
　① 봉상접지공법
　　• 심타공법: 접지봉을 지표에서 타입하는 방법으로 접지봉을 직렬 접속하는 방법
　　• 병렬접지공법: 독립 접지봉을 여러 개 묻고 각 접지봉을 병렬로 연결
　② 메쉬(망상)접지공법
　③ 건축 구조체 접지공법

(3) 물리적인 저감법
　① 접지극을 길게 시설
　　• 직렬 접지 시공
　　• 매설 지선 시설
　　• 평판 접지극 시설
　② 접지극을 병렬 접속
　③ 접지봉 깊게 매설
　④ 심타공법으로 시공(접지극과 대지와의 접촉저항 향상)

(4) 화학적인 저감법
　① 접지극 주변 토양의 개량
　② 접지 저항 저감제 사용

CHAPTER 06 배선 공사

1 배선 공사 방법

종류	공사방법
전선관 시스템	합성수지관 공사, 금속관 공사, 가요 전선관 공사
케이블 트렁킹 시스템	합성수지 몰드 공사, 금속 몰드 공사, 금속 트렁킹 공사
케이블 덕팅 시스템	금속 덕트 공사, 플로어 덕트 공사, 셀룰러 덕트 공사
애자 공사	애자 공사
케이블 트레이 시스템(래더, 브래킷 포함)	케이블 트레이 공사
케이블 공사	비고정 방법, 직접 고정 방법, 지지선 방법

2 전선관 시스템

전선관 시스템의 종류에는 합성수지관 공사, 금속관 공사, 금속제 가요 전선관 공사 등이 있으며 일반적인 시설조건은 다음과 같다.
- 전선은 절연전선(옥외용 비닐 절연전선 제외) 또는 케이블일 것
- 절연전선은 단면적 $10[\text{mm}^2]$(알루미늄선은 단면적 $16[\text{mm}^2]$)을 초과하는 것은 연선일 것
- 관 내에서는 전선 등의 접속점이 없을 것

(1) 합성수지관 공사
① 전선관 상호 간, 전선관과 박스와 접속 시 전선관을 삽입하는 깊이는 관의 바깥지름의 1.2배(접착제를 사용하는 경우에는 0.8배) 이상
② 관의 지지점 간의 거리: $1.5[\text{m}]$ 이하
③ 지중에 전선관 시설 시 매설깊이: $1.0[\text{m}]$ 이상(중량물의 압력을 받을 우려가 없는 곳은 $0.6[\text{m}]$ 이상)

(2) 금속관 공사
① 금속관을 구부릴 때 금속관의 단면이 심하게 변형되지 않도록 구부려야 한다. 그 안 측의 반지름은 관 안지름의 6배 이상일 것
② 금속관 두께는 콘크리트에 매설하는 것은 $1.2[\text{mm}]$ 이상(그 외의 것은 $1.0[\text{mm}]$ 이상)일 것
③ 굴곡 개수가 많은 경우 또는 관의 길이가 $25[\text{m}]$를 초과하는 경우에는 풀박스를 설치한다.
④ 금속관 상호는 커플링으로 접속할 것
⑤ 금속관과 박스를 접속할 때 틀어 끼우는 방법에 의하지 않을 경우 로크 너트를 2개 사용하여 박스 양 측을 조일 것
⑥ 금속관을 조영재에 따라 시공할 때에는 새들 또는 행거 등으로 견고하게 지지하고, 그 간격을 $2[\text{m}]$ 이하로 한다.
⑦ 금속관에는 접지 공사를 할 것

(3) 금속제 가요 전선관 공사
① 가요 전선관은 2종 금속제 가요 전선관일 것. 다만, 전개된 장소이거나 점검할 수 있는 은폐된 장소(옥내배선의 사용전압이 $400[\text{V}]$ 초과인 경우에는 전동기에 접속하는 부분으로서 가요성을 필요로 하는 부분에 사용하는 것에 한한다) 또는 점검 불가능한 은폐장소에 기계적 충격을 받을 우려가 없는 조건일 경우에는 1종 가요 전선관을 사용할 수 있다.

② 길이가 4[m]를 넘는 1종 금속제 가요 전선관에는 단면적 2.5[mm²] 이상의 나연동선을 전체 길이에 걸쳐 삽입 또는 첨가하여 양쪽 끝에서 전기적으로 완전하게 접속할 것

3 케이블 트렁킹 시스템

케이블 트렁킹 시스템의 종류에는 합성수지 몰드 공사, 금속 몰드 공사, 금속 트렁킹 공사, 케이블 트렌치 공사 등이 있다.

(1) 합성수지 몰드 공사
① 베이스를 조영재에 부착한 경우 40~50[cm] 간격마다 나사 등으로 견고하게 부착하여야 한다.
② 전선의 피복 절연물을 포함한 단면적의 총합은 몰드 유효 단면적의 20[%] 이하일 것

(2) 금속 몰드 공사
① 몰드 상호 간 및 몰드 박스 기타의 부속품과는 견고하고 또한 전기적으로 완전하게 접속할 것
② 다음의 경우를 제외하고 몰드에는 접지공사를 할 것
  - 몰드의 길이가 4[m] 이하인 것을 시설하는 경우
  - 옥내배선의 사용전압이 직류 300[V] 또는 교류 대지전압이 150[V] 이하로서 그 전선을 넣는 관의 길이가 8[m] 이하인 것을 사람이 쉽게 접촉할 우려가 없도록 시설하는 경우 또는 건조한 장소에 시설하는 경우

(3) 케이블 트렌치 공사
① 케이블은 배선 회로별로 구분하고 2[m] 이내의 간격으로 받침대 등을 시설할 것
② 다른 공사 방법으로 변경되는 곳에는 전선에 물리적 손상을 주지 않을 것
③ 내부에는 수관, 가스관 등 다른 시설물을 설치하지 않을 것
④ 케이블 트렌치의 부속설비에 사용되는 금속재는 접지 공사를 할 것

4 케이블 덕팅 시스템

케이블 덕팅 시스템의 종류에는 금속 덕트 공사, 플로어 덕트 공사, 셀룰러 덕트 공사 등이 있으며 일반적인 시설조건은 다음과 같다.
- 전선: 절연전선(옥외용 비닐 절연전선 제외)
- 덕트(환기형 버스덕트 제외) 끝부분은 막을 것
- 덕트(환기형 버스덕트 제외) 내부에 먼지가 침입하지 아니하도록 할 것
- 덕트 안에는 접속점이 없도록 할 것(다만, 전선을 분기하는 경우에는 접속점을 쉽게 점검할 수 있을 때에는 그러하지 아니하다.)
- 덕트는 접지 공사를 할 것

(1) 금속 덕트 공사
① 관 지지점 간의 거리: 3[m] 이하(수직: 6[m] 이하)
② 덕트 내부 단면적: 덕트의 내부 단면적의 20[%](전광표시 장치·제어 회로 등의 배선만을 넣는 경우: 50[%])
③ 폭 40[mm], 두께 1.2[mm] 이상

(2) 플로어 덕트 공사
옥내의 건조한 콘크리트 바닥 내에 매입할 경우에 한하여 시설할 수 있다.

(3) 셀룰러 덕트 공사

① 덕트의 선정

셀룰러덕트의 최대 폭[mm]	판 두께[mm]
150 이하	1.2 이상
150 초과 200 이하	1.4 이상
200 초과	1.6 이상

② 절연전선을 동일한 셀룰러덕트 내에 넣을 경우 덕트의 크기는 전선의 피복절연물을 포함한 단면적의 총 합계가 덕트 단면적의 20[%] 이하가 되도록 선정할 것

5 애자 공사

(1) 전선은 다음의 경우 이 외에는 절연전선(옥외용 비닐 절연 전선 및 인입용 비닐 절연 전선 제외)일 것
① 전기로용 전선
② 전선의 피복 절연물이 부식하는 장소에 시설하는 전선
③ 취급자 이 외의 자가 출입할 수 없도록 설비한 장소에 시설하는 전선

(2) 애자의 선정
사용하는 애자는 절연성, 난연성 및 내수성이 있을 것

(3) 전선의 이격거리

구분	400[V] 이하	400[V] 초과	고압
전선 상호 간의 거리	6[cm] 이상	6[cm] 이상	8[cm] 이상
전선과 조영재의 거리	2.5[cm] 이상	4.5[cm] 이상 (건조한 장소: 2.5[cm] 이상)	5[cm] 이상

(4) 지지점 간의 거리

구분	400[V] 이하	400[V] 초과	고압
전선을 조영재의 윗면 또는 옆면에 붙일 경우	2[m] 이하	2[m] 이하	2[m] 이하
기타의 경우	2[m] 이하	6[m] 이하	6[m] 이하

6 케이블 트레이 공사

(1) 전선
① 난연성 케이블(연피케이블, 알루미늄피 케이블)
② 기타 케이블(적당한 간격으로 연소 방지 조치)

(2) 금속제 케이블 트레이 계통은 기계적 및 전기적으로 완전하게 접속할 것

(3) 금속제 트레이에는 적합한 도체로 접지시스템에 접속할 것

(4) 종류: 메쉬형, 사다리형, 바닥 밀폐형, 펀칭형

7 버스 덕트 공사

(1) **전선**: 절연전선(옥외용 비닐 절연전선 제외)

(2) **버스 덕트에 사용하는 도체의 굵기**

형태	재료	
	동	알루미늄
띠 모양	단면적 20[mm²] 이상	단면적 30[mm²] 이상
관 또는 둥근 막대 모양	지름 5[mm] 이상	–

(3) **지지점 간 거리**

구분	취급자 이외의 자가 출입할 수 없는 곳에서 수직으로 붙이는 경우	기타의 경우
덕트를 조영재에 붙이는 경우 지지점 간 거리	6[m] 이하	3[m]

(4) **종류**
① 피더 버스 덕트: 도중에 부하를 연결할 수 없는 구조인 것
② 플러그인 버스 덕트: 도중에 부하를 연결할 수 있도록 꽂음 플러그를 만든 구조
③ 트롤리 버스 덕트: 이동용 부하에 적합한 구조로, 도중에 이동용 부하를 접속할 수 있도록 트롤리 접촉식 구조로 한 것
④ 익스펜션 버스 덕트: 열 신축에 따른 변화량을 흡수하는 구조인 것
⑤ 탭붙이 버스 덕트: 종단 및 중간에서 기기 또는 전선 등과 접속시키기 위한 탭을 가진 버스 덕트
⑥ 트랜스포지션 버스 덕트: 각 상의 임피던스를 평형화시키기 위하여 도체 상호의 위치를 관로 내에서 교체시키도록 만든 버스 덕트

8 케이블 공사

(1) **전선**: 케이블 및 캡타이어 케이블

(2) **시설방법**
① 직접 고정하는 방법
② 고정하지 않는 방법
③ 지지선을 이용하여 고정하는 방법

(3) **전선의 지지점 간 거리**

구분	케이블	캡타이어케이블
조영재의 아랫면 또는 옆면에 따라 붙이는 경우	2[m] 이하(사람이 접촉할 우려가 없는 곳에서 수직으로 붙이는 경우 6[m] 이하)	1[m]

(4) 전선의 지지점 간 거리

관 기타의 전선을 넣는 방호 장치의 금속제 부분·금속제의 전선 접속함 및 전선의 피복에 사용하는 금속체에는 접지공사를 할 것. 다만, 사용전압이 400[V] 이하이며 다음의 경우는 제외한다.

① 방호 장치의 금속제 부분의 길이가 4[m] 이하인 것을 건조한 곳에 시설하는 경우
② 옥내배선의 사용전압이 직류 300[V] 또는 교류 대지 전압이 150[V] 이하로서 방호 장치의 금속제 부분의 길이가 8[m] 이하인 것을 사람이 쉽게 접촉할 우려가 없도록 시설하는 경우 또는 건조한 곳에 시설하는 경우

CHAPTER 07 기기 시험 및 방재 설비

1 적산 전력계

(1) 적산 전력계의 측정

$$적산\ 전력계의\ 측정값\ P = \frac{3{,}600\,n}{t \times k} [\text{kW}]$$

(단, n: 적산 전력계 원판의 회전수[회], t: 시간[sec], k: 계기정수[Rev/kWh])

(2) 오차율

$$\varepsilon = \frac{M-T}{T} \times 100\,[\%]$$

(단, M: 측정값, T: 참값)

(3) 적산 전력계의 구비 조건

① 부하 특성이 양호할 것
② 기계적 강도가 클 것
③ 과부하 내량이 클 것
④ 온도나 주파수 변화에 보상이 되도록 할 것
⑤ 옥내 및 옥외 설치가 가능할 것

(4) 적산 전력계의 잠동 현상

① 무부하 상태에서 정격 주파수 및 정격 전압의 110[%]를 인가하여 계기의 원판이 1회 이상 회전하는 현상
② 잠동 방지 대책
 • 회전 원판에 소철편을 붙인다.
 • 회전 원판에 작은 구멍을 뚫는다.

2 화재경보설비

(1) 화재 경보 설비의 종류
① 자동화재탐지설비
② 자동화재속보설비
③ 비상 경보 설비
④ 비상 방송 설비
⑤ 가스 누설 경보 설비
⑥ 누전경보기

(2) 자동화재탐지설비
① 역할: 화재의 초기 단계에서 발생하는 열과 연기를 감지하여 건물 내의 거주자에게 벨 또는 사이렌 등의 음향으로 화재 발생을 알리는 설비
② 구성요소
- 감지기
- 수신기
- 발신기
- 중계기
- 음향장치 및 시각경보장치
- 부속기기(부수신기, 표시등, 표지판, 소화전 기동 릴레이)

(3) 감지기
① 화재 시 발생하는 열, 연기, 불꽃 또는 연소생성물을 자동적으로 감지하여 수신기에 발신하는 장치
② 감지기를 설치하지 아니하여도 되는 장소
- 천장 또는 반자의 높이가 20[m] 이상인 장소
- 헛간 등 외부와 기류가 통하는 장소로서 감지기에 따라 화재발생을 유효하게 감지할 수 없는 장소
- 부식성가스가 체류하고 있는 장소
- 고온도 및 저온도로서 감지기의 기능이 정지되기 쉽거나 감지기의 유지관리가 어려운 장소
- 목욕실·욕조나 샤워시설이 있는 화장실·기타 이와 유사한 장소
- 파이프덕트 등 그 밖의 이와 비슷한 것으로서 2개 층마다 방화구획된 것이나 수평단면적이 5[m²] 이하인 것
- 먼지·가루 또는 수증기가 다량으로 체류하는 장소 또는 주방 등 평시에 연기가 발생하는 장소(연기감지기에 한한다)
- 프레스공장·주조공장 등 화재발생의 위험이 적은 장소로서 감지기의 유지관리가 어려운 장소

(4) 수신기
① 감지기나 발신기에서 발하는 화재신호를 직접 수신하거나 중계기를 통하여 수신하여 화재의 발생을 표시 및 경보하여 주는 장치
② 설치 기준
- 수위실 등 상시 사람이 근무하는 장소에 설치할 것. 다만, 사람이 상시 근무하는 장소가 없는 경우에는 관계인이 쉽게 접근할 수 있고 관리가 용이한 장소에 설치

- 수신기가 설치된 장소에는 경계구역 일람도를 비치할 것. 다만, 모든 수신기와 연결되어 각 수신기의 상황을 감시하고 제어할 수 있는 수신기(이하 '주수신기'라 한다)를 설치하는 경우에는 주수신기를 제외한 기타 수신기는 그러하지 아니하다.
- 수신기의 음향기구는 그 음량 및 음색이 다른 기기의 소음 등과 명확히 구별될 수 있는 것으로 할 것
- 수신기는 감지기·중계기 또는 발신기가 작동하는 경계구역을 표시할 수 있는 것으로 할 것
- 화재·가스·전기 등에 대한 종합방재반을 설치한 경우에는 해당 조작반에 수신기의 작동과 연동하여 감지기·중계기 또는 발신기가 작동하는 경계구역을 표시할 수 있는 것으로 할 것
- 하나의 경계구역은 하나의 표시등 또는 하나의 문자로 표시되도록 할 것
- 수신기의 조작 스위치는 바닥으로부터의 높이가 0.8[m] 이상 1.5[m] 이하인 장소에 설치할 것
- 하나의 특정소방대상물에 2 이상의 수신기를 설치하는 경우에는 수신기를 상호 간 연동하여 화재발생 상황을 각 수신기마다 확인할 수 있도록 할 것

(5) 발신기

① 화재발생 신호를 수신기에 수동으로 발신하는 장치
② 설치 기준
- 조작이 쉬운 장소에 설치하고, 스위치는 바닥으로부터 0.8[m] 이상 1.5[m] 이하의 높이에 설치할 것
- 특정소방대상물의 층마다 설치하되, 해당 특정소방대상물의 각 부분으로부터 하나의 발신기까지의 수평거리가 25[m] 이하가 되도록 할 것. 다만, 복도 또는 별도로 구획된 실로서 보행거리가 40[m] 이상일 경우에는 추가로 설치하여야 한다.
- 위의 기준을 초과하는 경우로서 기둥 또는 벽이 설치되지 아니한 대형공간의 경우 발신기는 설치 대상 장소의 가장 가까운 장소의 벽 또는 기둥 등에 설치할 것
- 발신기의 위치를 표시하는 표시등은 함의 상부에 설치하되, 그 불빛은 부착면으로부터 15° 이상의 범위 안에서 부착지점으로부터 10[m] 이내의 어느 곳에서도 쉽게 식별할 수 있는 적색등으로 하여야 한다.

(6) 중계기

감지기·발신기 또는 전기적 접점 등의 작동에 따른 신호를 받아 이를 수신기의 제어반에 전송하는 장치

(7) 시각경보장치

자동화재탐지설비에서 발하는 화재신호를 시각경보기에 전달하여 청각장애인에게 점멸형태의 시각경보를 하는 것을 말한다.

CHAPTER 08 시퀀스 및 PLC 제어

1 기본 논리 소자 회로

(1) AND 회로

① 2개의 입력 A, B가 모두 '1'일 경우에만 출력이 '1'이 되는 회로를 말하며 논리식은 $X = A \cdot B$ 라고 표시한다.

② AND 유접점 회로, 무접점 회로 및 진리표

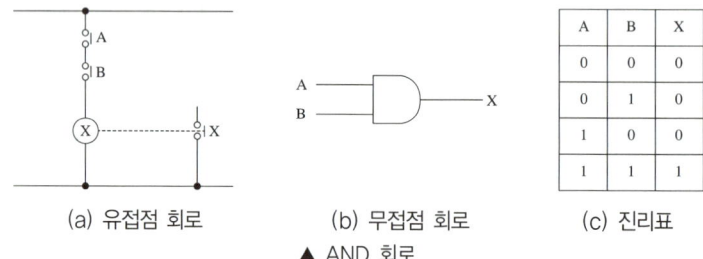

(a) 유접점 회로   (b) 무접점 회로   (c) 진리표

▲ AND 회로

(2) OR 회로

① 2개의 입력 A, B 중 어느 한 입력이라도 '1'일 경우에 출력이 '1'이 되는 회로를 말하며, 논리식은 $X = A + B$ 라고 표시한다.

② OR 유접점 회로, 무접점 회로 및 진리표

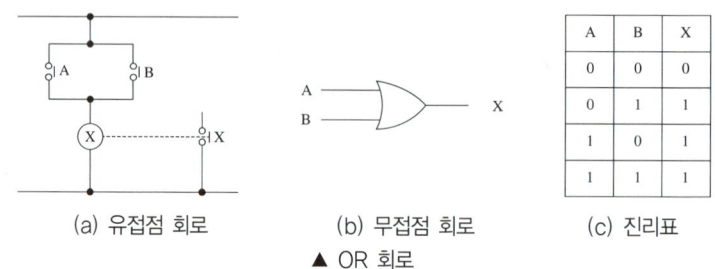

(a) 유접점 회로   (b) 무접점 회로   (c) 진리표

▲ OR 회로

(3) NOT 회로

① 입력 신호에 대해서 출력 신호가 항상 반대가 나오는 부정 회로를 말하며 논리식은 $X = \overline{A}$ 라고 표시한다.

② NOT 유접점 회로, 무접점 회로 및 진리표

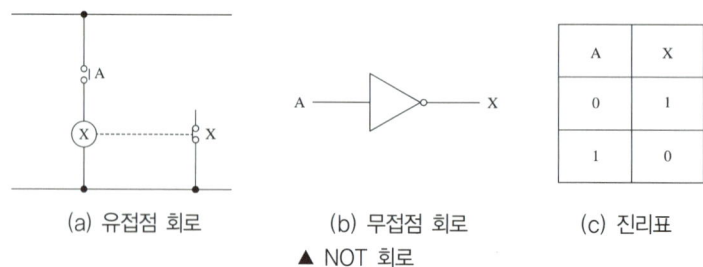

(a) 유접점 회로   (b) 무접점 회로   (c) 진리표

▲ NOT 회로

2 조합 논리 소자 회로

(1) NAND 회로

① AND 회로와 NOT 회로를 접속한 회로를 말하며 논리식은 $X = \overline{A \cdot B}$ 라고 표시한다.

② NAND 유접점 회로, 무접점 회로 및 진리표

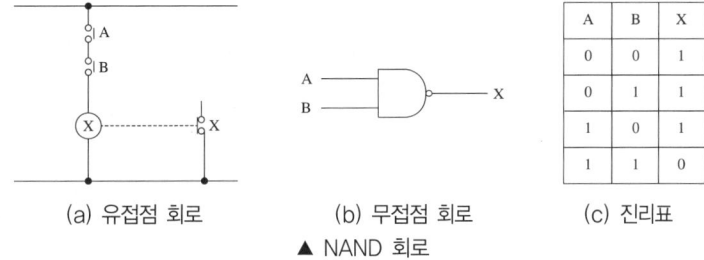

(a) 유접점 회로   (b) 무접점 회로   (c) 진리표
▲ NAND 회로

(2) NOR 회로

① OR 회로와 NOT 회로를 접속한 회로를 말하며 논리식은 $X = \overline{A + B}$ 라고 표시한다.

② NOR 유접점 회로, 무접점 회로 및 진리표

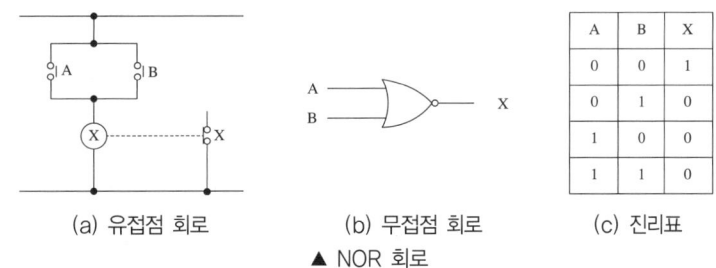

(a) 유접점 회로   (b) 무접점 회로   (c) 진리표
▲ NOR 회로

3 논리 대수 및 드 모르간 정리

교환 법칙	$A+B=B+A$, $A \cdot B = B \cdot A$
결합 법칙	$(A+B)+C = A+(B+C)$, $(A \cdot B) \cdot C = A \cdot (B \cdot C)$
분배 법칙	$A \cdot (B+C) = A \cdot B + A \cdot C$, $A+(B \cdot C) = (A+B) \cdot (A+C)$
동일 법칙	$A+A=A$, $A \cdot A = A$
공리 법칙	$A+0=A$, $A \cdot 1 = A$, $A+1=1$, $A \cdot 0 = 0$
드 모르간 정리	$\overline{A+B} = \overline{A} \cdot \overline{B}$, $\overline{A \cdot B} = \overline{A} + \overline{B}$

4 PLC 제어

(1) 기본 명령어

① 회로 시작: LOAD
② 출력과 내부 출력(회로 끝): OUT
③ 직렬: AND
④ 병렬: OR

⑤ 부정(b 접점): NOT
⑥ 기타: AND LOAD, OR LOAD, MCS(MCR), TMR(TON), CNT(CTU)

(2) 명령어와 부호

내용	명령어	부호	기능
시작 입력	LOAD(STR)	─┤├─	독립된 하나의 회로에서 a 접점에 의한 논리 회로의 시작 명령
	LOAD NOT	─┤/├─	독립된 하나의 회로에서 b 접점에 의한 논리 회로의 시작 명령
직렬 접속	AND	─┤├─┤├─	독립된 바로 앞의 회로와 a 접점의 직렬 회로 접속, 즉 a 접점 직렬
	AND NOT	─┤├─┤/├─	독립된 바로 앞의 회로와 b 접점의 직렬 회로 접속, 즉 b 접점 직렬
병렬 접속	OR		독립된 바로 위의 회로와 a 접점의 병렬 회로 접속, 즉 a 접점 병렬
	OR NOT		독립된 바로 위의 회로와 b 접점의 병렬 회로 접속, 즉 b 접점 병렬
출력	OUT	─◯─	회로의 결과인 출력 기기(코일) 표시와 내부 출력(보조 기구 기능 - 코일) 표시
직렬 묶음	AND LOAD		현재 회로와 바로 앞의 회로의 직렬 A, B 2회로의 직렬 접속, 즉 2개 그룹의 직렬 접속
병렬 묶음	OR LOAD		현재 회로와 바로 앞의 회로의 병렬 A, B 2회로의 병렬 접속, 즉 2개 그룹의 병렬 접속
공통 묶음	MCS MCS CLR (MCR)		출력을 내는 2회로 이상이 공통으로 사용하는 입력으로 공통 입력 다음에 사용(마스터 컨트롤의 시작과 종료) MCS 0부터 시작, 역순으로 끝낸다.
타이머	TMR(TIM)	(Ton) T000 ◯ 5초	기종에 따라 구분 - TON, TOFF, TMON, TMR, TRTG 등 타이머 종류, 번지, 설정 시간 기입
카운터	CNT	U CTU C000 R 00010	기종에 따라 구분 - CTU, CTD, CTUD, CTR, HSCNT 등 카운터 종류, 번지, 설정 횟수 기입
반전	NOT	─✕─	입력과 출력의 상태가 반대로 되는 상태 반전회로
끝	END	────	프로그램의 끝 표시

CHAPTER 09 수·변전 설비

1 수·변전 설비의 기본 계획

(1) 수·변전 설비의 설계

① 수·변전 설비의 구비 조건
- 설비의 신뢰성이 높을 것
- 설비의 운전이 안전한 설비로 될 것
- 운전보수 및 점검이 용이할 것
- 장래 확장이나 증설에 대체할 수 있는 구조일 것
- 방재대책 및 환경보전에 유의할 것
- 설치비 및 운전유지 경비가 저렴할 것

② 변전실의 위치와 넓이 선정
- 변전실의 위치
  - 부하 중심에 가깝고 배전에 편리한 장소이어야 한다.
  - 전원의 인입이 편리하여야 한다.
  - 기기의 반출 및 반입이 편리해야 한다.
  - 습기, 먼지가 적은 장소이어야 한다.
  - 기기에 대하여 천장의 높이가 충분해야 한다.
  - 물이 침입하거나 침투할 우려가 없어야 한다.
  - 발전기실, 축전지실 등과의 관련성을 고려하여 가급적 이들과 인접한 장소이어야 한다.
- 변전실의 구조
  - 기기를 설치하기에 충분한 높이일 것
  - 바닥의 하중 강도는 $500 \sim 1,000 [\text{kg/m}^2]$ 이상일 것
  - 방화 및 방수 구조일 것
- 기기의 배치
  - 보수 점검이 용이할 것
  - 기기의 반출, 반입에 지장이 없을 것
  - 안정성이 높을 것
  - 증설 계획에 지장이 없을 것
  - 합리적 배치로 배선이 경제적일 것
  - 미적, 기능적 배치가 되도록 할 것

(2) 수전 설비의 종류

① 폐쇄형 수전 설비
- 수전 설비를 구성하는 기기를 단위 폐쇄 배전반이라는 금속제 외함에 넣어서 수전 설비를 구성하는 것으로 다음과 같은 종류가 있다.
  - 큐비클(Cubicle)
  - 메탈클래드 스위치기어(Metal-Clad Switchgear)
  - 금속 폐쇄형 스위치기어(Metal Enclosed Switchgear)

- 주차단 장치의 구성에 따른 큐비클의 종류

큐비클의 종류	설명
CB형	차단기(CB)를 사용하는 것
PF−CB형	한류형 전력 퓨즈(PF)와 차단기(CB)를 조합하여 사용하는 것
PF−S형	한류형 전력 퓨즈(PF)와 고압 개폐기(S)를 조합하여 사용하는 것

② 폐쇄형 수전 설비의 특징
- 충전부가 접지된 금속제 외함 내부에 있으므로 안정성이 높다.
- 단위 회로로 제작소에서 표준화할 수 있으므로 장치에 호환성이 있어 증설이나 보수에 편리하다.
- 현지 작업이 용이하여 공사 기간이 단축되므로 공사비가 저렴해진다.
- 개방형에 비하여 약 40[%] 정도의 전용 면적을 줄일 수 있다.
- 보수 및 점검이 용이해진다.

2 수·변전 설비의 구성 기기

명칭	약호	심벌(단선도)	용도(역할)
케이블 헤드	CH		가공전선과 케이블 단말(종단) 접속
단로기	DS		무부하 전류 개폐하고 기기를 전로로부터 개방
피뢰기	LA		뇌전류를 대지로 방전하고 속류 차단
전력 퓨즈	PF		단락 전류 차단, 부하 전류 통전
전력 수급용 계기용 변성기	MOF	MOF	전력량을 적산하기 위하여 고전압과 대전류를 각각 저전압, 소전류로 변성
영상 변류기	ZCT		지락 전류의 검출
계기용 변압기	PT		고전압을 저전압으로 변성
차단기	CB		부하 전류 개폐 및 사고 전류의 차단
트립 코일	TC		보호 계전기 신호에 의해 차단기 개로
변류기	CT		대전류를 소전류로 변성
접지 계전기	GR	GR	영상 전류에 의해 동작하며 차단기 트립 코일 여자
과전류 계전기	OCR	OCR	과전류에 의해 동작하며 차단기 트립 코일 여자
전압계용 전환 개폐기	VS		1대의 전압계로 3상 전압을 측정하기 위하여 사용하는 전환 개폐기
전류계용 전환 개폐기	AS		1대의 전류계로 3상 전류를 측정하기 위하여 사용하는 전환 개폐기
전압계	V	V	전압 측정
전류계	A	A	전류 측정

전력용 콘덴서 (방전 코일 내장)	SC		진상 무효 전력을 공급하여 역률 개선
방전 코일	DC		잔류 전하 방전
직렬 리액터	SR		제5고조파 제거
컷아웃 스위치	COS		기계 기구(변압기)를 과전류로부터 보호

3 전선 및 케이블의 종류와 약호

약호	명칭
ACSR	강심 알루미늄 연선
ACSR-OC	옥외용 강심 알루미늄 도체 가교 폴리에틸렌 절연전선
ACSR-OE	옥외용 강심 알루미늄 도체 폴리에틸렌 절연전선
AL-OC	옥외용 알루미늄 도체 가교 폴리에틸렌 절연전선
AL-OE	옥외용 알루미늄 도체 폴리에틸렌 절연전선
AL-OW	옥외용 알루미늄 도체 비닐 절연전선
CNCV	동심 중성선 차수형 전력 케이블
CNCV-W	동심 중성선 수밀형 전력 케이블
CV1	0.6/1[kV] 가교 폴리에틸렌 절연 비닐 시스 케이블
CV10	6/10[kV] 가교 폴리에틸렌 절연 비닐 시스 케이블
CVV	0.6/1[kV] 비닐 절연 비닐 시스 제어 케이블
DV	인입용 비닐 절연 전선
EE	폴리에틸렌 절연 폴리에틸렌 시스 케이블
EV	폴리에틸렌 절연 비닐 시스 케이블
FL	형광 방전등용 비닐전선
NR	450/750[V] 일반용 단심 비닐 절연 전선
OC	옥외용 가교 폴리에틸렌 절연 전선
OE	옥외용 폴리에틸렌 절연 전선
OW	옥외용 비닐 절연 전선
VCT	0.6/1[kV] 비닐 절연 비닐 캡타이어 케이블
VV	6/10[kV] 비닐 절연 비닐 시스 케이블

4 주요 기기 및 배선 심벌 기호

(1) 보호 계전기 약호 및 명칭

① OCR: 과전류 계전기(Over Current Relay)

② OVR: 과전압 계전기(Over Voltage Relay)

③ UVR: 부족 전압 계전기(Under Voltage Relay)

④ GR: 지락 계전기(Ground Relay)

⑤ SGR: 선택 지락 계전기(Selective Ground Relay)

⑥ OVGR: 지락 과전압 계전기(Over Voltage Ground Relay)

⑦ OLR: 과부하 계전기(Over Load Relay)

(2) 옥내 배선 심벌

① ───────── : 천장 은폐 배선
② ·········· : 노출 배선
③ ---------- : 바닥 은폐 배선
④ —··—··—··— : 노출 배선 중 바닥면 노출 배선
⑤ —·—·—·—·— : 천장 은폐 배선 중 천장 속의 배선

CHAPTER 10 견적

1 견적의 기본 용어

(1) 견적
어떠한 공사의 예정 가격을 산출하기 위하여, 설계 도서 및 시방서, 시공 현장의 여건에 따른 공사에 소요되는 재료비와 노무의 품을 계산하는 일련의 과정과 업무를 말한다.

(2) 순 공사 원가
① 공사 시공 과정에서 발생하는 재료비 및 노무비, 경비 등을 총 합계한 금액을 말한다.
② 재료비: 재료비의 계산에 있어서 사전에 알아 두어야 할 사항
   - 재료비의 내역을 구성하고 있는 세부 내용 및 범위의 설정
   - 품목별, 규격별로 적용할 단가의 결정
   - 적산 수량의 계산
③ 재료비의 구성
   - 직접 재료비: 공사 목적물의 실체를 구성하는 물품이나 자재의 가치
   - 간접 재료비: 공사 목적물의 실체를 직접 구성하지는 않으나, 공사에 보조적으로 소비되는 물품의 가치
   - 재료의 구입 과정에서 발생되는 운임, 보험료, 보관료 등의 부대 비용은 재료비로서 계산한다.
   - 재료 구입 후 발생되는 부대 비용은 경비의 항목으로 계산한다.
   - 계약 목적물의 시공 중에 발생하는 부산물 등은 그 매각액 또는 이용 가치를 추산하여 재료비로부터 공제한다.
④ 노무비
   - 직접 노무비: 공사 시공 현장에서 계약 목적물을 완성하기 위하여 직접 그 공사에 종사하는 종업원 및 종사자에 제공되는 노동의 대가 합계액
   - 간접 노무비: 공사 시공 현장에서 계약 목적물을 완성하기 위하여 직접 그 공사에 종사하지는 않으나, 공사 현장에서 보조 작업에 종사하는 노무자, 종업원과 현장 감독자 등의 기본급과 제수당, 상여금, 퇴직 급여 충당금의 합계액
   - 간접 노무 비율

   $$= \frac{\text{공사 종류별 간접 노무 비율} + \text{공사 규모별 간접 노무 비율} + \text{공사 기간별 간접 노무 비율}}{3}$$

⑤ 경비
- 공사의 시공을 위하여 소요되는 공사 원가 중 재료비, 노무비를 제외한 원가를 말하며, 기업 유지를 위한 관리 활동 부문에서 발생하는 일반 관리비와 구분된다.
- 경비는 당해 계약 목적물, 시공 기간의 소요량을 측정하거나 원가 계산 자료나 계약서, 영수증 등을 근거로 예정하여야 한다.

2 일반 관리비

(1) 일반 관리비의 정의
① 기업의 유지를 위한 관리 활동 부문에서 발생하는 제비용으로서 공사 원가에 속하지 않는 모든 영업 비용 중 판매비 등을 제외한 비용을 말한다.
② 즉, 일반 관리비는 임원 급료, 사무실 직원의 급료, 제수당, 퇴직 급여 충당금, 복리후생비, 여비, 교통비, 경상시험 연구 개발비, 보험료 등을 말한다.

(2) 일반 관리비 산출 방법
① 기업 손익 계산서를 기준하여 아래와 같이 산정한다.
- 일반 관리비 = 판매비와 일반 관리비 − (광고 선전비 + 접대비 + 대손상각비 등)
- 일반 관리 비율 = (일반 관리비 ÷ 매출 원가) × 100[%]

② 일반 관리비는 공사 원가에 아래와 같이 정한 일반 관리 비율을 초과하여 계산할 수 없으며, 공사 규모별로 체감 적용한다.

시설 공사		전문, 전기, 전기 통신 공사	
공사 원가	일반 관리 비율	공사 원가	일반 관리 비율
50억 원 미만	6[%]	5억 원 미만	6[%]
50억 원~300억 원 미만	5.5[%]	5억 원~30억 원 미만	5.5[%]
300억 원 이상	5[%]	30억 원 이상	5[%]

3 이윤

영업 이익을 말하며, 공사 원가 중 노무비, 경비와 일반 관리비의 합계액(이 경우 기술료 및 외주 가공비는 제외한다.)에 이윤을 15[%]를 초과하여 계산할 수 없다.

4 적산

(1) 적산 시 사전 조사 내용 사항
① 도면 및 시방서
- 도면의 기재 사항, 상세도 등을 상세히 조사하여 파악
- 타 공사와의 관련된 사항 및 공사의 한계 파악
- 건축물의 각 층 높이, 천장 높이, 천장 및 벽체, 바닥 마감 사항 등의 건축 도면을 참고
- 시방서의 요점 확인 및 특별한 사항 여부 파악

② 현장 설명 및 도면 검토
- 계약 조건 및 특기 사항
- 건물의 구조
- 배관 및 배선
- 기기 및 자재의 제조업체 지정 유무, 사양 확인
- 현장 조사

(2) 적산 방법

① 건설 공사는 여러 복잡한 현장 조건에 따라 많이 좌우되므로, 적산자는 여러 가지 변동 상황을 항상 염두에 두고 현장을 충분히 조사하여 특징을 파악하고 현장에 적합한 시공 계획을 세워 이를 기초로 정확한 적산을 하여야 한다.
② 이렇게 하기 위해서는 적산에 필요한 제정보 자료 정비 등 적산 작업을 일정한 규칙에 따라 검토할 필요가 있다.
③ 적산 방법 순서도

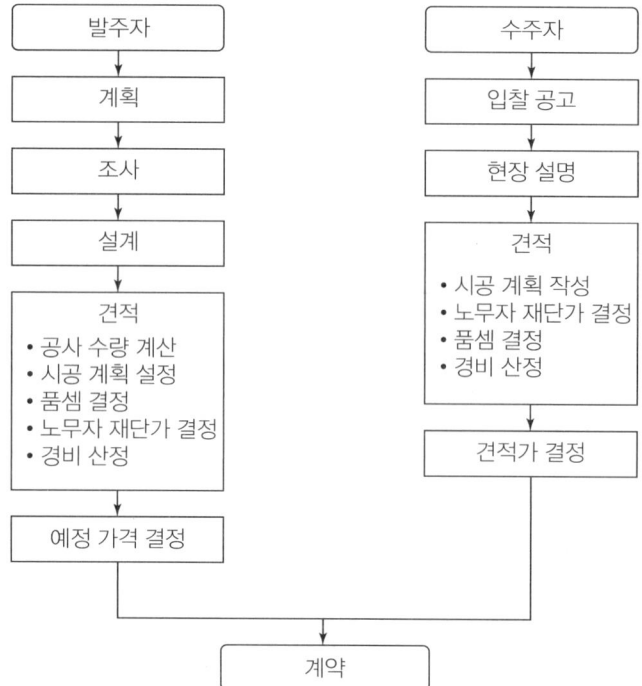

④ 적산 방법
- 공사 수량 계산
  - 집계 순위 결정
  - 수량 산출 구분(수량의 종류별, 재료별, 위치별, 강도별 세분)
  - 할증률
  - 수량의 공제
- 시공의 결정
  - 시공법 및 작업 순위 결정
  - 작업 기종 선정, 조합 결정
  - 작업 능력 결정

- 표준 품셈 및 단가 결정
  - 단위 공종별 표준 품셈 결정
  - 표준 단가 및 대가 결정(복합 단가)
- 적산자는 도면과 시방서에 재료의 종류, 공법 등의 명기가 누락된 사항은 적산 과정에서 설계 도면이나 시방서에 보안하여야 하며, 공사 시공 상 당연히 추가되어야 할 사항은 보완 또는 수정하여야 한다.

5 품셈 및 노무비 산출

(1) 품셈

① 품셈의 정의
- 인력 또는 건설 장비를 이용하여 어떤 목적물을 완성하기 위하여 소요되는 인력과 재료량을 수량으로 표시한 것
- 표준 품셈: 여러 가지 환경과 기후 및 현장 여건 등을 고려하여 현장의 작업이 시행되기 전에도 공사비를 계산할 수 있도록 각 작업의 내용에 따라 재료, 인력 및 장비의 소요량을 표준화 한 것

② 품셈 적용
- 각 공사의 종류별로 소요되는 재료의 수량을 산출 집계하여 표준 품셈상의 규정된 재료 할증의 적용 여부를 확인한다.
- 할증 부분의 재료 수량에는 그 성격상 품을 계산하지 않는다.

(2) 재료의 할증률 적용

① 표준 품셈의 적용 기준에 규정되어 있는 각종 재료의 할증률은 다음과 같이 각각 적용한다.
② 강재

종류	할증률[%]
철근	5
이형 철근	3
일반 볼트	5
고장력 볼트	3
강판	10
강관	5
대형 형강	7
소형 형강	5
정량 형강, 각 파이프	5
봉강	5
평강 대강	5
리벳 제품	5

③ 전기 통신 재료

종류	할증률[%]	철거 손실률[%]
옥외 전선	5	2.5
옥내 전선	10	–
케이블(옥외)	3	1.5
케이블(옥내)	5	–
전선관(옥외)	5	–
전선관(옥내)	10	–
케이블 랙(트레이), 덕트, 레이스 웨이	5	–
트롤리 선	1	–

(3) 공구 손료와 잡재료 및 소모 재료

① 품셈에 규정되어 있지 않은 공사용 경장비 손료, 공구 손료 및 잡소모 재료는 다음에 따라 별도 계상한다.

② 공구 손료
- 공구 손료는 일반 공구 및 시험용 계측 기구류의 손료로서 공사 중 상시 일반적으로 사용하는 것을 말하며, 직접 노무비(노임 할증 제외)의 3[%]까지 계상한다.
- 절연 내압 시험기, 자동 전압 조정기, Pipe expander, Chain hoist, Block 등 특수시험 검사용 기구류의 손료 산정은 경장비 손료에 준한다.

③ 경장비 손료
- 전기 용접기, 윈치, 그라인더 등 중장비에 속하지 않는 동력 장치에 의해 구동되는 장비류의 손료를 말하며, 별도로 계상한다.
- 경장비의 시간당 손료에 대해서는 기계 경비 산정표에 명시된 가장 유사한 장비의 제수치(내용 시간, 연간 표준 가동 시간, 상각 비율, 정비 비율, 연간 관리 비율 등)를 참조하여 계상한다.

④ 잡재료 및 소모 재료비
- 잡 재료 및 소모 재료는 설계 내역에 표시하여 계산한다. 단, 동력 및 조명 공사 부분에서 계산이 어렵고 금액이 근소한 조명 공사의 소모품에 대해서는 직접 재료비(전선과 배관 자재비)의 2~5[%]까지 계상한다.
- 잡 재료: 볼트류, 너트류, 플러그류, 소나사, 못, 슬리브, 새들 등의 재료를 말한다.
- 소모 재료: 작업 중에 소모하여 없어지거나 작업이 끝난 후에 모양이나 형태가 변하여 남아 있는 재료로서, 땜납, 테이프류, 절연 니스, 방청 도료, 용접봉, 아세틸렌 가스 등을 말한다.

(4) 소운반

① 품에서 규정된 소운반이라 함은 20[m] 이내의 수평 거리를 말한다.

② 소운반이 포함된 품에 있어서 운반 거리가 20[m]를 초과할 경우에는 초과분에 대해서 별도로 계상하며, 소운반 거리는 직고 1[m] 수평 거리 6[m]의 비율로 본다.

(5) 운반 차량 구분

① 공사용 자재의 운반 차량은 덤프 트럭을 원칙으로 하되, 훼손의 위험이 있는 기자재는 화물 자동차로 운반한다.

② 화물 자동차의 운반비는 화물 자동차의 차량 손료 방식으로 운반비를 산출한다. 다만, 가격조사 기관에서 발행하는 물가 정보지 가격이 있는 경우에는 '전세 차량비에 의한 운반비 방식'으로 산출할 수 있다.

③ 전세 차량비에 의한 운반비 산출 공식
차량 운반비[원] = (계산 차량 대수×전세 차량비) + 총 상하차임

(6) 품의 산출 및 할증
① 각종 건설 공사의 품(공량) 산출은 정부가 제정한 표준 품셈상에 규정된 기본품에 의한 단위 인공에 의한다.
② 품의 할증
- 표준 품셈상의 단위당 기본 품은 주간 작업으로서 통상적인 기후 또는 날씨와 작업 조건하에서 실작업 시간 8시간(목도공은 6시간)을 기준으로 한 것이다.
- 작업 시공이 불리한 조건하에 정상적으로 능률을 낼 수 없는 경우에 일정한 비율에 의해 그 품을 보충하여야 한다.

③ 현행 표준 품셈상의 적용 기준을 참조하면 품의 할증은 다음과 같다.
- 건물의 층수별 할증: (지상층)

지상층	할증률[%]
2층~5층 이하	1
10층 이하	3
15층 이하	4
20층 이하	5
25층 이하	6
30층 이하	7

※ 30층 초과에 대해서는 매 5층 이내 증가마다 1[%] 가산

- 건물의 층수별 할증: (지하층)

지하층	할증률[%]
지하 1층	1
지하 2~5층	2

※ 지하 6층 이하는 매 1개층 증가마다 0.2[%] 가산

- 지세별 할증

지세	할증률[%]
보통	0
불량	25
매우 불량	50
물이 있는 논	20
소택지 또는 깊은 논	50
번화가 1	20(지중 케이블 공사는 30[%])
번화가 2	10(지중 케이블 공사는 15[%])
주택가	10

6 터파기

(1) 독립 기초파기

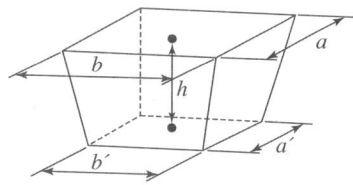

터파기량 $= \dfrac{h}{6}\{(2a+a')\times b+(2a'+a)\times b'\}$

(2) 줄 기초파기

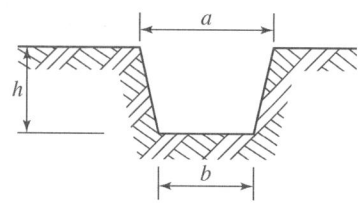

터파기량 $= \left(\dfrac{a+b}{2}\right)\times h \times$ 줄기초 길이

(3) 철탑 기초파기

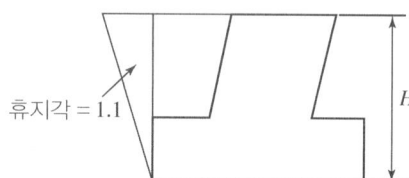

터파기량 $=$ 가로 $\times$ 세로 $\times H \times 1.21$ ($\because$ 휴지각: $1.1\times 1.1 = 1.21$)

CHAPTER 11 접지·피뢰시스템

1 접지시스템의 구분 및 종류

(1) 접지시스템의 구분
① 계통접지
② 보호접지
③ 피뢰시스템 접지

(2) 접지시스템의 시설 종류
① 단독접지: 고압·특고압 계통의 접지극과 저압 계통의 접지극이 독립적으로 설치된 경우를 단독접지라고 한다.
② 공통접지: 등전위가 형성되도록 고압·특고압 접지계통과 저압 접지계통을 공통으로 접지하는 방식이다.
③ 통합접지: 전기설비의 접지계통·건축물의 피뢰설비·전자통신설비 등의 접지극을 통합하여 접지하는 방식이며 통합접지 시 서지보호장치를 시설하여야 할 필요가 있다.

2 접지시스템의 시설

(1) 구성요소
① 접지극(접지도체를 사용해 주 접지단자에 연결)
② 접지도체
③ 보호도체
④ 기타설비

(2) 요구사항
① 전기설비의 보호 요구사항을 충족할 것
② 지락전류와 보호도체 전류를 대지에 전달할 것
③ 전기설비의 기능적 요구사항을 충족할 것

(3) 접지저항 값의 요구사항
① 부식, 건조 및 동결 등 대지환경 변화에 충족할 것
② 인체감전보호를 위한 값과 전기설비의 기계적 요구에 의한 값을 만족할 것

3 접지극의 시설

(1) 접지극의 종류
① 콘크리트에 매입된 기초 접지극
② 토양에 매설된 기초 접지극
③ 토양에 수직 또는 수평으로 직접 매설된 금속전극(봉, 전선, 테이프, 배관, 판 등)
④ 케이블의 금속외장 및 그 밖에 금속피복
⑤ 지중 금속구조물(배관 등)
⑥ 대지에 매설된 철근콘크리트의 용접된 금속 보강재

(2) 접지극의 매설

① 접지극의 매설 깊이는 지표면으로부터 0.75[m] 이상(동결 깊이를 감안하여 매설 깊이 결정)
② 접지도체를 철주 기타의 금속체를 따라서 시설하는 경우에는 접지극을 철주의 밑면으로부터 0.3[m] 이상의 깊이에 매설하는 경우 이외에는 접지극을 지중에서 그 금속체로부터 1[m] 이상 이격하여 매설

4 접지도체

(1) 접지도체의 선정

접지도체의 종류	구리(동)	철제
큰 고장전류가 접지도체를 통해 흐르지 않는 경우	6[mm²] 이상	50[mm²] 이상
접지도체에 피뢰시스템이 접속되는 경우	16[mm²] 이상	50[mm²] 이상

(2) 접지도체의 굵기

구분		단면적
특고압·고압 전기설비용		6[mm²] 이상
중성점 접지용	7[kV] 이하의 전로 또는 사용전압이 25[kV] 이하(지락이 생겼을 경우 2초 이내에 자동적으로 차단하는 장치가 있는 중성선 다중접지 방식)	6[mm²] 이상
	그 외	16[mm²] 이상

5 보호도체

(1) 보호도체의 종류

① 다심케이블의 도체
② 충전도체와 같은 트렁킹에 수납된 절연도체 또는 나도체
③ 고정된 절연도체 또는 나도체

(2) 보호도체의 단면적

① 보호도체의 최소 단면적은 다음 표에 따라 선정해야 하며 보호도체용 단자도 이 도체의 크기에 적합하여야 한다.

선도체의 단면적 S ([mm²], 구리)	보호도체의 최소 단면적([mm²], 구리)	
	보호도체의 재질이 선도체와 같은 경우	보호도체의 재질이 선도체와 다른 경우
$S \leq 16$	S	$\left(\dfrac{k_1}{k_2}\right) \times S$
$16 < S \leq 35$	16	$\left(\dfrac{k_1}{k_2}\right) \times 16$
$S > 35$	$\dfrac{S}{2}$	$\left(\dfrac{k_1}{k_2}\right) \times \left(\dfrac{S}{2}\right)$

② 보호도체의 단면적은 차단시간이 5초 이하인 경우 다음의 계산 값 이상이어야 한다.

$$S = \frac{\sqrt{I^2 t}}{k}$$

(단, S: 단면적[mm²], I: 보호장치를 통해 흐를 수 있는 예상 고장전류 실효값[A],
t: 자동차단을 위한 보호장치의 동작시간[s], k: 재질 및 초기온도와 최종온도에 따라 정해지는 계수)

③ 보호도체가 케이블의 일부가 아니거나 선도체와 동일 외함에 설치되지 않을 경우 단면적의 굵기

구분	구리[mm²]	알루미늄[mm²]
기계적 손상에 보호가 되는 경우	2.5 이상	16 이상
기계적 손상에 보호가 되지 않는 경우	4 이상	

6 주접지단자

(1) 주접지단자에 접속되는 도체
① 등전위본딩도체
② 접지도체
③ 보호도체
④ 기능성 접지도체

(2) 여러 개의 접지단자가 있는 장소는 접지단자를 상호 접속할 것

(3) 주접지단자에 접속하는 각 접지도체는 개별적으로 분리할 수 있어야 하며, 접지저항을 편리하게 측정할 수 있을 것. 다만, 접속은 견고해야 하며 공구에 의해서만 분리되는 방법으로 할 것

7 전기수용가 접지

(1) 저압수용가 인입구 접지
접지도체는 공칭단면적 6[mm²] 이상의 연동선 또는 이와 동등 이상의 세기 및 굵기의 쉽게 부식하지 않는 금속선으로서 고장 시 흐르는 전류를 안전하게 통할 수 있는 것이어야 한다.

(2) 주택 등 저압수용장소 접지
① 저압수용장소에서 계통접지가 TN-C-S 방식인 경우에 보호도체는 다음에 따라 시설하여야 한다.
  • 중성선 겸용 보호도체(PEN)는 고정 전기설비에만 사용할 수 있고 그 도체의 단면적이 구리는 10[mm²] 이상, 알루미늄은 16[mm²] 이상이어야 하며, 그 계통의 최고전압에 대하여 절연되어야 한다.
② 접지의 경우 감전보호용 등전위본딩을 하여야 한다. 다만, 이 조건을 충족시키지 못하는 경우에는 중성선 겸용 보호도체를 수용장소의 인입구 부근에 추가로 접지하여야 하며, 그 접지저항 값은 접촉전압을 허용접촉전압 범위 내로 제한하는 값 이하로 하여야 한다.

8 계통접지 방식

(1) 구성
① TN 계통
② TT 계통
③ IT 계통

[표] 기호 설명

기호	설명
─/─	중성선(N), 중간도체(M)
─/─	보호도체(PE)
─/─	중성선과 보호도체겸용(PEN)

(2) 접지계통의 분류

① TN 계통: 전원 측의 한 점을 직접접지하고 설비의 노출도전부를 보호도체로 접속시키는 방식으로 중성선 및 보호도체(PE 도체)의 배치 및 접속 방식에 따라 다음과 같이 분류한다.
- TN-S 계통은 계통 전체에 대해 별도의 중성선 또는 PE 도체를 사용한다. 배전계통에서 PE 도체를 추가로 접지할 수 있다.

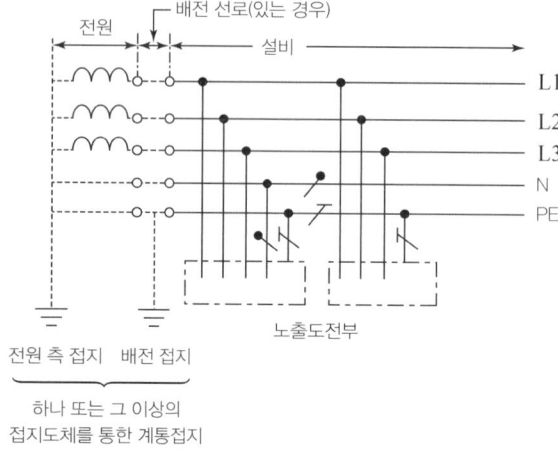

▲ 계통 내에서 별도의 중성선과 보호도체가 있는 TN-S 계통

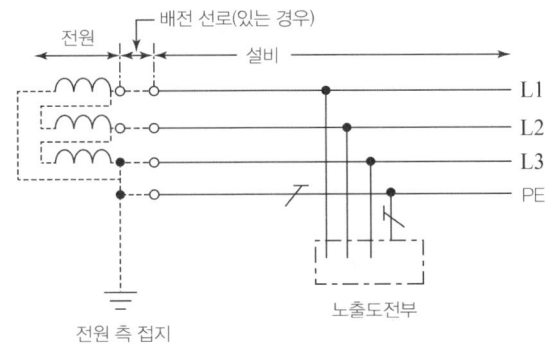

▲ 계통 내에서 별도의 접지된 선도체와 보호도체가 있는 TN-S 계통

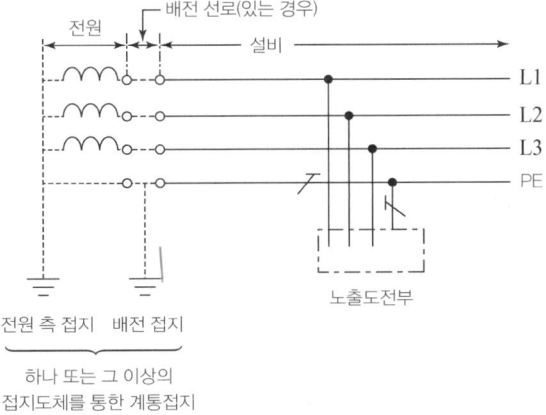

▲ 계통 내에서 접지된 보호도체는 있으나 중성선의 배선이 없는 TN-S 계통

- TN-C 계통은 그 계통 전체에 대해 중성선과 보호도체의 기능을 동일도체로 겸용한 PEN 도체를 사용한다. 배전계통에서 PEN 도체를 추가로 접지할 수 있다.

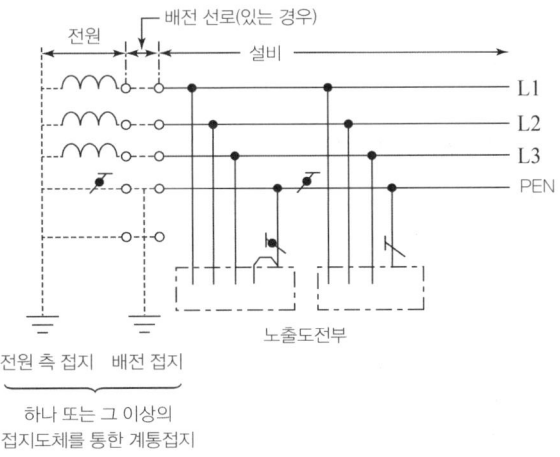

▲ TN-C 계통

- TN-C-S 계통은 계통의 일부분에서 PEN 도체를 사용하거나, 중성선과 별도의 PE 도체를 사용하는 방식이 있다. 배전계통에서 PEN 도체와 PE 도체를 추가로 접지할 수 있다.

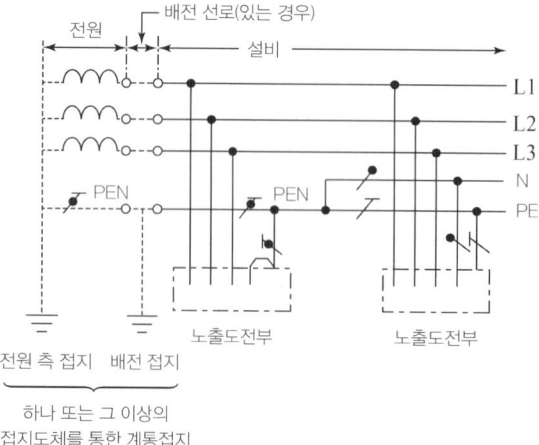

▲ 설비의 어느 곳에서 PEN이 PE와 N으로 분리된 3상 4선식 TN-C-S 계통

② TT 계통: 전원의 한 점을 직접 접지하고 설비의 노출도전부는 전원의 접지전극과 전기적으로 독립적인 접지극에 접속시킨다. 배전계통에서 PE 도체를 추가로 접지할 수 있다.

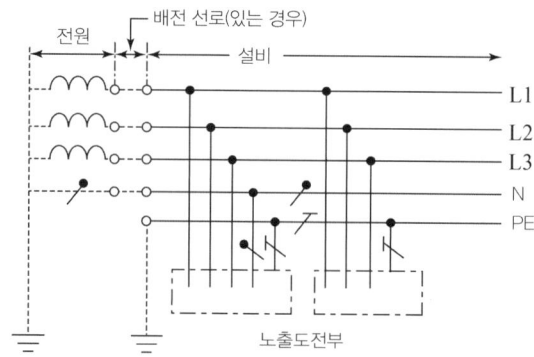

▲ 설비 전체에서 별도의 중성선과 보호도체가 있는 TT 계통

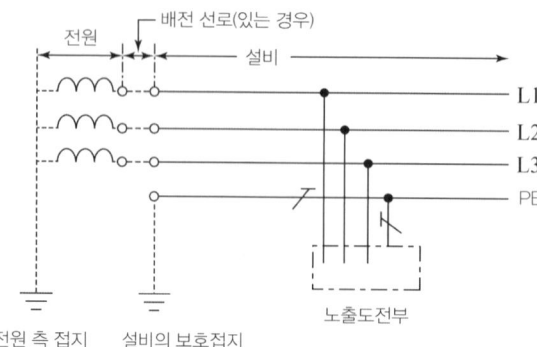

▲ 설비 전체에서 접지된 보호도체가 있으나 배전용 중성선이 없는 TT 계통

③ IT 계통
- 충전부 전체를 대지로부터 절연시키거나, 한 점을 임피던스를 통해 대지에 접속시킨다. 전기설비의 노출도전부를 단독 또는 일괄적으로 계통의 PE 도체에 접속시킨다. 배전계통에서 추가접지가 가능하다.
- 계통은 충분히 높은 임피던스를 통하여 접지할 수 있다. 이 접속은 중성점, 인위적 중성점, 선도체 등에서 할 수 있다. 중성선은 배선할 수도 있고, 배선하지 않을 수도 있다.

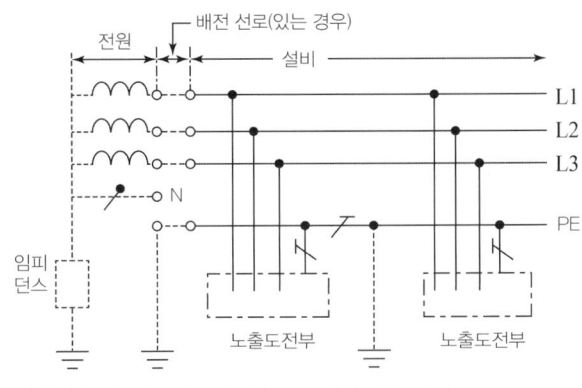

▲ 계통 내의 모든 노출도전부가 보호도체에 의해 접속되어 일괄 접지된 IT 계통

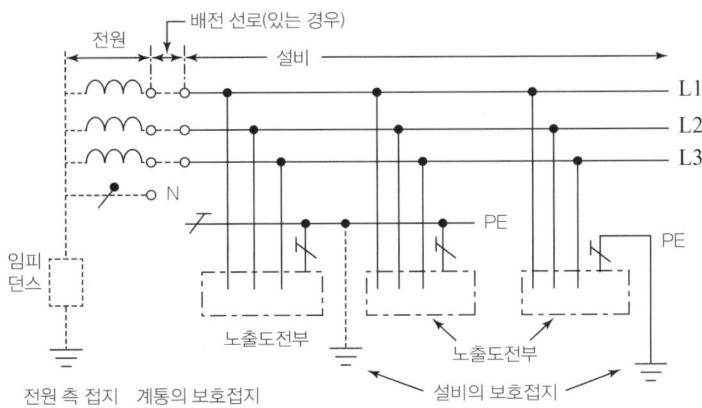

▲ 노출도전부가 조합으로 또는 개별로 접지된 IT 계통

9 피뢰시스템

(1) 적용범위
① 전기전자설비가 설치된 건축물·구조물로 낙뢰로부터 보호가 필요한 것 또는 지상으로부터 높이가 20[m] 이상인 것
② 전기설비 및 전자설비 중 낙뢰로부터 보호가 필요한 설비

(2) 피뢰시스템의 구성
① 외부피뢰시스템: 직격뢰로부터 대상물을 보호
② 내부피뢰시스템: 간접뢰 및 유도뢰로부터 대상물을 보호

10 외부 피뢰시스템

(1) 수뢰부 시스템
① 선정: 돌침, 수평도체, 메시도체의 요소 중에 한 가지 또는 이를 조합한 형식
② 배치: 보호각법, 회전구체법, 메시법 중 하나 또는 조합된 방법으로 배치

(2) 인하도선 시스템
① 시설
- 복수의 인하도선을 병렬로 구성할 것
- 도선경로의 길이가 최소가 되도록 할 것

② 배치
- 건축물·구조물과 분리된 피뢰시스템인 경우
  - 뇌전류의 경로가 보호대상물에 접촉하지 않도록 하여야 한다.
  - 별개의 지주에 설치되어 있는 경우 각 지주마다 1가닥 이상의 인하도선을 시설한다.
  - 수평도체 또는 메시도체인 경우 지지 구조물마다 1가닥 이상의 인하도선을 시설한다.
- 건축물·구조물과 분리되지 않은 피뢰시스템인 경우
  - 벽이 불연성 재료라면 벽의 표면 또는 내부에 시설할 수 있다. 다만, 벽이 가연성 재료인 경우에는 $0.1[\text{m}]$ 이상 이격하고, 이격이 불가능한 경우에는 도체의 단면적을 $100[\text{mm}^2]$ 이상으로 한다.
  - 인하도선의 수는 2가닥 이상으로 한다.
  - 보호대상 건축물·구조물의 투영에 따른 둘레에 가능한 균등한 간격으로 배치한다. 다만, 노출된 모서리 부분에 우선하여 설치한다.

③ 병렬 인하도선의 최대간격

피뢰시스템 등급	최대간격[m]
Ⅰ·Ⅱ	10
Ⅲ	15
Ⅳ	20

(3) 접지극 시스템
① 시설: A형 접지극(수평 또는 수직접지극) 또는 B형 접지극(환상도체 또는 기초접지극) 중 하나 또는 조합
② 배치
- A형 접지극: 최소 2개 이상을 균등한 간격으로 배치할 것
- B형 접지극: 접지극 면적을 환산한 평균 반지름이 최소 길이 이상으로 하여야 하며, 평균 반지름이 최소 길이 미만인 경우에는 해당하는 길이의 수평 또는 수직매설 접지극을 추가로 시설할 것(추가하는 수평 또는 수직매설 접지극의 수는 최소 2개 이상)
- 접지극 시스템의 접지저항이 $10[\Omega]$ 이하인 경우 최소길이 이하로 할 수 있다.

11 내부 피뢰시스템

(1) 전기전자설비 보호

(2) 서지보호장치(SPD)
① 전기전자설비 등에 연결된 전선로를 통하여 서지가 유입되는 경우, 해당 선로에는 서지보호장치를 설치할 것
② 지중 저압수전의 경우, 내부에 설치하는 전기전자기기의 과전압범주별 임펄스내전압이 규정 값에 충족하는 경우는 서지보호장치를 생략할 것

2024
전기공사기사 실기

1회 기출문제
2회 기출문제
3회 기출문제

확실한 합격대비, 회차별 학습전략!

회차	학습전략	합격률
1회	과년도 기출에서 많은 문제가 출제되어 합격률이 높았습니다. 과년도 빈출 문제를 확실히 학습했다면 쉽게 합격할 수 있는 회차입니다.	63.01%
2회	과년도 기출과 빈출 단답형 문제를 확실히 학습했다면 합격을 기대할 수 있는 회차입니다.	61.71%
3회	많은 신출 문제가 출제되었던 회차입니다. 신출을 제외한 나머지 문제에서 전혀 실수를 하지 않아야 합격할 수 있는 어려운 회차입니다.	28.90%

학습 효과를 높이는 7개년 3회독 시스템

챕터별 전체 1회독이 끝났다면 회독 체크표에 날짜를 기입하고 체크표시를 해주세요.

회독 체크표	☐ 1회독	월 일	☐ 2회독	월 일	☐ 3회독	월 일

2024년 1회 전기공사기사 기출문제

배점: 6점

01 다음 그림을 보고 철탑의 명칭을 작성하시오.

(1)

(2)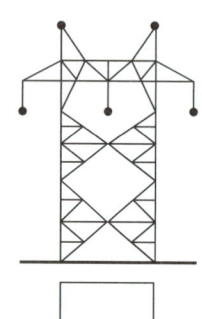

(3)

(4)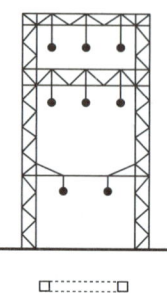

(5)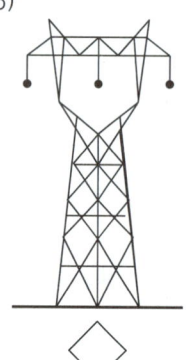

(6)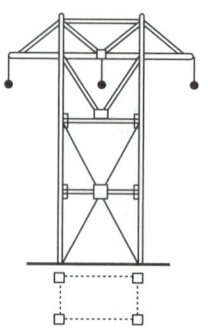

해설
(1) 사각 철탑
(2) 방형 철탑
(3) 우두형 철탑
(4) 문형 철탑
(5) 회전형 철탑
(6) MC 철탑

02 다음 보기를 보고 알맞은 차단기 종류의 명칭을 작성하시오.

(1) OCB
(2) ABB
(3) GCB
(4) MBB

해설
(1) 유입차단기
(2) 공기차단기
(3) 가스차단기
(4) 자기차단기

배점: 5점

03 345[kV] 옥외 변전소 시설에 있어서 울타리의 높이와 울타리에서 충전부분까지의 거리의 합계는 얼마 이상이어야 하는가?

해설
- 계산 과정

  단수 $= \dfrac{345-160}{10} = 18.5$ 이므로 19[단]

  충전부분까지의 거리 $= 6 + 19 \times 0.12 = 8.28[m]$

- **답** 8.28[m]

참고

사용전압의 구분	울타리의 높이와 울타리로부터 충전부분까지의 거리의 합계 또는 지표상의 높이
35[kV] 이하	5[m]
35[kV] 초과 160[kV] 이하	6[m]
160[kV] 초과	6[m]에 160[kV]를 초과하는 10[kV] 또는 그 단수마다 0.12[m]를 더한 값

배점: 4점

04 폭연성 분진 또는 화약류 분말이 전기 설비의 점화원이 되어 폭발할 우려가 있는 곳에서의 저압옥내 전기설비는 어느 배선공사에 의하는지 2가지만 작성하시오.

해설
- 금속관 공사
- 케이블 공사

05 단상 변압기의 병렬운전조건 4가지를 작성하시오.

배점: 8점

해설
- 극성이 일치할 것
- 권수비가 같을 것
- %임피던스 강하가 같을 것
- 내부저항과 누설리액턴스 비가 같을 것

06 강심 알루미늄연선의 약호와 $60[\mathrm{mm}^2]$ 이하의 공칭단면적을 작성하시오.

배점: 4점

약호	단면적[mm²]		

해설

약호	단면적[mm²]		
ACSR	19	32	58

참고

ACSR의 공칭단면적: 19, 32, 58, 80, 95, 120, 160, 200, 240, 330, 410, 520, 610[mm²]

07 3상 3선식 배전선로의 부하전류가 $50[\mathrm{A}]$, 부하의 역률 $80[\%]$(지상), 선로의 저항은 $3[\Omega]$, 선로의 리액턴스 $4[\Omega]$, 송전단 전압은 $6,600[\mathrm{V}]$이다. 아래 보기의 수치를 계산하시오.

배점: 8점

(1) 선로의 전압강하
(2) 선로의 전압강하율
(3) 부하전력
(4) 선로손실

해설

(1) • 계산 과정

$$e = \sqrt{3}\,I(R\cos\theta + X\sin\theta) = \sqrt{3} \times 50 \times (3 \times 0.8 + 4 \times 0.6) = 415.69[\mathrm{V}]$$

• 답 415.69[V]

(2) • 계산 과정:

$e = V_s - V_r$이므로 $V_r = V_s - e = 6,600 - 415.69 = 6,184.31[\mathrm{V}]$이다.

$$\varepsilon = \frac{V_s - V_r}{V_r} \times 100 = \frac{e}{V_r} \times 100 = \frac{415.69}{6,184.31} \times 100 = 6.72[\%]$$

• 답 6.72[%]

(3) • 계산 과정:
$$P = \sqrt{3}\,V_r I \cos\theta = \sqrt{3} \times 6,184.31 \times 50 \times 0.8 \times 10^{-3} = 428.46[\text{kW}]$$
• 답 428.46[kW]

(4) • 계산 과정:
$$P_l = 3I^2 R = 3 \times 50^2 \times 3 \times 10^{-3} = 22.5[\text{kW}]$$
• 답 22.5[kW]

배점: 8점

08 다음은 전동기를 $Y-\Delta$ 기동 운전하기 위한 결선도이다. 각 물음에 답하시오.

(1) $Y-\Delta$ 기동 운전이 가능하고 역률이 개선될 수 있도록 결선도를 완성하시오.

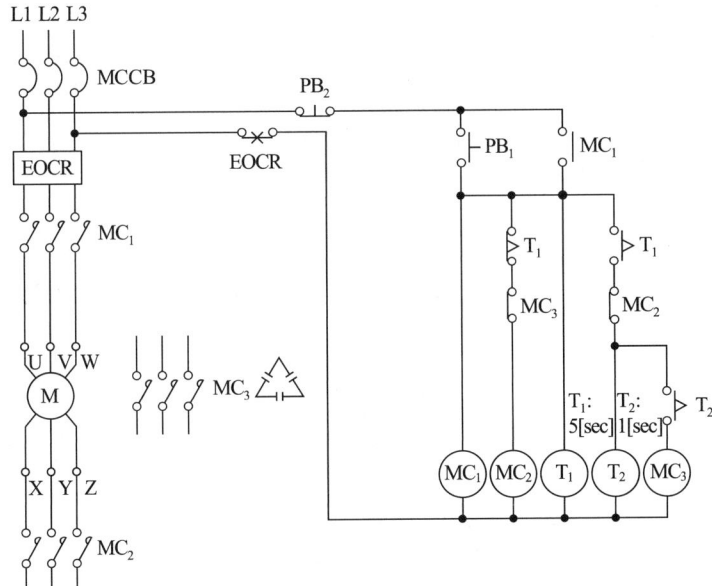

(2) 결선도를 이해한 후 타임 차트를 완성하시오.(단, 보조 접점의 시간지연은 무시한다.)

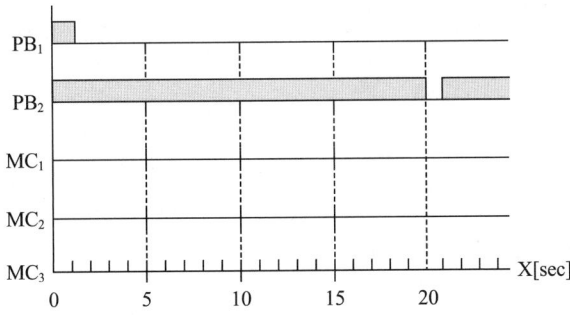

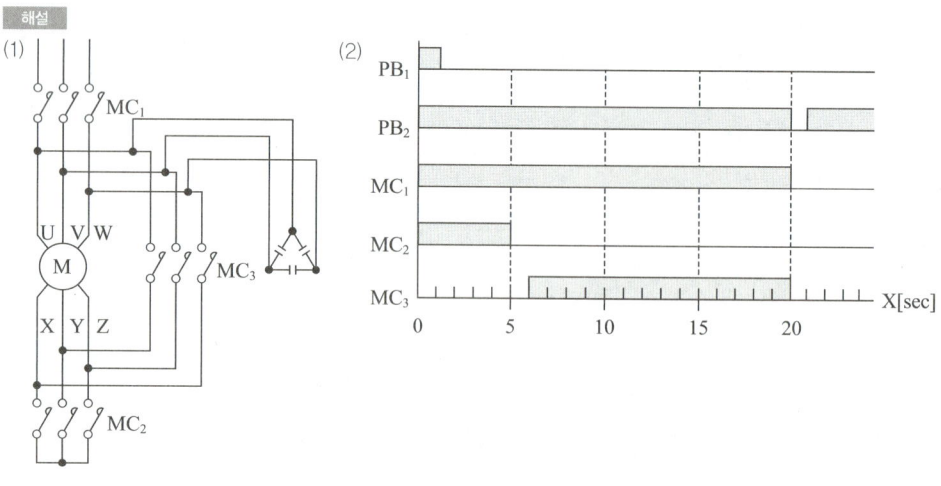

참고

$Y-\Delta$ 결선 시 3상의 연결을 모두 다른상과 연결한다.
정·역 회로 결선 시에는 한 상을 고정시키고 나머지 두 상을 서로 바꾸어 결선한다.

배점: 6점

09 ACSR $58[\text{mm}^2]$ 전선으로 전력을 공급하는 긍장 $1[\text{km}]$인 3상 2회선의 배전 선로가 있다. 부하설비의 증가로 상부에 가설된 전선을 ACSR $95[\text{mm}^2]$로 교체하고자 할 때 다음 각 물음에 답하시오.

조건

- 노임단가 배전 전공 361,000[원], 보통 인부 141,000[원]이다.
- 인공 산출 시 소수점 이하까지 모두 계산한다.
- 간접노무비는 직접노무비의 15[%]로 계산한다.(단, 소수점 이하는 절사한다.)
- 철거되는 전선은 재사용하는 것으로 한다.
- 주어진 조건 외의 할증은 고려하지 않는다.

[표] 배전선 전선 설치(가선) 100[m]당

	규격	배전 전공	보통 인부
나경동선	$14[\text{mm}^2]$ 이하	0.10	0.05
	$22[\text{mm}^2]$ 이하	0.16	0.08
	$38[\text{mm}^2]$ 이하	0.26	0.13
	$60[\text{mm}^2]$ 이하	0.38	0.19
	$100[\text{mm}^2]$ 이하	0.54	0.27
	$150[\text{mm}^2]$ 이하	0.66	0.33
	$200[\text{mm}^2]$ 이하	0.72	0.36
	$200[\text{mm}^2]$ 초과	0.76	0.38

ACSR, ASC 38[mm²] 이하	0.30	0.15
58[mm²] 이하	0.44	0.22
95[mm²] 이하	0.64	0.32
160[mm²] 이하	0.78	0.39
240[mm²] 이하	0.90	0.45

[비고]
- 1선당 인력 작업 기준으로 전선펴기, 당기기, 처짐 정도 조정 포함
- 애자에 묶는 품 포함
- 피복선 120[%]
- 기존 선로 상부 가설 120[%]
- 장력조정 20[%], 주상이설 70[%]
- 철거 50[%], 재사용 철거 80[%]
- 가공피뢰선(가공지선) 80[%]
- 재사용 전선 설치 110[%]
- [m]당으로 환산 시 본품을 100으로 나누어 산출

(1) 배전 전공의 인공과 노임을 구하시오.
(2) 보통 인부의 인공과 노임을 구하시오.
(3) 간접 노무비를 구하시오.

해설

(1) • 계산 과정
  − 배전 전공: $\dfrac{0.44}{100} \times 1,000 \times 3 \times 1.2 \times 0.8 + \dfrac{0.64}{100} \times 1,000 \times 3 \times 1.2 = 35.712$[인]
  − 노임: $35.712 \times 361,000 = 12,892,032$[원]
  • 답 인공: 35.712[인], 노임: 12,892,032[원]

(2) • 계산 과정
  − 보통 인부: $\dfrac{0.22}{100} \times 1,000 \times 3 \times 1.2 \times 0.8 + \dfrac{0.32}{100} \times 1,000 \times 3 \times 1.2 = 17.856$[인]
  − 노임: $17.856 \times 141,000 = 2,517,696$[원]
  • 답 인공: 17.856[인], 노임: 2,517,696[원]

(3) • 계산 과정
  − 직접노무비: $12,892,032 + 2,517,696 = 15,409,728$[원]
  − 간접노무비: $15,409,728 \times 0.15 = 2,311,459$[원]
  • 답 2,311,459[원]

참고
① 2회선 중 상부 전선을 교체하는 작업이므로 1회선만 교체한다.
② 3상이므로 전선은 3가닥
③ 기존 선로 상부 가설 120[%] 및 재사용 철거 80[%]를 적용

10 보호도체(PE)란 감전에 대한 보호 등 안전을 위해 제공되는 도체로서 다음 표의 최소 단면적 이상으로 선정하여야 한다. ① ~ ③에 알맞은 보호도체의 최소 단면적의 기준을 각각 쓰시오.(보호도체와 선도체의 재질은 서로 같다.)

배점: 6점

보호도체의 단면적

선도체의 단면적 S([mm^2], 구리)	보호도체의 최소 단면적 ([mm^2], 구리)
$S \leq 16$	①
$16 < S \leq 35$	②
$35 < S$	③

해설

① S ② 16 ③ $\dfrac{S}{2}$

배점: 6점

11 전기공사 표준 작업 절차서 중 가공 배전선로에서 전선 접속 작업 흐름도이다. 흐름도가 옳도록 ①, ②, ③에 들어갈 알맞은 용어를 쓰시오.

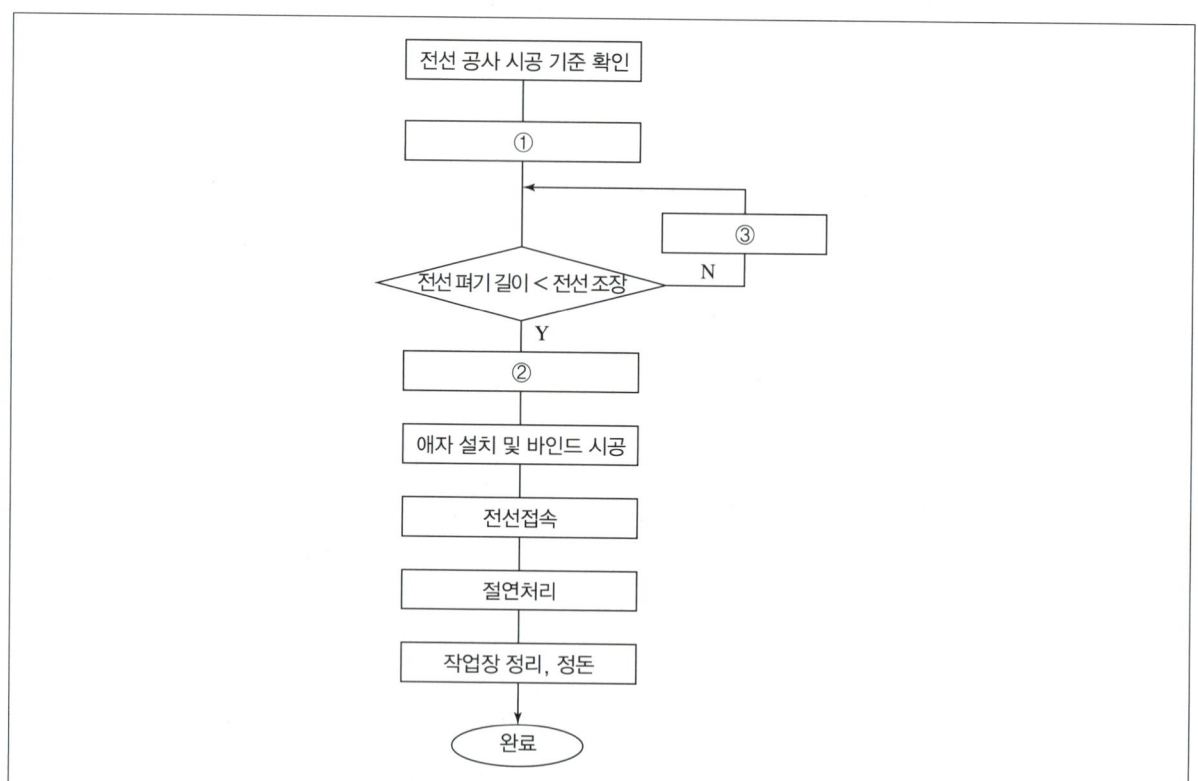

해설

① 전선 펴기 ② 이도(처짐정도) 조정 및 고정 ③ 직선 접속

배점: 5점

12 순 공사원가는 공사과정에서 발생하는 금액 중 어떤 것들의 합계인지 작성하시오.

순 공사원가 = (   ) + (   ) + (   )

[해설]
재료비, 노무비, 경비

[참고]
- 순 공사원가: 재료비 + 노무비 + 경비
- 총 공사원가: 재료비 + 노무비 + 경비 + 일반관리비 + 이윤

배점: 6점

13 3상 유도 전동기의 슬립측정 방법을 3가지만 작성하시오.

[해설]
회전계법, 수화기법, 스트로보스코프법

배점: 5점

14 다음 그림에서 A점의 접지 저항값[Ω]을 구하시오.(단, 콜라우시 브리지법으로 측정한 결과가 AB 간 저항값은 10[Ω], BC 간 저항값은 8[Ω], CA 간 저항값은 6[Ω]이었다.)

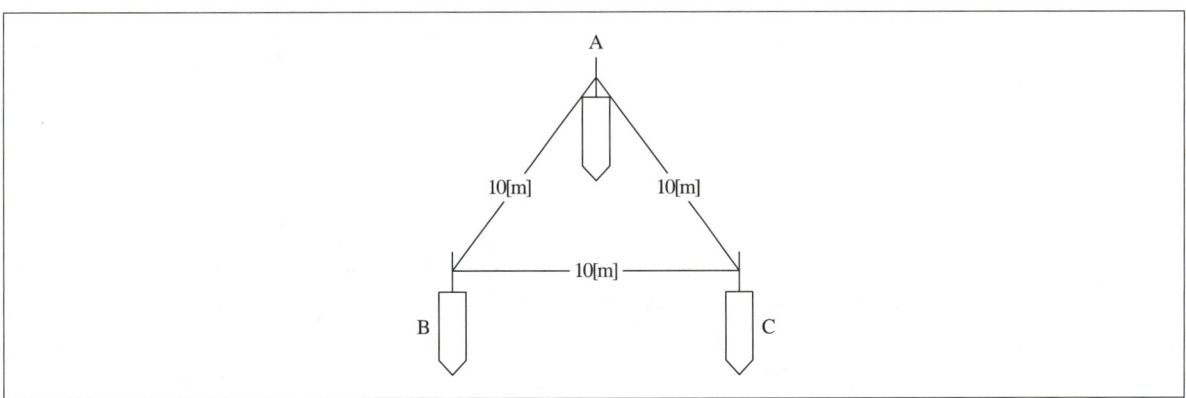

[해설]
- 계산 과정

$$R_A = \frac{1}{2}(R_{AB} + R_{CA} - R_{BC})$$
$$= \frac{1}{2} \times (10 + 6 - 8) = 4[\Omega]$$

- 답 4[Ω]

배점: 3점

15 전기공사에서 지상층 건물 층수별 물량산출시 건물 층수에 따라 할증률 규정이 적용된다. 이때 10층 이하, 20층 이하, 30층 이하의 할증률[%]은 얼마인가?

(1) 10층 이하
(2) 20층 이하
(3) 30층 이하

해설

(1) 3[%]
(2) 5[%]
(3) 7[%]

참고

- 건물의 층수별 할증: (지상층)

지상층	할증률[%]
2층 ~ 5층 이하	1
10층 이하	3
15층 이하	4
20층 이하	5
25층 이하	6
30층 이하	7

※ 30층 초과에 대해서는 매 5층 이내 증가마다 1[%] 가산

- 건물의 층수별 할증: (지하층)

지하층	할증률[%]
지하 1층	1
지하 2 ~ 5층	2

※ 지하 6층 이하는 매 1개층 증가마다 0.2[%] 가산

배점: 5점

16 단상 2선식 분전반에서 30[m]의 거리에 4[kW]의 200[V] 전열기를 설치하였다. 배선방법을 금속관공사로 하고, 전압강하율을 2[%] 이하로 하기 위해서 전선의 굵기를 얼마로 선정하는 것이 적당한가?

전선 규격 [mm^2]	2, 4, 5, 6, 10, 16, 25, 35

해설

- 계산 과정

$$I = \frac{P}{V} = \frac{4,000}{200} = 20[\text{A}]$$

$$\varepsilon = \frac{V_s - V_r}{V_r} \times 100 = \frac{e}{V_r} \times 100 = 2 \text{이므로 } e = 0.02 \times V_r = 0.02 \times 200 = 4[\text{V}]$$

$$\therefore A = \frac{35.6LI}{1,000e} = \frac{35.6 \times 30 \times 20}{1,000 \times 4} = 5.34[\text{mm}^2]$$

- **답** 6[mm^2] 선정

배점: 5점

17 바닥면적 $1,000[m^2]$의 회의실에 전광속 $5,000[lm]$의 $40[W]$ LED 형광등을 시설하여 평균 조도를 $300[lx]$로 하고자 할 때, 필요한 $40[W]$ LED 형광등 수량을 구하시오.(단, 조명률 $50[\%]$, 감광보상률 1.25로 한다.)

해설

- 계산 과정

$$N = \frac{DES}{FU} = \frac{1.25 \times 300 \times 1,000}{5,000 \times 0.5} = 150[등]$$

- **답** $150[등]$

참고

$$FUN = EAD$$

(단, F: 광속[lm], U: 조명률, N: 사용하는 등의 개수, E: 조도[lx], A: 방의 면적[m^2], D: 감광 보상률($=\frac{1}{M}$), M: 유지율)

배점: 6점

18 다음 옥내 배선의 그림 기호를 보고 각각의 명칭을 쓰시오.

(1)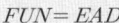

(2) ◢

(3) ⊠

(4) S

(5) B

(6) E

해설

(1) 제어반
(2) 분전반
(3) 배전반
(4) 개폐기
(5) 배선용 차단기
(6) 누전 차단기

2024년 2회 전기공사기사 기출문제

배점: 5점

01 축전지 설비에 대한 다음 각 물음에 답하시오.
   (1) 축전지를 방전 상태로 오랜 시간 방치하면 극판의 황산납이 회백색으로 변하고 내부 저항이 증가하여 충전 시 전해액의 온도가 상승하고 전지의 수명이 단축되는 현상을 무엇이라고 하는지 작성하시오.
   (2) 부동충전방식이 무엇인지 간단히 설명하시오.

   해설
   (1) 설페이션 현상
   (2) 축전지의 자기방전을 보충함과 동시에 상용 부하에 대한 전력공급은 충전기가 부담하도록 하되 충전기가 부담하기 어려운 일시적인 대전류 부하는 축전지가 부담하도록 하는 방식

배점: 4점

02 한국전기설비규정에 의거하여 분산형 전원 계통 연계용 보호장치의 시설에 대한 설명이다. 빈칸에 들어갈 알맞은 내용을 작성하시오.

> 계통연계하는 분산형 전원을 설치하는 경우에는 다음 각 호의 1에 해당하는 이상 또는 고장 발생 시 자동적으로 분산형 전원을 전력계통으로부터 분리하기 위한 장치 시설 및 해당 계통과의 보호협조를 실시하여야 한다.
> 1. 분산형 전원 설비의 이상 또는 고장
> 2. (①)의 이상 또는 고장
> 3. (②)

   해설
   ① 연계한 전력계통
   ② 단독운전 상태

배점: 6점

03 다음 심벌은 전력수급용 계기용변성기(MOF)의 단선도이다. 이것을 복선도로 그리시오.(단, 전기방식은 3상 3선식이며 접지를 표기하시오.)

접속점 표기 방식

접속	비접속

단선도

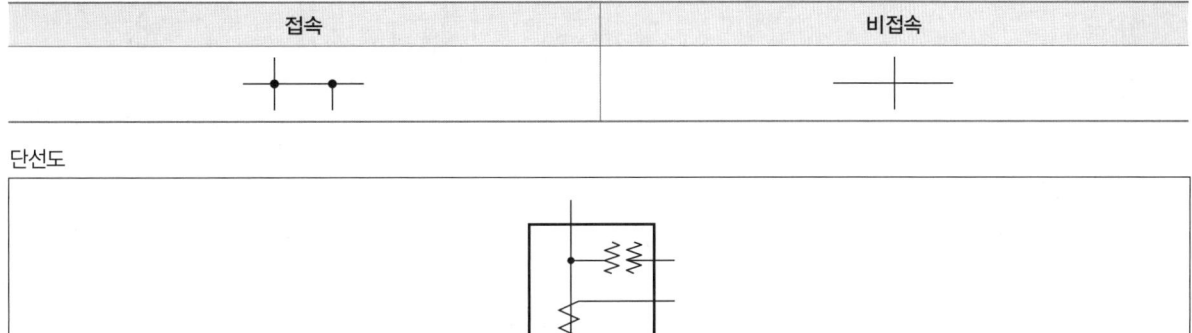

해설

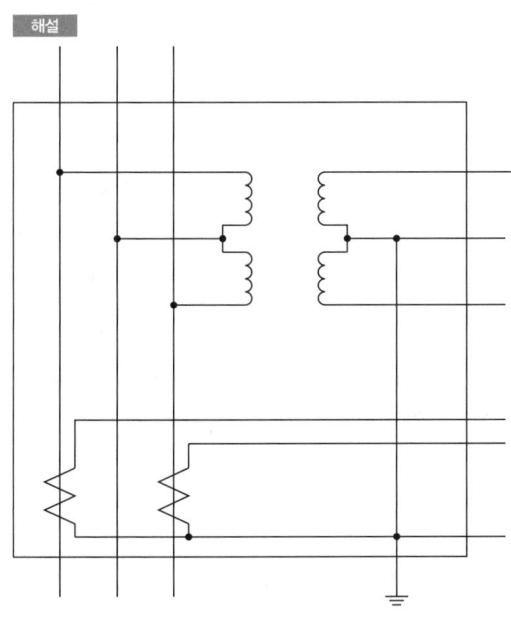

04 아래 그림을 참고하여 ①~④의 명칭을 작성하시오.

배점: 8점

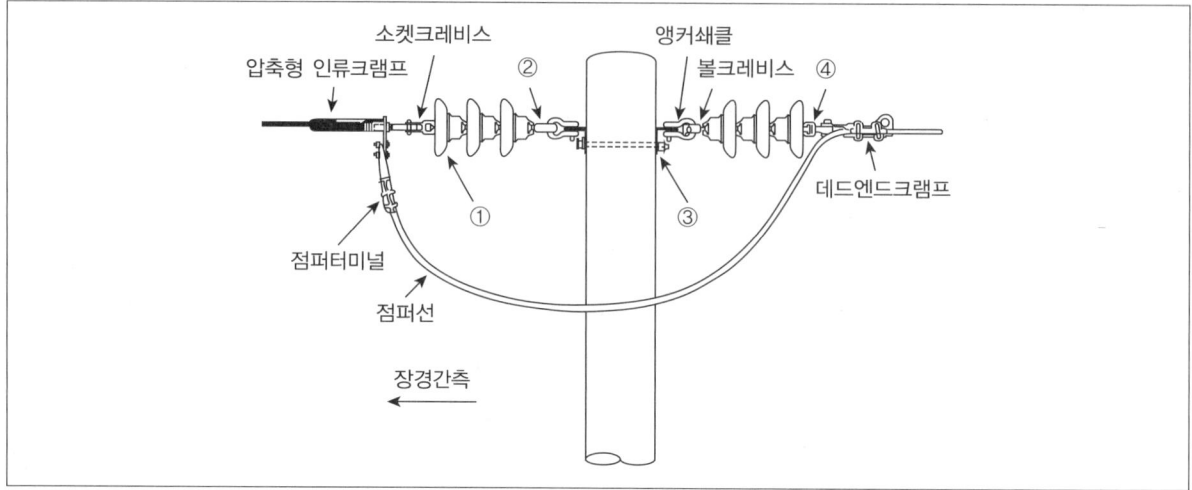

> **해설**
> ① 현수 애자
> ② 볼 아이
> ③ ㄱ형 완철
> ④ 소켓아이

---

05 사용전압이 $415[\text{kV}]$이고, 1선의 최대공급전류가 $500[\text{A}]$인 3상 3선식 전선로의 1선과 대지간에 필요한 절연 저항값의 최솟값은?

배점: 5점

> **해설**
> • 계산 과정
> $$I_g = 500 \times \frac{1}{2,000} = 0.25[\text{A}] \text{ 이므로 } R = \frac{V}{I_g} = \frac{415 \times 10^3}{0.25} = 1,660[\text{k}\Omega]$$
> • 답 $1,660[\text{k}\Omega]$

> **참고**
> 전기설비기준 제27조(전선로의 전선 및 절연성능)
> 저압전선로 중 절연부분의 전선과 대지 사이 및 전선의 심선 상호 간의 절연저항은 사용전압에 대한 누설전류가 최대 공급전류의 1/2,000을 넘지 않도록 하여야 한다.

배점: 5점

06 전기설비에 있어서 감전예방의 종류 중 직접접촉예방은 전기설비에 지락 등의 고장이 발생한 경우에 해당 전기설비에 사람 또는 동물이 접촉하는 경우를 대비하여 감전예방을 위한 보호이다. 직접접촉예방을 위한 보호방법 5가지를 아래 보기에서 고르시오.

[보기]
ㄱ. 전원의 자동차단에 의한 보호
ㄴ. 장애물에 의한 보호
ㄷ. Ⅱ급기기의 사용 또는 이것과 동등이상의 절연에 의한 보호
ㄹ. 비도전성 장소에 의한 보호
ㅁ. 충전부의 절연에 의한 보호
ㅂ. 손의 접근한계 외측시설에 의한 보호
ㅅ. 격벽 또는 외함에 의한 보호
ㅇ. 누전차단기에 의한 추가 보호
ㅈ. 비접지 국부 등전위본딩에 의한 보호
ㅊ. 전기적 분리에 의한 보호

해설

ㄴ, ㅁ, ㅂ, ㅅ, ㅇ

배점: 5점

07 총공사비가 29억원이고, 공사 기간이 11개월인 전기공사의 간접노무비율[%]을 참고자료에 의거하여 계산하시오.

[참고자료]

구분		간접노무비율
공사 종류별	건축공사	14.5
	토목공사	15
	기타(전문, 전기, 통신 등)	15
공사 규모별 (품셈에 의하여 산출되는 공사원가 기준)	50억원 미만	14
	50~300억 미만	15
	300억 이상	16
공사 기간별	6개월 미만	13
	6~12개월 미만	15
	12개월 이상	17

해설

• 계산 과정

간접노무비율 $= \dfrac{15+14+15}{3} = 14.67[\%]$

• 답 14.67[%]

08 변압기 병렬운전 조합이 불가능한 결선 2가지를 작성하시오. (단, Δ, Y만 포함할 것)

(1)

(2)

해설

(1) $\Delta-\Delta$와 $\Delta-Y$
(2) $Y-\Delta$와 $Y-Y$

참고

병렬 운전 가능 결선		병렬 운전 불가능 결선	
A 변압기	B 변압기	A 변압기	B 변압기
$\Delta-\Delta$	$\Delta-\Delta$	$\Delta-\Delta$	$\Delta-Y$
$\Delta-\Delta$	$Y-Y$	$Y-Y$	$Y-\Delta$
$Y-Y$	$Y-Y$	$\Delta-\Delta$	$Y-\Delta$
$\Delta-Y$	$\Delta-Y$	$\Delta-Y$	$Y-Y$
$\Delta-Y$	$Y-\Delta$		
$Y-\Delta$	$Y-\Delta$		

09 전원 측 전압이 $380[\text{V}]$인 3상 3선식 옥내 배선이 있다. 그림과 같이 $150[\text{m}]$ 떨어진 곳에서부터 $5[\text{m}]$ 간격으로 용량 $5[\text{kVA}]$의 3상 기기부하 3대 설치하려고 한다. 부하 말단까지의 전압 강하율을 $5[\%]$ 이하로 유지하려면 전선의 굵기를 얼마로 해야 하는지 산정하시오.

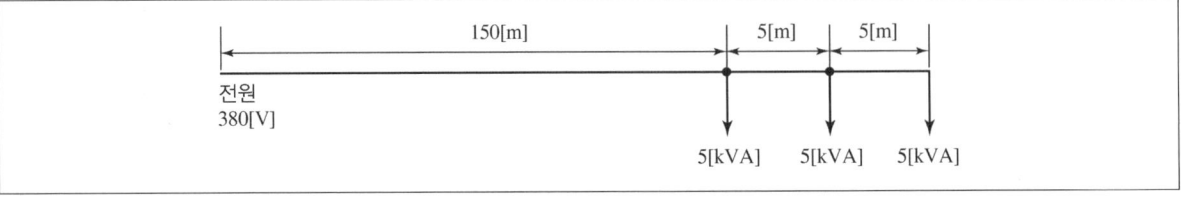

해설

• 계산 과정

전부하 전류 $I = \dfrac{5 \times 10^3 \times 3}{\sqrt{3} \times 380} = 22.79[\text{A}]$

전압강하 $e = 380 \times 0.05 = 19[\text{V}]$

부하의 중심거리 $L = \dfrac{5 \times 150 + 5 \times 155 + 5 \times 160}{5+5+5} = 155[\text{m}]$

전선의 굵기 $A = \dfrac{30.8 LI}{1{,}000e} = \dfrac{30.8 \times 155 \times 22.79}{1{,}000 \times 19} = 5.73[\text{mm}^2]$

∴ $6[\text{mm}^2]$ 선정

• **답** $6[\text{mm}^2]$

배점: 6점

10 건물의 종류에 대응하는 표준부하의 값을 주어진 답안지에 작성하시오.

건물의 종류	표준부하[VA/m^2]
공장, 공회당, 사원, 교회, 극장, 영화관 등	
기숙사, 여관, 호텔, 병원, 학교, 음식점, 다방, 대중 목욕탕	
사무실, 은행, 상점, 이발소	

해설

건물의 종류	표준부하[VA/m^2]
공장, 공회당, 사원, 교회, 극장, 영화관 등	10
기숙사, 여관, 호텔, 병원, 학교, 음식점, 다방, 대중 목욕탕	20
사무실, 은행, 상점, 이발소	30

배점: 5점

11 변압기 용량 $2,000[kVA]$, 수전전압 $22.9[kV]$ 변류비 $75/5[A]$이다. $140[\%]$의 부하 전류에서 차단기를 동작시키고자 할 때, 과전류 계전기의 전류 탭을 선정하시오.

과전류 계전기 탭전류[A]							
2	3	4	5	6	7	8	10

해설

- 계산 과정

$$I_t = \frac{2,000 \times 10^3}{\sqrt{3} \times 22.9 \times 10^3} \times \frac{5}{75} \times 1.4 = 4.71[A]$$

- **답** $5[A]$ 선정

12 그림과 같이 시설하는 지선의 명칭을 쓰시오.

배점: 6점

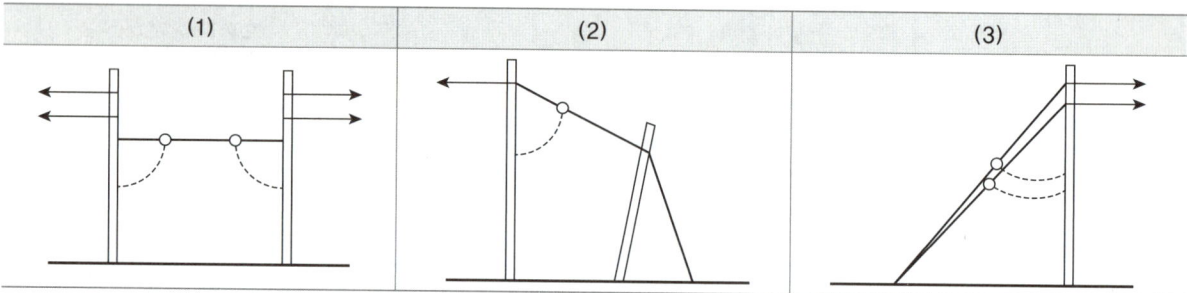

해설
(1) 공동지선
(2) 수평지선
(3) Y지선

배점: 5점

13 변압기의 철심과 권선에서 발생하는 열에 의한 온도 상승을 냉각하기 위한 방식 종류 5가지를 쓰시오.

해설
- 유입자냉식
- 유입풍냉식
- 유입수냉식
- 건식자냉식
- 건식풍냉식

배점: 5점

14 다음은 변압기에 관한 물음이다. ( )안에 옳으면 O표, 틀리면 X표를 하시오.

(1)	저압 변류기 2차 배선의 도중에는 접속점을 만들어서는 안된다.	( )
(2)	저압 변류기의 2차 배선은 공사상 지장이 없는 최단 거리로 배선해야한다.	( )
(3)	저압 변류기 2차 배선은 케이블에 직접 장력이 걸릴 우려가 있는 경우에는 적당한 방법으로 케이블을 고정하여야 한다.	( )
(4)	계기용 저압 변류기에는 전력거래에 관련되는 계기 및 부속 기구 이외의 것을 접속하여서는 안된다.	( )
(5)	변류기 2차 회로는 개방되지 않도록 특별히 유의해야 한다.	( )

> **해설**
>
> | (1) | 저압 변류기 2차 배선의 도중에는 접속점을 만들어서는 안된다. | (○) |
> |---|---|---|
> | (2) | 저압 변류기의 2차 배선은 공사상 지장이 없는 최단 거리로 배선해야한다. | (○) |
> | (3) | 저압 변류기 2차 배선은 케이블에 직접 장력이 걸릴 우려가 있는 경우에는 적당한 방법으로 케이블을 고정하여야 한다. | (○) |
> | (4) | 계기용 저압 변류기에는 전력거래에 관련되는 계기 및 부속 기구 이외의 것을 접속하여서는 안된다. | (○) |
> | (5) | 변류기 2차 회로는 개방되지 않도록 특별히 유의해야 한다. | (○) |

배점: 5점

15 고압 및 특고압측 송전선로에서 피뢰기를 시설해야 하는 곳 4개소를 작성하시오. (단, 고압 및 특고압 전로 중 또는 이에 근접하는 곳에 피뢰기를 시설하는 경우가 아닌 곳은 제외한다.)

> **해설**
> - 발전소·변전소 또는 이에 준하는 장소의 가공전선 인입구 및 인출구
> - 특고압 가공전선로에 접속하는 배전용 변압기의 고압측 및 특고압측
> - 고압 및 특고압 가공전선로로부터 공급을 받는 수용장소의 인입구
> - 가공전선로와 지중전선로가 접속되는 곳

배점: 5점

16 전기공사의 물량 산출 시 일반적으로 다음과 같은 재료는 몇 [%]의 할증률을 계상하는지 그 할증률을 빈칸에 써 넣으시오.

종류	할증률[%]
옥외전선	①
옥내전선	②
케이블(옥외)	③
케이블(옥내)	④
전선관(옥내)	⑤

> **해설**
> ① 5
> ② 10
> ③ 3
> ④ 5
> ⑤ 10

17 1[m]의 하중 0.35[kg]인 전선을 지지점에 수평인 경간 60[m]에서 가설하여 이도를 0.7[m]로 하려면 장력[kg]은?

해설
- 계산 과정

  이도 $D = \dfrac{WS^2}{8T}$ 이므로, $T = \dfrac{WS^2}{8D} = \dfrac{0.35 \times 60^2}{8 \times 0.7} = 225 \,[\text{kg}]$

- 답 225[kg]

18 다음은 한국전기설비규정에 의한 전선의 접속 방법이다. 빈칸에 들어갈 알맞은 말을 작성하시오.

두 개 이상의 전선을 병렬로 사용하는 경우에는 다음에 의하여 시설해야 한다.
- 병렬로 사용하는 각 전선의 굵기는 구리선(①)[mm²]이상 또는 알루미늄 70[mm²]이상으로 하고, 전선은 같은 도체, 같은 재료, 같은 길이 및 같은 굵기의 것을 사용할 것.
- 같은 극의 각 전선은 동일한 (②)에 완전히 접속할 것.
- 같은 극인 각 전선의 (②)(에/는) 동일한 도체에 (③)개 이상의 리벳 또는 (③)이상의 나사로 접속할 것.
- 병렬로 사용하는 전선에는 각각에 (④)를 설치하지 말 것.
- 교류회로에서 병렬로 사용하는 전선은 금속관 안에 (⑤)이 생기지 않도록 시설할 것.

①	②	③
④	⑤	

해설

①	②	③
50	터미널러그	2
④	⑤	
퓨즈	전자적 불평형	

배점: 5점

19 한국전기설비규정에 의거하여 다음 물음에 답하시오.

(1) 등전위가 형성되도록 특고압, 고압, 저압을 통합하여 접지하는 방식의 명칭은?

(2) 통합 접지 방식에서 사람이 통상적으로 서있거나 움직일 수 있는 바닥면상의 어떤 점에서라도 보조장치의 도움 없이 손을 뻗어서 접촉이 가능한 접근구역의 동시 접근 허용 거리는 몇 [m] 이하인가?

해설
(1) 공통접지
(2) $2.5[m]$

2024년 3회 전기공사기사 기출문제

배점: 6점

01 도면과 같은 고압 또는 특고압 수전 설비의 진상 콘덴서 접속 뱅크 결선도를 보고 다음 각 물음에 답하시오.

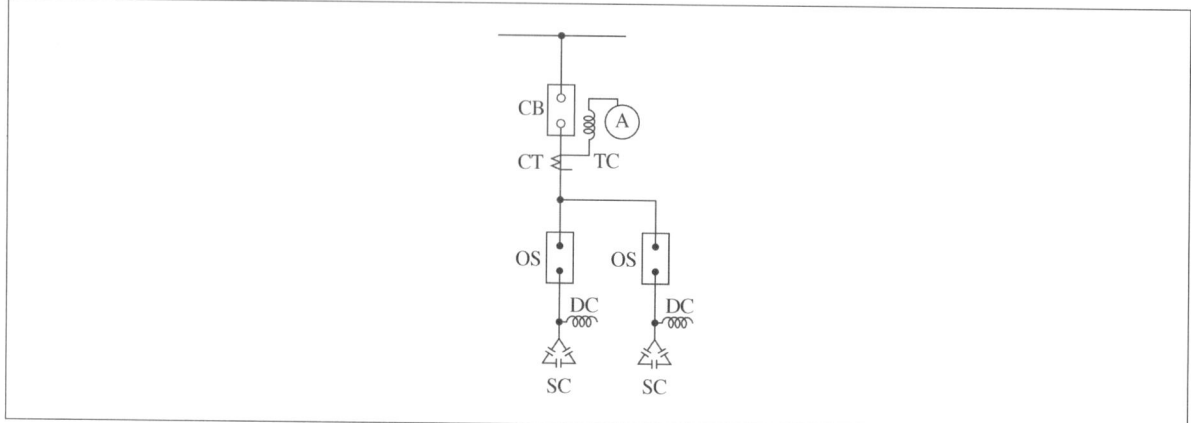

(1) 콘덴서 용량이 몇 [kVA] 초과 몇 [kVA] 이하일 때 2군으로 나눠서 시설해야 하는가?
(2) 콘덴서 용량이 100[kVA] 이하인 경우 CB 대신 사용 가능한 개폐기는 무엇인가?
(3) 콘덴서 용량이 50[kVA] 미만인 경우 사용 가능한 개폐기는 무엇인가?

해설
(1) 콘덴서 총용량이 300[kVA] 초과, 600[kVA] 이하인 경우
(2) 유입 개폐기
(3) 컷아웃 스위치

참고
진상용 콘덴서 접속도

콘덴서 총용량이 300[kVA] 이하의 경우 전류계를 생략할 때	콘덴서 총용량이 300[kVA] 초과, 600[kVA] 이하의 경우

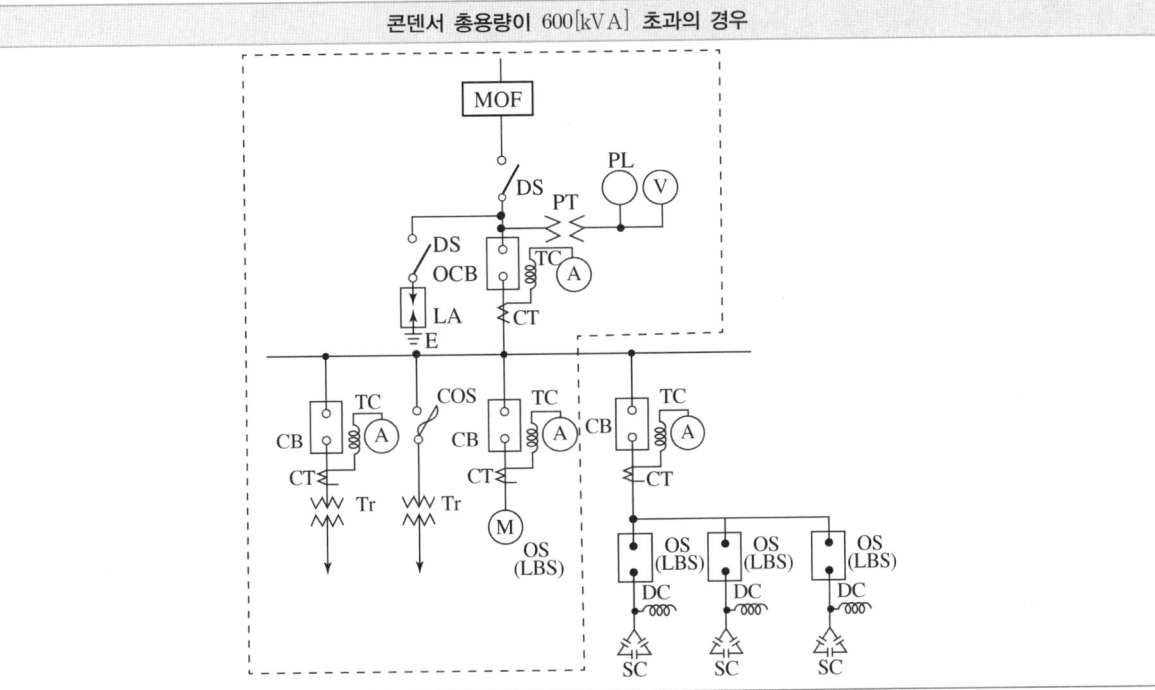

배점: 5점

02 50[kW], 30[kW], 25[kW], 25[kW] 부하 설비에 수용률이 각각 50[%], 65[%], 75[%], 60[%]로 할 경우 변압기 용량은 몇 [kVA]가 필요한지 선정하시오.(단, 부등률은 1.2 종합 부하 역률은 90[%]이다.)

변압기 용량[kVA]
30 50 75 100 150 200

해설
- 계산 과정
$$P_a = \frac{50 \times 0.5 + 30 \times 0.65 + 25 \times 0.75 + 25 \times 0.6}{1.2 \times 0.9} = 72.45[kVA]$$
- **답** 75[kVA] 선정

배점: 3점

03 전기설비의 접지 목적을 3가지만 작성하시오.

해설
- 감전방지
- 이상전압 억제
- 보호계전기의 동작확보

04 순 공사 원가가 200,000,000원 일 때, 일반관리비를 구하시오.

배점: 5점

해설

• 계산 과정
 일반 관리비= 200,000,000×0.06 = 12,000,000[원]
• **답** 12,000,000[원]

참고

일반관리비
일반관리비의 내용은 제12조와 같고 별표3에서 정한 일반관리 비율을 초과하여 계상할 수 없으며, 아래와 같이 공사규모별로 체감 적용한다.

종합 공사		전문·전기·정보통신·소방 및 기타공사	
공사 원가	일반관리 비율[%]	공사 원가	일반관리 비율[%]
50억원 미만	6.0	50억원 미만	6.0
50억원~300억원 미만	5.5	50억원~300억원 미만	5.5
300억원 이상	5.0	300억원 이상	5.0

05 변압기 1차 측 사용 탭이 6,300[V]인 경우 2차측 전압이 110[V]였다면, 2차 측 전압을 약 120[V]로 하기 위해서는 1차 측의 탭을 몇 [V]로 선택해야 하는가?(단, 주어진 정격 값에서 가장 가까운 값으로 선정하시오. 변압기 표준 정격 탭 전압[V]: 5,700[V], 6,000[V], 6,300[V], 6,600[V], 6,900[V])

배점: 5점

해설

• 계산 과정
 1차측 탭 전압 $E_1 = \dfrac{V_1}{V_2}E_2 = \dfrac{6,300}{120}\times 110 = 5,775[V]$
• **답** 5,700[V] 선정

06 대지저항률이 $\rho[\Omega \cdot m]$인 균등한 지표면에서 반지름 $r[m]$인 반구 접지전극을 매설하였을 때, 접지 저항이 $R = \dfrac{\rho}{2\pi r}[\Omega]$임을 유도하시오.

배점: 5점

해설

반구의 정전용량 $C = 2\pi\varepsilon r[F]$이다.
$RC = \rho\varepsilon$ 이므로 $R = \dfrac{\rho\varepsilon}{C} = \dfrac{\rho\varepsilon}{2\pi\varepsilon r} = \dfrac{\rho}{2\pi r}[\Omega]$이다.

07 통합접지공사를 한 경우는 과전압으로부터 전기설비들을 보호하기 위해 서지보호장치(SPD)를 설치하여야 한다. 다음 각 물음에 답하시오.

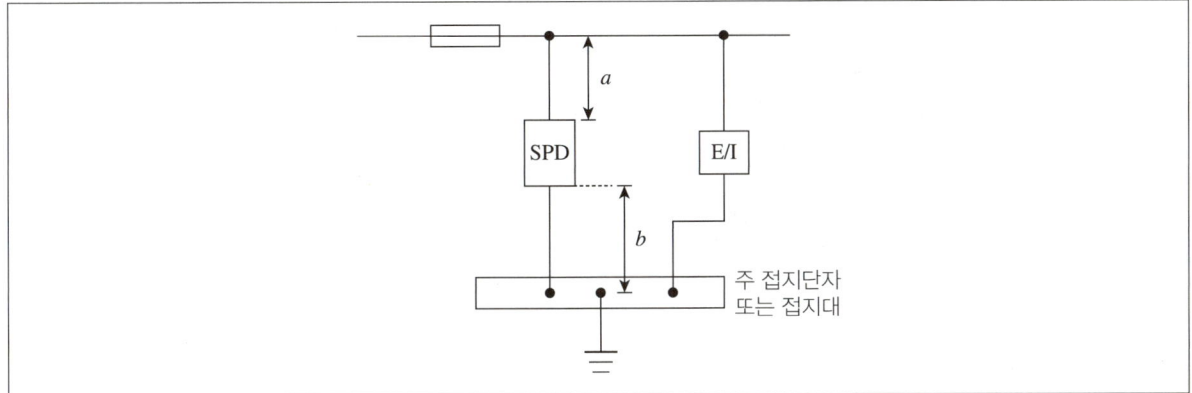

(1) 위 그림에서 $a+b$ 최대 길이는 몇 [m] 이하여야 하는가?
(2) SPD I등급, II등급의 최소 구리 굵기 [mm²]를 작성하시오.(단, 재질은 구리이다.)
  • SPD I등급:
  • SPD II등급:

해설
(1) 0.5[m]
(2) • SPD I등급: 16[mm²]
    • SPD II등급: 6[mm²]

08 변압기 보호를 위해 사용되는 보호 장치 4가지를 작성하시오.

해설
• 비율차동 계전기
• 과전류 계전기
• 브흐홀쯔 계전기
• 충격 압력 계전기

배점: 5점

09 다음 동작 사항을 읽고 미완성 시퀀스도를 완성하시오.

[접속점 표기 방식]

접속	비접속
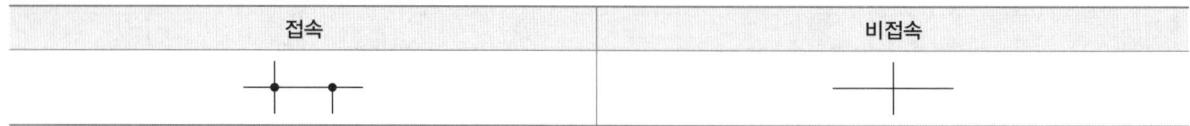	

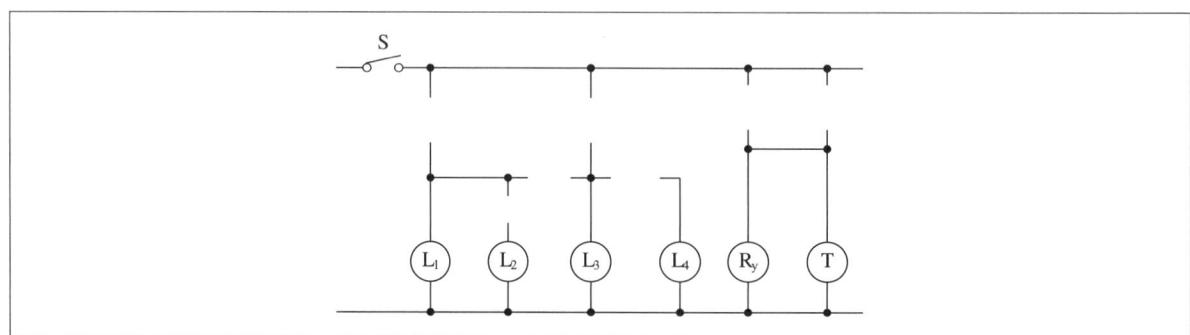

[동작 사항]
1. S를 on 하게되면 L_3가 점등되고 L_1, L_2, L_4가 소등된다.
2. S를 on 하고 PB를 누르면 R_y, T가 동시에 여자되고 동시에 L_1, L_2가 켜지며 L_3가 소등된다. t초 후에는 L_2는 소등되고 L_3, L_4가 점등된다. 이때, L_1은 계속 점등되어 있다.
3. S를 off하면 전부 소등된다.

해설

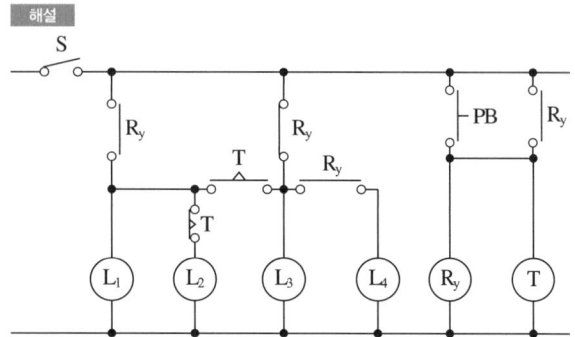

배점: 4점

10 다음은 피뢰기의 특성에 대한 설명이다. 빈칸에 알맞은 용어를 쓰시오.

> 피뢰기의 구비조건에서 이상전압 침입 시 신속하게 (①)하는 특성이 있어야 하고, 이상전류 통전 시 피뢰기의 단자전압을 나타내는 (②)은(는) 일정 전압 이하로 억제할 수 있어야 한다.

해설
① 방전
② 제한전압

배점: 7점

11 다음 도면은 전등 및 콘센트의 평면 배선도이다. 도면을 보고 ①~⑦번까지 접지도체를 포함하여 최소 전선(가닥)수를 표시하시오.(표시 예: 접지도체를 포함하여 3가닥인 경우 → ──///──)

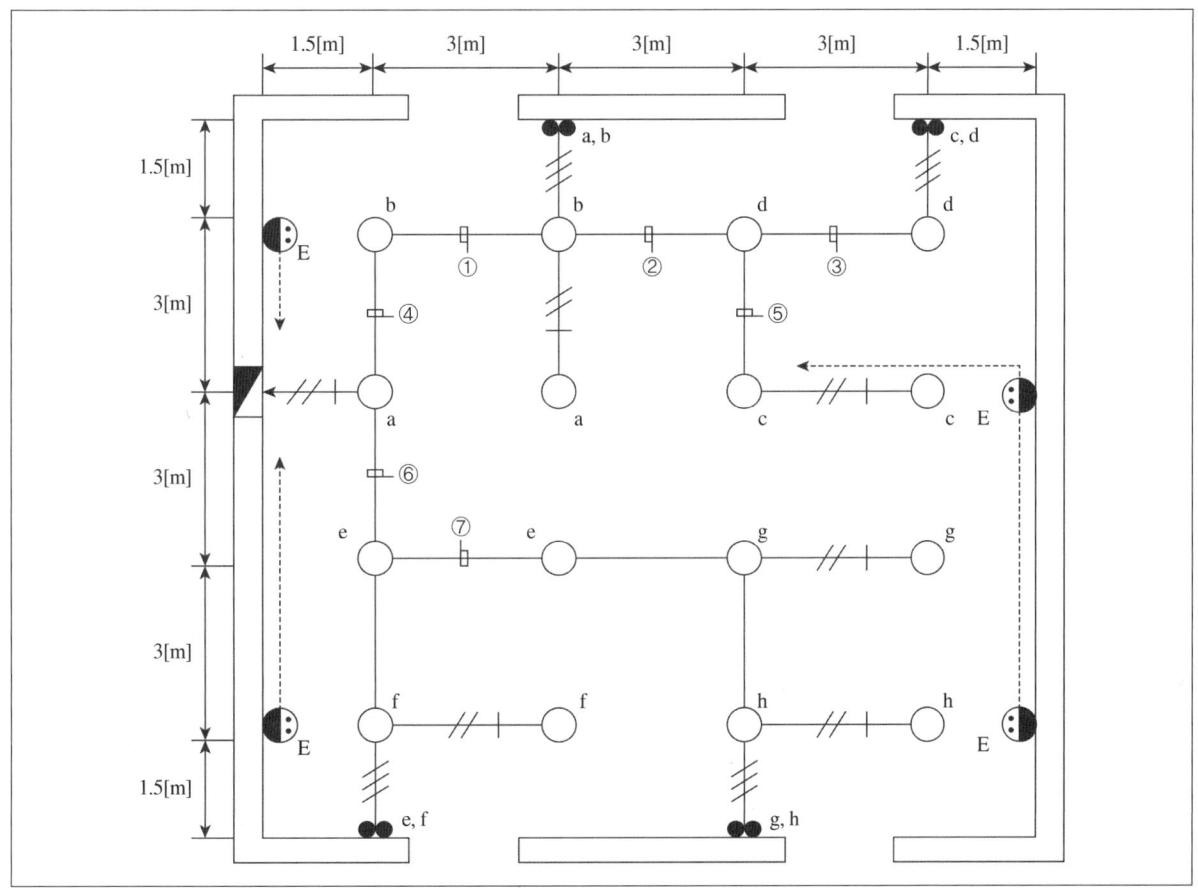

[범례 및 주기]

기구	기구명칭
○	LED 15[W]
◐E	매입 콘센트(2P 15[A] 250[V])
●	매입 텀블러 스위치(15[A] 250[V])

전선기호	전선 및 합성수지관
-----	HFIX 4sq×2, (E) 4sq (22C)
—//—┤—	HFIX 2.5sq×2, (E) 2.5sq (16C)
—///—	HFIX 2.5sq×3 (16C)
—///—┤—	HFIX 2.5sq×3, (E) 2.5sq (16C)
—//—	HFIX 2.5sq×2 (16C)

①	②	③	④	⑤	⑥	⑦

해설

①	②	③	④	⑤	⑥	⑦
—////—┤—	—//—┤—	—////—┤—	—///—┤—	—//—┤—	—//—┤—	—///—┤—

참고

① L1, L2, S/W a, S/W b, E → 5가닥
② L1, L2, E → 3가닥
③ L1, L2, S/W c, S/W d, E → 5가닥
④ L1, L2, S/W a, E → 4가닥
⑤ L2, S/W c, E → 3가닥
⑥ L1, L2, E → 3가닥
⑦ L1, L2, S/W e, E → 4가닥

배점: 5점

12 비상용 조명부하 110[V]용 100[W] 58[등], 60[W] 50[등]이 있다. 방전시간 30분, 축전지 HS형 54[cell], 허용최저전압 100[V], 최저 축전지 온도 5[℃]일 때, 축전지 용량은 몇 [Ah]인가?(단, 경년용량 저하율 0.8, 용량환산 시간 $K=1.2$이다.)

해설

• 계산 과정

$$I = \frac{100 \times 58 + 60 \times 50}{110} = 80[A]$$

축전지 용량 $C = \frac{1}{L}KI = \frac{1}{0.8} \times 1.2 \times 80 = 120[Ah]$

• 답 120[Ah]

배점: 6점

13 아래와 같은 단상 3선식 회로에서 I_0 전류와 I_1 전류는 각각 몇[A]인지 계산하시오.(단, 지락전류는 1[A]이다.)

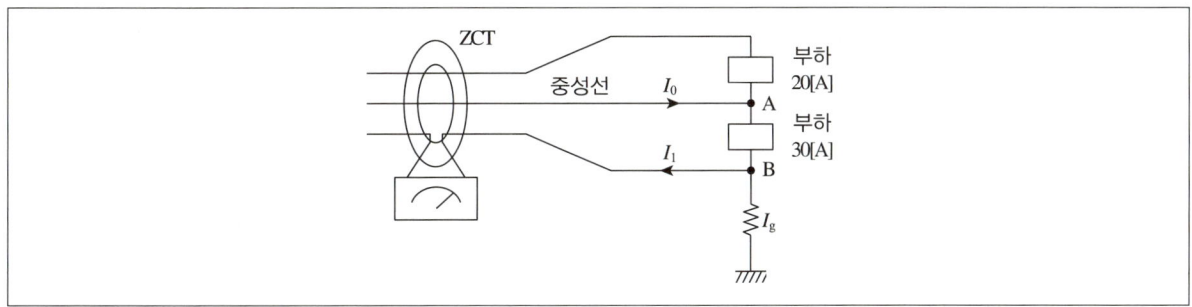

해설

- 계산 과정
  A점에서 KCL 적용 시: $20 + I_0 = 30[A] \rightarrow I_0 = 30 - 20 = 10[A]$
  B점에서 KCL 적용 시: $30 = I_1 + I_g \rightarrow I_1 = 30 - I_g = 30 - 1 = 29[A]$
- **답** $I_0 = 10[A]$, $I_1 = 29[A]$

배점: 5점

14 22.9[kV] 3상 4선식으로 수전하며 수전용량이 700[kVA]라고 할 때, 이 인입구에 MOF를 시설하는 경우 MOF의 적당한 변류비를 산출하여 표준규격으로 산정하시오.(단, 변류비는 정격 1차 전류를 구하여, 1.5배의 값으로 변류비를 적용한다.)

변류비	10/5, 20/5, 30/5, 40/5, 50/5

해설

- 계산 과정
  $I_1 = \dfrac{700 \times 10^3}{\sqrt{3} \times 22,900} \times 1.5 = 26.47[A]$
- **답** 30/5 선정

15 한국전기설비규정(KEC)에 의하여 아래 빈칸을 작성하시오.

배점: 4점

> 저압 가공전선 또는 고압 가공전선이 교류 전차선 등과 교차하는 경우에 저압 가공전선 또는 고압 가공전선이 교류 전차선 등의 위에 시설되는 때에는 다음에 따라야 한다.
> 가공전선로의 경간은 지지물로 목주·A종 철주 또는 A종 철근 콘크리트주를 사용하는 경우에는 (①) 이하, B종 철주 또는 B종 철근 콘크리트주를 사용하는 경우에는 (②)[m] 이하일 것.

지지물의 종류	경간
A종 철주 또는 A종 철근 콘크리트 주	(①)[m]
B종 철주 또는 B종 철근 콘크리트 주	(②)[m]

해설
① 60
② 120

---

16 다음 빈칸에 들어갈 알맞은 말을 적으시오.

배점: 4점

> 오실로스코프 B-H 곡선에서 수평 편광판은 (①)에 비례한 전압이 나오고, 수직 편광판에서는 (②)에 비례한 전압이 나타난다.

해설
① 자계의 세기 H
② 자속 밀도 B

17 다음 그림은 경완철에서 현수 애자를 설치하는 순서이다. [보기]에서 명칭을 골라 번호 옆에 쓰시오.

배점: 6점

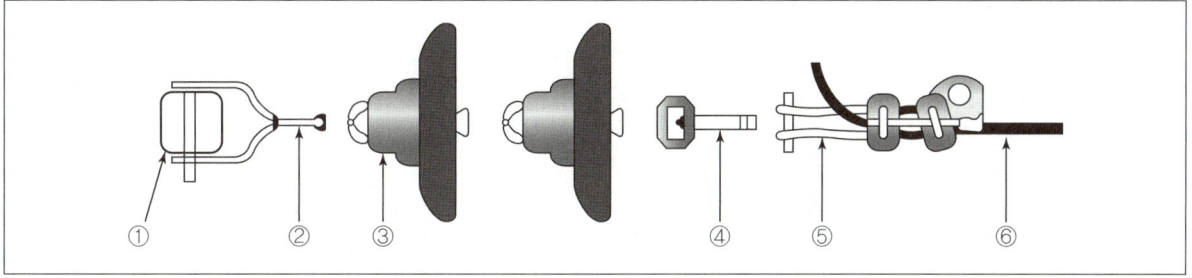

보기
- ㉠ 경완철
- ㉡ 현수 애자
- ㉢ 소켓아이
- ㉣ 볼쇄클
- ㉤ 데드엔드 클램프
- ㉥ 전선

해설
- ① → ㉠
- ② → ㉣
- ③ → ㉡
- ④ → ㉢
- ⑤ → ㉤
- ⑥ → ㉥

18 한국전기설비규정(KEC)에 의거하여 다음 물음에 답하시오.

(1) 적절한 전류 분배를 할 수 없거나 4가닥 이상의 도체를 병렬로 접속하는 경우 무엇의 사용을 고려해야 하는지 작성하시오.

(2) 금속관 내에 사용하는 전선의 시설 예시이다. 올바른 방법을 고르시오.

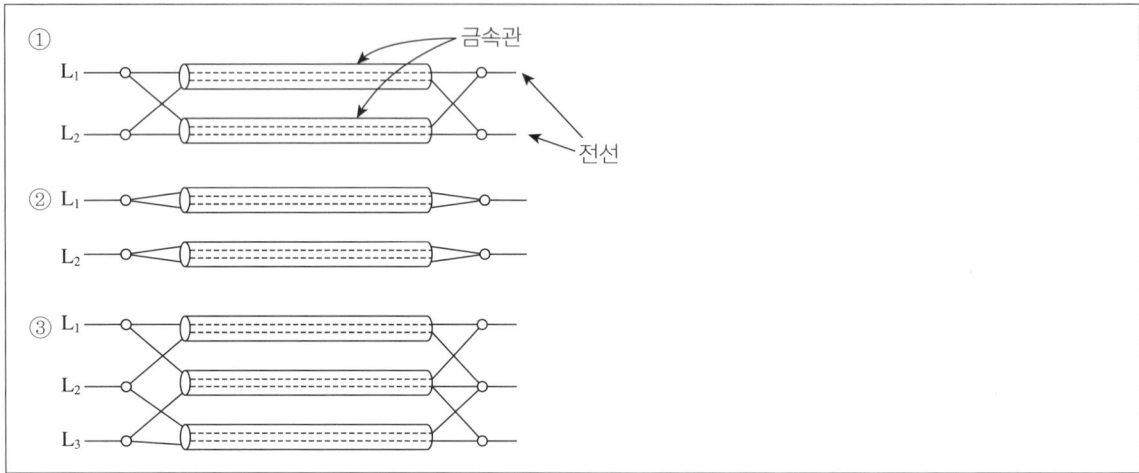

(3) 3상 3선식 2회선 병렬 단심케이블의 특수배치이다. 동그라미 안에 L_1, L_2, L_3를 채워 넣으시오.

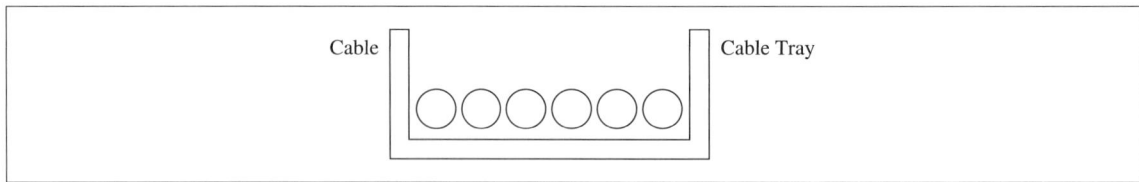

해설

(1) 버스바 트렁킹 시스템
(2) ①
(3)
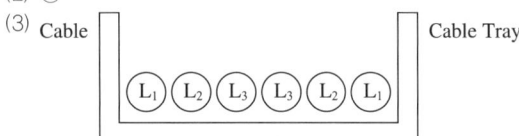

참고

동상다조 포설을 이용한 특수배치의 예

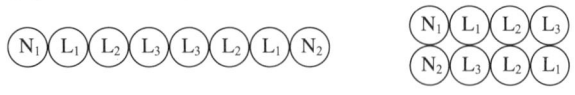

3상 2회선 병렬 단심케이블의 특수배치-수평   3상 2회선 병렬 단심케이블의 특수배치-수평케이블 서로간의 상위에 특수배치

동상다조 포설: 대용량의 전류를 보내기 위해 굵은 케이블을 사용해야 하는 상황에서 여건이 충족되지 않을 때 가는 케이블을 여러가닥 사용해서 굵은 케이블을 사용하는 것과 같은 효과를 거둘 수 있는 것을 말함.

배점: 5점

19 다음 그림은 등전위본딩의 기본 구성도이다. ①~④에 들어갈 알맞은 명칭을 쓰시오.

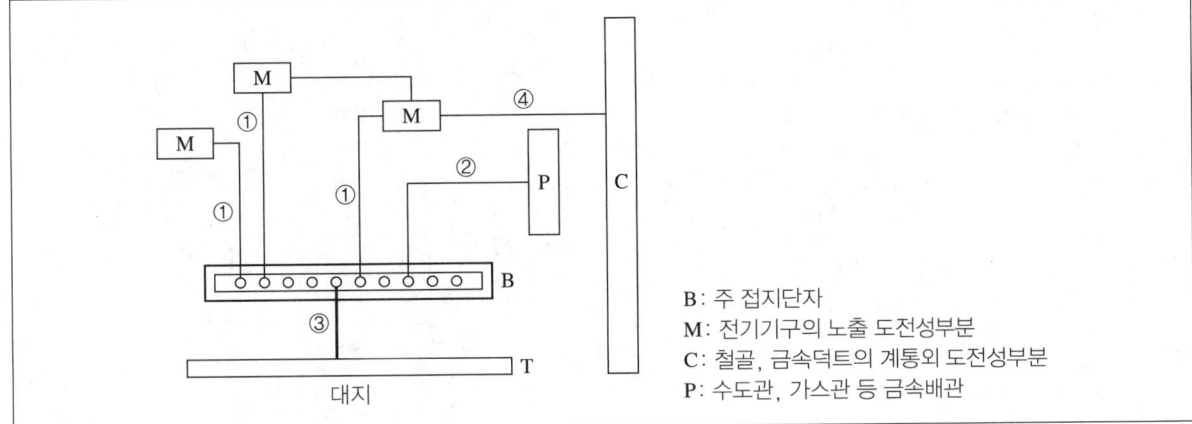

해설
① 보호도체
② 보호등전위본딩 도체
③ 접지도체
④ 보조 보호등전위본딩 도체

2023
전기공사기사 실기

1회 기출문제
2회 기출문제
4회 기출문제

확실한 합격대비, 회차별 학습전략!

회차	학습전략	합격률
1회	과년도 기출에서 많은 문제가 출제되어 합격률이 높았습니다. 견적 문제 또한 복잡하지 않았으며, 계산 문제도 공칭단면적등의 간단한 문제가 출제되어 쉽게 합격을 노려볼 수 있습니다.	79.40%
2회	지엽적인 부분에서 단답형 문제가 다수 출제되어 난이도가 상당히 높았습니다. 계산문제에서 전혀 실수를 하지 않아야 합격할 수 있는 어려운 회차입니다.	14.10%
4회	기본 공식만 적용해도 해결할 수 있는 문제가 다수 출제되었습니다. 과년도 기출과 빈출 단답형 문제를 확실히 학습했다면 합격을 기대할 수 있는 회차입니다.	72.70%

학습 효과를 높이는 7개년 3회독 시스템

챕터별 전체 1회독이 끝났다면 회독 체크표에 날짜를 기입하고 체크표시를 해주세요.

회독 체크표	☐ 1회독	월 일	☐ 2회독	월 일	☐ 3회독	월 일

2023년 1회 전기공사기사 기출문제

배점: 6점

01 활선작업을 할 때 필요한 사항으로 다음 각 물음에 대하여 답하시오.
(1) 활선 장구의 종류 5가지를 쓰시오.
(2) 충전되어 있는 활선을 움직이거나 작업권 밖으로 밀어낼 때 사용되는 절연봉을 다른 말로 무엇이라고 하는가?

해설
(1) 고무브랑켓트, 그립올 크램프 스틱, 와이어 통, 절연고무장화, 활선용 피박기
(2) 와이어 통(wire tong)

배점: 4점

02 송배전 선로에서 전선의 장력을 2배로 하고 또 경간을 2배로 하면 전선의 이도는 처음의 몇 배가 되는가?

해설
• 계산 과정:
처음의 이도 $D = \dfrac{WS^2}{8T}$

이도 $D' = \dfrac{W(S')^2}{8T'} = \dfrac{W(2S)^2}{8 \times 2T} = 2\dfrac{WS^2}{8T} = 2D$ 이므로 이도 D'는 처음의 2배가 된다.

• 답 2배

배점: 5점

03 다음 그림과 같은 계통에서 단로기 DS_3를 통하여 부하에 전원을 공급하고 차단기를 점검하고자 할 때 다음의 물음에 답하시오.(단, 평상시에 DS_3는 열려 있는 상태이다.)

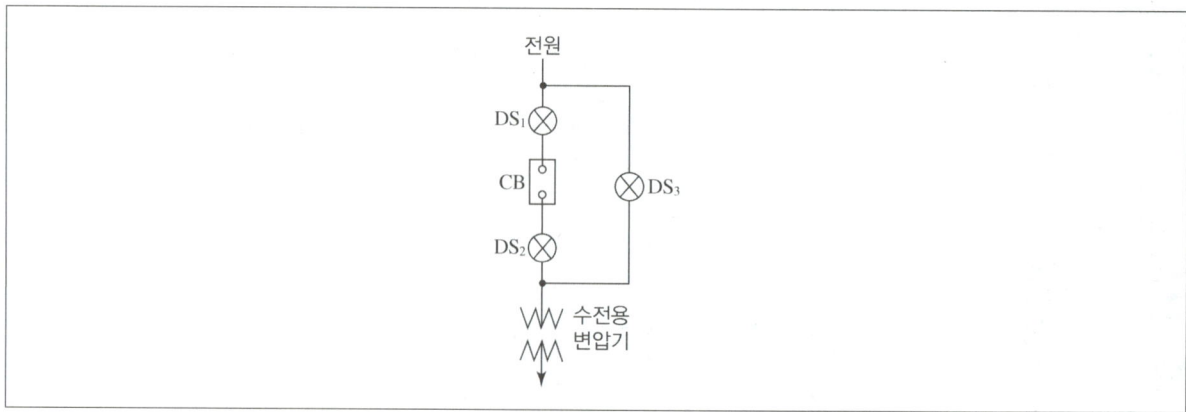

(1) 차단기 점검을 하기 위한 조작 순서를 쓰시오.
(2) 차단기 점검 완료 후 복구시킬 때의 조작 순서를 쓰시오.

해설

(1) $DS_3(ON) \rightarrow CB(OFF) \rightarrow DS_2(OFF) \rightarrow DS_1(OFF)$
(2) $DS_2(ON) \rightarrow DS_1(ON) \rightarrow CB(ON) \rightarrow DS_3(OFF)$

배점: 6점

04 지중전선로 공사를 하기 위하여 그림과 같이 줄기초 터파기를 하려고 한다. 다음 물음에 답하시오.(단, 지중전선로 길이는 $80[m]$이며, 되메우기 및 잔토처리는 계산하지 않는다. 인부는 $1[m^3]$당 0.2인으로 하고 보통토사를 기준으로 하며 해당되는 노임은 $80,000$원이다.)

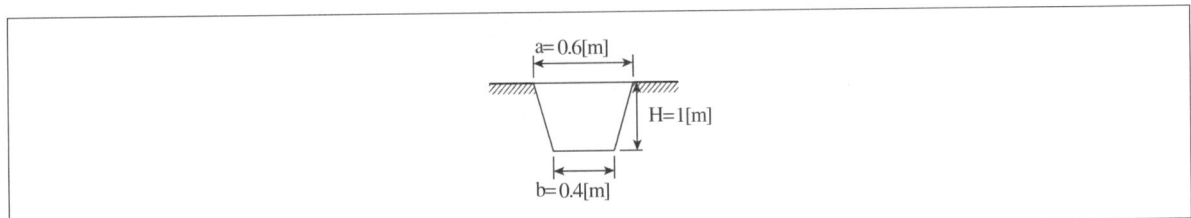

(1) 기초터파기량은 얼마인가?
(2) 인부는 몇 인이 필요한가?
(3) 노임은 얼마인가?

해설

(1) • 계산 과정: 기초터파기량 $= \dfrac{(0.4+0.6) \times 1}{2} \times 80 = 40[m^3]$
 • 답 $40[m^3]$
(2) • 계산 과정: 인부 $= 40 \times 0.2 = 8[인]$
 • 답 $8[인]$
(3) • 계산 과정: 노임 $= 8 \times 80,000 = 640,000[원]$
 • 답 $640,000[원]$

참고

(1)
줄기초 터파기량 $V = \dfrac{a+b}{2} \times h \times 매설거리 [m^3]$
(단, a: 밑변$[m]$, b: 윗변$[m]$, h: 높이$[m]$)

05 3상 3선식 380[V]로 수전하는 수용가의 부하전력이 75[kW], 부하역률이 85[%], 구내배전선의 긍장이 200[m]이며, 배선에서 전압강하를 6[V]까지 허용하는 경우 구내배선의 굵기를 구하시오.(단, 이때 배선의 굵기는 전선의 공칭단면적으로 표시하시오.)

배점: 5점

전선의 공칭단면적[mm²]				
95	120	150	185	240

해설

- 계산 과정:

전선의 공칭단면적 $A = \dfrac{30.8LI}{1,000e} = \dfrac{30.8 \times 200 \times \dfrac{75 \times 10^3}{\sqrt{3} \times 380 \times 0.85}}{1,000 \times 6} = 137.63[mm^2]$ 이므로 150[mm²]을 선정한다.

- [답] 150[mm²]

참고

배전방식	전선의 단면적[mm²]
단상 2선식	$A = \dfrac{35.6LI}{1,000e}$
단상 3선식 3상 4선식	$A = \dfrac{17.8LI}{1,000e}$
3상 3선식	$A = \dfrac{30.8LI}{1,000e}$

배점: 5점

06 공구손료는 3[%], 간접노무비 15[%]로 보고 한다. 어느 건물내의 접지공사용 공량이 다음과 같다. 이 때 내선전공 노임, 보통인부 노임, 직접노무비 소계, 간접노무비, 공구손료를 구하시오.(단, 노임단가 내선 전공은 145,901[원], 보통인부 84,166[원]이다. 인공을 산출한 후 이를 합계하여 노임단가를 적용하여 원 단위 소수점 이하는 버린다.)

[접지공사용 공량]
- 접지봉(2[m], 15개(1개소에 1개씩 설치))
- 접지선 매설 35[mm²], 300[m]
- 후강 전선관 28[mm], 250[m](콘크리트 매입)

[표 1] 접지공사

구분	단위	내선전공	보통인부

접지봉(지하 0.75[m] 기준)
길이 1~2[m]×1본
      2본 연결
      3본 연결
	개소	0.11
		0.16
		0.24
			0.08
			0.13
			0.20

접지선 매설			
10[mm²] 이하	[m]	0.006	
38[mm²] 이하		0.007	
95[mm²] 이하		0.008	
150[mm²] 이하		0.011	
150[mm²] 초과		0.014	
접지시험 단자함	개	0.66	

① 콘크리트 매입 기준
② 접지선 연결, 접지저항 측정 포함
③ 철거 30[%], 재사용 철거 50[%]

[표 2] 전선관 배관

합성수지 전선관		후강 전선관	
규격	내선 전공	규격	내선 전공
16[mm] 이하	0.05	16[mm] 이하	0.08
22[mm] 이하	0.06	22[mm] 이하	0.11
28[mm] 이하	0.08	28[mm] 이하	0.14
36[mm] 이하	0.10	36[mm] 이하	0.20

① 콘크리트 매입 기준
② 천장 속, 마루 밑 공사 130[%]
③ 철거 30[%], 재사용 철거 40[%]

(1) 내선전공 노임
(2) 보통인부 노임
(3) 직접노무비 소계
(4) 간접노무비
(5) 공구손료

해설

(1) • 계산 과정:
   내선전공 $= (15 \times 0.11 + 300 \times 0.007 + 250 \times 0.14) \times 145{,}901 = 5{,}653{,}663$[원]
   • 답 $5{,}653{,}663$[원]

(2) • 계산 과정:
   보통인부 $= (15 \times 0.08) \times 84{,}166 = 100{,}999$[원]
   • 답 $100{,}999$[원]

(3) • 계산 과정
   직접노무비 $= 5{,}653{,}663 + 100{,}999 = 5{,}754{,}662$[원]
   • 답 $5{,}754{,}662$[원]

(4) • 계산 과정:
   간접노무비 $= 5{,}754{,}662 \times 0.15 = 863{,}199$[원]
   • 답 $863{,}199$[원]

(5) • 계산 과정
   공구손료 $= 5{,}754{,}662 \times 0.03 = 172{,}639$[원]
   • 답 $172{,}639$[원]

07 서지 흡수기(Surge Absorbor)의 용도와 설치 위치에 대해 쓰시오.

(1) 용도
(2) 설치 위치

> **해설**
> (1) 용도: 개폐 서지 등의 이상 전압으로부터 변압기 등의 기기 보호
> (2) 설치 위치: 개폐 서지를 발생하는 차단기 후단과 부하 측 사이

> **참고**
> 서지 흡수기는 피뢰기와 같은 구조와 특성을 지니고 있다. 구내 선로에서 발생할 수 있는 개폐 서지, 순간 과도 전압 등 이상 전압이 2차 기기에 악영향을 주는 것을 막기 위해 서지 흡수기를 시설한다.

배점: 6점

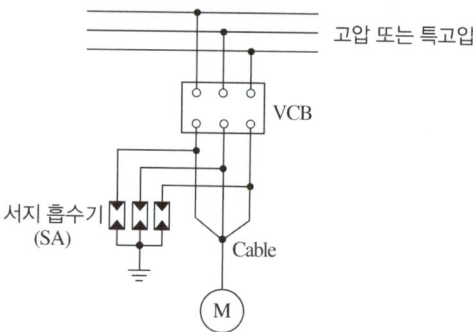

배점: 3점

08 피뢰기의 구비 조건을 3가지만 쓰시오.

> **해설**
> • 충격 방전 개시 전압이 낮을 것
> • 상용 주파 방전 개시 전압이 높을 것
> • 제한 전압이 낮을 것

> **참고**
> 이 외에도 피뢰기 구비 조건은 다음과 같다.
> • 속류 차단 능력이 클 것
> • 방전 내량이 클 것

배점: 4점

09 단상변압기의 병렬 운전 조건을 4가지 쓰고 이들 조건이 맞지 않는 변압기를 병렬 운전하였을 때 변압기에 미치는 영향에 대해 설명하시오.

(1) 병렬 운전 조건 4가지
(2) 조건이 맞지 않는 변압기를 병렬운전하였을 때 변압기에 미치는 영향

해설

(1) • 변압기의 권수비 및 1차, 2차 정격 전압이 같을 것
   • 변압기의 극성이 같을 것
   • 변압기의 %임피던스 강하가 같을 것
   • 변압기의 저항과 누설 리액턴스 비가 같을 것
(2) 순환 전류가 흘러 변압기와 2차권선이 과열 또는 소손될 수 있으며 위상차가 생겨 동손이 증가한다. 또한 부하분담의 불균형이 발생한다.

참고

3상 변압기의 병렬 운전 조건은 단상 변압기의 병렬 운전 조건 외에도 다음의 조건을 만족해야 한다.
• 상회전 방향이 같아야 한다.
• 위상 변위가 같아야 한다.

배점: 3점

10 계전기별 기구번호의 제어약호 중 87T의 명칭을 쓰시오.

해설

주변압기 차동 계전기

참고

• 87T: 주변압기 차동 계전기
• 87G: 발전기용 차동 계전기
• 87B: 모선보호 차동 계전기

배점: 3점

11 한국전기설비규정에 의한 금속관 공사 시설에 관한 조건이다. 빈칸에 알맞은 내용을 쓰시오.

• 전선은 연선을 사용
  – 단면적 (①)[mm^2](알루미늄선은 16[mm^2])이하인 것은 단선을 사용
  – 짧고 가는 금속관에 넣은 것
• 전선관의 두께는 콘크리트에 매입하는 것은 (②)[mm] 이상이며, 그 이외의 경우는 (③)[mm] 이상. 단, 이음매가 없는 길이 4[m] 이하인 것을 건조하고 전개된 곳에 시설하는 경우에는 0.5[m]까지로 감할 수 있다.

①	②	③

해설

①	②	③
10	1.2	1.0

12 345[kV] 철탑 송전선로가 있다. 룰링스펜(Ruling Span)을 간단히 설명하시오.

배점: 5점

해설
기하학적 등가 경간장 또는 내장주와 내장주 사이

13 다음 그림은 장주를 배열에 따라 구분한 것이다. 각 장주의 명칭을 쓰시오.

배점: 5점

(1) 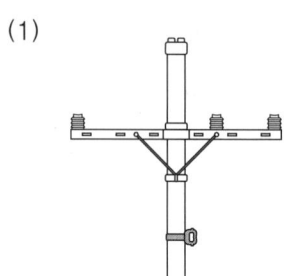　(2) 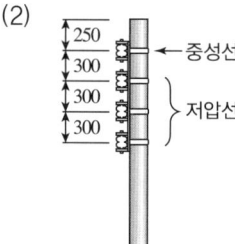　(3)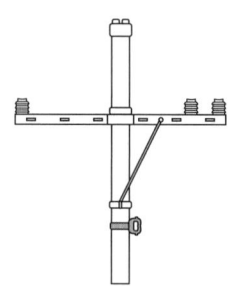

(4) 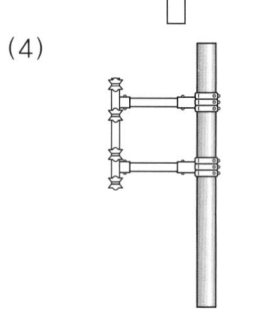　(5)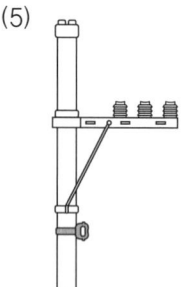

해설
(1) 보통 장주
(2) 래크 장주
(3) 창출 장주
(4) 편출용 D형 래크 장주
(5) 편출 장주

배점: 8점

14 그림은 3상 4선식 중성점 다중접지방식의 $22.9[kV-Y]$ 배전선로에서 수전하기 위한 단선결선도이다. 다음 물음에 답하시오.

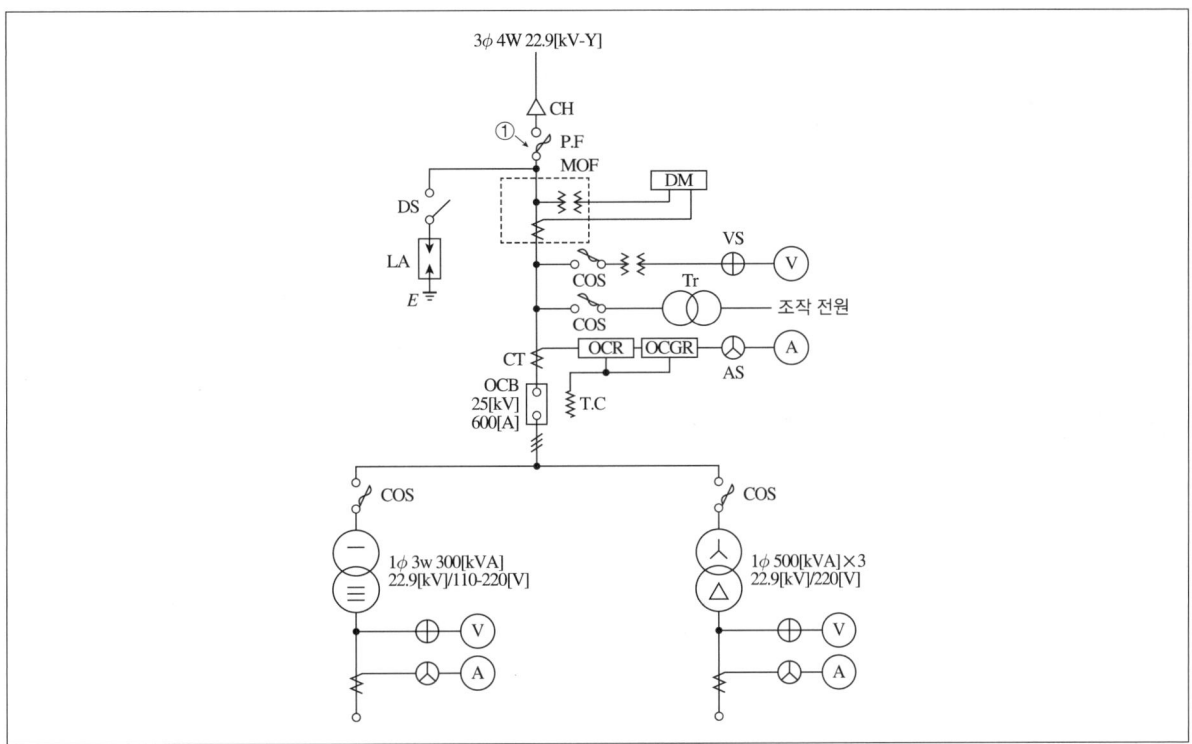

(1) 지중인입선의 경우 $22.9[kV-Y]$ 계통은 어떤 케이블을 사용하는가?
(2) MOF에서 규격이 $13.2[kV]/110[V]$, $75/5[A]$일 때 전기공급규정에 의거 0.2급, 0.5급, 1.2급 중에 어떤 급을 사용하는가?
(3) OCB의 명칭은?
(4) OCGR의 명칭은?
(5) DS의 명칭은?
(6) COS의 명칭은?
(7) TC의 명칭은?
(8) ①의 PF의 퓨즈를 변압기 전부하 전류의 2배로 선정한다면 퓨즈의 용량[A]은?(단, 퓨즈 정격: 40, 100, 125, 150, 200, 250[A]이다.)

> **해설**
>
> (1) CNCV-W 케이블(수밀형) 또는 TR CNCV-W(트리억제형)
> (2) 0.5급
> (3) 유입차단기
> (4) 지락 과전류 계전기
> (5) 단로기
> (6) 컷아웃스위치
> (7) 트립코일
> (8) • 계산 과정: $I = \left(\dfrac{300}{22.9} + \dfrac{500 \times 3}{\sqrt{3} \times 22.9}\right) \times 2 = 101.84[A]$ 이므로 125[A] 선정
>   • 답 125[A] 선정

배점: 6점

15 건축물의 조명을 설계할 때 눈부심(glare)의 방지대책 6가지를 쓰시오.

> **해설**
>
> • 휘도가 낮은 광원(형광등) 사용
> • 보호각 조절
> • 광원 주위를 밝게 한다.
> • 간접 조명, 반간접 조명 방식 채택
> • 국부 조명을 피하고 전반조명으로 설계
> • 건축화 조명방식 채택
>
> **참고**
>
> 위의 대책 외에도 다음과 같은 방법이 있다.
> • 기구의 설치위치, 조명각도 등을 적절하게 한다.

배점: 5점

16 동일 변전소로부터 인출되는 2회선 이상의 고압배전선에 접속되는 변압기 2차측을 모두 동일 저압선에 연계하는 공급방식으로 1차 측 배전선 또는 변압기에 고장이 발생해도 다른 건전설비에 의하여 무정전 전원공급이 가능하고 공급신뢰도가 높은 배전방식을 적으시오.

> **해설**
>
> 스폿 네트워크 배전방식

배점: 6점

17 다음 심벌의 명칭을 작성하시오.

(1) ⊘G (2) ☐S

(3) ▪️ (4) ◁

(5) TS (6) ➚

> **해설**
> (1) 누전 경보기   (2) 연기 감지기   (3) 누름 버튼 스위치
> (4) 스피커   (5) 타임 스위치   (6) 조광기

배점: 6점

18 그림은 벽부등에 관한 그림이다. 그림을 보고 다음 물음에 답하시오.

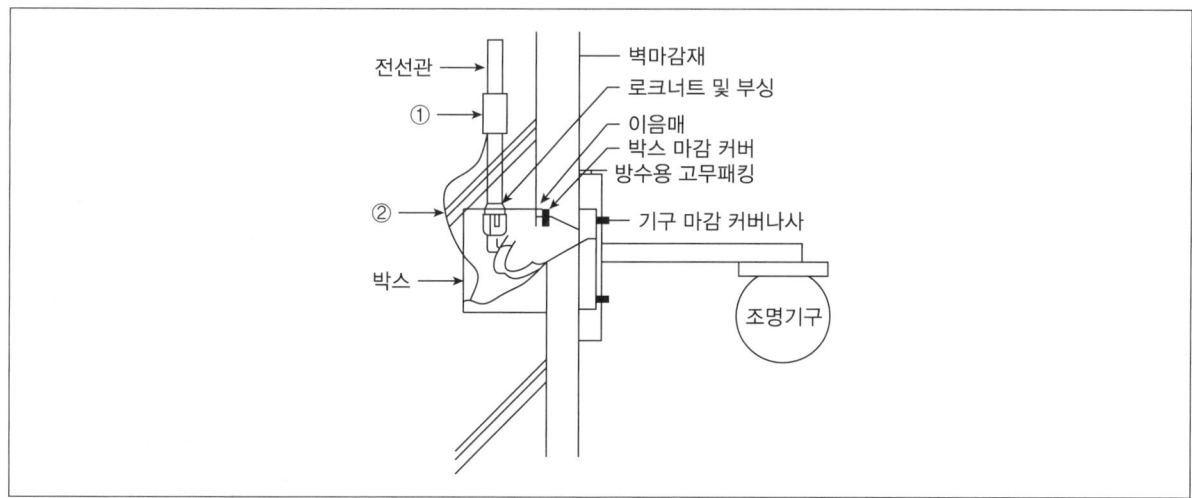

(1) 그림에서 ①로 표시된 명칭은 무엇인가?
(2) 그림에서 ②로 표시된 명칭은 무엇인가?
(3) 박스로의 배관은 상부, 하부 중 어디서부터 배관을 하는지 쓰시오.

> **해설**
> (1) 접지 클램프
> (2) 본딩선(또는 접지도체)
> (3) 상부

19 비상용 조명부하 40[W] 120등, 60[W] 50등이 있다. 방전시간 30분, 축전지 HS형 54셀, 허용최저전압 92[V], 최저 축전지 온도 5[℃]일 때 주어진 표를 이용하여 축전지 용량을 계산하시오.(단, 전압은 100[V], 경년용량 저하율은 0.8이다.)

배점: 5점

연축전지의 용량 환산 시간 계수 K(900[Ah] 이하)

형식	최저 온도[℃]	10분			30분		
		1.6[V]	1.7[V]	1.8[V]	1.6[V]	1.7[V]	1.8[V]
HS	25	0.58	0.7	0.93	1.03	1.14	1.38
	5	0.62	0.74	1.05	1.11	1.22	1.54
	−5	0.68	0.82	1.15	1.2	1.35	1.68

해설

· 계산 과정:

$$V = \frac{92}{54} = 1.7[V], \quad I = \frac{(40 \times 120) + (60 \times 50)}{100} = 78[A]$$

$$C = \frac{1}{L}KI = \frac{1}{0.8} \times 1.22 \times 78 = 118.95[Ah]$$

· **답** 118.95[Ah]

참고

축전지 용량 $C = \frac{1}{L}KI[Ah]$

(단, L: 보수율, K: 용량 환산 시간 계수, I: 방전 전류[A])

배점: 4점

20 다음 ( )에 알맞은 내용을 작성하시오.

전력계통의 전압은 중부하 시 감소하고 경부하 시 증가하며, 계통전압의 변동으로 인해 피뢰기 열화와는 관계없이 누설전류의 변화가 발생할 수 있다. 그러므로 피뢰설비가 설치되는 전원계통에서의 전원전압 변동에 따른 누설전류의 변화 특성을 정확히 평가해야하며, 이에 대한 영향을 보정해주어야 전원전압 변동에 따른 오차의 원인을 해결할 수 있다. 이를 위해 피뢰기 양단의 전압은 용량성 (①), 피뢰기의 누설전류는 (②)를 이용하여 측정할 수 있다.

해설

① 분압기
② 영상변류기

2023년 2회 전기공사기사 기출문제

배점: 4점

01 변전소 또는 이에 준하는 곳(전기철도용 변전소 제외)에는 다음의 사항을 계측하는 장치를 시설하여야 한다. 다음 괄호 안에 알맞은 내용을 쓰시오.

- 주요 변압기의 (①) 및 (②) 또는 (③)
- 특고압용 변압기의 (④)

해설
① 전압 ② 전류 ③ 전력 ④ 온도

참고
KEC 351.6 계측장치
변전소 또는 이에 준하는 곳에는 다음의 사항을 계측하는 장치를 시설해야 한다.
다만, 전기철도용 변전소는 주요 변압기의 전압을 계측하는 장치를 시설하지 아니할 수 있다.
가. 주요 변압기의 전압 및 전류 또는 전력
나. 특고압용 변압기의 온도

배점: 5점

02 아래에 나열된 것들은 송전선로 공사에 대한 작업의 내용이다. 올바른 순서로 나열하시오.

① 연선 ② 타설 ③ 굴착 ④ 각입 ⑤ 긴선 ⑥ 조립

해설
③ 굴착 → ④ 각입 → ② 타설 → ⑥ 조립 → ① 연선 → ⑤ 긴선

배점: 5점

03 주택용 누전차단기의 정격 감도 전류 3가지를 쓰시오. (단위를 반드시 작성하시오.)

해설
15[mA], 30[mA], 50[mA]

참고
KS C 4621 주택용 누전 차단기 정격 감도 전류
6, 10, 15, 30, 50, 100, 200, 300, 500[mA]

배점: 6점

04 KS C 0301에 따른 옥내배선용 다음 그림 기호에 명칭을 쓰시오.

기호	명칭	기호	명칭	기호	명칭
 ⬚•	(1)	 ◣	(2)	 ◉EL	(3)

해설
(1) 벽붙이 누름버튼
(2) 분전반
(3) 누전차단기 붙이 콘센트

배점: 5점

05 아스팔트 포장의 자동차 도로(폭 $25[\text{m}]$)의 양쪽에 저압나트륨등($250[\text{W}]$)의 광속 $25{,}000[\text{lm}]$의 등기구를 설치하여 노면휘도 $1.2[\text{nt}]$로 하려면 도로 양쪽에 등 설치시 등 간격은?(단, 아스팔트 포장의 경우 평균조도는 노면휘도의 10배, 조명률은 0.25이고, 감광보상률은 1.4이다.)

해설
• 계산 과정:

$FUN = EAD = \dfrac{1}{2} EBSD$ 이므로

$S = \dfrac{2FUN}{BED} = \dfrac{2 \times 25{,}000 \times 0.25 \times 1}{25 \times (1.2 \times 10) \times 1.4} = 29.76[\text{m}]$

• 답 $29.76[\text{m}]$

참고

$$FUN = EAD$$

(단, F: 광속[lm], U: 조명률, N: 사용하는 등의 개수, E: 조도[lx], A: 방의 면적[m²], D: 감광 보상률($= \dfrac{1}{M}$), M: 유지율)

도로 양쪽 지그재그 배열, 도로 양쪽 대칭배열 조명면적

$$A = \dfrac{1}{2} B \cdot S[\text{m}^2]$$

(단, B: 도로 폭[m], S: 등 간격[m])

도로 중앙 배열, 도로 편측 배열 조명면적

$$A = B \cdot S[\text{m}^2]$$

(단, B: 도로 폭[m], S: 등 간격[m])

배점: 5점

06 어느 수용가의 설비용량이 950[kW], 수용률은 60[%]라고 할 때, 변압기 용량 [kVA]을 표에서 선정하시오.(단, 부하 역률은 85[%]이다)

정격용량[kVA]	200, 300, 500, 750, 1,000, 1,500, 2,000, 3,000

해설

- 계산 과정:

$P = \dfrac{950 \times 0.6}{0.85 \times 1.0} = 670.59[\text{kVA}]$ 이므로 표에서 750[kVA] 선정

- **답** 750[kVA] 선정

참고

변압기 용량[kVA] = $\dfrac{\text{설비 용량[kW]} \times \text{수용률}}{\text{역률} \times \text{부등률}}$ (단, 부등률은 주어지지 않을 경우 1로 간주한다.)

배점: 6점

07 한국전기설비규정에 의한 조가선 시설기준이다. 괄호 안에 알맞은 답을 쓰시오.

- 조가선 간의 이격거리는 조가선 2개가 시설될 경우에 이격거리는 (①)[m]를 유지하여야 한다.
- 조가선 시설방향은 특고압주는 특고압 중성도체와 같은 방향이며, 저압주는 (②)와(과) 같은 방향으로 시설한다.
- +자형 공중교차는 불가피한 경우에 한하여 제한적으로 시공할 수 있다. 다만, (③)형 공중 교차시공은 할 수 없다.

해설

① 0.3
② 저압선
③ T자

배점: 6점

08 한국전기설비규정에 의거한 태양광설비의 시설기준에 대한 내용이다. ( )안에 들어갈 내용을 채우시오.

모듈의 각 직렬군은 동일한 (①)전류를 가진 모듈로 구성하여야 하며 1대의 인버터(멀티스트링 인버터의 경우 1대의 MPPT 제어기)에 연결된 모듈 직렬군이 (②) 병렬 이상일 경우에는 각 직렬군의 출력전압 및 출력전류가 동일하게 형성되도록 배열할 것

해설

① 단락
② 2

배점: 6점

09 자동 차단시간을 위한 보호장치의 예상 지락 실효 전류가 $11[\text{kA}]$인 경우 보호도체의 최소 단면적$[\text{mm}^2]$을 계산하여라. (단, 동작시간은 1.1초이며 절연, 기타 부위의 재질 및 초기온도와 최종 온도에 따른 계수는 143이다.)

정격규격[mm²]	16, 25, 35, 50, 70, 95, 120

해설

• 계산 과정:

차단시간이 5초 이하인 경우 보호도체의 단면적 $S = \dfrac{\sqrt{I^2 t}}{k} = \dfrac{\sqrt{11,000^2 \times 1.1}}{143} = 80.68[\text{mm}^2]$

따라서 보호도체의 최소 단면적은 $95[\text{mm}^2]$ 선정

• 답 $95[\text{mm}^2]$

참고

$$S = \dfrac{\sqrt{I^2 t}}{k} [\text{mm}^2]$$

(단, S: 단면적 $[\text{mm}^2]$, I: 보호장치를 통해 흐를 수 있는 예상 고장전류 실효값[A], t: 자동차단을 위한 보호장치의 동작시간[sec], k: 재질 및 초기온도와 최종 온도에 따라 정해지는 계수)

배점: 6점

10 다음 그림은 고압 지중 배전 계통에서 사용하는 수전 방식으로 전력회사에서 2 ~ 4회선을 공급받아 병렬 운전하는 수전방식이다. 그림에 해당되는 수전 방식을 말하고 방식에 관한 장점을 4가지 쓰시오.

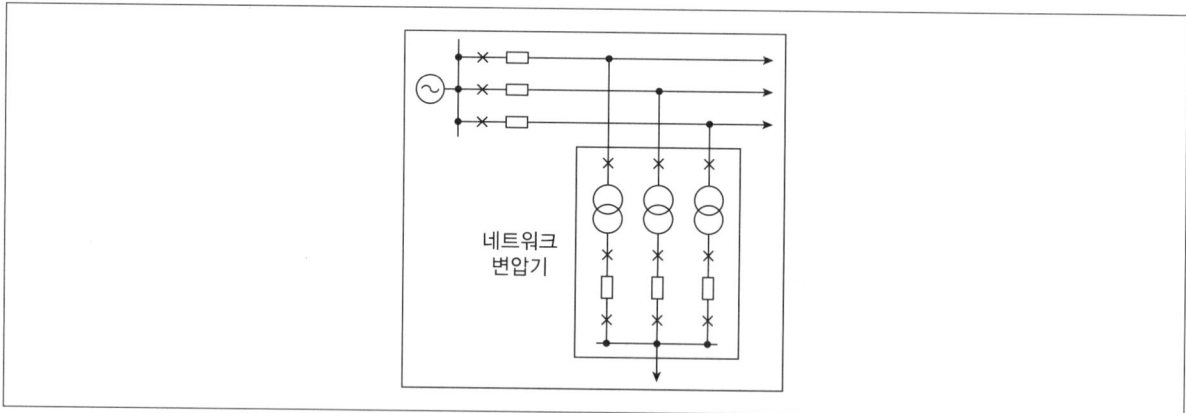

(1) 명칭
(2) 장점

> **해설**
(1) 스폿 네트워크
(2) • 공급신뢰도가 높다.
　　• 전압변동률이 낮다.
　　• 전력손실이 감소한다.
　　• 무정전 공급이 가능하다.

> **참고**
스폿 네트워크의 특징
• 무정전 공급이 가능하다.
• 전압변동률이 낮다.
• 기기의 이용률이 높아진다.
• 공급신뢰도가 높다.
• 전력손실이 감소한다.
• 부하증가에 따른 적응성이 우수하다.
• 전등, 전력의 일원화가 가능하다.
• 2차 변전소 수량을 줄일 수 있다.

배점: 6점

11 다음 각 물음에 대해 답하시오.

(1) 공구손료에 대해 설명하시오.
(2) 공구손료는 직접노무비(노임할증과 작업시간 증가에 의하지 않는 품할증 제외)의 몇[%]까지 계상하는가?

> **해설**
(1) 일반공구 및 시험용 계측 기구류의 손료로서 공사 중 상시 일반적으로 사용하는 것
(2) 3[%]

배점: 6점

12 한국전기설비규정에 의한 사람이 상시 통행하는 터널 안의 배선의 시설 기준이다. 괄호 안에 알맞은 내용을 쓰시오.

공칭단면적 (①)[mm²]의 연동선과 동등 이상의 세기 및 굵기의 절연전선(옥외용 비닐절연전선 및 인입용 비닐절연전선을 제외한다)을 애자 공사에 의하여 시설하고 또한 이를 노면상 (②)[m] 이상의 높이로 할 것. 전로에는 터널의 입구에 가까운 곳에 전용 (③)를 시설할 것

> **해설**
① 2.5
② 2.5
③ 개폐기

13 그림은 3상 4선식 중성점 다중접지방식의 $22.9[kV-Y]$ 배전선로에서 수전하기 위한 단선결선도이다. 다음 물음에 답하시오.(단, 평균 역률은 $95[\%]$이다.)

배점: 6점

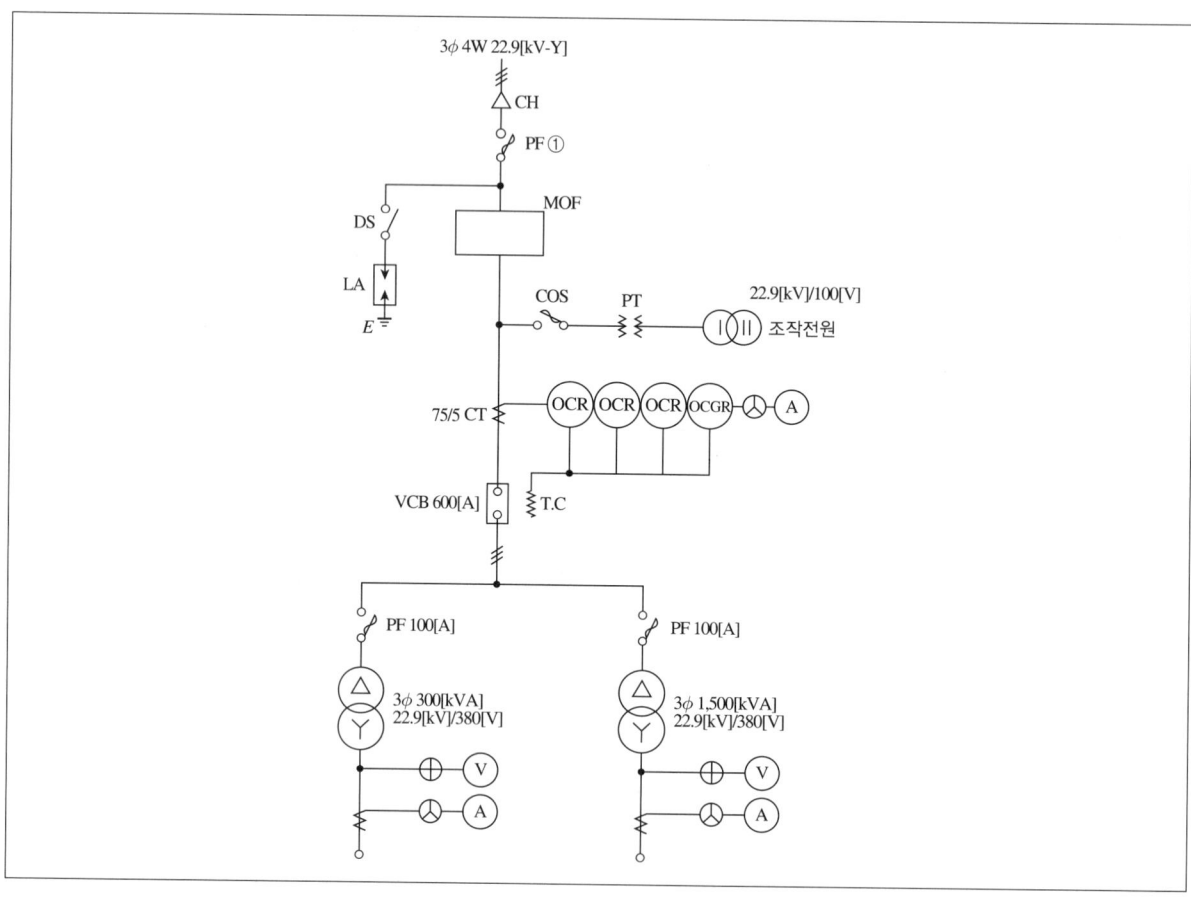

(1) ①의 PF의 퓨즈를 변압기 전부하 전류의 2배로 선정한다면 퓨즈의 용량[A]은?
    (단, 퓨즈 정격: 25, 30, 40, 65, 80, 100, 125, 150, 200, 250, 300[A])
(2) MOF의 변압비와 변류비를 작성하시오. CT값은 정격전류의 150[%]이다. (단, 전압의 변동은 없다.)
    (단, CT 정격: 5, 10, 15, 20, 30, 40, 50, 75[A])
(3) 부하전류 1.25배에서 차단기를 차단하기 위한 OCR 탭전류를 구하시오.
    (단, 탭전류정격: 2, 4, 5, 6, 7, 8, 10, 12[A])

해설

(1) • 계산 과정:
$$\left(\frac{300}{\sqrt{3}\times 22.9}+\frac{1,500}{\sqrt{3}\times 22.9}\right)\times 2 = 90.76[A] \text{이므로 } 100[A] \text{ 선정}$$
• 답 100[A]

(2) • 계산 과정:
   변압비: $\frac{22,900}{\sqrt{3}}/110$ 선정

   변류비: $\left(\frac{300}{\sqrt{3}\times 22.9}+\frac{1,500}{\sqrt{3}\times 22.9}\right)\times 1.5 = 68.07[A]$ 이므로 CT정격 75[A], 변류비 75/5 선정

• 답 변압비: $\frac{22,900}{\sqrt{3}}/110$, 변류비: 75/5

(3) • 계산 과정:
$$I=\left(\frac{300}{\sqrt{3}\times 22.9}+\frac{1,500}{\sqrt{3}\times 22.9}\right)\times \frac{5}{75}\times 1.25 = 3.78[A] \text{이므로 } 4[A] \text{ 선정}$$
• 답 4[A]

배점: 7점

14 다음은 전기방식에 대한 그림이다. 어떠한 전기방식인지 쓰시오.

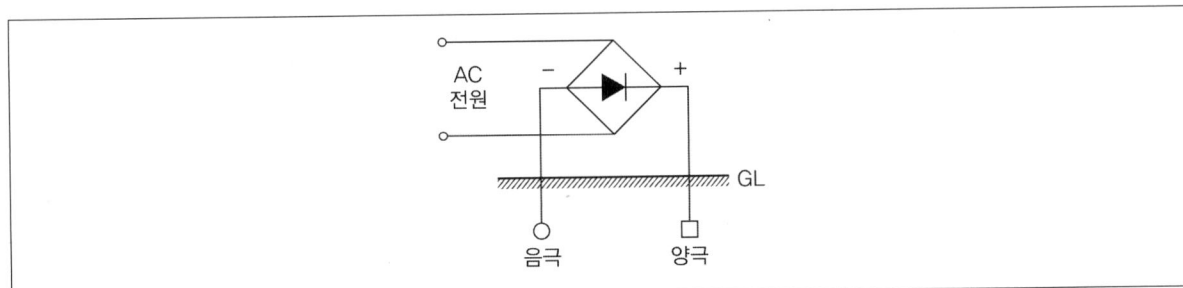

해설

외부전원법

15 주어진 릴레이 시퀀스에 대하여 2입력 AND 소자 4개, 2입력 OR 소자 2개, NOT 소자 3개만을 이용하여 로직시퀀스를 그리시오.

배점: 6점

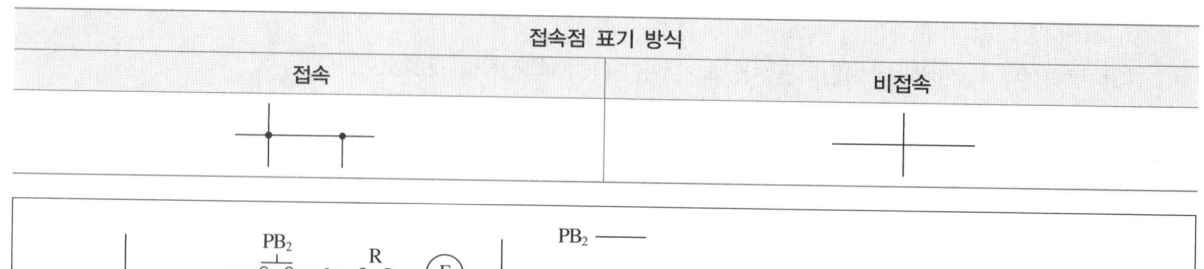

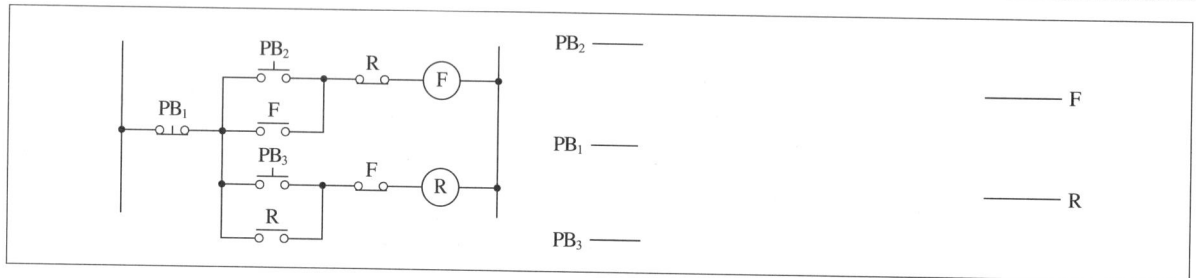

해설

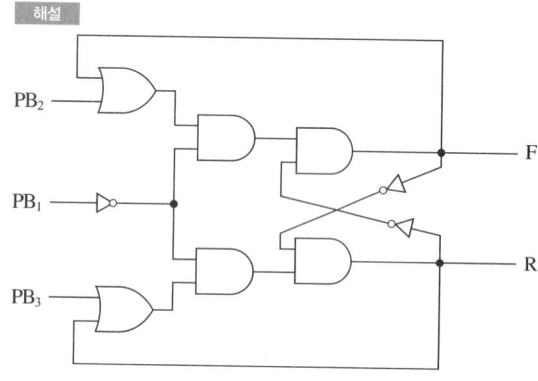

참고

$F = \overline{PB_1} \cdot (PB_2 + F) \cdot \overline{R}$

$R = \overline{PB_1} \cdot (PB_3 + R) \cdot \overline{F}$

배점: 5점

16 아래 수변전 설비 결선도를 보고 다음 물음에 다하시오.

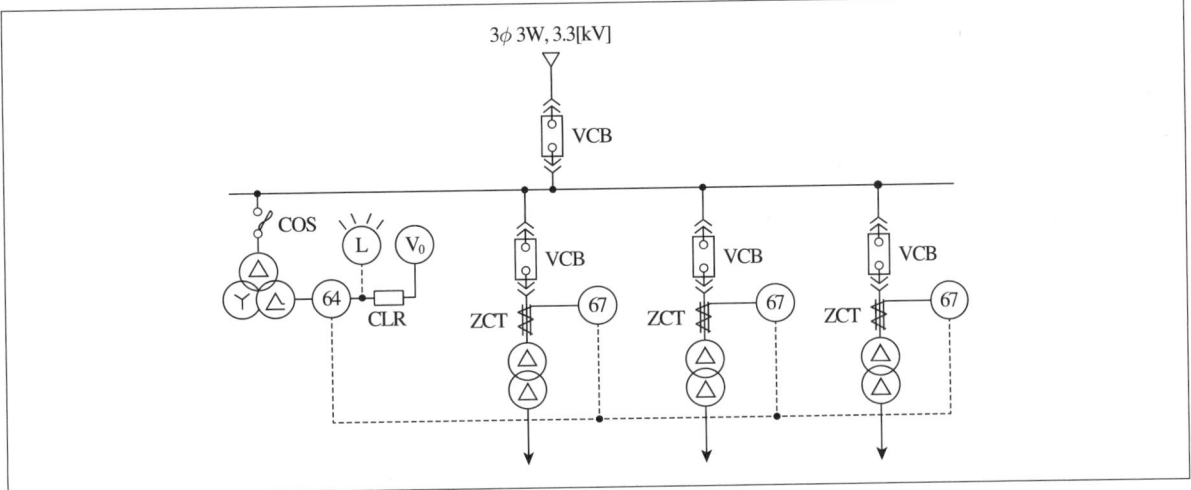

(1) 도면에서 CLR의 명칭을 쓰시오.
(2) 상기 배전 계통의 접지 방식은?
(3) 도면에서 변압기 △−△ 단선도를 복선도로 주어진 답안지에 알맞게 그리시오.
(4) 전압계(V_0)에서 검출하는 전압은 어떤 종류의 전압인가?
(5) 지락 과전압 계전기(OVG: 64)의 목적은?

해설
(1) 한류 저항기
(2) 비접지 방식
(3)

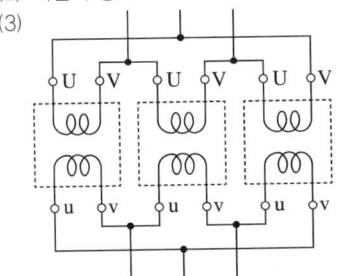

(4) 영상전압
(5) 지락사고 시 회로 보호

참고

한류 저항기의 용도
- 보호 계전기를 동작시키는 데 필요한 유효 전류를 발생시킨다.
- 오픈델타 회로의 각 상전압 중의 제3고조파를 억제시킨다.
- 비접지 회로의 이상 현상을 억제한다.

17 한국전기설비규정에 의거하여 특고압 가공전선로의 지지물로 사용하는 B종 철근·B종 콘크리트주 또는 철탑의 종류에 대해 설명하시오.

(1) 직선형
(2) 각도형
(3) 인류형
(4) 내장형
(5) 보강형

해설

(1) 전선로의 직선부분(3° 이하인 수평각도를 이루는 곳을 포함)에 사용하는 철탑
(2) 전선로 중 3°를 초과하는 수평각도를 이루는 곳에 사용하는 철탑
(3) 전가섭선을 잡아당기는 곳에 사용하는 철탑
(4) 전선로의 지지물 양쪽 지지물 간 거리의 차가 큰 곳에 사용하는 철탑
(5) 전선로의 직선부분에 그 보강을 위해 사용하는 철탑

18 KS C IEC 62305-3(피뢰시스템-제3부 구조물의 물리적 손상 및 인명 위험)에 의거하여 아래 표와 같은 접지극의 최소단면적을 작성하시오.

종류	형상	최소단면적[mm^2]
구리	테이프형 단선	
구리피복강	원형 단선	
	테이프형 단선	
스테인레스강	원형 단선	
	테이프형 단선	

해설

종류	형상	최소단면적[mm^2]
구리	테이프형 단선	50
구리피복강	원형 단선	50
	테이프형 단선	90
스테인레스강	원형 단선	78
	테이프형 단선	100

2023년 4회 전기공사기사 기출문제

배점: 5점

01 가스 차단기(GCB: Gas Circuit Breaker)의 특징을 3가지만 쓰시오.

해설
- 절연거리를 짧게할 수 있어 차단기를 소형, 경량화할 수 있다.
- 밀폐구조로 소음이 작다.
- 근거리 고장 등 가혹한 재기 전압에 대해서 차단 성능이 뛰어나다.

참고
이 외에도 다음과 같은 특징이 있다.
- 소호 시 아크가 안정되어 있고 접촉자의 소모가 극히 적다.
- SF_6 가스 중에 수분이 존재하면 내전압 성능이 저하된다.

배점: 5점

02 다음 전선의 약호를 보고 그 명칭을 쓰시오.
  (1) OC
  (2) ACSR

해설
(1) 옥외용 가교폴리에틸렌 절연전선
(2) 강심 알루미늄 연선

배점: 5점

03 그림과 같은 송전 계통에서 3상 단락사고가 발생했다. 주어진 도면과 조건을 참고하여 단락점을 통과하는 단락전류 $I_s[A]$와 단락용량 $P_s[kVA]$을 구하시오.

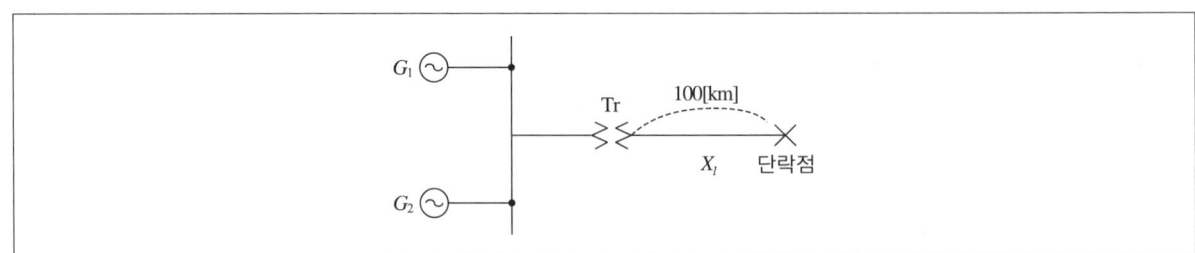

번호	기기명	용량 및 전압	임피던스 및 리액턴스
1	G_1 및 G_2	30[MVA], 22[kV]	$\%X_g$(리액턴스)=30[%]
2	Tr	60[MVA], 22/154[kV]	$\%X_T$(리액턴스)=11[%]
3	X_l	–	$Z_l = 0 + j0.5[\Omega/\text{km}]$

(1) 단락전류
(2) 단락용량

해설

(1) • 계산 과정:
   60[MVA]를 기준으로 하였을 때
   $$\%X_{g1} = \%X_{g2} = 30 \times \frac{60}{30} = 60[\%]$$
   $$\%X_T = 11[\%]$$
   $$X_l = 0.5[\Omega/\text{km}] \times 100[\text{km}] = 50[\Omega]$$
   $$\%X_l = \frac{PX_l}{10V^2} = \frac{60 \times 10^3 \times 50}{10 \times 154^2} = 12.65[\%]$$
   $$\%X = \frac{\%X_{g1} \times \%X_{g2}}{\%X_{g1} + \%X_{g2}} + \%X_T + \%X_l = \frac{60 \times 60}{60+60} + 11 + 12.65 = 53.65[\%]$$
   $$I_s = \frac{100}{53.65} \times \frac{60 \times 10^3}{\sqrt{3} \times 154} = 419.28[\text{A}]$$
   • **답** 419.28[A]

(2) • 계산 과정:
   $$P_s = \sqrt{3} \times 154 \times 419.28 = 111,837[\text{kVA}]$$
   • **답** 111,837[kVA]

참고

(1) $I_s = \dfrac{100}{\%Z} \times I_n[\text{A}]$

(2) 단락용량 $P_s = \sqrt{3} \, V_r I_s [\text{MVA}]$
  (단, V_r: 선간전압[kV], I_s: 단락전류[kA])

배점: 5점

04 CT 2대를 V결선하여 OCR 3대를 그림과 같이 연결하였다. 3번 OCR에 흐르는 전류는 어떤 상의 전류인가?

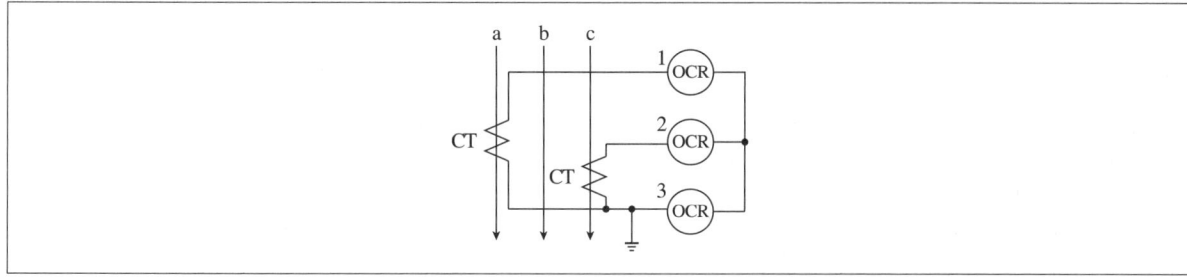

[해설]
b상 전류

[참고]
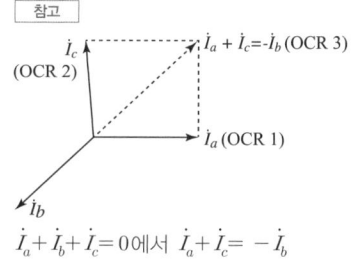
$\dot{I}_a + \dot{I}_b + \dot{I}_c = 0$ 에서 $\dot{I}_a + \dot{I}_c = -\dot{I}_b$

배점: 5점

05 한국전기설비규정에 의한 지중전선로의 케이블 시설 방법 3가지를 쓰시오.

[해설]
직접 매설식, 관로식, 암거식

배점: 7점

06 다음 그림에 표시된 ①~⑦의 명칭을 정확하게 적으시오.(단, 그림은 2련 내장 애자장치이다.)

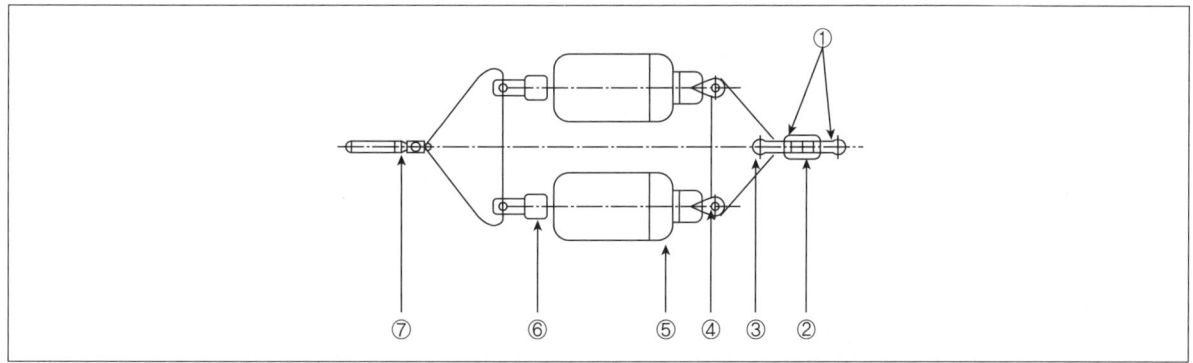

해설
① 앵커쉐클
② 체인링크
③ 삼각요크
④ 볼 크레비스
⑤ 현수 애자
⑥ 소켓 크레비스
⑦ 압축형 인류 클램프

배점: 5점

07 철골 콘크리트 구조물의 바닥구조재로 사용되는 파형 데크 플레이트의 홈을 막아 사용하는 배선 방식은 무엇인지 작성하시오.

해설
셀룰러 덕트 공사

배점: 5점

08 다음은 한국전기설비규정의 보조 보호등전위본딩 도체에 대한 설명 중 일부이다. 설명을 읽고 아래 빈칸에 알맞은 내용을 쓰시오.(단, 케이블의 일부가 아닌 경우 또는 선로도체와 함께 수납되지 않은 본딩도체는 다음 값 이상이어야 한다.)

- 기계적 보호가 된 것은 구리도체 (①)[mm^2], 알루미늄 도체 (②)[mm^2]
- 기계적 보호가 없는 것은 구리도체 (③)[mm^2], 알루미늄 도체 (②)[mm^2]

①	②	③

해설

①	②	③
2.5	16	4

배점: 5점

09 연축전지의 정격용량 200[Ah], 상시부하 12[kVA], 표준전압 100[V]인 부동충전방식의 2차 충전 전류는 몇 [A]인지 계산하시오.(단, 연축전지의 방전율은 10시간율로 한다.)

해설

• 계산 과정

2차 충전 전류 $I = \dfrac{200}{10} + \dfrac{12{,}000}{100} = 140[A]$

• 답 140[A]

참고

• 2차 충전 전류 $I = \dfrac{축전지의\ 정격용량[Ah]}{정격방전율[h]} + \dfrac{상시부하[VA]}{표준전압[V]}[A]$

• 납 축전지와 알칼리 축전지의 비교

구분	납 축전지	알칼리 축전지
공칭전압	2.0[V/cell]	1.2[V/cell]
방전율	10[h]	5[h]

배점: 5점

10 아래 심벌 그림을 보고 알맞은 명칭을 작성하시오.

(1) ▬▬PBD

(2) ▬/\/▬

(3) MD

(4) (사각형 아래 원)

(5) ⊙⊙ (콘센트 심벌)

해설

(1) 플러그인 버스덕트
(2) 익스팬션 버스덕트
(3) 금속덕트
(4) 벨
(5) 비상용 콘센트

11 12[m]×18[m]인 사무실의 조도를 400[lx]로 하고자 한다. 램프의 전광속 4,500[lm], 램프전류 0.87[A]의 40[W] LED 형광등으로 시설할 경우에 조명률 50[%], 감광보상률 1.3으로 가정하였을 때 이 사무실의 분기 회로 수를 구하시오.(단, 전기방식은 220[V] 단상 2선식, 16[A] 분기회로로 한다.)

해설
- 계산 과정:

  $FUN = EAD$이므로 $N = \dfrac{EAD}{FU} = \dfrac{400 \times (12 \times 18) \times 1.3}{4,500 \times 0.5} = 49.92$[등] ∴ 50[등]

  분기회로 수 $= \dfrac{50 \times 0.87}{16} = 2.72$

- 답 16[A] 분기 3회로

12 평평한 곳에서 같은 장력으로 가설된 두 경간의 이도가 각각 1[m] 및 4[m]였다. 사고가 발생해 중앙 지지점에서 전선이 떨어진 경우 지표상의 최저 높이는 약 몇 [m]인가?(단, 지지점의 높이는 모두 20[m]이고 전선의 신장은 무시하는 것으로 한다.)

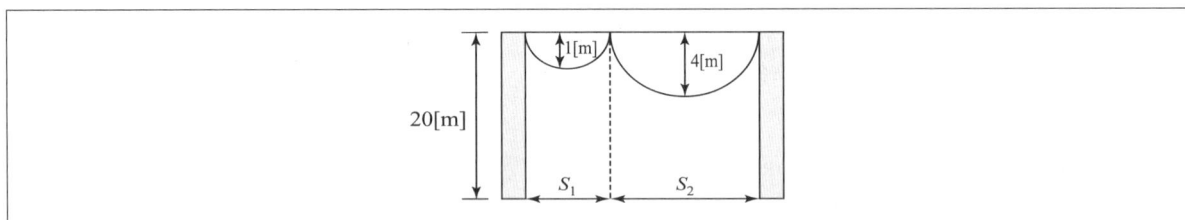

해설
- 계산 과정:

  왼쪽 전선의 길이를 L_1, 오른쪽 전선의 길이를 L_2라 하고, $S = S_1 + S_2$이다.

  전체 전선의 길이 $L = L_1 + L_2 = \left(S_1 + \dfrac{8D_1^2}{3S_1}\right) + \left(S_2 + \dfrac{8D_2^2}{3S_2}\right) = S + \dfrac{8D^2}{3S}$

  $\dfrac{8D_1^2}{3S_1} + \dfrac{8D_2^2}{3S_2} = \dfrac{8D^2}{3S} \rightarrow \dfrac{D_1^2}{S_1} + \dfrac{D_2^2}{S_2} = \dfrac{D^2}{S} = \dfrac{D^2}{S_1 + S_2}$

  $D^2 = \left(\dfrac{D_1^2}{S_1} + \dfrac{D_2^2}{S_2}\right)(S_1 + S_2)$ ...... ㉠

  이때 이도 $D = \dfrac{WS^2}{8T}$이므로

  $D_1 = \dfrac{1}{4}D_2 = \dfrac{WS_1^2}{8T} = \dfrac{1}{4} \times \dfrac{WS_2^2}{8T} \rightarrow \dfrac{S_1^2}{S_2^2} = \dfrac{D_1}{D_2} = \dfrac{1}{4}$

  즉, $2S_1 = S_2$의 관계에 있다.

㉠ 식에서 위의 관계를 대입하면

$$D^2 = \left(\frac{D_1^2}{S_1} + \frac{D_2^2}{2S_1}\right)(S_1 + 2S_1) = \frac{3}{2}(2D_1^2 + D_2^2)$$

$$D = \sqrt{\frac{3}{2}(2D_1^2 + D_2^2)} = \sqrt{\frac{3}{2}(2 \times 1^2 + 4^2)} = 3\sqrt{3}$$

∴ 지표상 높이 = $H - D = 20 - 3\sqrt{3} = 14.8$[m]

- 답 14.8[m]

배점: 5점

13 KS C IEC 62305-3에 따른 피뢰시스템의 등급별 병렬 인하도선 사이의 최대 간격에 대한 표이다. 빈칸에 알맞은 답을 쓰시오.

보호등급	평균거리[m]
I	①
II	②
III	③
IV	④

해설

① 10
② 10
③ 15
④ 20

참고

인하도선 시스템
건축물·구조물과 분리되지 않은 피뢰시스템인 경우 배치 방법은 다음에 의한다.
- 병렬 인하도선의 최대 간격은 피뢰시스템 등급에 따라 I·II등급은 10[m], III등급은 15[m], IV등급은 20[m]로 한다.

배점: 5점

14 지선을 시설하는 목적 3가지를 쓰시오.

해설

- 지지물의 강도를 보강하고자 할 때
- 전선로의 안전성을 증대하고자 할 때
- 불평형 하중에 대한 평형을 이루고자 할 때

15 출제 오류로 인한 전원 정답 문제입니다.

배점: 3점

16 케이블을 지지하기 위해 사용되는 금속제 케이블 트레이 종류 3가지만 작성하시오.

> **해설**
> - 펀칭형 케이블 트레이
> - 사다리형 케이블 트레이
> - 메시형 케이블 트레이

17 다음 그림과 같은 방전특성을 갖는 부하에 필요한 축전지 용량[Ah]을 구하시오.(단, 부하방전 특성에 따라 각각 계산하여 구하시오.)

배점: 5점

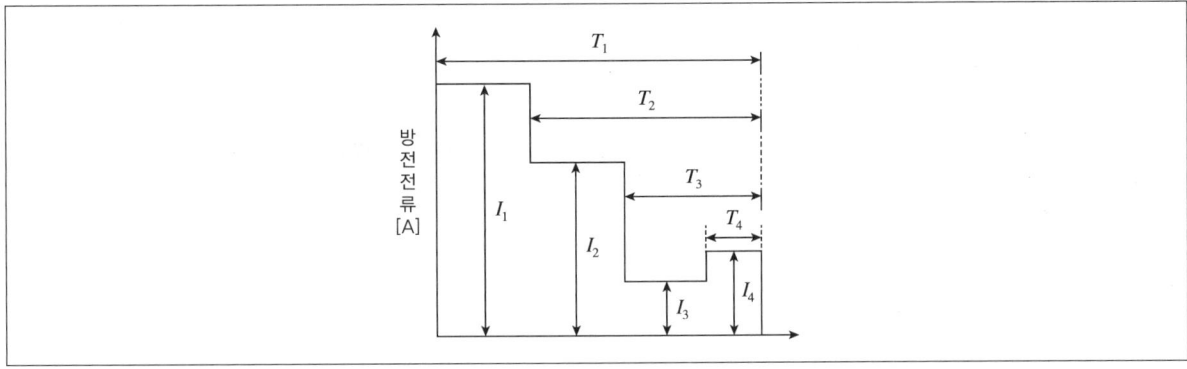

- 방전 전류[A]
  $I_1 = 500$, $I_2 = 300$, $I_3 = 100$, $I_4 = 200$
- 방전시간[분]
  $T_1 = 120$, $T_2 = 119$, $T_3 = 60$, $T_4 = 1$
- 용량 환산 시간 계수
  $K_1 = 2.49$, $K_2 = 2.49$, $K_3 = 1.46$, $K_4 = 0.57$
- 보수율: 0.8

해설
- 계산 과정:
$$C = \frac{1}{0.8}\{2.49 \times 500 + 2.49 \times (300-500) + 1.46 \times (100-300) + 0.57 \times (200-100)\}$$
$$= 640 [Ah]$$
- 답 640[Ah]

참고
축전지 용량 $C = \frac{1}{L}\{K_1 I_1 + K_2(I_2 - I_1) + K_3(I_3 - I_2) + K_4(I_{4_i})\}$ [Ah]
(단, L: 보수율, K: 용량 환산 시간 계수, I: 방전 전류[A])

18 다음은 어느 건물 내의 접지공사용 공량에 대한 내용이다. 이때 공량, 직접노무비, 직접노무비 소계, 간접노무비, 노무비계를 구하시오.

배점: 5점

조건
- 공구손료는 3[%], 간접노무비 15[%]로 보고 계산한다.
- 노임단가 내선 전공은 12,410원, 보통인부 6,520원이다.
- 인공을 산출한 후 이를 합계하여 노임단가를 적용하여 소수점 이하는 버린다.
- 접지봉(2[m]), 15개(1개소에 1개씩 설치)
- 접지선 매설 60[mm^2], 300[m]
- 후강 전선관 28[mm], 250[m](콘크리트 매설)
- 조건 및 표, 해설을 이용하고 주어진 조건 외에는 무시한다.

[표 1] 접지공사

구분	단위	내선전공	보통인부
접지봉(지하 0.75[m] 기준) 길이 1~2[m]×1본	개소	0.20	0.10
2본 연결		0.30	0.15
3본 연결		0.45	0.23
동판 매설(지하 1.5[m] 기준) 0.3[m]×0.3[m]	매	0.30	0.30
1.0[m]×1.5[m]		0.50	0.50
1.0[m]×2.5[m]		0.80	0.80
접지 동판 가공	매	0.16	
접지선 부설 600[V] 비닐전선	개소	0.05	0.025
완금접지 2.9(11.4[kV−Y]) D/L		0.05	
접지선 매설			
14[mm^2] 이하	[m]	0.010	
38[mm^2] 이하		0.012	
80[mm^2] 이하		0.015	
150[mm^2] 이하		0.020	
200[mm^2] 이하		0.025	
접속 및 단자 설치			
압축	개	0.15	
압축 평행		0.13	
납땜 또는 용접		0.19	
압축단자		0.03	
체부형		0.05	

[표 2] ([m]당)

박강 및 PVC 전선관		내선전공	후강 전선관	
규격			규격	내선전공
박강	PVC			
	14[mm]	0.01		
15[mm]	16[mm]	0.05	16[mm](1/2″)	0.08
19[mm]	22[mm]	0.06	22[mm](3/4″)	0.11
25[mm]	28[mm]	0.08	28[mm](1″)	0.14
31[mm]	36[mm]	0.10	36[mm](1 1/4″)	0.20
39[mm]	42[mm]	0.13	41[mm](1 1/2″)	0.25
51[mm]	51[mm]	0.19	54[mm](2″)	0.31
63[mm]	70[mm]	0.28	70[mm](2 1/2″)	0.41
75[mm]	82[mm]	0.37	82[mm](3″)	0.51
	100[mm]	0.45	92[mm](3 1/2″)	0.60
	104[mm]	0.46	104[mm](1″)	0.71

[해설]
㉠ 콘크리트 매입 기준임
㉡ 철근 콘크리트 노출 및 블록 칸막이 겅매는 12[%], 목조 건물은 121[%], 철강조 노출은 120[%]
㉢ 가설 콘크리트 노출 공사시 앵커 볼트 매입 깊이가 10[cm] 이상인 경우는 앵커 볼트 매입품을 별도 계상하고 전선관 설치품은 매입품으로 계산한다.
㉣ 천장 속 마루밑 공사 130[%]

공량	접지봉	내선전공	①	인
		보통인부	②	인
	접지선	내선전공	③	인
	전선관	내선전공	④	인
직접노무비		내선전공	⑤	인
		보통전공	⑥	인
직접노무비 소계	⑦			인
간접노무비	⑧			인
공구손료	⑨			인
노무비계	⑩			인

해설

① • 계산 과정: $0.2 \times 15 = 3$[인]
  • 답 3[인]
② • 계산 과정: $0.1 \times 15 = 1.5$[인]
  • 답 1.5[인]
③ • 계산 과정: $0.015 \times 300 = 4.5$[인]
  • 답 4.5[인]
④ • 계산 과정: $0.14 \times 250 = 35$[인]
  • 답 35[인]
⑤ • 계산 과정: $(3 + 4.5 + 35) \times 12,410 = 527,425$[원]
  • 답 527,425[원]

⑥ • 계산 과정: $1.5 \times 6,520 = 9,780$[원]
  • 답 9,780[원]
⑦ • 계산 과정: $527,425 + 9,780 = 537,205$[원]
  • 답 537,205[원]
⑧ • 계산 과정: 직접노무비$\times 15$[%] $= 537,205 \times 0.15 = 80,580$[원]
  • 답 80,580[원]
⑨ • 계산 과정: 직접노무비$\times 3$[%] $= 537,205 \times 0.03 = 16,116$[원]
  • 답 16,116[원]
⑩ • 계산 과정: 직접노무비 + 간접노무비 $= 537,205 + 80,580 = 617,785$[원]
  • 답 617,785[원]

배점: 5점

19 다음은 SPD의 시설 기준이다. 표의 빈칸에 알맞은 내용을 채우시오.

- (①) SPD용 보호장치의 정격은 일반적으로 대용량을 시설할 것
- SPD를 RCD 부하 측에 설치 시 (②) 누전 차단기를 시설할 것

①	②

해설

①	②
I 등급	임펄스 부동작형

※ RCD(Residual Current Device) : 누전차단기

배점: 5점

20 다음은 과전류계전기의 동작시간에 따른 분류이다. 다음 설명을 읽고 ①~③ 빈칸에 알맞은 내용을 쓰시오.

(①) 계전기	정정된 최소동작전류 이상의 전류가 흐르면 즉시 동작하는 것으로서 0.2~2Hz 정도의 짧은 시간에 동작하는 것을 고속도 계전기라고 한다.
(②) 계전기	정정된 값 이상의 전류가 흘렀을 때 동작전류의 크기와 관계없이 항상 정해진 시간이 경과한 후에 동작하는 것
(③) 계전기	정정된 값 이상의 전류가 흘러서 동작할 때 전류가 클수록 빨리 동작하고, 전류가 작을수록 느리게 동작하는 것.

해설
① 순시
② 정한시
③ 반한시

2022
전기공사기사 실기

1회 기출문제
2회 기출문제
4회 기출문제

확실한 합격대비, 회차별 학습전략!

회차	학습전략	합격률
1회	HID 램프의 명칭 및 사용되는 등기구의 종류와 이도 등의 간단한 계산 문제가 출제되었습니다. 전체적인 난이도는 매우 쉬운 편에 속합니다. 과년도 기출에서 출제된 비중이 매우 높아 기출 문제를 중심으로 학습하였다면 충분히 합격할 수 있는 회차입니다.	79.10%
2회	KEC와 관련된 단답형 문제가 다수 출제되어 어렵게 느껴질 수도 있지만, 기출 문제의 비중이 높고 견적 문제가 출제되지 않아 무난하게 합격할 수 있는 회차 입니다.	53.52%
4회	전기기사와 유사한 문제들이 많이 출제되어 전기기사를 취득한 후에 전기공사 기사를 추가로 취득하고자 했던 수험생에게는 체감 난이도가 낮았습니다. 다만, KEC 등의 단답형 문제가 적은 배점이지만 다수 출제되어 이에 대한 대비가 필요한 회차입니다.	59.02%

학습 효과를 높이는 7개년 3회독 시스템

챕터별 전체 1회독이 끝났다면 회독 체크표에 날짜를 기입하고 체크표시를 해주세요.

회독 체크표	☐ 1회독	월 일	☐ 2회독	월 일	☐ 3회독	월 일

2022년 1회 전기공사기사 기출문제

01 HID Lamp에 대한 다음 각 물음에 답하시오. 배점: 5점
　(1) HID Lamp의 명칭을 우리말로 쓰시오.
　(2) HID Lamp로 가장 많이 사용되는 등기구 종류를 3가지만 쓰시오.

> **해설**
> (1) 고휘도 방전램프
> (2) 고압 수은등, 고압 나트륨등, 메탈 핼라이드 램프(또는 메탈 핼라이드등)

02 다음 각 항목을 측정하는 데 알맞은 계측기 또는 측정방법을 쓰시오. 배점: 5점
　(1) 변압기의 절연저항
　(2) 검류계의 내부저항
　(3) 전해액의 저항
　(4) 백열전구의 필라멘트(백열상태)
　(5) 고저항 측정

> **해설**
> (1) 절연저항계(또는 메거)
> (2) 휘스톤 브리지
> (3) 콜라우시 브리지
> (4) 전압강하법
> (5) 휘스톤 브리지
>
> **참고**
> (5) 고저항 측정은 휘스톤 브리지, 전압계·전류계법, 절연저항계법으로도 가능하다.

03 경간 200[m]인 가공송전선로가 있다. 전선 1[m]당 무게는 2.0[kg]이고 풍압하중이 없다고 한다. 인장강도 4,000[kg]의 전선을 사용할 때 이도(D)와 전선의 실제 길이(L)를 구하시오.(단, 안전율은 2.2로 한다.)

배점: 6점

(1) 이도(D)
(2) 전선의 실제 길이(L)

해설

(1) • 계산 과정

$$D = \frac{2 \times 200^2}{8 \times \frac{4,000}{2.2}} = 5.5[m]$$

• 답 5.5[m]

(2) • 계산 과정

$$L = 200 + \frac{8 \times 5.5^2}{3 \times 200} = 200.4[m]$$

• 답 200.4[m]

참고

(1) 이도 $D = \frac{WS^2}{8T}$[m], 여기서 $T = \frac{인장강도}{안전율}$[kg]

(2) 전선의 실제 길이 $L = S + \frac{8D^2}{3S}$[m]

(단, W: 전선 1[m]당 무게[kg/m], S: 철탑과 철탑 간의 경간[m], T: 전선의 수평 장력(인장 하중)[kg])

04 다음은 전력용 콘덴서 설비를 보호하기 위한 계통도이다. 그림을 보고 물음에 답하시오.

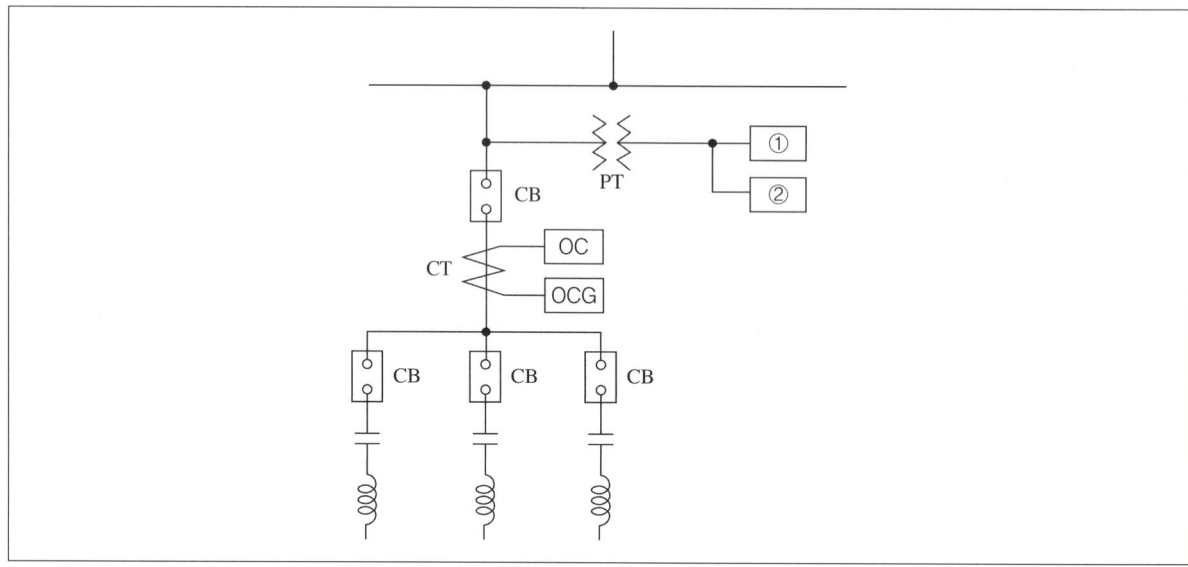

(1) 그림 중 ①, ②의 적합한 기기의 명칭을 쓰시오.
(2) ①, ②가 담당하는 역할에 대해 설명하시오.

해설
(1) ① 과전압 계전기
 ② 저전압 계전기
(2) ① 과전압 발생 시 차단기를 개방하여 콘덴서를 보호
 ② 정전 또는 저전압 시에 차단기를 개방함으로써 전압회복 시 발생할 수 있는 계통의 과전압으로부터 콘덴서 보호

05 송전 전압 $66[\mathrm{kV}]$의 3상 3선식 송전선에서 1선 지락 사고로 영상 전류 $I_0 = 50[\mathrm{A}]$가 흐를 때 통신선에 유기되는 전자유도전압[V]을 구하시오. (단, 상호 인덕턴스 $M = 0.05[\mathrm{mH/km}]$, 병행거리 $l = 100[\mathrm{km}]$, 주파수는 $60[\mathrm{Hz}]$이다.)

해설
• 계산 과정
$$E_m = -j\omega Ml \times 3I_0 = -j2\pi \times 60 \times 0.05 \times 10^{-3} \times 100 \times 3 \times 50 = -j282.74[\mathrm{V}]$$
$$\therefore |E_m| = 282.74[\mathrm{V}]$$
• **답** $282.74[\mathrm{V}]$

참고
전자유도전압 $E_m = -j\omega Ml(\dot{I}_a + \dot{I}_b + \dot{I}_c) = -j\omega Ml \times 3I_0[\mathrm{V}]$, 여기서 $\omega = 2\pi f[\mathrm{rad/s}]$

배점: 5점

06 다음 그림에서 표시된 번호의 명칭을 정확히 작성하시오.(단, 그림은 1련 내장 애자 장치(역조형)이다.)

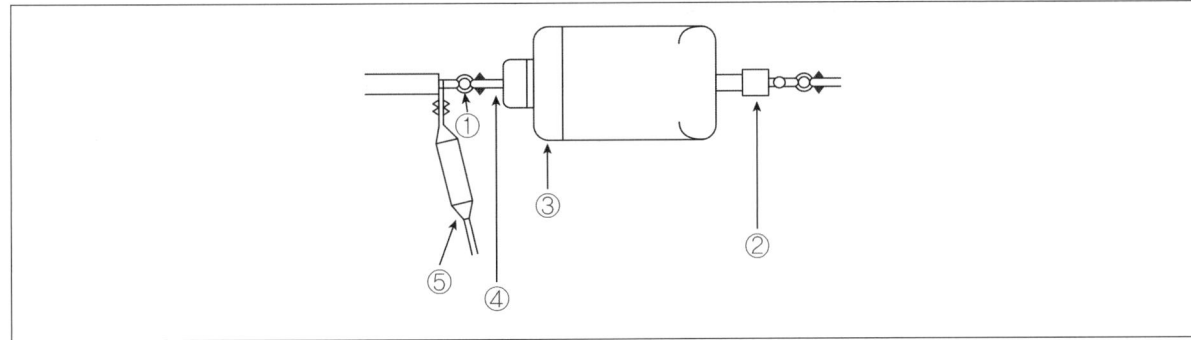

> **해설**
> ① 앵커 쇄클
> ② 소켓 아이
> ③ 현수 애자
> ④ 볼 크레비스
> ⑤ 점퍼 터미널

배점: 6점

07 한국전기설비규정에 의거하여 전기저장장치를 시설하는 곳에는 다음의 사항을 계측하는 장치를 시설하여야 한다. 빈 칸에 가장 알맞은 단어를 쓰시오.

가. 축전지 출력 단자의 (①), (②), (③) 및 충방전 상태
나. 주요변압기의 (①), (②), (③)

> **해설**
> ① 전압
> ② 전류
> ③ 전력
>
> **참고**
> **전기저장장치의 시설(계측장치)**
> 전기저장장치를 시설하는 곳에는 다음의 사항을 계측하는 장치를 시설하여야 한다.
> • 축전지 출력 단자의 전압, 전류, 전력 및 충방전 상태
> • 주요변압기의 전압, 전류 및 전력

배점: 8점

08 가로 12[m], 세로 18[m], 천장높이 3.0[m], 작업면 높이 0.8[m]인 사무실이 있다. 여기에 천장직부형 형광등(40[W], 2등용)을 설치하고자 할 때, 다음 [조건]과 조명률 표를 바탕으로 물음에 답하시오.

조건
- 작업면의 요구 조도 500[lx]
- 천장 반사율 50[%]
- 벽 반사율 50[%]
- 바닥 반사율 10[%]
- 보수율 0.7
- 40[W] 1개의 광속 2,750[lm]

조명률

반사율	천장	80[%]				70[%]				50[%]				30[%]				0[%]
	벽	70	50	30	10	70	50	30	10	70	50	30	10	70	50	30	10	0[%]
	바닥	10[%]				10[%]				10[%]				10[%]				0[%]
실지수		조명률(×0.01)																
0.6(~0.7)		44	33	26	21	42	32	25	20	30	29	23	19	34	27	21	18	14
0.8(0.7~0.9)		52	41	34	28	50	40	33	27	45	36	30	26	40	33	28	24	20
1.0(0.9~1.12)		58	47	40	34	55	45	38	33	50	42	36	31	45	38	33	29	25
1.25(1.12~1.38)		63	53	46	40	60	51	44	39	54	47	41	36	49	43	38	34	29
1.5(1.38~1.75)		67	58	50	45	64	55	49	43	58	51	45	41	52	46	42	38	33
2.0(1.75~2.25)		72	64	57	52	69	61	55	50	62	56	51	47	57	52	48	44	38
2.5(2.25~2.75)		75	68	62	57	72	66	60	55	65	60	56	52	60	55	52	48	42
3.0(2.75~3.5)		78	71	66	61	74	69	64	59	68	63	59	55	62	58	55	52	45
4.0(3.5~4.5)		81	76	71	67	77	73	69	65	71	67	64	61	65	62	59	56	50
5.0(4.5~)		83	78	75	71	79	75	72	69	73	70	67	64	67	64	62	60	52
7.0(4.5~)		85	82	79	76	82	79	76	73	75	73	71	68	79	67	65	64	56
10.0(4.5~)		87	85	82	80	84	82	79	77	78	76	75	72	71	70	68	67	59

(1) 실지수를 구하시오.

(2) 조명률을 구하시오.

(3) 설치등기구 수량은 몇 개 이상인가?

(4) 40[W] 형광등 1개의 소비전력이 40[W]이고, 1일 24시간 연속 점등할 경우 10일간의 최소 소비전력량을 구하시오.

> **해설**

(1) • 계산 과정

$$실지수 = \frac{12 \times 18}{(3.0-0.8) \times (12+18)} = 3.27$$

• 답 3.0

(2) 표에서 천장 반사율 50[%], 벽 반사율 50[%], 실지수 3.0 조명률을 찾으면 63[%]이다.

(3) • 계산 과정

$$N = \frac{EAD}{FU} = \frac{500 \times (12 \times 18) \times \frac{1}{0.7}}{(2,750 \times 2) \times 0.63} = 44.53[개]$$

• 답 45[개]

(4) • 계산 과정

소비전력량 $W = 40 \times 2 \times 45 \times 24 \times 10 \times 10^{-3} = 864[kWh]$

• 답 864[kWh]

> **참고**

(1) 실지수 $RI = \dfrac{XY}{H(X+Y)}$

(3) $$FUN = EAD$$

(단, F: 광속[lm], U: 조명률, N: 사용하는 등의 개수, E: 조도[lx], A: 방의 면적[m²], D: 감광 보상률$(= \frac{1}{M})$, M: 유지율)

40[W] 2등용이므로 40[W] 1개 광속의 2배가 된다.

(4) 소비 전력량 $W = Pt = 40[W] \times 2[등] \times 45[개] \times 24[h] \times 10[일] \times 10^{-3} = 864[kWh]$

배점: 5점

09 사무소 건물의 총 설비용량이 전등전열 부하 500[kVA], 동력 부하가 600[kVA]이다. 전등전열 부하 수용률은 70[%], 동력 부하 수용률은 60[%], 전등전열 및 동력 부하 간의 부등률이 1.25라고 한다. 배전선로의 전력손실이 전등전열, 동력 모두 부하전력의 10[%]라고 하면 변전실의 최대 전력은 몇 [kVA]인가?

> **해설**

• 계산 과정

$$합성\ 최대\ 전력 = \frac{500 \times 0.7 + 600 \times 0.6}{1.25} \times 1.1 = 624.8[kVA]$$

• 답 624.8[kVA]

> **참고**

$$합성\ 최대\ 전력 = \frac{각\ 부하의\ 최대\ 수용\ 전력의\ 합계}{부등률} = \frac{\Sigma 설비\ 용량[kVA] \times 수용률}{부등률} = \frac{\Sigma 설비\ 용량[kW] \times 수용률}{부등률 \times 역률}[kVA]$$

10 다음 옥내배선 심벌에 대한 명칭을 설명하시오.　　　　　　　　　　　　　　　　　　　배점: 4점

(1) 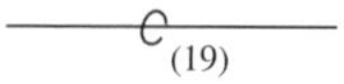 ──C₍₁₉₎──   (2) 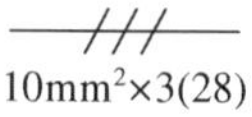 ──///── 10mm²×3(28)

> **해설**
> (1) 19[mm] 박강 전선관으로 전선관 내에 전선이 들어있지 않은 경우
> (2) 28[mm] 후강 전선관에 천장 은폐 배선으로 10[mm²] 3가닥을 넣는 경우

> **참고**
> • 박강 전선관의 규격(호칭): 19, 25, 31, 39, 51, 63, 75
> • 후강 전선관의 규격(호칭): 16, 22, 28, 36, 42, 54, 70, 82, 92, 104

11 다음 전선 약호에 대한 정확한 명칭을 쓰시오.　　　　　　　　　　　　　　　　　　　배점: 6점

	약호	명칭
①	0.6/1[kV] PN	
②	DR 2F	
③	450/750[V] HFIO	

> **해설**
>
> | | 약호 | 명칭 |
> |---|---|---|
> | ① | 0.6/1[kV] PN | 0.6/1[kV] EP 고무 절연 클로로프렌 시스 케이블 |
> | ② | DR 2F | 인입용 고무 절연전선 2심 평형 |
> | ③ | 450/750[V] HFIO | 450/750[V] 저독성 난연 폴리올레핀 절연전선 |

> **참고**
> • HF: 저독성 난연
> • I: 절연전선
> • O: 폴리올레핀

배점: 4점

12 전기 공사의 물량 산출 시 일반적으로 다음과 같은 재료는 몇 [%]의 할증률 및 철거손실률을 적용하는지 빈칸에 알맞은 내용을 채우시오.

종류	할증률[%]	철거손실률[%]
옥외전선	①	③
cable(옥외)	②	④

해설

① 5
② 3
③ 2.5
④ 1.5

참고

전기공사 물량 산출 시 할증률 및 철거손실률

종류	할증률[%]	철거손실률[%]
옥외전선	5	2.5
옥내전선	10	−
cable(옥외)	3	1.5
cable(옥내)	5	−
전선관(옥외)	5	−
전선관(옥내)	10	−

배점: 10점

13 다음 그림은 154[kV]를 수전하는 어느 공장의 옥외 수전 설비에 대한 단선 결선도이다. 이를 바탕으로 물음에 답하시오.

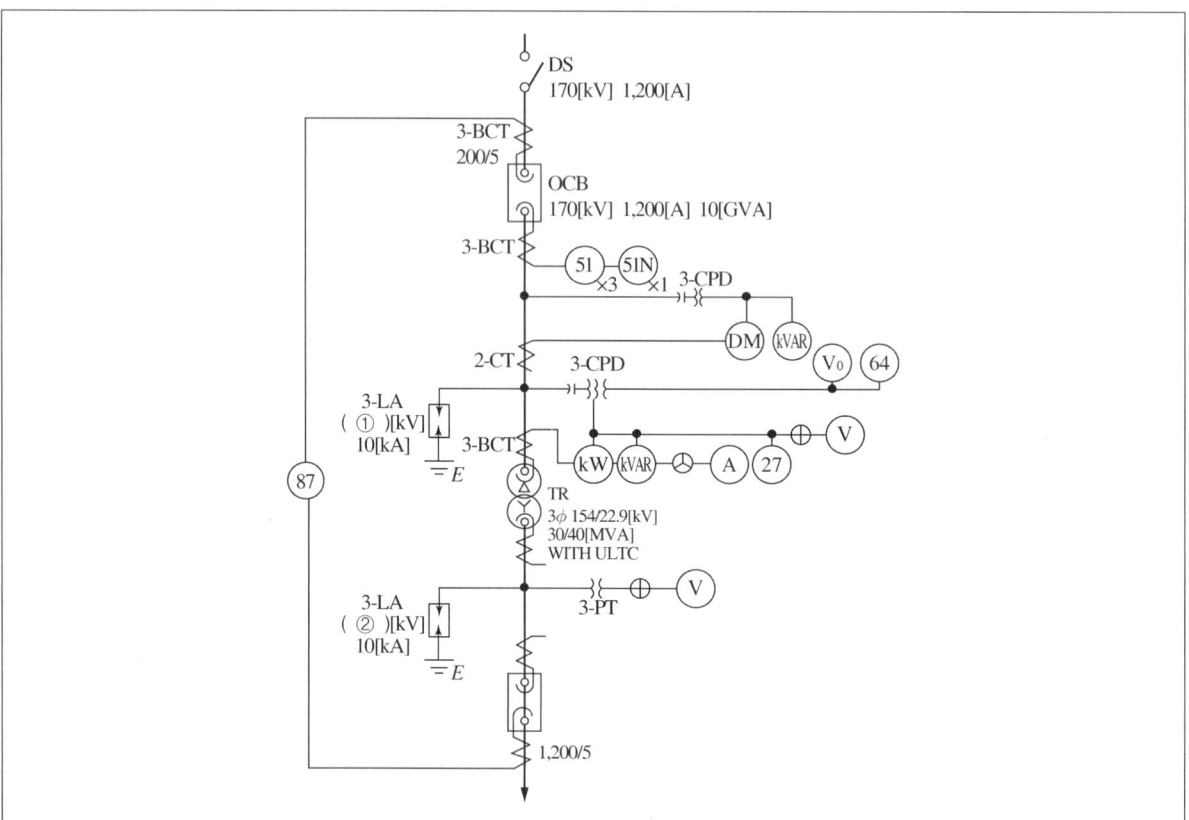

(1) 단선도상의 피뢰기 정격전압은 각각 몇 [kV]인가?
　① (　　　)[kV]　　　② (　　　)[kV]

(2) 변압기 보호 방식 중 주보호 계전기는 어느 것인지 계전기 분류 번호를 쓰고, 그 명칭을 쓰시오.

(3) 87 계전기의 3상 결선도를(차단기, 변압기 포함) 주어진 답란에 완성하시오.

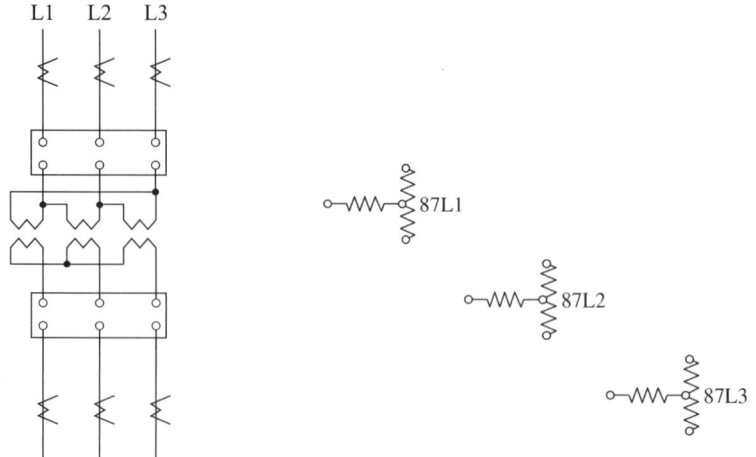

(4) 보조 변류기의 역할에 대하여 간단히 설명하시오.

해설

(1) ① 144[kV] ② 21[kV]
(2) • 번호: 87
    • 명칭: 비율 차동 계전기(또는 전류 차동 계전기)
(3)

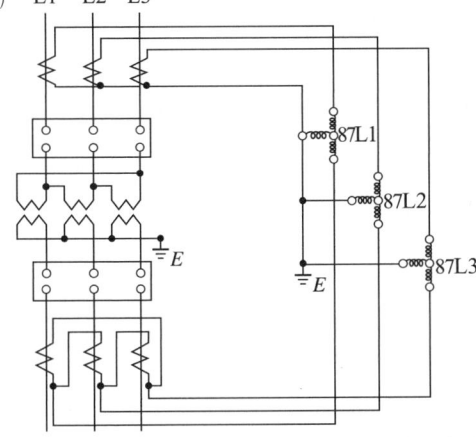

(4) 정상 운전 시 비율 차동 계전기의 1차 전류와 2차 전류의 차이를 보정하는 역할

참고

피뢰기의 정격전압

구분	변전소	배전선로
22.9[kV]	21[kV]	18[kV]
66[kV]	72[kV]	–
154[kV]	144[kV]	–
345[kV]	288[kV]	–

14 송전선로에서 단면적 $410[\text{mm}^2]$인 $154[\text{kV}]$ 강심 알루미늄 연선 $5[\text{km}]$ 2회선을 가설하려고 한다. 다음 [조건]과 인건비 자료를 바탕으로 물음에 답하시오.

배점: 8점

[조건]
- 송전선은 수직배열이고 장력 조정까지 하며 장비비는 제외한다.
- 정부 노임단가에서 전기공사기사는 45,000[원], 송전전공 72,000[원], 특별인부 35,000[원]이다.
- 인공을 산출하여 소수점 셋째 자리에서 반올림하여 둘째 자리까지 나타낸 후, 이를 합계하여 노임 단가를 적용하여 계산하고 소수점 이하는 버린다.
- 간접노무비는 직접노무비의 15[%]를 적용한다.

송전선 가선[km당]

공종	전선규격	기사	송전전공	특별인부
연선	ACSR $610[\text{mm}^2]$	1.51	22.4	33.5
	$410[\text{mm}^2]$	1.47	21.8	32.7
	$330[\text{mm}^2]$	1.44	21.4	32.1
긴선	ACSR $610[\text{mm}^2]$	1.14	17.3	24.7
	$410[\text{mm}^2]$	1.12	16.8	24.1
	$330[\text{mm}^2]$	1.09	16.4	23.7

[해설]
1) 1회선(3선) 수직배열 평탄지 기준
2) 수평배열 120[%]
3) 2회선 동시가선은 180[%]
4) 특수 개소는(장경 간) 별도 가산
5) 장비(Engine, Wintch) 사용료는 별도 가산
6) 철거 50[%]
7) 장력 조정품 포함
8) 기사는 전기공사업법에 준함
9) HDCC 가선은 배전선가선 참조

(1) 인공[인]을 구하시오.
 ① 전기공사기사
 ② 송전전공
 ③ 특별인부

(2) 위 작업에 필요한 인건비를 구하시오.

해설

(1) ① • 계산 과정
   $(1.47+1.12) \times 5 \times 1.8 = 23.31$[인]
   • 답 23.31[인]

② • 계산 과정
   $(21.8+16.8) \times 5 \times 1.8 = 347.4$[인]
   • 답 347.4[인]

③ • 계산 과정
   $(32.7+24.1) \times 5 \times 1.8 = 511.2$[인]
   • 답 511.2[인]

(2) • 계산 과정
   직접노무비 $= (23.31 \times 45,000) + (347.4 \times 72,000) + (511.2 \times 35,000) = 43,953,750$[원]
   간접노무비 = 직접노무비$\times 0.15 = 43,953,750 \times 0.15 = 6,593,062$[원]
   ∴ 인건비 = 직접노무비 + 간접노무비 $= 43,953,750 + 6,593,062 = 50,546,812$[원]
   • 답 50,546,812[원]

배점: 6점

15 출력 릴레이 X가 보조 릴레이 접점 A, B, C의 함수로서 다음 논리식으로 주어진다. 릴레이 시퀀스, 로직 시퀀스 및 NOR gate만을 사용한 로직 시퀀스를 각각 그리시오.

논리식: $X = (A+B) \cdot (C + \overline{B} \cdot \overline{C})$

(1) 릴레이 시퀀스를 그리시오.

(2) 로직 시퀀스를 그리시오.

A ———

B ———

C ———

(3) NOR gate만을 사용한 로직 시퀀스를 그리시오.

A ———

B ———

C ———

해설

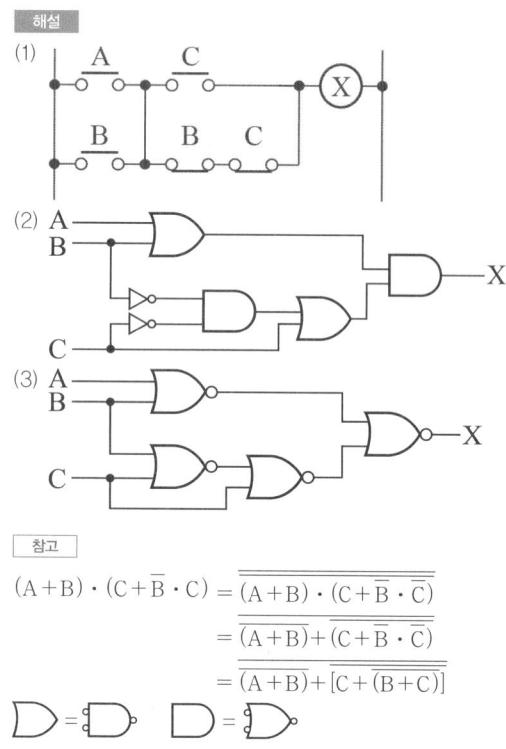

참고
$(A+B) \cdot (C+\overline{B} \cdot C) = \overline{\overline{(A+B) \cdot (C+\overline{B} \cdot \overline{C})}}$
$= \overline{\overline{(A+B)} + \overline{(C+\overline{B} \cdot \overline{C})}}$
$= \overline{\overline{(A+B)} + \overline{[C+\overline{(B+C)}]}}$

배점: 5점

16 릴레이 X, Y, Z가 있다. 전등 L1, L2, L3, L4가 아래 시퀀스에 의해 점등된다고 할 때 다음 각 물음에 답하시오.

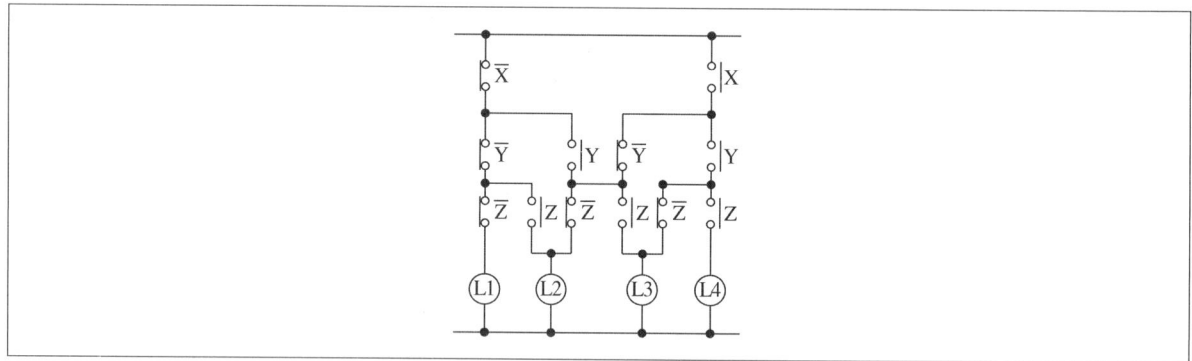

(1) X가 여자, Y가 소자, Z가 여자되었을 때 어떤 등이 점등되는가?
(2) 전등 L2를 논리식으로 표현하시오.
(3) X, Y, Z 중 두 개만 여자되었을 때 어떤 등이 점등되는가?
(4) X, Y, Z가 모두 여자되었을 때 어떤 등이 점등되는가?

해설

(1) L3
(2) $\overline{X}\,\overline{Y}Z + \overline{X}Y\overline{Z} + X\overline{Y}\,\overline{Z}$
(3) L3
(4) L4

배점: 7점

17 다음 도면은 전등 및 콘센트의 평면 배선도이다. 도면을 보고 ①번부터 ⑦번까지 접지도체를 포함하여 최소 전선(가닥)수를 표시하시오.(표시 예: 접지도체를 포함하여 3가닥인 경우 → ─//─)

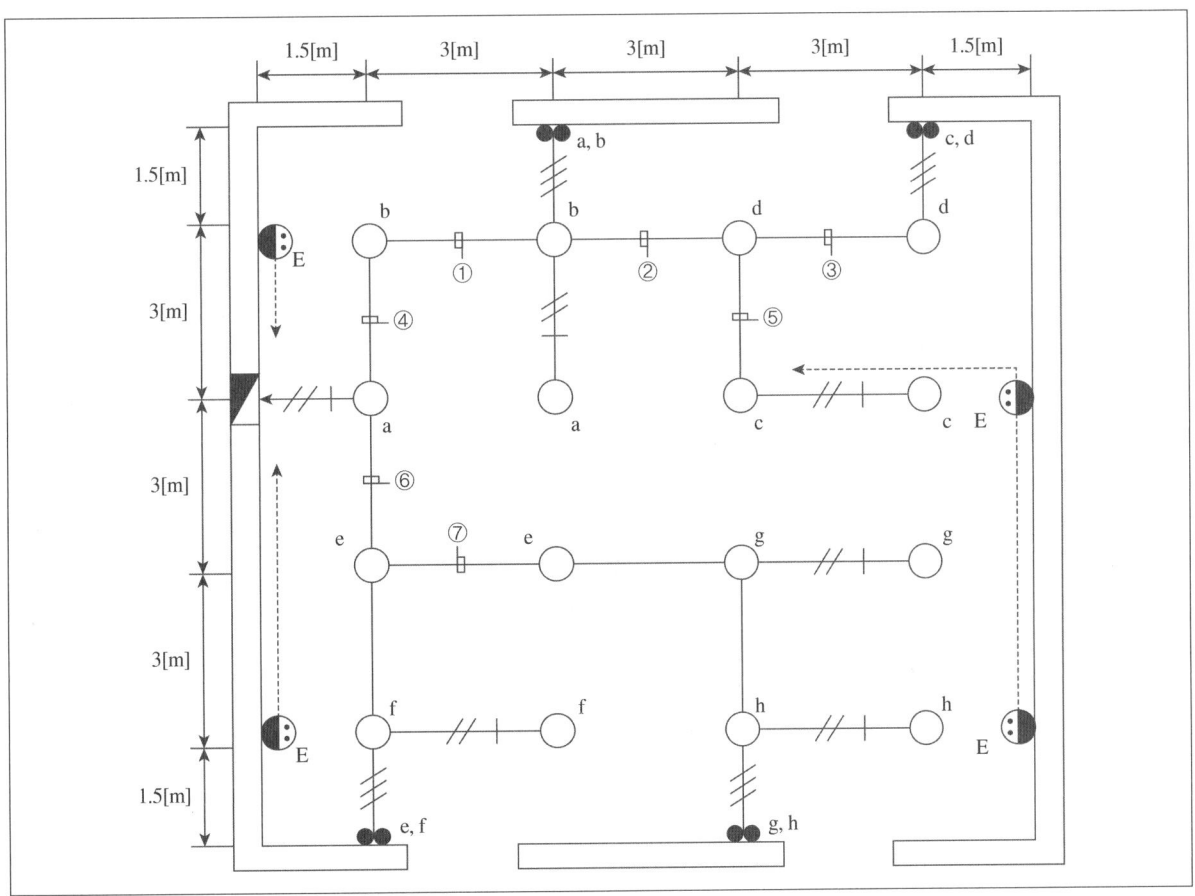

[범례 및 주기]

기구	기구명칭
○	LED 15[W]
◐$_E$	매입 콘센트(2P 15[A] 250[V])
●	매입 텀블러 스위치(15[A] 250[V])

전선기호	전선 및 합성수지관
– – – – –	HFIX 4sq×2, (E) 4sq (22C)
—///—	HFIX 2.5sq×2, (E) 2.5sq (16C)
—///—	HFIX 2.5sq×3 (16C)
—///—|	HFIX 2.5sq×3, (E) 2.5sq (16C)
—//—	HFIX 2.5sq×2 (16C)

①	②	③	④	⑤	⑥	⑦

해설

①	②	③	④	⑤	⑥	⑦
—////—|	—//—|	—////—|	—//—|	—//—|	—//—|	—////—|

참고

① L1, L2, S/W a, S/W b, E → 5가닥
② L1, L2, E → 3가닥
③ L1, L2, S/W c, S/W d, E → 5가닥
④ L1, L2, S/W a, E → 4가닥
⑤ L2, S/W c, E → 3가닥
⑥ L1, L2, E → 3가닥
⑦ L1, L2, S/W e, E → 4가닥

2022년 2회 전기공사기사 기출문제

배점: 4점

01 다음은 전기 부문 표준 품셈에 명시된 소운반에 대한 설명이다. 빈칸에 알맞은 내용을 채우시오.

> 품에서 규정된 소운반이라 함은 (①)[m] 이내의 수평거리를 말하며 소운반이 포함된 품에 있어서 소운반거리가 (①)[m]를 초과할 경우에는 초과분에 대하여 이를 별도 계상하며 경사면의 소운반거리는 직고 1[m], 수평거리 (②)[m]의 비율로 본다.

해설
① 20
② 6

참고
소운반이라 함은 20[m] 이내의 수평거리를 말하며 소운반이 포함된 품에 있어서 소운반거리가 20[m]를 초과할 경우에는 초과분에 대하여 별도 계상하며 소운반거리는 직고 1[m], 수평거리 6[m]의 비율로 본다.

배점: 6점

02 계통접지의 종류 중 TN계통 접지방식을 중성선 및 보호도체(PE)의 배치 및 접속방법에 따라 분류할 때 종류 3가지를 작성하시오.

해설
- TN-S 계통
- TN-C 계통
- TN-C-S 계통

참고
- 계통 내에서 별도의 중성선과 보호도체가 있는 TN-S 계통

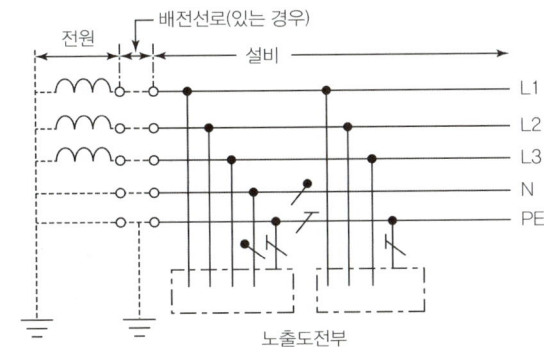

- TN-C 계통

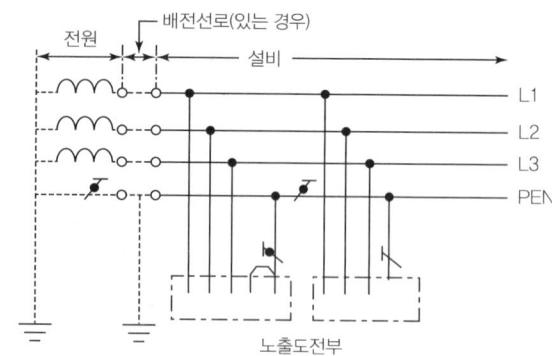

- 설비의 어느 곳에서 PEN이 PE와 N으로 분리된 3상 4선식 TN-C-S 계통

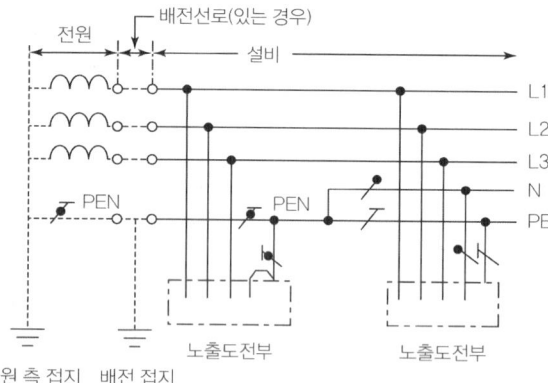

T: Terra (대지에 직접접지)
N: Neutral (중성선에 접지)
S: Separated
C: Combined

03 다음 도면을 보고 주어진 답안지의 릴레이 시퀀스 회로도를 완성하시오.

배점: 6점

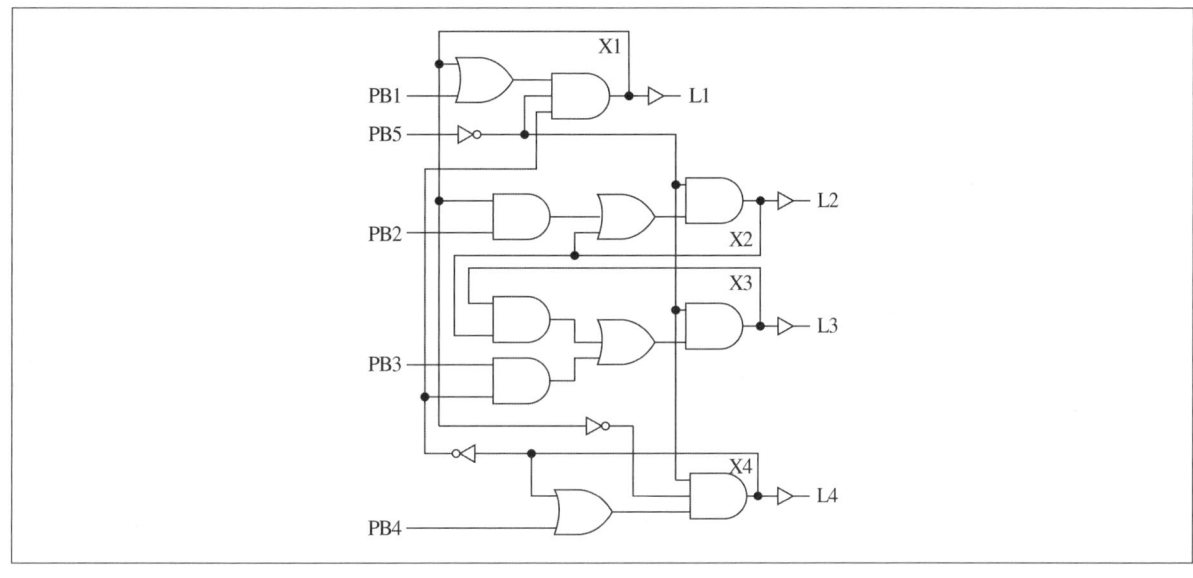

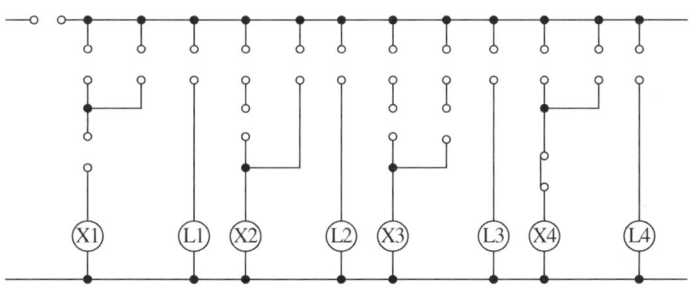

해설

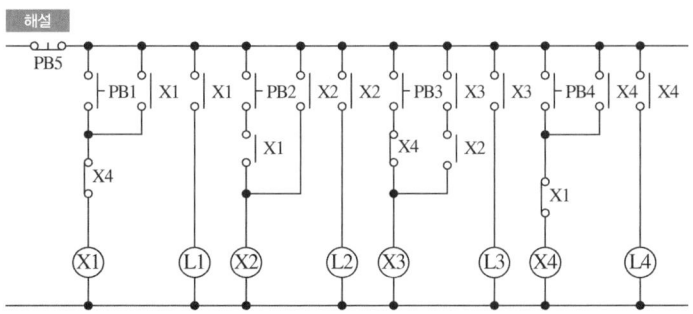

참고

$X1 = (PB1 + X1) \cdot \overline{X4} \cdot \overline{PB5}$, $L1 = X1$
$X2 = (PB2 \cdot X1 + X2) \cdot \overline{PB5}$, $L2 = X2$
$X3 = (PB3 \cdot \overline{X4} + X2 \cdot X3) \cdot \overline{PB5}$, $L3 = X3$
$X4 = (PB4 + X4) \cdot \overline{X1} \cdot \overline{PB5}$, $L4 = X4$

배점: 5점

04 매입 방법에 따른 건축화 조명 방식의 종류를 5가지만 쓰시오.

> **해설**
> - 매입형광등 방식
> - 다운라이트 방식
> - 코퍼라이트 방식
> - 핀 홀 라이트 방식
> - 라인라이트 방식

배점: 6점

05 전력시설물 공사감리업무 수행지침에 따라 감리용역 착수 단계에서 감리업자는 착수신고서를 제출받아 발주자의 승인을 받아야 한다. 이때, 착수신고서 서류 3가지를 쓰시오.

> **해설**
> - 감리업무 수행계획서
> - 감리비 산출내역서
> - 상주, 비상주 감리원 배치계획서와 감리원의 경력확인서
>
> **참고**
> 전력시설물 공사감리업무 수행지침 – 공사착공 단계 감리업무 제7조(행정업무)
> 감리업자는 감리용역 착수 시 다음 각 혹의 서류를 첨부한 착수신고서를 제출하여 발주자의 승인을 받아야 한다.
> - 감리업무 수행계획서
> - 감리비 산출내역서
> - 상주, 비상주 감리원 배치계획서와 감리원의 경력확인서
> - 감리원 조직 구성내용과 감리원별 투입기간 및 담당업무

배점: 6점

06 조명기구의 통칙(KS C 8000)에 따른 다음 용어의 정의를 설명하시오.

(1) 0 등급
(2) Ⅲ 등급

> **해설**
> (1) 0 등급: 접지단자 또는 접지선을 갖지 않고, 기초절연만으로 전체가 보호된 기구
> (2) Ⅲ 등급: 정격전압이 교류 30[V] 이하인 전압의 전원에 접속하여 사용하는 기구

배점: 5점

07 수전차단용량이 $520[\text{MVA}]$이고, $22.9[\text{kV}]$에 설치하는 피뢰기용 접지도체의 굵기를 계산하고 선정하시오. (단, $22[\text{kV}]$급 최대사용전압은 $25.8[\text{kV}]$, 재질 및 초기온도와 최종온도에 따라 정해지는 계수는 282, 고장지속시간은 1.1초이다.)

전선 규격 $[\text{mm}^2]$	16, 25, 35, 50, 70, 95, 120, 150

해설

• 계산 과정

접지도체의 굵기 $S = \dfrac{\sqrt{1.1}}{282} \times \dfrac{520 \times 10^3}{\sqrt{3} \times 25.8} = 43.28[\text{mm}^2]$ 이므로 $50[\text{mm}^2]$의 굵기를 선정

• **답** $50[\text{mm}^2]$

참고

접지도체의 굵기 $S = \dfrac{\sqrt{t}}{k} I_s [\text{mm}^2]$

(단, t: 차단기의 동작 시간$[s]$, k: 온도 계수, I_s: 보호장치에 흐를 수 있는 예상 고장 전류 실횻값$[A]$)

배점: 4점

08 다음 물음에 답하시오.

(1) 옥내배선용 그림기호 ロ- - - - - 표시의 명칭은 무엇인가?
　　　　　　　　　　　　　　LD

(2) 옥내배선용 그림기호 [MD] 표시의 명칭은 무엇인가?

(3) 옥내배선용 그림기호 - - -◎- - - 표시의 명칭은 무엇인가?

(4) 옥내배선용 그림기호 ‾‾‾‾‾‾ 표시의 명칭은 무엇인가?
　　　　　　　　　　　　(F7)

해설

(1) 라이팅 덕트
(2) 금속 덕트
(3) 정선 박스
(4) 플로어 덕트

참고

라이팅덕트: - - -ロ- - -   또는   ロ- - - - - -
　　　　　　　LD　　　　　　　　　　LD

배점: 6점

09 수전방식 중 스폿 네트워크의 특징 3가지를 작성하시오.

해설
- 무정전 공급이 가능하다.
- 전압변동률이 낮다.
- 기기의 이용률이 높다.

참고
스폿 네트워크의 특징
- 무정전 공급이 가능하다.
- 전압변동률이 낮다.
- 기기의 이용률이 높아진다.
- 공급신뢰도가 높다.
- 전력손실이 감소한다.
- 부하증가에 따른 적응성이 우수하다.
- 전등, 전력의 일원화가 가능하다.
- 2차 변전소 수량을 줄일 수 있다.

배점: 3점

10 다음은 계전기별 고유 기구번호이다. 기구번호에 따른 각 계전기 명칭을 쓰시오.

(1) 27
(2) 37D
(3) 51G

해설
(1) 교류 부족전압계전기
(2) 직류 부족전류계전기
(3) 지락 과전류계전기

배점: 6점

11 터파기에 대한 다음 물음에 답하시오.

(1) 그림과 같은 외등용 전선관을 지중에 매설하려고 한다. 터파기량[m³]은 얼마인가?(단, 매설거리는 30[m]이고, 전선관의 면적은 무시한다.)

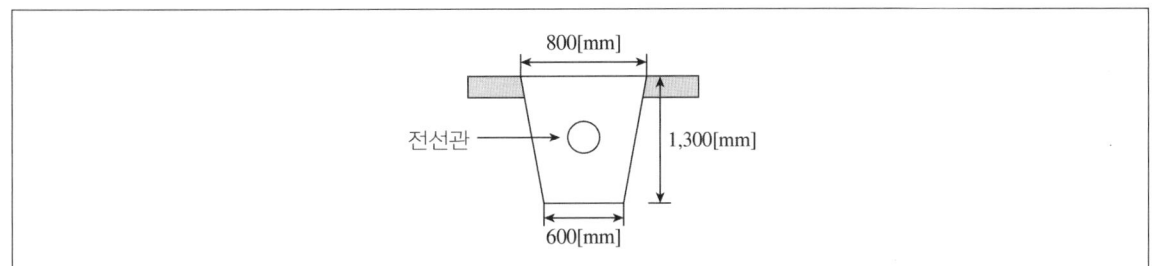

(2) 지중전선로를 직접 매설식에 의하여 시설하는 경우, 매설 깊이는 차량 기타 중량물의 압력을 받을 우려가 있는 장소에서는 몇 [m] 이상으로 시설하여야 하는가?

해설

(1) • 계산 과정

$$V = \frac{0.6 + 0.8}{2} \times 1.3 \times 30 = 27.3 [m^3]$$

• 답 $27.3[m^3]$

(2) $1.0[m]$

참고

(1)
줄기초 터파기량 $V = \dfrac{a+b}{2} \times h \times$ 매설거리$[m^3]$
(단, a: 밑변[m], b: 윗변[m], h: 높이[m])

(2) **지중전선로의 시설**

지중전선로를 직접 매설식에 의하여 시설하는 경우에는 매설 깊이를 차량 기타 중량물의 압력을 받을 우려가 있는 장소에는 $1.0[m]$ 이상, 기타 장소에는 $0.6[m]$ 이상으로 한다.

12 다음은 전기부문 표준품셈에 따른 고소작업에 대한 위험 할증률을 나타낸 표이다. 각 높이에 따른 할증률[%]을 쓰시오.

배점: 3점

구분	고소작업 높이	할증률[%]
고소작업(지상) ※ 비계틀 없이 시공되는 작업	5[m] 이상 ~ 10[m] 미만	①
	15[m] 이상 ~ 20[m] 미만	②
고소작업(지상) ※ 비계틀 사용	10[m] 이상 ~ 20[m] 미만	③

해설

① 20[%]
② 40[%]
③ 10[%]

참고

고소작업 시 할증률[%]

구분		할증률[%]
비계틀 없음	지상 5[m] 미만	0
	지상 5[m] 이상 10[m] 미만	20
	지상 10[m] 이상 15[m] 미만	30
	지상 15[m] 이상 20[m] 미만	40
	지상 20[m] 이상 30[m] 미만	50
	지상 30[m] 이상 40[m] 미만	60
	지상 40[m] 이상 50[m] 미만	70
	지상 50[m] 이상 60[m] 미만	80
	60[m] 이상 매 10[m] 이내 증가마다	10[%] 가산
비계틀 있음	지상 10[m] 이상 20[m] 미만	10
	지상 20[m] 이상 30[m] 미만	20
	지상 30[m] 이상 50[m] 미만	30
	지상 50[m] 이상	40

13 240[mm²] ACSR 전선을 200[m]의 경간에 가설하려고 하는데 이도는 계산상 8[m]였지만 가설 후의 실측결과는 6[m]이어서 2[m]를 증가시키려고 한다. 이때 전선을 경간에 몇 [m]만큼 밀어넣어야 하는가?

해설

• 계산 과정

이도 6[m]일 때 전선의 길이 $L_1 = 200 + \dfrac{8 \times 6^2}{3 \times 200} = 200.48$[m]

이도 8[m]일 때 전선의 길이 $L_2 = 200 + \dfrac{8 \times 8^2}{3 \times 200} = 200.85$[m]

추가 전선의 길이 $L_3 = L_2 - L_1 = 200.85 - 200.48 = 0.37$[m]

• **답** 0.37[m]

참고

전선의 실제 길이 $L = S + \dfrac{8D^2}{3S}$ [m]

(단, S: 철탑과 철탑 간의 경간[m], D: 전선의 이도[m])

14 한국전기설비규정에 따라 기계기구 및 전선을 보호하기 위해 과전류차단기를 시설해야 하는데, 과전류차단기를 시설하지 않아도 되는 개소를 3가지 작성하시오.

해설

• 접지공사의 접지도체
• 다선식 전로의 중성선
• 전로 일부에 접지공사를 한 저압 가공전선로의 접지측 전선

참고

과전류 차단기의 시설 제한

접지공사의 접지도체, 다선식 전로의 중성선 및 전로의 일부에 접지공사를 한 저압 가공전선로의 접지측 전선에는 과전류 차단기를 시설하여서는 안 된다.

15 한국전기설비규정에 따른 옥외등 공사에 사용하는 기구는 다음에 의하여 시설하여야 한다. 빈칸에 알맞은 내용을 채우시오.

배점: 6점

> 옥외등 공사에 사용하는 기구는 다음에 의하여 시설하여야 한다.
> - 노출하여 사용하는 소켓 등은 선이 부착된 (①) 또는 (②)을(를) 사용하고 하향으로 시설할 것
> - 파이프펜던트 및 직부기구를 상향으로 부착할 경우는 홀더의 최하부에 지름 3[mm] 이상의 물 빼는 구멍을 (③)개소 이상 만들거나 또는 방수형으로 할 것

해설
① 방수소켓
② 방수형 리셉터클
③ 2

참고
기구의 시설
옥외등 공사에 사용하는 기구는 다음에 의하여 시설하여야 한다.
- 노출하여 사용하는 소켓 등은 선이 부착된 방수소켓 또는 방수형 리셉터클을 사용하고 하향으로 시설할 것
- 파이프펜던트 및 직부기구를 상향으로 부착할 경우는 홀더의 최하부에 지름 3[mm] 이상의 물 빼는 구멍을 2개소 이상 만들거나 또는 방수형으로 할 것

배점: 10점

16 다음 도면은 어느 공장의 수전설비이다. [조건]을 참고하여 물음에 답하시오.

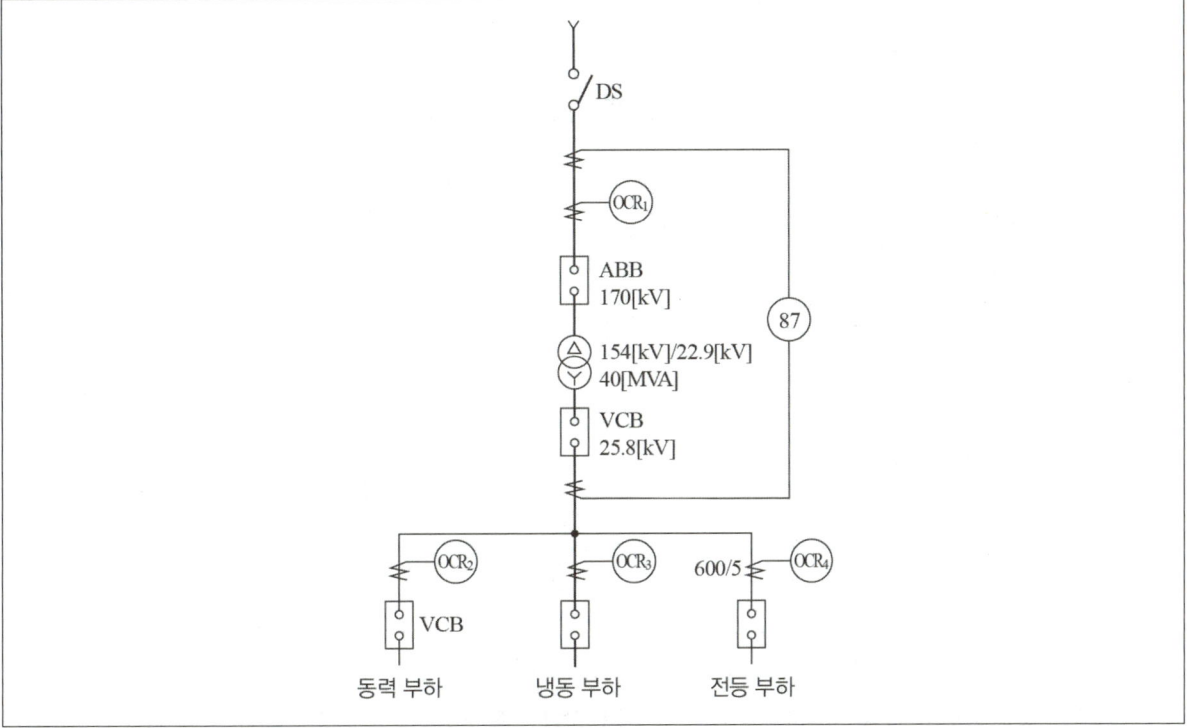

조건
- 전원 등가 Impedance는 2.5[%](100[MVA] 기준)이고, 변압기 %임피던스는 자기용량 기준으로 7[%]이다.
- OCR_1의 Tap은 전부하 전류의 160[%]로 선정하며, 부하 측에서 설치된 $OCR_2 \sim OCR_4$의 사용 Tap은 150[%]로 설정한다.
- 170[kVA] 차단기 용량은 1,500, 2,500, 3,000, 5,000, 7,500[MVA] 중에서 선택하며, 차동계전기 CT 변류기는 1,000, 1,500, 2,000, 2,300, 3,000, 5,000[A] 중에서 선택한다.

(1) 과전류 계전기 OCR_1의 적당한 Tap은?(단, CT값은 정격전류의 1.25배이다.)
(2) 170[kV] ABB의 적당한 차단용량[MVA]은?
(3) 계전기 87의 22.9[kV] 측의 적당한 CT비는?(단, CT값은 정격전류의 1.25배이다.)
(4) 87 계전기의 정확한 명칭은?
(5) ABB의 정확한 명칭은?

해설

(1) • 계산 과정

　　부하전류 $I = \dfrac{40 \times 10^3}{\sqrt{3} \times 154} = 149.96[\text{A}]$

　　CT는 $I_{ct} = 149.96 \times 1.25 = 187.45[\text{A}]$ 이므로 200/5[A] 선정

　　OCR_1의 Tap은 조건에 의해 $\text{Tap}_{\text{OCR}_1} = 149.96 \times 1.6 \times \dfrac{5}{200} = 6[\text{A}]$

• 답 6[A]

(2) • 계산 과정

　　단락용량 $P_s = \dfrac{100}{\%Z} \times 100 = \dfrac{100}{2.5} \times 100 = 4{,}000[\text{MVA}]$

• 답 차단기의 차단용량은 단락용량보다 커야 하므로 5,000[MVA] 선정

(3) • 계산 과정

　　2차 전류 $I_2 = \dfrac{40 \times 10^3}{\sqrt{3} \times 22.9} = 1{,}008.47[\text{A}]$

　　CT는 $I_{ct} = 1{,}008.47 \times 1.25 = 1{,}260.59[\text{A}]$

• 답 $\dfrac{1{,}500}{5}[\text{A}]$

(4) 비율 차동 계전기

(5) 공기 차단기

배점: 5점

17 그림과 같이 지선을 시설하여 전주에 가해지는 수평장력 T를 지지하고자 한다. 4.0[mm]의 철선 7가닥을 사용하여 지지할 수 있는 수평장력 $T[\text{kgf}]$를 구하시오.(단, 철선 1가닥의 인장강도는 440[kgf], 안전율은 3으로 한다.)

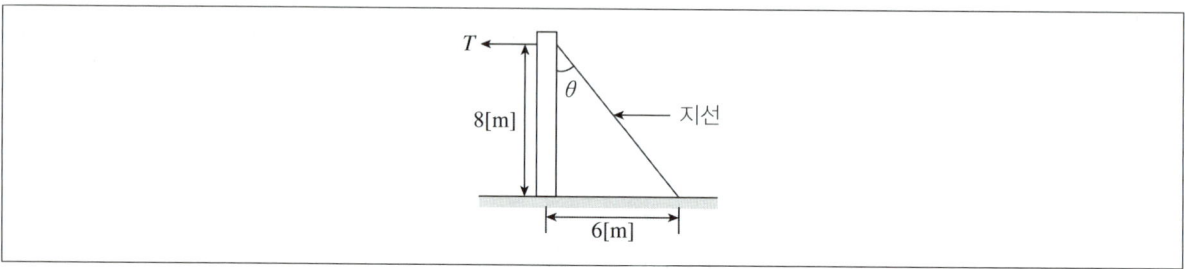

해설

• 계산 과정

　　지선이 지지할 수 있는 장력 $T_0 = \dfrac{440 \times 7}{3} = 1{,}026.67[\text{kgf}]$

　　$T = T_0 \cos(90 - \theta) = T_0 \sin\theta = 1{,}026.67 \times \dfrac{6}{\sqrt{8^2 + 6^2}} = 616[\text{kgf}]$

• 답 616[kgf]

배점: 8점

18 다음 물음에 답하시오.

(1) 소호각의 역할 3가지를 작성하시오.
(2) 송전선을 ACSR로 할 때, 댐퍼(Damper)를 설치하는 주된 이유는?
(3) 주상 변압기의 저압측에 설치하는 보호장치는?
(4) 3상 수직 배치인 선로에서 오프셋을 주는 이유는 무엇인가?

해설
(1) ① 이상 전압에 의한 섬락으로부터 애자련 보호
    ② 애자련의 전압 분포 개선
    ③ 애자련 효율 향상
(2) 전선의 진동 방지
(3) 캐치 홀더
(4) 전선 도약에 의한 상간 단락사고 방지

참고
댐퍼(Damper)의 설치 목적
- 전선의 진동 방지
- 진동으로 인한 전선의 단선 방지

2022년 4회 전기공사기사 기출문제

배점: 4점

01 다음은 한국전기설비규정에서 정하는 피뢰시스템의 인하도선 시스템에서 병렬 인하도선 사이의 최대 간격에 대한 표이다. 빈칸에 알맞은 내용을 채우시오.(단, 건축물·구조물과 분리되지 않은 피뢰시스템인 경우이다.)

보호등급	평균거리[m]
I	①
II	②
III	③
IV	④

해설
① 10
② 10
③ 15
④ 20

참고
인하도선 시스템
건축물·구조물과 분리되지 않은 피뢰시스템인 경우 배치 방법은 다음에 의한다.
- 병렬 인하도선의 최대 간격은 피뢰시스템 등급에 따라 I·II등급은 10[m], III등급은 15[m], IV등급은 20[m]로 한다.

배점: 4점

02 저압 전기설비에서 다음 각 덕트 공사에서 덕트 지지점 간의 최대 거리[m]를 쓰시오.

(1) 버스 덕트 공사(덕트를 조영재에 붙이는 경우에 취급자 이외의 자가 출입이 가능한 곳):
(2) 라이팅 덕트 공사:

해설
(1) 3[m]
(2) 2[m]

참고
버스 덕트 공사 시설조건
- 덕트 상호 간 및 전선 상호 간은 견고하고 또한 전기적으로 완전하게 접속할 것
- 덕트를 조영재에 붙이는 경우에는 덕트의 지지점 간의 거리를 3[m](취급자 이외의 자가 출입할 수 없도록 설비한 곳에서 수직으로 붙이는 경우에는 6[m]) 이하로 하고 또한 견고하게 붙일 것

라이팅 덕트 공사 시설조건
- 덕트 상호 간 및 전선 상호 간은 견고하게 또한 전기적으로 완전히 접속할 것
- 덕트는 조영재에 견고하게 붙일 것
- 덕트의 지지점 간의 거리는 2[m] 이하로 할 것

배점: 6점

03 한국전기설비규정에 의거하여 특고압을 직접 저압으로 변성하는 변압기의 시설사항에 관한 내용으로 빈칸에 알맞은 내용을 채우시오.

> 특고압을 직접 저압으로 변성하는 변압기는 다음의 것 이외에는 시설하여서는 아니 된다.
> - 전기로 등 (①)이(가) 큰 전기를 소비하기 위한 변압기
> - 발전소·변전소·개폐소 또는 이에 준하는 곳의 (②) 변압기
> - 333.32의 1과 4에서 규정하는 특고압 전선로에 접속하는 변압기
> - 사용전압이 (③)[kV] 이하인 변압기로서 그 특고압 측 권선과 저압 측 권선이 혼촉한 경우에 자동적으로 변압기를 전로로부터 차단하기 위한 장치를 설치한 것

해설
① 전류
② 소내용
③ 35

참고
특고압을 직접 저압으로 변성하는 변압기의 시설
특고압을 직접 저압으로 변성하는 변압기는 다음의 것 이외에는 시설하여서는 아니 된다.
- 전기로 등 전류가 큰 전기를 소비하기 위한 변압기
- 발전소·변전소·개폐소 또는 이에 준하는 곳의 소내용 변압기
- 333.32의 1과 4에서 규정하는 특고압 전선로에 접속하는 변압기
- 사용전압이 35[kV] 이하인 변압기로서 그 특고압 측 권선과 저압 측 권선이 혼촉한 경우에 자동적으로 변압기를 전로로부터 차단하기 위한 장치를 시설한 것
- 사용전압이 100[kV] 이하인 변압기로서 그 특고압 측 권선과 저압 측 권선 사이에 142.5의 규정에 의하여 접지공사(접지저항 값이 10[Ω] 이하인 것에 한한다.)를 한 금속제의 혼촉방지판이 있는 것

배점: 4점

04 다음은 한국전기설비규정에 의한 저압 옥내 직류전기설비의 접지 규정이다. 빈칸에 알맞은 내용을 채우시오.

> 저압 옥내 직류전기설비는 전로 보호장치의 확실한 동작의 확보, 이상전압 및 대지전압의 억제를 위하여 직류 2선식의 임의의 한 점 또는 변환장치의 직류 측 중간점, 태양전지의 중간점 등을 접지하여야 한다. 다만, 직류 2선식을 다음에 따라 시설하는 경우는 그러하지 아니하다.
> - 사용전압이 (①)[V] 이하인 경우
> - 절연감시장치 또는 절연고장점검출장치를 설치하여 관리자가 확인할 수 있도록 (②)을(를) 시설하는 경우

해설
① 60
② 경보장치

참고
저압 옥내 직류전기설비의 접지
저압 옥내 직류전기설비는 전로 보호장치의 확실한 동작의 확보, 이상전압 및 대지전압의 억제를 위하여 직류 2선식의 임의의 한 점 또는 변환장치의 직류 측 중간점, 태양전지의 중간점 등을 접지하여야 한다. 다만, 직류 2선식을 다음에 따라 시설하는 경우는 그러하지 아니하다.
- 사용전압이 60[V] 이하인 경우
- 접지검출기를 설치하고 특정구역 내의 산업용 기계기구에만 공급하는 경우
- 교류전로로부터 공급을 받는 정류기에서 인출되는 직류계통
- 최대전류 30[mA] 이하의 직류화재경보회로
- 절연감시장치 또는 절연고장점검출장치를 설치하여 관리자가 확인할 수 있도록 경보장치를 시설하는 경우

배점: 9점

05 어느 변전소에서 그림과 같은 일부하 곡선을 가진 3개의 부하 A, B, C를 공급하고 있다. 주어진 자료를 바탕으로 물음에 답하시오.(단, A, B, C의 역률은 시간에 관계없이 각각 80[%], 100[%], 및 60[%]이며, 그림에서 부하전력은 부하곡선의 수치에 10^3을 곱했다는 뜻이다. 즉, 수직축의 5는 $5 \times 10^3 [kW]$라는 의미이다.)

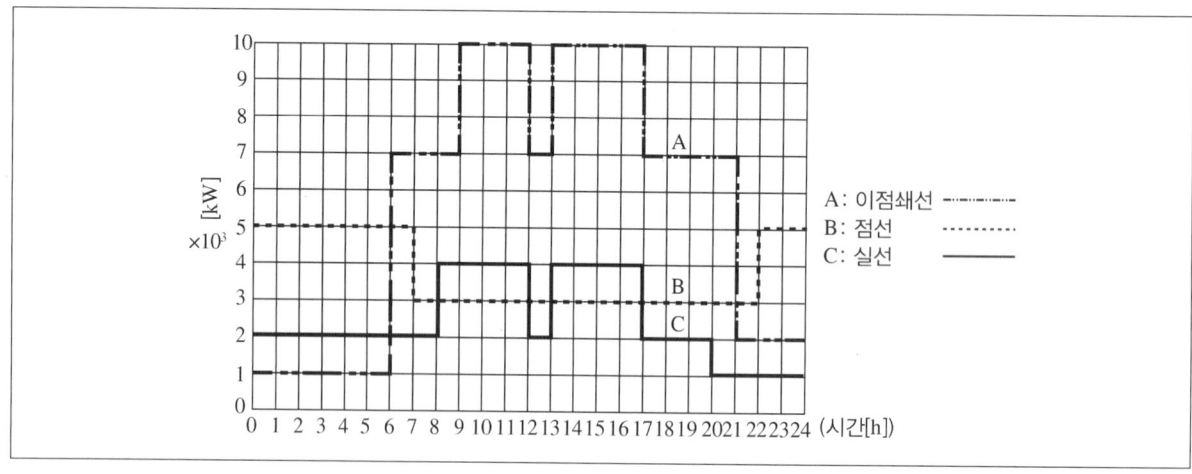

(1) 합성 최대 전력은 몇 [kW]인가?
(2) B 부하에 대한 평균 전력은 몇 [kW]인가?
(3) 총 부하율은?

해설

(1) • 계산 과정
$$P = (10+4+3) \times 10^3 = 17{,}000 [\text{kW}]$$
• 답 17,000[kW]

(2) • 계산 과정
$$P_B = \frac{(5\times 7)+(3\times 15)+(5\times 2)}{24} \times 10^3 = 3{,}750[\text{kW}]$$
• 답 3,750[kW]

(3) • 계산 과정
$$P_A = \frac{(1\times 6)+(7\times 3)+(10\times 3)+(7\times 1)+(10\times 4)+(7\times 4)+(2\times 3)}{24} \times 10^3 = 5{,}750[\text{kW}]$$
$$P_B = 3{,}750[\text{kW}]$$
$$P_C = \frac{(2\times 8)+(4\times 4)+(2\times 1)+(4\times 4)+(2\times 3)+(1\times 4)}{24} \times 10^3 = 2{,}500[\text{kW}]$$
총 부하율 $= \frac{5{,}750+3{,}750+2{,}500}{17{,}000} \times 100 = 70.59[\%]$
• 답 70.59[%]

배점: 5점

06 철거손실률에 대하여 설명하시오.

해설

전기설비공사에서 철거작업 시 발생하는 폐자재를 환입할 때 재료의 파손, 손실, 망실 및 일부 부식 등에 의한 손실률

07 다음 그림과 같은 변전설비를 보고 각 물음에 답하시오.

배점: 6점

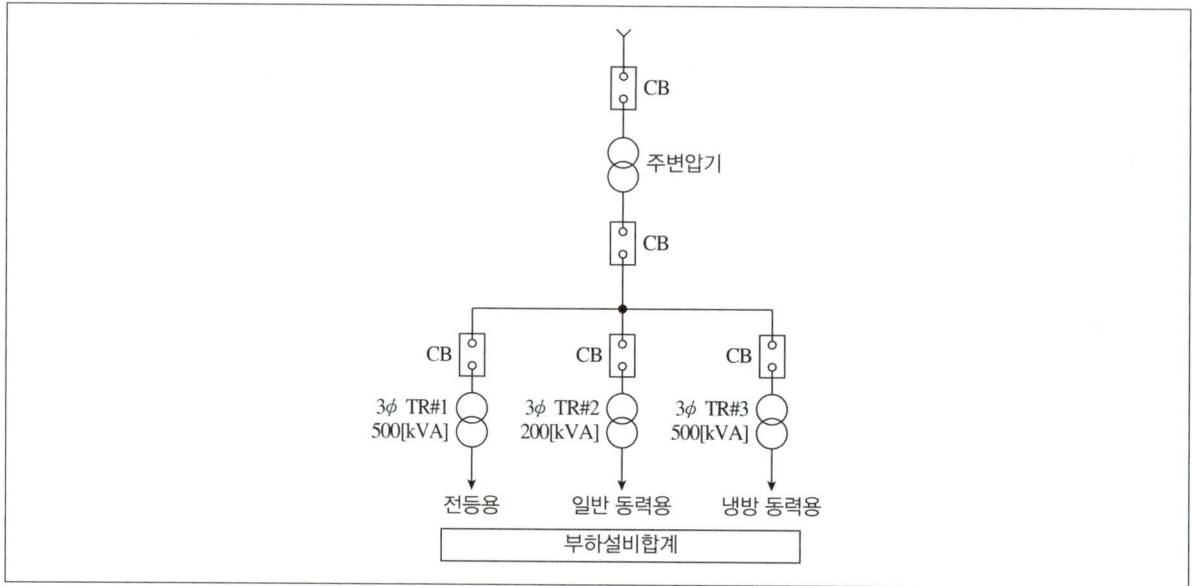

(1) 주변압기의 용량은 몇 [kVA] 이상이어야 하는가?(단, 부등률은 1.2로 한다.)
(2) 냉방 동력용 부하가 450[kW]이고, 무효전력은 200[kVar]이다. 역률이 95[%]가 되도록 하려면 전력용 콘덴서는 몇 [kVar]가 필요한지 계산하시오.

해설

(1) • 계산 과정

변압기 용량 $P = \dfrac{500 + 200 + 500}{1.2} = 1{,}000 \,[\text{kVA}]$

• 답 1,000[kVA]

(2) • 계산 과정

개선 전 역률 $\cos\theta_1 = \dfrac{450}{\sqrt{450^2 + 200^2}} = 0.9138$

역률 개선용 콘덴서 용량 $Q_c = 450 \times \left(\dfrac{\sqrt{1-0.9138^2}}{0.9138} - \dfrac{\sqrt{1-0.95^2}}{0.95} \right) = 52.11\,[\text{kVar}]$

• 답 52.11[kVar]

참고

(1) 변압기 용량 $P = \dfrac{\text{총 설비용량}}{\text{부등률}}\,[\text{kVA}]$ (단, 총 설비용량의 단위가 [kVA]인 경우)

(2) • 역률 $\cos\theta = \dfrac{P}{P_a} = \dfrac{P}{\sqrt{P^2 + Q^2}}$ (단, P_a: 피상전력[kVA], P: 유효전력[kW], Q: 무효전력[kVar])

• 역률 개선용 콘덴서 $Q_c = P(\tan\theta_1 - \tan\theta_2) = P\left(\dfrac{\sqrt{1-\cos^2\theta_1}}{\cos\theta_1} - \dfrac{\sqrt{1-\cos^2\theta_2}}{\cos\theta_2} \right)[\text{kVar}]$

(단, $\cos\theta_1$: 개선전 역률, $\cos\theta_2$: 개선후 역률)

배점: 5점

08 정부나 공공기관에서 발주하는 전기공사의 물량 산출 시 다음 재료의 할증률은 몇 [%] 이내로 하여야 하는지 쓰시오.

(1) 옥외전선
(2) 옥내전선
(3) 트롤리선
(4) 전선관(옥외)
(5) 전선관(옥내)

해설
(1) 5[%]
(2) 10[%]
(3) 1[%]
(4) 5[%]
(5) 10[%]

배점: 4점

09 다음 그림의 GPT에서 오픈델타 결선에 연결한 R의 명칭과 용도 2가지를 쓰시오.

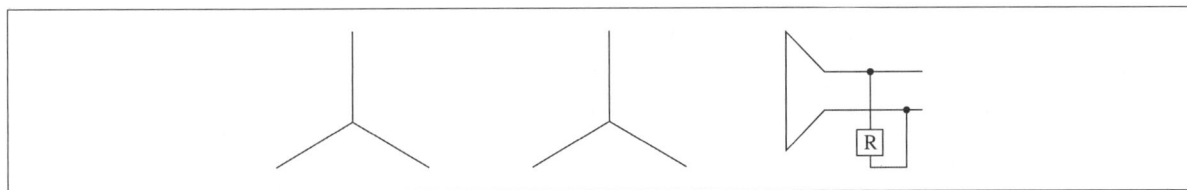

(1) 명칭
(2) 용도

해설
(1) 한류 저항기(CLR)
(2) • 보호 계전기를 동작시키는 데 필요한 유효 전류를 발생시킨다.
　　• 오픈델타 회로의 각 상전압 중의 제3고조파를 억제시킨다.

참고
이 외에도 한류 저항기의 용도는 다음과 같다.
• 비접지 회로의 이상 현상을 억제한다.

배점: 4점

10 일반 전등부하의 부하전류가 10[A], 심야전력기기로 보일러를 사용하며 부하전류가 15[A]라고 할 때, 전선의 굵기를 구하기 위한 전선의 허용전류는 몇 [A] 이상인가?(단, 중첩률은 0.7이라 한다.)

해설

- 계산 과정
  $I = 15 + 10 \times 0.7 = 22[A]$
- 답 22[A]

참고

전선의 허용전류
$I = I_1 + I_2 \times 중첩률$
(단, I_1: 심야전력기기의 부하전류[A], I_0: 일반부하기기의 전류[A])

배점: 5점

11 다음은 한국전기설비규정에 의한 지선의 시설 방법이다. 빈칸에 알맞은 내용을 채우시오.

- 지선에 연선을 사용할 경우 소선은 (①)가닥 이상의 연선이다.
- 지선의 지중부분 및 지표상 (②)[m]까지의 부분에는 내식성이 있는 것 또는 아연도금을 한 철봉을 사용하고 쉽게 부식되지 않는 근가에 견고하게 붙여야 한다.
- 도로 횡단 시 지선의 높이는 (③)[m]이다. 다만, 기술상 부득이한 경우로서 교통에 지장을 주지 않는 경우에는 (④)[m]이다. 보도의 경우 보도상 지선의 높이는 (⑤)[m]이다.

해설

① 3
② 0.3
③ 5
④ 4.5
⑤ 2.5

참고

지선의 시설

- 가공전선로의 지지물로 사용하는 철탑은 지선을 사용하여 그 강도를 분담시켜서는 아니 된다.
- 가공전선로의 지지물로 사용하는 철주 또는 철근 콘크리트주는 지선을 사용하지 않는 상태에서 2분의 1 이상의 풍압하중에 견디는 강도를 가지는 경우 이외에는 지선을 사용하여 그 강도를 분담시켜서는 아니 된다.
- 가공전선로의 지지물에 시설하는 지선은 다음에 따라야 한다.
  - 지선의 안전율은 2.5(제6에 의하여 시설하는 지선은 1.5) 이상일 것. 이 경우에 허용 인장하중의 최저는 4.31[kN]으로 한다.
  - 지선에 연선을 사용할 경우에는 다음에 의할 것
    1. 소선 3가닥 이상의 연선일 것
    2. 소선의 지름이 2.6[mm] 이상의 금속선을 사용한 것일 것. 다만, 소선의 지름이 2[mm] 이상인 아연도강연선으로서 소선의 인장강도가 0.68 이상인 것을 사용하는 경우에는 적용하지 않는다.
  - 지중부분 및 지표상 0.3[m]까지의 부분에는 내식성이 있는 것 또는 아연도금을 한 철봉을 사용하고 쉽게 부식되지 않는 근가에 견고하게 붙일 것. 다만, 목주에 시설하는 지선에 대해서는 적용하지 않는다.
  - 지선근가는 지선의 인장하중에 충분히 견디도록 시설할 것
- 도로를 횡단하여 시설하는 지선의 높이는 지표상 5[m] 이상으로 하여야 한다. 다만, 기술상 부득이한 경우로서 교통에 지장을 초래할 우려가 없는 경우에는 4.5[m] 이상, 보도의 경우에는 2.5[m] 이상으로 할 수 있다.

배점: 8점

12 다음 그림의 유접점 회로도를 보고 물음에 답하시오.

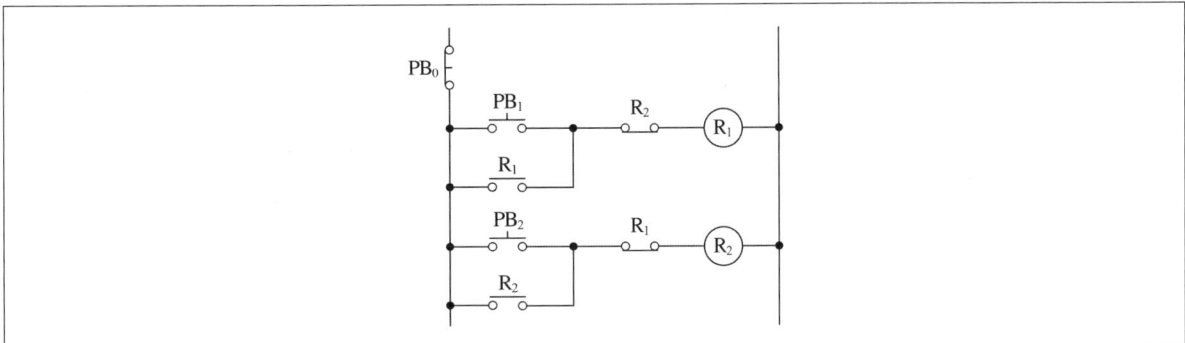

(1) 타임 차트를 완성하시오.

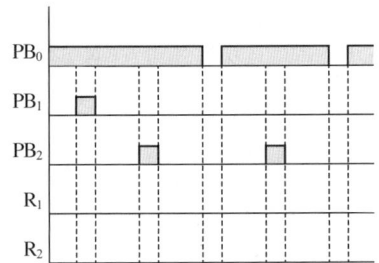

(2) R_1, R_2의 논리식을 쓰시오.
- R_1 :
- R_2 :

(3) AND 2개, OR 2개, NOT 3개로 로직 시퀀스를 완성하시오.

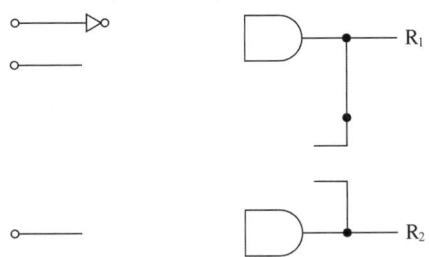

해설

(1)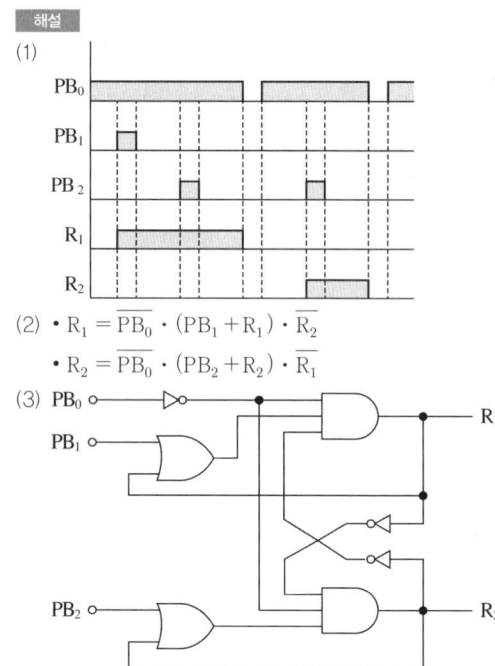

(2) • $R_1 = \overline{PB_0} \cdot (PB_1 + R_1) \cdot \overline{R_2}$
 • $R_2 = \overline{PB_0} \cdot (PB_2 + R_2) \cdot \overline{R_1}$

(3)

배점: 5점

13 폭 15[m]의 도로 양측에 간격 20[m]를 두고 가로등이 점등되고 있다. 1등당의 전광속은 3,000[lm]으로 그 45[%]가 도로 전면에 방사될 때, 도로면의 평균조도[lx]는 얼마인가?

해설

• 계산 과정

$$E = \frac{FUN}{AD} = \frac{3,000 \times 0.45 \times 1}{\frac{1}{2} \times 15 \times 20} = 9[\text{lx}]$$

• **답** 9[lx]

참고

$$FUN = EAD$$

(단, F: 광속[lm], U: 조명률, N: 사용하는 등의 개수, E: 조도[lx], A: 방의 면적[m²], D: 감광 보상률$(=\frac{1}{M})$, M: 유지율)

배점: 4점

14 그림과 같은 전원 설비에서 변압기의 부하율이 각각 40[%]일 때, 변압기 2대 운전 시의 전손실[kW]을 구하시오.(단, CB는 Bus tie 투입상태이며, 철손은 2.2[kW], 전부하동손은 4.2[kW]이다.)

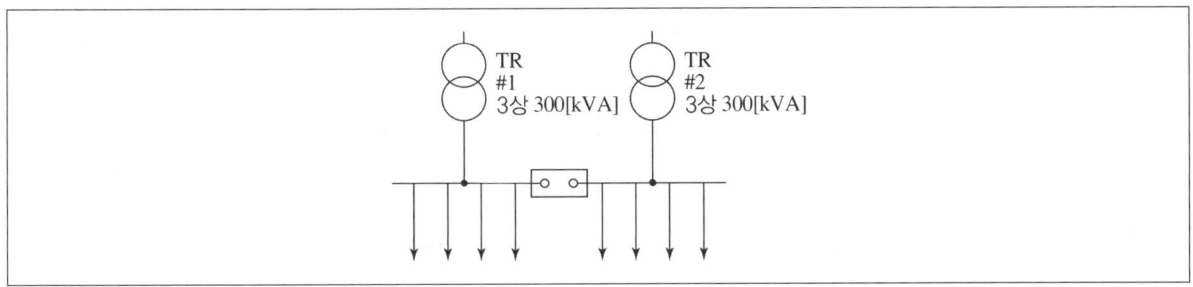

해설

- 계산 과정

  전손실 $P_l = (2.2 + 0.4^2 \times 4.2) \times 2 = 5.74 \text{[kW]}$

- **답** 5.74[kW]

참고

전손실 $P_l = P_i + m^2 P_c$

(단, P_i : 철손, P_c : 전부하 동손, m : 부하율)

15 지표상 $12[\text{m}]$의 점에 $800[\text{kg}]$의 수평장력을 받는 경사진 전주가 있다. 그림과 같이 지선을 시설할 경우 인장강도 $35[\text{kg}/\text{mm}^2]$, 지름 $4[\text{mm}]$인 철선을 사용하고 안전율을 2.5로 할 때, 여기에 필요한 지선의 가닥수를 산정하시오.

배점: 6점

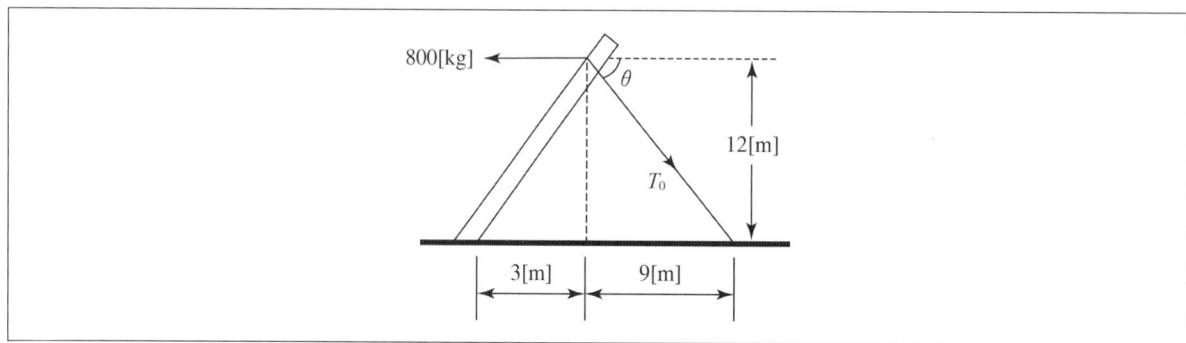

해설

- 계산 과정

  경사진 전주에서 지선이 받는 장력 $T_0 = \dfrac{\sqrt{9^2+12^2}}{3+9} \times 800 = 1{,}000[\text{kg}]$

  가닥 수 $n = \dfrac{1{,}000}{35 \times \left(\dfrac{4}{2}\right)^2 \times \pi} \times 2.5 = 5.68$

- **답** 6[가닥]

참고

경사진 전주에서 지선의 장력

$T_0 = T \cdot \dfrac{\sqrt{H^2+b^2}}{a+b}[\text{kg}]$

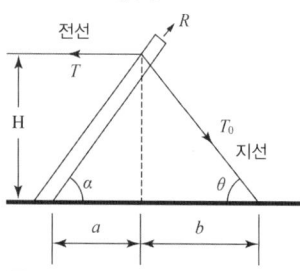

$\sum F_y = 0$

$R\sin\alpha = T_0 \sin\theta \;\rightarrow\; R \cdot \dfrac{H}{\sqrt{H^2+a^2}} = T_0 \cdot \dfrac{H}{\sqrt{H^2+b^2}}$

$\therefore R = \dfrac{\sqrt{H^2+a^2}}{\sqrt{H^2+b^2}} T_0 [\text{kg}]$

$\sum F_x = 0$

$T = R\cos\alpha + T_0 \cos\theta = \dfrac{\sqrt{H^2+a^2}}{\sqrt{H^2+b^2}} \times \dfrac{a}{\sqrt{H^2+a^2}} T_0 + \dfrac{b}{\sqrt{H^2+b^2}} T_0$

$\therefore T = \dfrac{a+b}{\sqrt{H^2+b^2}} T_0 [\text{kg}] \;\rightarrow\; T_0 = T \cdot \dfrac{\sqrt{H^2+b^2}}{a+b} [\text{kg}]$

- 지선의 가닥수

  가닥수 $n[\text{가닥}] = \dfrac{\text{지선 장력}}{\text{소선 1가닥의 인장강도}} \times \text{안전율}$

배점: 6점

16 주어진 도면은 22.9[kV] 특고압 수전설비의 단선 결선도이다. 이를 바탕으로 물음에 답하시오.

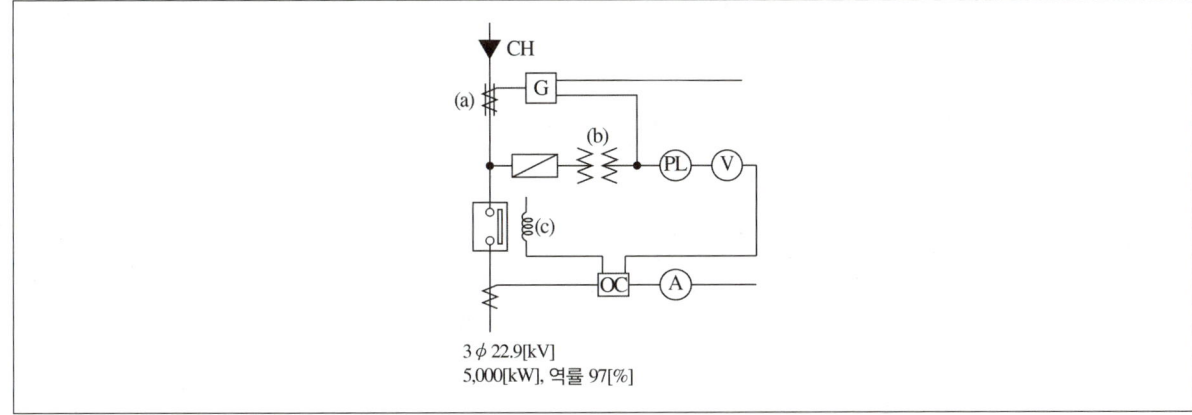

(1) 도면 속 (a)~(c)의 알맞은 명칭과 약호를 쓰시오.

구분	(a)	(b)	(c)
명칭			
약호			

(2) 정격 CT비는 얼마인지 구하시오.(단, 여유율은 1.25로 한다.)

해설

(1)

구분	(a)	(b)	(c)
명칭	영상 변류기	계기용 변압기	트립코일
약호	ZCT	PT	TC

(2) • 계산 과정

$$I_1 = \frac{5,000}{\sqrt{3} \times 22.9 \times 0.97} \times 1.25 = 162.45[A]$$

• 답 200/5 선정

배점: 5점

17 다음은 지선밴드를 이용한 현수 애자 설치를 나타낸 그림이다. 그림을 보고 ①~⑤의 명칭을 쓰시오.

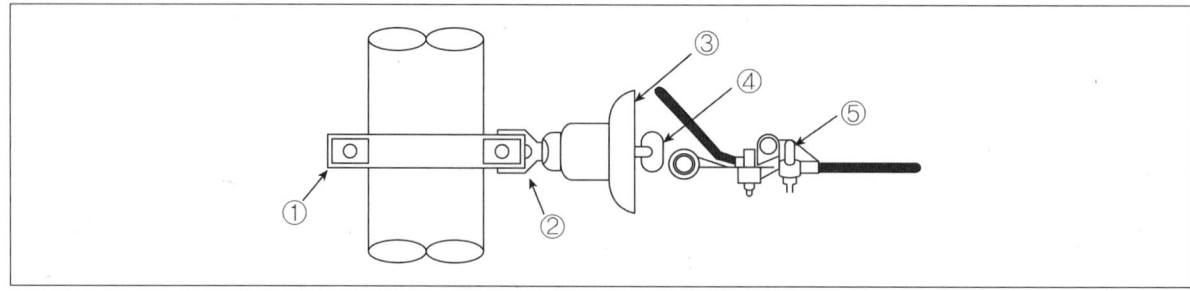

번호	명칭
①	
②	
③	
④	
⑤	

해설
① 지선밴드
② 볼 아이
③ 현수 애자
④ 소켓 아이
⑤ 데드엔드 클램프

배점: 6점

18 다음은 공칭전압 22.9[kV], 선심수 3, 특고압 수밀형 가공 케이블(ABC-W) 단면도이다. 그림을 보고 ①~⑥의 명칭을 쓰시오.(단, 도체 규격은 50, 95, 150, 240[mm²]이다.)

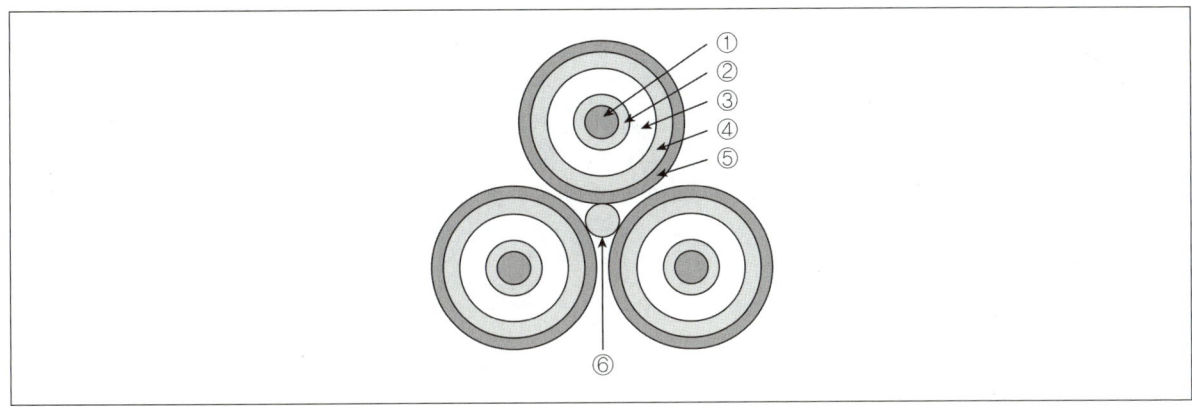

번호	명칭
①	
②	
③	
④	
⑤	
⑥	

해설

① 도체
② 내부 반도전층
③ 절연층
④ 외부 반도전층
⑤ 시스
⑥ 중성선

배점: 4점

19 다음은 한국전기설비규정에 따른 화재의 확산을 최소화하기 위한 배선설비의 선정과 공사에 대한 내용의 일부이다. 빈칸에 알맞은 내용을 채우시오.

> 배선설비 관통부의 밀봉은 관련 제품 표준에서 자소성으로 분류되고 최대 내부단면적이 (①)[mm²] 이하인 전선관, 케이블 트렁킹 및 케이블 덕팅 시스템은 다음과 같은 경우라면 내부적으로 밀폐하지 않아도 된다.
> - 보호등급 (②)에 관한 KS C IEC 60529(외곽의 방진 보호 및 방수 보호등급)의 시험에 합격한 경우
> - 관통하는 건축 구조체에 의한 분리된 구획의 하나 안에 있는 배선설비의 단말이 보호등급 (②)에 관한 KS C IEC 60529(외함의 밀폐 보호등급 구분(IP코드))의 시험에 합격한 경우

해설
① 710
② IP33

참고
화재의 확산을 최소화하기 위한 배선설비의 선정과 공사
배선설비 관통부의 밀봉
- 배선설비가 바닥, 벽, 지붕, 천장, 칸막이, 중공벽 등 건축구조물을 관통하는 경우, 배선설비가 통과한 후에 남는 개구부는 관통 전의 건축구조 각 부재에 규정된 내화등급에 따라 밀폐하여야 한다.
- 내화성능이 규정된 건축구조부재를 관통하는 배선설비는 제1에서 요구한 외부의 밀폐와 마찬가지로 관통 전에 각 부의 내화등급이 되도록 내부도 밀폐하여야 한다.
- 관련 제품 표준에서 자소성으로 분류되고 최대 내부단면적이 710[mm²] 이하인 전선관, 케이블 트렁킹 및 케이블 덕팅 시스템은 다음과 같은 경우라면 내부적으로 밀폐하지 않아도 된다.
  - 보호등급 IP33에 관한 KS C IEC 60529(외곽의 방진 보호 및 방수 보호등급)의 시험에 합격한 경우
  - 관통하는 건축 구조체에 의해 분리된 구획의 하나 안에 있는 배선설비의 단말이 보호등급 IP33에 관한 KS C IEC 60529(외함의 밀폐 보호등급 구분(IP코드))의 시험에 합격한 경우

**에듀윌이
너를
지지할게**
ENERGY

노력을 이기는 재능은 없고
노력을 외면하는 결과도 없다.

– 이창호 프로 바둑 기사

2021
전기공사기사 실기

1회 기출문제
2회 기출문제
4회 기출문제

확실한 합격대비, 회차별 학습전략!

회차	학습전략	합격률
1회	견적 문제를 제외한 나머지는 기출 위주의 무난한 수준이었습니다. 그러나 견적 문제의 배점이 20점으로 다소 높아 견적 문제를 풀지 못했다면 다른 문제를 대부분 맞혀야만 합격이 가능한 회차입니다.	40.03%
2회	견적 문제의 난이도가 굉장히 낮았고, 전체적인 난이도도 평이했습니다. 복잡한 계산을 요하는 문제가 출제되었지만 배점이 높지 않고 과년도 기출이므로 무난하게 합격을 노려볼 수 있는 회차입니다.	68.76%
4회	견적 문제의 난이도가 낮아 겉보기에는 평이할 수 있으나, 신규 단답형 문제가 상당수 출제되어 실제로는 합격률이 낮았습니다. KEC에 대한 꼼꼼한 대비가 필요한 회차입니다.	23.66%

학습 효과를 높이는 7개년 3회독 시스템

챕터별 전체 1회독이 끝났다면 회독 체크표에 날짜를 기입하고 체크표시를 해주세요.

회독 체크표	☐ 1회독	월 일	☐ 2회독	월 일	☐ 3회독	월 일

2021년 1회 전기공사기사 기출문제

배점: 10점

01 아래 그림은 154[kV]를 수전하는 어느 공장의 옥외 수전 설비에 대한 단선 결선도이다. 그림을 보고 주어진 물음에 답하시오.

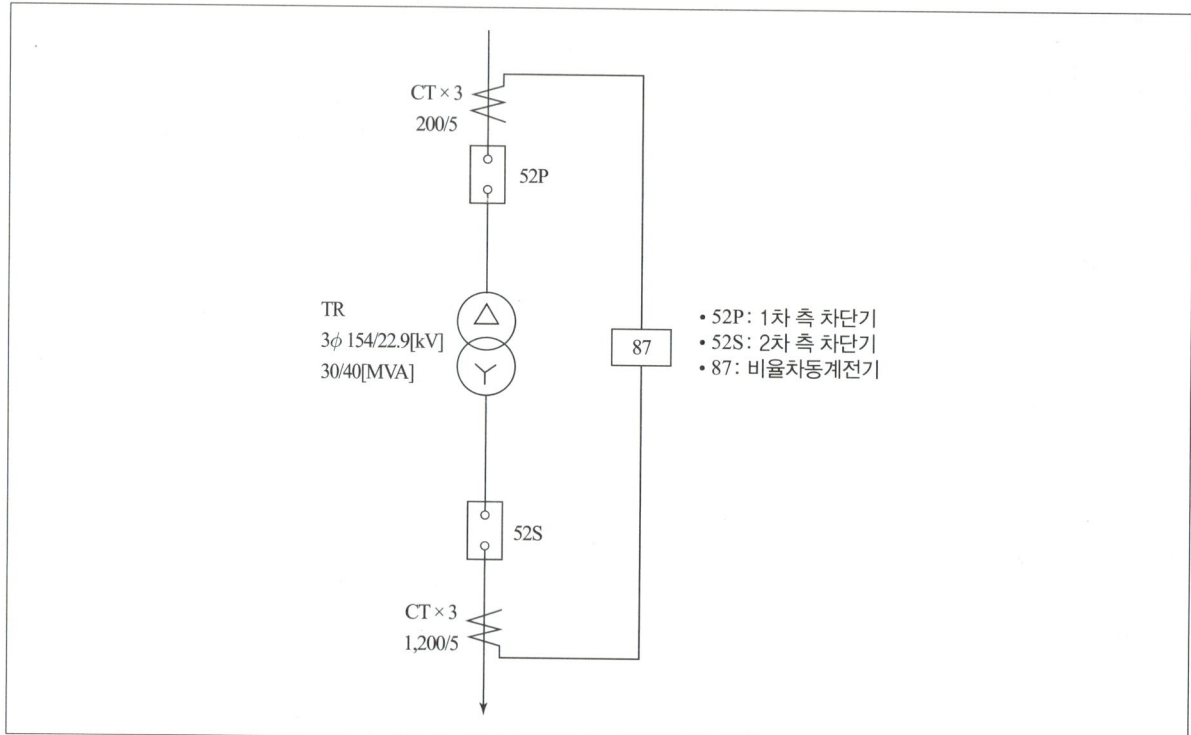

(1) 변압기 최대 용량 40[MVA]에서 1차 측 CT의 2차 전류는 얼마인가?

(2) 변압기 최대 용량 40[MVA]에서 2차 측 CT의 2차 전류는 얼마인가?

(3) 87 계전기의 미완성 결선도를 완성하시오.

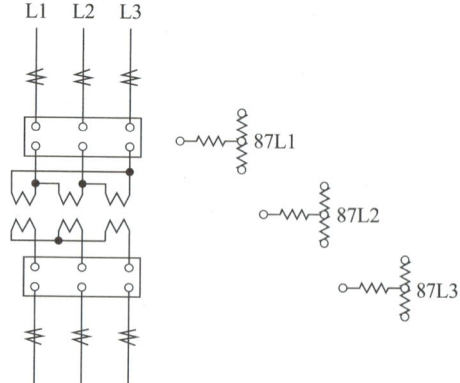

해설

(1) • 계산 과정: $I_1 = \dfrac{40 \times 10^3}{\sqrt{3} \times 154} \times \dfrac{5}{200} = 3.75[\text{A}]$

• 답 3.75[A]

(2) • 계산 과정: $I_2 = \dfrac{40 \times 10^3}{\sqrt{3} \times 22.9} \times \sqrt{3} \times \dfrac{5}{1,200} = 7.28[\text{A}]$

• 답 7.28[A]

(3)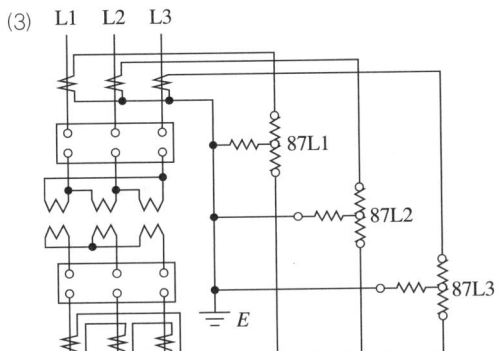

배점: 3점

02 금속 덕트, 버스 덕트 공사에 의하여 시설할 때, 취급자 이외의 사람이 출입할 수 없도록 설비된 장소에 수직으로 설치하는 경우 몇 [m] 이하의 간격으로 견고하게 지지하여야 하는지 답하시오.

해설
6[m]

참고
금속·버스 덕트 공사의 시설조건
덕트를 조영재에 붙이는 경우에는 덕트의 지지점 간의 거리를 3[m](취급자 이외의 자가 출입할 수 없도록 설비한 곳에 수직으로 붙이는 경우에는 6[m]) 이하로 하고 또한 견고하게 붙일 것

03 다음은 한국전기설비규정에 의한 전선 및 케이블의 구분에 따른 배선설비의 공사 방법에 관한 표이다. 다음 표의 각종 전선에 대하여 적용 가능한 공사에 ○, ×, △를 표기하시오.

배점: 5점

전선 및 케이블		공사 방법		
		전선관 시스템	케이블 덕팅 시스템	애자 공사
나전선			×	
절연 전선			○	○
케이블 (외장 및 무기질 절연물을 포함)	다심	○		△
	단심	○	○	

- ○: 사용할 수 있다.
- ×: 사용할 수 없다.
- △: 적용할 수 없거나 실용상 일반적으로 사용할 수 없다.

해설

전선 및 케이블		공사 방법		
		전선관 시스템	케이블 덕팅 시스템	애자 공사
나전선		×	×	○
절연 전선		○	○	○
케이블 (외장 및 무기질 절연물을 포함)	다심	○	○	△
	단심	○	○	△

참고

전선 및 케이블의 구분에 따른 배선 설비의 공사 방법

전선 및 케이블		공사 방법							
		케이블 공사			전선관 시스템	케이블 트렁킹 시스템 (몰드형, 바닥 매입형 포함)	케이블 덕팅 시스템	케이블 트레이 시스템 (래더, 브래킷 등 포함)	애자 공사
		비고정	직접 고정	지지선					
나전선		−	−	−	−	−	−	−	+
절연 전선[b]		−	−	−	+	+[a]	+	−	+
케이블 (외장 및 무기질 절연물을 포함)	다심	+	+	+	+	+	+	+	0
	단심	0	+	+	+	+	+	+	0

+: 사용할 수 있다.
−: 사용할 수 없다.
0: 적용할 수 없거나 실용상 일반적으로 사용할 수 없다.

a: 케이블 트렁킹 시스템이 IP4X 또는 IPXXD급의 이상의 보호 조건을 제공하고, 도구 등을 사용하여 강제적으로 덮개를 제거할 수 있는 경우에 한하여 절연전선을 사용할 수 있다.
b: 보호도체 또는 보호본딩도체로 사용되는 절연전선은 적절하다면 어떠한 절연 방법이든 사용할 수 있고 전선관 시스템, 트렁킹 시스템 또는 덕팅 시스템에 배치하지 않아도 된다.

배점: 4점

04 피뢰시스템 보호등급에 따른 병렬 인하도선 간 최대 간격을 적으시오. (단, 건축물, 구조물과 분리되지 않은 피뢰시스템인 경우이다.)

보호등급	최대 간격[m]
Ⅰ	①
Ⅱ	②
Ⅲ	③
Ⅳ	④

[해설]

① 10　② 10　③ 15　④ 20

[참고]

인하도선 시스템
건축물·구조물과 분리되지 않은 피뢰시스템인 경우, 병렬 인하도선의 최대 간격은 피뢰시스템 등급에 따라 Ⅰ·Ⅱ등급은 10[m], Ⅲ등급은 15[m], Ⅳ등급은 20[m]로 한다.

배점: 5점

05 평평한 곳에서 같은 장력으로 가설된 두 경간의 이도가 각각 1[m] 및 4[m]였다. 사고가 발생해 중앙 지지점에서 전선이 떨어진 경우 지표상의 최저 높이는 약 몇 [m]인가? (단, 지지점의 높이는 모두 20[m]이고 전선의 신장은 무시하는 것으로 한다.)

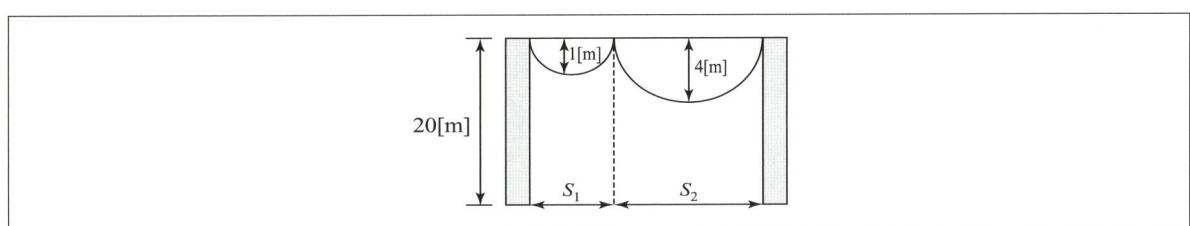

[해설]

- 계산 과정

왼쪽 전선의 길이를 L_1, 오른쪽 전선의 길이를 L_2라 하고, $S = S_1 + S_2$이다.

전체 전선의 길이 $L = L_1 + L_2 = \left(S_1 + \dfrac{8D_1^2}{3S_1}\right) + \left(S_2 + \dfrac{8D_2^2}{3S_2}\right) = S + \dfrac{8D^2}{3S}$

$\dfrac{8D_1^2}{3S_1} + \dfrac{8D_2^2}{3S_2} = \dfrac{8D^2}{3S} \rightarrow \dfrac{D_1^2}{S_1} + \dfrac{D_2^2}{S_2} = \dfrac{D^2}{S} = \dfrac{D^2}{S_1 + S_2}$

$D^2 = \left(\dfrac{D_1^2}{S_1} + \dfrac{D_2^2}{S_2}\right)(S_1 + S_2)$ …… ㉠

이때 이도 $D = \dfrac{WS^2}{8T}$이므로

$D_1 = \dfrac{WS_1^2}{8T} = \dfrac{1}{4} \times \dfrac{WS_2^2}{8T} = \dfrac{1}{4}D_2 \rightarrow \dfrac{S_1^2}{S_2^2} = \dfrac{D_1}{D_2} = \dfrac{1}{4}$

즉, $2S_1 = S_2$의 관계에 있다.

㉠ 식에서 위의 관계를 대입하면

$$D^2 = \left(\frac{D_1^2}{S_1} + \frac{D_2^2}{2S_1}\right)(S_1 + 2S_1) = \frac{3}{2}(2D_1^2 + D_2^2)$$

$$D = \sqrt{\frac{3}{2}(2D_1^2 + D_2^2)} = \sqrt{\frac{3}{2}(2 \times 1^2 + 4^2)} = 3\sqrt{3}$$

∴ 지표상 높이 $= H - D = 20 - 3\sqrt{3} = 14.8[\text{m}]$

- **답** 14.8[m]

배점: 3점

06
다음은 가연성 가스 등의 위험 장소에서 금속관 공사에 의하여 시설하는 경우에 대한 설명이다. 빈칸에 알맞은 내용을 쓰시오.

(1) 관 상호 간 및 관과 박스 기타의 부속품·풀 박스 또는 전기기계 기구와는 (　　) 이상 나사 조임으로 접속하는 방법 또는 기타 이와 동등 이상의 효력이 있는 방법에 의하여 견고하게 접속할 것

(2) 전동기에 접속하는 부분으로 가요성을 필요로 하는 부분의 배선에는 방폭의 부속품 중 (　　)의 방폭형 또는 안전 증가 방폭형의 유연성 부속을 사용할 것

해설

(1) 5턱
(2) 내압

참고

가연성 가스 등의 위험 장소

가연성 가스 또는 인화성 물질의 증기가 누출되거나 체류하여 전기설비가 발화원이 되어 폭발할 우려가 있는 곳에 있는 저압 옥내전기설비는 금속관 공사에 의해 시설할 경우 다음에 따르고 위험의 우려가 없도록 시설해야 한다.

- 관 상호 간 및 관과 박스 기타의 부속품·풀 박스 또는 전기기계 기구와는 5턱 이상 나사 조임으로 접속하는 방법 또는 기타 이와 동등 이상의 효력이 있는 방법에 의하여 견고하게 접속할 것
- 전동기에 접속하는 부분으로 가요성을 필요로 하는 부분의 배선에는 방폭의 부속품 중 내압의 방폭형 또는 안전 증가 방폭형의 유연성 부속을 사용할 것

배점: 6점

07 가로 $12[m]$, 세로 $18[m]$, 천장 높이 $3[m]$, 작업면 높이 $0.8[m]$인 곳에 작업면의 조도를 $500[lx]$로 하기 위하여 형광등 1등의 광속이 $2,750[lm]$인 $40[W]$ 형광등을 설치하고자 한다. 다음 물음에 답하시오.(단, 감광 보상률 1.3, 조명률 $63[\%]$이다.)

(1) 실지수를 계산하시오.
(2) 소요 등수를 계산하시오.
(3) 공간 비율을 계산하시오.

해설

(1) • 계산 과정: 실지수 $RI = \dfrac{XY}{H(X+Y)} = \dfrac{12 \times 18}{(3-0.8) \times (12+18)} = 3.27$

• 답 3.27

(2) • 계산 과정: $FUN = EAD$에서 $N = \dfrac{EAD}{FU} = \dfrac{500 \times (12 \times 18) \times 1.3}{2,750 \times 0.63} = 81.04$

• 답 $82[등]$

(3) • 계산 과정: 공간 비율 $CR = \dfrac{5 \times 3 \times (12+18)}{12 \times 18} = 2.08$

• 답 2.08

참고

공간비율 $CR = \dfrac{5H \times \{\text{공간의 폭}(X) + \text{공간의 길이}(Y)\}}{\text{공간의 면적}}$ (단, H: 바닥에서 천장까지의 높이$[m]$)

08 다음 철탑의 명칭을 쓰시오.

배점: 6점

(1)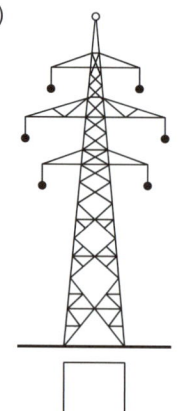

(2)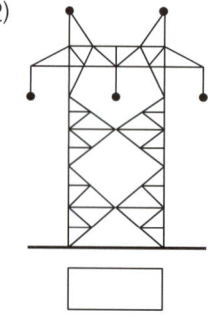

(3)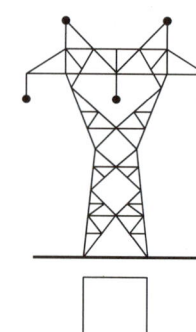

(4)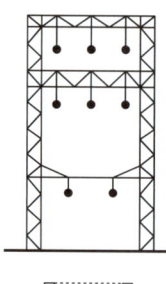

(5)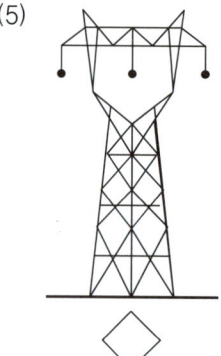

(6)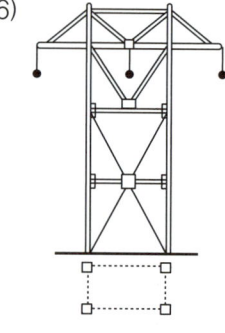

해설
(1) 사각 철탑
(2) 방형 철탑
(3) 우두형 철탑
(4) 문형 철탑
(5) 회전형 철탑
(6) MC 철탑

09 345[kV] 송전선로를 철도를 횡단하여 설치하는 경우 지표상 높이는 최소 몇 [m]인가?

배점: 5점

해설

• 계산 과정

단수 $n = \dfrac{345-160}{10} = 18.5 \rightarrow 19$단

∴ $6.5 + 19 \times 0.12 = 8.78$[m]

• **답** 8.78[m]

참고

사용전압	지표상의 높이
35[kV] 이하	• 일반적인 경우 5[m] • 철도 또는 궤도를 횡단하는 경우 6.5[m] • 도로를 횡단하는 경우 6[m] • 횡단보도교 위에 시설하는 경우로 전선이 특고압 절연전선 또는 케이블인 경우 4[m]
35[kV] 초과 160[kV] 이하	• 일반적인 경우 6[m] • 철도 또는 궤도를 횡단하는 경우 6.5[m] • 산지 등에서 사람이 쉽게 들어갈 수 없는 장소에 시설하는 경우 5[m] • 횡단보도교 위에 시설하는 경우로 전선이 케이블인 경우 4[m]
160[kV] 초과	• 일반적인 경우 6[m](철도 또는 궤도를 횡단하는 경우 6.5[m]), 산지 등에서 사람이 쉽게 들어갈 수 없는 장소에 시설하는 경우 5[m])에 160[kV]를 초과하는 10[kV] 또는 그 단수마다 0.12[m]를 더한 값

배점: 5점

10 다음은 장간형 현수 애자 설치 방법이다. 그림에서 ①~⑤의 명칭을 쓰시오.

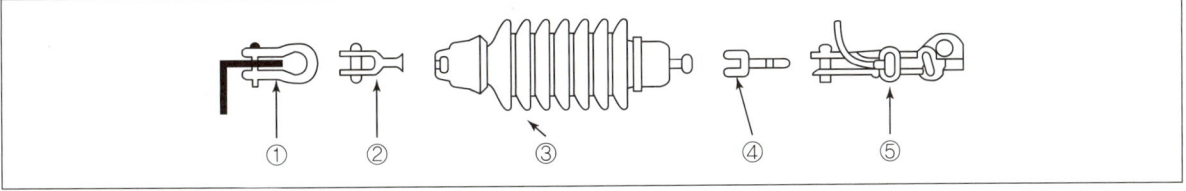

해설

① 앵커 쇄클
② 볼 크레비스
③ 장간형 현수 애자
④ 소켓 아이
⑤ 데드엔드 클램프

11 3상 4선식 380/220[V] 구내 배선 긍장이 60[m], 부하의 최대 전류는 200[A]인 배선에서 전압 강하를 5[V]로 하고자 하는 경우에 사용하는 전선의 공칭단면적[mm²]은 얼마인가?

> **해설**
> - 계산 과정
> $$A = \frac{17.8LI}{1,000e} = \frac{17.8 \times 60 \times 200}{1,000 \times 5} = 42.72 [\text{mm}^2]$$
>   ∴ 표준 규격 50[mm²] 선정
> - **답** 50[mm²]
>
> **참고**
>
> | 배전방식 | 전선의 단면적[mm²] |
> |---|---|
> | 단상 2선식 | $A = \frac{35.6LI}{1000e}$ |
> | 단상 3선식
3상 4선식 | $A = \frac{17.8LI}{1000e}$ |
> | 3상 3선식 | $A = \frac{30.8LI}{1000e}$ |
>
> - 전선의 공칭단면적[mm²]
>   1.5, 2.5, 4, 6, 10, 16, 25, 35, 50, 70, 95, 150, 185, 240, 300, 400, 500, 630

12 상시 전원의 정전 또는 이상 상태가 발생하더라도 정상적으로 안정된 전력을 부하에 공급하기 위한 장치를 무엇이라 하는가?

> **해설**
> UPS(무정전 전원 공급 장치)

13 장주의 종류에서 수평 배열에 해당하는 장주 3종류와 수직 배열에 해당하는 장주 1종류를 쓰시오.

(1) 수평 배열 3종류

(2) 수직 배열 1종류

> **해설**
> (1) 보통 장주, 창출 장주, 편출 장주
> (2) 래크 장주

14 가공 송전선 철탑에 적용할 수 있는 철탑 기초의 종류를 2가지 적으시오.

> 해설
- 직접 기초(역T형)
- 심형 기초(Pier 기초)

> 참고
- 말뚝기초(현장타설 콘크리트 말뚝기초)
- anchor 기초

배점: 5점

15 다음 변압기의 내부 고장 검출을 위한 기기의 명칭을 쓰시오.

(1) 96B

(2) 96P

(3) 33Q

> 해설
(1) 96B: 브흐홀츠 계전기
(2) 96P: 충격 압력 계전기
(3) 33Q: 유면 검출 장치

배점: 8점

16 다음은 전동기를 $Y-\Delta$ 기동 운전하기 위한 결선도이다. 각 물음에 답하시오.

(1) $Y-\Delta$ 기동 운전이 가능하고 역률이 개선될 수 있도록 결선도를 완성하시오.

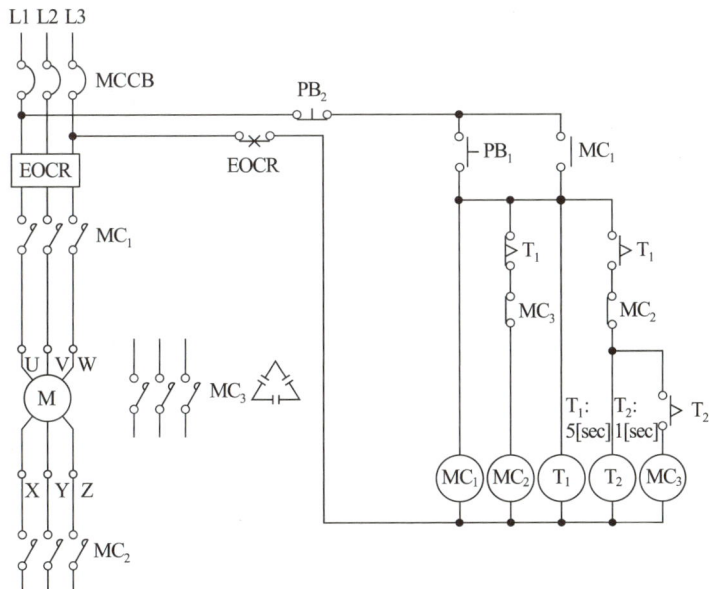

(2) 결선도를 이해한 후 타임 차트를 완성하시오.(단, 보조 접점의 시간지연은 무시한다.)

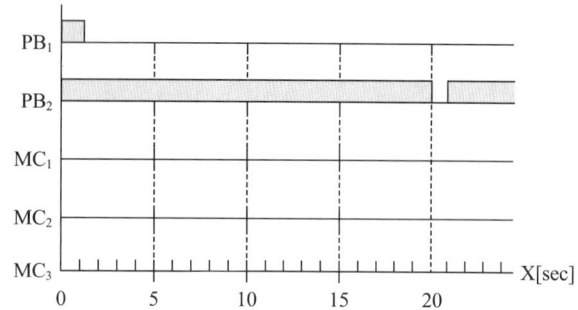

해설

(1), (2)

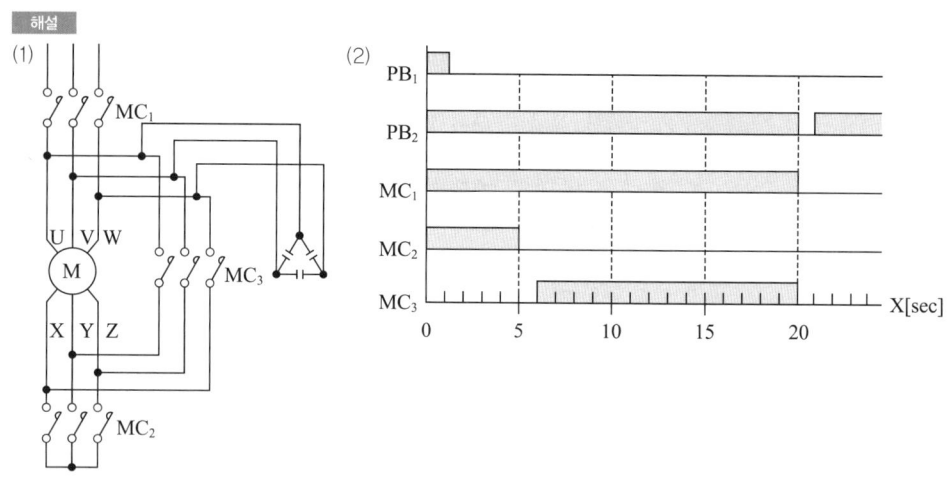

참고

$Y-\Delta$ 결선 시 3상의 연결을 모두 다른상과 연결한다.
정·역 회로 결선 시에는 한 상을 고정시키고 나머지 두 상을 서로 바꾸어 결선한다.

17 다음 그림은 22.9[kV] 배전선로의 내장주 건주공사도이다. 주어진 조건과 품셈을 이용하여 물음에 답하시오.

배점: 20점

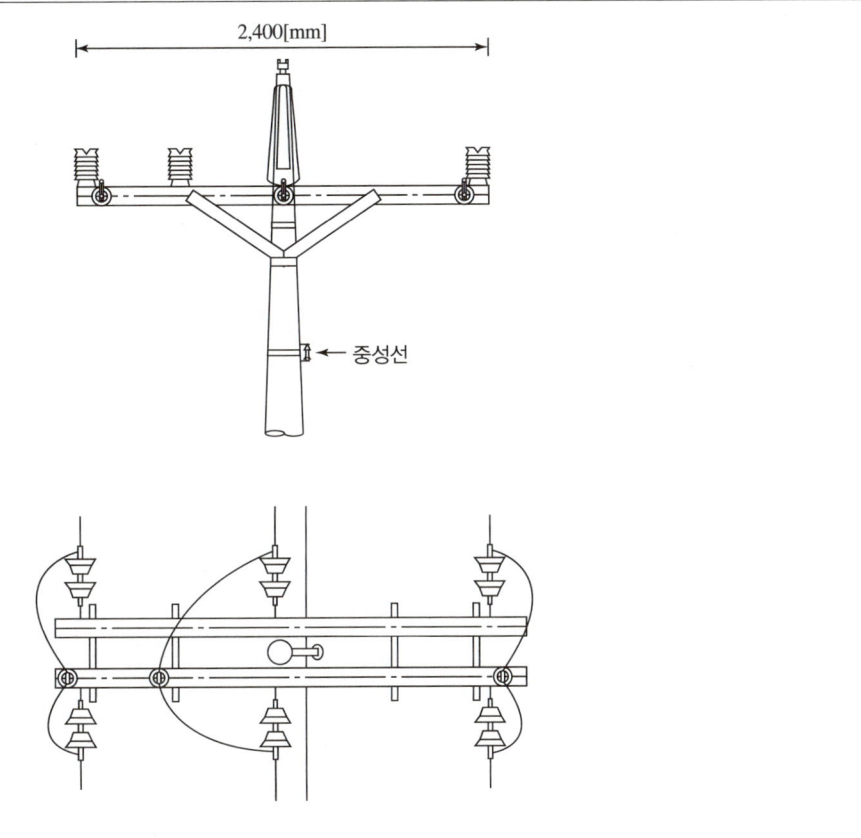

조건
- 전주는 CP 16[m]이며, 전주용 근가는 1개 설치한다.
- 중성선용 랙크 및 지선밴드 설치는 고려하지 않는다.
- 완철, 가공지선지지대, 애자는 주상설치 기준이며 지상조립이 불가능한 경우이다.
- 공구손료는 노무비의 3[%]로 계산한다.
- 직접노무비는 노무비+공구손료로 계산한다.
- 간접노무비는 직접노무비의 15[%]로 계산한다.
- 노임단가는 배전 전공 336,973[원], 보통 인부 125,427[원]이다.
- 인공은 소수점 넷째자리까지 구한다.
- 각 금액 계산 시 소수점 이하는 버린다.
- 기타 주어지지 않은 조건은 무시한다.

[품셈 1] 콘크리트전주 인력 건주   단위: 본

규격	배전 전공	보통 인부
8[m] 이하	0.89	1.01
10[m] 이하	1.10	1.39
12[m] 이하	1.52	1.60
14[m] 이하	1.95	2.29
16[m] 이하	2.70	2.76

[비고]
- 전주 길이의 $\frac{1}{6}$을 묻는 기준이며, 계단식 터파기, 되메우기 포함, 암반 터파기는 별도 계상
- 근가 1본 포함, 1본 추가마다 10[%] 가산
- 지주공사는 건주공사 적용
- 주입목주는 콘크리트전주의 50[%], 불주입목주는 콘크리트전주의 40[%]
- H주 건주 200[%], A주 건주 160[%]
- 3각주 건주 300[%], 4각주 건주 400[%]
- 단계주 및 인자형 계주의 건주는 각각의 단주 건주품을 합한 품 적용
- 주의표 및 번호표 설치 시 1매당 보통인부 0.068[인], 기입만 할 때는 전기공사산업기사 0.043[인] 계상
- 조립식 강관주도 본 품을 적용하며, 조립 후의 전장길이를 기준으로 한다.(단, 16[m] 초과 시 [m]당 배전 전공 0.56[인], 보통 인부 0.59[인]을 가산하며, 1[m] 미만은 사사오입한다.)
- 철거 50[%], 재사용 철거 80[%]

[품셈 2] ㄱ형 완철 및 피뢰선(가공지선) 지지대 주상설치

규격	배전 전공	보통 인부
ㄱ형 완철 1[m] 이하	0.05	0.05
ㄱ형 완철 2[m] 이하	0.06	0.06
ㄱ형 완철 3[m] 이하	0.07	0.07
ㄱ형 완철 4[m] 이하	0.09	0.09
가공지선지지대(내장용 및 직선용)	0.10	0.05

[비고]
- ㄱ형 완철 설치 기준, 경완철 80[%]
- Arm Tie 설치 포함
- 편출공사 120[%]
- 지상조립 75[%](공동설치 과다 개소, 수목접촉 개소, 공간협소 개소 등 지장물 및 안전위해 요소로 지상 조립이 불가능한 경우 제외)
- 피뢰선 지지대 철거 50[%], 재사용 철거 80[%]
- 철거 30[%], 재사용 철거 50[%]
- 단일형 내장완철의 경우 ㄱ형 완철에 준함

[품셈 3] 배전용 애자 설치			단위: 개
종별	배전 전공	보통 인부	
라인포스트 애자	0.046	0.046	
현수 애자	0.032	0.032	
내오손 결합 애자	0.025	0.025	
저압용 인류 애자	0.020	-	

[비고]
- 애자 교체 150[%]
- 특고압 핀애자는 라인포스트 애자에 준함
- 철거 50[%], 재사용 철거 80[%]
- 동일 장소에 추가 1개마다 기본품의 45[%] 적용
- 저압용 인류 애자 지상조립 75[%](공동설치 과다 개소, 수목접촉 개소, 공간협소 개소 등 지장물 및 안전위해 요소로 지상조립이 불가능한 경우 제외)

(1) 재료의 수량을 답란에 채우시오.

품명	규격	단위	수량	비고
전주	CP 16[m]	본	1	
라인포스트 애자		개	①	
특고압 현수 애자		개	②	
완철	경완철	개	③	
가공지선지지대		개	④	

(2) "(1)"항 재료들의 배전 전공 및 보통 인부의 총 공량[인]을 계산하시오.
   ① 배전 전공
   ② 보통 인부

(3) 노무비를 산출하시오.
   ① 노무비
   ② 공구손료
   ③ 간접노무비

해설

(1) ① 3   ② 12   ③ 2   ④ 1

(2) ① • 계산 과정
   - 전주: $2.7 \times 1 = 2.7$[인]
   - LP(라인포스트 애자): $0.046(1 + 0.45 \times 2) = 0.0874$[인]
   - 특고압 현수 애자: $0.032(1 + 0.45 \times 11) = 0.1904$[인]
   - 완철(경완철): $0.07 \times 2 \times 0.8 = 0.112$[인]
   - 가공지선지지대: $0.1 \times 1 = 0.1$[인]
   합계: $2.7 + 0.0874 + 0.1904 + 0.112 + 0.1 = 3.1898$[인]
   • 답 3.1898[인]

② • 계산 과정
  - 전주: $2.76 \times 1 = 2.76$[인]
  - LP(라인포스트 애자): $0.046(1+0.45 \times 2) = 0.0874$[인]
  - 특고압 현수 애자: $0.032(1+0.45 \times 11) = 0.1904$[인]
  - 완철(경완철): $0.07 \times 2 \times 0.8 = 0.112$[인]
  - 가공지선지지대: $0.05 \times 1 = 0.05$[인]
  합계: $2.76+0.0874+0.1904+0.112+0.05 = 3.1998$[인]
  • 답 3.1998[인]

(3) ① • 계산 과정
  노무비 $= 3.1898 \times 336,973 + 3.1998 \times 125,427$
  $= 1,476,217$[원]
  • 답 1,476,217[원]

② • 계산 과정
  공구손료 $= 1,476,217 \times 0.03 = 44,286$[원]
  • 답 44,286[원]

③ • 계산 과정
  간접노무비 $= (1,476,217+44,286) \times 0.15 = 228,075$[원]
  • 답 228,075[원]

참고
(3) 노무비: 배전 전공 노무비 + 보통 인부 노무비

2021년 2회 전기공사기사 기출문제

배점: 4점

01 과전류 차단기로 저압 전로에 사용하는 주택용 배선 차단기는 다음 표에 적합한 것이어야 한다. 빈칸을 채워 넣으시오.

종류	정격 전류의 구분	시간	정격 전류의 배수	
			불용단 전류	용단 전류
주택용 배선 차단기	63[A] 이하	60분	①	②
	63[A] 초과	120분	1.13배	1.45배

[해설]
① 1.13배
② 1.45배

[참고]
보호 장치의 특성
- 과전류 트립 동작 시간 및 특성(주택용 배선 차단기)

정격 전류의 구분	시간	정격 전류의 배수	
		부동작 전류	동작 전류
63[A] 이하	60분	1.13배	1.45배
63[A] 초과	120분		

- 과전류 트립 동작 시간 및 특성(산업용 배선 차단기)

정격 전류의 구분	시간	정격 전류의 배수	
		부동작 전류	동작 전류
63[A] 이하	60분	1.05배	1.3배
63[A] 초과	120분		

배점: 3점

02 22.9[kV-Y] 계통 3상 배전선로 완철의 표준 규격(길이)을 쓰시오.

[해설]
2,400[mm]

[참고]
가공 전선로 지지물의 시설 - 완철의 길이

전선의 조수	특고압[mm]	고압[mm]	저압[mm]
2	1,800	1,400	900
3	2,400	1,800	1,400

배점: 4점

03 일반용 단심 비닐 절연전선 $2.5[\text{mm}^2]$ 3본, $10[\text{mm}^2]$ 3본을 넣을 수 있는 후강전선관의 최소 굵기는 몇 [호]를 사용하는 것이 적당한지 쓰시오.(단, 전선 및 케이블의 피복 절연물 등을 포함한 단면적의 총합계가 관 내 $32[\%]$ 이하가 되도록 한다.)

[표 1] 전선(피복 절연물을 포함)의 단면적

도체 단면적[mm²]	절연체 두께[mm]	평균 완성 바깥지름[mm]	전선의 단면적[mm²]
1.5	0.7	3.3	9
2.5	0.8	4.0	13
4	0.8	4.6	17
6	0.8	5.2	21
10	1.0	6.7	35
16	1.0	7.8	48
25	1.2	9.7	74
35	1.2	10.9	93
50	1.4	12.8	128
70	1.4	14.6	167
95	1.6	17.1	230
120	1.6	18.8	277
150	1.8	20.9	343
185	2.0	23.3	426
240	2.2	26.6	555
300	2.4	29.6	688
400	2.6	33.2	865

[비고 1] 전선의 단면적은 평균 완성 바깥지름의 상한값을 환산한 값이다.
[비고 2] KS C IEC 60227-3의 $450/750[\text{V}]$ 일반용 단심 비닐 절연 전선(연선)을 기준한 것이다.

[표 2] 절연 전선을 금속관 내에 넣을 경우의 보정 계수

도체 단면적[mm²]	보정 계수
2.5, 4	2.0
6, 10	1.2
16 이상	1.0

[표 3] 후강 전선관 내 단면적의 32[%] 및 48[%]

관의 호칭	내 단면적의 32[%] [mm²]	내 단면적의 48[%] [mm²]	관의 호칭	내 단면적의 32[%] [mm²]	내 단면적의 48[%] [mm²]
16	67	101	54	732	1,098
22	120	180	70	1,216	1,825
28	201	301	82	1,701	2,552
36	342	513	92	2,205	3,308
42	460	690	104	2,843	4,265

해설

- 계산 과정

  피복 절연물을 포함한 전선 단면적의 합계는 [표 1]과 [표 2]에서 $A = 13 \times 3 \times 2.0 + 35 \times 3 \times 1.2 = 204 [mm^2]$

  전선 및 케이블의 피복 절연물 등을 포함한 단면적의 총 합계가 관 내 32[%] 이하여야 하므로 [표 3]에서 내 단면적의 32[%], $342[mm^2]$ 칸에서 36[호]를 선정

- **답** 36[호]

참고

절연 전선의 굵기 = 전선의 단면적(피복 절연물 포함)×보정 계수[mm²]

배점: 8점

04 그림은 어떤 변전소의 도면이다. 변압기 상호 부등률이 1.3이고, 부하의 역률은 90[%]이다. STr의 내부 임피던스가 4.6[%], Tr_1, Tr_2, Tr_3의 내부 임피던스가 10[%], 154[kV] BUS의 내부 임피던스는 10[MVA] 기준 0.4[%]이다. 다음 물음에 답하시오.

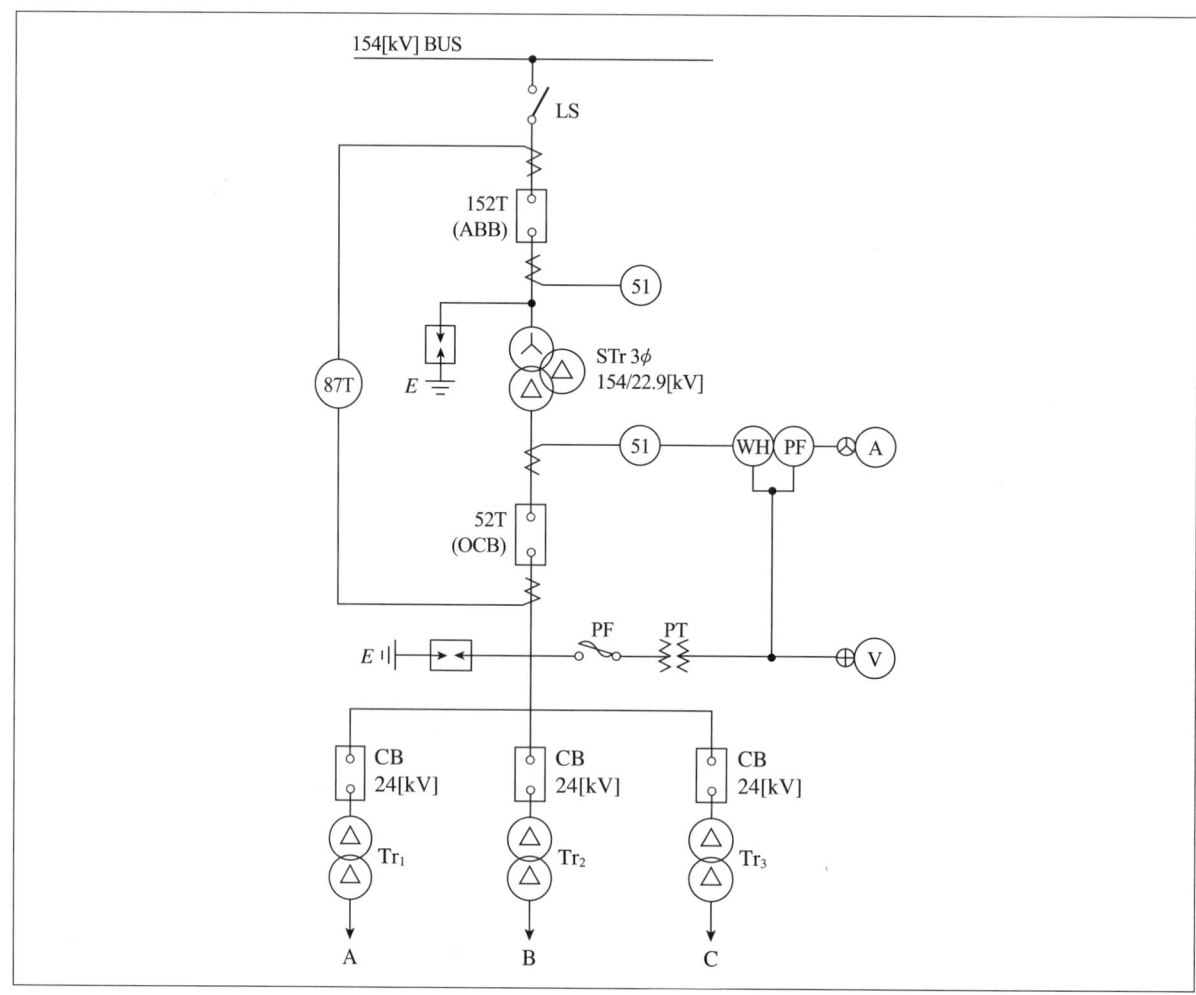

부하	용량	수용률	부등률
A	4,000[kW]	80[%]	1.3
B	3,000[kW]	84[%]	1.2
C	6,000[kW]	92[%]	1.1

154[kV] ABB 용량표[MVA]

2,000	3,000	4,000	5,000	6,000	7,000

154[kV] 변압기 용량표[kVA]

10,000	15,000	20,000	30,000	40,000	50,000

22[kV] OCB 용량표[MVA]

200	300	400	500	600	700

22[kV] 변압기 용량표[kVA]

2,000	3,000	4,000	5,000	6,000	7,000

(1) Tr_1, Tr_2, Tr_3 변압기 용량[kVA]은?
(2) STr의 변압기 용량[kVA]은?
(3) 차단기 152T의 용량[MVA]은?
(4) 차단기 52T의 용량[MVA]은?

해설

(1) • 계산 과정

$$\text{Tr}_1 = \frac{4,000 \times 0.8}{1.3 \times 0.9} = 2,735.04[\text{kVA}]$$

∴ 3,000[kVA] 선정

$$\text{Tr}_2 = \frac{3,000 \times 0.84}{1.2 \times 0.9} = 2,333.33[\text{kVA}]$$

∴ 3,000[kVA] 선정

$$\text{Tr}_3 = \frac{6,000 \times 0.92}{1.1 \times 0.9} = 5,575.76[\text{kVA}]$$

∴ 6,000[kVA] 선정

• 답 Tr_1: 3,000[kVA], Tr_2: 3,000[kVA], Tr_3: 6,000[kVA]

(2) • 계산 과정

$$\text{STr} = \frac{2,735.04 + 2,333.33 + 5,575.76}{1.3} = 8,187.79[\text{kVA}]$$

∴ 10,000[kVA] 선정

• 답 10,000[kVA]

(3) • 계산 과정

$$P_s = \frac{100}{\%Z} P_n = \frac{100}{0.4} \times 10 = 2,500[\text{MVA}]$$

∴ 3,000[MVA] 선정

• 답 3,000[MVA]

(4) • 계산 과정

합성 임피던스 $\%Z = 4.6 + 0.4 = 5[\%]$

$$P_s = \frac{100}{\%Z} P_n = \frac{100}{5} \times 10 = 200[\text{MVA}]$$

∴ 200[MVA] 선정

• 답 200[MVA]

참고

(4) 합성 임피던스 $\%Z$ = STr의 내부 임피던스 + 154[kV] BUS의 내부 임피던스[%]

배점: 6점

05 다음은 전선 지지점 간 고도차(h_1, h_2)가 있는 경우이다. 그림과 같이 수평 하중 경간 $S_1 = 300[\text{m}]$, $S_2 = 400[\text{m}]$이고 수직 하중 경간 중 $a_1 = 250[\text{m}]$, $a_2 = 150[\text{m}]$일 때 수평 하중 경간과 수직 하중 경간을 구하시오.

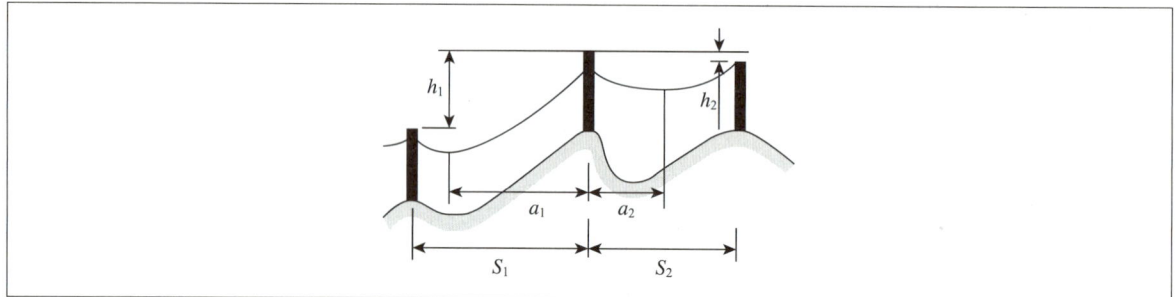

(1) 수평 하중 경간
(2) 수직 하중 경간

> 해설

(1) • 계산 과정: $S_{수평} = \dfrac{300+400}{2} = 350[\text{m}]$
  • 답 $350[\text{m}]$
(2) • 계산 과정: $S_{수직} = 250 + 150 = 400[\text{m}]$
  • 답 $400[\text{m}]$

> 참고

(1) 수평 하중 경간은 한 지지물의 중심에서 양측에 있는 지지물의 중심점 간의 거리를 합해 평균한 거리이다.
$$S_{수평} = \dfrac{S_1 + S_2}{2}$$
(2) 수직 하중 경간은 한 지지물의 중심점에서 양측 간에 가선된 전선의 최대 이도점 간의 양측 거리이다.
$$S_{수직} = a_1 + a_2$$

배점: 3점

06 부하의 설비 용량이 $400[\text{kW}]$, 수용률 $70[\%]$, 월 부하율 $70[\%]$의 수용가가 있다. 1개월(30일)의 사용전력량$[\text{kWh}]$을 구하시오.

> 해설

• 계산 과정: $W = Pt = (400 \times 0.7 \times 0.7) \times (24 \times 30) = 141,120[\text{kWh}]$
• 답 $141,120[\text{kWh}]$

배점: 5점

07 40[W] 120등, 60[W] 50등의 합계가 7,800[W]인 비상용 조명 부하가 있다. 방전 시간 30분, 축전지 HS형 54셀, 허용 최저전압 90[V], 최저 축전지 온도 5[℃]일 때의 축전지 용량을 계산하시오.(단, 전압은 100[V]이고, 용량 환산 시간 계수 $K=1.22$이고, 축전지의 보수율 $L=0.8$이다.)

해설

- 계산 과정: $C = \dfrac{1}{0.8} \times 1.22 \times \dfrac{(40 \times 120 + 60 \times 50)}{100} = 118.95[\text{Ah}]$
- 답 118.95[Ah]

참고

축전지 용량 $C = \dfrac{1}{L} KI[\text{Ah}]$

(단, L: 보수율, K: 용량 환산 시간 계수, I: 방전 전류[A])

배점: 5점

08 22.9[kV-Y] 1,000[kVA] 이하에 적용 가능한 특고압 간이 수전 설비 표준 결선도를 그리려고 한다. 이때 점선으로 표시된 미완성 부분의 결선도를 완성하시오.(단, 자동고장구분개폐기, DS, LA, PF, MOF, 수전용 변압기, 전력량 계만 사용한다.)

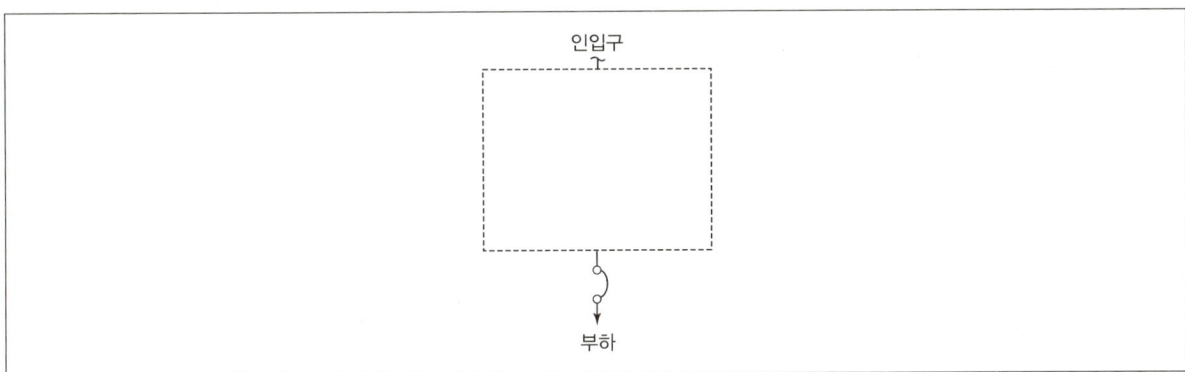

해설

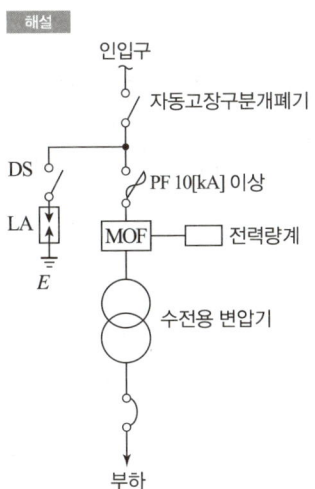

09 다음 그림의 터파기 계산 방법을 수식으로 쓰시오.

(1) 독립기초 터파기

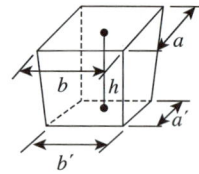

(2) 줄기초 터파기

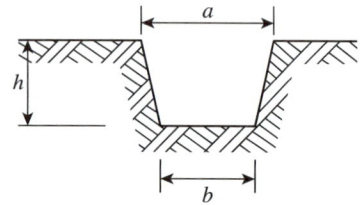

(3) 철탑기초 굴착

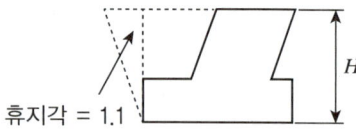

해설

(1) 터파기량 $= \dfrac{h}{6}\{(2a+a')b+(2a'+a)b'\}[\mathrm{m}^3]$

(2) 터파기량 $= \dfrac{h}{2}(a+b) \times$ 줄기초 길이 $[\mathrm{m}^3]$

(3) 굴착량 $=$ 가로$\times$세로$\times H \times 1.1 \times 1.1 [\mathrm{m}^3]$

10 다음은 한국전기설비규정에 따른 점멸기의 시설에 관한 내용이다. 다음의 경우 센서등(타임스위치 포함)은 몇 분 이내에 소등되는 것을 시설해야 하는지 각각 답하시오.

(1) 「관광진흥법」과 「공중위생관리법」에 의한 관광숙박업 또는 숙박업(여인숙업을 제외한다)에 이용되는 객실의 입구등

(2) 일반주택 및 아파트 각 호실의 현관등

해설

(1) 1분
(2) 3분

참고

점멸기의 시설
다음의 경우에는 센서등(타임 스위치 포함)을 시설하여야 한다.
• 「관광진흥법」과 「공중위생관리법」에 의한 관광숙박업 또는 숙박업(여인숙업을 제외한다)에 이용되는 객실의 입구등은 1분 이내에 소등되는 것
• 일반주택 및 아파트 각 호실의 현관등은 3분 이내에 소등되는 것

배점: 4점

11 PT 및 CT를 조합한 경우의 3상 3선식 전력량계의 결선도를 접지를 포함하여 완성하시오.

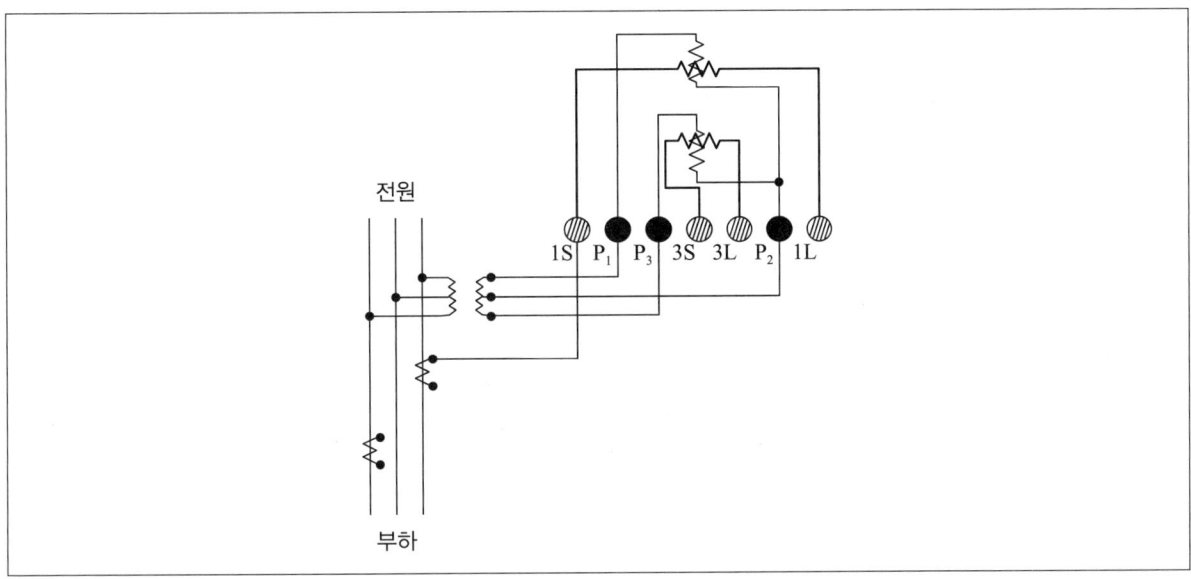

해설

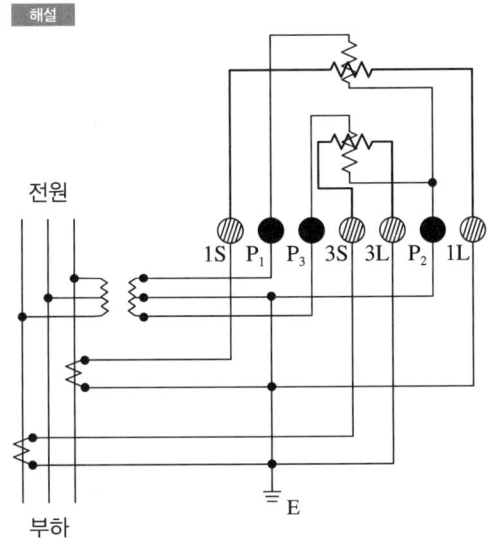

배점: 5점

12 철탑 기초 공사에서 각입이란 무엇인지 간단히 쓰시오.

해설

철탑의 기초 공사에서 굴착이 끝난 후 네 곳의 기초에 콘크리트를 타설하기 전 철탑의 앵커재 및 주각재 또는 주주재를 설치하는 공정을 말한다.

배점: 5점

13 전주의 지선과 지선 근가를 연결해 주는 금구의 명칭은 무엇인가?

> **해설**
> 지선 로드

배점: 5점

14 지선의 시설 목적을 3가지만 쓰시오.

> **해설**
> - 지지물의 강도를 보강시키고자 할 경우
> - 전선로의 안전성을 더욱 증대시키고자 할 경우
> - 불평형 하중이 걸리는 지지물에 대해 평형을 이루고자 할 경우
>
> **참고**
> 이 외에도 지선의 시설 목적은 다음과 같다.
> - 전선로가 건조물 등과 접근할 경우 보안상 시설

배점: 5점

15 ASS(자동 고장 구분 개폐기)의 동작 기능을 3가지만 쓰시오.

> **해설**
> - 고장 구간을 자동으로 개방
> - 과부하 및 고장전류 검출
> - 돌입 전류로 인한 오동작 억제

배점: 5점

16 지중 전선로의 전선으로 사용하는 케이블의 지중 전선로 시설 방법 3가지를 쓰시오.

> **해설**
> - 관로식
> - 암거식
> - 직접 매설식
>
> **참고**
> 지중 전선로의 시설
> 지중 전선로는 전선에 케이블을 사용하고 또한 관로식·암거식 또는 직접 매설식에 의하여 시설하여야 한다.

17 전기사업법 시행규칙에 따라 자가용 전기설비 공사계획을 신고할 경우 필요한 첨부서류 5가지를 쓰시오.(단, 원자력 발전소의 경우는 제외한다.)

> **해설**
> - 공사계획서
> - 공사공정표
> - 기술시방서
> - 전기안전공사 사전기술검토서
> - 설계도서
>
> **참고**
> 이 외에도 다음의 서류가 있다.
> - 감리원 배치 확인서(공사감리 대상인 경우)

배점: 6점

18 전력용(진상용) 콘덴서를 설치할 적합한 장소의 선정 방법은 수용가의 구내계통, 부하 조건에 따라 설치효과, 보수, 점검, 경제성 등을 검토하여야 한다. 진상용 콘덴서를 설치하는 방법 3가지를 쓰시오.

> **해설**
> - 고압 측에 설치
> - 저압 측에 일괄해서 설치
> - 저압 측 각 부하에 개별적으로 설치

배점: 6점

19 다음 논리식을 보고 각 물음에 답하시오.(단, 입력은 A, B, C이며 수동동작 후 자동 복귀되는 푸시버튼이다. 또한 출력은 Y_A, Y_B, Y_C이다.)

$$Y_a = Y_a \cdot \overline{Y_b} \cdot \overline{Y_c} + A$$
$$Y_b = Y_b \cdot \overline{Y_c} \cdot \overline{Y_a} + B$$
$$Y_c = Y_c \cdot \overline{Y_a} \cdot \overline{Y_b} + C$$

(1) 유접점 회로와 무접점 회로를 그리시오.
(2) 타임 차트를 완성하시오.

해설

(1) ① 유접점 회로

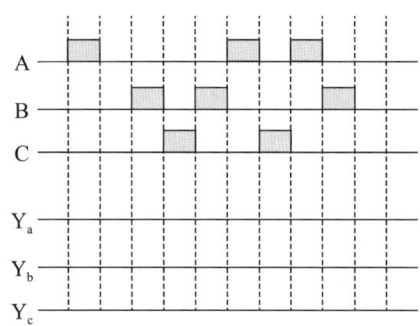

② 무접점 회로

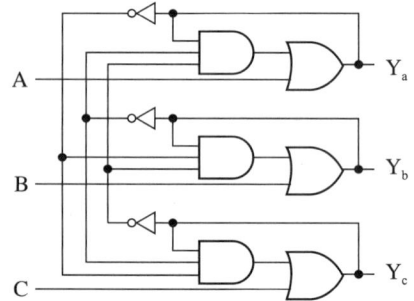

(2)

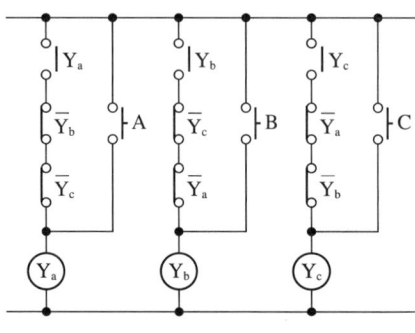

배점: 6점

20 ACSR $58[\text{mm}^2]$ 전선으로 전력을 공급하는 긍장 $1[\text{km}]$인 3상 2회선의 배전 선로가 있다. 부하설비의 증가로 상부에 가설된 전선을 ACSR $95[\text{mm}^2]$로 교체하고자 할 때 다음 각 물음에 답하시오. (6점)

> **조건**
> - 노임단가 배전 전공 361,000[원], 보통 인부 141,000[원]이다.
> - 인공 산출 시 소수점 이하까지 모두 계산한다.
> - 간접 노무비는 직접 노무비의 15[%]로 계산한다. (단, 소수점 이하는 절사한다.)
> - 철거되는 전선은 재사용하는 것으로 한다.
> - 주어진 조건 외의 할증은 고려하지 않는다.

[표] 배전선 전선 설치(가선) 100[m]당

규격		배전 전공	보통 인부
나경동선	$14[\text{mm}^2]$ 이하	0.10	0.05
	$22[\text{mm}^2]$ 이하	0.16	0.08
	$38[\text{mm}^2]$ 이하	0.26	0.13
	$60[\text{mm}^2]$ 이하	0.38	0.19
	$100[\text{mm}^2]$ 이하	0.54	0.27
	$150[\text{mm}^2]$ 이하	0.66	0.33
	$200[\text{mm}^2]$ 이하	0.72	0.36
	$200[\text{mm}^2]$ 초과	0.76	0.38
ACSR, ASC	$38[\text{mm}^2]$ 이하	0.30	0.15
	$58[\text{mm}^2]$ 이하	0.44	0.22
	$95[\text{mm}^2]$ 이하	0.64	0.32
	$160[\text{mm}^2]$ 이하	0.78	0.39
	$240[\text{mm}^2]$ 이하	0.90	0.45

[비고]
- 1선당 인력 작업 기준으로 전선펴기, 당기기, 처짐 정도 조정 포함
- 애자에 묶는 품 포함
- 피복선 120[%]
- 기존 선로 상부 가설 120[%]
- 장력조정 20[%], 주상이설 70[%]
- 철거 50[%], 재사용 철거 80[%]
- 가공피뢰선(가공지선) 80[%]
- 재사용 전선 설치 110[%]
- [m]당으로 환산 시 본품을 100으로 나누어 산출

(1) 배전 전공의 인공과 노임을 구하시오.
(2) 보통 인부의 인공과 노임을 구하시오.
(3) 간접 노무비를 구하시오.

해설

(1) • 계산 과정
  − 배전 전공: $\dfrac{0.44}{100} \times 1,000 \times 3 \times 1.2 \times 0.8 + \dfrac{0.64}{100} \times 1,000 \times 3 \times 1.2 = 35.712$[인]
  − 노임: $35.712 \times 361,000 = 12,892,032$[원]
  • **답** 인공: 35.712[인], 노임: 12,892,032[원]

(2) • 계산 과정
  − 보통 인부: $\dfrac{0.22}{100} \times 1,000 \times 3 \times 1.2 \times 0.8 + \dfrac{0.32}{100} \times 1,000 \times 3 \times 1.2 = 17.856$[인]
  − 노임: $17.856 \times 141,000 = 2,517,696$[원]
  • **답** 인공: 17.856[인], 노임: 2,517,696[원]

(3) • 계산 과정
  − 직접 노무비: $12,892,032 + 2,517,696 = 15,409,728$[원]
  − 간접 노무비: $15,409,728 \times 0.15 = 2,311,459$[원]
  • **답** 2,311,459[원]

참고
① 2회선 중 상부 전선을 교체하는 작업이므로 1회선만 교체한다.
② 3상이므로 전선은 3가닥
③ 기존 선로 상부 가설 120[%] 및 재사용 철거 80[%]를 적용

2021년 4회 전기공사기사 기출문제

배점: 4점

01 다음 전선 명칭에 대한 정확한 약호를 쓰시오.

명칭	약호
인입용 비닐 절연전선 2개 꼬임	DV 2R
인입용 비닐 절연전선 2심 평형	①
옥외용 비닐 절연전선	②
0.6/1[kV] 비닐 절연 비닐 캡타이어 케이블	③
450/750[V] 저독성 난연 가교 폴리올레핀 절연 전선	④

해설
① DV 2F
② OW
③ VCT
④ HFIX

배점: 6점

02 시가지 기타 인가가 밀집하는 지역에 사용 전압이 170[kV] 이하인 경우에 특고압 가공 전선로를 시설할 때 다음 경간은 다음 표에서 정한 값 이하이어야 한다. 알맞은 답을 쓰시오.

지지물의 종류	경간
A종 철주 또는 A종 철근 콘크리트주	(①)[m]
B종 철주 또는 B종 철근 콘크리트주	(②)[m]
철탑	400[m](단주인 경우에는 300[m]) 다만, 전선이 수평으로 2 이상 있는 경우에 전선 상호 간의 간격이 4[m] 미만인 때에는 (③)[m]

해설
① 75
② 150
③ 250

참고
시가지 등에서 170[kV] 이하 특고압 가공전선로의 경간 제한

지지물의 종류	경간
A종 철주 또는 A종 철근 콘크리트주	75[m]
B종 철주 또는 B종 철근 콘크리트주	150[m]
철탑	400[m](단주인 경우에는 300[m]) 다만, 전선이 수평으로 2 이상 있는 경우에 전선 상호 간의 간격이 4[m] 미만인 때에는 250[m]

배점: 4점

03 토지의 상황이나 그 외 사유로 인하여 보통지선을 설치할 수 없을 때 전주와 전주 간, 또는 전주와 지선주 간에 시설하는 지선의 명칭을 쓰시오.

해설
수평 지선

배점: 4점

04 활선 근접 작업에 대한 다음 설명의 괄호 안 ①~②에 전압값을 써 넣으시오.

> 활선 근접 작업이란 나도체(22.9[kV], ACSR-OC 절연 전선 포함) 상태에서 이격거리 이내에 근접하여 작업함을 말하며, DC (①)[V] 이상 (②)[V] 미만은 절연물로 피복된 경우 피복이 제거된 나도체 부분으로부터 이격거리 내에서 작업할 때를 말한다.

해설
① 60 ② 1,500

참고
위험 할증률(2023 전기표준품셈 1-11-5)
활선 근접 작업이란 나도체(22.9[kV], ACSR-OC 절연 전선 포함) 상태에서 이격거리 이내에 근접하여 작업함을 말하며, DC 60[V] 이상 1.5[kV] 미만은 절연물로 피복된 경우 피복이 제거된 나도체 부분부터 이격거리 내에서 작업할 때를 말한다.
2023 전기표준품셈이 변경되어 이에 맞게 문제를 변경하였습니다. 때문에 실제 기출문제와 다를 수 있습니다.

배점: 6점

05 절연 구조에 따른 변류기의 종류를 3가지만 쓰시오.

해설
가스형, 몰드식, 유입식

참고
절연구조에 따른 변류기 종류
: 건식, 가스형, 몰드식, 유입식

배점: 6점

06 전기공사의 공사원가 비목이 다음과 같이 구성되었을 경우 일반 관리비와 이윤을 산출하시오.(단, 이윤과 일반 관리비는 최댓값으로 계상한다.)

- 재료비 소계: 80,000,000원
- 노무비 소계: 40,000,000원
- 경비 소계: 25,000,000원

종합 공사		전문, 전기, 정보통신, 소방 및 기타 공사	
공사 원가	일반 관리 비율	공사 원가	일반 관리 비율
50억 원 미만	6[%]	5억 원 미만	6[%]
50억 원 ~ 300억 원 미만	5.5[%]	5억 원 ~ 30억 원	5.5[%]
300억 원 이상	5[%]	30억 원 이상	5[%]

(1) 일반 관리비
(2) 이윤

해설

(1) • 계산 과정
공사 원가 = 80,000,000 + 40,000,000 + 25,000,000 = 145,000,000원
전기 공사 원가가 5억 원 미만인 경우 일반 관리 비율이 6[%]이므로
145,000,000 × 0.06 = 8,700,000원
• 답 8,700,000원

(2) • 계산 과정
(40,000,000 + 25,000,000 + 8,700,000) × 0.15 = 11,055,000원
• 답 11,055,000원

참고
• 공사 원가 = 재료비 + 노무비 + 경비
• 이윤은 공사 원가 중 노무비, 경비, 일반관리비 합계액의 15[%]를 초과하여 계상할 수 없다.

배점: 5점

07 13,200/22,900[V], 3상 4선식으로 수전하며 수전 용량이 750[kVA]라 할 때 인입구에 MOF를 시설하는 경우 MOF의 적당한 변류비를 산출하여 표준 규격으로 결정하시오.(단, 변류비는 정격 1차 전류를 구하여 1.5배의 값으로 변류비를 적용한다.)

변류비		10/5	20/5	30/5	40/5	50/5

해설

• 계산 과정: $I_1 = \dfrac{750 \times 10^3}{\sqrt{3} \times 22,900} \times 1.5 = 28.36[A]$

• 답 30/5

참고
변류기의 정격 전류
• 1차 전류: 5, 10, 15, 20, 30, 40, 50, 75, 100, 150, 200, 300, 500[A]
• 2차 전류: 5[A]

배점: 5점

08 EL램프(Electro Luminescent lamp)의 특징 5가지를 쓰시오.

> **해설**
> - 전기 저항이 낮다.
> - 기계적으로 강하다.
> - 빛의 투과율이 높다.
> - 정현파 전압을 높이면 광속 발산도가 급격히 증가한다.
> - 램프 충전 시 제1피크, 램프 방전 시 제2피크가 나타나는 일종의 콘덴서와 비슷하다.

배점: 6점

09 8[m]의 높이에 200[W]의 가로등을 가설하고자 한다. 다음 [조건]을 바탕으로 물음에 답하시오.(단, 계산과정은 작성할 필요가 없으며, 답만 쓰시오.)

> **조건**
> - 전선관의 단면적은 무시한다.
> - 잔토 처리는 생략한다.
> - 터파기 및 되메우기에 필요한 보통 인부는 각각 [m³]당 0.28[인], 0.1[인]이다.
> - 외등 기초용 터파기는 개당 0.615[m³]이고 콘크리트 타설량은 0.496[m³]이다.
> - 소수점이 네자리 이상인 경우 소수 넷째 자리에서 반올림하여 셋째 자리까지 구한다.
> - 주어지지 않은 사항은 무시한다.

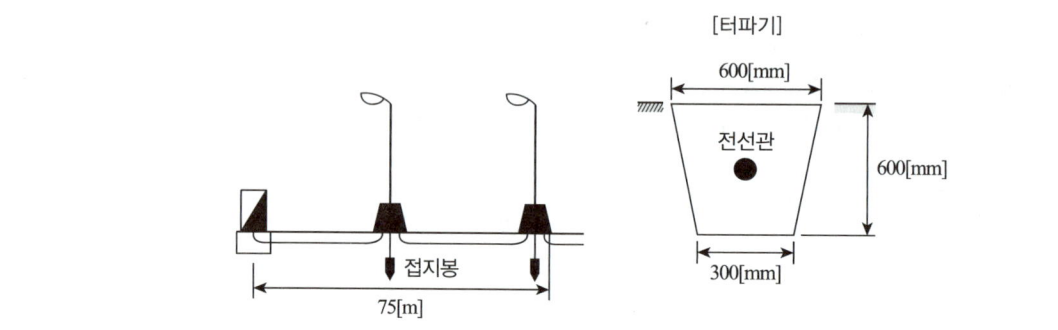

(1) 외등 기초를 포함한 전체 터파기량과 인공을 구하시오.
   - 터파기량
   - 필요 인공

(2) 외등 기초를 포함한 전체 되메우기량과 인공을 구하시오.
   - 되메우기량
   - 필요 인공

해설

(1) 답 터파기량: $21.48[m^3]$, 필요인공: $6.014[인]$
(2) 답 되메우기량: $20.488[m^3]$, 필요 인공: $2.049[인]$

참고

(1) 터파기량: $\dfrac{0.6+0.3}{2} \times 0.6 \times 75 + 0.615 \times 2 = 21.48[m^3]$

필요 인공: $21.48 \times 0.28 = 6.0144[인]$

(2) 되메우기량 = 전체터파기량 − 콘크리트 타설량

$21.48 - 0.496 \times 2 = 20.488[m^3]$

필요 인공: $20.488 \times 0.1 = 2.0488[인]$

배점: 5점

10 어느 수용가의 부하 설비 용량이 $2,800[kW]$, 부하 역률은 0.85, 수용률은 0.6이라고 할 때, 이 수용가의 변압기 용량 $[kVA]$을 계산하고, 변압기 표준 용량$[kVA]$을 선정하시오.

변압기 표준 용량[kVA]	750	1,000	1,500	2,000	3,000	5,000

해설

• 계산 과정

$P_a = \dfrac{2,800 \times 0.6}{0.85 \times 1.0} = 1,976.47[kVA]$

표에서 $2,000[kVA]$ 선정

• 답 $2,000[kVA]$

참고

변압기 용량$[kVA] = \dfrac{설비\ 용량[kW] \times 수용률}{역률 \times 부등률}$

배점: 6점

11 브흐홀츠 계전기에 대한 다음 물음에 답하시오.

(1) 동작 원리
(2) 설치 위치

해설

(1) 변압기의 내부 고장 시 발생하는 절연유의 분해 가스 또는 유류를 검출하여 차단기를 동작
(2) 변압기와 콘서베이터를 연결하는 관 도중에 설치

배점: 6점

12 다음 논리 회로의 진리표를 완성하고 논리 회로에 대한 타임 차트를 완성하시오.

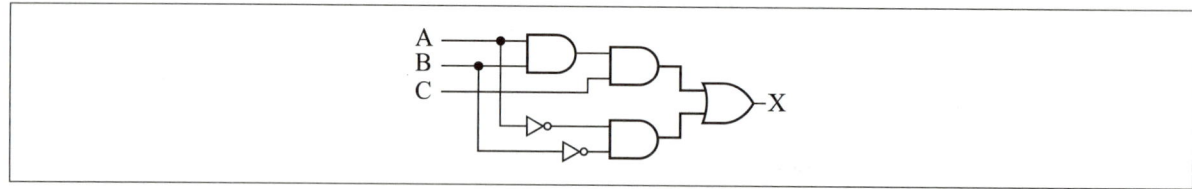

(1) 진리표

A	L	L	L	L	H	H	H	H
B	L	L	H	H	L	L	H	H
C	L	H	L	H	L	H	L	H
X								

(2) 타임 차트

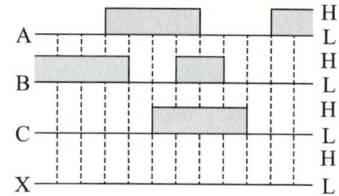

해설

(1)

A	L	L	L	L	H	H	H	H
B	L	L	H	H	L	L	H	H
C	L	H	L	H	L	H	L	H
X	H	H	L	L	L	L	L	H

(2)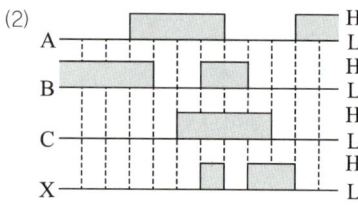

배점: 6점

13. 다음은 한국전기설비규정에서 정하는 수중 조명등에 대한 내용이다. 빈칸에 알맞은 말을 쓰시오.

수영장 기타 이와 유사한 장소에 사용하는 수중 조명등에 전기를 공급하기 위해서는 절연 변압기를 사용하고, 그 사용 전압은 다음에 의하여야 한다.
- 절연 변압기의 1차 측 전로의 사용전압은 (①)[V] 이하일 것
- 절연 변압기의 2차 측 전로의 사용전압은 (②)[V] 이하일 것

해설

① 400 ② 150

참고

수중 조명등 사용 전압
수영장 기타 이와 유사한 장소에 사용하는 수중 조명등에 전기를 공급하기 위해서는 절연 변압기를 사용하고, 그 사용 전압은 다음에 의하여야 한다.
- 절연 변압기의 1차 측 전로의 사용 전압은 400[V] 이하일 것
- 절연 변압기의 2차 측 전로의 사용 전압은 150[V] 이하일 것

배점: 6점

14. 기초 철탑의 조립 공법을 3가지 쓰시오.

해설

- 조립봉 공법
- 이동식 크레인 공법
- 철탑 크레인 공법

15 다음은 등전위본딩에 관한 내용이다. 괄호 안에 알맞은 답을 쓰시오.

배점: 6점

> [감전보호용 등전위본딩]
> - 대형 건축물 등으로 1개소에 집중하여 인입하기 어려운 경우에는 본딩도체를 (①)개의 본딩바에 연결한다.
> - 수도관·가스관의 경우 내부로 인입된 최초의 밸브 (②)에서 등전위 본딩을 하여야 한다.
> - 건축물·구조물의 철근, 철골 등 금속보강재는 등전위 본딩을 하여야 한다.
>
> [비접지 국부 등전위본딩]
> - 절연성 바닥으로 된 비접지 장소에서 다음의 경우 국부 등전위 본딩을 하여야 한다.
>   - 전기설비 상호 간이 (③)[m] 이내인 경우
>   - 전기설비와 이를 지지하는 금속체 사이
> - 전기설비 또는 계통외도전부를 통해 대지에 접촉하지 않아야 한다.

해설

① 1
② 후단
③ 2.5

참고

보호등전위본딩
- 건축물·구조물의 외부에서 내부로 들어오는 각종 금속제 배관은 다음과 같이 하여야 한다.
  - 1개소에 집중하여 인입하고, 인입구 부근에서 서로 접속하여 등전위본딩 바에 접속하여야 한다.
  - 대형건축물 등으로 1개소에 집중하여 인입하기 어려운 경우에는 본딩도체를 1개의 본딩 바에 연결한다.
- 수도관·가스관의 경우 내부로 인입된 최초의 밸브 후단에서 등전위본딩을 하여야 한다.
- 건축물·구조물의 철근, 철골 등 금속보강재는 등전위본딩을 하여야 한다.

비접지 국부등전위본딩
- 절연성 바닥으로 된 비접지 장소에서 다음의 경우 국부 등전위본딩을 하여야 한다.
  - 전기설비 상호 간이 2.5[m] 이내인 경우
  - 전기설비와 이를 지지하는 금속체 사이
- 전기설비 또는 계통외도전부를 통해 대지에 접촉하지 않아야 한다.

배점: 4점

16 전기부문 표준품셈에 따라 PERT/CPM 공정계획에 의한 공기산출 결과 정상 작업(정상 공기)으로는 불가능하여 야간 작업을 할 경우나 공사 성질상 부득이 야간 작업을 하여야 할 경우에는 품을 몇 [%]까지 가산할 수 있는지 쓰시오.

해설

25[%]

배점: 5점

17 부하 전력을 그림과 같이 측정하였을 때 전력계 지시값이 $600[\text{W}]$, 변압비 30, 변류비 20인 경우 부하 전력은 몇 $[\text{kW}]$인지 구하시오.

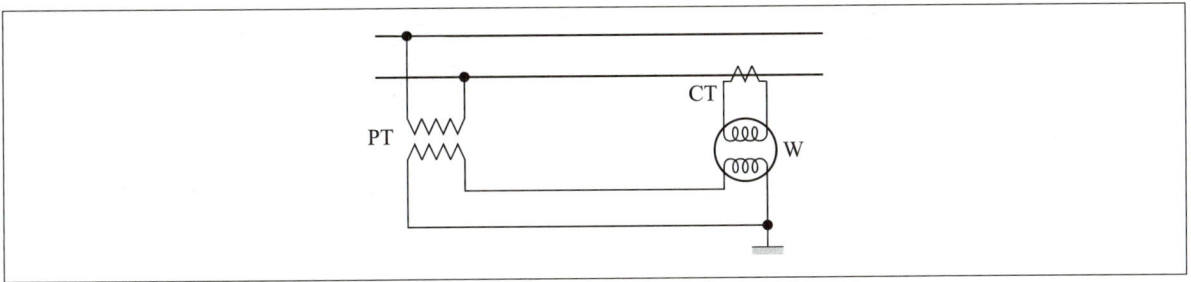

해설

- 계산 과정

  부하 전력 $P = 600 \times 30 \times 20 \times 10^{-3} = 360[\text{kW}]$

- 답 $360[\text{kW}]$

참고

부하 전력$[\text{kW}]$ = 전력계 지시값$[\text{kW}]$ × PT비 × CT비

배점: 5점

18 공사감리 업무에서 감리원의 검사 업무 수행 사항에 대하여 [보기]에 주어진 것을 알맞게 배열하시오.

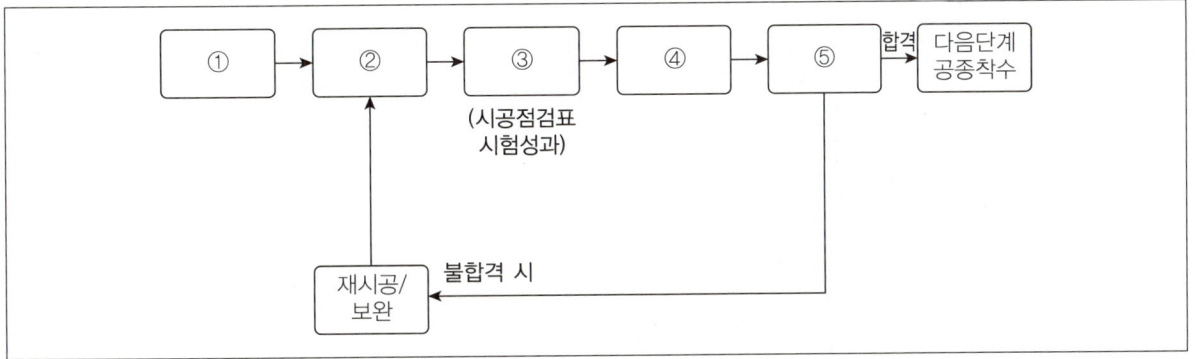

보기

현장시공 완료, 감리원 현장 검사, 검사 결과 통보, 시공관리 책임자 점검, 검사요청서 제출

해설

① 현장시공 완료
② 시공관리 책임자 점검
③ 검사요청서 제출
④ 감리원 현장 검사
⑤ 검사 결과 통보

배점: 5점

19 다음 동작 사항을 읽고 미완성 시퀀스도를 완성하시오.

[동작 사항]
① 3로 스위치 S_3가 OFF 상태에서 푸시버튼스위치 PB_1을 누르면 부저 B_1이, PB_2를 누르면 B_2가 울린다.
② 3로 스위치 S_3가 ON 상태에서 푸시버튼스위치 PB_1을 누르면 R_1이, PB_2를 누르면 R_2가 점등된다.

[범례]

전등		부저		3로 스위치
R_1	R_2	B_1	B_2	ON OFF S_3

해설

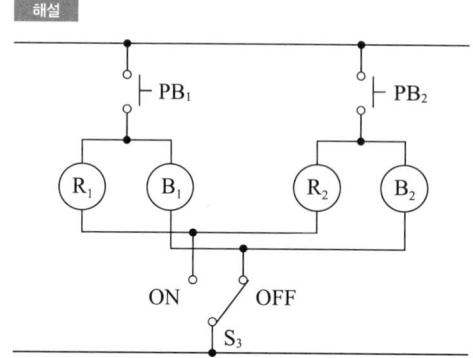

에듀윌이
너를
지지할게
ENERGY

목표가 있는 사람은 성공한다.
어디로 가고 있는지 알기 때문이다.

– 얼 나이팅게일(Earl Nightingale)

2020
전기공사기사 실기

1회 기출문제
2회 기출문제
3회 기출문제
4·5회 기출문제

확실한 합격대비, 회차별 학습전략!

회차	학습전략	합격률
1회	회로를 그리는 문제와 견적 문제를 제외하면 전체적으로 쉬운 수준의 과년도 기출 위주로 출제되었습니다. 그러나 견적 문제의 배점이 20점으로 다소 높아 견적 문제를 풀지 못했다면 다른 문제를 대부분 맞혀야만 합격이 가능한 회차입니다.	55.38%
2회	과년도 기출에서 많은 문제가 출제되어 합격률이 높았습니다. 견적 문제 또한 복잡하지 않았으며, 계산 문제도 축전지 용량 등 간단하게 출제되어 무난하게 합격을 노릴 수 있는 회차입니다.	78.47%
3회	출제 범위가 넓지 않고, 견적 문제도 크게 복잡하지 않게 출제되었습니다. 다만, 연관 공식의 흐름을 꿰고 있지 못하면 해결하기 어려운 BIL 관련 문제 등 까다로운 문제가 소수 출제된 회차입니다.	55.92%
4·5회	복잡한 계산 문제와 신규 단답형 문제가 출제되어 난이도가 상당히 높았습니다. 그러나 과년도 기출도 함께 출제되어 이에 대한 학습이 충분히 이루어졌다면 합격을 노려볼만한 회차입니다.	35.05%

학습 효과를 높이는 7개년 3회독 시스템

챕터별 전체 1회독이 끝났다면 회독 체크표에 날짜를 기입하고 체크표시를 해주세요.

회독 체크표	☐ 1회독	월 일	☐ 2회독	월 일	☐ 3회독	월 일

2020년 1회 전기공사기사 기출문제

배점: 6점

01 조명 설계 시 눈부심을 방지하기 위한 대책 6가지를 쓰시오.

해설
- 휘도가 낮은 광원(형광등) 사용
- 보호각 조절
- 광원 주위를 밝게 한다.
- 간접 조명, 반간접 조명 방식 채택
- 국부 조명을 피하고 전반 조명으로 설계
- 건축화 조명 방식 채용

참고
위의 대책 외에도 다음과 같은 방법이 있다.
- 기구의 설치위치, 조명각도 등을 적절하게 한다.

배점: 6점

02 다음 그림은 어느 박물관의 배선에 경보 장치를 설치하려고 하는 미완성 배선 접속도이다. 이 미완성 배선 접속도를 완성시켜 복선도로 그리시오.(단, 누전 경보기 내부 전선은 생략하고 단자까지만 배선하며, 영상 변류기는 WH와 KS 사이에 시설하는 것으로 하고, 경보 장치의 전원단에는 별도의 개폐기를 설치한다. 또한 경보 기구(벨)도 포함하여 작성하도록 한다.)

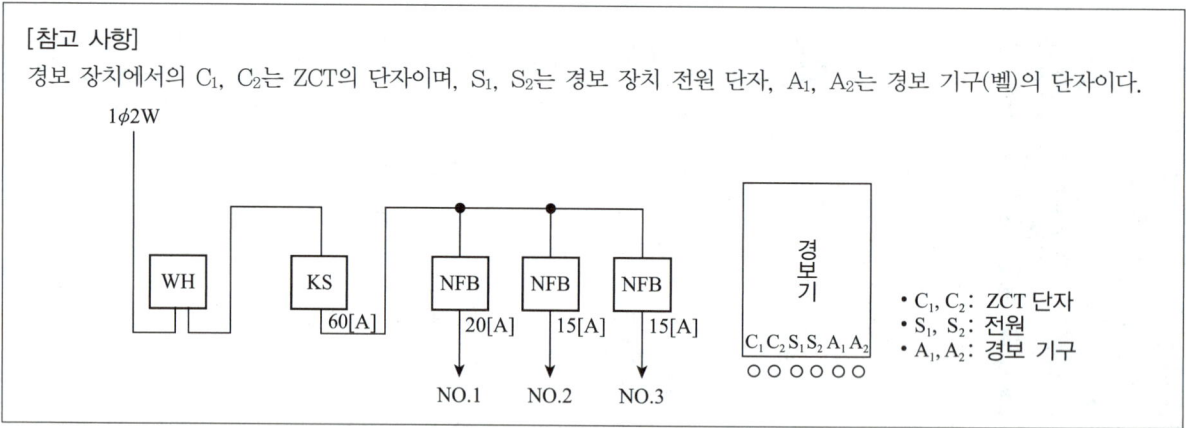

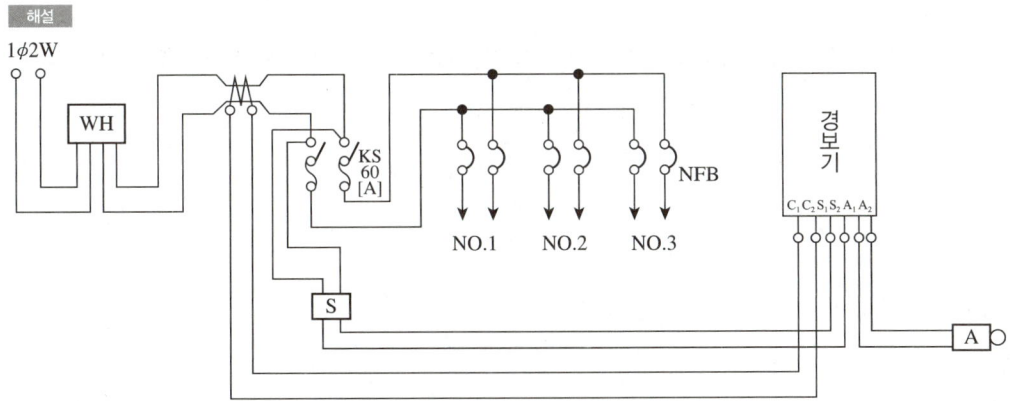

배점: 5점

03 모든 작업이 작업대에서 행하여지는 작업장의 가로가 6[m], 세로가 10[m], 바닥에서 천장까지의 높이가 3.6[m]인 방에 조명기구를 천장에 설치하고자 한다. 이 방의 실지수는 얼마인가?(단, 작업대의 높이는 바닥에서부터 0.6[m]이다.)

> 해설
> - 계산 과정: $RI = \dfrac{6 \times 10}{(3.6-0.6) \times (6+10)} = 1.25$
> - 답 1.25
>
> 참고
> 실지수 $RI = \dfrac{XY}{H(X+Y)}$
> H: 등고(작업면에서 등까지 높이)[m], X: 방의 가로 길이[m], Y: 방의 세로 길이[m]

배점: 5점

04 배전변전소의 2회선 이상을 계통의 모선으로부터 연결하고, 변압기 1차 측의 고압을 변압기 2차 저압으로 변성한 다음 2차 동일 모선에서 나오는 2회선의 급전선으로 공급하는 방식으로 1회선이 고장 시 다른 회선으로 무정전으로 저압 수용가에게 공급하는 신뢰도가 높은 배전 방식은 무엇인가?

> 해설
> 스폿 네트워크 배전 방식

배점: 5점

05 송전 전압이 154[kV]일 때, 선로 길이가 30[km]인 경우 1회선당 가능한 송전 전력은 몇 [kW]인지 Still식에 의거하여 구하시오.

해설
• 계산 과정

송전 전압 $V_S = 5.5\sqrt{0.6 \times l[km] + \dfrac{P[kW]}{100}}$ [kV] 에서

$P = \left(\dfrac{V_S^2}{5.5^2} - 0.6l\right) \times 100 = \left(\dfrac{154^2}{5.5^2} - 0.6 \times 30\right) \times 100 = 76,600[kW]$

• 답 76,600[kW]

참고
Still식(경제적인 송전 전압 결정식)

$V_S[kV] = 5.5\sqrt{0.6l + \dfrac{P}{100}}$ [kV]

(단, l: 선로의 길이[km], P: 송전 전력[kW])

배점: 3점

06 다음의 작업 구분에 맞는 직종명을 쓰시오.
(1) 발전 설비 및 중공업 설비의 시공 및 보수
(2) 철탑 및 송전 설비의 시공 및 보수
(3) 송전 전공으로 활선 작업을 하는 전공

해설
(1) 플랜트 전공
(2) 송전 전공
(3) 송전활선 전공

배점: 5점

07 공급점에서 50[m]의 지점에서 80[A], 60[m]의 지점에 50[A], 80[m]의 지점에 30[A]의 부하가 걸려 있을 때 부하 중심까지의 거리를 산출하여 전압 강하를 고려한 전선의 굵기를 산정하려고 한다. 부하 중심까지의 거리는 몇 [m]인가?

해설
• 계산 과정
직선 부하에서 부하 중심까지의 거리

$L = \dfrac{L_1 I_1 + L_2 I_2 + L_3 I_3}{I_1 + I_2 + I_3} = \dfrac{50 \times 80 + 60 \times 50 + 80 \times 30}{80 + 50 + 30} = 58.75[m]$

• 답 58.75[m]

배점: 4점

08 LBS(Load Breaker Switch)의 설치 목적 2가지를 쓰시오.

해설
- 전력 퓨즈의 용단 시 결상 방지
- 수변전 설비의 인입구 개폐기로 사용되며 평상시 부하 전류를 개폐

배점: 6점

09 공칭 단면적 $100[\text{mm}^2]$의 경동선을 사용한 가공 전선로가 있다. 경간은 $100[\text{m}]$로 지지점의 높이는 동일하다. 지금 수평 풍압 $1.1[\text{kg/m}]$인 경우에 전선의 안전율을 2.2로 하기 위하여 전선의 길이를 얼마로 하면 좋은가?(단, 전선 $1[\text{m}]$의 무게는 $0.7[\text{kg}]$, 전선의 인장 강도는 $1,100[\text{kg}]$으로서 장력에 의한 전선의 신장은 무시한다.)

해설
- 계산 과정

  합성 하중 $W = \sqrt{0.7^2 + 1.1^2} = 1.3[\text{kg/m}]$

  이도 $D = \dfrac{WS^2}{8T} = \dfrac{1.3 \times 100^2}{8 \times \left(\dfrac{1,100}{2.2}\right)} = 3.25[\text{m}]$

  전선의 길이 $L = S + \dfrac{8D^2}{3S} = 100 + \dfrac{8 \times 3.25^2}{3 \times 100} = 100.28[\text{m}]$

- **답** $100.28[\text{m}]$

참고
합성 하중 $W = \sqrt{(W_c + W_i)^2 + W_w^2}$
(단, W_c: 전선의 무게[kg/m], W_i: 전선에 가해지는 빙설 하중[kg/m], W_w: 전선에 가해지는 풍압 하중[kg/m])

배점: 5점

10 버스 덕트의 종류를 3가지만 쓰시오.

해설
- 피더 버스 덕트
- 익스펜션 버스 덕트
- 탭붙이 버스 덕트

참고
이 외에도 다음의 종류가 있다.
- 트랜스포지션 버스 덕트
- 플러그인 버스 덕트
- 트롤리 버스 덕트

배점: 6점

11 다음 그림은 $22.9[kV-Y]$에 적용 가능한 특고압 간이 수전 설비 표준 결선도이다. 이를 바탕으로 물음에 답하시오.

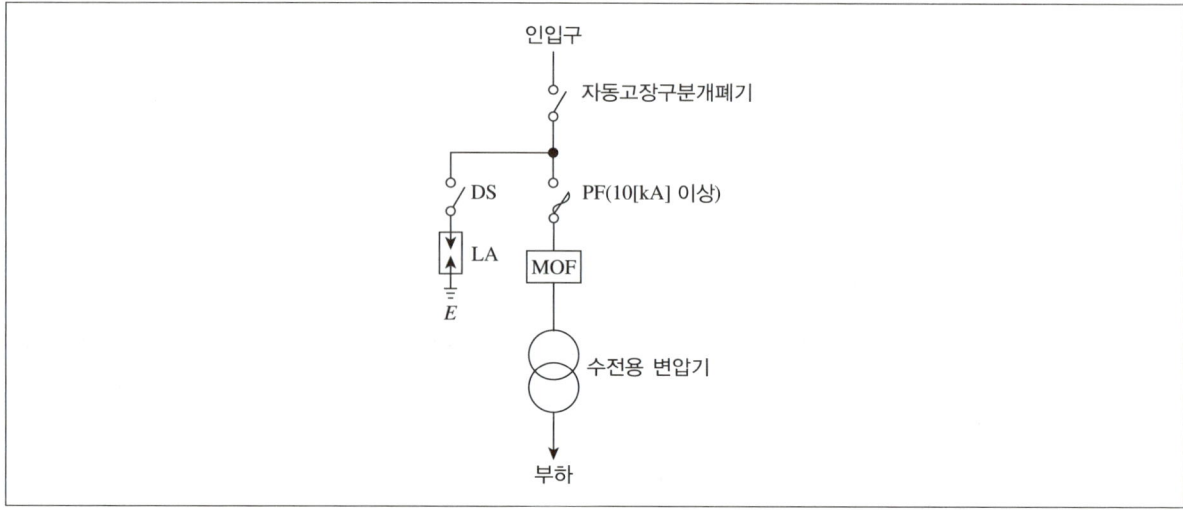

(1) 수전 용량이 몇 $[kVA]$ 이하에서 간이 수전 설비를 적용할 수 있는가?
(2) 피뢰기의 수량을 쓰시오.
(3) 지중 인입선에는 어떤 케이블을 사용하여야 하는가?
(4) 수전 용량이 $300[kVA]$ 이하인 경우 PF(비대칭 차단 전류 $10[kA]$ 이상) 대신 사용할 수 있는 개폐기는 무엇인가?

해설
(1) $1,000[kVA]$
(2) $3[개]$
(3) CNCV-W 케이블(수밀형) 또는 TR CNCV-W(트리억제형)
(4) COS

참고
$22.9[kV-Y]$에서 Y결선은 3상이므로 피뢰기의 실제 개수는 L1, L2, L3 각각에 하나씩 총 $3[개]$이다.

배점: 5점

12 전력계통 운용 자동화 및 변전소 무인 운전이 가능한 설비이며, 배전계통을 한눈에 볼 수 있도록 전력 사령실 내부에 각종 장치로 정보를 제공하는 설비를 SCADA 시스템이라 한다. SCADA 시스템의 기능을 3가지만 쓰시오.

해설
- 원방 감시 기능
- 원격 제어 기능
- 원격 측정 기능

참고
이 외에도 다음과 같은 사항들이 있다.
- 자동기록 기능
- 경보발생 기능
- 타 시스템과의 연계 기능

배점: 4점

13 동전선 접속의 구체적 방법에 의한 직선 접속의 종류 2가지를 쓰시오.

해설
- 가는 단선(6[mm²] 이하)의 직선 접속(트위스트 조인트)
- 직선 맞대기용 슬리브(B형)에 의한 압착 접속

배점: 5점

14 다음에서 설명하는 현상은 무슨 현상인가?

- 극판이 백색으로 되거나 표면에 백색 반점이 생긴다.
- 비중이 저하되고 충전 용량이 감소한다.
- 충전 시 전압 상승이 빠르고 가스 발생이 심하나 비중이 증가하지 않는다.

해설
설페이션 현상

배점: 5점

15 저압 접지 계통 중 TN접지 계통의 종류를 적으시오.

해설
- TN-S
- TN-C
- TN-C-S

배점: 5점

16 조명기구 배광에 따른 조명 방식 5가지를 적으시오.

해설
직접 조명, 간접 조명, 전반확산 조명, 반직접 조명, 반간접 조명

배점: 20점

17 다음 도면은 전등 및 콘센트의 평면 배선도이다. 각 항의 조건을 읽고 질문에 답하시오.

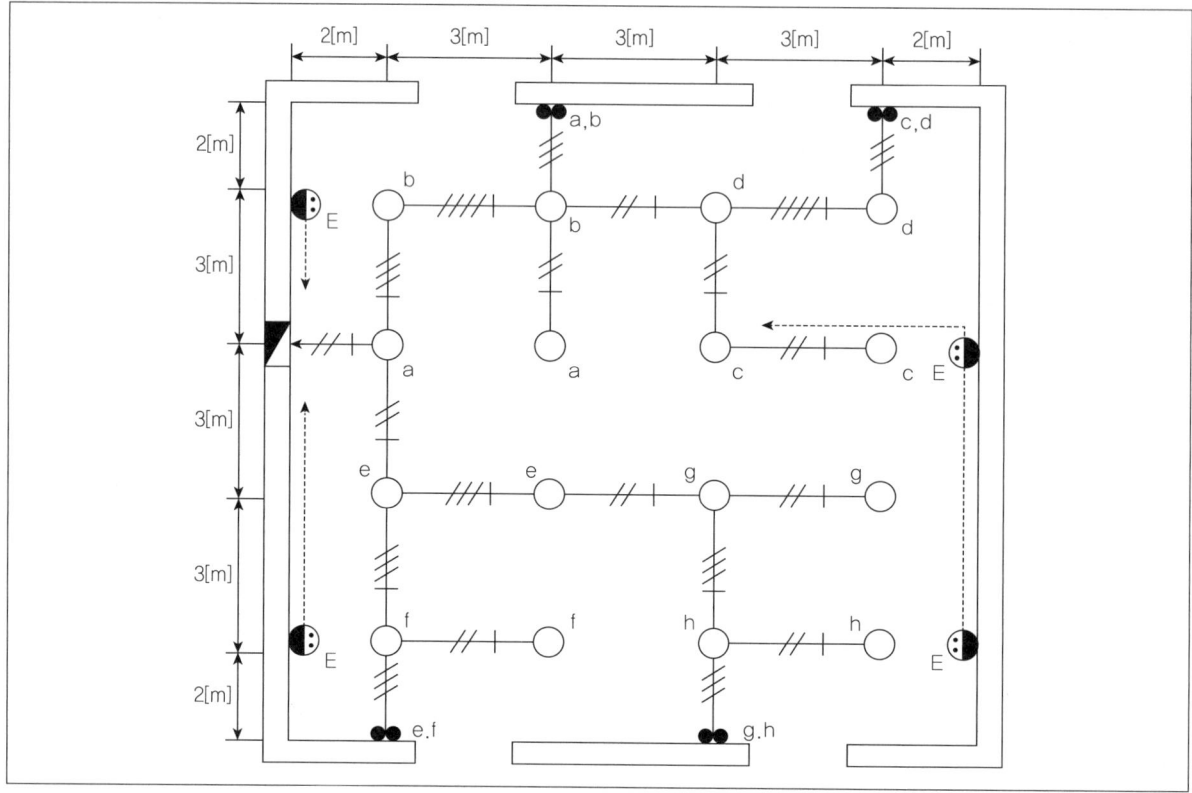

[범례 1]

○	LED 15[W]
●E	매입 콘센트(2P 15[A], 250[V])
●	매입 텀블러 스위치(15[A], 250[V])

[범례 2]

------	HFIX 4sq×2, (E) 4sq(22C)
—//—+—	HFIX 2.5sq×2, (E) 2.5sq(16C)
—///—	HFIX 2.5sq×3(16C)
—///—+—	HFIX 2.5sq×3, (E) 2.5sq(16C)
—////—+—	HFIX 2.5sq×4, (E) 2.5sq(22C)

■ 시설 조건
① 전선은 HFIX 2.5[mm²]를 사용한다.
② 전선관은 CD전선관을 사용하며, 범례 및 주기사항을 참조한다.
③ 전선관 28C 이하는 매입 배관한다.
④ 스위치 설치 높이는 1.2[m](바닥에서 중심까지)로 한다.
⑤ 콘센트 설치 높이는 0.3[m](바닥에서 중심까지)로 한다.
⑥ 분전함 설치 높이는 1.8[m](바닥에서 상단까지)로 한다. 단, 바닥에서 하단까지는 0.5[m]를 기준으로 한다.
⑦ 바닥에서 천장 슬라브까지의 높이는 3[m]이다.
⑧ 분전반의 규격은 다음에 의한다.
 • 주차단기 MCCB 3P 60AF(60AT) - 1개
 • 분기 차단기 MCCB 2P 30AF(20AT) - 4개
 • 철제 매입 설치 완제품 기준

⑨ 배관은 콘크리트 매입, 배선 기구는 매입 설치하는 것으로 한다.
⑩ 도면 및 조건에 따라 산정하고, 그 외에는 무시하도록 한다.

■ 재료 산출 조건
① 분전함 내부에서 배선 여유는 없는 것으로 한다.
② 자재 산출 시 산출 수량과 할증 수량은 소수점 이하도 계산한다.
③ 배관 및 배선 이외의 자재는 할증을 고려하지 않는다. 배관 및 배선의 할증은 10[%]로 한다.
④ 천장 슬라브의 전등 박스에서 전등까지의 배관, 배선은 무시한다.
⑤ 바닥 슬라브에서 콘센트까지의 입상 배관은 0.5[m]로 한다.

■ 인건비 산출 조건
① 재료의 할증부에 대해서는 품셈을 적용하지 않는다.
② 소수점 이하도 계산한다.
③ 품셈은 표준품셈을 적용한다.

[표 1] 전선관 배관 단위: [m]

합성수지 전선관		후강 전선관		금속가요 전선관	
규격	내선 전공	규격	내선 전공	규격	내선 전공
14[mm] 이하	0.04	–	–	–	–
16[mm] 이하	0.05	16[mm] 이하	0.08	16[mm] 이하	0.044
22[mm] 이하	0.06	22[mm] 이하	0.11	22[mm] 이하	0.059
28[mm] 이하	0.08	28[mm] 이하	0.14	28[mm] 이하	0.072
36[mm] 이하	0.10	36[mm] 이하	0.20	36[mm] 이하	0.087

[비고]
• 콘크리트 매입 기준
• 합성수지제 가요전선관(CD관)은 합성수지 전선관 품의 80[%] 적용

[표 2] 옥내배선 단위: [m], 적용 직종: 내선 전공

규격	관내 배선
6[mm^2] 이하	0.010
16[mm^2] 이하	0.023
38[mm^2] 이하	0.031
50[mm^2] 이하	0.043
60[mm^2] 이하	0.052
70[mm^2] 이하	0.061
100[mm^2] 이하	0.064

[비고]
• 관내 배선 기준

[표 3] 분전반 조립 및 설치 단위: 개, 적용 직종: 내선 전공

배선용 차단기				나이프 스위치			
용량	1P	2P	3P	용량	1P	2P	3P
30[AF] 이하	0.34	0.43	0.54	30[A] 이하	0.38	0.48	0.60
50[AF] 이하	0.43	0.58	0.74	60[A] 이하	0.48	0.65	0.82
100[AF] 이하	0.58	0.74	1.04	100[A] 이하	0.65	0.93	1.16
225[AF] 이하	0.74	1.01	1.35	200[A] 이하	0.82	1.20	1.50

[비고]
- 차단기 및 스위치를 조립, 결선하고, 매입 설치하는 기준
- 차단기 및 스위치가 조립된 완제품 설치 시는 65[%]
- 외함은 철제 또는 PVC제를 기준
- 4P 개폐기는 3P 개폐기의 130[%]

[표 4] 콘센트류 배선 기구 설치 단위: 개, 적용 직종: 내선 전공

	2P	3P	4P
콘센트 15[A]	0.065	0.095	0.10
콘센트(접지극부) 15[A]	0.08	-	-
콘센트(접지극부) 20[A]	0.085	-	-
콘센트(접지극부) 30[A]	0.11	0.145	0.15
플로어 콘센트 15[A]	0.096	-	-
플로어 콘센트 20[A]	0.096	-	-

[비고]
- 매입 1구 설치 기준, 노출 설치 시 120[%]
- 1구를 초과할 경우 매1구 증가마다 20[%] 가산

[표 5] 스위치류 배선기구 설치 단위: 개

종류	내선전공
텀블러 스위치 단로용	0.085
텀블러 스위치 3로용	0.085
텀블러 스위치 4로용	0.10
풀스위치	0.10
푸시버튼	0.065
리모콘 스위치	0.07

[비고]
- 매입 설치 기준, 노출 설치 시 120[%]

(1) 다음 표를 보고 ①부터 ④까지 총수량에 대하여 답하시오.(단, 소수점 넷째 자리에서 반올림하여 소수점 셋째 자리까지 표시하시오.)

자재명	규격	단위	수량	할증수량	총수량 (산출수량 + 할증수량)
CD 전선관	16[mm]	[m]			①
CD 전선관	22[mm]	[m]			②
스위치	250[V], 15[A]	개			③
매입 콘센트	250[V], 15[A], 2P	개			④

① • 계산 과정:
　• 답 :
② • 계산 과정:
　• 답 :
③
④

(2) 다음 표를 보고 ①부터 ⑥까지 내선전공 단위공량, 내선전공 공량계에 대하여 답하시오.(단, 소수점 넷째 자리에서 반올림하여 소수점 셋째 자리까지 표시하시오.)

자재명	규격	단위	수량	내선 전공 단위 공량	내선 전공 공량계
CD 전선관	16[mm]	[m]			①
CD 전선관	22[mm]	[m]			②
HFIX(전선)	2.5[mm²]	[m]		③	
스위치	250[V], 15[A]	개			④
매입 콘센트	250[V], 15[A], 2P	개			⑤
분전반	1-CB 3P 60AF(60AT) 4-CB 2P 30AF(20AT)	면			⑥

① • 계산 과정:
　• 답:
② • 계산 과정:
　• 답:
③ • 계산 과정:
　• 답:
④ • 계산 과정:
　• 답:
⑤ • 계산 과정:
　• 답:
⑥ • 계산 과정:
　• 답:

해설

(1) ① • 계산 과정
　　　㉠ 천장
　　　　스위치와 등기구 사이의 관: $2 \times 4 = 8[m]$
　　　　분전반과 등기구 사이의 관: $2 \times 1 = 2[m]$
　　　　4가닥 이하 등기구와 등기구 사이의 관: $3 \times 13 = 39[m]$
　　　　스위치 설치 높이: $(3-1.2) \times 4 = 7.2[m]$
　　　　분전반 설치 높이: $(3-1.8) \times 1 = 1.2[m]$
　　　　산출 수량: $8+2+39+7.2+1.2 = 57.4[m]$
　　　㉡ 할증
　　　　배관 및 배선의 할증은 $10[\%]$이므로
　　　　할증 수량: $57.4 \times 0.1 = 5.74[m]$
　　　　∴ 총수량: $57.4 + 5.74 = 63.14[m]$
　• 답 $63.14[m]$

② • 계산 과정
　　5가닥의 등기구와 등기구 사이의 관: $3 \times 2 = 6[m]$
　　분전반에서 콘센트까지의 관의 길이: $6+6+13+3 = 28[m]$
　　분전반 바닥에서 하단의 관: $0.7 \times 3 = 2.1[m]$
　　바닥슬라브에서 콘센트까지의 입상 배관: $0.5 \times 5 = 2.5[m]$
　　산출 수량: $6+28+2.1+2.5 = 38.6[m]$
　　배관 및 배선의 할증은 $10[\%]$이므로
　　할증 수량: $38.6 \times 0.1 = 3.86$
　　∴ 총수량: $38.6 + 3.86 = 42.46[m]$
　• 답 $42.46[m]$

③ $8[개]$

④ $4[개]$

(2) ① • 계산 과정
　　합성수지 전선관 $16[mm]$ 이하의 내선 전공은 $0.05[인]$이고 합성수지제 가요 전선관(CD관)은 합성수지 전선관 품의 $80[\%]$를 적용하므로 내선 전공: $57.4 \times 0.05 \times 0.8 = 2.296[인]$
　• 답 $2.296[인]$

② • 계산 과정
　　합성수지 전선관 $22[mm]$ 이하의 내선 전공은 $0.06[인]$이고, 합성수지제 가요 전선관(CD관)은 합성수지 전선관 품의 $80[\%]$를 적용하므로 내선전공: $38.6 \times 0.06 \times 0.8 = 1.8528[인]$
　• 답 $1.8528[인]$

③ • 계산 과정
　　옥내배선 $6[mm^2]$ 이하의 관내 배선은 $0.01[인]$
　• 답 $0.01[인]$

④ • 계산 과정
　　텀블러 스위치 단로용의 내선 전공은 $0.085[인]$이므로 내선 전공: $4 \times 0.085 \times 2 = 0.68[인]$
　• 답 $0.68[인]$

⑤ • 계산 과정
　　콘센트(접지극부) $15[A]$, 2P의 내선 전공은 $0.08[인]$이므로 내선 전공: $4 \times 0.08 = 0.32[인]$
　• 답 $0.32[인]$

⑥ • 계산 과정
　　주차단기 MCCB 3P 60AF(60AT)의 인공은 $1.04[인]$이고, 분기 차단기 MCCB 2P 30AF(20AT)의 인공은 $0.43[인]$이며 철제 매입 설치 완품 설치 시 $65[\%]$를 적용하므로 내선 전공: $[(1 \times 1.04)+(4 \times 0.43)] \times 0.65 = 1.794[인]$
　• 답 $1.794[인]$

2020년 2회 전기공사기사 기출문제

배점: 5점

01 $345[kV]$ 변압기가 설치된 옥외 변전소에서 울타리를 시설하는 경우에 울타리 높이와 울타리로부터 충전부까지의 거리의 합계는 얼마 이상이 되어야 하는가?

해설
- 계산 과정

  단수 $n = \dfrac{345-160}{10} = 18.5 \rightarrow 19$단

  $\therefore 6 + 19 \times 0.12 = 8.28[m]$
- 답 $8.28[m]$

배점: 5점

02 금속제 전선관의 치수에서 후강 전선관의 호칭은 다음과 같다. ( ) 안에 관의 호칭을 쓰시오.

| 16, ( ), 28 ( ), 42, ( ), 70 |

해설

22, 36, 54

배점: 5점

03 COS 설치에 필요한 사용 자재(COS 포함) 5가지를 쓰시오.

해설
- COS
- 브라켓트
- 내오손 결합 애자
- COS 커버
- 퓨즈 링크

참고

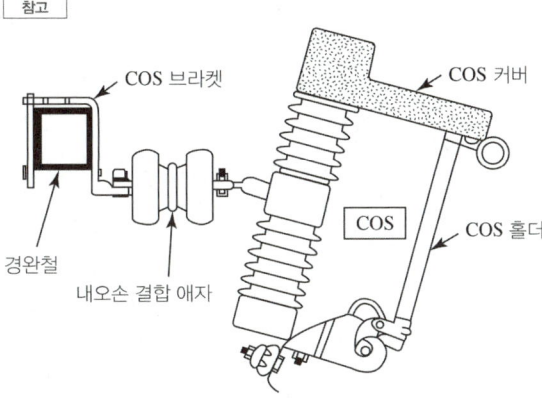

04 다음 물음에 답하시오.

(1) 1,000[kVA] 이하에 적용 가능한 특고압 간이 수전 설비 표준 결선도를 그리시오.

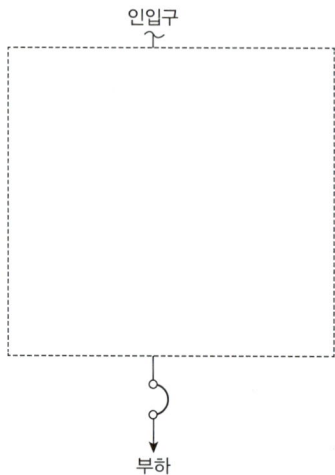

(2) 지중 인입선은 어떤 케이블을 사용하여야 하는지 2가지를 쓰시오.

해설

(1)

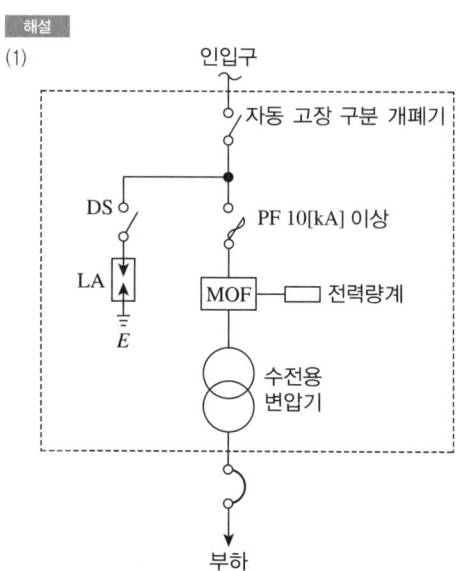

(2) • CNCV-W 케이블(수밀형)
    • TR CNCV-W(트리억제형)

배점: 5점

05 지선 공사에 필요한 자재를 5가지만 쓰시오.

해설
- 아연도 철선
- 콘크리트 근가
- 지선 로드
- 지선 밴드
- 지선 애자

배점: 6점

06 아스팔트 포장의 자동차 도로(폭 25[m])의 양쪽에 광속 25,000[lm]의 등기구를 설치하여 노면 휘도 1.2[nt]로 하려면 도로 양쪽에 등 설치 시 등 간격은?(단, 감광보상률 1.4, 조명률 0.25이며, 평균 조도는 노면 휘도의 10배이다.)

해설
- 계산 과정

$FUN = EAD$ 에서 $A = \dfrac{FUN}{ED} = \dfrac{25,000 \times 0.25 \times 1}{1.2 \times 10 \times 1.4} = 372.02 [m^2]$

$A = \dfrac{\text{도로 폭} \times \text{등 간격}}{2} [m^2]$ 에서

∴ 등 간격 $= \dfrac{A \times 2}{\text{도로 폭}} = \dfrac{372.02 \times 2}{25} = 29.76 [m]$

- **답** 29.76[m]

참고

$$FUN = EAD$$

(단, F: 광속[lm], U: 조명률, N: 사용하는 등의 개수, E: 조도[lx], A: 방의 면적[m²], D: 감광 보상률($= \dfrac{1}{M}$), M: 유지율)

배점: 5점

07 구내 선로에서 발생할 수 있는 개폐 서지, 순간 과도 전압 등으로 이상 전압이 2차 기기에 악영향을 주는 것을 막기 위해 설치하는 것으로 변압기나 기기 계통을 보호하는 것은 무엇인가?

해설
서지 흡수기

참고
서지 흡수기(SA)의 설치 위치: 개폐 서지를 발생하는 차단기 후단과 부하 측 사이

08 그림과 같은 계통에서 기기의 A점에서 완전 지락이 발생하였을 경우 다음 물음에 답하시오.

배점: 6점

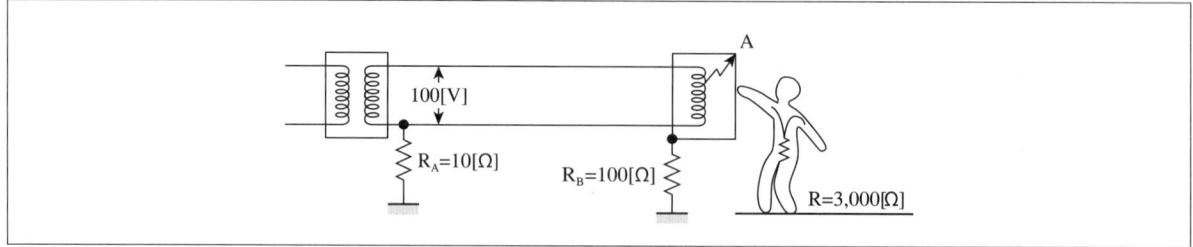

(1) 이 기기의 외함에 인체가 접촉하고 있지 않을 경우 이 외함의 대지 전압은 몇 [V]로 되겠는가?
(2) 인체 접촉 시 인체에 흐르는 전류를 10[mA] 이하로 하려면 기기의 외함에 시공된 접지공사의 접지 저항 $R_B[\Omega]$의 값을 얼마 이하의 것으로 바꾸어 주어야 하는가?

해설

(1) • 계산 과정: 대지 전압 $V = \dfrac{100}{100+10} \times 100 = 90.91[\text{V}]$

• 답 90.91[V]

(2) • 계산 과정

기기의 접지 저항을 $R_B[\Omega]$라 할 때 인체 접촉 시 흐르는 전류를 $I[\text{A}]$라 하면

$$I = \dfrac{100}{10 + \dfrac{R_B \times 3{,}000}{R_B + 3{,}000}} \times \dfrac{R_B}{R_B + 3{,}000} \leq 0.01[\text{A}]$$

∴ $R_B \leq 4.29[\Omega]$

• 답 4.29[Ω]

배점: 5점

09 수전 전압 6,600[V], 수전 전력 400[kW](역률 0.9)인 고압 수용가의 수전용 차단기에 사용하는 과전류 계전기의 사용 탭은 몇 [A]인가?(단, CT의 변류비는 75/5로 하고 탭 설정값은 부하 전류의 150[%]로 한다.)

해설

• 계산 과정

부하 전류 $I = \dfrac{400 \times 10^3}{\sqrt{3} \times 6{,}600 \times 0.9} = 38.88[\text{A}]$

탭 설정값은 부하 전류의 150[%]이므로 과전류 계전기의 사용 탭은

$I_t = 38.88 \times 1.5 \times \dfrac{5}{75} = 3.89[\text{A}]$

• 답 4[A]

배점: 4점

10 다음은 합성수지관 접속에 관한 내용이다. ( ) 안에 알맞은 수치를 기입하시오.

> 합성수지관 상호 간 및 관과 박스는 접속 시에 삽입하는 깊이를 바깥지름의 (①)배 이상으로 접속하여야 하며, 접착제를 사용하는 경우에는 (②)배 이상으로 삽입하여 접속하여야 한다.

해설
① 1.2
② 0.8

배점: 5점

11 전기공사의 물량 산출 시 일반적으로 다음과 같은 재료는 몇 [%]의 할증률을 계상하는지 그 할증률을 빈칸에 써 넣으시오.

종류	할증률[%]
옥외 전선	
옥내 전선	
케이블(옥외)	
케이블(옥내)	
전선관(옥내)	

해설

종류	할증률[%]
옥외 전선	5
옥내 전선	10
케이블(옥외)	3
케이블(옥내)	5
전선관(옥내)	10

배점: 3점

12 다음에서 설명하는 것은 무엇인가?

> 발전기 또는 변압기 등 전력계통의 중성점을 접지시키는 것으로 전력계통에 설치한 보호 계전기로 하여금 고장점을 판별시킬 목적으로 접지하며, 1선 지락 시 건전상 전위 상승이 선간 전압보다 낮은 75[%] 이하의 계통으로 직접접지계통이 이에 속한다.

해설
유효접지계통

13 비상용 조명 부하 110[V]용 100[W] 58등, 60[W] 50등이 있다. 방전 시간 30분, 축전지 HS형 54[cell], 허용 최저 전압 100[V], 최저 축전지 온도 5[℃]일 때 축전지 용량은 몇 [Ah]인가?(단, 경년 용량 저하율 0.8, 용량 환산 시간 $K=1.2$이다.)

해설
- 계산 과정

  부하 전류 $I = \dfrac{100 \times 58 + 60 \times 50}{110} = 80[A]$

  ∴ 축전지 용량 $C = \dfrac{1}{L}KI = \dfrac{1}{0.8} \times 1.2 \times 80 = 120[Ah]$

- **답** 120[Ah]

14 KEC 적용과 관련하여 삭제되는 문제입니다.

15 전기설비기술기준 및 한국전기설비규정에 의한 지중 전선로의 케이블 시설 방법 3가지를 쓰시오.

해설
직접 매설식, 관로식, 암거식

16 출력이 22[kW]인 4극 3상 농형 유도 전동기의 정격 시 효율이 91[%]이다. 이 전동기의 손실을 구하시오.

해설
- 계산 과정

  입력 $P = \dfrac{P_0}{\eta} = \dfrac{22}{0.91} = 24.18[kW]$

  손실 $P_l = P - P_0 = 24.18 - 22 = 2.18[kW]$

- **답** 2.18[kW]

참고
- 효율 = $\dfrac{\text{출력}}{\text{입력}}$
- 손실 = 입력 - 출력

배점: 20점

17 다음 도면은 횡단보도 안전을 위하여 기존 가로등주에서 분기하여 신호등주에 투광기를 설치한 장소 중 일부 개소에 해당하는 평면 배치도이다. 각 항의 조건을 읽고 물음에 답하시오.

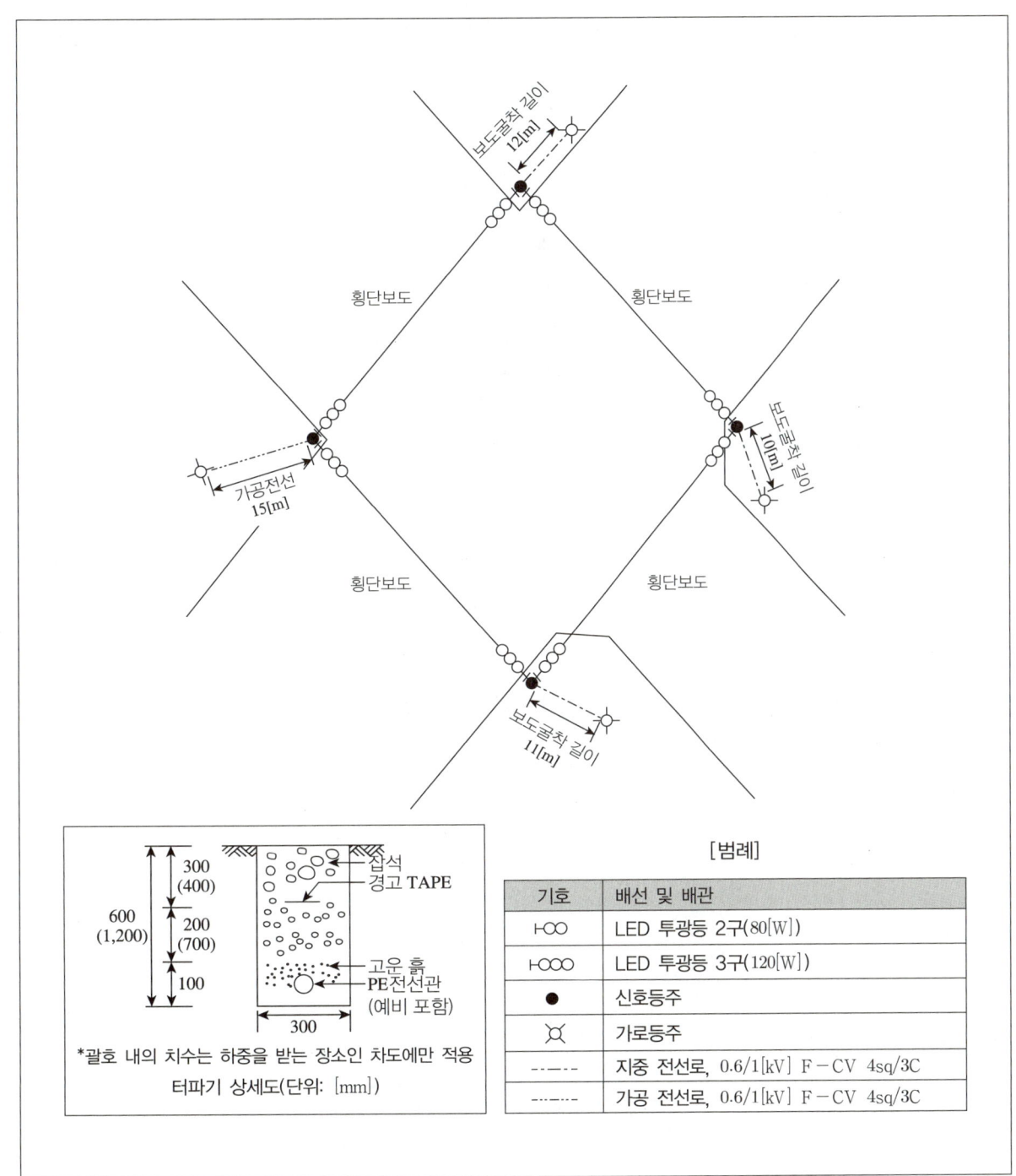

[유의사항]
① 금액 산정 시 단위는 원 단위이고, 소수점 이하는 버릴 것
② 도면 및 조건에 따라 산정하고 그 외에는 무시할 것
③ 재료비 + 직접 노무비 + 산출 경비의 합계 기준은 1억 원 이하로 본다.
④ 총공사 기간은 3개월이다.
⑤ 고용보험료는 7등급 이하를 적용한다.
⑥ 연금보험료는 직접 노무비의 4.5[%]를 적용
⑦ 건강보험료는 직접 노무비의 3.335[%]를 적용
⑧ 노인장기요양보험료는 건강보험료의 10.25[%]를 적용
⑨ 산재보험료는 노무비의 3.75[%]를 적용
⑩ 산업안전보건관리비는 (재료비 + 직접 노무비)×1.2×2.93[%]를 적용
⑪ 누전 차단기(W.P)는 분기한 가로등주 1개소마다 1개씩 설치
⑫ 철판구멍따기는 투광등이 설치되는 신호등주 1개소마다 2개씩만 적용

[표 1] 공사 규모, 공사 기간별 기타 경비 산출

공사 규모 (재료비+직접노무비+산출 경비)의 합계액	공사 기간	비율[%]	
		건축	기타
50억 원 미만	6개월 이하	5.6	5.6
	7~12개월	5.8	5.8
	13~36개월	7	7
	36개월 초과	7.3	7.3

[비고] 기타 경비는 (재료비+노무비)×비율로 산출

[표 2] 고용보험료 산출

등급별 비율[%]	
1등급	1.39
2등급	1.17
3등급	0.97
4등급	0.92
5등급	0.89
6등급	0.88
7등급	0.87

[비고] 고용보험료는 (노무비×비율)로 산출

[표 3] 단가조사서

명칭	규격	단위	적용 단가	조사 가격 1[원]		조사가격 2[원]	
누전 차단기(W.P)	2P 30AF/20AT	개	①	27,500	PAGE	27,700	PAGE
F-CV 케이블	0.6/1[kV] F-CV 3C×4sq	[m]		1,678	266	1,793	993

[비고] 조사 가격에서 가장 적은 금액으로 적용

[표 4] 도급 수량 내역

명칭	규격	단위	수량	호표적용
보도굴착구간	기계 + 인력	[m]		제1호
누전 차단기(W.P)	2P 30AF/20AT	개		제2호
F-CV Cable	0.6/1[kV] F-CV 3C×4sq	[m]	50	제3호

[표 5] 일위 대가 재료비

명칭	규격	단위	수량	재료비 단가[원]	재료비 금액[원]
[제1호] 보도굴착구간 기계+인력					
보판 걷기		[m²]	1	335	335
보도블럭 포장		[m²]	1	596	596
터파기		[m³]	②	430	
되메우기 및 다짐		[m³]			97
위험표시테이프	저압	[m]	1	184	184
공구손료		식	1	273	273
(합계)		[m]	1		
[제2호] F-CV Cable 0.6/1[kV] F-CV 3C×4sq					
(합계)		[m]	1		1,863
[제3호] 누전 차단기(W.P) 2P 30AF/20AT					
(합계)		개	1		28,456

[비고] [제2호], [제3호]의 일위 대가 재료비는 합계값을 표시한다.

[표 6] 일위 대가 노무비

명칭	규격	단위	노무비[원]
보도굴착구간	기계 + 인력	[m]	9,846
F-CV Cable	0.6/1[kV] F-CV 3C×4sq	[m]	4,465
누전 차단기(W.P)	2P 30AF/20AT	개	1,325
철판구멍따기		개	28,765

(1) [표 3]의 ①, [표 5]의 ②에 대해 답하시오.(단, 소수점 셋째 자리에서 반올림하여 둘째 자리까지 표시한다.)
　①
　②

(2) 아래 표는 도급 내역서의 일부이다. ③에서 ⑥까지 금액에 대하여 답하시오.(단, 소수점 이하는 절사한다.)

자재명	규격	단위	합계		
			수량	재료비[원]	노무비[원]
보도굴착구간	기계 + 인력	[m]		③	
F-CV Cable	0.6/1[kV] F-CV 3C×4sq	[m]	50	④	
누전 차단기(W.P)	2P 30AF/20AT	개		⑤	
철판구멍따기		개			⑥

③ • 계산 과정:
　• 답:
④ • 계산 과정:
　• 답:
⑤ • 계산 과정:
　• 답:
⑥ • 계산 과정:
　• 답:

(3) 다음 표는 총괄 원가계산서의 일부이다. ⑦ ~ ⑩까지의 금액을 답하시오.(단, 소수점 이하는 절사한다.)

구분		금액[원]
재료비	직접재료비	2,000,523
	간접재료비	160,042
	소계	2,160,565
노무비	직접 노무비	7,903,956
	간접 노무비	632,316
	소계	8,536,272
경비	경비	172,768
	건강보험료	
	연금보험료	
	노인장기요양 보험료	⑦
	산재보험료	
	고용보험료	⑧
	산업안전보건관리비	⑨
	기타 경비	⑩
	소계	

⑦ • 계산 과정:
　　• 답:
⑧ • 계산 과정:
　　• 답:
⑨ • 계산 과정:
　　• 답:
⑩ • 계산 과정:
　　• 답:

해설

(1) ① 27,500[원]
　② • 계산 과정: $0.3 \times 0.6 \times 1 = 0.18[\text{m}^3]$
　　　• 답 $0.18[\text{m}^3]$

(2) ③ • 계산 과정
　　　보도굴착 구간(기계 + 인력)의 재료비
　　　$(11+10+12) \times \{335+596+(0.18 \times 430)+97+184+273\} = 51,559[\text{원}]$
　　• 답 51,559[원]

　④ • 계산 과정
　　　[표 5]의 F-CV 케이블 0.6/1[kV] F-CV 3C×4sq 수량 1[m]의 금액이 1,863[원]이고, F-CV 케이블 50[m]의 재료비[원]를 구해야 한다.
　　　∴ 재료비: $50 \times 1,863 = 93,150[\text{원}]$
　　• 답 93,150[원]

　⑤ • 계산 과정
　　　유의사항에서 누전 차단기(W.P)는 분기한 가로등주 1개소마다 1개씩 설치하고 그림 속 가로등주 4개이다. [표 5]의 누전 차단기(W.P) 2P 30AF/20AT 1개의 금액[원]은 28,456[원]이다.
　　　∴ 재료비: $4 \times 28,456 = 113,824[\text{원}]$
　　• 답 113,824[원]

　⑥ • 계산 과정
　　　유의사항에서 철판구멍따기는 투광등이 설치되는 신호등주 1개소마다 2개씩만 적용하고 그림 속 신호등주는 4개이다. [표 6]의 철판구멍따기의 노무비는 28,765[원]이다.
　　　∴ 노무비: $28,765 \times 2 \times 4 = 230,120[\text{원}]$
　　• 답 230,120[원]

(3) ⑦ • 계산 과정
　　　건강보험료는 직접 노무비의 3.335[%]를 적용
　　　노인장기요양보험료는 건강보험료의 10.25[%]를 적용
　　　직접 노무비: 7,903,956[원]
　　　건강보험료: $7,903,956 \times 0.03335 = 263,596[\text{원}]$
　　　∴ 노인장기요양보험료: $263,596 \times 0.1025 = 27,018[\text{원}]$
　　• 답 27,018[원]

　⑧ • 계산 과정
　　　[표 2] 고용보험표 산출표에서 7등급 이하의 비율은 0.87[%]
　　　고용보험료는 노무비×비율로 산출한다.
　　　직접 노무비+간접 노무비 = 노무비(8,536,272[원])
　　　∴ 고용보험료: $8,536,272 \times 0.0087 = 74,265[\text{원}]$
　　• 답 74,265[원]

⑨ • 계산 과정

산업안전보건관리비는 (재료비 + 직접 노무비)×1.2에 2.93[%]를 적용

재료비+직접 노무비 = 2,160,565 + 7,903,956 = 10,064,521[원]

∴ 산업안전보건관리비: 10,064,521×1.2×0.0293 = 353,868[원]

• 답 353,868[원]

⑩ • 계산 과정

총공사 기간은 3개월이므로 공사기간 6개월 이하의 기타경비의 비율 5.6[%] 적용

기타 경비는 (재료비+노무비)×비율로 산출한다.

∴ 기타 경비: (2,160,565 + 8,536,272)×0.056[%] = 599,022[원]

• 답 599,022[원]

참고

(1) ① [표 3] 조사 가격에서 가장 적은 금액인 27,500[원]

② 폭[m]×깊이[m]×길이[m] = 0.3×0.6×1 = 0.18[m³]

2020년 3회 전기공사기사 기출문제

배점: 3점

01 가공 배전선로의 장력이 걸리지 않는 장소에서 분기고리와 기기 리드선을 결선할 때 사용하는 기기의 명칭을 적으시오.

해설
활선 클램프

배점: 5점

02 H주일 때 현장 여건상 전주별로 별도의 보통 지선 설치가 곤란하거나 1개의 지선용 근가로 저항력을 확보할 수 있는 경우 1개의 지선 로드 및 근가로 2단의 지선을 시설하는 지선 명칭은 무엇인지 적으시오.

해설
Y지선

참고
단주의 경우 Y지선을 설치하지 않는다.

배점: 4점

03 애자의 전기적 특성에서 섬락 전압의 종류를 2가지 적으시오.

해설
- 충격 섬락 전압
- 건조 섬락 전압

참고
이 외에도 다음과 같은 종류가 있다.
- 주수 섬락 전압
- 유중 파괴 전압

배점: 5점

04 정격 부담이 $50[VA]$인 변류기의 2차에 연결할 수 있는 최대 합성 임피던스의 값이 몇 $[\Omega]$인지 계산하시오.(단, 변류기의 2차 정격 전류는 $5[A]$이다.)

해설
- 계산 과정: $P_a = I^2 Z$이므로 $Z = \dfrac{P_a}{I^2} = \dfrac{50}{5^2} = 2[\Omega]$
- **답** $2[\Omega]$

05 모든 작업이 작업대(방바닥에서 $0.85[\mathrm{m}]$의 높이)에서 행하여지는 작업장의 가로가 $8[\mathrm{m}]$, 세로가 $12[\mathrm{m}]$, 바닥에서 천장까지의 높이가 $3.8[\mathrm{m}]$인 방에 조명기구를 천장에 설치하고자 한다. 이 방의 실지수는 얼마인가?

> **해설**
> • 계산 과정: 실지수 $RI = \dfrac{XY}{H(X+Y)} = \dfrac{8 \times 12}{(3.8 - 0.85) \times (8 + 12)} = 1.63$
> • 답 1.63
>
> **참고**
> H: 등고(작업면에서 등까지의 높이)[m]
> X: 방의 가로 길이[m]
> Y: 방의 세로 길이[m]

06 다음의 변압기 결선도를 보고 결선 방식과 이 결선 방식의 장단점을 각각 2가지만 적으시오.

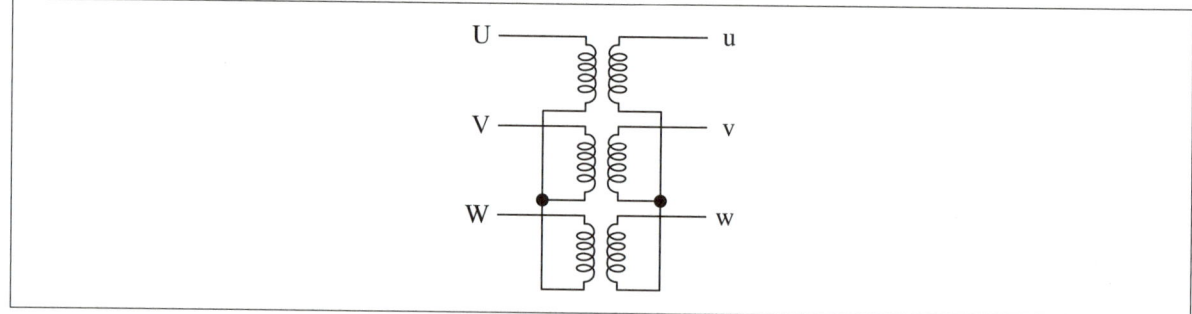

(1) 결선 방식
(2) 장점
(3) 단점

> **해설**
> (1) $Y-Y$ 결선 방식
> (2) • 중성점을 접지할 수 있으므로 이상 전압 방지에 유리하다.
>   • 상전압이 선간 전압의 $\dfrac{1}{\sqrt{3}}$이 되기 때문에 절연이 용이하다.
> (3) • 중성점을 접지하면 제3고조파 전류가 흘러 통신선에 유도 장해 발생 우려가 있다.
>   • 기전력의 파형이 제3고조파를 포함한 왜형파가 된다.

07 다음은 피뢰기의 특성에 대한 설명이다. 빈칸에 알맞은 용어를 적으시오.

> 피뢰기의 구비 조건에서 이상 전압 침입 시 신속하게 (①)하는 특성이 있어야 하고, 이상전류 통전 시 피뢰기의 단자 전압을 나타내는 (②)은 일정 전압 이하로 억제할 수 있어야 한다.

해설
① 방전
② 제한전압

08 강심 알루미늄 연선의 약호와 공칭 단면적을 적으시오.(단, $60[mm^2]$ 이하의 공칭단면적을 모두 적으시오.)

(1) 약호
(2) 공칭 단면적

해설
(1) ACSR
(2) 19, 32, 58$[mm^2]$

09 다음 그림은 접지계통의 형태 중에서 어떤 계통인지 쓰시오.(단, 계통의 일부의 중성선과 보호선을 동일 전선으로 사용한다.)

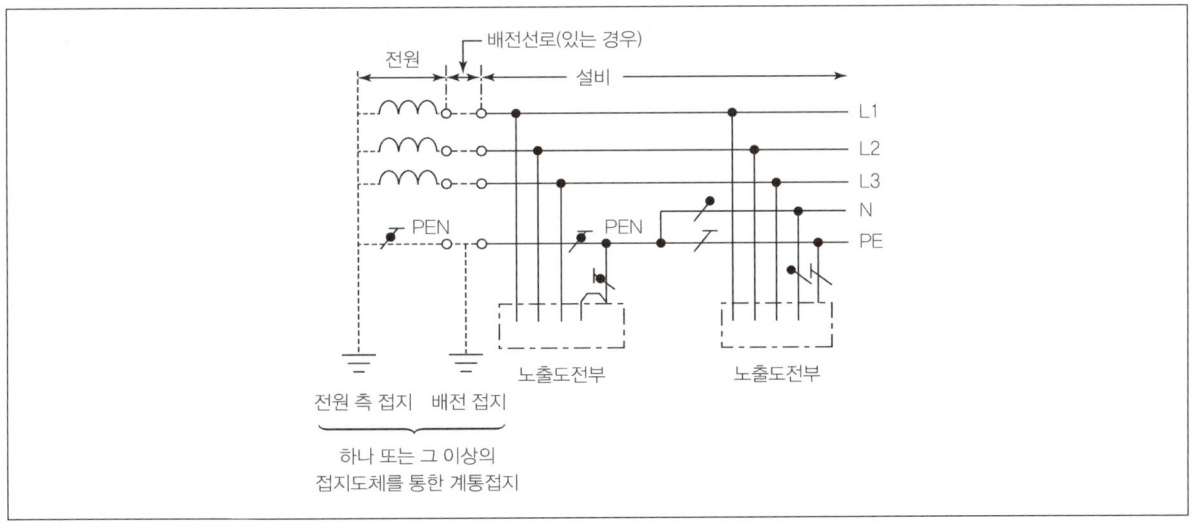

해설
TN-C-S계통

10 다음 철탑의 명칭을 쓰시오.

(1) 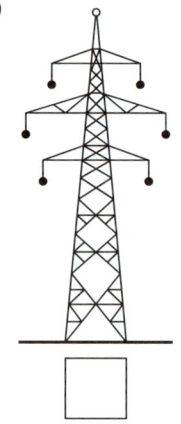 (2) 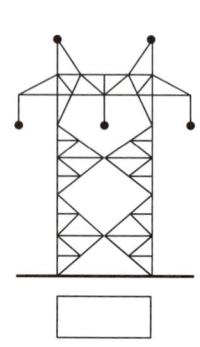 (3)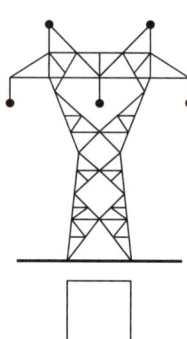

(4) 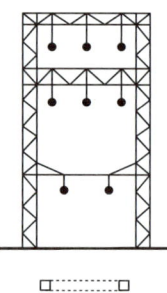 (5) 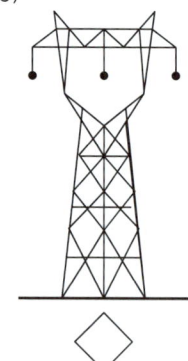 (6)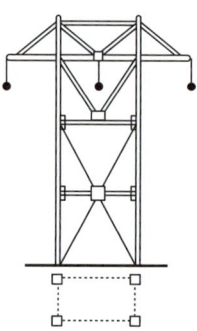

해설
(1) 사각 철탑
(2) 방형 철탑
(3) 우두형 철탑
(4) 문형 철탑
(5) 회전형 철탑
(6) MC 철탑

11 다음 그림과 같이 외등용 전선관을 지중에 매설하려고 한다. 터파기(흙파기)량은 얼마인가?(단, 매설거리는 50[m]이고, 전선관의 면적은 무시한다.)

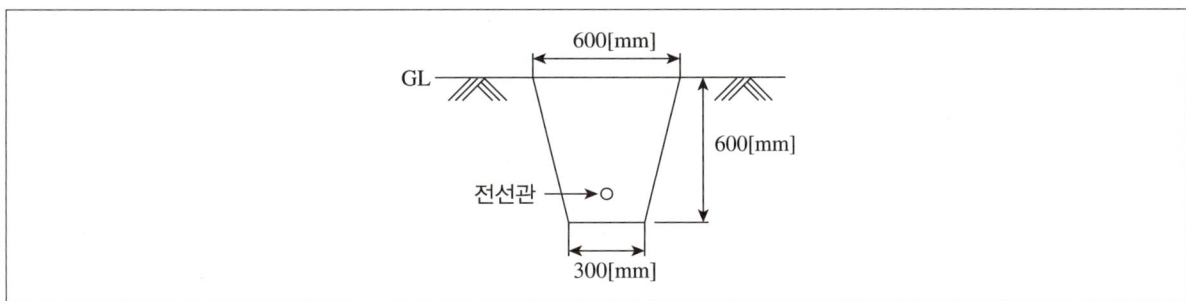

해설

- 계산 과정: $V = \dfrac{a+b}{2} \times h \times L = \dfrac{0.6+0.3}{2} \times 0.6 \times 50 = 13.5[\text{m}^3]$
- 답 $13.5[\text{m}^3]$

12 전력계통에서 적용하는 보호 방식 중에서 방사성 계통의 단락 보호에 적합하며, 계전기 간의 동작 시간차로 고장구간을 차단하는 것으로 주보호와 후비 보호를 동시에 할 수 있어 경제적이지만 보호 시간이 길어지는 단점을 가지는 것의 명칭을 적으시오.

해설

과전류 계전기에 의한 한시차 계전 방식

13 차단기 명판(Name plate)에 BIL 150[kV], 정격 차단 전류 20[kA], 차단 시간 8사이클, 솔레노이드형이라고 기재되어 있다. 다음 물음에 답하시오.

(1) BIL이란 무엇인지 설명하시오.
(2) 이 차단기의 정격 전압은 얼마인지 계산하시오.(단, BIL을 적용하여 계산할 것)

해설

(1) 기준 충격 절연 강도이며, 뇌임펄스 내전압 시험값으로서 절연 레벨의 기준을 정하는 데 사용한다.
(2) • 계산 과정
$\text{BIL}[\text{kV}] = $ 절연 계급$\times 5 + 50[\text{kV}]$
절연 계급 $= \dfrac{150-50}{5} = 20[\text{kV}]$
공칭 전압 $= $ 절연 계급$\times 1.1 = 20 \times 1.1 = 22[\text{kV}]$
차단기의 정격 전압 $V_n = 22 \times \dfrac{1.2}{1.1} = 24[\text{kV}]$
- 답 $24[\text{kV}]$

배점: 3점

14 축전지의 다음과 같은 현상이 무엇인지 적으시오.

- 극판이 백색으로 되거나 백색 반점이 발생하였다.
- 비중이 저하하고 충전 용량이 감소하였다.
- 충전 시 전압 상승이 빠르고 다량의 가스가 발생하였다.

해설
설페이션 현상

배점: 7점

15 다음 그림에 표시된 ①~⑦의 명칭을 정확하게 적으시오.(단, 그림은 2련 내장 애자장치이다.)

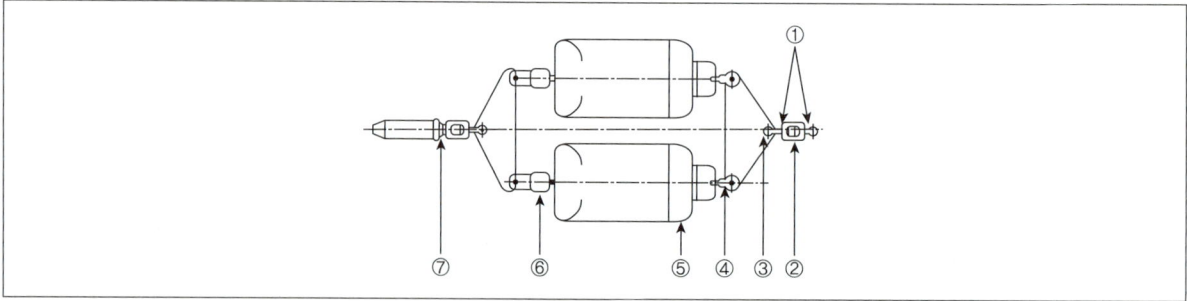

해설
① 앵커 쇄클
② 체인 링크
③ 삼각 요크
④ 볼 크레비스
⑤ 현수 애자
⑥ 소켓 크레비스
⑦ 압축형 인류 클램프

배점: 5점

16 3상 3선식 220[V]로 수전하는 수전가의 부하 전력이 95[kW], 부하 역률이 85[%], 구내 배선의 길이는 150[m]이며 배선에서의 전압 강하는 6[V]까지 허용하는 경우 구내 배선의 굵기를 계산하고 선정하시오.

해설
- 계산 과정

$$A = \frac{30.8LI}{1,000e} = \frac{30.8 \times 150 \times \frac{95 \times 10^3}{\sqrt{3} \times 220 \times 0.85}}{1,000 \times 6} = 225.85 [\text{mm}^2]$$

∴ 전선의 규격인 240[mm²]를 선정한다.
- 답 240[mm²]

배점: 4점

17 다음 옥내 배선의 심벌을 보고 배선의 명칭을 적으시오.(단, 내선규정의 명칭에 따른다.)

그림 기호	명칭
————————	(1)
··················	(2)
— — — — —	(3)
—··—··—··—	(4)

해설
(1) 천장 은폐 배선
(2) 노출 배선
(3) 바닥 은폐 배선
(4) 노출 배선 중 바닥면 노출 배선

배점: 20점

18 다음 도면은 전등 및 콘센트의 평면 배선도이다. 각 항의 조건을 읽고 질문에 답하시오.

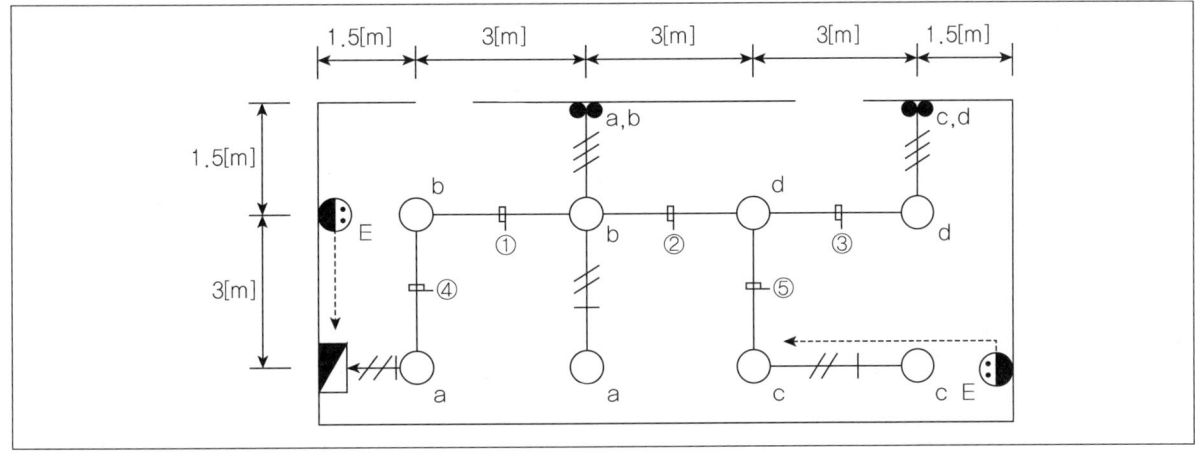

■ 시설 조건

① 전선은 HFIX 2.5[mm^2]를 사용한다.
② 전선관은 CD전선관을 사용하며, 범례를 참조한다.
③ 전선관 28C 이하는 매입 배관한다.
④ 스위치 설치 높이는 1.2[m](바닥에서 중심까지)로 한다.
⑤ 콘센트 설치 높이는 0.3[m](바닥에서 중심까지)로 한다.
⑥ 분전함 설치 높이는 1.8[m](바닥에서 상단까지)로 한다.(단, 바닥에서 하단까지는 0.5[m]를 기준으로 한다.)
⑦ 바닥에서 천장 슬라브까지의 높이는 3[m]이다.
⑧ 분전반의 규격은 다음에 의한다.
 • 주차단기 MCCB 3P 60AF(60AT) - 1개
 • 분기 차단기 MCCB 2P 30AF(20AT) - 4개
 • 철제 매입 설치 완제품 기준
⑨ 배관은 콘크리트 매입, 배선 기구는 매입 설치하는 것으로 한다.
⑩ 도면 및 조건에 따라 산정하고, 그 외에는 무시하도록 한다.

■ 재료 산출 조건

① 분전함 내부에서 배선 여유는 없는 것으로 한다.
② 자재 산출 시 산출 수량과 할증 수량은 소수점 이하도 계산한다.
③ 배관 및 배선 이외의 자재는 할증을 고려하지 않는다. 배관 및 배선의 할증은 10[%]로 한다.
④ 천장 슬라브의 전등 박스에서 전등까지의 배관, 배선은 무시한다.
⑤ 바닥 슬라브에서 콘센트까지의 입상 배관은 0.5[m]로 한다.

■ 인건비 산출 조건

① 재료의 할증부에 대해서는 품셈을 적용하지 않는다.
② 소수점 이하도 계산한다.
③ 품셈은 표준품셈을 적용한다.

[표 1] 전선관 배관   단위: [m]

합성수지 전선관		후강 전선관		금속가요 전선관	
규격	내선 전공	규격	내선 전공	규격	내선 전공
14[mm] 이하	0.04	-	-	-	-
16[mm] 이하	0.05	16[mm] 이하	0.08	16[mm] 이하	0.044
22[mm] 이하	0.06	22[mm] 이하	0.11	22[mm] 이하	0.059
28[mm] 이하	0.08	28[mm] 이하	0.14	28[mm] 이하	0.072
36[mm] 이하	0.10	36[mm] 이하	0.20	36[mm] 이하	0.087

[비고]
• 콘크리트 매입 기준
• 합성수지제 가요 전선관(CD관)은 합성수지 전선관 품의 80[%] 적용

[표 2] 옥내 배선 단위: [m], 적용 직종: 내선 전공

규격	관내 배선
6[mm^2] 이하	0.010
16[mm^2] 이하	0.023
38[mm^2] 이하	0.031
50[mm^2] 이하	0.043
60[mm^2] 이하	0.052
70[mm^2] 이하	0.061
100[mm^2] 이하	0.064

[비고]
- 관내 배선 기준

[표 3] 분전반 조립 및 설치 단위: 개, 적용 직종: 내선 전공

배선용 차단기				나이프 스위치			
용량	1P	2P	3P	용량	1P	2P	3P
30AF 이하	0.34	0.43	0.54	30[A] 이하	0.38	0.48	0.60
50AF 이하	0.43	0.58	0.74	60[A] 이하	0.48	0.65	0.82
100AF 이하	0.58	0.74	1.04	100[A] 이하	0.65	0.93	1.16
225AF 이하	0.74	1.01	1.35	200[A] 이하	0.82	1.20	1.50

[비고]
- 차단기 및 스위치를 조립, 결선하고, 매입 설치하는 기준
- 차단기 및 스위치가 조립된 완제품 설치 시는 65[%]
- 외함은 철제 또는 PVC제를 기준
- 4P 개폐기는 3P 개폐기의 130[%]

[표 4] 콘센트류 배선 기구 설치 단위: 개, 적용 직종: 내선 전공

	2P	3P	4P
콘센트 15[A]	0.065	0.095	0.10
콘센트(접지극부) 15[A]	0.08	−	−
콘센트(접지극부) 20[A]	0.085	−	−
콘센트(접지극부) 30[A]	0.11	0.145	0.15
플로어 콘센트 15[A]	0.096	−	−
플로어 콘센트 20[A]	0.096	−	−

[비고]
- 매입 1구 설치 기준, 노출 설치 시 120[%]
- 1구를 초과할 경우 매1구 증가마다 20[%] 가산

[표 5] 스위치류 배선 기구 설치   단위: 개

종류	내선 전공
텀블러 스위치 단로용	0.085
텀블러 스위치 3로용	0.085
텀블러 스위치 4로용	0.10
풀스위치	0.10
푸시버튼	0.065
리모콘 스위치	0.07

[비고]
• 매입 설치 기준, 노출 설치 시 120[%]

(1) 도면을 보고 ①부터 ⑤까지 접지 도체를 포함하여 최소 전선(가닥)수를 표시하시오.(표시 예: 접지도체를 포함하여 3가닥인 경우: ──//─┼──)

(2) 다음 표를 보고 ①, ②의 총수량에 대하여 답하시오.(단, 소수점 넷째 자리에서 반올림하여 소수점 셋째 자리까지 표시하시오.)

자재명	규격	단위	수량	할증수량	총수량
CD 전선관	16[mm]	[m]			①
CD 전선관	22[mm]	[m]			②

① • 계산 과정:
  • 답:
② • 계산 과정:
  • 답:

(3) 다음 표를 보고 ①부터 ④까지 내선 전공 공량계에 대하여 답하시오.(단, 소수점 넷째 자리에서 반올림하여 소수점 셋째 자리까지 표시하시오.)

자재명	규격	단위	수량	내선전공 단위공량	내선전공 공량계
CD 전선관	16[mm]	[m]			①
스위치	250[V], 15[A]	개			②
매입 콘센트	250[V], 15[A], 2P	개			③
분전반	MCCB 3P 60AF(60AT)	면			④
	MCCB 2P 30AF(20AT)	면			

① • 계산 과정:
  • 답:
② • 계산 과정:
  • 답:
③ • 계산 과정:
  • 답:
④ • 계산 과정:
  • 답:

해설

(1)

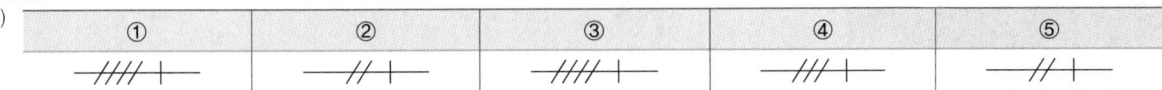

(2) ① • 계산 과정
　㉠ 천장
　　스위치와 등기구 사이의 관: $1.5 \times 2 = 3[m]$
　　분전반과 등기구 사이의 관: $1.5 \times 1 = 1.5[m]$
　　4가닥 이하 등기구와 등기구 사이의 관: $3 \times 5 = 15[m]$
　　스위치 설치 높이: $(3-1.2) \times 2 = 3.6[m]$
　　분전반 설치 높이: $(3-1.8) \times 1 = 1.2[m]$
　　산출 수량: $3+1.5+15+3.6+1.2=24.3[m]$
　㉡ 할증
　　배관 및 배선의 할증은 $10[\%]$로 한다.
　　할증 수량: $24.3 \times 0.1 = 2.43[m]$
　　∴ 총수량: $24.3 + 2.43 = 26.73[m]$
　• 답 $26.73[m]$

② • 계산 과정
　5가닥의 등기구와 등기구 사이의 관: $3 \times 2 = 6[m]$
　분전반에서 콘센트까지의 관의 길이: $12+3=15[m]$
　분전반 바닥에서 하단의 관: $0.7 \times 2 = 1.4[m]$
　바닥슬라브에서 콘센트까지의 입상 배관: $0.5 \times 2 = 1[m]$
　산출 수량: $6+15+1.4+1 = 23.4[m]$
　배관 및 배선의 할증은 $10[\%]$로 한다.
　할증 수량: $23.4 \times 0.1 = 2.34[m]$
　∴ 총수량: $23.4 + 2.34 = 25.74[m]$
　• 답 $25.74[m]$

(3) ① • 계산 과정
　합성수지 전선관 $16[mm]$ 이하의 내선 전공은 $0.05[인]$이고 합성수지제 가요 전선관(CD관)은 합성수지 전선관 품의 $80[\%]$를 적용하므로
　내선 전공: $24.3 \times 0.05 \times 0.8 = 0.972[인]$
　• 답 $0.972[인]$

② • 계산 과정
　텀블러 스위치 단로용의 내선 전공은 $0.085[인]$이므로
　내선 전공: $2 \times 0.085 \times 2 = 0.34[인]$
　• 답 $0.34[인]$

③ • 계산 과정
　콘센트(접지극부) $15[A]$ 2P에서 0.08 선정
　내선 전공: $2 \times 0.08 = 0.16$
　• 답 $0.16[인]$

④ • 계산 과정
　주차단기 MCCB 3P 60AF(60AT)의 인공은 $1.04[인]$이고, 분기 차단기 MCCB 2P 30AF(20AT)의 인공은 $0.43[인]$이며 철제 매입 설치 완품 설치 시 $65[\%]$를 적용하므로
　내선 전공: $\{(1 \times 1.04)+(4 \times 0.43)\} \times 0.65 = 1.794[인]$
　• 답 $1.794[인]$

2020년 4·5회 전기공사기사 기출문제

배점: 7점

01 다음 철탑의 구조를 보고 각 부분의 명칭을 적으시오.

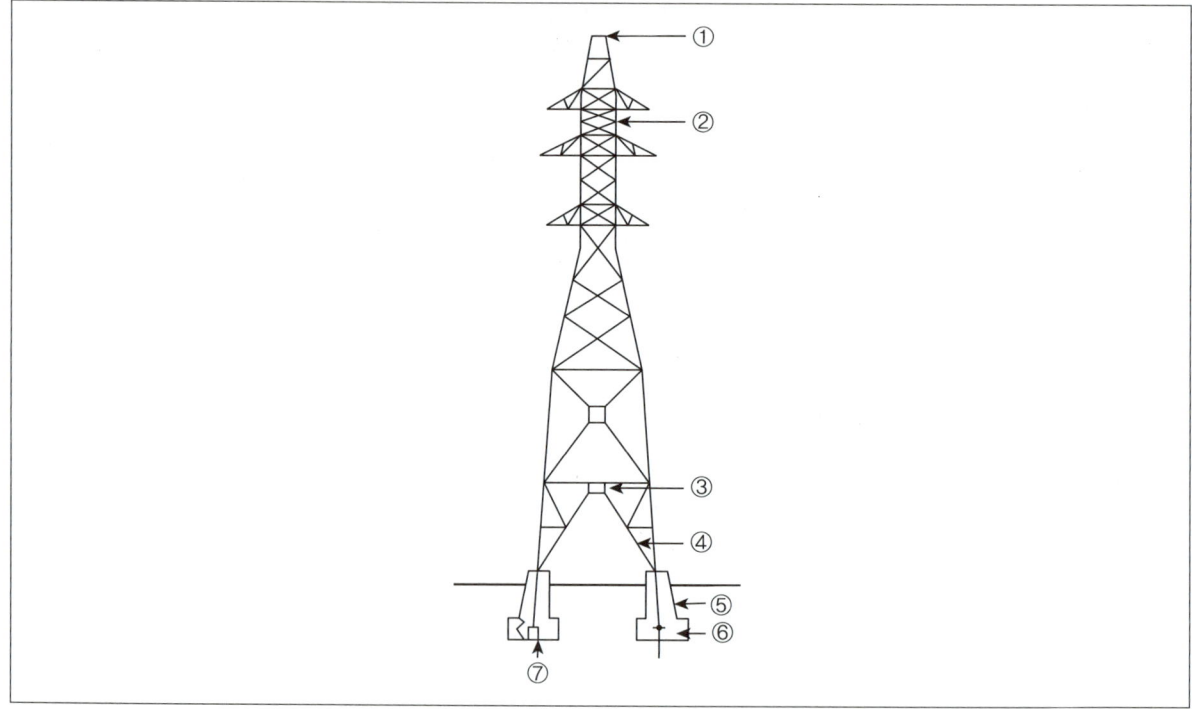

> **해설**
> ① 철탑정부
> ② 주주재
> ③ 거싯플레이트
> ④ 사재
> ⑤ 주체부
> ⑥ 상판부
> ⑦ 앵커블록

배점: 4점

02 다음 그림기호의 명칭과 숫자 10이 나타내는 의미를 적으시오.

(1) 명칭
(2) 숫자 10의 의미

> **해설**
> (1) 리모콘 릴레이
> (2) 리모콘 릴레이 10개를 집합하여 시설

배점: 5점

03 다음 그림에서 A점의 접지 저항값[Ω]을 구하시오.(단, 콜라우시 브리지법으로 측정한 결과가 AB 간 저항값은 $10[\Omega]$, BC 간 저항값은 $8[\Omega]$, CA 간 저항값은 $6[\Omega]$이었다.)

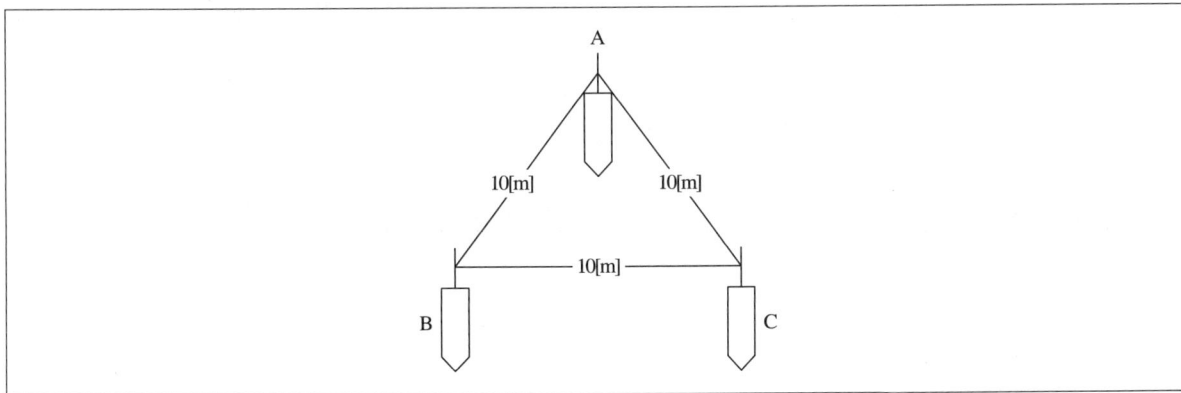

> **해설**
> • 계산 과정
> $$R_A = \frac{1}{2}(R_{AB} + R_{CA} - R_{BC})$$
> $$= \frac{1}{2} \times (10 + 6 - 8) = 4[\Omega]$$
> • 답 $4[\Omega]$

배점: 4점

04 직경 10[m]의 원형의 사무실에 평균 구면 광도 100[cd]의 전등 4개를 점등할 때 조명률 0.5, 감광 보상률 1.6이다. 이 사무실의 평균 조도[lx]를 구하시오.

해설
- 계산 과정

$FUN = EAD$에서 $E = \dfrac{FUN}{AD} = \dfrac{(4\pi \times 100) \times 0.5 \times 4}{\pi \times \left(\dfrac{10}{2}\right)^2 \times 1.6} = 20[\text{lx}]$

- 답 20[lx]

참고
구면 광원에서 광속과 광도의 관계
$F = 4\pi I [\text{lm}]$

참고

$$FUN = EAD$$

(단, F: 광속[lm], U: 조명률, N: 사용하는 등의 개수, E: 조도[lx], A: 방의 면적[m²], D: 감광 보상률($= \dfrac{1}{M}$), M: 유지율)

배점: 9점

05 수변전 설비 용량을 추정하는 수용률, 부등률, 부하율을 구하는 공식을 각각 쓰시오.

(1) 수용률
(2) 부등률
(3) 부하율

해설

(1) 수용률 $= \dfrac{\text{최대 수용 전력[kW]}}{\text{총 부하 설비 용량[kW]}} \times 100[\%]$

(2) 부등률 $= \dfrac{\text{각 개별 수용가 최대 수용 전력의 합[kW]}}{\text{합성 최대 수용 전력[kW]}}$

(3) 부하율 $= \dfrac{\text{평균 수용 전력[kW]}}{\text{합성 최대 수용 전력[kW]}} \times 100[\%]$

배점: 5점

06 전력계통에서 서지(Surge) 현상에 의해 발생되는 과전압을 서지 과전압이라 한다. 발생 원인 3가지를 적으시오.

해설
- 개폐 과전압
- 뇌 과전압
- 일시 과전압

배점: 3점

07 계전기 번호 88Q의 명칭을 적으시오.

해설
유압 펌프용 개폐기

배점: 8점

08 다음은 154[kV] 송전선로의 1련 현수 애자 장치도이다. 그림에 표시된 번호를 보고 명칭을 정확히 적으시오.

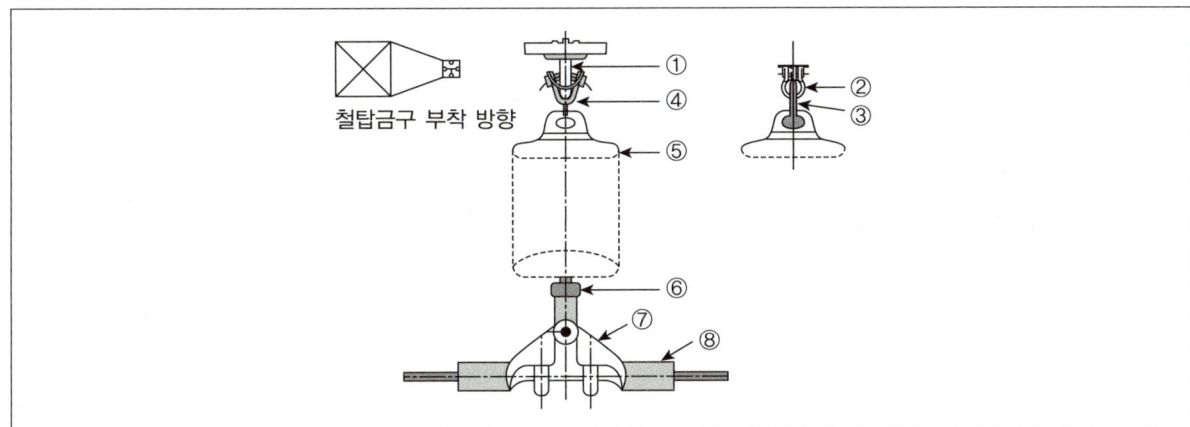

해설
① 애자장치 U볼트
② 앵커 쇄클
③ 볼아이
④ Y크레비스볼
⑤ 현수 애자
⑥ 소켓 아이
⑦ 현수 클램프
⑧ 아머로드

배점: 4점

09 그림과 같은 변압기에 대하여 전류 차동 계전기의 결선도를 미완성 도면에 완성하시오.(단, 변류기(CT) 결선은 감극성을 기준으로 한다.)

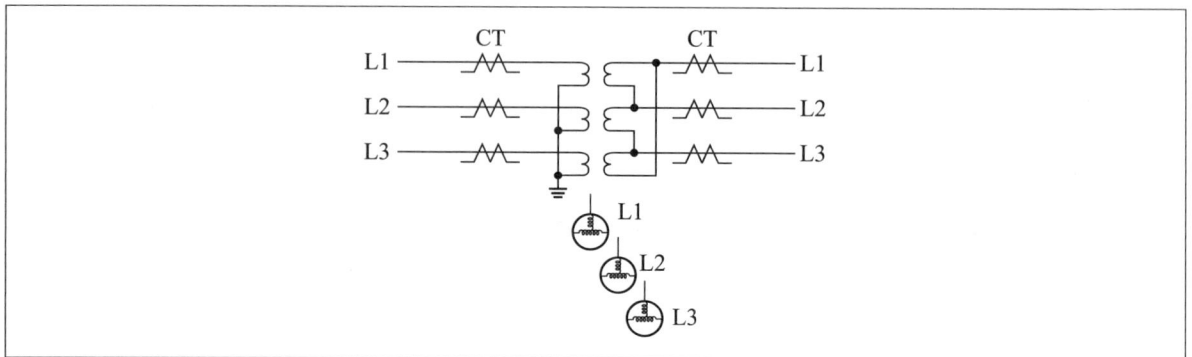

해설

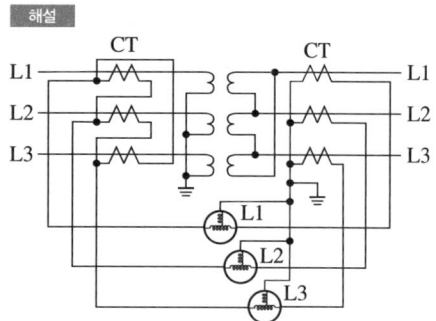

배점: 5점

10 풍력발전소의 풍속이 $5[\text{m/s}]$이고, 날개 지름이 $10[\text{m}]$일 때의 출력$[\text{kW}]$을 구하시오.(단, 공기의 밀도는 $1.225[\text{kg/m}^3]$이다.)

해설

- 계산 과정: $P = \frac{1}{2}\rho A V^3 = \frac{1}{2} \times 1.225 \times (\pi \times 5^2) \times 5^3 \times 10^{-3} = 6.01[\text{kW}]$
- 답 $6.01[\text{kW}]$

배점: 5점

11 3상 3선식 $380[V]$ 회로에 그림과 같이 부하가 연결되어 있다. 간선의 최소 허용전류를 구하시오.(단, 전동기의 평균 역률은 $80[\%]$이다.)

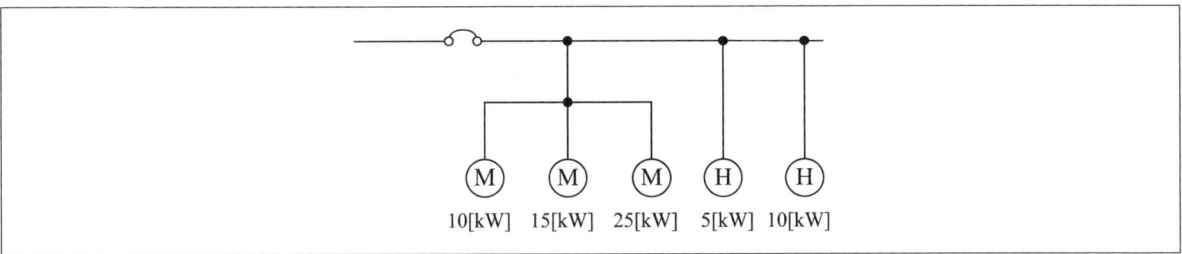

해설

- 계산 과정

  전동기 정격전류의 합 $\sum I_M = \dfrac{(10+15+25) \times 10^3}{\sqrt{3} \times 380 \times 0.8} = 94.96[A]$

  전동기의 유효전류 $I_r = 94.96 \times 0.8 = 75.97[A]$

  전동기의 무효전류 $I_q = 94.96 \times \sqrt{1-0.8^2} = 56.98[A]$

  전열기 정격전류의 합 $\sum I_H = \dfrac{(5+10) \times 10^3}{\sqrt{3} \times 380 \times 1.0} = 22.79[A]$

  설계전류 $I_B = \sqrt{(75.97+22.79)^2 + 56.98^2} = 114.02[A]$

  ∴ $I_B \leq I_n \leq I_Z$를 만족하는 간선의 최소 허용전류 $I_Z \geq 114.02[A]$

- **답** $114.02[A]$

참고

문제에 역률이 주어지지 않으면 1로 간주한다. 전열기의 역률은 1이므로, 피상전력과 유효전력이 동일하다.

배점: 6점

12 수용가 인입구의 전압이 $22.9[kV]$, 주차단기의 차단 용량이 $250[MVA]$이다. $10[MVA]$, $22.9/3.3[kV]$ 변압기의 임피던스가 $5.5[\%]$일 때, 변압기 2차 측에 필요한 차단기 용량을 다음 표에서 산정하시오.

차단기 정격 용량[MVA]

50	75	100	150	250	300	400	500	750	1,000

해설

- 계산 과정

  기준 용량 $= 10[MVA]$

  전원 측 $\%Z_1 = \dfrac{P_n}{P_s} \times 100 = \dfrac{10}{250} \times 100 = 4[\%]$

  변압기의 $\%Z_2 = 5.5[\%]$

  ∴ 합성 %임피던스 $= 4 + 5.5 = 9.5[\%]$

  변압기 2차 측 단락 용량 $= \dfrac{100}{9.5} \times 10 = 105.26[MVA]$

  ∴ $150[MVA]$ 선정

- **답** $150[MVA]$

13 지름 $10[\text{mm}]$의 경동선을 사용한 가공 전선로가 있다. 경간은 $100[\text{m}]$로 지지점의 높이는 동일하다. 수평 풍압 $110[\text{kg/m}^2]$인 경우에 전선의 안전율을 2.2로 하기 위하여 전선의 길이를 얼마로 하면 좋은가?(단, 전선 $1[\text{m}]$의 무게는 $0.7[\text{kg}]$, 전선의 인장 강도는 $2{,}860[\text{kg}]$으로 장력에 의한 전선의 신장은 무시한다.)

해설

• 계산 과정

$$\text{수평 풍압 하중} = 110 \times \frac{10}{1{,}000} = 1.1[\text{kg/m}]$$

$$W = \sqrt{0.7^2 + 1.1^2} = 1.3[\text{kg/m}]$$

$$D = \frac{WS^2}{8T} = \frac{1.3 \times 100^2}{8 \times \left(\frac{2{,}860}{2.2}\right)} = 1.25[\text{m}]$$

$$L = S + \frac{8D^2}{3S} = 100 + \frac{8 \times 1.25^2}{3 \times 100} = 100.04[\text{m}]$$

• **답** $100.04[\text{m}]$

참고

합성 하중 $W = \sqrt{(W_c + W_i)^2 + W_w^2}$

(단, W_c: 전선의 무게[kg/m], W_i: 전선에 가해지는 빙설 하중[kg/m], W_w: 전선에 가해지는 풍압 하중[kg/m])

14 아래는 건축화 조명 방식에 대한 설명이다. 각각에 맞는 조명 방식을 적으시오.

(1) 천장면에 확산 투과재인 메탈아크릴 수지판을 붙이고 천장 내부에 광원을 배치하여 조명하는 방식을 적으시오.
(2) 천장과 벽면의 경계 구석에 등기구를 설치하여 조명하는 방식을 적으시오. 천장과 벽면에 동시에 투사되며 주로 지하도, 터널에 적용된다.
(3) 천장면을 여러 형태의 사각, 동그라미 등으로 오려내고 다양한 형태의 매입 기구를 취부하여 실내의 단조로움을 피하는 조명 방식을 적으시오.

해설

(1) 광천장 조명
(2) 코너 조명
(3) 코퍼 조명

배점: 4점

15 다음 콘센트 심벌을 그리시오.

(1) 바닥에 부착하는 50[A] 콘센트
(2) 벽에 부착하는 의료용 콘센트
(3) 천장에 부착되는 접지단자붙이 콘센트
(4) 비상 콘센트

해설

(1) ⏻ 50A (2) ⏻ H (3) ⏻ ET (4) [⏻ ⏻]

배점: 20점

16 다음 도면은 옥외 보안등 설비 평면도 및 상세도 일부분이다. 조건을 읽고 각 물음에 답하시오.

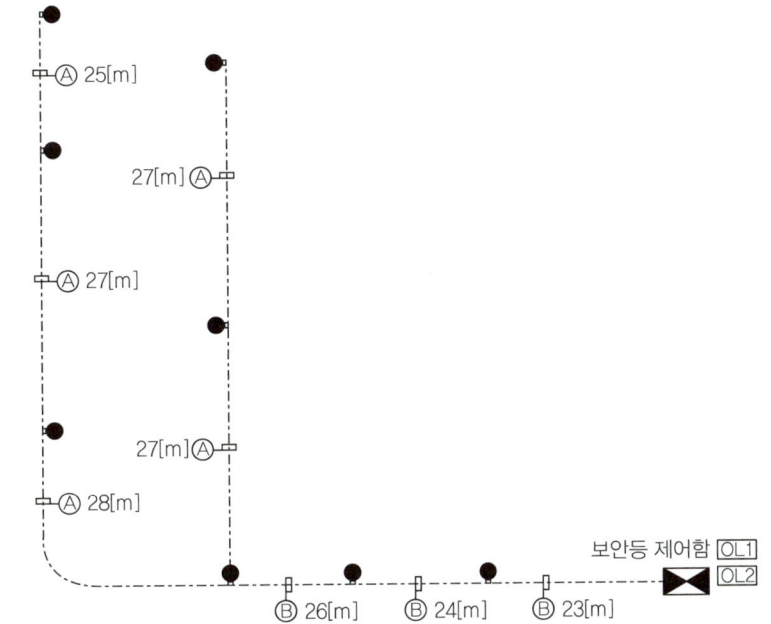

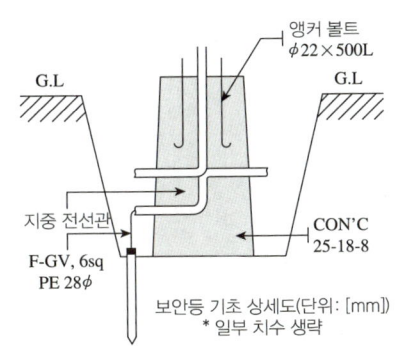

보안등 기초 상세도(단위: [mm])
* 일부 치수 생략

보안등 일람표

TYPE	POLE[m]	ARM[m]	LAMP	EA	비고
●	5.0	0.8	LED 65[W]	8	상시등

보안등: 접지봉 φ14×1,000-1EA, 접지 도체 F-GV 6sq

CABLE SCHEDULE

기호	배선 및 배관	비고
Ⓐ	F-CV 6sq-2C, F-GV 6sq (PE 36C)	
Ⓑ	F-CV 6sq-2C×2, F-GV 6sq (PE 42C)	

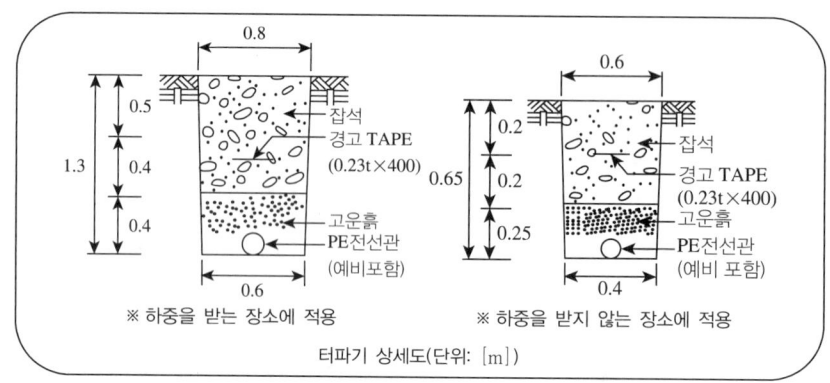

터파기 상세도(단위: [m])

[시설 조건]
① 전선은 F-CV 6sq-2C, F-GV 6sq를 사용한다.
② 전선관은 PE전선관을 사용하며, 범례 및 주기사항을 참조한다.
③ Ⓐ부분의 터파기는 하중을 받는 장소에 적용하고, Ⓑ부분의 터파기는 하중을 받지 않는 장소에 적용한다.
④ 도면 및 조건에 따라 산정하고, 그 외에는 무시하도록 한다.
⑤ 보안등은 LED 65[W] 상시등으로 시설한다.

[재료산출 조건]
① 보안등 배관 길이는 보안등 기초에서 보안등 접속함 및 보안등 제어함까지 높이를 고려하여 각각 1.5[m]를 가산하며, 케이블은 배관 길이에 각각 0.5[m]를 가산한다.
② 자재 산출 시 산출 수량과 할증 수량은 소수점 이하도 계산한다.
③ 배관, 배선, 케이블 표지시트(경고 TAPE) 이외의 자재는 할증을 고려하지 않는다. 배관, 배선의 할증은 3[%]로 한다.
④ Ⓐ부분과 Ⓑ부분의 터파기(토사) 수량 산출 시 보안등 기초 터파기 부분은 포함하여 산출하지 않는다.

[인건비 산출 조건]
① 재료의 할증부에 대해서는 품셈을 적용하지 않는다.
② 소수점 이하도 계산한다.
③ 품셈은 표준품셈을 적용한다.

[표 1] 합성수지 파형관 설치

단위: [m]

규격	배전 전공	보통 인부
16[mm] 이하	0.005	0.012
30[mm] 이하	0.006	0.014
50[mm] 이하	0.007	0.018
80[mm] 이하	0.009	0.022
100[mm] 이하	0.012	0.036

[비고] 1. 합성수지 파형관의 지중 포설 기준
2. 접합품 포함, 접합부의 콘크리트 타설품 및 지세별 할증은 별도 계상
3. 2열 동시 180[%], 3열 260[%], 4열 340[%] 적용
4. 가로등 공사, 신호등 공사, 보안등 공사 또는 구내 설치 시 50[%] 가산

[표 2] 전력케이블 설치　　　　　　　　　　　　　　　　　　단위: [km]

PVC 고무절연 외장 케이블류	케이블 전공	보통 인부
저압 6[mm²] 이하 단심	4.62	4.62
10[mm²] 이하 단심	4.84	4.84
16[mm²] 이하 단심	5.28	5.28
25[mm²] 이하 단심	6.09	6.09
35[mm²] 이하 단심	6.58	6.58
50[mm²] 이하 단심	7.32	7.32
70[mm²] 이하 단심	8.46	8.46

[비고] 1. 600[V] 케이블 기준, 드럼 다시감기 소운반품 포함
　　　 2. 지하관내 부설 기준, Cu, Al 도체 공용
　　　 3. 2심 140[%], 3심 200[%] 적용
　　　 4. 2열 동시 180[%], 3열 260[%], 4열 340[%] 적용
　　　 5. 가로등 공사, 신호등 공사, 보안등 공사 시 50[%] 가산

(1) 다음 표를 보고 ①부터 ⑥까지 자재별 총수량을 산출하시오.(단, 소수점 넷째자리에서 반올림하여 소수점 셋째자리까지 표시하시오.)

	Ⓐ부분 시공			자재별 총수량
품명	규격	단위		(산출 수량+할증 수량)
0.6/1[kV] Cable(보안등)	F−CV 6sq−2C×1	[m]		①
폴리에틸렌 전선관	PE 36C	[m]		②
터파기(토사)	인력10[%]+기계90[%]	[m³]		③

	Ⓑ부분 시공			자재별 총수량
품명	규격	단위		(산출 수량+할증 수량)
0.6/1[kV] Cable(보안등)	F−CV 6sq−2C×2	[m]		④
폴리에틸렌 전선관	PE 42C	[m]		⑤
터파기(토사)	인력10[%]+기계90[%]	[m³]		⑥

(2) 다음 표를 보고 ①부터 ④까지 공량계를 산출하시오.

품명	규격	단위	자재 수량	전공	단위 공량	공량계
폴리에틸렌 전선관	PE 36C	[m]		배전 전공		①
				보통 인부		
폴리에틸렌전선관	PE 42C	[m]		배전 전공		②
				보통 인부		
0.6/1[kV] Cable(보안등)	F−CV 2C/6sq×1	[m]		케이블 전공		③
				보통 인부		
0.6/1[kV] Cable(보안등)	F−CV 2C/6sq×2열 동시	[m]		케이블 전공		④
				보통 인부		

해설

(1) ① • 계산 과정
　　　배관의 직선 길이: $25+27+28+27+27=134[m]$
　　　배관 및 케이블의 가산: $(1.5+0.5) \times 10 = 20[m]$
　　　할증: $(134+20) \times 0.03 = 4.62[m]$
　　　총수량: $154+4.62 = 158.62[m]$
　　• 답 $158.62[m]$

② • 계산 과정
　　　배관의 직선 길이: $25+27+28+27+27=134[m]$
　　　배관의 가산: $1.5 \times 10 = 15[m]$
　　　할증: $(134+15) \times 0.03 = 4.47[m]$
　　　총수량: $149+4.47 = 153.47[m]$
　　• 답 $153.47[m]$

③ • 계산 과정
　　　Ⓐ는 하중을 받는 장소에 매설하므로
　　　터파기: $\dfrac{(0.6+0.8)}{2} \times 1.3 \times 134 = 121.94[m^3]$
　　• 답 $121.94[m^3]$

④ • 계산 과정
　　　배관의 직선 길이: $(26+24+23) \times 2 = 146[m]$
　　　배관 및 케이블의 가산: $(1.5+0.5) \times 6 \times 2 = 24[m]$
　　　할증: $(146+24) \times 0.03 = 5.1[m]$
　　　총수량: $170+5.1 = 175.1[m]$
　　• 답 $175.1[m]$

⑤ • 계산 과정
　　　배관의 직선 길이: $26+24+23 = 73[m]$
　　　배관의 가산: $1.5 \times 6 = 9[m]$
　　　할증: $(73+9) \times 0.03 = 2.46[m]$
　　　총수량: $82+2.46 = 84.46[m]$
　　• 답 $84.46[m]$

⑥ • 계산 과정
　　　Ⓑ는 하중을 받지 않는 장소에 매설하므로
　　　터파기: $\dfrac{(0.4+0.6)}{2} \times 0.65 \times 73 = 23.725[m^3]$
　　• 답 $23.725[m^3]$

(2) ① • 계산 과정
　　　폴리에틸렌 전선관 36C의 배전 전공: 0.007
　　　전선관 전체 길이: $134+1.5 \times 10 = 149[m]$
　　　보안등 공사: 50[%] 가산
　　　공량: $149 \times 0.007 \times (1+0.5) = 1.565[인]$
　　• 답 $1.565[인]$

② • 계산 과정
　　　폴리에틸렌 전선관 42C의 배전 전공: 0.007
　　　전선관 전체 길이: $73+1.5 \times 6 = 82[m]$
　　　보안등 공사: 50[%] 가산
　　　공량: $82 \times 0.007 \times (1+0.5) = 0.861[인]$
　　• 답 $0.861[인]$

③ • 계산 과정
　　　0.6/1[kV] Cable(F-CV 2C/6sq×1)의 케이블 전공: $\dfrac{4.62}{1,000} \times 1.40$
　　　케이블의 전체 길이: $134+(1.5+0.5) \times 10 = 154[m]$
　　　보안등 공사: 50[%] 가산

공량: $154 \times \dfrac{4.62}{1,000} \times 1.40 \times (1+0.5) = 1.494$[인]

- 답 1.494[인]

④ • 계산 과정

0.6/1[kV] Cable(F-CV 2C/6sq×2열 동시)의 케이블 전공: $\dfrac{4.62}{1,000} \times 1.40 \times 1.80$

케이블의 전체 길이: $73 + 2 \times 6 = 85$[m]

보안등 공사: 50[%] 가산

공량: $85 \times \dfrac{4.62}{1,000} \times 1.40 \times 1.80 \times (1+0.5) = 1.484$[인]

- 답 1.484[인]

참고

품셈 적용의 기준에서 할증의 중복 가산 요령

$W = P \times (1 + a_1 + a_2 + \cdots + a_n)$

W: 할증이 포함된 품

P: 기본품(다심, 2열 등 품셈의 기본값에 해당하는 항목을 모두 곱한 품)

$a_1 \sim a_n$: 품 할증 요소(위험 할증, 지세별 할증 등)

2019
전기공사기사 실기

1회 기출문제
2회 기출문제
4회 기출문제

확실한 합격대비, 회차별 학습전략!

회차	학습전략	합격률
1회	과년도 기출에서 어려운 문제 위주로 출제되었습니다. 기출을 철저하게 학습하여야만 합격을 노려볼 수 있는 회차입니다.	25.75%
2회	대부분의 문제가 과년도 기출에서 출제되었습니다. 계산 실수에 주의하고, 답을 재검토하며 차분히 응시한다면 좋은 결과를 얻을 수 있는 회차입니다.	62.28%
4회	지엽적인 부분에서 단답형 문제가 다수 출제되어 난이도가 상당히 높았습니다. 나머지 계산 문제에서 전혀 실수를 하지 않아야 합격할 수 있는 회차입니다.	9.98%

학습 효과를 높이는 7개년 3회독 시스템

챕터별 전체 1회독이 끝났다면 회독 체크표에 날짜를 기입하고 체크표시를 해주세요.

회독 체크표	☐ 1회독	월 일	☐ 2회독	월 일	☐ 3회독	월 일

2019년 1회 전기공사기사 기출문제

01 87T의 정확한 명칭이 무엇인지 쓰시오.

배점: 4점

[해설]
주변압기 차동 계전기

[참고]
- 87T: 주변압기 차동 계전기
- 87G: 발전기용 차동 계전기
- 87B: 모선보호 차동 계전기

02 차단기와 단로기의 차이점을 설명하시오.

배점: 4점

[해설]
- 차단기는 평상시에는 부하 전류를 개폐하고, 고장 시에는 사고 전류를 차단한다.
- 단로기는 점검 및 수리 시 단로 구간을 확실하게 하는 것으로서 무부하 전로 개폐에 사용된다.

03 콘덴서를 보호하고자 할 때 사용되는 보호 종류를 4가지 쓰시오.

배점: 8점

[해설]
과전압 보호, 부족전압 보호, 단락 보호, 지락 보호

[참고]
콘덴서 보호 종류
- 과전압 계전기(OVR): 콘덴서 자체 보호, 정격 전압의 130[%]로 정정
- 부족전압 계전기(UVR): 전압 회복 시 무부하 상태에서 콘덴서만의 투입 방지, 정격 전압의 70[%]로 정정
- 과전류 계전기(OCR): 콘덴서 설비 모선 단락 보호
- 지락 과전압 계전기(OVGR): 비접지계 콘덴서의 접지 고장 검출

04 다음 약호의 명칭을 쓰시오.

배점: 2점

(1) CNCV-W
(2) CV1

[해설]
(1) 동심 중성선 수밀형 전력 케이블
(2) 0.6/1[kV] 가교 폴리에틸렌 절연 비닐 시스 케이블

배점: 5점

05 3φ3W, 380[V]의 전원을 사용하는 회로에 그림과 같이 부하가 연결되어 있다. 이때 간선의 최소 허용 전류를 구하시오. (단, 전동기의 평균 역률은 90[%]이다.)

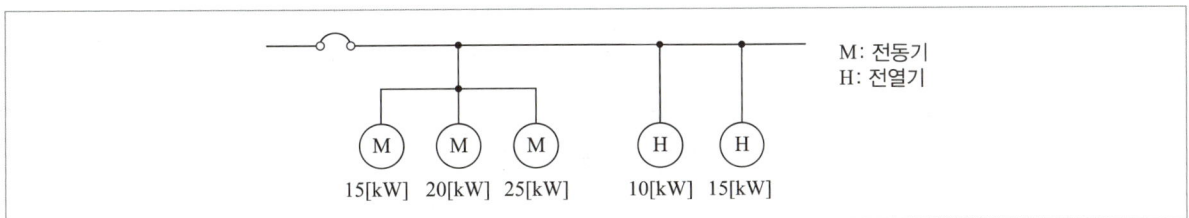

M: 전동기
H: 전열기

해설

- 계산 과정

전동기 정격 전류의 합 $\sum I_M = \dfrac{(15+20+25) \times 10^3}{\sqrt{3} \times 380 \times 0.9} = 101.29[A]$

전동기의 유효 전류 $I_p = 101.29 \times 0.9 = 91.16[A]$

전동기의 무효 전류 $I_q = 101.29 \times \sqrt{1-0.9^2} = 44.15[A]$

전열기 정격 전류의 합 $\sum I_H = \dfrac{(10+15) \times 10^3}{\sqrt{3} \times 380 \times 1.0} = 37.98[A]$

설계 전류 $I_B = \sqrt{(91.16+37.98)^2 + 44.15^2} = 136.48[A]$

∴ $I_B \leq I_n \leq I_Z$를 만족하는 간선의 최소 허용 전류 $I_Z \geq 136.48[A]$

- 답 136.48[A]

참고

문제에 역률이 주어지지 않으면 1로 간주한다. 전열기의 역률은 1이므로, 피상전력과 유효전력이 동일하다.

배점: 5점

06 3상 4선식 22.9[kV]의 고장 전류를 구할 때 100[kVA] 변압기의 %임피던스가 6[%]일 경우, %임피던스를 기준 용량 10[MVA]로 환산하시오.

해설

- 계산 과정: $\%Z = \dfrac{10 \times 10^6}{100 \times 10^3} \times 6 = 600[\%]$

- 답 600[%]

참고

$\%Z_{기준} = \dfrac{기준\ 용량}{자기\ 용량} \times \%Z_{자기}$

배점: 8점

07 그림은 전력회사의 고압 가공 전선로로부터 자가용 수용가 구내 기둥을 거쳐 수변전 설비에 이르는 지중 인입선의 시설도이다. 다음 물음에 답하시오.

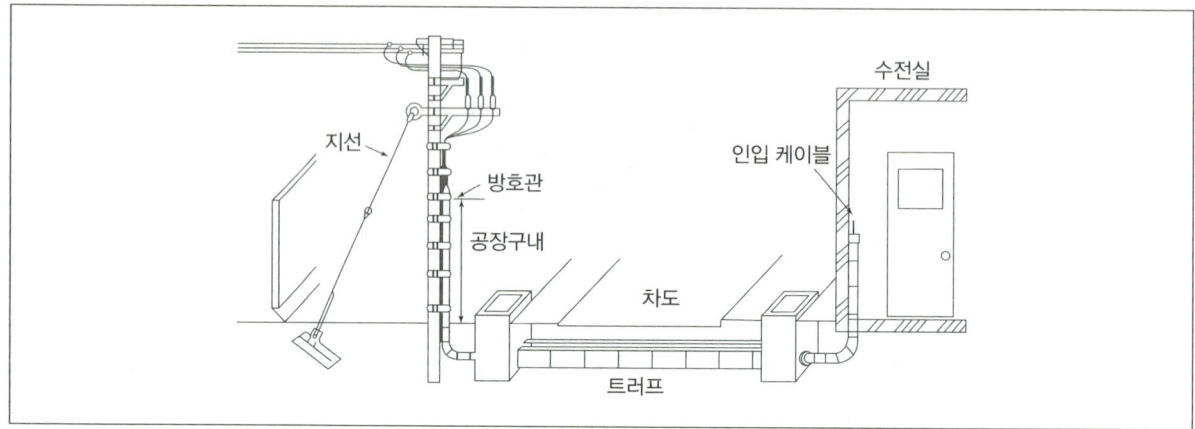

(1) 가공 전선로의 지지물에 시설하는 지선은 몇 가닥 이상의 연선이어야 하며, 소선 지름 몇 [mm] 이상의 금속선이어야 하는가?
   ① 가닥 수
   ② 소선 지름
(2) 지선의 안전율은 몇 이상으로 하고 허용 인장 하중은 최소 몇 [kN]으로 하는가?
   ① 안전율
   ② 인장 하중의 최솟값
(3) 고압용 지중 전선로에 사용할 수 있는 케이블을 3가지만 쓰시오.
(4) 지중 전선로의 차도 부분 매설 깊이의 최솟값은 몇 [m] 이상이어야 하는가?

해설
(1) ① 3가닥
    ② 2.6[mm]
(2) ① 2.5 이상
    ② 4.31[kN]
(3) • 비닐 시스 케이블
    • 폴리에틸렌 시스 케이블
    • 클로로프렌 시스 케이블
(4) 1.0[m]

참고
이 외에도 고압용 지중 전선로에 사용할 수 있는 케이블은 다음과 같다.
• 콤바인덕트 케이블
• 알루미늄피 케이블

배점: 5점

08 최대 수용 전력이 $2,800[\text{kW}]$, 수용률이 $60[\%]$인 주상 변압기의 용량은 몇 $[\text{kVA}]$이면 되는지 표준 용량을 구하고 선정하시오. (단, 주상 변압기의 표준 용량은 $1,200$, $1,500$, $2,000$, $2,500$, $3,000[\text{kVA}]$이며, 부하 역률은 0.85이다.)

해설

- 계산 과정

  변압기 용량 $= \dfrac{2,800}{0.85} \times 0.6 = 1,976.47[\text{kVA}]$

  $\therefore 2,000[\text{kVA}]$ 선정

- **답** $2,000[\text{kVA}]$

참고

변압기 용량$[\text{kVA}] = \dfrac{\text{설비 용량}[\text{kW}] \times \text{수용률}}{\text{부등률} \times \text{역률}}$, 단, 부등률이 주어지지 않은 경우에는 1로 간주한다.

배점: 6점

09 주상 변압기 설치에 대해 다음 각 물음에 답하시오.

(1) 주상 변압기 설치 전 점검 사항 3가지를 답하시오.
(2) 주상 변압기 설치 후 점검 사항 3가지를 답하시오.

해설

(1) • 절연 저항 측정
    • 절연유 상태
    • 변압기 명판 확인
(2) • 2차 전압 측정
    • 변압기 이상 유무 확인
    • 점검 및 측정 결과 기록

배점: 3점

10 저압 전로의 절연 저항을 측정하는 계기의 명칭은 무엇인지 쓰시오.

해설

메거 또는 절연 저항계

11 철거 손실률에 대하여 설명하시오.

> **해설**
> 전기설비 공사에서 철거 작업 시 발생하는 폐자재를 환입할 때 재료의 파손, 손실, 망실 및 일부 부식 등에 의한 손실률

12 비상용 조명 부하 40[W] 120등, 60[W] 50등이 있다. 방전 시간 30분, 축전지 HS형 54셀, 허용 최저 전압 90[V], 최저 축전지 온도 5[℃]일 때의 축전지 용량을 계산하시오. (단, 전압은 100[V]이고, 용량 환산 시간 계수는 1.22이며 축전지의 보수율은 0.8이다.)

> **해설**
> - 계산 과정: $C = \dfrac{1}{L}KI = \dfrac{1}{0.8} \times 1.22 \times \dfrac{40 \times 120 + 60 \times 50}{100} = 118.95[Ah]$
> - **답** 118.95[Ah]

13 승강기 및 승강로에 사용하는 절연 전선 및 이동 케이블의 최소 굵기를 선정하시오.

(1) 절연 전선[mm²]

(2) 이동 케이블[mm²]

> **해설**
> (1) 1.5[mm²]
> (2) 0.75[mm²]
>
> **참고**
> 엘리베이터 등의 전선 및 이동 케이블의 굵기
>
> | 전선의 종류 | 동 전선의 최소 굵기[mm²] |
> | --- | --- |
> | 절연 전선 | 1.5 |
> | 케이블 | 0.75 |
> | 이동 케이블 | 0.75 |

배점: 6점

14 지표상 12[m] 높이에 수평 장력을 받는 경사진 전주가 있다. 전선에 가해지는 장력이 800[kg]라면 4[mm] 지선을 몇 가닥 사용해야 하는가?(단, 철선의 단위 면적당 인장 강도는 35[kg/mm²], 안전율은 2.5로 한다.)

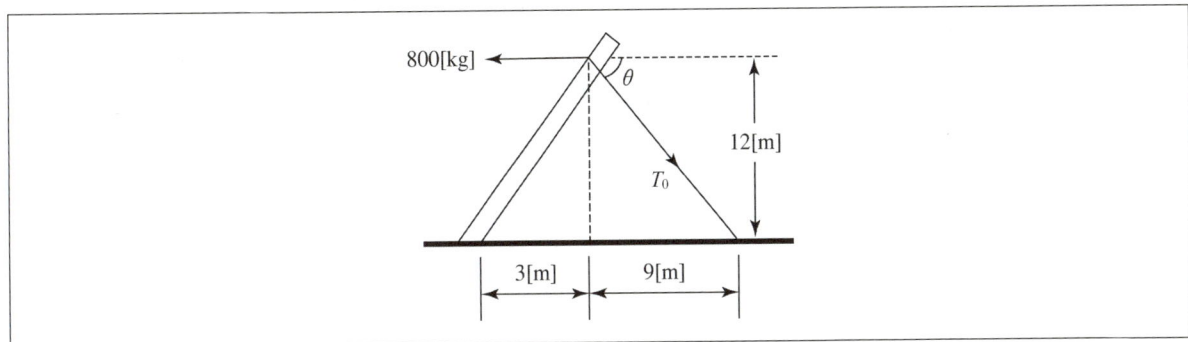

해설

- 계산 과정

  경사진 전주에서의 지선이 받는 장력 $T_0 = \dfrac{\sqrt{9^2+12^2}}{3+9} \times 800 = 1{,}000$ [kg]

  가닥 수 $n = \dfrac{\text{지선 장력} \times \text{안전율}}{\text{소선 1가닥의 인장 강도}} = \dfrac{1{,}000}{35 \times \left(\dfrac{4}{2}\right)^2 \times \pi} \times 2.5 = 5.68$

  ∴ 6[가닥] 선정

- 답 6[가닥]

참고

경사진 전주에서 지선의 장력

$T_0 = T \cdot \dfrac{\sqrt{H^2+b^2}}{a+b}$ [kg]

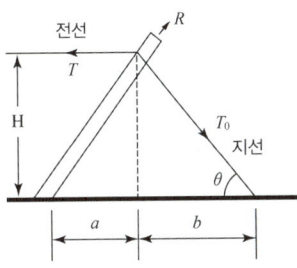

$\sum F_y = 0$

$R\sin\alpha = T_0 \sin\theta \rightarrow R \cdot \dfrac{H}{\sqrt{H^2+a^2}} = T_0 \cdot \dfrac{H}{\sqrt{H^2+b^2}}$

∴ $R = \dfrac{\sqrt{H^2+a^2}}{\sqrt{H^2+b^2}} T_0$

$\sum F_x = 0$

$T = R\cos\alpha + T_0 \cos\theta = \dfrac{\sqrt{H^2+a^2}}{\sqrt{H^2+b^2}} \times \dfrac{a}{\sqrt{H^2+a^2}} T_0 + \dfrac{b}{\sqrt{H^2+b^2}} T_0$

∴ $T = \dfrac{a+b}{\sqrt{H^2+b^2}} T_0$ [kg] → $T_0 = T \cdot \dfrac{\sqrt{H^2+b^2}}{a+b}$ [kg]

배점: 30점

15 아래 그림과 같이 H변대를 이용하여 $22.9[kV]$ 특고압 수전 설비를 설치하고자 한다. 물음에 답하시오.

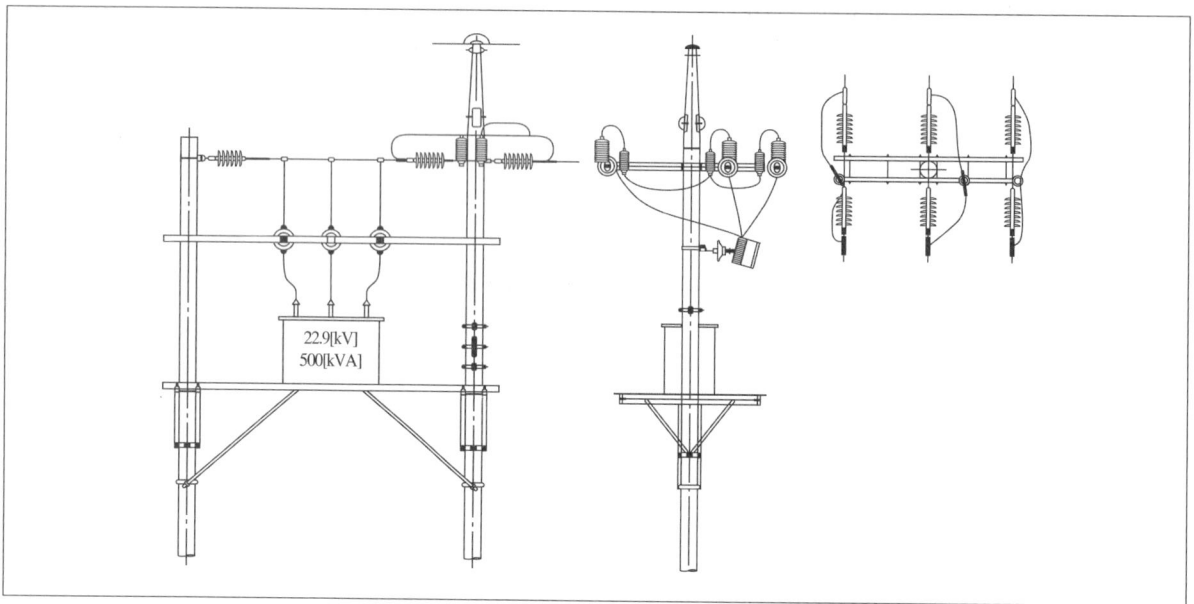

[유의사항]
- 필요할 경우 참고 자료를 이용하시오.
- 전주의 길이는 $14[m]$, 묻히는 깊이는 전체 길이의 1/6이며 인력으로 설치한다.
- 근가는 전주 1본당 2개로 하며 전주 공량계에 포함시킨다.
- 지질은 보통토로 하며 잔토의 처리는 무시한다.
- 폴리머 현수 애자는 내오손 결합 애자로 본다.
- 작업은 동일 장소, 동일 조건으로 본다.
- 변압기는 절연 변압기를 사용하고 인력으로 설치한다.
- 배전 전공 인건비 300,000원, 보통 인부 인건비 100,000원을 적용한다.
- 간접 노무비는 직접 노무비의 $9[\%]$를 적용한다.
- 직접 재료비는 45,000,000원으로 하여 원가 계산한다.
- 산재 보험료는 노무비의 $3.8[\%]$를 적용한다.
- 안전 관리비는 재료비 + 직접 노무비의 $2.9[\%]$를 적용한다.
- 국민 건강 보험료는 직접 노무비의 $1.7[\%]$를 적용한다.
- 일반 관리비는 순공사비의 $6[\%]$를 적용한다.
- 이윤은 노무비 + 경비 + 일반 관리비의 $15[\%]$를 적용한다.
- 부가가치세는 총원가의 $10[\%]$를 적용한다.
- 공량 계산은 소수점 넷째 자리에서 반올림하여 셋째 자리까지 산출한다.
- 원가 계산서는 소수점 첫째 자리에서 반올림한다.
- 유의사항과 질문 이외의 것은 모두 무시한다.

콘크리트전주 인력 건주 [본]당

규격	배전 전공	보통 인부
8[m] 이하	0.89	1.01
10[m] 이하	1.10	1.39
12[m] 이하	1.52	1.60
14[m] 이하	1.95	2.29
16[m] 이하	2.70	2.76

※ 전주 길이의 1/6을 묻는 기준이며, 계단식 터파기, 되메우기 포함, 암반 터파기는 별도 계상
※ 현장 내에서 잔토 처리 시 [m³]당 보통 인부 0.17인 별도 계상, 현장 밖으로 잔토 처리 시는 적상, 적하 비용 및 운반비 별도 계상
※ 근가 1개 포함, 1개 추가마다 10[%] 가산
※ 지주 공사는 건주 공사 적용
※ 주입목주는 콘크리트전주의 50[%], 불주입목주는 콘크리트전주의 40[%]
※ 3각주 건주 300[%], 4각주 건주 400[%]

배전용 애자 설치 [개]당

종별	배전 전공	보통 인부
라인포스트 애자	0.046	0.046
현수 애자	0.032	0.032
내오손 결합 애자	0.025	0.025
저압용 인류 애자	0.020	-

※ 애자 교체 150[%]
※ 애자 닦기
 - 주상(탑상) 손닦기: 애자품의 50[%]
 - 주상(탑상) 기계닦기: 기계손료만 계상(인건비 포함)
 - 발췌 손닦기는 애자품의 170[%]
※ 특고압 핀 애자는 라인포스트 애자에 준함
※ 철거 50[%], 재사용 철거 80[%]
※ 동일 장소에 추가 1개마다 기본품의 45[%] 적용

절연 변압기 인력 설치 [대]당

규격	배전 전공	보통 인부
주상 200[kVA]	2.88	2.88
주상 300[kVA]	3.57	3.57
주상 500[kVA]	4.40	4.40
주상 700[kVA]	6.17	6.17

※ 절연 변압기를 H형 주상에 인력으로 설치하는 기준
※ 지상 설치 80[%]

컷아웃 스위치(COS) 설치 [개]당

규격	배전 전공	보통 인부
고압 COS	0.05	0.05
특고압 COS	0.12	0.06
퓨즈링크 교체	0.04	–

※ COS 1개 주상 설치 기준
※ 퓨즈링크, 접속, 시험품 포함
※ 전력퓨즈(PF)는 COS의 120[%]
※ 수전 설비용 설치 시 30[%] 가산
※ 철거 50[%], 재사용 철거 80[%]

피뢰기 설치 [개]당

규격	배전 전공	보통 인부
피뢰기 직류 1,500[V]용	0.18	–
피뢰기 직류 22.9[kV]용	0.11	–
퓨즈링크 교체	0.04	–

※ 배선 포함, 접지 불포함
※ 피뢰기는 상부 배선 포함, 접지 완철 및 하부 배선 불포함, 리드선 압축 접속 시는 별도 계상
※ 구내 설치 시 30[%] 가산
※ 철거 30[%]
※ 리드선 부착형 피뢰기인 경우, 피뢰기 설치품의 95[%] 적용
※ 동일 장소에 추가 1개마다 기본품의 60[%] 적용

(1) 자재 총계, 단위 공량을 산출하여 공량 산출서를 작성하시오.

품명	규격	단위	자재 총계	배전 전공		보통 인부	
				단위 공량	공량계	단위 공량	공량계
경완금	75×75×2.3t ×2,400[mm]	개	2	0.07	0.112	0.07	0.112
라인포스트 애자	23[kV] 152×304[mm]	개	3	0.046	0.087	0.046	0.087
폴리머 현수 애자	510[mm]	개			①		①
절연 커버	데드엔드 클램프용	개	9	0.018	0.061	0.018	0.061
전주	14[m]	본		1.95	4.29		②
COS	24[kV] 100[A]	개			③	0.06	0.234
LA	18[kV] 2.5[kA]	개			④	–	–
변대	H변대	식	1		1.61		0.61
절연 변압기	3상 500[kVA]	대			⑤		⑤
공량계					⑥		⑦

① • 계산 과정:
   • 답:
② • 계산 과정:
   • 답:
③ • 계산 과정:
   • 답:
④ • 계산 과정:
   • 답:
⑤ • 계산 과정:
   • 답:
⑥ • 계산 과정:
   • 답:
⑦ • 계산 과정:
   • 답:

(2) 원가 계산서를 작성하시오.

비목			금액
순공사원가	재료비	직접 재료비	45,000,000
		간접 재료비	-
		소계	
	노무비	직접 노무비	①
		간접 노무비	②
		소계	
	경비	산재보험료	③
		안전관리비	④
		국민건강보험료	⑤
		소계	
계			
일반 관리비			⑥
이윤			⑦
총원가			
부가가치세			
합계			⑧

① • 계산 과정:
   • 답:
② • 계산 과정:
   • 답:
③ • 계산 과정:
   • 답:
④ • 계산 과정:
   • 답:
⑤ • 계산 과정:
   • 답:
⑥ • 계산 과정:
   • 답:
⑦ • 계산 과정:
   • 답:
⑧ • 계산 과정:
   • 답:

해설

(1) ① • 계산 과정: $0.025 \times \{1 + 0.45 \times (9-1)\} = 0.115$ [인]
    • 답 0.115[인]
② • 계산 과정: $2.29 \times (1 + 0.1) \times 2 = 5.038$ [인]
    • 답 5.038[인]

③ • 계산 과정: $0.12 \times (1+0.3) \times 3 = 0.468$[인]
  • 답 0.468[인]
④ • 계산 과정: $0.11 \times (1+0.6 \times 2) = 0.242$[인]
  • 답 0.242[인]
⑤ • 계산 과정: $4.40 \times 1 = 4.40$[인]
  • 답 4.40[인]
⑥ • 계산 과정: $0.112 + 0.087 + 0.115 + 0.061 + 4.29 + 0.468 + 0.242 + 1.61 + 4.40 = 11.385$[인]
  • 답 11.385[인]
⑦ • 계산 과정: $0.112 + 0.087 + 0.115 + 0.061 + 5.038 + 0.234 + 0.61 + 4.40 = 10.657$[인]
  • 답 10.657[인]

(2) ① • 계산 과정
   배전 전공 공량은 11.385[인]이고, 보통 인부 공량은 10.657[인]이므로
   직접 노무비 $= 11.385 \times 300,000 + 10.657 \times 100,000$
   　　　　　　$= 3,415,500 + 1,065,700 = 4,481,200$[원]
  • 답 4,481,200[원]

② • 계산 과정
   조건에서 간접 노무비는 직접 노무비의 9[%]를 적용하므로
   간접 노무비 $= 4,481,200 \times 0.09 = 403,308$[원]
  • 답 403,308[원]

③ • 계산 과정
   조건에서 산재보험료는 노무비의 3.8[%]를 적용하므로
   산재보험료 $= (4,481,200 + 403,308) \times 0.038$
   　　　　　$= 4,884,508 \times 0.038 = 185,611$[원]
  • 답 185,611[원]

④ • 계산 과정
   조건에서 안전관리비는 (재료비+직접 노무비)의 2.9[%]를 적용하므로
   안전관리비 $= (45,000,000 + 4,481,200) \times 0.029$
   　　　　　$= 49,481,200 \times 0.029 = 1,434,955$[원]
  • 답 1,434,955[원]

⑤ • 계산 과정
   조건에서 국민건강보험료는 직접 노무비의 1.7[%]를 적용하므로
   국민건강보험료 $= 4,481,200 \times 0.017 = 76,180$[원]
  • 답 76,180[원]

⑥ • 계산 과정
   조건에서 일반 관리비는 순공사비의 6[%]를 적용하므로
   일반 관리비 $=$ (재료비+노무비+경비)$\times 0.06$
   　　　　　$= (45,000,000 + 4,481,200 + 403,308 + 185,611 + 1,434,955 + 76,180) \times 0.06$
   　　　　　$= 51,581,254 \times 0.06 = 3,094,875$[원]
  • 답 3,094,875[원]

⑦ • 계산 과정
   조건에서 이윤은 (노무비+경비+일반 관리비)의 15[%]를 적용하므로
   이윤 $= (4,481,200 + 403,308 + 185,611 + 1,434,955 + 76,180 + 3,094,875) \times 0.15$
   　　$= 9,676,129 \times 0.15 = 1,451,419$[원]
  • 답 1,451,419[원]

⑧ • 계산 과정
   순공사비 $= 45,000,000 + 4,481,200 + 403,308 + 185,611 + 1,434,955 + 76,180 = 51,581,254$[원]
   총원가 $= 51,581,254 + 3,094,875 + 1,451,419 = 56,127,548$[원]
   합계는 (총원가+부가가치세)이고, 조건에서 부가가치세는 총원가의 10[%]이므로
   합계 $= 56,127,548 \times 1.1 = 61,740,303$[원]
  • 답 61,740,303[원]

> 참고
(1)

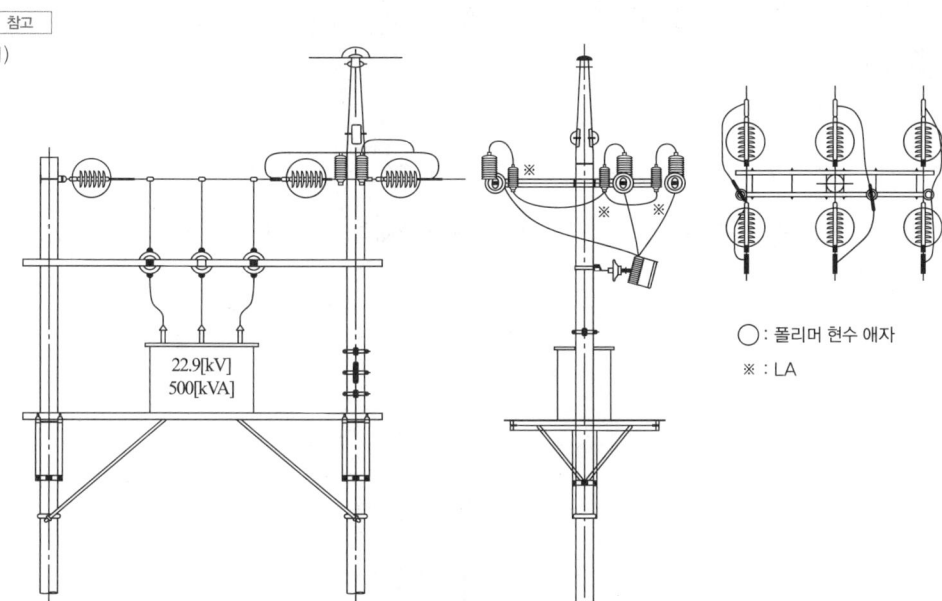

① 폴리머 현수 애자는 총 9개로 내오손 결합 애자 공량을 적용하고, 동일 장소에 추가 1개마다 기본품의 45[%]를 가산한다.
∴ $0.025 \times \{1+0.45 \times (9-1)\} = 0.115$[인]

② 전주는 2[본]이고 근가는 전주 1[본]당 2개를 설치하고, 근가 1개 추가마다 10[%]를 가산하므로
$2.29 \times (1+0.1) \times 2 = 5.038$[인]

③ COS는 각 상별로 설치하므로 3개가 필요하고, 수전 설비용 설치 시 30[%]를 가산하므로
$0.12 \times (1+0.3) \times 3 = 0.468$[인]

④ LA는 각 상별로 설치하므로 3개가 필요하고, 동일 장소에 추가 1개마다 기본품의 60[%]를 가산하므로
$0.11 \times (1+0.6 \times 2) = 0.242$[인]

⑤ 절연 변압기의 공량= $4.40 \times 1 = 4.40$[인]

01 다음 그림은 계통 접지이다. 무슨 접지 계통인지 쓰시오.(단, 계통 전체의 중성선과 보호선을 동일 전선으로 사용한다.)

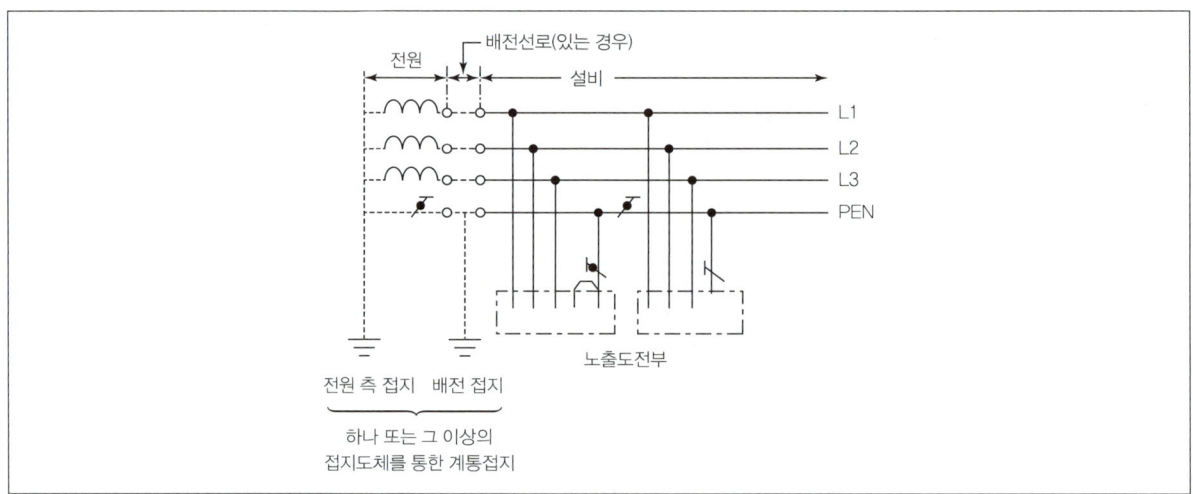

해설

TN-C 계통

참고

TN-C 계통: 계통 전체에 걸쳐서 중성선과 보호선의 기능을 하나의 도선으로 겸용한다.

배점: 5점

02 송전 전압 $66[kV]$의 3상 3선식 송전선에서 1선 지락 사고로 영상 전류 $I_0=50[A]$가 흐를 때 통신선에 유기되는 전자 유도 전압[V]을 구하시오.(단, 상호 인덕턴스 $M=0.05[mH/km]$, 병행 거리 $l=100[km]$, 주파수 $60[Hz]$이다.)

해설
- 계산 과정

$E_m = -j\omega Ml \times 3I_0 = -j2\pi \times 60 \times 0.05 \times 10^{-3} \times 100 \times 3 \times 50 = -j282.74[V]$

∴ $|E_m| = 282.74[V]$

- 답 $282.74[V]$

배점: 5점

03 수전 전압 $22.9[kV]$, 수전 전력 $2,000[kVA]$인 특고압 수용가의 수전용 차단기에 사용하는 과전류 계전기의 사용 탭은 몇 $[A]$인가?(단, CT의 변류비는 $75/5$로 하고, 탭 설정값은 부하 전류의 $150[\%]$로 한다.)

해설
- 계산 과정

$I = \dfrac{2,000}{\sqrt{3} \times 22.9} = 50.42[A]$

과전류 계전기의 정정 탭 전류 $I_t = 50.42 \times \dfrac{5}{75} \times 1.5 = 5.04[A]$

∴ $5[A]$ 탭 선정

- 답 $5[A]$

참고
과전류 계전기의 탭 전류 규격[A]
2, 3, 4, 5, 6, 7, 8, 10, 12

배점: 5점

04 다음과 같이 50[kW], 30[kW], 25[kW], 25[kW]의 부하 설비에 수용률이 각각 50[%], 65[%], 75[%], 60[%]라고 할 경우 변압기 용량을 결정하시오.(단, 부등률은 1.2, 종합 부하 역률은 90[%]로 한다.)

변압기 표준 용량표[kVA]

25	30	50	75	100	150	200

해설

- 계산 과정

$$P_a = \frac{50 \times 0.5 + 30 \times 0.65 + 25 \times 0.75 + 25 \times 0.6}{1.2 \times 0.9} = 72.45[kVA]$$

표에서 75[kVA] 선정

- **답** 75[kVA]

참고

변압기 용량[kVA] = $\frac{\Sigma(설비\ 용량[kW] \times 수용률)}{부등률 \times 역률}$

배점: 7점

05 어떤 변전실에서 그림과 같은 일 부하 곡선 A, B, C인 부하에 전기를 공급하고 있다. 이 변전실의 총부하에 대한 다음 각 물음에 답하시오.(단, A, B, C의 역률은 시간에 관계없이 각각 80[%], 100[%] 및 60[%]이다.)

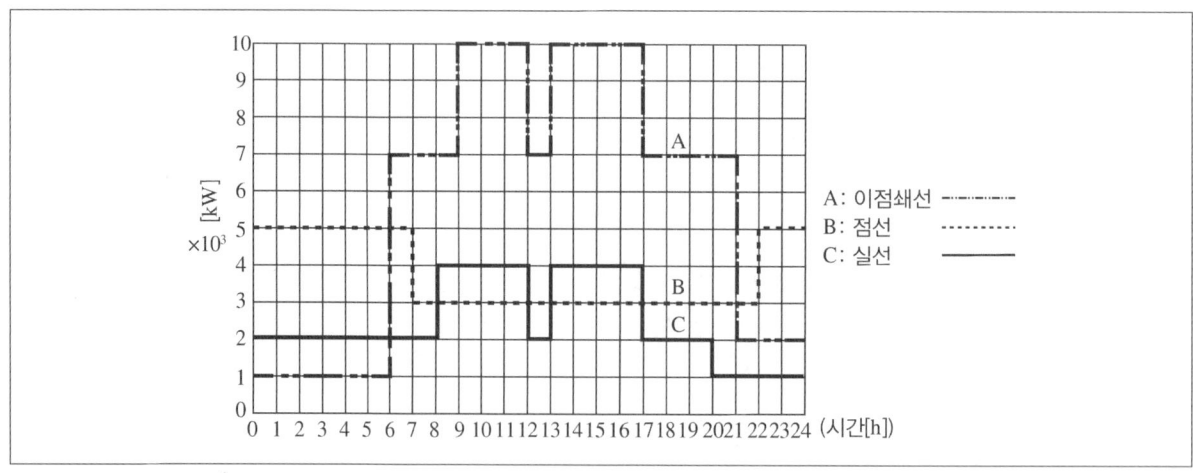

(1) 합성 최대 전력은 몇 [kW]인가?
(2) B 부하에 대한 평균 전력은 몇 [kW]인가?
(3) 총부하율은?

해설

(1) • 계산 과정: $P = (10+4+3) \times 10^3 = 17,000[\text{kW}]$
- 답 17,000[kW]

(2) • 계산 과정: $P_B = \dfrac{(5\times 7)+(3\times 15)+(5\times 2)}{24} \times 10^3 = 3,750[\text{kW}]$
- 답 3,750[kW]

(3) • 계산 과정

$$P_A = \dfrac{(1\times 6)+(7\times 3)+(10\times 3)+(7\times 1)+(10\times 4)+(7\times 4)+(2\times 3)}{24} \times 10^3 = 5,750[\text{kW}]$$

$$P_B = 3,750[\text{kW}]$$

$$P_C = \dfrac{(2\times 8)+(4\times 4)+(2\times 1)+(4\times 4)+(2\times 3)+(1\times 4)}{24} \times 10^3 = 2,500[\text{kW}]$$

$$\text{총부하율} = \dfrac{5,750+3,750+2,500}{17,000} \times 100 = 70.59[\%]$$

- 답 70.59[%]

배점: 5점

06 건축화 조명은 천장 면을 이용하는 방법으로 광천장 조명과 루버 조명 등이 있다. 이것을 제외한 매입 방법에 따른 건축화 조명 방식을 5가지 쓰시오.

해설
- 매입 형광등 방식
- 다운 라이트 방식
- 핀 홀 라이트 방식
- 코퍼 라이트 방식
- 라인 라이트 방식

배점: 3점

07 비선형 부하들에 의한 고조파의 영향에 대하여 변압기가 과열 현상 없이 전원을 안정적으로 공급할 수 있는 능력은 무엇인가?

해설

K-factor

배점: 6점

08 다음 옥내 배선의 그림 기호를 보고 각각의 명칭을 쓰시오.

(1) ◁▷
(2) ◣
(3) ⊠
(4) ⑤ S
(5) ⑥ B
(6) ⑦ E

해설
(1) 제어반
(2) 분전반
(3) 배전반
(4) 개폐기
(5) 배선용 차단기
(6) 누전 차단기

배점: 5점

09 송전 선로에 사용되는 접지 방식에 대하여 각 물음에 답하시오.

(1) 1선 지락 고장 시 충전 전류에 의해 간헐적인 아크 지락을 일으켜서 이상 전압이 발생하므로 고전압 송전 선로에서 사용되지 않는 접지 방식은?
(2) 1선 지락 고장 시 건전상의 전위 상승이 높지 않아 유효 접지의 대표적인 방식으로, 초고압 송전 선로에서 경제성이 우수하여 우리나라 송전 계통에 사용되고 있는 접지 방식은?

해설
(1) 비접지 방식
(2) 직접 접지 방식

배점: 3점

10 $22.9[kV]$ 3상 4선식 다중 접지 전력 계통의 배전 선로에 부설하는 피뢰기의 정격 전압은 몇 $[kV]$인지 답하시오.

해설
$18[kV]$

11 3상 3선식 선로의 길이가 60[km], 단상 2선식 20[km]인 6.6[kV] 가공 배전선로에 접속된 변압기의 저압 측에 중성점 접지 공사가 시설되어 있다. 1선 지락 전류가 4[A]일 때, 변압기 중성점 접지 저항값을 구하시오.(단, 자동 차단 장치가 설치되어 있지 않은 경우이다.)

해설

- 계산 과정: $R = \dfrac{150}{I_g} = \dfrac{150}{4} = 37.5[\Omega]$
- 답 $37.5[\Omega]$

참고

중성점 접지 저항값 계산(I_g: 1선 지락 전류[A])

- 자동 차단 장치가 없는 경우: $R = \dfrac{150}{I_g}[\Omega]$
- 2초 이내에 동작하는 자동 차단 장치가 있는 경우: $R = \dfrac{300}{I_g}[\Omega]$
- 1초 이내에 동작하는 자동 차단 장치가 있는 경우: $R = \dfrac{600}{I_g}[\Omega]$

12 다음 그림과 같은 계통에서 단로기 DS_3를 통하여 부하에 전원을 공급하고 차단기를 점검하고자 할 때 다음의 물음에 답하시오.(단, 평상시에 DS_3는 열려 있는 상태이다.)

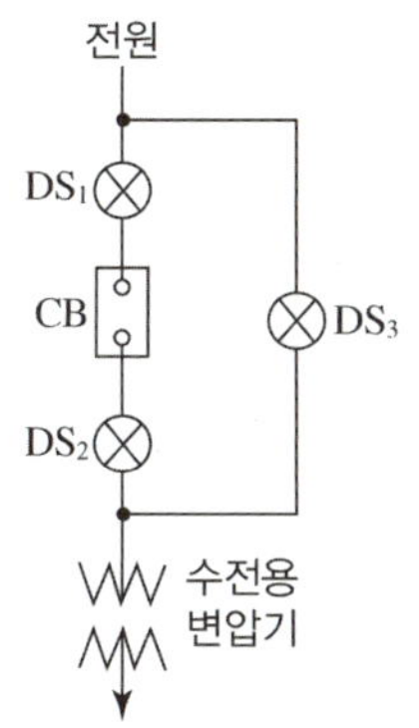

(1) 차단기 점검을 하기 위한 조작 순서를 쓰시오.
(2) 차단기 점검 완료 후 복구시킬 때의 조작 순서를 쓰시오.

해설

(1) $DS_3(ON) \rightarrow CB(OFF) \rightarrow DS_2(OFF) \rightarrow DS_1(OFF)$
(2) $DS_2(ON) \rightarrow DS_1(ON) \rightarrow CB(ON) \rightarrow DS_3(OFF)$

배점: 6점

13 부하의 역률 개선에 대한 다음 물음에 답하시오.

(1) 부하 설비의 역률이 저하되는 경우 수용가가 볼 수 있는 손해 4가지를 쓰시오.
(2) 역률을 개선하기 위한 기기의 명칭과 설치 방법을 간단하게 쓰시오.
　① 기기 명칭
　② 설치 방법

해설
(1) • 전력 손실 증가
　　• 전기 요금 증가
　　• 전압 강하 증가
　　• 설비 용량의 여유분 감소
(2) ① 전력용 콘덴서
　　② 부하와 병렬로 접속

배점: 3점

14 강제 전선관 공사 중 노출 배관 공사에 관을 직각으로 굽히는 곳에 사용하며, 세 방향으로 분기할 수 있는 T형과 네 방향으로 분기할 수 있는 크로스(Cross)형이 있는 자재는 무엇인지 쓰시오.

해설
유니버설 엘보우

배점: 30점

15 다음 도면은 사무실의 전등 및 콘센트 배선 평면도이다. 주어진 조건을 읽고 답란의 빈칸을 채우시오.

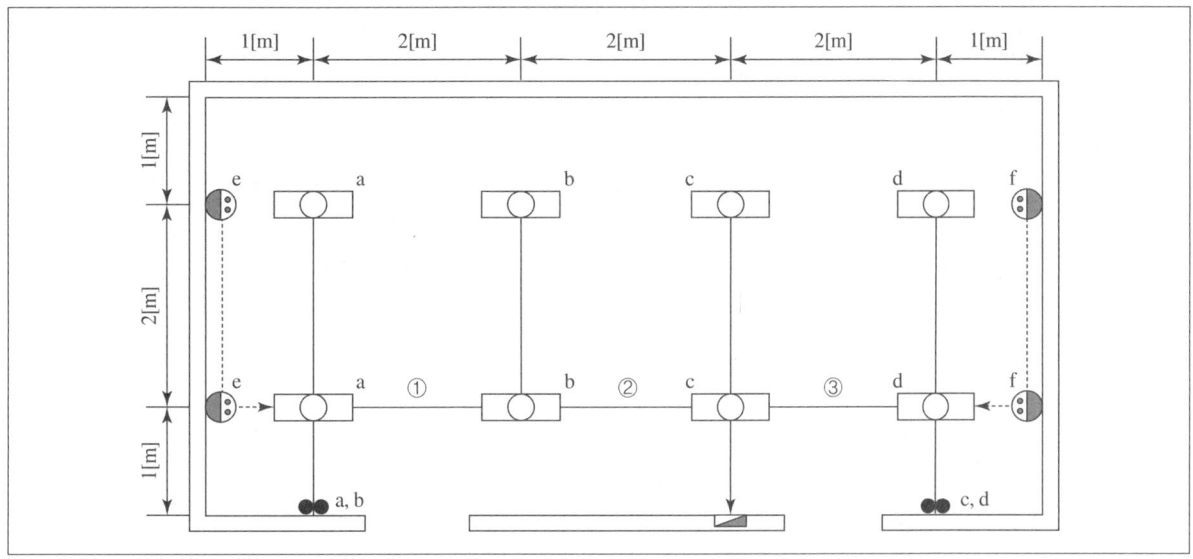

[시설 조건]
- 전등 회로는 1회로로 전선은 HFIX 2.5[mm²]를 사용하며, 전열 회로는 1회로로 전선은 HFIX 4[mm²]를 사용하고 접지는 스위치 회로를 제외하고 전등, 전열 회로에 회로선과 동일한 굵기로 시설한다.
- 벽과 등기구 간의 간격은 1[m], 등기구와 등기구 간의 간격은 2[m]로 시설한다.
- 전선관은 후강 전선관을 사용하고 16[mm] 전선관 내 전선 수는 접지선 포함 4가닥까지이며, 전선 수 5가닥 이상은 22[mm] 전선관을 사용하여 시설한다.
- 4방출 이상의 배관과 접속되는 박스는 4각 박스를 사용한다.
- 각각의 등기구마다 1대 1로 아웃렛 박스를 사용하며 천장에서 등기구까지는 금속가요 전선관을 이용하여 등기구에 연결한다. 금속가요 전선관 길이는 1[m]로 시설한다.
- 천장은 이중 천장으로 바닥에서 등기구까지 높이 3[m], 전등 배관은 바닥에서 3.5[m]에 후강 전선관을 이용하여 시설한다.
- 스위치 설치 높이 1.2[m](바닥에서 중심까지)
- 콘센트의 높이는 0.3[m](바닥에서 중심까지)
- 분전함 설치 높이 1.8[m](바닥에서 상단까지)(단, 바닥에서 하단까지는 0.5[m]를 기준으로 한다.)
- 전등은 천장으로 배관하며, 전열은 바닥으로 배관하여 구분하여 시설한다.

[재료의 산출 조건]
- 분전함 내부에서 배선 여유는 전선 1본당 0.5[m]로 한다.
- 전등 회로용 TB는 분전함 내부 상단에 설치되어 있고, 콘센트용 TB는 분전함 내부 하단에 설치되어 있다.
- 자재 산출 시 산출 수량과 할증 수량은 소수점 셋째 자리에서 반올림하고 자재별 총 수량(산출 수량+할증 수량)은 소수점 이하 올림한다.
- 배관 및 배선 이외의 자재는 할증을 보지 않는다.(배관, 배선의 할증은 10[%]로 한다.)

[인건비 산출 조건]
- 재료의 할증에 대해서는 공량을 적용하지 않는다.
- 소수점 이하 둘째 자리까지 계산한다.(소수점 셋째 자리에서 반올림)
- 품셈은 다음 표의 품셈을 적용한다.

전선관 배관 [m]당

후강 전선관		금속가요 전선관	
규격	내선 전공	규격	내선 전공
16[mm] 이하	0.08	16[mm] 이하	0.044
22[mm] 이하	0.11	22[mm] 이하	0.059
28[mm] 이하	0.14	28[mm] 이하	0.072
36[mm] 이하	0.20	36[mm] 이하	0.087
42[mm] 이하	0.25	42[mm] 이하	0.104
54[mm] 이하	0.34	54[mm] 이하	0.136

※ 콘크리트 매입 기준

박스(BOX) 설치 [개]당

종별	내선 전공
Concrete Box	0.12
Outlet Box	0.20
Switch Box(2개용 이하)	0.20
Switch Box(3개용 이상)	0.25
노출형 Box(콘크리트 노출 기준)	0.29
플로어 박스	0.20
연결용 박스	0.04

※ 콘크리트 매입 기준

옥내 배선(관내 배선) [m]당

규격	내선 전공
6[mm^2] 이하	0.010
16[mm^2] 이하	0.023
38[mm^2] 이하	0.031
50[mm^2] 이하	0.043
60[mm^2] 이하	0.052
70[mm^2] 이하	0.061
100[mm^2] 이하	0.064
120[mm^2] 이하	0.077

※ 관내 배선 기준, 애자 배선 은폐 공사는 150[%], 노출 및 그리드 애자 공사는 200[%], 직선 및 분기 접속 포함

배선기구 설치

단위: [개], 적용 직종: 내선 전공

(가) 콘센트류

종류	2P	3P	4P
콘센트 15[A]	0.065	0.095	0.10
콘센트(접지극부) 15[A]	0.08	-	-
콘센트(접지극부) 20[A]	0.085	-	-
콘센트(접지극부) 30[A]	0.11	0.145	0.15
플로어 콘센트 15[A]	0.096	-	-
플로어 콘센트 20[A]	0.096	-	-
하이텐숀(로우텐숀)	0.096	-	-

※ 매입 설치 기준, 노출 설치 120[%]

(나) 스위치류

[개]당

종류	내선 전공
텀블러 스위치 단로용	0.085
텀블러 스위치 3로용	0.085
텀블러 스위치 4로용	0.10
풀 스위치	0.10
푸시버튼	0.065
리모콘 스위치	0.07

※ 매입 설치 기준, 노출 설치 120[%]

(1) 도면에 표시된 ①, ②, ③ 전선관 배관에 접지선을 포함한 전선 가닥 수를 순서대로 쓰시오.
(2) 콘센트 배관 기호 및 전등 배관 기호의 명칭을 쓰시오.
   ① 콘센트 배관 기호
   ② 전등 배관 기호
(3) 도면을 보고 아래 표의 ①부터 ⑩까지 빈칸에 산출량 및 총수량을 가입하시오.

자재명 및 규격	규격	단위	산출 수량	할증 수량	총수량 (산출 수량+할증 수량)
후강 전선관	16[mm]	[m]	①		⑤
금속가요 전선관	16[mm]	[m]	②		⑥
HFIX	2.5[mm²]	[m]	③		⑦
HFIX	4[mm²]	[m]	④		⑧
매입 스위치 2구	250[V], 15[A]	[개]			⑨
매입 콘센트 2P, 15[A]	250[V], 15[A] 접지극부	[개]			⑩
아웃렛 박스 4각	54[mm]	[개]			
아웃렛 박스 8각	54[mm]	[개]			
스위치 박스 1개용	54[mm]	[개]			

① • 계산 과정:
　　• 답:
② • 계산 과정:
　　• 답:
③ • 계산 과정:
　　• 답:
④ • 계산 과정:
　　• 답:
⑤ • 계산 과정:
　　• 답:
⑥ • 계산 과정:
　　• 답:
⑦ • 계산 과정:
　　• 답:
⑧ • 계산 과정:
　　• 답:
⑨ • 답:
⑩ • 답:

(4) 아래 표의 각 자재별 내선 전공 수를 ①부터 ⑥까지 기입하시오.

자재명	규격	단위	산출 수량	인공 수 (재료 단위별)	내선 전공
후강 전선관	16[mm]	[m]			①
금속가요 전선관	16[mm]	[m]			②
HFIX	2.5[mm²]	[m]			③
HFIX	4[mm²]	[m]			④
매입 스위치 2구	250[V], 15[A]	[개]			⑤
매입 콘센트 2P, 15[A]	250[V], 15[A] 접지극부	[개]			⑥
아웃렛 박스 4각	54[mm]	[개]			
아웃렛 박스 8각	54[mm]	[개]			
스위치 박스 1개용	54[mm]	[개]			

① • 계산 과정:
　　• 답:
② • 계산 과정:
　　• 답:
③ • 계산 과정:
　　• 답:
④ • 계산 과정:
　　• 답:

⑤ • 계산 과정:
　• 답:
⑥ • 계산 과정:
　• 답:

(5) 인건비 계산 시 할증에 대한 중복 할증 가산 방법을 주어진 조건을 이용하여 식으로 쓰시오.

> **조건**
> W: 할증이 포함된 품, P: 기본품, α: 첫 번째 할증 요소, β: 두 번째 할증 요소

해설

(1) ① 4가닥　② 3가닥　③ 4가닥
(2) ① 바닥 은폐 배선　② 천장 은폐 배선
(3) ① • 계산 과정
　　등기구: $2[m] \times 7 = 14[m]$
　　스위치: $(1[m] + 3.5[m] - 1.2[m]) \times 2 = 3.3[m] \times 2 = 6.6[m]$
　　분전반: $1[m] + 3.5[m] - 1.8[m] = 2.7[m]$
　　콘센트: $(0.3[m] + 2[m] + 0.3[m]) + (0.3[m] + 5[m] + 1[m] + 0.5[m])$
　　　　　$+ (0.3[m] + 2[m] + 0.3[m]) + (0.3[m] + 3[m] + 1[m] + 0.5[m])$
　　　　　$= 2.6[m] + 6.8[m] + 2.6[m] + 4.8[m] = 16.8[m]$
　　∴ 산출 수량 $= (14[m] + 6.6[m] + 2.7[m]) + 16.8[m]$
　　　　　　　　$= 23.3[m] + 16.8[m] = 40.1[m]$
　• 답 $40.1[m]$
② • 계산 과정: 산출 수량 $= 1[m] \times 8 = 8[m]$
　• 답 $8[m]$
③ • 계산 과정
　　등기구: $2[m] \times (3 \times 5 + 4 \times 2) = 2[m] \times 23 = 46[m]$
　　스위치: $(1[m] + 3.5[m] - 1.2[m]) \times 3 \times 2 = 19.8[m]$
　　분전반: $(1[m] + 3.5[m] - 1.8[m]) \times 3 = 8.1[m]$
　　분전반 내부 여유: $0.5[m] \times 3 = 1.5[m]$
　　금속가요 전선관 배선: $1[m] \times 3 \times 8 = 24[m]$
　　∴ 산출 수량 $= 46[m] + 19.8[m] + 8.1[m] + 1.5[m] + 24[m]$
　　　　　　　　$= 99.4[m]$
　• 답 $99.4[m]$
④ • 계산 과정
　　콘센트: $\{(0.3[m] + 2[m] + 0.3[m]) + (0.3[m] + 5[m] + 1[m] + 0.5[m]) + (0.3[m] + 2[m] + 0.3[m])$
　　　　　$+ (0.3[m] + 3[m] + 1[m] + 0.5[m])\} \times 3 = 50.4[m]$
　　분전반 내부 여유: $0.5[m] \times 3 \times 2 = 3[m]$
　　∴ 산출 수량 $= 50.4[m] + 3[m] = 53.4[m]$
　• 답 $53.4[m]$
⑤ • 계산 과정
　　조건에서 배관 할증률은 $10[\%]$ 이므로
　　$40.1[m] \times 1.1 = 44.11[m]$
　• 답 $45[m]$
⑥ • 계산 과정
　　조건에서 배관 할증률은 $10[\%]$ 이므로
　　$8[m] \times 1.1 = 8.8[m]$
　• 답 $9[m]$

⑦ • 계산 과정
　　조건에서 배선 할증률은 10[%]이므로
　　$99.4[m] \times 1.1 = 109.34[m]$
　• 답 110[m]
⑧ • 계산 과정
　　조건에서 배선 할증률은 10[%]이므로
　　$53.4[m] \times 1.1 = 58.74[m]$
　• 답 59[m]
⑨ • 답 2개
⑩ • 답 4개

(4) ① • 계산 과정: $40.1 \times 0.08 = 3.21[인]$
　　• 답 3.21[인]
② • 계산 과정: $8 \times 0.044 = 0.35[인]$
　• 답 0.35[인]
③ • 계산 과정: $99.4 \times 0.010 = 0.99[인]$
　• 답 0.99[인]
④ • 계산 과정: $53.4 \times 0.010 = 0.53[인]$
　• 답 0.53[인]
⑤ • 계산 과정: $2 \times 0.085 \times 2 = 0.34[인]$(∵ 매입 스위치 2구)
　• 답 0.34[인]
⑥ • 계산 과정: $4 \times 0.08 = 0.32[인]$
　• 답 0.32[인]

(5) $W = P \times (1 + \alpha + \beta)$

참고

(1) ① • 분전반에서 스위치 a, b까지 ⇒ 1가닥
　　• b 등기구에서 스위치 b까지 ⇒ 1가닥
　　• a, b, c, d 등기구를 연결하는 전선 ⇒ 1가닥
　　• 접지선 ⇒ 1가닥
　　∴ 총 4가닥
② • 분전반에서 스위치 a, b까지 ⇒ 1가닥
　• a, b, c, d 등기구를 연결하는 전선 ⇒ 1가닥
　• 접지선 ⇒ 1가닥
　∴ 총 3가닥
③ • 분전반에서 스위치 c, d까지 ⇒ 1가닥
　• c 등기구에서 스위치 c까지 ⇒ 1가닥
　• a, b, c, d 등기구를 연결하는 전선 ⇒ 1가닥
　• 접지선 ⇒ 1가닥
　∴ 총 4가닥

(3) ③, ④ 조건에서 접지선은 전등, 전열 회로 선과 동일한 굵기로 시설하므로 가닥 수를 추가한다.

2019년 4회 전기공사기사 기출문제

배점: 5점

01 다음은 변압기 공사 시공 흐름도이다. ①에서 ⑤까지 시공 흐름도가 올바르도록 [보기]에서 골라 완성하시오.

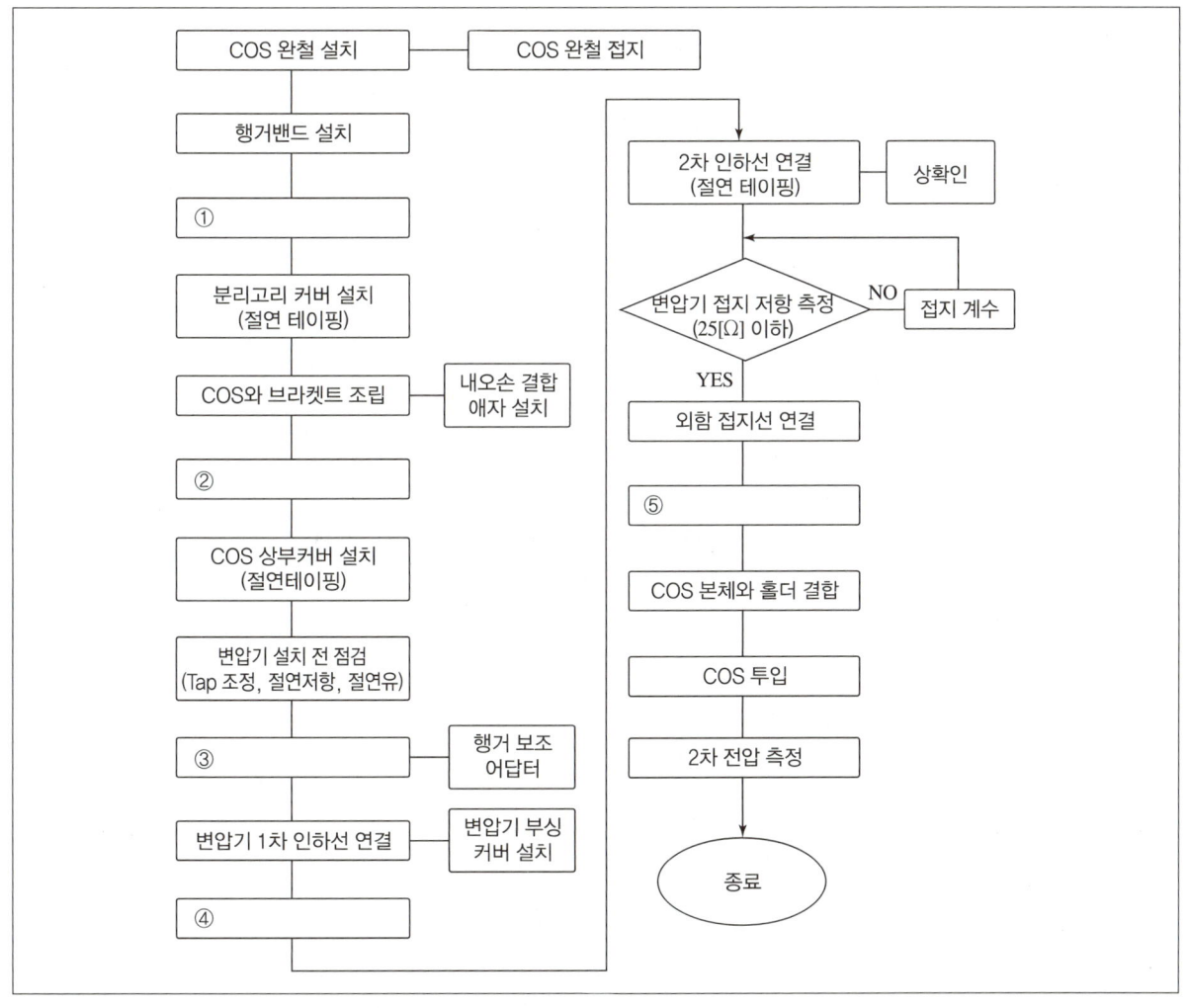

보기

외함 접지선 연결, COS 설치, 분기고리 설치, 변압기 설치, 내오손 결합애자 설치, 절연 처리, 변압기 2차 측 결선, 퓨즈 링크 조립

해설
① 분기고리 설치　② COS 설치　③ 변압기 설치
④ 변압기 2차 측 결선　⑤ 퓨즈 링크 조립

배점: 5점

02 하중 전달 방법에 의해 분류하는 것으로 상판부 등에 의한 하중을 지반에 직접 전달하는 구조물로서 역T자형 콘크리트 기초, 오가 콘크리트 기초, 베다 기초, 강재 기초, 직매 기초 등을 나타내는 기초는 무엇인가?

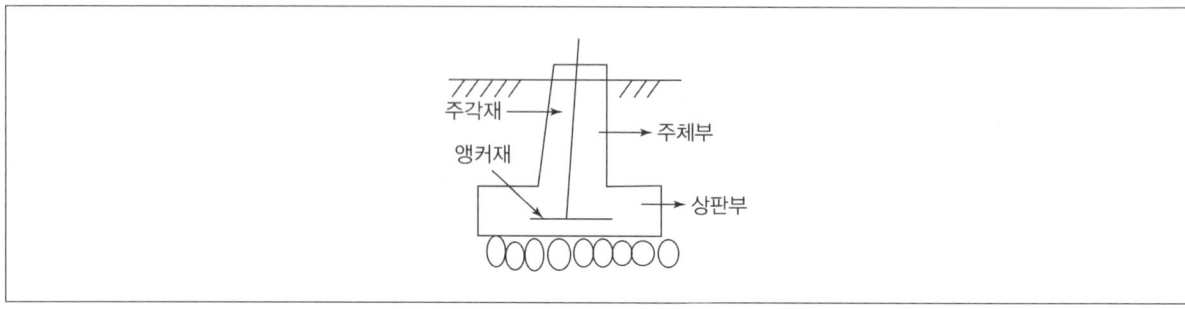

해설
직접 기초

참고
철탑 기초의 종류에는 직접 기초, 말뚝 기초, 피어 기초 및 앵커 기초 등이 있다.

배점: 5점

03 서지 흡수기(Surge Absorber)의 기능과 어느 개소에 설치하는지 그 위치를 쓰시오.
(1) 기능
(2) 설치 위치

해설
(1) 기능: 개폐 서지 등 이상 전압으로부터 변압기 등의 기기 보호
(2) 설치 위치: 개폐 서지를 발생하는 차단기 후단과 부하 측 사이

참고
서지 흡수기는 피뢰기와 같은 구조와 특성을 지니고 있다. 구내 선로에서 발생할 수 있는 개폐 서지, 순간 과도 전압 등 이상 전압이 2차 기기에 악영향을 주는 것을 막기 위해 서지 흡수기를 시설한다.

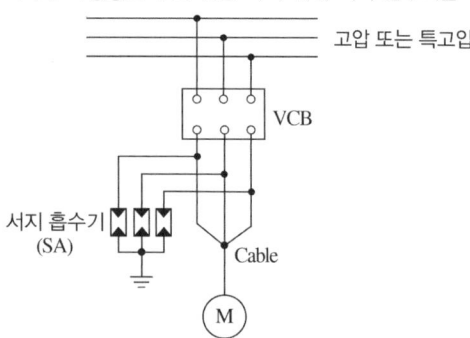

배점: 6점

04 다음 그림 기호의 명칭을 쓰시오.

(1) [E] (2) [●] (3) [TS]

(4) [S] (5) ⊿ (6) ↗•

해설
(1) 누전 차단기 (2) 누름버튼 (3) 타임 스위치
(4) 연기 감지기 (5) 스피커 (6) 조광기

배점: 6점

05 전원 측 전압이 $380[\text{V}]$인 3상 3선식 옥내 배선이 있다. 그림과 같이 $150[\text{m}]$ 떨어진 곳에서부터 $10[\text{m}]$ 간격으로 용량 $5[\text{kVA}]$의 3상 동력을 3대 설치하려고 한다. 부하 말단까지의 전압 강하를 $5[\%]$ 이하로 유지하려면 동력선의 굵기를 얼마로 해야 하는지 산정하시오.(단, 전선으로는 도전율이 $97[\%]$인 비닐 절연 동선을 사용하고 금속관 내에 설치하여 부하말단까지 동일한 굵기의 전선을 사용한다.)

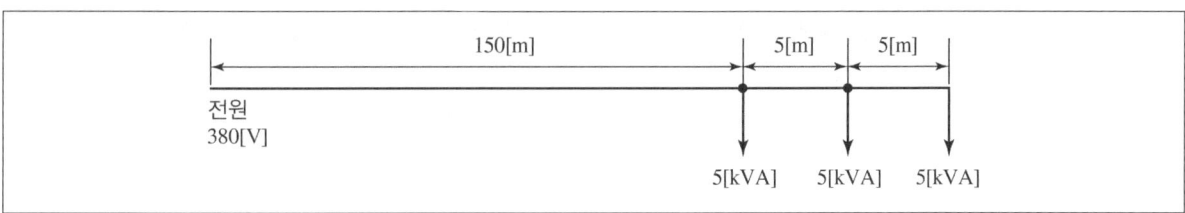

해설
• 계산 과정

전부하 전류 $I = \dfrac{5 \times 10^3 \times 3}{\sqrt{3} \times 380} = 22.79[\text{A}]$

전압 강하 $e = 380 \times 0.05 = 19[\text{V}]$, 전압 강하 $e = \sqrt{3}\,IR[\text{V}]$의 식을 만족하므로

$e = \sqrt{3}\,IR = \sqrt{3}\,I \times \rho \dfrac{L}{A} = \sqrt{3} \times 22.79 \times \dfrac{1}{58} \times \dfrac{100}{97} \times \dfrac{L}{A} = 19[\text{V}]$

$\therefore A = \dfrac{\sqrt{3} \times 22.79 \times 100 \times L}{19 \times 58 \times 97}[\text{mm}^2]$

부하의 중심거리 $L = \dfrac{22.79 \times 150 + 22.79 \times 160 + 22.79 \times 170}{22.79 + 22.79 + 22.79} = 160[\text{m}]$ 이므로

$A = \dfrac{\sqrt{3} \times 22.79 \times 100 \times 160}{19 \times 58 \times 97} = 5.91[\text{mm}^2]$

∴ $6[\text{mm}^2]$ 선정

• **답** $6[\text{mm}^2]$

배점: 5점

06 변압기의 냉각 방식 5가지를 쓰시오.

해설
- 건식 자냉식
- 건식 풍냉식
- 유입 자냉식
- 유입 풍냉식
- 유입 수냉식

참고
변압기 냉각 방식
- 건식 자냉식(AN): 일반적으로 소용량 변압기에 한해 사용한다.
- 건식 풍냉식(AF): 바람을 불어 넣어 방열 효과를 향상시키는 것으로 500[kVA] 이상의 경우에 채용하면 효과적이다.
- 유입 자냉식(ONAN): 보수가 간단하여 가장 널리 사용된다.
- 유입 풍냉식(ONAF): 유입 자냉식과 동일한 구조를 가지고 저소음 고효율의 냉각용 선풍기를 구비하면 출력 30[%] 이상 증가한다.
- 유입 수냉식(ONWF): 냉각 수관을 탱크 상부의 내벽에 따라 배치하고 펌프로 물을 순환시켜서 기름을 냉각하는 방식이다.

배점: 6점

07 사무소 건물의 총 설비 용량이 전등, 전열 부하 500[kVA], 동력 부하가 600[kVA]이다. 전등, 전열 부하의 수용률은 70[%], 동력 부하의 수용률은 60[%], 전등, 전열 및 동력 부하 간의 부등률이 1.25라고 한다. 배전선로의 전력 손실이 전등, 전열, 동력 모두 부하 전력의 10[%]라고 하면 변전실의 최대 전력은 몇 [kVA]인가?

해설
- 계산 과정
  전등 부하 최대 수용 전력 $= 500 \times 0.7 = 350[kVA]$
  동력 부하 최대 수용 전력 $= 600 \times 0.6 = 360[kVA]$
  변전소 최대 전력 $= \dfrac{350+360}{1.25} \times (1+0.1) = 624.8[kVA]$
- **답** 624.8[kVA]

참고
합성 최대 전력 $= \dfrac{\text{개별 최대 수용 전력의 합}}{\text{부등률}} = \dfrac{\Sigma(\text{설비 용량}[kVA] \times \text{수용률})}{\text{부등률}} = \dfrac{\Sigma(\text{설비 용량}[kW] \times \text{수용률})}{\text{부등률} \times \text{역률}}[kVA]$

배점: 5점

08 스폿 네트워크(Spot Network) 수전 방식의 특징을 3가지만 쓰시오.

해설
- 무정전 전력 공급이 가능하다.
- 공급 신뢰도가 높다.
- 전압 변동률이 낮다.

참고
스폿 네트워크(Spot Network) 수전 방식
변전소로부터 2회선 이상의 배전선으로 수전하는 방식으로, 배전선 1회선에 사고가 발생한 경우 다른 건전한 회선으로부터 자동적으로 수전할 수 있는 무정전 방식이며, 신뢰도가 매우 높은 방식이다.

배점: 5점

09 피뢰기의 구비 조건을 3가지만 쓰시오.

해설
- 충격 방전 개시 전압이 낮을 것
- 상용 주파 방전 개시 전압이 높을 것
- 방전 내량이 크고, 제한 전압이 낮을 것

참고
이 외에도 피뢰기 구비 조건은 다음과 같다.
- 속류 차단 능력이 클 것

배점: 6점

10 도면과 같은 고압 또는 특고압 수전 설비의 진상 콘덴서 접속 뱅크 결선도를 보고 다음 각 물음에 답하시오.

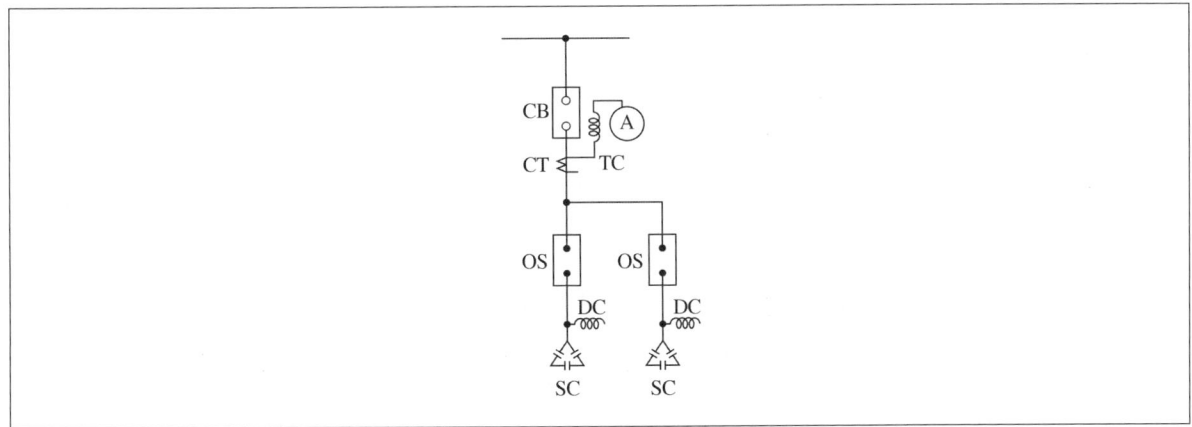

(1) 콘덴서 용량이 몇 [kVA] 초과 몇 [kVA] 이하인 경우인가?
(2) 콘덴서 용량이 100[kVA] 이하인 경우 CB 대신 사용 가능한 개폐기는 무엇인가?
(3) 콘덴서 용량이 50[kVA] 미만인 경우 사용 가능한 개폐기는 무엇인가?

> **해설**

(1) 콘덴서 총용량이 300[kVA] 초과, 600[kVA] 이하인 경우
(2) 유입 개폐기
(3) 컷아웃 스위치

> **참고**

진상용 콘덴서 접속도

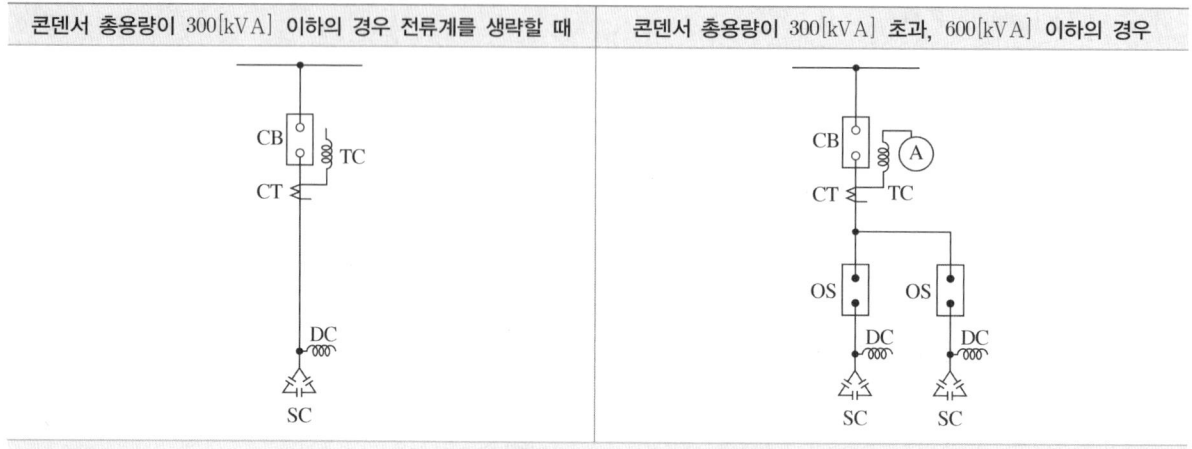

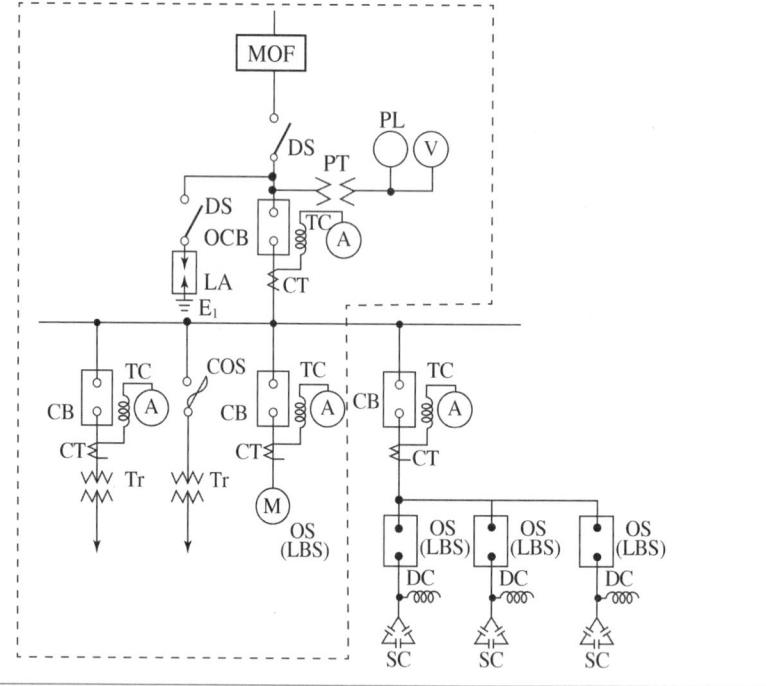

배점: 6점

11 피뢰기의 열화 진단을 위해 절연 저항 및 누설 전류 등을 측정하여야 한다. 이때 사용되는 계측장비 2가지를 쓰시오.

해설
절연 저항계(메거), 누설 전류계

12 KEC 적용과 관련하여 삭제되는 문제입니다.

배점: 4점

13 송전선로에 경동선보다 ACSR(강심 알루미늄 연선)을 많이 사용하는 이유 2가지를 쓰시오.

해설
- 경동선에 비해 기계적 강도가 크고 가볍다.
- 같은 저항값에 대한 전선의 바깥 지름이 경동선보다 크기 때문에 코로나 발생 억제에 유효하다.

배점: 30점

14 시가지 도로 폭 9[m] 도로에 다음과 같이 가로등을 설치하려고 한다. 물음에 답하시오.

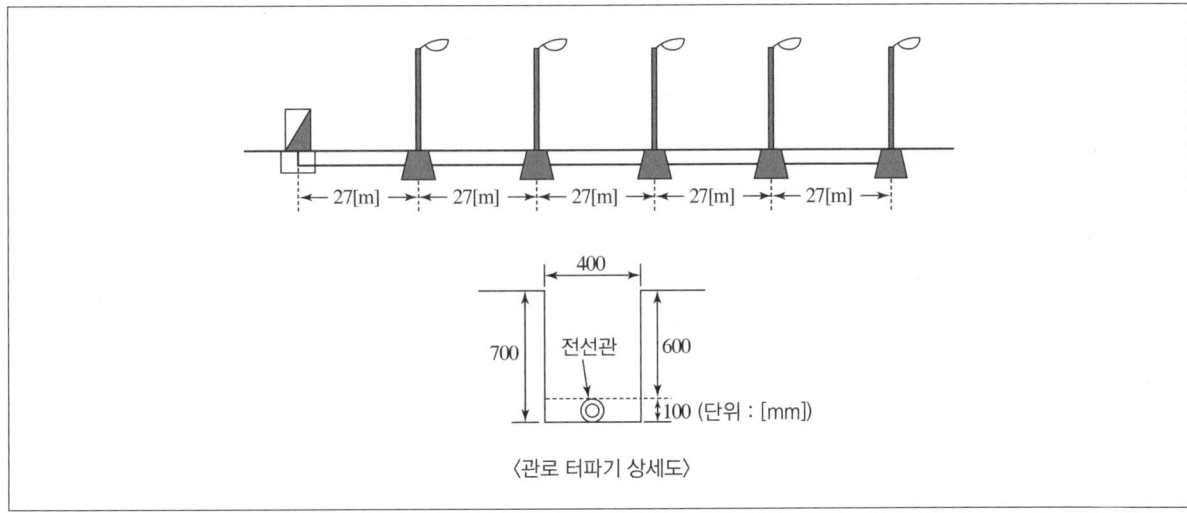

〈관로 터파기 상세도〉

[조건]
- 등주 높이는 9[m]이고, 인력 설치한다.
- 광원은 LED 200[W] 1등용이다.
- 등주 간격은 27[m], 한쪽 배열로 설치한다.
- 케이블은 CV 6[mm^2]/1C ×2, E 6[mm^2]/1C (HFIX: 연접 접지)를 적용한다.
- 배관은 합성수지 파형관 30[mm]를 사용하며, 터파기와 되메우기는 [m^3]당 각각 보통 인부 0.28[인], 0.1[인]을 적용한다.
- 가로등 기초 터파기는 개당 0.75[m^3]이고, 콘크리트 타설량은 0.55[m^3]이다.
- 접지는 연접 접지를 적용한다.
- 재료의 할증에 대해서는 공량을 적용하지 않는다.
- 아래의 품셈과 문제에 주어진 사항 이외는 고려하지 않는다.

[표준 품셈]

제어용 케이블 설치
[m]당, 적용 직종: 저압 케이블 전공

선심수	4[mm^2] 이하	6[mm^2] 이하	8[mm^2] 이하
1C	0.011	0.013	0.014
2C	0.016	0.018	0.020

※ 연접 접지선도 이에 준한다.
※ 옥외 케이블의 할증률은 3[%] 적용

LED 가로등 기구 설치
[개]당

종별	내선 전공	종별	내선 전공
100[W] 이하	0.204	200[W] 이하	0.221
150[W] 이하	0.231	250[W] 이하	0.229

POLE LIGHT 인력 설치
[본]당

규격	내선 전공	규격	내선 전공
8[m] 이하(1등용)	2.76	10[m] 이하(1등용)	3.49
9[m] 이하(1등용)	3.13	12[m] 이하(1등용)	4.19

합성수지 파형관 설치
[m]당

규격	배전 전공	내선 전공
16[mm] 이하	0.005	0.012
30[mm] 이하	0.006	0.014
50[mm] 이하	0.007	0.018

※ 합성수지 파형관의 지중 포설 기준
※ 가로등 공사, 신호등 공사, 보안등 공사 또는 구내 설치 시 50[%] 가산
※ 옥외 전선관의 할증률은 5[%] 적용

(1) 가로등 기초를 포함한 전체 터파기량과 공량을 구하시오.(단, 전원함의 기초, 그리고 가로등 기초와 관로 중첩 부분은 무시한다.)
　① 터파기량
　② 공량(보통 인부)

(2) 가로등 기초를 포함한 전체 되메우기량과 공량을 구하시오.(단, 전원함의 기초, 그리고 가로등 기초와 관로 중첩부분 및 배관의 체적은 무시한다.)
　① 되메우기량
　② 공량(보통 인부)

(3) 전선관 물량과 공량을 산출하시오.(단, 지중에서 전원함, 그리고 가로등 기초에서 가로등주까지의 배관은 무시한다.)
　① 물량
　② 공량(배전 전공, 내선 전공)

(4) 케이블과 접지선의 물량과 공량(저압 케이블 전공)을 산출하시오.(단, 케이블의 길이는 가로등 기초에서 안정기 박스까지의 거리를 고려하여 경간당 2[m]를 추가 적용한다. 그리고 안정기 박스에서 등기구까지의 배선은 무시한다.)
　① 물량(CV, HFIX)
　② 공량(저압 케이블 전공)

(5) 등기구를 포함한 가로등 설치 공량(내선 전공)을 산출하시오.

해설

(1) ① • 계산 과정
　　　관로 터파기 = $0.4 \times 0.7 \times 27 \times 5 = 37.8[\text{m}^3]$
　　　가로등 기초 터파기 = $0.75 \times 5 = 3.75[\text{m}^3]$
　　　전체 터파기량 = $37.8 + 3.75 = 41.55[\text{m}^3]$
　　• 답 $41.55[\text{m}^3]$
　② • 계산 과정: 공량(보통 인부) = $41.55 \times 0.28 = 11.634[인]$
　　• 답 11.634[인]

(2) ① • 계산 과정: 되메우기량 = 전체 터파기량 − 콘크리트 타설량 = $41.55 - 0.55 \times 5 = 38.8[\text{m}^3]$
　　• 답 $38.8[\text{m}^3]$
　② • 계산 과정: 공량(보통 인부) = $38.8 \times 0.1 = 3.88[인]$
　　• 답 3.88[인]

(3) ① • 계산 과정: 물량 = $27 \times 5 \times 1.05 = 141.75[\text{m}]$
　　• 답 141.75[m]
　② • 계산 과정
　　　− 배전 전공 = $27 \times 5 \times 0.006 \times (1+0.5) = 1.215[인]$
　　　− 내선 전공 = $27 \times 5 \times 0.014 \times (1+0.5) = 2.835[인]$
　　• 답 배전 전공: 1.215[인], 내선 전공: 2.835[인]

(4) ① • 계산 과정
　　　− CV 물량 = $(27+2) \times 5 \times 2 \times 1.03 = 298.7[\text{m}]$
　　　− HFIX 물량 = $(27+2) \times 5 \times 1.03 = 149.35[\text{m}]$
　　• 답 CV 물량: 298.7[m], HFIX 물량: 149.35[m]
　② • 계산 과정
　　　− CV 공량 = $(27+2) \times 5 \times 2 \times 0.013 = 3.77[인]$
　　　− HFIX 공량 = $(27+2) \times 5 \times 0.013 = 1.885[인]$
　　　∴ 공량 합계 = $3.77 + 1.885 = 5.655[인]$
　　• 답 5.655[인]

(5) • 계산 과정: 공량(내선 전공) = $(3.13 + 0.221) \times 5 = 16.755[인]$
　• 답 16.755[인]

2018
전기공사기사 실기

1회 기출문제
2회 기출문제
4회 기출문제

확실한 합격대비, 회차별 학습전략!

회차	학습전략	합격률
1회	기본 공식만 적용해도 해결되는 문제가 다수 출제됐습니다. 과년도 기출과 빈출 단답형 문제를 확실히 학습했다면 합격을 기대할 수 있는 회차입니다.	69.73%
2회	몇몇 문제를 제외하면 빈출 유형에서 상당수가 출제되었습니다. 다만, 견적 문제의 배점이 높아 이를 확실히 잡아야 합격을 기대할 수 있는 회차입니다.	35.44%
4회	계산 문제보다 과년도 빈출 단답형 문제가 상대적으로 많이 출제되었습니다. 또한 견적 문제의 계산이 복잡하게 출제되어 견적 문제와 단답형 문제 두 마리 토끼를 잡아야 합격할 수 있는 회차입니다.	32.65%

학습 효과를 높이는 7개년 3회독 시스템

챕터별 전체 1회독이 끝났다면 회독 체크표에 날짜를 기입하고 체크표시를 해주세요.

회독 체크표	1회독	월 일	2회독	월 일	3회독	월 일

2018년 1회 전기공사기사 기출문제

배점: 6점

01 과도적인 과전압을 제한하고 서지(Surge) 전류를 분류하는 목적으로 사용되는 서지 보호 장치(SPD: Surge Protective Device)에 대한 다음 물음에 답하시오.

(1) 기능에 따라 3가지로 분류하여 쓰시오.
(2) 구조에 따라 2가지로 분류하여 쓰시오.

해설

(1) 전압 스위칭형 SPD, 전압 제한형 SPD, 복합형 SPD
(2) 1포트 SPD, 2포트 SPD

참고

• SPD의 기능에 따른 종류

종류	기능	소자
전압 스위칭형 SPD	서지가 없을 때에는 임피던스가 높은 상태이고, 전압 서지가 있을 때에는 임피던스가 급격히 낮아지는 기능을 가진 서지 보호 장치이다.	에어갭, 가스방전관, 사이리스터, 트라이액
전압 제한형 SPD	서지가 없을 때에는 임피던스가 높은 상태이고, 서지 전류와 전압이 상승하면 임피던스가 연속적으로 감소하는 기능을 가진 서지 보호 장치이다.	배리스터, 억제다이오드
복합형 SPD	전압 제한형 소자와 전압 스위칭형 소자를 모두 갖는 서지 보호 장치이다.	가스방전관과 배리스터를 조합한 SPD

• SPD에는 회로의 접속 단자 형태로 1포트 SPD와 2포트 SPD가 있다.
 − SPD의 구성

구분	특징	표시 예
1포트 SPD	1단자 또는 2단자를 갖는 SPD로 보호하는 기기에 대하여 서지를 분류하도록 접속한다.	SPD
2포트 SPD	2단자 또는 4단자를 갖는 SPD로 입력 단자와 출력 단자 사이에 직렬 임피던스가 삽입되어 있다.	SPD

 − 1포트 SPD는 전압 스위칭형, 전압 제한형 또는 복합형의 기능을 가지고 있고, 2포트 SPD는 복합형의 기능을 가지고 있다.

배점: 3점

02 조상 설비를 설치하는 목적은 무엇인지 쓰시오.

해설

전력 계통의 진상 및 지상 무효 전력을 조정하여 전력 손실을 경감시키고, 계통 안정도를 향상시키는 역할을 한다.

배점: 5점

03 다음은 차단기의 종류이다. 각각의 명칭을 쓰시오.

(1) MCCB
(2) VCB
(3) ACB
(4) ABB
(5) MBB

해설
(1) 배선용 차단기
(2) 진공 차단기
(3) 기중 차단기
(4) 공기 차단기
(5) 자기 차단기

배점: 5점

04 다음 그림은 UPS 설비의 블록 다이어그램이다. 그림을 보고 다음 각 물음에 답하시오.

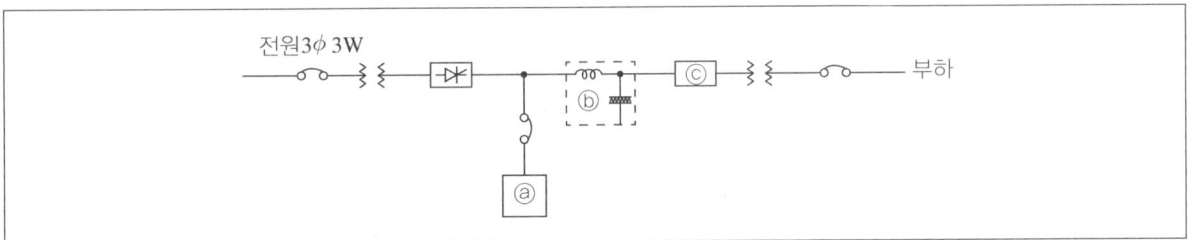

(1) ⓐ의 이름을 적으시오.
(2) ⓑ 회로도의 명칭과 역할을 적으시오.
(3) ⓒ 회로도의 명칭과 역할을 적으시오.

해설
(1) 축전지
(2) • 명칭: 직류 필터
   • 역할: 리플 전압을 제거하여 파형을 개선한다.
(3) • 명칭: 인버터
   • 역할: 직류를 교류로 변환한다.

참고
무정전 전원 공급 장치(UPS)
• 역할: 선로의 정전이나 입력 전원에 이상 상태가 발생하였을 때 정상적으로 전력을 부하 측에 공급하는 무정전 전원 공급 장치이다.
• UPS의 구성: 정류 장치, 축전지, 역변환 장치

05 다음 그림은 계통 접지이다. 무슨 접지 계통인지 쓰시오. (단, 계통의 일부분에서 중성선과 보호 도체의 기능을 동일 도체로 겸용한다.)

배점: 5점

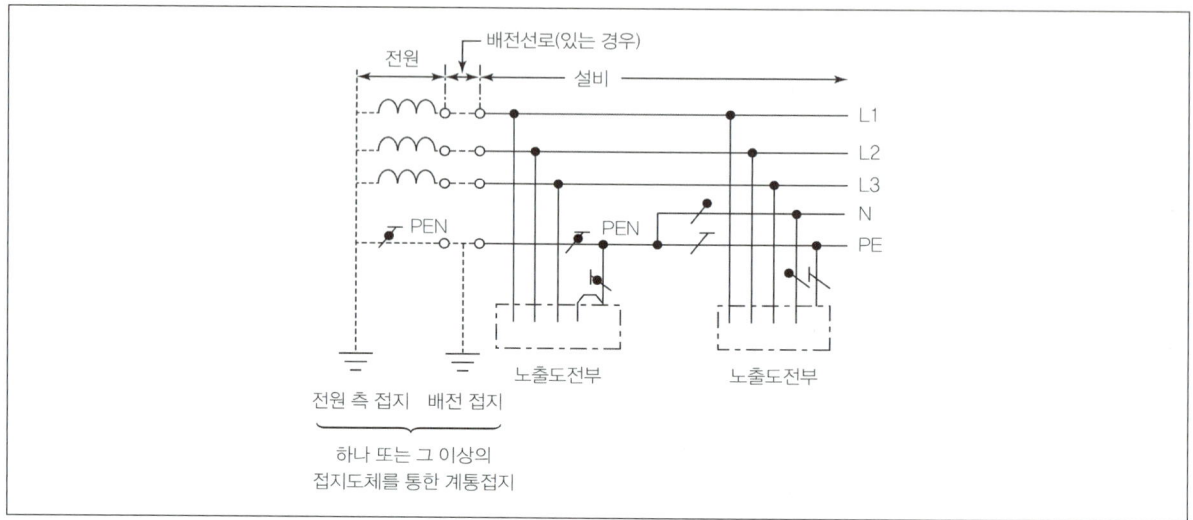

해설
TN-C-S 계통

06 $240[\text{mm}^2]$ ACSR 전선을 $200[\text{m}]$의 경간에 가설하려고 하는데, 이도는 계산상 $8[\text{m}]$였지만 가설 후의 실측 결과는 $6[\text{m}]$이어서 $2[\text{m}]$ 증가시키려고 한다. 이때 전선을 경간에 몇 $[\text{m}]$만큼 밀어 넣어야 하는가?

배점: 6점

해설
• 계산 과정

이도 $6[\text{m}]$일 때의 전선 길이 $L_1 = S + \dfrac{8D_1^2}{3S} = 200 + \dfrac{8 \times 6^2}{3 \times 200} = 200.48[\text{m}]$

이도 $8[\text{m}]$일 때의 전선 길이 $L_2 = S + \dfrac{8D_2^2}{3S} = 200 + \dfrac{8 \times 8^2}{3 \times 200} = 200.85[\text{m}]$

증가되는 전선의 길이 $L = L_2 - L_1 = 200.85 - 200.48 = 0.37[\text{m}]$

• 답 $0.37[\text{m}]$

07 지중 전선로의 전선으로 사용하는 케이블의 지중 전선로 시설 방법 3가지를 쓰시오.

배점: 5점

해설
• 직접 매설식
• 관로식
• 암거식

배점: 5점

08 통합 접지 공사를 한 경우는 과전압으로부터 전기 설비들을 보호하기 위하여 서지 보호 장치(SPD)를 설치하여야 한다. 과전압에 대한 효과적인 보호를 위해서는 SPD의 연결 전선의 길이가 가능한 짧고 어떠한 접속도 없어야 하는데, 이때 SPD의 연결 전선은 접지점으로부터 몇 [m]를 초과하지 않아야 하는가?

해설
0.5[m]

배점: 5점

09 철탑 기초 공사에서 각입이란 무엇인지 간단히 쓰시오.

해설
철탑의 기초 공사에서 굴착이 끝난 후 네 곳의 기초에 콘크리트를 타설하기 전 철탑의 앵커재 및 주각재 또는 주주재를 설치하는 공정

배점: 5점

10 COS 설치에(COS 포함) 사용 자재 5가지만 쓰시오.

해설
- COS
- COS 커버
- 브라켓
- 내오손 결합 애자
- 퓨즈 링크

참고

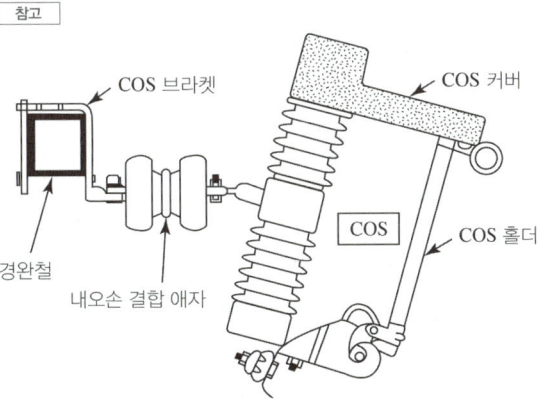

2018년 1회 기출문제

11 다음은 저압 진상용 콘덴서의 설치 장소에 관한 사항이다. ( ) 안에 알맞은 내용을 쓰시오.

배점: 5점

> "저압 진상용 콘덴서를 옥내에 설치하는 경우에는 (①)가 많은 장소 또는 (②)이 있는 장소 및 주위 온도가 (③) [℃]를 초과하는 장소 등을 피하여 견고하게 설치하여야 한다."

해설
① 습기
② 수분
③ 40

배점: 5점

12 고압 배전선로의 1선 지락 전류가 5[A]일 때 주상 변압기의 2차 측에 실시하는 중성점 접지 공사의 접지 저항값[Ω]은 최대 얼마인지 계산하시오.(단, 고압 배전선로에는 고저압 전로의 혼촉 시 1초 이내로 자동적으로 전로를 차단하는 장치가 취부되어 있다.)

해설
- 계산 과정

    중성점 접지 저항값 $R = \dfrac{600}{I_g} = \dfrac{600}{5} = 120[\Omega]$

- **답** 120[Ω]

참고
중성점 접지 저항값 계산(I_g: 1선 지락 전류[A])

- 자동 차단 장치가 없는 경우: $R = \dfrac{150}{I_g}[\Omega]$

- 2초 이내에 동작하는 자동 차단 장치가 있는 경우: $R = \dfrac{300}{I_g}[\Omega]$

- 1초 이내에 동작하는 자동 차단 장치가 있는 경우: $R = \dfrac{600}{I_g}[\Omega]$

배점: 10점

13 다음은 CB 1차 측에 CT를, CB 2차 측에 PT를 시설하는 경우의 수·변전설비 단선 결선도이다. ①~⑩까지의 문자 기호와 명칭을 아래 표에 쓰시오.

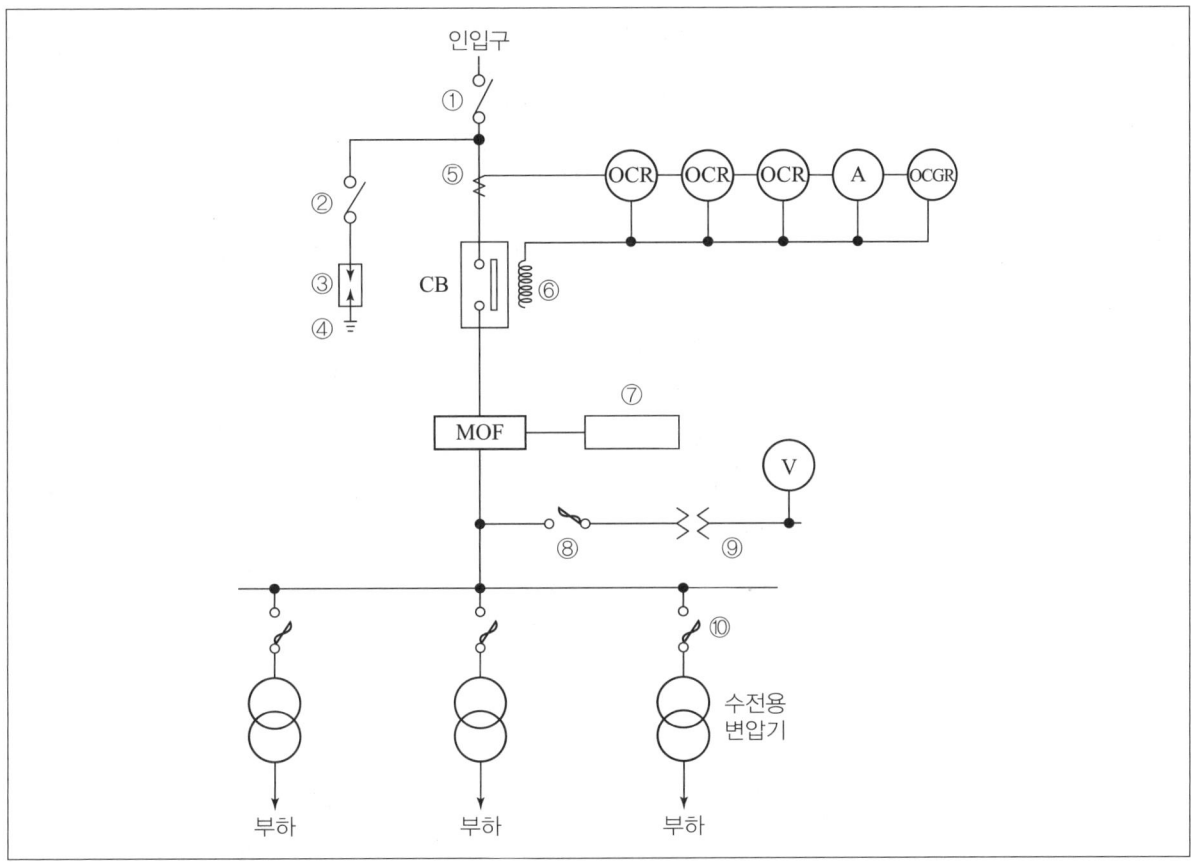

구분	문자 기호	명칭	구분	문자 기호	명칭
①			⑥		
②			⑦		
③			⑧		
④			⑨		
⑤			⑩		

해설

구분	문자 기호	명칭	구분	문자 기호	명칭
①	DS	단로기	⑥	TC	트립 코일
②	DS	단로기	⑦	WH	전력량계
③	LA	피뢰기	⑧	COS 또는 PF	컷아웃 스위치 또는 전력 퓨즈
④	E	피뢰시스템 접지	⑨	PT	계기용 변압기
⑤	CT	변류기	⑩	COS 또는 PF	컷아웃 스위치 또는 전력 퓨즈

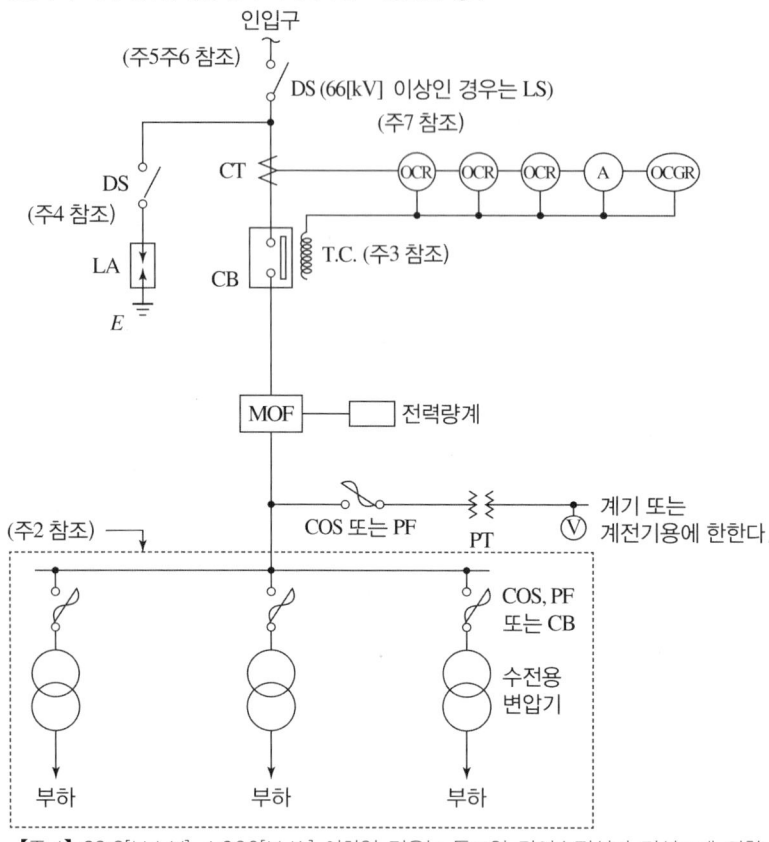

[주 1] 22.9[kV-Y], 1,000[kVA] 이하인 경우는 특고압 간이수전설비 결선도에 의할 수 있다.
[주 2] 결선도 중 점선 내의 부분은 참고용 예시이다.
[주 3] 차단기의 트립 전원은 직류(DC) 또는 콘덴서 방식(CTD)이 바람직하며, 66[kV] 이상의 수전설비는 직류(DC)이어야 한다.
[주 4] LA용 DS는 생략할 수 있으며, 22.9[kV-Y]용의 LA는 Disconnector(또는 Isolator) 붙임형을 사용하여야 한다.
[주 5] 인입선을 지중선으로 시설하는 경우에 공동주택 등 고장 시 정전 피해가 큰 경우는 예비 지중선을 포함하여 2회선으로 시설하는 것이 바람직하다.
[주 6] 지중 인입선의 경우에 22.9[kV-Y] 계통은 CNCV-W 케이블(수밀형) 또는 TR CNCV-W(트리억제형)을 사용하여야 한다. 다만, 전력구·공동구·덕트·건물구내 등 화재의 우려가 있는 장소에서는 FR CNCO-W(난연) 케이블을 사용하는 것이 바람직하다.
[주 7] DS 대신 자동고장구분개폐기(7,000[kVA] 초과 시에는 Sectionalizer)를 사용할 수 있으며, 66[kV] 이상의 경우는 LS를 사용하여야 한다.

14 다음 그림과 같이 설치된 전주의 ㄱ형 완철을 경완철로 교체하려고 한다. 물음에 답하시오.

배점: 30점

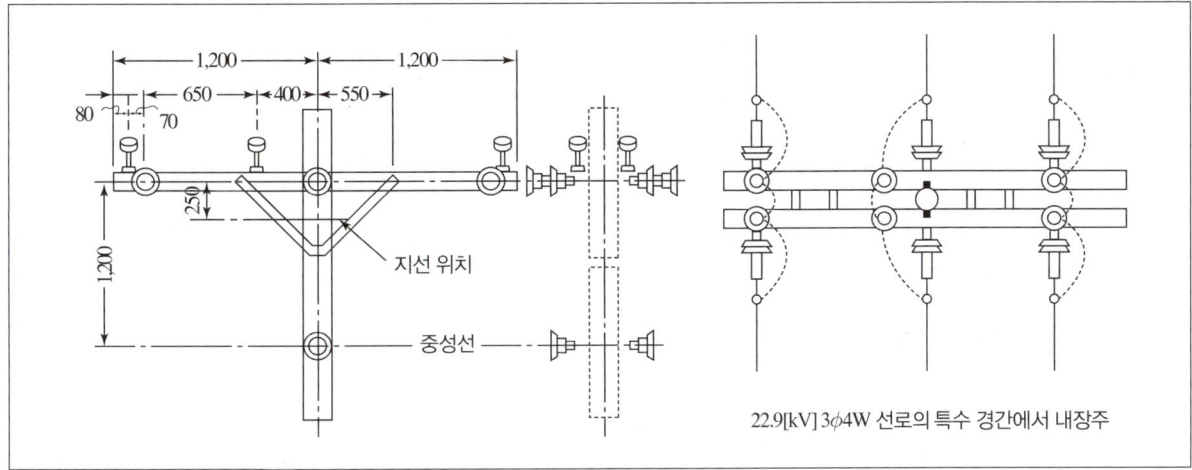

조건
- 배전 전공은 300,000[원], 보통 인부는 100,000[원]이다.
- 노무비에서 원 이하는 버린다.
- 애자 철거는 재사용으로 본다.
- 간접 노무비는 직접 노무비의 15[%]를 적용한다.
- 참고 자료 이외의 것은 고려하지 말 것
- 인공은 소수점 모두 구할 것

[참고 자료]

[표 1] ㄱ형 완철 및 가공지선 지지대 주상설치   개당

규격	배전 전공	보통 인부
1[m] 이하	0.05	0.05
2[m] 이하	0.06	0.06
3[m] 이하	0.07	0.07
3[m] 초과	0.09	0.09
가공지선 지지대	0.10	0.05

※ ㄱ형 완철 설치 기준, 경완철은 이 품의 80[%]
※ 암타이 설치 포함
※ 편출 공사 120[%]
※ 지상 조립 75[%]
※ 가공지선 지지대 철거 50[%], 재사용 철거 80[%]
※ 철거 30[%], 재사용 철거 50[%]

[표 2] 배전용 애자 설치			개당
종별	배전 전공	보통 인부	
라인포스트 애자	0.046	0.046	
현수 애자	0.032	0.032	
내오손 결합 애자	0.025	0.025	
저압용 인류 애자	0.020	−	

※ 애자 교체 150[%]
※ 특고압핀 애자는 라인포스트 애자에 준함
※ 철거 50[%], 재사용 철거 80[%]
※ 동일 장소에 추가 1개마다 기본품의 45[%] 적용
※ 저압용 인류애자 지상 조립 75[%]

[표 3] 저압 가선용 래크(Rack) 설치			개당
종별	배전 전공	보통 인부	
래크 1선용	0.048	0.024	
래크 2선용	0.076	0.038	
래크 3선용	0.104	0.052	
래크 4선용	0.132	0.066	
D형 래크	0.070	0.070	

※ 전주 신설 시 지상 조립 및 설치 75[%]
※ 철거 30[%], 재사용 철거 50[%]

(1) 철거되는 자재(불필요한 자재)의 수량을 구하시오.

철거되는 자재명	수량	철거되는 자재명	수량
U-볼트(또는 머신볼트)		완철	
암타이		특고압용 핀 애자용 볼트 1호	
암타이 밴드		앵커 쇄클	
볼 크레비스			

(2) 추가로 소요되는 자재의 수량을 구하시오.

추가로 소요되는 자재명	수량	추가로 소요되는 자재명	수량
경완철		볼 쇄클	
완철 밴드		특고압용 핀 애자용 볼트 2호	

(3) ㄱ형 완철을 경완철로 교체하는 데 소요되는 인건비(노무비 합계)를 구하시오.
  • 계산 과정
  • 답

해설

(1)

철거되는 자재명	수량	철거되는 자재명	수량
U-볼트(또는 머신볼트)	5	완철	2
암타이	4	특고압용 핀 애자용 볼트 1호	6
암타이 밴드	1	앵커 쇄클	6
볼 크레비스	6		

(2)

추가로 소요되는 자재명	수량	추가로 소요되는 자재명	수량
경완철	2	볼 쇄클	6
완철 밴드	1	특고압용 핀 애자용 볼트 2호	6

(3) • 계산 과정

배전 전공: $0.07 \times 2 \times 0.3 + 0.046 \times (1 + 0.45 \times 5) \times 0.8 + 0.032 \times (1 + 0.45 \times 11) \times 0.8 + 0.07 \times 2 \times 0.8 + 0.046 \times (1 + 0.45 \times 5) + 0.032 \times (1 + 0.45 \times 11) = 0.76582$[인]

배전 전공 직접 노무비: $300,000 \times 0.76582 = 229,740$[원]

보통 인부: $0.07 \times 2 \times 0.3 + 0.046 \times (1 + 0.45 \times 5) \times 0.8 + 0.032 \times (1 + 0.45 \times 11) \times 0.8 + 0.07 \times 2 \times 0.8 + 0.046 \times (1 + 0.45 \times 5) + 0.032 \times (1 + 0.45 \times 11) = 0.76582$[인]

보통 인부 직접 노무비: $100,000 \times 0.76582 = 76,580$[원]

소계: $229,740 + 76,580 = 306,320$[원]

간접 노무비: $306,320 \times 0.15 = 45,940$[원]

노무비 합계: $306,320 + 45,940 = 352,260$[원]

• 답 352,260[원]

2018년 2회 전기공사기사 기출문제

배점: 8점

01 다음은 전기 배선용 심벌을 나타낸 것이다. 각각의 명칭을 기입하시오.

(1) ▞15[A]

(2) ⊗

(3) ⊘G

(4) ◢

(5) Ⓣ

해설
(1) 15[A] 조광기
(2) 셀렉터 스위치
(3) 누전 경보기
(4) 분전반
(5) 소형 변압기

배점: 4점

02 다음 그림은 전류 동작형 누전 차단기의 원리를 나타낸 것이다. 여기에서 저항 R의 설치 목적은 무엇인지 서술하시오.

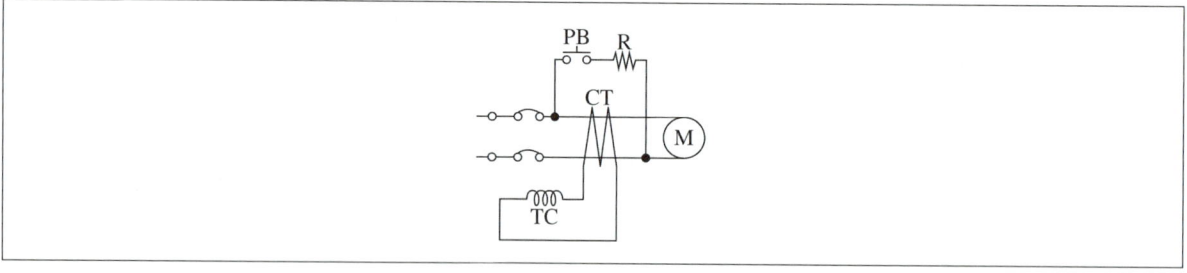

해설
누전 차단기의 동작을 시험할 경우 전류가 일정값 이상으로 흐르지 못하도록 억제시키는 역할을 한다.

배점: 8점

03 다음 그림은 고압 진상용 콘덴서의 설비 계통도이다. 물음에 답하시오.

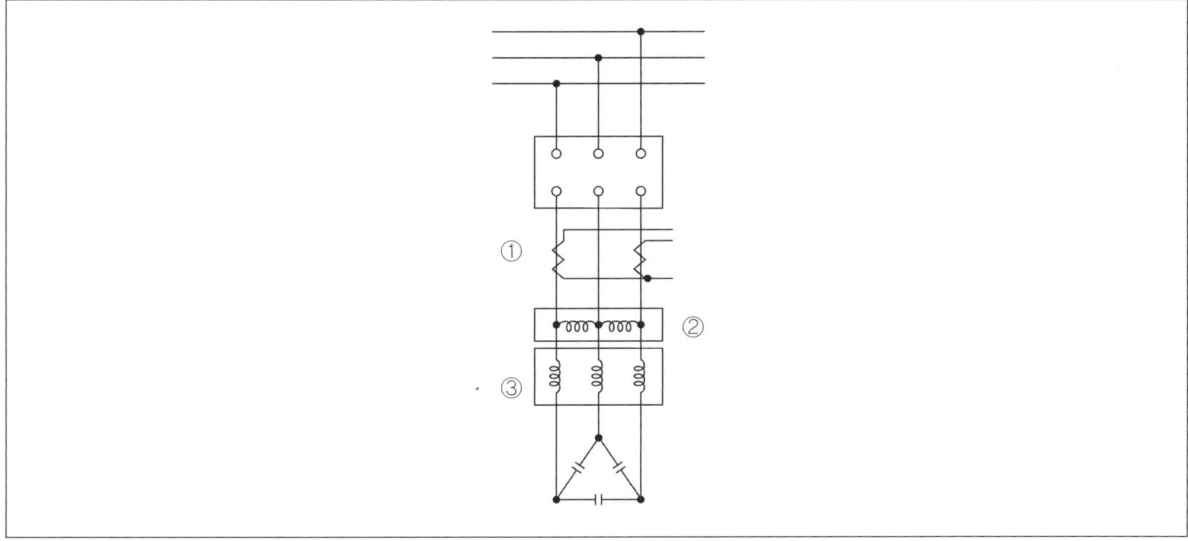

(1) ①의 명칭과 2차 정격 전류의 값은 무엇인가?
(2) ②의 방전 시간은 5초 이내에 콘덴서의 잔류 전하를 몇 [V] 이하로 저하시킬 수 있어야 하는가?
(3) ③ SR 의 목적을 쓰시오.
(4) SC 의 내부 고장에 대한 보호 방식 4가지를 쓰시오.

> **해설**
(1) • 명칭: 변류기
    • 2차 정격 전류: 5[A]
(2) 50[V]
(3) 제5고조파 제거
(4) • 과전압 보호 방식
    • 과전류 보호 방식
    • 부족 전압 보호 방식
    • 지락 보호 방식

배점: 4점

04 장주의 종류에서 수평 배열에 해당하는 장주 3종류와 수직 배열에 해당하는 장주 1종류를 쓰시오.

(1) 수평 배열 3종류
(2) 수직 배열 1종류

> **해설**
(1) • 보통 장주
    • 창출 장주
    • 편출 장주
(2) 래크 장주

05 2중 천장 내에서 옥내 배선으로부터 분기하여 조명기구에 접속하는 배선은 원칙적으로 어떤 배선인지 쓰시오.

배점: 5점

해설

케이블 배선 또는 금속제 가요전선관 배선

06 콘크리트 전주(CP주)의 지표면에서의 지름[cm]을 구하여라.(단, 설계 하중은 $500[kg]$, 전주 규격은 $16[m]$, 전주 말구 지름은 $19[cm]$이다.)

배점: 5점

해설

- 계산 과정

  설계 하중$[kN] = 500 \times 9.8 \times 10^{-3} = 4.9[kN]$

  전주 규격 $16[m]$에 대한 근입 깊이: $2.5[m]$

  $D = d[cm] + H \times \dfrac{1}{75} \times 100 = 19 + (16 - 2.5) \times \dfrac{100}{75} = 37[cm]$

- **답** $37[cm]$

참고

- 근가: 전주가 빠지거나 이동하지 않도록 설치한 것
- 근입 깊이에 따른 근가의 길이

전주 길이[m]	근입 깊이[m]	근가의 길이[m]
7	1.2	1.0
8	1.4	1.0
9	1.5	1.2
10	1.7	1.2
11	1.9	1.5
12	2.0	1.5
13	2.2	1.5
14	2.4	1.8
15	2.5	1.8
16	2.5	1.8

- 지지물의 기초 강도(설계 하중이 $6.8[kN]$ 이하일 경우)
  - 가공 전선용 지지물의 기초 강도는 최소 안전율 2 이상으로 하여야 한다.
  - 지지물의 전장이 $15[m]$ 이하의 경우에는 땅에 묻히는 깊이를 전장의 $\dfrac{1}{6}$ 이상으로 하여야 한다.
  - 전장이 $15[m]$를 초과하는 경우에는 $2.5[m]$ 이상 매설하여야 한다.
- 전주 근입 시 전주의 지표면 지름 $D = d + H \times \dfrac{100}{75}[cm]$

  단, D: 지표면에서의 전주의 지름$[cm]$, d: 전주 말구의 지름$[cm]$, H: 전주의 지표면상 길이$[m]$

07 다음은 계전기별 고유 기구 번호이다. 명칭을 정확히 답하시오.

(1) 37A (2) 37D
(3) 37F

> 해설
> (1) 교류 부족 전류 계전기 (2) 직류 부족 전류 계전기
> (3) 퓨즈 용단 계전기

08 전선 약호에 따른 명칭을 쓰시오.

(1) OC (2) ACSR
(3) DV (4) MI
(5) EV

> 해설
> (1) 옥외용 가교 폴리에틸렌 절연전선 (2) 강심 알루미늄 연선
> (3) 인입용 비닐 절연전선 (4) 미네랄 인슐레이션 케이블
> (5) 폴리에틸렌 절연 비닐 시스 케이블

09 선로를 시공 완료하고 선로 운전 전압으로 가압하기 전, 케이블 절연층의 절연 상태를 전기적으로 확인하기 위해서 행하는 준공 시험은 무엇인지 쓰시오.

> 해설
> 교류 내전압 시험

배점: 5점

10 다음은 장간형 현수 애자 설치 방법이다. 그림에서 ①~⑤의 명칭을 답하시오.

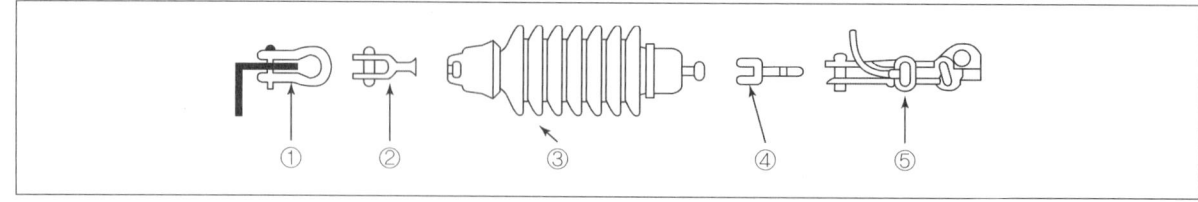

해설
① 앵커 쇄클
③ 장간형 현수 애자
⑤ 데드엔드 클램프
② 볼 크레비스
④ 소켓 아이

배점: 5점

11 브흐홀쯔 계전기의 동작 원리와 설치 위치에 대해 설명하시오.

(1) 동작 원리
(2) 설치 위치

해설
(1) 변압기의 내부 고장 시 발생하는 절연유의 분해 가스 또는 유류를 검출하여 경보하거나 차단기를 동작시킨다.
(2) 변압기와 콘서베이터를 연결하는 관 도중에 설치한다.

배점: 4점

12 가공 송전선로에서 전선에 가해지는 하중의 종류 3가지를 쓰시오.

해설
• 전선 자중
• 빙설 하중
• 풍압 하중

배점: 4점

13 다음은 상용전원과 예비전원 운전 시 유의하여야 할 사항이다. (   ) 안에 알맞은 내용을 쓰시오.

> 상용전원과 예비전원 사이에는 병렬 운전을 하지 않는 것이 원칙이므로 수전용 차단기와 발전용 차단기 사이에는 전기적 또는 기계적 (①)을(를) 시설해야 하며 (②)을(를) 사용해야 한다.

해설
① 인터록
② 전환 개폐기

배점: 5점

14 옥내에서 전선을 병렬로 사용하는 경우 원칙 5가지만 쓰시오.

해설
- 전선의 굵기는 동 $50[\mathrm{mm}^2]$ 이상 또는 알루미늄 $70[\mathrm{mm}^2]$ 이상일 것
- 동일한 도체, 동일한 굵기, 동일한 길이일 것
- 병렬로 사용하는 전선은 각각에 퓨즈를 설치하지 말 것
- 각 전선에 흐르는 전류는 불평형을 초래하지 않도록 할 것
- 같은 극의 각 전선은 동일한 터미널 러그에 완전히 접속할 것

배점: 30점

15 아래의 도면은 전등 및 콘센트의 평면 배선도이다. 각 항의 조건을 읽고 질문에 답하시오.

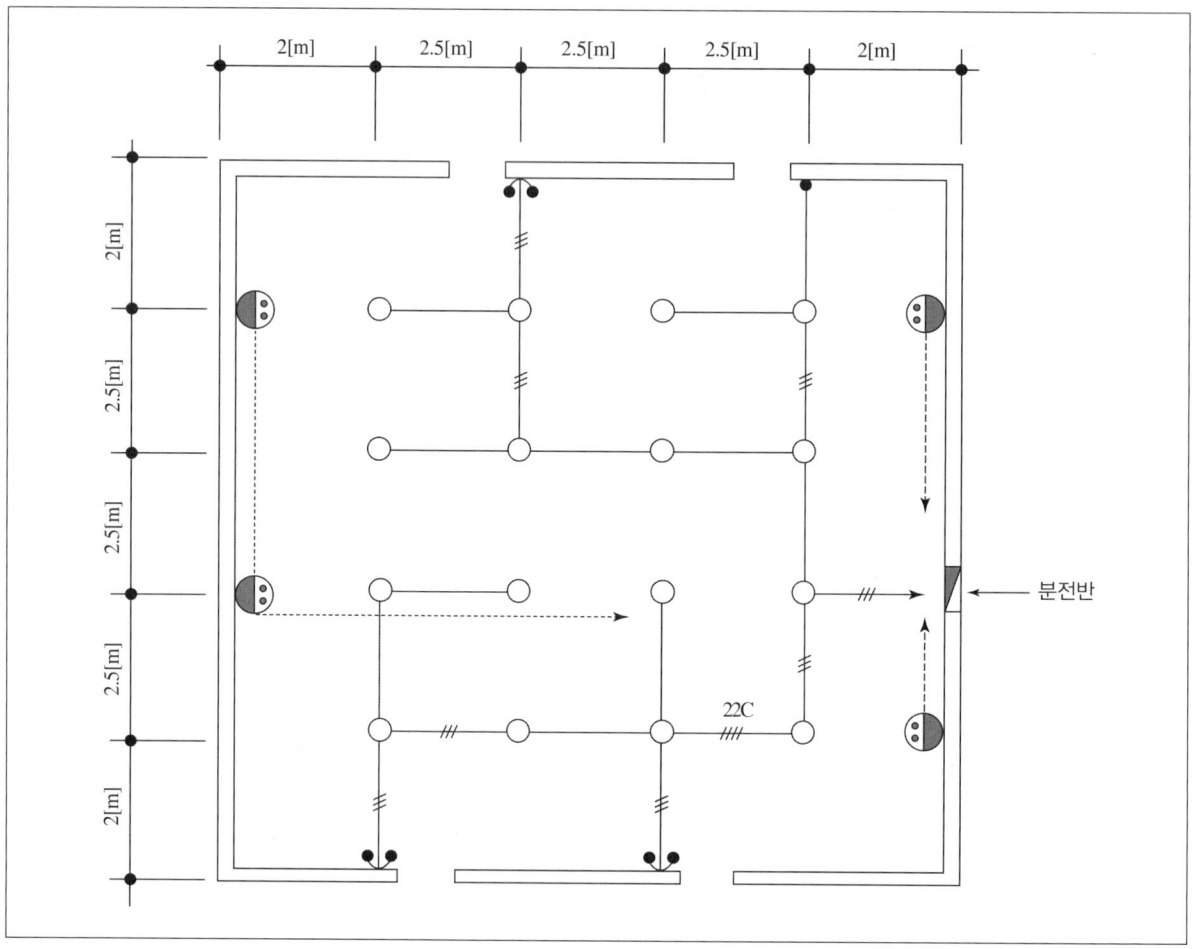

※ 바닥에서 천장 슬라브까지의 높이는 3[m]임
※ 분전반의 규격은 다음에 의한다.
　① 주 차단기 CB 3P 60AF(60AT)-1개, 분기 차단기 CB 1P 30AF(20AT)-4개
　② 철제 매입 설치 완제품 기준

[시설 조건]
- 전선은 HFIX 2.5[mm^2]를 사용한다.
- 전선관은 후강 전선관을 사용하고 특기없는 것은 16[mm]를 사용한다.
- 4방출 이상의 배관과 접속되는 박스는 4각 박스를 사용한다.
- 스위치 설치 높이 1.2[m](바닥에서 중심까지)
- 콘센트 설치 높이 0.3[m](바닥에서 중심까지)
  단, 바닥슬라브 배관에서 콘센트까지의 입상배관은 0.5[m]로 한다.
- 분전함 설치 높이 1.8[m](바닥에서 상단까지)
  단, 바닥슬라브 배관에서 분전함 하단까지는 0.8[m]를 기준한다.

[재료 산출 조건]
- 전선 산출 시 분전함 상부를 기준으로 하며 내부에서의 배선 여유는 고려하지 않는다.
- 자재 산출 시 산출 수량과 할증 수량은 소수점 이하도 기록하고, 자재별 총수량(산출 수량+할증 수량)은 소수점 이하는 반올림한다.
- 천장에서 등기구까지의 배선은 무시한다.
- 콘센트용 박스는 4각 박스로 본다.
- 배관 및 배선 이외의 자재는 할증을 고려하지 않는다.(단, 배관 및 배선의 할증은 10[%]로 한다.)

[인건비 산출 조건]
- 재료의 할증분에 대해서는 품셈을 적용하지 않는다.
- 소수점 이하도 계산하며, 소수점 넷째자리에서 반올림한다.
- 품셈은 아래표의 품셈을 적용한다.

[품셈 보기]

[표 1] 자재별 품셈

자재명 및 규격	단위	내선 전공	자재명 및 규격	단위	내선 전공
후강 전선관 16[mm]	[m]	0.08	아웃렛 박스 4각	개	0.2
후강 전선관 22[mm]	[m]	0.11	아웃렛 박스 8각	개	0.2
관내 배선 6[mm^2] 이하	[m]	0.01	스위치 박스 1개용	개	0.2
매입 스위치	개	0.065	스위치 박스 2개용	개	0.2
매입 콘센트 2P, 15[A]	개	0.065			

[표 2] 분전반 품셈

개폐기 용량	노퓨즈 브레이커			나이프 스위치		
	1P	2P	3P	1P	2P	3P
30[A] 이하	0.34	0.43	0.54	0.38	0.48	0.60
60[A] 이하	0.43	0.58	0.74	0.48	0.65	0.82

※ 차단기 및 스위치가 조립된 완제품 설치 시 65[%]

(1) 도면을 바탕으로 다음 재료표의 ①부터 ⑮까지 빈칸을 기입하시오.

자재명	규격	단위	산출 수량	할증수량	총수량 (산출 수량+할증 수량)
후강 전선관	16[mm]	[m]	①		④
후강 전선관	22[mm]	[m]	②		⑤
HFIX 전선	2.5[mm^2]	[m]	③		⑥
스위치	300[V], 10[A]	개			⑦
스위치 플레이트	1개용	개			⑧
스위치 플레이트	2개용	개			⑨
매입 콘센트	300[V], 15[A] 2개용	개			⑩
4각 박스		개			⑪
8각 박스		개			⑫
스위치 박스	1개용	개			⑬
스위치 박스	2개용	개			⑭
콘센트 플레이트	2개구용	개			⑮

(2) 다음 표의 각 재료별 전공 수를 ①부터 ⑪까지 기입하시오.

자재명	규격	단위	산출 수량	인공 수 (재료 단위별)	내선 전공
후강 전선관	16[mm]	[m]			①
후강 전선관	22[mm]	[m]			②
HFIX 전선	2.5[mm^2]	[m]			③
스위치	300[V], 10[A]	개			④
스위치 플레이트	1개용	개			
스위치 플레이트	2개용	개			
매입 콘센트	300[V], 15[A] 2개용	개			⑤
4각 박스		개			⑥
8각 박스		개			⑦
스위치 박스	1개용	개			⑧
스위치 박스	2개용	개			⑨
콘센트 플레이트	2개구용	개			
분전반	1−CB 3P 60AF(60AT) 4−CB 1P 30AF(20AT)	면			⑩
내선 전공 합계					⑪

해설

(1) ① 82.3
　② 2.5
　③ 206.4
　④ 91
　⑤ 3
　⑥ 227
　⑦ 7
　⑧ 1
　⑨ 3
　⑩ 4
　⑪ 5
　⑫ 15
　⑬ 1
　⑭ 3
　⑮ 4

(2) ① $82.3 \times 0.08 = 6.584$
　② $2.5 \times 0.11 = 0.275$
　③ $206.4 \times 0.01 = 2.064$
　④ $7 \times 0.065 = 0.455$
　⑤ $4 \times 0.065 = 0.26$
　⑥ $5 \times 0.2 = 1.0$
　⑦ $15 \times 0.2 = 3.0$
　⑧ $1 \times 0.2 = 0.2$
　⑨ $3 \times 0.2 = 0.6$
　⑩ $(0.74 + 0.34 \times 4) \times 0.65 = 1.365$
　⑪ $6.584 + 0.275 + 2.064 + 0.455 + 0.26 + 1 + 3 + 0.2 + 0.6 + 1.365 = 15.803$

참고

(1) ① 전등: $2 \times 5 + 2.5 \times 14 = 45[m]$
　　　분전반: $0.8 \times 3 + 1.2 = 3.6[m]$
　　　콘센트: $0.5 \times 5 + 2 \times 2 + 2.5 \times 8 = 26.5[m]$
　　　스위치: $1.8 \times 4 = 7.2[m]$
　　　∴ $45 + 3.6 + 26.5 + 7.2 = 82.3[m]$

　③ 전등: $2 \times 14 + 2.5 \times 36 = 118[m]$
　　　분전반: $1.2 \times 3 + 2 \times 6 = 15.6[m]$
　　　콘센트: $0.5 \times 10 + 2 \times 4 + 2.5 \times 16 = 53[m]$
　　　스위치: $1.8 \times 11 = 19.8[m]$
　　　∴ $118 + 15.6 + 53 + 19.8 = 206.4[m]$

2018년 4회 전기공사기사 기출문제

01 고압 옥내 배선에서 사용할 수 있는 공사법 3가지를 쓰시오.

배점: 5점

해설
- 케이블 공사
- 케이블 트레이 공사
- 애자 공사

02 일반 조명용(백열등, HID등) 옥내 배선 그림 기호를 보고 각각 적용 분야를 쓰시오.

배점: 6점

그림 기호	적용	그림 기호	적용
◐		⊗	
⊖		CL	
CH		DL	

해설

그림 기호	적용	그림 기호	적용
◐	벽붙이	⊗	옥외등
⊖	팬던트	CL	실링·직접 부착
CH	샹들리에	DL	매입 기구

배점: 5점

03 다음은 차단기의 종류이다. 각각의 명칭을 쓰시오.

(1) ELB
(2) MCCB
(3) OCB
(4) MBB
(5) GCB

> 해설
(1) 누전 차단기
(2) 배선용 차단기
(3) 유입 차단기
(4) 자기 차단기
(5) 가스 차단기

배점: 5점

04 전력계 지시값이 $600[\text{W}]$, 변압비 30, 변류비 20인 경우 수전 전력은 몇 $[\text{kW}]$인가?

> 해설
- 계산 과정: 수전 전력 $P = 600 \times 30 \times 20 = 360,000[\text{W}] = 360[\text{kW}]$
- 답 $360[\text{kW}]$

> 참고
수전 전력 = 전력계 지시값 $\times$ PT비 $\times$ CT비

배점: 5점

05 다음 심벌에 대한 배선 명칭을 구분하여 쓰시오.

(1) ─────────
(2) ― ― ― ― ― ―
(3) ·················

> 해설
(1) 천장 은폐 배선
(2) 바닥 은폐 배선
(3) 노출 배선

배점: 5점

06 다음 그림은 심야 전력 기기의 인입구 장치 부근의 배선을 나타낸 것이다. 이 그림은 어떤 경우의 시설을 나타낸 것인지 쓰시오.

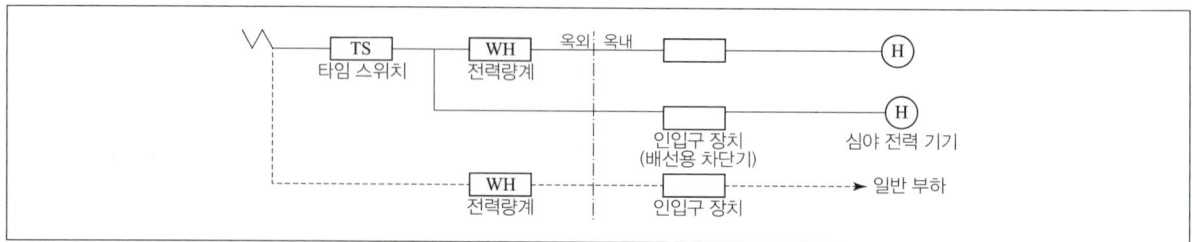

해설
정액제·종량제 병용

참고
- 정액제 배선도

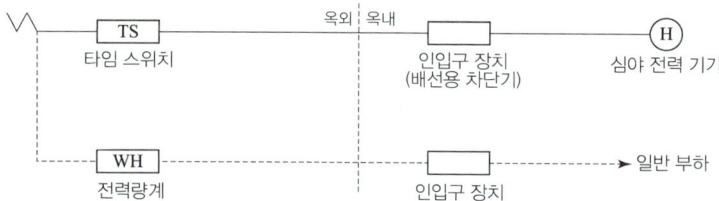

- 종량제 배선도

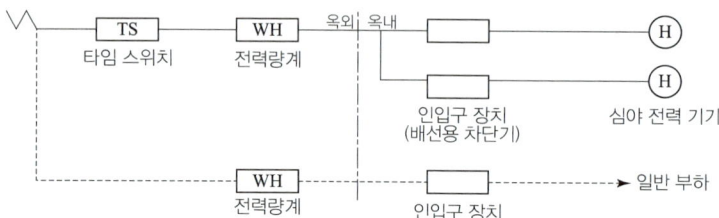

- 정액제·종량제 병용의 배선도

배점: 5점

07 수전 차단 용량이 $520[\text{MVA}]$이고, $22.9[\text{kV}]$에 설치하는 피뢰기용 접지선의 굵기를 계산하고 선정하시오.(단, 고장 지속 시간은 1.1초로 한다.)

해설
- 계산 과정: $A = \dfrac{\sqrt{t}}{282} I_s = \dfrac{\sqrt{1.1}}{282} \times \dfrac{520 \times 10^3}{\sqrt{3} \times 25.8} = 43.28[\text{mm}^2]$
- 답 $50[\text{mm}^2]$

배점: 4점

08 보통 지선을 설치할 수 없을 때 전주와 전주 사이 또는 전주와 지선주 사이에 설치하는 지선의 명칭을 쓰시오.

해설
수평 지선

배점: 5점

09 전선을 $200[\text{m}]$의 경간에 전선을 가설하려고 할 때, 이도가 계산상 $8[\text{m}]$였지만 가설 후의 실측 결과는 $6[\text{m}]$이어서 $2[\text{m}]$를 증가시키려고 한다. 이때 전선을 경간에 몇 $[\text{cm}]$만큼 밀어 넣어야 하는지 계산하여 답하시오.

해설
- 계산 과정

  이도 $6[\text{m}]$일 때의 전선 길이 $L_1 = S + \dfrac{8D_1^2}{3S} = 200 + \dfrac{8 \times 6^2}{3 \times 200} = 200.48[\text{m}]$

  이도 $8[\text{m}]$일 때의 전선 길이 $L_2 = S + \dfrac{8D_2^2}{3S} = 200 + \dfrac{8 \times 8^2}{3 \times 200} = 200.85[\text{m}]$

  증가되는 전선의 길이 $L = L_2 - L_1 = 200.85 - 200.48 = 0.37[\text{m}] = 37[\text{cm}]$
- 답 $37[\text{cm}]$

배점: 5점

10 다음은 무엇을 결정할 때 쓰이는 식인가?(단, L은 송전 거리$[\text{km}]$, P는 송전 전력$[\text{kW}]$이다.)

$$V = 5.5\sqrt{0.6L + \dfrac{P}{100}}\,[\text{kV}]$$

해설
경제적인 송전 전압을 결정하고자 할 때 적용하는 식(Still식)이다.

배점: 5점

11 케이블을 지지하기 위하여 사용하는 금속제 케이블 트레이 종류 4가지만 쓰시오.

해설
- 메시형
- 펀칭형
- 사다리형
- 바닥 밀폐형

배점: 5점

12 특고압 가공 전선로의 지지물로 사용하는 B종 철주, B종 철근 콘크리트주 또는 철탑의 종류 3가지만 쓰시오.

해설
- 직선형
- 각도형
- 인류형

참고
이 외에도 B종 철주, B종 철근 콘크리트주 또는 철탑의 종류는 다음과 같다.
- 내장형
- 보강형

배점: 4점

13 조명기구를 직선 도로에 배치하는 방식 4가지만 열거하시오.

해설
- 편측 배열
- 중앙 배열
- 대칭 배열
- 지그재그 배열

배점: 6점

14 3상 유도 전동기의 슬립 측정 방법 3가지를 쓰시오.

해설
- 수화기법
- DC 밀리볼트계법
- 스트로보스코프법

참고
이 외에도 3상 유도 전동기의 슬립 측정 방법은 다음과 같다.
- 회전계법

15 다음 도면은 어느 건물 옥내의 형광등 배선 평면도이다. 아래 조건을 참고하여 물음에 답하시오.

배점: 30점

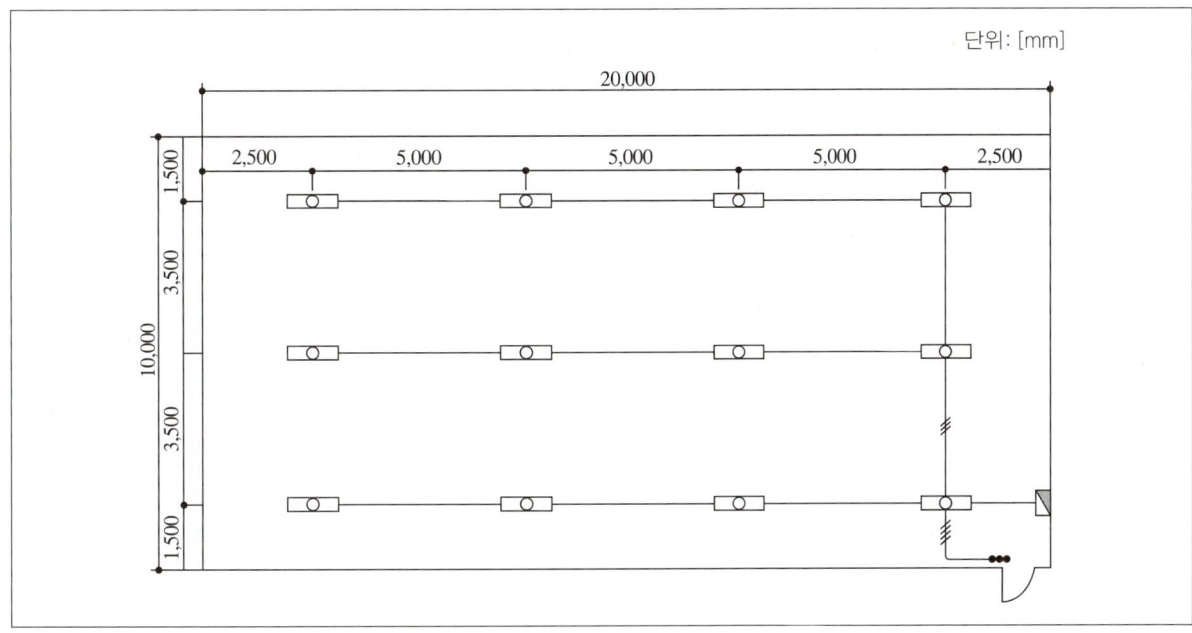

조건
- 실내의 바닥에서 광원까지의 높이는 3[m]이다.
- 분전함 내부에서 배선 여유는 전선 1본당 0.5[m]로 한다.
- 설계 시 등기구 표시는 KS 심벌을 사용하고 F32[W] 2등용을 사용한다.
- 등기구는 직부등으로 한다.
- 전선관은 합성수지 전선관을 사용한다.
- 스위치 설치 높이 1.2[m](바닥에서 중심까지)
- 분전함 설치 높이 1.5[m](바닥에서 상단까지)
- 배관 및 배선 이외의 자재는 할증을 보지 않는다.(배관 및 배선의 할증은 10[%]로 한다.)
- 재료의 할증분에 대해서는 품셈을 적용하지 않는다.
- 내선전공 노임단가는 185,611[원]이다.
- 원 단위 소수점 이하는 절사한다.
- 인공은 소수점 이하까지 모두 구한다.

[참고 자료]
■ 옥내 배선

[m]당, 적용 직종: 내선 전공

규격	관내 배선	규격	관내 배선
6[mm^2] 이하	0.010	120[mm^2] 이하	0.077
16[mm^2] 이하	0.023	150[mm^2] 이하	0.088
38[mm^2] 이하	0.031	200[mm^2] 이하	0.107
50[mm^2] 이하	0.043	250[mm^2] 이하	0.130
60[mm^2] 이하	0.052	300[mm^2] 이하	0.148
70[mm^2] 이하	0.061	325[mm^2] 이하	0.160
100[mm^2] 이하	0.064	400[mm^2] 이하	0.197

■ 전선관 배관

[m]당

합성수지 전선관		후강 전선관		금속가요 전선관	
규격[mm]	내선 전공	규격[mm]	내선 전공	규격[mm]	내선 전공
14[mm] 이하	0.04	–	–	–	–
16[mm] 이하	0.05	16[mm] 이하	0.08	16[mm] 이하	0.044
22[mm] 이하	0.06	22[mm] 이하	0.11	22[mm] 이하	0.059
28[mm] 이하	0.08	28[mm] 이하	0.14	28[mm] 이하	0.072
36[mm] 이하	0.10	36[mm] 이하	0.20	36[mm] 이하	0.087
42[mm] 이하	0.13	42[mm] 이하	0.25	42[mm] 이하	0.104
54[mm] 이하	0.19	54[mm] 이하	0.34	54[mm] 이하	0.136
70[mm] 이하	0.28	70[mm] 이하	0.44	70[mm] 이하	0.156
82[mm] 이하	0.37	82[mm] 이하	0.54	82[mm] 이하	0.176
92[mm] 이하	0.45	92[mm] 이하	0.60	92[mm] 이하	0.196
104[mm] 이하	0.46	104[mm] 이하	0.71	104[mm] 이하	0.216
125[mm] 이하	0.51	–	–	–	–

■ 박스(BOX) 설치

[개]당

종별	내선 전공
Concrete Box	0.12
Outlet Box	0.20
Switch Box(2개용 이하)	0.20
Switch Box(3개용 이상)	0.25
노출형 Box(콘크리트 노출 기준)	0.29
플로어 박스	0.20
연결용 박스	0.04

■ 형광등 기구 설치

등당, 적용 직종: 내선 전공

종별	직부형	펜던트형	매입 및 반매입형
10[W] 이하 × 1	0.123	0.150	0.182
20[W] 이하 × 1	0.141	0.168	0.214
20[W] 이하 × 2	0.177	0.2145	0.273
20[W] 이하 × 3	0.223	–	0.335
20[W] 이하 × 4	0.323	–	0.489
30[W] 이하 × 1	0.150	0.177	0.227
30[W] 이하 × 2	0.189	–	0.310
40[W] 이하 × 1	0.223	0.268	0.340
40[W] 이하 × 2	0.277	0.332	0.418
40[W] 이하 × 3	0.359	0.432	0.545
40[W] 이하 × 4	0.468	–	0.710
110[W] 이하 × 1	0.414	0.495	0.627
110[W] 이하 × 2	0.505	0.601	0.764

■ 배선 기구 설치 – 스위치류

[대]당

종류	내선 전공	종류	내선 전공
텀블러 스위치 단로용	0.085	리모콘 트랜스	0.20
텀블러 스위치 3로용	0.085	표시등	0.10
텀블러 스위치 4로용	0.10	자동 점멸기(광전식)	0.19
풀 스위치	0.10	자동 점멸기(컴퓨터식)	0.21
푸시버튼	0.065	조광 스위치(IL용 400[W])	0.11
리모콘 스위치	0.07	조광 스위치(IL용 800[W])	0.13
리모콘 셀렉터 스위치 (6L) 이하	0.33	조광 스위치(IL용 1,500[W])	0.15
리모콘 셀렉터 스위치 (12L) 이하	0.59	조광 스위치(FL용 8[A])	0.13
리모콘 셀렉터 스위치 (18L) 이하	0.97	조광 스위치(FL용 15[A])	0.15
리모콘 릴레이(1P)	0.12	타임 스위치	0.20
리모콘 릴레이(2P)	0.16	타임 스위치(현관 등의 소등 지연용)	0.065

(1) 도면을 바탕으로 다음 재료표의 빈칸을 기입하시오.

자재명	규격	단위	산출 수량	총수량 (산출+할증)	단가	금액
합성수지관	HI-PVC 16C	[m]			3,000	
전선	HFIX 2.5[mm^2]	[m]			2,000	
등기구	32[W] 2등용	EA			30,000	
스위치	단로용	EA			10,000	
스위치 박스	3개용	EA			1,000	
아웃렛 박스	8각 BOX	EA			1,000	
			계			

(2) 다음 표의 각 재료별 전공수를 계산하여 기입하시오.

자재명	규격	단위	수량	인공수 (재료 단위별)	내선 전공 (수량×인공수)
합성수지관	HI-PVC 16C	[m]			
전선	HFIX 2.5[mm^2]	[m]			
등기구	32[W] 2등용	EA			
스위치	단로용	EA			
스위치 박스	3개용	EA			
아웃렛 박스	8각 BOX	EA			
			계		

(3) 원가 계산서를 작성하시오.

비목			금액	
			계산 과정	금액
순공사비	재료비	직접 재료비		
		간접 재료비		
	노무비	직접 노무비		
		간접 노무비		
	경비	기타 경비		
순공사비 합계				
일반 관리비				
이윤				
부가가치세				
총 공사비				

주 1) 간접 노무비는 직접 노무비의 9[%]를 적용한다.
2) 기타 경비는 (재료비+노무비)의 5[%]를 적용한다.
3) 일반 관리비는 순공사비의 6[%]를 적용한다.
4) 이윤은 (노무비+기타경비+일반 관리비)의 10[%]를 적용한다.
5) 부가가치세는 (순공사비+일반 관리비+이윤)의 10[%]를 적용한다.
6) 간접 재료비는 적용하지 않는다.

해설

(1)

자재명	규격	단위	산출 수량	총수량 (산출+할증)	단가	금액
합성수지관	HI-PVC 16C	[m]	59.3	65.23	3,000	195,690
전선	HFIX 2.5[mm^2]	[m]	129.7	142.67	2,000	285,340
등기구	32[W] 2등용	EA	12	12	30,000	360,000
스위치	단로용	EA	3	3	10,000	30,000
스위치 박스	3개용	EA	1	1	1,000	1,000
아웃렛 박스	8각 BOX	EA	12	12	1,000	12,000
계						884,030

(2)

자재명	규격	단위	수량	인공 수 (재료 단위별)	내선 전공 (수량×인공 수)
합성수지관	HI-PVC 16C	[m]	59.3	0.05	2.965
전선	HFIX 2.5[mm^2]	[m]	129.7	0.01	1.297
등기구	32[W] 2등용	EA	12	0.277	3.324
스위치	단로용	EA	3	0.085	0.255
스위치 박스	3개용	EA	1	0.25	0.25
아웃렛 박스	8각 BOX	EA	12	0.2	2.4
계					10.491

(3)

비목		금액	
		계산 과정	금액
순공사비	재료비 — 직접 재료비		884,030
	재료비 — 간접 재료비		—
	노무비 — 직접 노무비	$10.491 \times 185{,}611 = 1{,}947{,}245.001$	1,947,245
	노무비 — 간접 노무비	$1{,}947{,}245 \times 0.09 = 175{,}252.05$	175,252
	경비 — 기타 경비	$(884{,}030 + 1{,}947{,}245 + 175{,}252) \times 0.05 = 150{,}326.35$	150,326
순공사비 합계		$884{,}030 + 1{,}947{,}245 + 175{,}252 + 150{,}326 = 3{,}156{,}853$	3,156,853
일반 관리비		$3{,}156{,}853 \times 0.06 = 189{,}411.18$	189,411
이윤		$(1{,}947{,}245 + 175{,}252 + 150{,}326 + 189{,}411) \times 0.1 = 246{,}223.4$	246,223
부가가치세		$(3{,}156{,}853 + 189{,}411 + 246{,}223) \times 0.1 = 359{,}248.7$	359,248
총 공사비			3,951,735

> 참고
> 합성수지관 16C: $(5 \times 9) + (3.5 \times 2) + (2.5 \times 1) + \{(3-1.5) \times 2\} + \{(3-1.2) \times 1\} = 59.3[\text{m}]$
> 전선 HFIX: $(5 \times 2 \times 9) + \{3.5 \times (2+3)\} + (2.5 \times 2) + (1.5 \times 4) + \{(3-1.5) + 0.5\} \times 2 + \{(3-1.2) \times 4\} = 129.7[\text{m}]$

**에듀윌이
너를
지**지할게

ENERGY

내가 꿈을 이루면
나는 누군가의 꿈이 된다.

– 이도준

여러분의 작은 소리
에듀윌은 크게 듣겠습니다.

본 교재에 대한 여러분의 목소리를 들려주세요.
공부하시면서 어려웠던 점, 궁금한 점,
칭찬하고 싶은 점, 개선할 점, 어떤 것이라도 좋습니다.

에듀윌은 여러분께서 나누어 주신 의견을
통해 끊임없이 발전하고 있습니다.

에듀윌 도서몰 book.eduwill.net
- 부가학습자료 및 정오표: 에듀윌 도서몰 → 도서자료실
- 교재 문의: 에듀윌 도서몰 → 문의하기 → 교재(내용, 출간) / 주문 및 배송